自動制御用語辞典

須田信英［監修］
中井多喜雄［著］

朝倉書店

監修のことば

　著者の中井さんは，ご自身の言葉を借りると「けったいな巡り合わせから」独学で機械工学を勉強され，さらに対象を周辺技術へと広げて，「趣味として勉強を続け」て来られた方という．その結果，五つの法的資格を取得され，著書は三十数点に及んでいると聞く．世に稀な篤学の士というほかない．

　著書の中には「ボイラ自動制御用語辞典」，「ボイラー技士のための自動制御読本」もあるそうで，自動制御への関心と勉強も並み一通りではないことを窺わせる．このたび，その成果を活かしてまとめられたのが本書である．

　いうまでもなく，自動制御は工学のほとんどすべての分野に関わりをもち，さらには農学や医学などへも応用の可能性を有する，横断的な工学である．したがって自動制御の専門家と限らず，異なる分野の技術者の間で，あるいはメーカとユーザの間で，また設計，建設，運転，保守のそれぞれを担当する人々の間で，自動制御をめぐるコミュニケーションが重要となる場面は極めて多いはずである．そういう際には関係者が自動制御用語について共通の理解をもつことが必須であり，そのために本書が果たす役割は大きいと期待される．

　取り上げる用語の選択には，著者も苦労されただろうと思う．自動制御は上述の通り広範な分野に応用されているから，対象となる機器のひとつひとつに関して述べればほとんど際限がない．本書では機械系の制御に関して詳しく，それに比較すれば化学プロセスや鉄鋼分野などは記述が少ないといえるかもしれない．分野を超えた共通の用語に関してはかなりよく網羅されていると思われる．

　独力でこれだけの辞典をまとめあげられたお骨折りに敬意を表し，本書が広く活用されることを望んでいる．

1999年11月

須田信英

まえがき

　ご承知のごとく，あらゆる分野の機器装置にわたって自動制御が施され，また各種プロセスなども自動化され，現代社会では自動制御を抜きにしては社会が成り立たないといっても過言ではなく，自動制御は生活や産業に必要不可欠な基礎技術の大きな一つであります．しかし，自動制御技術は難解であるという認識が世間には強く，かつ，自動制御の知識の広がりはやや少ないように感じられます．

　こういった点を踏まえ，フィードバック制御やシーケンス制御，インタロックいわゆる自動制御の理論，応用を中心に，電気的そして機械的な共通要素，検出機構，調節機器，増幅器や操作機器，計装など，自動制御用語および関連する情報処理用語を約6600ピックアップし解説した本書を，浅学非才の身をも顧みず編纂した次第であります．

　繁簡当を得ぬところや誤謬があるやも知れませんが，大方のご叱正を賜るとともに，本書が皆様方の斯界における勉強，ご理解の一助として，お役に立てばこの上ない喜びであります．

　最後になりましたが，本書編纂にあたり，終始懇切なご指導を賜り，監修の労をとっていただきました法政大学教授・須田信英先生のご尽力に深甚の謝意を表する次第であります．

　1999年11月

中井多喜雄

凡　例

1．見出し語
　　a．見出し語はゴチック体で記し，その後に対応英語名を付記した．
　　b．配列は五十音順により，濁音・半濁音は相当する清音として取り扱った．
　　c．拗音・促音も一つの固有音として取り扱い，延音"—"は配列のうえで無視した．
2．見出し語の解説
　　解説は，JIS の規定(定義)を基本ベースに，極力簡潔に行った．
3．同一見出し語であっても多くの意味に分類される点
　　現代(広義)の自動制御は，従来(狭義)の自動制御とは大きく異なり，制御用語や計測用語，機械的・電気的機器用語のほかに，電子機器や通信機器，コンピュータそしてこれらに関連する情報処理に関する極めて広範囲にわたる用語が用いられるため，一つの見出し語であっても各関連分野により JIS などの定義(意味)が異なるが，この点は前もって認識し戸惑うことのないように留意していただきたい．
　　a．例えば，パラメタ(parameter)とパラメータ(parameter)では，詳しくは意味が異なる．
　　b．例えば，ダイアフラム(diaphragm)とダイヤフラム(diaphragm)の二つの用語は同義的に扱われるが，これに，ダイヤフラム操作弁(diaphragm operated valve)の例のように修飾語となれば，ダイアフラム操作弁とはよばない．
　　c．パルス(pulse)の例のように，同一用語で，かつ同一の対応英語の見出し語であっても，分野別に三つの定義に分類される．
　　d．待ち行列という用語の例のように，同一見出し語であっても，分野別に対応英語が異なり(〔queue〕，〔queue, pushup list〕，〔queue〕)その定義も異なる．
4．記　号
　　a．見出し語の次に⇒○○とあるのは，その項を参照せよとの意味である．
　　b．解説文末に(⇒○○)とあるのは，その項が関連項目としてあるので参照せよとの意味である．
　　c．見出し語の次に＝○○とあるのは，その項(見出し語)の同義語を示し，その項目に解説が付されていることを示す．
5．索　引
　　英語索引を巻末に掲載した．

あ

IC　integrated circuit
＝集積回路．

合図器　sign
合図を行うために用いる機器の総称．

アイソレーション　isolation
入出力絶縁ともいい，機器の入力信号と出力信号とを直流的に絶縁すること．

アイソレータ　isolater
入力信号と出力信号を直流的に絶縁する機器．

ID カード　ID card, identification card
本人を識別するために会員番号，属性などのデータを記録した個人識別カード．

アイテム　item
信頼性の対象となるシステム（系），サブシステム，機器，装置，構成品，部品，素子，要素などの総称，またはいずれか．

I 動作　I control action
＝積分動作．

アイドル時間　idle time
遊び時間ともいい，動作可能時間のうち，機能単位が動作していない時間．すなわち，入力・出力をもつシステムにおいて，入出力時間とシステム内の処理時間の差から，どちらか一方に待ち時間が生じる．このような待ち時間のことをいう．

I-PD 制御　I-PD control
設定値の変化に対しては I 動作だけが，制御偏差に対しては（P＋D）動作が作用するようにした PID 制御．

I-PD 制御　I-PD control
PID 制御の構成のなかで，積分動作は制御偏差に働き，比例動作および微分動作は制御量にだけ働くような構成にした制御．備考：①制御対象に比例動作，微分動作などのフィードバック補償をほどこし，積分動作で行う制御である．②比例・微分先行型 PID 制御ということもある．（⇨微分先行型 PID 制御）

あいまい度　equivocation
受信信号がわかったときの送信信号のもつ不確実性の大きさ．条件付エントロピーで表示される．いま送信信号を x，受信信号を y とし，$p(x, y)$ を x, y の同時確率，$p_y(x)$ を y のもとでの x の確率とすると，あいまい度 $H_y(x)$ は，
$$H_y(x) = -\sum_x \sum_y p(x, y) \log p_y(x)$$
で表される．（⇨散布度）

アキュムレータ　accumulator
①蓄圧器ともいい，流体をエネルギー源などに用いるために，加圧状態で蓄える容器．構造上からみた形式として，ブラダ形，ダイアフラム形，ピストン形などがある．②累算器の同義語．

アクション　action
SFC を表現する要素の一つで，ステップを実行させるブール変数またはオペレーションの集まり．

アクスル制御　axle control
1 軸上の全車輪を共通の命令で制御する複数輪制御方法．

アクセス時間　access time
呼出し時間ともいい，制御装置が記憶装置からまたは記憶装置への情報の転送を要求してから，転送が実際に開始されるまでの時間．アクセス時間はいわばむだ時間であるから短いほどよい．

アクチュエータ　actuator
流体のもつエネルギーを与えられて機械的な仕事をする機器．すなわち，操作信号の量に応じて機械的変位を生じる部分．制御システムの操作部に使用される．アクチュエータは機械的変位を生じる部分の駆動源の種類によって，電気式制御方式ではコントロールモータが，空気圧式制御方式ではダイアフラムモータ，油圧式制御方式では油圧モータ，油圧シリンダを使用したものが多い．

アクティブフィルタ　active filter
読取り信号の互換性を保つために，フレキシブルディスクの読取り時補正に用いる回路網．

アクロスザラインコンデンサ　across-the-line capacitor
＝X-コンデンサ．

上げ　up
目標値の設定・変更，何らかの手動操作および制御動作を実行する場合に用いる語．（⇨下げ）

足踏スイッチ foot switch, foot-operated switch
　足でペダルまたはボタンを踏むことによって接触子を開閉する制御用操作スイッチ．

足踏操作 foot operation
　足踏スイッチまたは足踏レバーを操作すること．

アース earth
　＝接地．

アーススイッチ ground switch
　回路の接地側に接続するスイッチ．

アセンブラ assembler, assembly program
　アセンブルするために使われる計算機プログラム．

アセンブラ言語 assembly language
　計算機向きの言語の一つであって，その命令が通常，計算機命令と1対1対応しており，マクロ命令の使用のような機能を備えたもの．

アセンブリセンタ assembly center
　複数の組立工程を自動的に行う装置またはシステム．

アセンブルする to assemble
　アセンブラ言語で表されたプログラムを計算機言語に翻訳すること，多くの場合さらにサブルーチンを連係すること．

アソシエーション application-association
　＝応用アソシエーション．

アソシエーション制御サービス要素 association control service element
　特定の応用サービス要素．

アソシエーション制御プロトコル機械 association control protocol machine
　アソシエーション制御サービス要素のためのプロトコル機械．

遊び時間 idle time
　＝アイドル時間．

圧　覚 contact force sense
　ロボットと物体との間の接触面で，ロボットがその面の垂直方向に感じる力に関する感覚．

厚さ計 thickness gauge
　厚さを測定する機器（センサ）．測定の原理としては，超音波法，マイクロ波法，赤外線法，放射線法などがある．

圧縮機 compressor
　羽根車もしくはロータの回転運動またはピストンの往復運動によって気体を圧送し，その圧力比が約2以上または吐出し圧力が約0.1 MPa（1 kgf/cm^2）以上の機械．

圧縮性流体 compressible fluid
　気体は圧力により密度を変化しうるつまり圧縮しやすい特性がある．気体のように圧縮しやすい流体を圧縮性流体という．（⇒非圧縮性流体）

圧抵抗効果 piezoresistance effect
　半導体結晶に圧力を加えると抵抗が減少したり増加したりする現象．圧力計，変位計，加速度計などに応用される．

圧電効果 piezo-electric effect
　ピエゾ効果ともいい，水晶やロッシュ塩などの強誘電体結晶に機械的なひずみを加えると，その力の大きさに応じた電界が生じ，結晶をはさんだ電極間に電圧が現れる現象．ガス器具などの自動点火に応用される．

圧電式圧力トランスデューサ piezoelectric pressure transducer
　圧力変化を受けて電荷を発生する圧電材料を利用して圧力を測定し，出力信号を発生する圧力計．

圧電素子 piezo-electric element
　圧電効果を有する素子の総称．焼結性セラミックスであり，硬くて脆い．圧電性の利用は多くの分野に分れている．

厚膜形サーミスタ thick film type thermistor
　基板上に印刷法などによって作製した膜の厚さがおよそ5 μm 以上の素子を使用したサーミスタ．

厚膜集積回路 thick film integrated circuit
　基板上に構成された回路素子とその相互接続が厚膜（5 μm 以上のもの）から成り立つ集積回路．

圧　油 pressure oil
　調速機，入口弁，制圧機，運転制御装置などを油圧で操作するための圧力油．なお，この意味は発電用に限定される．

圧油装置 oil pressure supply system
　水車の運転制御に必要な圧油を供給する装置．圧油タンク，集油タンク，油ポンプなどからなる．

圧油タンク pressure oil tank
　密閉タンクで，上部の空気だまりによって油を加圧状態に蓄え，必要に応じて給油するためのタンク．水車の運転制御，バルブまたはポンプの可動羽根機構の動力源や潤滑用として用いる．

圧力計 pressure gauge
流体の圧力を測定する計器の総称．圧力の測定原理としては，①既知重量との比較，②弾性体の変化に換え機械的に検出，③力に比例して変化する物理的現象の利用，に大別され，一般には②の原理によるブルドン管式圧力計が広く用いられている．

圧力継電器 pressure relay
流体の規定の圧力で動作する継電器．ガス遮断器のガス圧低下や変圧器の油圧上昇時などに動作して，ガス漏れや変圧器事故の検出などに使われる．

圧力ゲイン pressure gain
サーボ弁などにおける，出力圧力の変化量と入力圧力の変化量との比．

圧力検出器 pressure detector
測定した圧力値を信号に変換するための検出器．

圧力降下 pressure drop
流れに基づく流体圧の減少．流体制御機器に適用する場合，圧力降下は任意の流量において機器のポート間で測定する．ただし，ポートに装着した継手による損失は含まない．

圧力シール pressure seal
圧力，差圧および液位の測定に影響を与えることなく，プロセス流体から伝送器本体を隔離する器具．

圧力式液面計 pressure type level gauge
液体の静圧を利用して液面の位置を測定する計器．

圧力式温度計 pressure gauge type thermometer
水銀その他の液体，気体を密閉金属管に封入し，加熱による圧力変化から温度を測定する計器．

圧力式バキュームブレーカ pressure type vaccum breaker
給水・給湯系統の逆サイホン作用を防止するために負荷部分へ自動的に空気を導入する機能をもち，常時圧力はかかるが背圧のかからない配管部分に設けるバキュームブレーカ．

圧力式容量制御ポンプ pressure volume control pump
吐出し量が吐出し圧力によって制御される可変容量形ポンプ．

圧力スイッチ pressure switch
加えられた圧力が，設定値に達したとき動作するスイッチ．圧力を取り出す機械的な部分と機械的変位を電気信号に変換するスイッチから成り立っている．圧力を機械的変位として取り出す手段としてベローズ，ブルドン管，ピストン，ダイアフラムなどが用いられる．スイッチとしては水銀スイッチ，マイクロスイッチなどが主に用いられる．圧力スイッチは使用目的，使用箇所などにより圧力制限器，高低圧遮断圧力スイッチなどとよばれる．

圧力制御 pressure control
装置の運転圧力を所定の範囲内に制御すること．すなわち，圧力をある目標の値に一致させるための制御．

圧力制御回路 pressure control circuit
回路内の圧力を制御することを目的とした回路．

圧力制御弁 pressure control valve
圧力を制御するバルブ．すなわち，流体系統の圧力を制御するバルブの総称．リリーフ弁，減圧弁，アンロード弁，シーケンス弁などがあり，制御方式などに適応したものが用いられる．

圧力制限器 pressure limit controller
圧力容器や装置などの流体圧力があらかじめ設定された所定の範囲の上・下に達したとき，圧力スイッチが作動してバーナ停止，警報発生などを行わせる機器．(⇒高低圧遮断圧力スイッチ)

圧力センサ pressure sensor
吸気圧，大気圧などを検知するセンサ．すなわち，流体の圧力を検出し，計測や制御に使いやすい電気信号に変換し伝送する装置および素子．圧力センサはプロセスオートメーションを支える大きなセンサの一つであり，圧力範囲は広く，測定の原理も多種ある．

圧力操作 pressure operated
制御ポートに加えられる圧力による操作．

圧力損失 pressure loss
液体中のある2点間において，流体の摩擦などによって生じる圧力の低下．流れが層流の場合は圧力損失は平均流速に比例するが，乱流の場合はほぼ平均流速の2乗に比例する．オリフィスの圧力損失も，平均流速の2乗に比例する．

圧力遅延弁 pressure delay valve
各制御装置への信号圧力の伝達を遅延させるためのバルブ．通常は，一方向の伝達だけを遅延させる．

圧力調整器 pressure regulator
①高圧のガスを所要の圧力に減圧調整するのに用いる器具．②自己制御機構によって，自己

の上流または下流の圧力を設定した値に保つように動作するバルブ．

圧力調整弁　pressure regulating valve
おもり，ばね，流体圧力などを用い，圧力を調整するバルブの総称．調節弁，リリーフ弁，アンロード弁，シーケン弁などがある．

圧力調節器　pressure controller
圧力をダイアフラムの変位などによって検出して空気または電気信号に変換し，調節弁を制御して圧力を調節する機器．1次側の圧力を調節するものと，2次側の圧力を調節するものとがある．蒸気，圧縮空気，油などの圧力制御に用いる．

圧力調節弁　pressure control valve
圧力を調節する調節弁．

圧力伝送器　pressure transmitter
圧力センサが測定(検出)した圧力値を所定の信号に変換し，調節計へ入力信号として伝送するための伝送器．

圧力比率制御　pressure ratio control
二つの流体の圧力の比を制御する比率制御．油バーナの燃焼制御において，重油圧力と空気圧力の比を制御し，空燃比の制御を行うのがこの例である．

圧力変換器　pressure converter
圧力センサが測定(検出)した圧力値を所定の信号値に変換するための変換器．

圧力補正器　pressure compensator
圧力変動によって生じる測定誤差を自動修正する機器．

圧力リピータ　pressure repeater
入出力に隔離機能をもち，入力圧力信号に等しい出力圧力信号を発生する機器．圧力リピータは，腐食性流体の圧力から空気圧信号を得るためや，または空気圧式計装における長距離伝送のときの圧力保持のために使用する．

圧力リリーフ弁　pressure relief valve
圧力側と戻り側のポート間の差圧に基づいて，回路内の最高圧を制限するため，戻り側に過剰圧を逃がす自動弁．

圧力レベル制御　level pressure control
密閉サイクルガスタービンで，サイクルの基準圧力を変化させる制御法．循環回路に作動流体を吸収弁を通じて圧入または放出弁を通じて放出させることによってなされる．

後入れ先出し記憶装置　pushdown storage
スタック記憶装置ともいい，次に取り出されるデータ要素が最も新しく記憶されるものであるような方法でデータを順序付ける記憶装置．この方法は，後入れ先出し(LIFO)とよばれる．

後入れ先出しリスト　pushdown list, pushdown stack
最後に格納されたデータ要素が最初に読み出されるように構成され維持されているリスト．このデータ構成法は，last in, first out(LIFO)の特性をもつ．

アドミタンス　admittance
回路を流れる電流を，端子電圧で除して得られる値．インピーダンスの逆数．量記号をYとする．例えば，起電力Eと電流Iの間には$I=YE$の関係がある．交流の並列接続回路の計算に便利である．

アドレス　address
レジスタ，記憶装置の特定の部分またはその他のデータの出所もしくは行き先を識別する文字または文字の集まり．アドレスの指定にあたり絶対アドレス，相対アドレス，記号アドレスなどが区別して用いられる．

アナログ　analog
連続的に可変な物理量によって表現されるデータに関する用語．(⇒ディジタル)

アナログ演算ユニット　analogue computing unit
例えば加算器，乗算器などのように，アナログ信号を内部で連続的に取り扱い，あらかじめ定められた数学的な関数演算を行って，アナログ出力信号を発生させるアナログ機能単位．

アナログ応答時間　response time of analog
ある定められた入力と出力の関連にあるアナログ信号経路において，入力に加えられたアナログ信号が，出力に対して必要な正しい応答を行い，所定の値に到達するまでの経過時間．

アナログ加算器　summer analog adder
複数の入力アナログ変数を単に加算，またはそれぞれの入力アナログ変数を加重加算した出力アナログ変数を得る演算器．

アナログ計器　analogue instrument
測定量を連続的な大きさ(指針の位置などの)で表示する計器．

アナログ計算機　analog computer
アナログデータを処理する計算機．

アナログコンピュータ　analogue computer
アナログ信号を内部で連続的に取り扱い，プログラム可能な数学的関数演算を行って，アナログ出力信号を発生させる演算器．例えばプロセスシミュレータ．

アナログサーボ系 analog servo system
入力信号と主要部の情報処理がアナログ量であるサーボ系．

アナログ出力チャネル増幅器 analog output channel amplifier
一つ以上のアナログ出力チャネルの後段に取り付けられ，DA 変換器の出力信号範囲を，プロセス制御するために必要な信号レベルに適合させる増幅器．サブシステム中に共通の DA 変換器がある場合は，増幅器はサンプルホールド装置の機能を果たす．

アナログ乗算器 analog multiplier
乗算器といもいい，二つの入力アナログ変数の積に比例した出力アナログ変数を得る演算器．この用語は，サーボ乗算器のように二つ以上の乗算ができる装置にも適用する．

アナログ信号 analogue signal
連続的な量の情報パラメータで表した信号．すなわち，ディジタル信号に対応した用語．

アナログ制御 analog control
制御系内の主要信号としてアナログ量を用いる制御．アナログ制御方式では制御対象の信号のみでなく，制御器における信号もすべて連続的であり，フィードバック制御はよくこの制御方式がとられる．（⇒ディジタル制御）

アナログ素子 analogue device
出力が連続に変化する流体素子．

アナログ/ディジタル変換器 analogue-digital converter
ADC と略称し，アナログ入力信号を，ディジタル出力信号に変える機器．

アナログデータ analogue data
連続的に可変な量で表現されたデータ．すなわち，連続的に変わりうると考えられる物理量によって表現されたデータであって，その大きさは，そのデータまたはそのデータの適当な関数に正比例するもの．

アナログ入力チャネル（プロセス制御における） analog input channel (in process control)
アナログ入力サブシステム中の AD 変換器と端子との間のアナログデータ経路．この経路には，フィルタ，アナログ信号マルチプレクサおよび一つ以上の増幅器が含まれることがある．

アナログ入力チャネル増幅器 analog input channel amplifier
一つ以上のアナログ入力チャネルの後段に取り付けられ，アナログ信号レベルを AD 変換器の入力範囲に適合させる増幅器．

アナログ表現 analog representation
連続的に変わりうると考えられる物理量による変数値の表現であって，その物理量の大きさは，その変数またはその変数の適当な関数に比例するもの．

アナログ表示 analog display
数量を物理的な連続量によって表現すること．

アナログ変数 analog variable
数式の変数または物理量に対応する連続信号．

アナンシエータ annunciator
関連する系統の機器の状態を，可視信号または可聴信号で報知する機器．

アナンシエータシステム annunciator system
プラントシステムにおける異常状態を視覚，聴覚で感知し，警報させる異常告知システムをいう．

アノード anode
＝陽極．

アブソリュート位置検出器 absolute position sensor
アブソリュートディメンションによって，テーブル，主軸頭などの位置を検出する位置検出器．

アブソリュートディメンション absolute dimension
位置を，ある一つの座標系の座標値で表した値．

油入防爆容器 oil filled enclosure
電気機器の容器において，機器の電気部品が十分油中に浸されており，油面上や容器の周囲の爆発性雰囲気が正常動作条件や定められた非正常動作条件下で点火することを防止する保護形式の容器．

油漏れ検出器 oil leakage detector
油バーナの停止中，ノズルチップより油漏れが生じた場合，これを検出し，主安全制御器に信号を発し，バーナが起動しないようにするための検出器．

アプリケーションプログラム application program
ユーザプログラムともいい，プログラム言語の要素を理論的に組み合わせ，PC システムで機械，プロセスなどを制御するために必要なプ

ログラムの集合体．

あふれ overflow
演算の結果を表す語の，意図した記憶装置の記憶容量を超える部分．

あふれ表示 overflow indication
計算器があふれ状態にあることを示す視覚的表示．

アベイラビリティ availability
機器または装置が規定の時点で機能を維持している確率，またはある期間中に機能を維持する時間の割合．一般に次式によって求める場合が多い．アベイラビリティ＝動作可能時間/(動作可能時間＋動作不可能時間)．

アーマチュア armature
電磁継電器の可動部分を指し，接点の接触機構と一体になっているもの．

網目状ネットワーク mesh network
ノード間に二つ以上のパスをもつノードが，少なくとも二つ以上あるネットワーク．

誤り error
プログラムが正しくなくなるような構文上の欠陥．

誤り回復 error recovery
計算機システムを所定の状態に復帰させるために，障害の影響を正しくまたは回避する処理．

誤り検出符号 error-detecting code, self-checking code
自己検査符号ともいい，個々の符号化表現が特定の生成規則に従い，それに違反することが誤りの存在を示すような符号．

誤り制御 error control
プロトコルの一部であって，誤りの検出を制御し，場合によっては訂正を制御するもの．

誤り制御ソフトウェア error control software
計算機システムが，誤りを検出し，記録し，場合によっては訂正するために監視するソフトウェア．

誤り訂正 error correcting
符号化された信号の誤りを正しい値に復元する操作．

誤り訂正符号 error-correcting code
ある種の誤りを自動訂正できるように設計された誤り検出符号．

アラーム alarm
＝警報．

アラームアナンシエータ alarm annunciator
主として警報告知を目的とするアナンシエータ．

RJE remote job entry
＝遠隔ジョブ入力．

アルゴリズム algorithm
入力変数から出力変数が算出可能となる，正確に決定された有限の順序をもつ命令群．すなわち，計算の手順とか問題解決のための手順．

ALGOL algorithmic language
主に，数値計算および論理演算を行うためのプログラム言語の一つ．

アルゴンβ線イオン化ディテクタ argon β-ray ionization detector
ガスクロマトグラフに用いられる検出器．有機物蒸気に対してきわめて高感度である．

RC remote control device
＝遠隔制御装置．

r 接点 residual contact
＝残留接点．

RTL resistor transistor logic
トランジスタのベースに直列に結合抵抗を挿入した論理回路．DCTL と同様の利点をもつが，動作速度はやや遅い．

アルバイト接点 arbeit contact
＝a 接点．

アルファニューメリック表記法 alphanumeric notation
文字，数字および特殊キャラクタを用いる表記法．

アルファベット表記法 alphabetical notation
アルファベットのキャラクタだけを用いる表記法．

R ポートブロック R port blocked
＝PAB 接続．

アレイ処理装置 array processor
オペランドが単一の要素だけでなく，データの配列であるような命令を実行することができる処理機構．

アンサーバック信号 answerback signal
受信側の機器または装置が指令を受けたこと，または指令に基づいて実行した結果を指令側にフィードバックする信号．

暗示アドレス指定 implied addressing
アドレス指定の一方法であって，命令の演算部が暗示的にオペランドをアドレスするもの．

安全時間の比較[7]

規格番号	ISO 3544[(1)]	JIS B 8404[(2)]			JIS B 8412[(3)]
時間名称	運転中安全時間				断火応答時間
バーナの燃料噴射量 30kg/h以下のもの	最大20秒	異常消火後の作動			
		再点火	再始動	遮断	
バーナの燃料噴射量 30kg/hを超えるもの	最大1秒	最大17.5秒[(4)] (1+16.5)			最大4秒
時間名称	始動時安全時間				不着火遮断時間
バーナの燃料噴射量 30kg/h以下のもの	最大20秒	最大16.5秒			
バーナの燃料噴射量 30kg/hを超えるもの	最大7秒	最大7.7秒			

注 (1) ISO 3544：Atomizing oil burners of the monobloc type-safety times and safety control and monitoring devices.
(2) JIS B 8404：ガンタイプ油バーナ．
(3) JIS B 8412：ガンタイプ油バーナ用燃焼安全制御器．
(4) 異常消火が発生してから1秒後に再点火が始まり，それが最大16.5秒間続いても点火しなかった場合は，異常消火発生から1秒+16.5秒の17.5秒後に実際に燃料が遮断される．

安全回路 safety circuit
偶発的な異常運転，過負荷運転などのとき，事故を防止して正常な運転を確保する回路．

安全起動回路 safety start check circuit
バーナを起動する際，バーナが始動する前に自動的に燃焼安全装置のコンポーネントをチェックする回路で，燃焼安全装置に必要不可欠とする安全機能の一つ．通常，擬似火災の有無，アンド回路の正常・異常を，バーナを起動させるごとに判別させ，もし異常が認められた場合，始動させないかあるいは安全スイッチをトリップアウトさせる機能がとられている．

安全時間 safety time
安全遮断時間ともいい，火炎が存在しない状態で，燃焼安全制御装置が燃料供給を許す時間の最大値．始動時安全時間と運転中安全時間とがある．一般には4〜5sであるが詳しくは上表を参照．(⇒火炎確立時間)

安全遮断時間 safety shutdown time
＝安全時間．

安全遮断弁 safety shut-off valve
緊急遮断弁ともいい，緊急時に短時間で燃料の噴出停止を行い自動的に復帰しない形で使用するバルブ．異常信号をキャッチすれば瞬時に閉弁する必要があるため一般に電磁弁が用いられる．

安全スイッチ safety switch
安全時間の経過後，バーナが自動的に再始動しないようにする機能をもった手動復帰形のスイッチ．

安全スイッチ時間 safety switch timing
安全スイッチが安全時間の計数を始めた瞬間から，それが作動するまでの時間．

安全装置 safety device
設備の異常時に自動的に作動し，事故を防止し，人命の安全を図ることを目的とする装置の総称．

安全超低電圧 safety extra low voltage
導体間，導体-大地間の電圧で，主電源と絶縁されている回路内に適用し，すべての動作条件下において，ピーク値または直流で42.4Vを超えない電圧．

安全超低電圧回路 safety extra low voltage circuit
正常および単一故障の条件下で，操作者が触れるおそれのある回路部品間，接地される可能性がある接触可能な金属部品と大地間の電圧が，安全超低電圧を超えず，かつ，安全超低電圧以上の過電圧が発生しないように，設計および保護されている回路．

安全電圧 safety voltage
人体に危険を与えない電圧．海上人命安全条約では，直流および交流とも55Vを超えないものとしている．

安全動作領域 area of safe operation, safe operating area
この範囲であればトランジスタを破壊させたり，劣化させたりすることなく，安全に動作す

安全特別低電圧 safety extra-low voltage
定格電源電圧で動作している変圧器またはコンバータから得られる電圧で，商用電源から絶縁され，かつ，接地されていない交流25Vまたは直流60V以下の電圧．

安全逃し弁 safety relief valve
バルブの入口側の圧力が上昇してあらかじめ定められた圧力になったとき自動的に弁体が開き，圧力が所定の値に降下すれば，再び弁体を閉じる機能をもつバルブ．①公称吹出し量を排出する能力をもつ．②主として圧力容器および配管系に使用され，用途によって蒸気，ガスおよび液体にも使用される．

安全弁 safety valve
バルブの入口側の圧力が上昇してあらかじめ定められた圧力になったとき自動的に作動し，弁体が開き，圧力が所定の値に降下すれば，再び弁体が閉じる機能をもつバルブ．①公称吹出し量を排出する能力をもつ．②主として蒸気またはガスの発生装置，圧力容器および配管の安全確保のために使用される．

安全増防爆電気機器 increased safety electrical apparatus
正常動作条件下で，設計上爆発性雰囲気の点火を起こしやすいアーク，電気火花または熱の発生がなく，また，安全度を増すことにより，正常動作条件または認定された過負荷条件下で，そのような現象の発生を防止する構造をもつ電気機器．

安全保持回路 safety holding circuit
安全保持素子を含んで構成された電圧もしくは電流またはその両者を制限する機能をもった電気回路．

安全保持器 safety barrier
非本質安全防爆回路から本質安全防爆回路へ点火源となるおそれがあるエネルギーの流入を制限するための安全保持素子によって構成され，安全保持定格内において，関係する本質安全防爆回路の本質安全防爆性を保証する能力をもつことが確認された本質安全防爆関連電気機器．

アンダーシュート under-shoot
制御量が目標値や動作すきまを下回って変化する部分．制御量の変化速度が速い場合や制御系の応答性が遅い場合に大きく発生する．(⇒サイクリング)

アンダーダンピング under damping
回路の応答で振動する成分が抑圧されずに存在すること．

アンダフロー（計算器における） underflow (in calculators)
数の有効数字がすべて落とされて，計算器がゼロの結果を示す状態．

アンダフロー表示 underflow indication
計算器がアンダフロー状態にあることを示す視覚的表示．

アンダーリーチ保護 underreach protection
継電器の動作が誤って整定範囲以内に局限されることを防止する目的の保護．(⇒オーバリーチ保護)

アンチリセットワインドアップ anti-reset windup
積分圧飽和防止ともいい，積分動作による出力上昇または下降分に制限値を設けること．バッチプロセス制御においてリセットワインドアップ防止によく用いARWと略称することもある．

アンチロック装置 anti-lock device, wheel slip control
制御中の自動車の1個以上の車輪のスリップを自動的に制御する装置．

アンチローリング装置 anti-rolling device
車両のローリング運動を制御する装置．

安定 stability
平衡状態にある自動制御系が入力の変化(目標値の変更など)や外乱の発生によってその制御状態が乱されても，それらの原因が取り除かれてしまえばそれから十分時間が経過した後に，過渡現象が減衰して元の平衡状態に戻る場合，その制御系は安定であるという．安定な制御系は安定に動作し良質な制御が行える．(⇒不安定)

安定限界 stability limit
制御系の定常状態を少し乱した場合に，乱れが減衰すれば安定，発散すれば不安定であるが，乱れが一定周期で持続する場合が安定限界である．すなわち，安定限界は安定，不安定の境界であり，減衰も増大もせず一定振幅の持続振動を続けるときをいう．

安定状態 stable state
トリガ回路において，適切なパルスの印加まで回路がとどまっている状態．

安定性　stability
　系の状態が，何らかの原因で一時的に平衡状態または定常状態からはずれても，その原因がなくなれば元の平衡状態または定常状態に復帰するような特性．備考：①時間的変化の特性が時間的に変化しないとき，定常状態という．②時間的に変化しない状態を平衡状態という．③線形系では外乱がなくなると，元の定常状態に戻ろうとする．

安定抵抗管　ballast tube
　電源電圧や負荷がある範囲で変動しても，回路に流れる電流がほぼ一定になるように回路に直列に入れる抵抗管．

安定度　degree of stability, relative stability
　①フィードバック制御系は安定に動作することが先決であるが，よい制御を実現するという制御の質を問題とする場合には，どの程度に安定であるかを調べなければならない．この安定の程度を安定度または相対的安定度という．安定度を調べる方法としては，過渡応答特性での減衰の度合，ステップ応答特性での行過ぎ量，周波数応答でのナイキストの安定判別方法などがある．②電子機器や回路において，最良設定状態での持続時間の長短で比較された安定性をいう．

安定判別　determination of stability
　制御系の安定，不安定を判別すること．制御系が線形である場合と，非線形である場合とではその方法は異なり，またそれぞれについても各種の方法がある．代表的なものとしては，シュールコーンの方法，ナイキストの方法，フルビッツの方法，ラウスの方法，リミットサイクルの方法などがある．

安定余裕　stability margin
　一巡伝達関数のゲイン・位相の遅れが増加しても，なお，安定である余裕．備考：①安定性の評価指数の一つで，一巡伝達関数のナイキスト線図が複素点 $(-1, j0)$ から離れている程度を表す．② $\angle G(j\omega)=180°$ となる角周波数 ω_1 における $-20\log_{10}|G(j\omega_1)|$ をゲイン余裕といい，$|G(j\omega)|=1.0$ となる角周波数 ω_2 における $\angle G(j\omega_2)+180°$ を位相余裕という．ここに，ω_1 は，位相差が $-180°$ になる角周波数で位相交点，ω_2 は，ゲインが $0\,dB$ になる角周波数でゲイン交点という．

アンテナコイル　antenna coil
　電気信号を電磁波として空間に放射する装置，または放射された電磁波を補捉する装置に接続されたコイル．

暗電流　dark current
　光電検出器において，放射の入力がないときにも流れている出力電流．

AND 演算　AND operation
＝論理積．

アンド回路　AND circuit
　2個以上の入力ポートと1個の出力ポートをもち，すべての入力ポートに入力が加えられた場合にだけ，出力ポートに出力が現れる回路．図の A および B に圧力記号が作用した場合にだけ Z に出力が現れる．

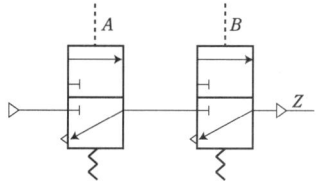

$Z=A-B$
アンド回路（JIS B 0142）

AND ゲート　AND gate
＝論理積素子．

AND 素子　AND element
＝論理積素子．

案内弁　pilot valve
＝パイロット弁．

アンパック 10 進表記法　unpacked decimal notation
　おのおのの 10 進数字が，1 バイトで表現される 2 進化 10 進表記法．

アンプ　amplifier
＝アンプリファイア．

アンブランキング　spot unblanking
　掃引している間だけ輝点が見えないようにすること．（⇒ブランキング）

アンプリファイア　amplifier
　アンプ，増幅器ともいい，電圧，電流などを，入力よりも大きなエネルギーにして出力する装置．すなわち，信号の振幅またはパワーを増大させる制御要素で，トランジスタなどの半導体増幅器，電子管増幅器，磁気増幅器，回転増幅器などがある．

アンペアターンの法則 law of equal ampere-turns
磁気増幅器の基本的な法則．すなわち，整流された負荷電流の平均直流起磁力は直流制御巻線の直流起磁力と等しいという法則．

アンペアの右ねじの法則 Ampere's right hand screw law

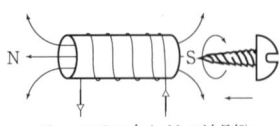
アンペアの右ねじの法則[7]

導体に電流を流してできる磁界の方向は，電流の流れる方向に対して右ねじの回転方向に向くという法則．

アンペアの周回路の法則 Ampere's circuital law
電流を周回する道に沿って，単位の磁極を1周させるのに要する仕事量は，この周回路に囲まれた面を貫く電流の総和に比例する．

アンメータ ammeter
電流計ともいい，回路の電流を測定する計器．交流の配電盤，パネル用としては可動鉄片形，整流器形があり，それぞれの特性上，可動鉄片形はモータ電流測定に適した目盛にできる特徴があり多く使われている．

アンローダ unloader
気体の圧縮が行われないようにして，圧縮機の負荷を軽減する装置．アンローダは主に圧縮式冷凍機の圧縮機の容量制御に用いられる．

アンローダ圧力調整弁 unloader pilot valve
圧縮機の吐出し圧力を検出して，アンローダを作動させるバルブ．

アンロード弁 unloading valve
外部パイロット圧力が所定の圧力に達すると，入口側からタンク側への自由流れを許す圧力制御弁．

アンロードリリーフ弁（油圧） unloading relief valve (oil hydraulic)
回路の圧力が所定の値に達すると，アンロード弁として作動し，圧力が所定の値にまで低下するとリリーフ弁として作動するバルブ．

い

ESD electrostatic discharge
＝静電気放電．

EMI electromagnetic interference
＝電磁気干渉．

EMC electromagnetic compatibility
＝電磁環境両立性．

EOB end of block
＝エンドオブブロック．

イオン ion
正もしくは負の電荷をもっている原子，分子，または分子群．すなわち，原子や分子が電気的に中性でなくなったものをイオンといい，＋(正)に荷電したものを陽イオン，－(負)に荷電したものを陰イオンという．

イオン選択形電極 ion-selective electrode
溶液中の特定イオン活性の関数である電気信号を発生するセンサの要素．

行過ぎ overtravel
リレーの始動時，いったん加えた入力が始動値以下に低下した後でも慣性により引き続き応動し続けること，またはその量をいう．復帰入力を必要とするリレーについても同様とする．

行過ぎ時間 time to peak
⇒行過ぎ時間(ゆきすぎじかん)．

行過ぎ量 overshoot
⇒行過ぎ量(ゆきすぎりょう)．

EXCLUSIVE-OR 演算 EXCLUSIVE-OR operation
＝非等価演算．

EXCLUSIVE-OR ゲート EXCLUSIVE-OR gate
＝排他的論理和素子．

EXCLUSIVE-OR 素子 EXCLUSIVE-OR element
＝排他的論理和素子．

イコール機能 equals function
一連の演算を完了させ結果を出す機能．

イコールパーセンテージ特性 equal percentage flow characteristics
等比率形流量特性ともいい，相対トラベルの等量増加分が相対容量係数の等比率の増分を生じる固有流量特性．

ECC キャラクタ　ECC character
データ群の中で誤りの検出および訂正に用いるキャラクタ．

異種計算機ネットワーク　heterogeneous computer network
計算機が互いに異なるアーキテクチャをもつが相互に通信できる計算機ネットワーク．

E 種絶縁　class E insulation
電気機器で許容最高温度120℃に十分耐えうる材料で構成された絶縁．

異常消火　flame failure
＝断火．

異常消火インタロック　flame failure interlock
火炎検出器により異常消火を検知した場合，直ちに異常消火信号を発し，燃料遮断弁を自動的に閉止させ，バーナを停止させ，かつ異常消火警報を発する仕組みのインタロック．

異常消火応答時間　flame failure response time
断火応答時間ともいい，異常消火した場合，火炎検出器がこれを検知し，主安全制御器を通じて燃料遮断弁"閉"（燃焼停止）の信号を発生させる．または再点火動作の信号を発生するまでの時間．異常消火発生の際に燃焼停止させてしまうシーケンスのものでは 4s 以下，再点火の動作を行わせるシーケンスの場合では 1s 以下とすることが多い．(⇒安全時間)

異常値　outlying observation
同一条件下で得られた1組の測定値のうち，何らかの原因によって他と著しく飛び離れた値．厳密には1組の他の測定値と母集団が異なるものと統計的に判断された値をいう．統計的に検定される以前の値は，疑わしい値である．

異常停止　abnormal stop
ロボットを含むシステムの異常による正規のプログラムによらない停止．

異常動作検出機能　abnormal operation detecting function
異常動作を検出する機能．警報を発生させたり，動作を停止させるなどして安全な作業を行うために用いる．

位　相　phase
①あらかじめ規定された位置から見た繰返し波形の，1サイクルを基準とする相対位置．②制御系またはその要素に一定振幅の正弦波状入力信号を与えたとき，その入力信号に対する出力信号の位相角のずれをいう．すなわち，位相ずれの意味に使われ，一般に入力周波数の関数となる．

位相遅れ回路　phase lag network
自動制御系の構成に際して用いられる補償回路の一つで，入力の正弦波状信号に対して出力信号の位相が遅れるもの．直列補償の場合にはゲインを増加して定常特性を向上させるのに用いられる．

位相遅れ補償　phase lag compensation
位相遅れ回路を制御系に前向き経路に挿入して，安定度，速応性を悪化することなく，低周波のゲインを高め定常偏差を改善する補償．

位相解析　phase analysis
試験に影響を与える材料因子によって，得られる電気信号の位相が異なることを利用し，同期検波によって雑音を抑制する方法，および信号を分別すること．

位送角　phase angle
①独立変数のある値を基準として測った正弦量の進み角．②信号電圧と基準とする電圧（一般には発振器出力電圧）の位相の差．③正弦波入力のある定常状態の線形系において，入力とそれに対応する出力との間の位相差．位相角は，周波数応答の複素偏角である．

移相器　phase shifter
正弦波の位相を推移させる装置．交流サーボ機構では，電源の位相に対し偏差信号の位相を調整する必要が生じることがあり，このような位相調整に使用される．

位相進み回路　phase lead network
自動制御系の構成に際して用いられる補償回路の一つで，入力の正弦波状信号に対して出力信号の位相が進むもの．直列補償として用いられるときは通常，安定性，適応性を向上させることが目的である．

位相進み補償　phase lead compensation
位相進み回路を制御系の前向き経路に挿入して，主として動特性を改善する補償．位相進み補償を用いると，元来は不安定である系が安定化することができる場合がある．

位相ずれ　phase shift
⇒位相．

位相制御　phase control
①主に，サイリスタの点弧位相などを変化させて行う電圧制御．②整流回路素子がオンまたはオフ状態に入る位相を制御すること．

位相点周波数　phase crossover frequency
ボード線図または極座標プロットにおいて，

位相角が±180°になる周波数．

位相特性　phase characteristics
周波数伝達関数の位相は角周波数の関数となり，これを位相特性という．ボード線図などにより表示されることが多い．

位相符号化　phase encoding
＝位相変調記録．

移送変調　phase modulation
入力信号の振幅の大きさによって搬送波の位相を変化させる変調方式．すなわち，搬送波の位相を伝送データの値に従って変化させる方式．

位相変調記録　phase modulation recording
位相符号化ともいい，記憶セルを反対方向に磁化した二つの領域に分割して，これらの磁化方向の順序によって，表現する2進数字が0か1かを示す磁気記録．

位相変調方式　phase modulation type
正走行方向にあるテープ上のトラックに，一連の2進符号を逐次記録する場合，飽和磁化の極性を，符号"1"を記録するときにはブロック間隔部と逆の極性から同じ極性に，符号"0"を記録するときにはブロック間隔部と同じ極性から逆の極性にそれぞれ反転させ，かつ相隣る2符号が同じときには正常な極性を保つため，その中点でさらに極性を反転させる記録方式をいう．

位相面　phase plane
位相面は相律における相空間にその基礎をもつ．他の状態から区別できる一つの状態を表す量のすべてが，ある特定の値をとっているとき，その状態はこれらの値に相当する一つの状相にあるという．正弦波では振幅と周期が与えられるならその状相を決める最後の状態量は位相角である．k個の位置座標を独立にもつ力学系の状相は，その運動量座標を加えて$2k$個の座標軸をもつ相空間の点で表現される．ある直線あるいは曲線に沿ってのみ動きうる力学系では，この相空間は面となり位相面とよばれる．位相面の両軸は，普通は制御信号とその変化速度にとる．

位相面解析法　phase plane analysis
位相面を用いて系の挙動を解析する方法．すなわち，状態変数による系の表現を二次元平面に限定し，そこでの系の状態とその変化を幾何学的に軌跡によって解析する方法．

位相余裕　phase margin
開ループゲインが1となる，周波数での位相角と1πラジアンとの差．（⇒周波数応答特性ボード線図，ゲイン余裕）

EWD　elementary wiring diagram
＝展開接続図．

1アドレス命令　one address instruction
1個のアドレス部をもつ命令．

位置エンコーダ　position encoder
直線位置または回転位置をディジタル信号に変換するトランスデューサ(それぞれリニアエンコーダおよびシャフトエンコーダという)．備考：エンコーダには，コンテミテータを用いた接触形および光学式，または電磁誘導式の非接触形がある．また，アブソリュートエンコーダとインクレメンタルエンコーダがある．

一回転リミットスイッチ　limit switch of once a rotation
1回転ごとに接点が閉路するように回転体に取り付けられたリミットスイッチ．

位置開閉器　position switch
＝ポジションスイッチ．

1形の制御系　type 1 control system
伝達関数が原点に1次の極(積分要素の因子)をもつ制御系をいう．一巡伝達関数が1形の場合，目標値に対するステップ応答は定常偏差を生じない．ランプ入力に対して，この制御系は定常偏差を生じる．

位置決め制御　positioning control, point-to-point control
①経路に関係なく与えられた目標位置に達することが要求される制御．②工作物に対して工具が与えられた目標位置に達することだけを目的とする制御で，ある位置から次の位置までの移動中の工具経路の制御は行わない．

位置決め精度　positioning accuracy
指令した停止位置と，実際に停止した位置との一致性の度合．数値制御工作機械軸上の量的な誤差として表現する．

位置繰返し精度　position repeatability
同一条件で，同一方法によって位置決めしたときの位置の一致の度合．

位置検出器　position transducer
位置または移動量を検出する検出器．

位置再確精度　position playback accuracy
位置について，教示と再生の一致性をいう．ロボットに固有の位置決め精度の表現方法．

一次遅れ　first order lag, unit lag
ステップ応答が指数関数状に変化し一定値に落ち着く系の遅れをいう．すなわち，一次遅れ

は信号伝達の遅れを表すもので，制御系を構成する要素の一つに対して，入力信号がステップ状に変化した瞬間から，出力信号(ステップ応答)が単一の指数関数状に変化し始め，それが一定した値(整定値)に落ち着くまでの時間的な遅れをいう．(⇨高次遅れ，二次遅れ)

一時記憶 temporary memory
フリップフロップの記憶機能の一種で，回路の電源投入の直後の出力の状態が0か1かのいずれかになるか規定されない機能をいう．

位置指示計 position indicator
基準点からの機械的な偏位置を示す指示計の呼称．

一時停止 hold
運転から一時待機にすること．

一次標準 primary standard
特定の分野において，最高の特性をもつ測定標準．一次標準の概念は，基本単位についても，組立単位についても等しく有効である．

一巡周波数伝達関数 frequency loop transfer function
⇨一巡伝達関数．

一巡伝達関数 loop transfer function
フィードバック制御系において，フィードバックループの一点を切断したときに，切断した直後の点からその直前の点までの伝達関数の符号を変えたもの．なお，一巡伝達関数 $G(s)$ の s の代りに $j\omega$ とおいて得られる関数を一巡周波数伝達関数という．

位置制御 position control
被駆動体の位置を制御することを目的としたサーボ機構．

位置制御動作 step control action
出力が有限個の位置(ステップ)だけをとるような制御の動作．

位置センサ position sensor
ポジションセンサともいい，長さの次元をもつ量を測るもので，ある一定変位においてオン-オフを行う変位センサの一種．

1＋1アドレス命令 one-plus-one address instruction
2個のアドレス部をもつ命令であって，"＋1"アドレスは，特に指定されない限り次に実行する命令のアドレスを指す．

位置比例式制御動作 position proportional control action
フローティング動作の一種で操作量の増減に対応して，PI・PIDなどのオンオフ調節を行う制御動作．通常は(PI・PID調節器)＋〔操作端の位置(フィードバック信号)とのコンパレータ〕の形をとる．

位置偏差 position error
サーボ機構にステップ入力を与えたとき過渡現象が減衰して定常状態に落ち着いたときに定常偏差が残る場合があり，その定常偏差を位置偏差といい，入力の大きさに比例する．なお，線形サーボ系においては，一巡伝達関数中に積分要素が一つでも含まれている場合には位置偏差は生じない．

位置リレー position relay
規定の位置で動作するリレー．

一括処理 batch processing
処理の対象となる計算の仕事を，一定量まとめてから処理する方式で，あらかじめ指定されたスケジュールに従って，逐次，処理が行われ，その進行中は，利用者がもはや，その処理に影響を及ぼすことができないような手段によるもの．

一酸化炭素自動計測器 continuous carbon monoxide analyzer
大気中まはた排ガス中の一酸化炭素濃度を連続的に測定する装置．赤外線吸収方式および定電位電解方式がある．

一　致 coincidence
二つ以上の事象が同時またはある限られた時間内に生じること．

一致演算 identity operation
すべてのオペランドが同じプール値をとるときに限り，結果がプール値1になるプール演算．二つのオペランドに対する一致演算は等価演算である．

一致演算素子 identity gate, identity element
一致演算を行う論理素子．

一致性 conformity
①直線，対数曲線，放物線などの規定特性と，近似する校正曲線との近接との度合．すなわち，校正曲線と，それに近似させた規定特性曲線との正負の最大偏差で示される近接の度合．規定特性曲線は校正曲線からの正負偏差の最大値が最も小さく，かつ等しくなるように求める(図(a)参照)．なお，一致性には修飾語を加える必要があり，単に一致性といえば独立一致性を指す．②全抵抗値または全印加電圧の百分率で表した規定の抵抗変化特性と実測した抵抗変化特性との最大偏差(図(b)参照)．

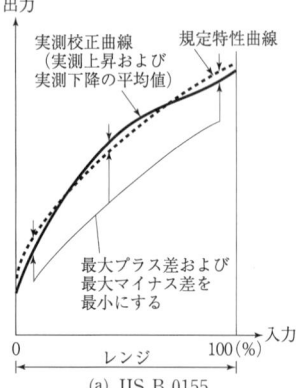

(a) JIS B 0155

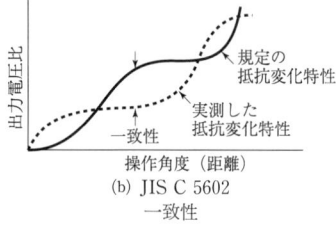

(b) JIS C 5602
一致性

一致性誤差 conformity error
校正曲線と特定規定曲線との間の最大偏差の絶対値. 備考: ①一致性誤差は, 通常, スパンの百分率で表される. ②一致性誤差には修飾語を加える必要があり, 単に一致性といえば独立一致性を指す.

1点当たり時間 time per point
多点記録の連続した打点の時間間隔.

一般非常電源 general emergency power supply
商用電源が停止したとき, 40秒以内に自動的に負荷に電力を供給するための電源.

ETX end of text
＝テキスト終結.

ETB end of transmission block
＝伝送ブロック終結.

移動相 moving phase, mobile phase
クロマトグラフィーが行われる場の要素の一つで固定相に接して流れる流体.

移動ロボット mobile robot, locomotive robot
移動機能を有するロボット. 単に移動するだけのものと作業しながら移動するものとがある.

イニシエータ initiator
データハイウェイを介してレスポンダを指名し, それへのデータ伝送を確保することのできるステーション.

IF-THEN ルールベース制御 IF-THEN rule-based control
⇨ルールベース制御.

イミュニティ immunity
妨害排除能力ともいい, 電磁気外乱が存在する電磁環境において, 機能障害を起こさないで動作する機器の能力.

イメージセンサ image sensor
紫外光, 可視光, 赤外光, X線などの入力によって伝達される画像情報を電気信号に変換する撮像装置の総称.

イメージテーブル image, image table
入出力状態を保持するために設けたメモリ内の表.

入 on
＝閉.

入・切 on-off
オン・オフともいい, 操作量または操作量を支配する信号が, 入力信号の値に応じて二つの定まった値のいずれかをとらせる動作.

入切り圧力差 differential pressure
オンオフ式圧力調節器で, オンの信号とオフの信号を発するために必要な圧力差. (⇨動作すきま)

入切り温度差 differential temperature
オンオフ式温度調節器で, オンの信号とオフの信号を発するために必要な温度差. (⇨動作すきま)

入切り差 differential gap
＝動作すきま.

入口条件 entry conditions
計算機プログラム, ルーチンまたはサブルーチンに入るときに指定される条件.

入口点 entry point
計算機プログラム, ルーチンまたはサブルーチンに入ったとき, 実行される最初の命令のアドレスまたは標.

入口弁 inlet valve
水車の入口の上流に設けられ, 流水を遮断する弁.

入換合図器 shunting sign
入換合図を行うために用いる合図器.

入換信号機 shunting signal
入換えをする車両に対する信号機.

入換標識 shunting indicator
車両の入換えを行う線路で，その開通状態を表示する標識．

入換標識の総括制御 throw-out route control
継電連動装置において，列車の進路が数区分され，その各区分ごとに入換標識を設けて，必要に応じ外方の入換標識のてこによって，内方の入換標識を同時に制御すること．

印加電圧 applied voltage
＝加電圧．

陰極 cathode
カソードともいい，電解質から正電荷が流れ込む電極．

陰極線管 cathode-ray tube
ブラウン管ともいい，電子ビームをある面上の小さなスポットに集中し，そのスポットの位置と電流密度を変えることによって，可視または他の検出可能なパターンを発生できる電子線管．

陰極線管の輝点 luminescent spot in a cathode-ray tube
輝点ともいい，電子ビームの衝撃によって発光している蛍光面上の小面積部分．

インクリメンタル周波数範囲 incremental tuning range
周波数主調整器によって設定された周波数の上下に，インクリメンタル周波数調整器で連続的に変化できる周波数の範囲．

インクレメンタル位置検出器 incremental position sensor
インクレメンタルディメンションによって，テーブル，主軸頭などの移動量を検出する位置検出器．

インクレメンタルディメンション incremental dimension
位置を，直前の位置からの増分値で表した値．

インクレメンタルプログラミング incremental programming
インクレメンタルディメンションによってプログラムする方式．

印刷電信装置 teleprinter
専用線または加入線により送信機で信号を送り，これを受信機で受信し，自動印字または紙テープにせん孔する一連の機械．送信機，けん盤せん孔機，受信せん孔機，中継器などを含む．

因子 factor
実験の割付けや解析を行うときに，多くのばらつきの原因の中から特に取り上げるばらつきの原因．

印字 printing
測定量の値，物理的状態などを，数字，文字または記号を用いて記すこと．

印字位置 column
印字行中の文字位置．印字位置は，印字行の左端の文字位置から右へ，1から1刻みで数える．

インジケータ indicator
機械のいろいろの使用状態を示す表示器．

印字式計算器 printing calculator
計算器の一種であって，データ出力を紙の上に印字するもの．

印字装置 printer
プリンタともいい，測定結果を自動的に印字するための器具または装置．

因子の水準 level of factor
因子の質的または量的に変える場合のその段階．例えば，温度を因子にとった場合には，300℃とか400℃とかいう値がその水準であり，また触媒の種類を因子にとった場合には，各種類がその水準である．因子は必ず二つ以上の水準をとって実験しなければ，その効果を知ることができない．

因数 factor
乗算において，オペランドとなる数または量．

インダクタンス inductance
自己インダクタンスおよび相互インダクタンスの総称．

インダクタンス圧力センサ inductance pressure sensor
受圧素子に結合したインダクタンス形変位センサを利用した圧力センサ．

インタセプト弁 intercept valve
中間阻止弁ともいい，再熱蒸気のタービン入口部にあって危急時に再熱蒸気を制御してタービン過速を防止するバルブ．

インタフェース interface
二つの機能単位で共有される境界部分であって，機械特性，共通する物理的相互特性，信号特性およびその他の適当な特性により定義されるもの．この概念は，異なる機能をもつ二つの装置の接続を行う仕様も含む．すなわち，システムの要素と要素の電気的な相互連結，および機械的な配置や相互連結をいう．

インタフェース機器 interface device
異なる媒体間またはレベル間のエネルギー変

換を行う機器類.

インタプリタ（計算機のプログラミングにおける） interpreter (in computer programming)
＝解釈プログラム.

インタフロー interflow
バルブの切換えの途中で過渡的に生じるポート間の流れで，所定の流れの形に従っていないもの.

インターリーブ interleave
記録する符号（誤り訂正符号，誤り検査符号などを含む）の順序を，定められた順序に従って入れ換える操作.

インタロック interlock
①機器の誤動作防止，安全確保のため，関連装置間に電気的または機械的に連絡をもたせたシステム．②危険や異常動作を防止するため，ある動作に対して異常を生じる他の動作が起こらないように制御回路上防止する手段.

インタロック回路 interlock circuit
インタロックを目的とした回路.

インタロック線図 functional interlock diagram
シーケンス制御装置に組み込まれる機器相互のインタロック関係を機能的に表現するとともに，制御対象との関係も示した図面．特に定められた図示規格はない.

インタロック装置 interlocking device
無電圧状態でなければ容器を開くことができないようにするために，器具を組み込んだ電源開放装置．なお，容器を開き始めると同時に無電圧となるものも含まれる.

インタロックバイパス interlock bypass
用意されたインタロックを一時的に解除すること.

インタロックリレー interlocking relay, latching relay
インタロックを目的とするリレーの呼称.

インチング inching
＝寸動.

インディケータ indicator
ある決められた状態が存在することを視覚的な方法などで表示する機構.

インディシャル応答 indicial response
ステップ応答において，特に入力の変化させる大きさを1％とか，1 m³/h などのように単位の大きさにした場合をいう．すなわち，単位ステップ（ステップ信号の大きさを1とする）の入力を与えた場合の出力の状態を表したもの．

インディシャル応答は制御系の動特性を感覚的に理解しやすい．図に蒸気圧力制御において燃焼量（入力）を1％増加させたときの，蒸気圧力（出力）の状態の例を示す.

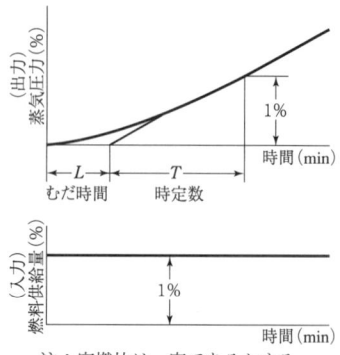

注：空燃比は一定であるとする.
蒸気圧力のインディシャル応答[7]

インデックス法 index method
流路内の適当な2点間の差圧を測定して流量の相対値を求める方法.

インテリジェントステーション intelligent station
データハイウェイを通して諸情報を発信し，制御することが可能なアプリケーションユニットを含むデータステーション.

インバータ inverter
①極性反転する回路．②直流電力を交流電力に変換する機器．スタティック形とロータリ形との二つがある.

インパルス impulse
変化が急しゅんで持続時間が十分短いパルス．備考：面積が有限で持続時間が無限に小さくなった極限の理想化されたパルスも含む.

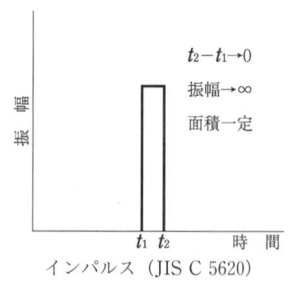

インパルス（JIS C 5620）

インパルス応答 impulse response
要素・系にインパルス入力が加わったときの

応答．備考：①インパルス入力の大きさ（δ関数の面積）が1のときのインパルス応答を単位インパルス応答という．さらに単位インパルス応答を重み関数ともいう．②単位インパルス応答は線形な要素・系の動特性を反映していて，入力と単位インパルス応答との畳込み積分で出力が計算される．

インピーダンス impedance
①回路の端子電圧を，そこを流れる電流で除して得られる値．量記号はZ．②交流回路の受動回路素子(R, L, C)に電圧$\dot{V}$を加え，流れる電流を$\dot{I}$とするとき，$\dot{Z}=\dot{V}/\dot{I}$または$Z=V/I$をいう．

インヒビタスイッチ inhibitor switch
ニュートラルスイッチともいい，自動変速機のコントロールレバーがドライビングポジションに入っているときのみスタータ回路を開にするスイッチ．

インプロセス計測 in-process measurement
加工，組立てなどの作業中に各種の物理量を計測すること．

インライン分析 in-line analysis
化学プロセスなどにおいて，測定対象中に検出端を挿入して分析，記録・伝送を行う装置による連続分析．

インレットバルブ inlet valve
ピストンの作動によってリザーバとの通路を開閉するバルブ．

う

ウィンドウ window
マルチリンクフレームのフロー制御を行うための制御方式．送信ウィンドウおよび受信ウィンドウの2種類があり，連続して送受信するマルチリンクフレームの数の制限や紛失したマルチリンクレームの検出などを行う．

ウォームアップ時間 warm-up period
機器を起動してから機器のすべての性能が定格性能特性を満足するまでに必要な時間．

ウォーム再始動 warm restart
電源断をアプリケーションプログラムに通知する機能をもち，電源断が発生した後，ユーザが事前に決めたデータおよびアプリケーションプログラムに基づいて再び始動すること．

ウオッチドグタイマ watchdog timer
プログラムのあらかじめ決められた実行時間を監視し，規定時間内に処理が完了しない場合に警報を出すためのタイマ．

浮子ケーブル式レベル計 float and cable level measuring device
浮子の位置によって，対象液体または固体のレベルを測定する機器．浮子の位置はケーブルとプーリ，歯車機構，カムなどによって指示計または伝送器に機械的に伝送する．

渦電流ブレーキ eddy current brake
磁界の中で金属板を回転させ，生じる渦電流損によって制動運動を行うブレーキ．

薄膜形サーミスタ thin film thermistor
基板上に蒸着，スパッタリングなどによって製作した膜の厚さがおよそ5 μm 以下の素子を使用したサーミスタ．

渦電流 eddy current
交流などの時間的に変化する磁界内に置かれた導体中に，電磁誘導によって生じる電流．

渦流量計 voltex flowmeter
流体に渦を発生させて，その周波数特性が流量と比例することを利用して流量を測定する流量計．

打切り（計算処理の） truncation (of computation process)
計算処理が完全にまたは自然に終了する前の，指定された規則に従った計算処理の終了．

打ち切る to abort
計算機システムにおける処理の動作を，その動作の続行が不可能であるかまたは望ましくないために，制御された形態をとって終了させること．

腕 arm, primary axes
ロボットやマニプレータにおいて，人間の腕に類似した機能をもつ部分．(⇒手)

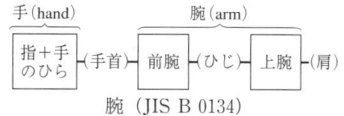
腕 (JIS B 0134)

腕の左右移動 right-left traverse of arm
ロボットの設置基準面に平行な面内における左右方向の腕の平行移動．

腕の左右旋回 right-left turning of arm, rotation of arm
ロボットの設置基準面に垂直な軸を中心とする腕の旋回．

腕の上下移動 up-down traverse of arm
ロボットの設置基準面に垂直な平面内における上下方向の腕の平行移動．

腕の上下旋回 up-down turning of arm
ロボットの設置基準面に垂直な平面内における上下方向の腕の旋回．

腕の伸縮 out-in traverse of arm
腕の長さ方向の動き．

うなり beats
周波数のわずかに異なる二つの正弦波が重ね合わされたときに生じる振幅の周期的変化．1秒間に生じる振幅の変化の回数は，元の波の周波数の差に等しい．

埋め草文字 padding character
物理レコード中に使用されていない文字位置を埋めるために使用する英数字．

上送り腕 walking bar adjusting lever
上送り軸に取り付けられ，上送りロッドと連結する腕．

上書き substitute
入力済みの文字の上に新しく文字を入力する機能．入力済みの文字は新しい文字に置き換わる．

上つき superscript
通常の文字位置よりも上部の位置に印字または表示すること，およびその機能．

上つき (JIS X 0207)

運行記録計 tachograph
タコグラフともいい，自動車の瞬間速度，運行距離および運行時間を自動的に記録する計器．

運転 operating
機器または装置が所定の作用を行っている状態．

運転スイッチ driving switch
機器などの始動運転操作を行うスイッチ．

運転制御装置 control device
機器などの自動運転制御に必要諸装置．

運転制限値 operational limit
機器の性能，保安などの面から決められた運転上の制限値．

運転選択スイッチ operating selection switch
機器などの運転状態を切り換えたり，運転させるためのスイッチ．

運転中安全時間 safety times under operation, flame response
断火応答時間やフレームレスポンスともいい，燃焼に異常が生じて，断火の状態になったことを火炎検出器が検出したときから，燃焼安全制御装置が燃料供給停止の信号を発するまでの時間．(⇒安全時間)

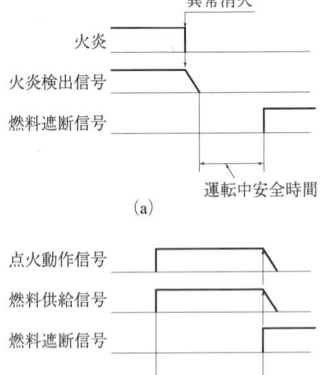

運転中安全時間と始動時安全時間[7]

運転ボタン run button
＝起動ボタン．

運転モード operation mode
自動，半自動，手動，点検などの制御モード．

運動制御機能 motion control function
作業制御機能のうち，軌道や力などの力学量の制御に関する機能．

え

エアツゥオープン air-to open, open at signal
通気開ともいい，シリンダまたはダイアフラム操作式のバルブなどにおいて，信号空気圧を供給すれば弁体が開くこと．

エアツゥクローズ air-to close, close at signal
通気閉ともいい，シリンダまたはダイアフラム操作式のバルブなどにおいて，信号空気圧を供給すればバルブが閉じること．

エアモータ air motor
空気圧を動力とするモータ．

エアリッチ制御 air rich control
＝O_2制御．

ARPA automatic radar plotting aids
＝自動衝突予防援助装置．

エアレスオープン air-less open
空気消失時開ともいい，シリンダまたはダイアフラム操作式のバルブなどにおいて，操作空気圧が消失すれば弁体が開くこと．

エアレスクローズ air-less close
空気消失時閉ともいい，シリンダまたはダイアフラム操作式のバルブなどにおいて，操作空気圧が消失すれば弁体が閉じること．

永久記憶装置 permanent storage
記憶内容の消去不可能な記憶装置．

影響誤差 influence error
ある一つの外部影響量が，定格使用範囲内の任意の値であるか，またはある一つの影響性能量が，その有効範囲内の任意の値であって，その他はすべて標準状態のときに求めた誤差．備考：全定格使用範囲にわたり，誤差とそれを生じさせる原因との間に，事実上の直線関係がある場合には，便宜上その関係を係数の形で表してもよい．

影響性能量 influencing characteristic
性能量のうち，その性能量の変化が，他の性能量に影響を与えるもの．

影響性能量による偏差 deviation due to an influencing characteristic
一つの影響性能量が基準値のときの測定値または供給値と，その影響性能量が他の値のときの測定値または供給値との差．備考：①間違えるおそれのない場合には，単に偏差といってもよい．②影響性能量が基準値のときの測定値または供給値に対する比，または百分率で表してもよい．

影響性能量の基準値 reference value of an influencing characteristic
機器が固有誤差に関する条項を満足する一つの影響性能量の単一の値．特に指定がなければ定格値に等しい．

影響性能量の基準範囲 reference range of an influencing characteristic
機器が固有誤差に関する条項を満足する一つの影響性能量の値の範囲．特に指定がなければ定格範囲に等しい．

影響変動 operating influence
基準動作条件から，ある一つの規定された動作条件に変化することによって起こる性能特性の変動．この場合，他の動作条件の影響量は基準動作状態の限界内に止めておく．

影響変動値 variation
一つの影響量だけが変化して，二つの規定する値をとった場合，それぞれに対応する測定値の差．

影響量 influence quantity
測定を目的とする量以外で，測定結果に影響を与える量．

英字コード alphabetic code
英字の文字集合に適用した結果としてコード要素集合をつくるコード．

英字コード化集合 alphabetic coded set
英字の文字集合の要素からなるコード化要素集合．

英字集合 alphabetic character set
英字を必ず含み，制御文字，特殊文字も含むが，漢字，仮名，数字は含まない文字集合．

英数字コード alphanumeric code
英数字の文字集合に適用した結果としてコード要素集合をつくるコード．

英数字コード化集合 alphanumeric coded set
英数字の文字集合の要素からなるコード化要素集合．

英数字集合 alphanumeric character set
英字と数字との両方を必ず含み，制御文字，特殊文字も含む文字集合．

英数字データ alphanumeric data
英字および数字，場合によっては特殊文字および間隔文字によって表現されたデータ．

衛星利用位置測定システム satellite navigation system
人工衛星を利用した測位システム．

映像通信装置 image communication device
有線または無線により送信機で信号を送り，これを受信機で受信し，映像または映像と音声を通信する一連の機械．

AFC 運転 automatic frequency control operation
＝自動周波数制御運転．

ALR 運転 automatic load regulating operation
＝自動負荷調整運転．

ALU ALU
＝算術演算装置．

液圧測定式液面計 hydraulic pressure type water gage
液槽の上下に圧力差のあることを利用して液圧を測定して液面を示す装置．

AQR operation automatic reactive power regulating operation
＝自動無効電力調整運転．

液位調整弁 level regulating valve
液位を検出する機構によって，流体の量を調整し，液位を一定に保持する調整弁．

液位調節弁 level control valve
液位を調節する調節弁．

液晶表示パネル liquid crystal display panel
液晶物質で光学的特性を制御して可視情報を表示する，主として平板状の受光形表示素子．

エキスパートシステム expert system
専門家のもつ知識を有効に利用するためのコンピュータプログラムのこと．

液動電磁弁 fluid power operated electromagnetic valve
油圧により弁システムを上下させる構造の電磁弁で，通電し励磁すると油圧上昇により弁が 15〜90 s の時間で徐々に開いていき，停電し非励磁となると油圧がなくなり瞬時に弁を閉じる構造の電磁弁．その特性から主ガスバーナの燃料遮断弁などとして用いられる．

液面計 liquid level meter
容器内の液面を指示する計器の総称．

液面制御 liquid level control
液面を所定の位置(目標値)に維持するための制御の総称．

液面調節器 level controller
液面を差圧パイロット，フロートパイロットなどによって検出して空気または電気信号に変換し，容器取入れ弁または取出し弁を制御して液面を調節する機器．タンク，ボイラなどの液面制御に使用する．

A 級増幅 class A amplification
入力交流信号の全周期にわたって増幅管の陽極電流が流れているようにグリッドバイアス電圧を選んだ場合の増幅作用．備考：A 1 級は，全入力周期を通じてグリッド電流が流れない場合．A 2 級は，入力周期のある時間だけグリッド電流が流れる場合．

エコー echo
＝反響．

AC alternating current
＝交流．

ACK acknowledge
＝肯定応答．

ACC automatic combustion control equipment
＝自動燃焼制御装置．

A 種絶縁 class A insulation
電気機器で許容最高温度 105℃に十分耐えうる材料で構成された絶縁．

SI International System of Units
＝国際単位系．

SSI small scale integrated circuit
＝小規模集積回路．

SN 比 signal-to-noise ratio
信号対雑音比ともいい，信号がこれに無関係な雑音によって不鮮明にされている度合．信号 S と雑音 N との比 S/N で表す．すなわち，信号振幅と雑音振幅との比，普通 dB で表す．正弦波信号に対しては，振幅はピーク値または実効値，非正弦波信号に対してはピーク値をとる．備考：インパルス雑音に対しては信号と雑音とのピーク値の比をとることがある．

SFC sequential function chart
＝シーケンシャルファンクションチャート．

SOH start of heading
＝ヘッディング開始．

エスケープシーケンス escape sequence
符号拡張手順において制御のために使用する，複数個のビット組合せからなるビット列．先頭のビット組合せは制御文字エスケープを表現する．

SCR silicon controlled rectifier
＝サイリスタ．

SCSI 装置 SCSI device
SCSI バスに接続可能な計算機，アダプタ，周辺制御装置およびインテリジェント周辺装置．

S ターミナル sensing terminal
電圧検出端子ともいい，電圧検出点につながる端子．

ST structured text language
＝構造化テキスト言語．

STX start of text
＝テキスト開始．

n 形半導体 n-type semiconductor
多数キャリアが電子である外因性半導体．備考：①伝導電子密度が正孔密度より多い外因性半導体．②電子は比較的小数で非縮退ガスのようにふるまい，マクスウェル・ボルツマンの速度分則に従う．抵抗率は温度の低下とともに増加する．

SP space
⇒間隔．

SP set point
＝設定信号，設定値．

a 接点 a contact
メーク接点，アルバイト接点，閉路接点，フロントコンタクトともいい，押しボタンスイッチを押したとき閉となって電流を流し，押すのを止めたときに開となる接点．または電磁リレーにおいて通常(非励磁)は接点を開いており，電流が流れてリレー(コイル)が励磁された場合に閉となる接点．(⇒ b 接点, c 接点)

枝 branch
ネットワークにおいて，二つの隣接ノードを接続し，中間ノードのないパス．

X-コンデンサ capacitor of class X
アクロスザラインコンデンサともいい，コンデンサが故障しても感電のおそれがない回路に用いる雑音防止用コンデンサ．

X-Y レコーダ X-Y recorder
2変数を直角座標を用いて紙などに記録する装置．

H 種絶縁 class H insulation
電気機器で許容最高温度180℃に十分耐えうる材料で構成された絶縁．

HT horizontal tabulation
＝水平タブ．

ATS automatic train stop device
＝自動列車停止装置．

ATO automatic train operation device
＝自動列車運転装置．

ATC automatic train control device
＝自動列車制御装置．

ADC analogue-digital converter
＝アナログ/ディジタル変換器．

AD 変換 analogue-to-digital conversion
①アナログ信号をディジタル信号に変換すること．②アナログ量をある一定の誤差範囲で離散的な数値のディジタル量に変換する操作．

NEP noise equivalent power
＝等価雑音パワー．

NO 接点 normally open contact
＝常時開路接点．

NC numerical control
＝数値制御．

NC 接点 normally closed contact
＝常時閉路接点．

NC プログラム NC program, numerical control program
数値制御機械を動かすための制御装置に入力するデータ．

n 次の定常偏差 steady state deviation of the n-th order
一つの入力変量の n 次微分値と，その入力変量とを一定に保った場合の定常偏差．

NDIR non-dispersive infra-red gas analyzer
＝非分散赤外ガス分析計．

NTC サーミスタ negative temperature coefficient thermistor
温度の上昇に伴い抵抗値が減少するサーミスタ．

エネルギー分散方式 energy dispersive
X 線エネルギーを直接電気パルスに変換して選別し，分光(エネルギー選別)する方式．

APFR 運転 automatic power factor regulating operation
＝自動力率調整運転．

ABC automatic boiler control, automatic boiler control system
＝自動ボイラ制御，ボイラ自動制御装置．

FET field effect transistor
＝電界効果トランジスタ．

FMS flexible manufacturing system
生産設備の全体をコンピュータで統括的に制御・管理することによって，類似製品の混合生産，生産内容の変更などが可能な生産システム．

FMC flexible manufacturing cell
一つの数値制御機械にストッカ，自動供給装置，着脱装置などを備え，長時間無人に近い状態で複数の生産ができる機械．

F種絶縁 class F insulation
電気機器で許容最高温度155℃に十分耐えうる材料で構成された絶縁．

FTA fault tree analysis
信頼性または安全上，その発生が好ましくない事象について，論理記号を用いて，その発生の経過をさかのぼって樹形図に展開し，発生経路および発生原因，発生確率で解析する技法．

FBD function block diagram language
＝機能ブロック図言語．

FPD flame photometric detector
＝炎光光度検出器．

AVR運転 automatic voltage regulating operation
＝自動電圧調整運転．

エミッタ emitter
トランジスタの三つの端子の一つで，ベース領域に対して，働きの主体であるキャリアの流れを注入する作用をする部分．（⇨コレクタ，ベース）

エミッタ接合 emitter junction
エミッタとベース領域との間に形づくられた接合．通常，順方向の向きにバイアスをかける．

エミッタ電流 emitter current
コレクタ・ベース間を短絡し，エミッタ接合の順方向に連続的に流すことができる電流の最大許容値．備考：電圧または電流は，他に指定がない限り直流およびせん頭値とする．

エミッタ・ベース電圧 emitter base voltage
コレクタ開放でエミッタ接合の逆方向に連続的に印加できる電圧の最大許容値．備考：電圧または電流は，他に指定がない限り直流およびせん頭値とする．

エミッタホロワ emitter follower
接合トランジスタのベースと接地の間に入力を加え，エミッタと接地の間から出力を取り出す回路方式．

MIS 集積回路 metal insulator semiconductor integrated circuit
絶縁膜によって電気的に電流通路から絶縁されたゲート電極に，電圧をかけて電流通路を制御する構造のデバイスが構成された集積回路．

MIS トランジスタ MIS transistor
絶縁膜により電気的に電流通路から絶縁されたゲート電極に，電圧をかけて電流通路を制御する電界効果トランジスタ．

MSI medium scale integrated circuit
＝中規模集積回路．

MOS 集積回路 metal oxide semiconductor integrated circuit
酸化膜によって電気的に電流通路から絶縁されたゲート電極に電圧をかけて電流通路を制御する構造のデバイスで構成れた集積回路．

MOS トランジスタ MOS transistor
酸化膜により電気的に電流通路から絶縁されたゲート電極に，電圧をかけて電流通路を制御する電界効果トランジスタ．

MDI モード manual data input mode of operation
手動データ入力モードともいい，1ブロックまたは数ブロックのマシンプログラムを，手動で入力し運転するモード．

MTBF mean time between failures
＝平均故障間隔．

MPU main processing unit
＝主処理装置．

LSI large scale integrated circuit
大規模集積回路ともいい，多数個の集積回路群を，1枚の基板状に相互配線して，大規模な集積回路にしたもの．（⇨大規模集積化）

LF line feed
＝改行．

エレクトロン・キャプチャ・ディテクタ electron capture detector
ガスクロマトグラフの検出器の一種．内部に放射性線源をもち，キャリアガスによって動作する電離箱で，電子親和性の試料ガスが入ると電子が吸着され，電離電流が減少することを利用して試料濃度を測定する．

エレメント element
テキスト形式言語の命令に相当する図式言語の一部分．演算部およびオペランド部は，図記号および文字記号の適当な組合せによって記述される．

エレメント（データ伝送における） element (in data transmission)
文字が形づくられる等長単位の各要素．

遠隔アクセスデータの処理 remote-access data processing
入出力機能が，データ通信手段によって計算機システムに接続されている装置で実行されるデータ処理．

遠隔一括処理 remote batch processing
遠隔バッチ処理ともいい，入出力装置がデータリンクを介して計算機にアクセスする一括処理．

遠隔一括入力 remote batch entry
遠隔バッチ入力ともいい，データリンクを介して計算機にアクセスする入力装置を通して行われるデータの一括依頼．

遠隔監視制御 remote supervisory control
遠方にある装置を，少数の共通電気回路を通じて人為的に選択制御ならびに監視することができる機能をもつ制御方式．

遠隔教示 remote teaching
直接教示の一種で，教示箱などを使用し，ロボットの腕，手などを動かして教示すること．

遠隔ジョブ入力 remote job entry
RJEと略称し，データリンクを介して計算機にアクセスする入力装置を通したジョブの依頼．

遠隔制御装置 remote control device
RCと略称し，信号保安装置を隔った地点で操作する装置．

遠隔設定 remote setting
＝リモート設定．

遠隔設定器 remote set point adjuster
設定値を，何らかの方法で遠隔的に設定・変更する機器．

遠隔操作 remote operation
機械から遠い場所で行う手動操作．多くの場合，操作される機器を直接見ることができないので，機器の状態を知る信号などにより操作を行う．

遠隔操作装置 remote control device
装置などをワイヤ，電気信号などにより遠隔操作する装置の総称．

遠隔操作弁 remote controlled valve
離れた場所から操作されるバルブ．

遠隔操縦装置 remote control device
主機その他の機器を制御場所などで遠隔操縦する装置．機械式，電気式，空気式，油圧式およびこれらを組み合わせた方式がある．

遠隔測定 telemetering
測定量を検出して，伝送器によってそれを信号として離れている受信器に伝えて行う測定．

遠隔バッチ処理 remote batch processing
＝遠隔一括処理．

遠隔バッチ入力 remote batch entry
＝遠隔一括入力．

遠隔PPI remote PPI, radar repeater
リモートディスプレイともいい，レーダ表示器とは別の場所に設け，これである程度映像の制御が可能なPPI表示器．

遠隔モード remote mode
遠隔地点からの操作による動作状態．

炎光光度検出器 flame photometric detector
FPDと略称し，還元性の水素フレーム中で含硫黄化合物，含りん有機化合物を化学発光させ，選択的に検出するガスクロマトグラフ用検出器．

炎光光度計 flame photometer
試料を炎の中に導き，分析対象元素の発光スペクトル強度を測定する装置．

円弧書きオシログラフ circular-arc writing oscillograph
ペンの一端が固定されていて，ペンの振れ角が入力信号の大きさに比例する記録装置．

エンコーダ encoder
＝符号器．

円弧補間 circular interpolation
与えられた2点間を円弧に沿った点群で近似すること．すなわち，数値制御の連続通路制御で，経路のある区間を円弧で近似して工具を移動させる場合に，与えられた円弧の始点と終点の座標値および半径または中心座標値から各座標軸の駆動信号をつくり出すこと．

演算 computing
数学的計算すなわち代数演算(四則，開平)，代数方程式，微分方程式などの計算を実行すること．

演算 operation
オペレーションともいい，オペランドの組合せで結果を規定する規則に従って，一つまたはそれ以上のオペランドで結果を得る動作．

演算器 computing unit
入力信号に一定の演算を施した出力信号を得る機器．すなわち，入力信号を受け，一定の演算を行い，出力する機器．

演算コード operation code
計算機の演算を表すのに用いられるコード.

演算子（記号処理における） operation (in symbols manipulation)
演算において，行われる動作を表す記号.

演算時間 operation time
ある命令（加算，乗算，除算など）について，命令実行段階に費やされる時間に命令取出し段階の時間を加えたもの．ただし，前者だけを指す場合もある.

演算式 computing equation
演算を行う式．例えば，乗算 $Y = K \cdot X_1 \cdot X_2 / 100 + B$.

演算子の優先順位 operator precedence
式中で演算子の適用の順序を決める規則.

演算子部 operation part
＝演算部.

演算数 operand
＝オペランド.

演算増幅器 operational amplifier
①各種の演算器を構成するために外部素子を付加して使用する高利得増幅器．②高ゲイン，高入力インピーダンスおよび低出力インピーダンスをもつ増幅器．備考：演算増幅器に外部の要素を加えることによって，加算回路，積分回路およびさらに一般的な線形伝達関数または非線形の変換則を実現できる.

演算中継弁 calculating relay valve
複数の指令空気圧の演算を行う中継弁.

演算範囲 computing range
演算を行うことができる範囲．開平演算の場合，演算式 $Y = 10\sqrt{X}$ における $Y > 10\%$ の範囲.

演算表 operation table
オペランドの値のすべての妥当な組合せとその組合せのおのおのに対する結果を示すことで演算を定義する表.

演算部 operation part, operator part, function part
演算子部ともいい，命令の一部であって，通常，行われる演算だけを明示的に指定しているところ．"通常"に対する例外としては，暗示アドレス指定を参照.

演算符号 operational sign
数字データ項目または数字定数の値が正か負かを示すために付ける算術符号.

演算方式 computing type
演算を行う方式．例えば，アナログ形，ディジタル形.

演算モード compute mode, operate mode
アナログ計算機の動作モードであって，演算を実行し解を求めるモード.

エンジニアリングワークステーション engineering workstation
他の計算機システムとデータを共有できる自立型計算機システムで，高性能な処理装置，表示装置，外部記憶装置，ネットワーク用インタフェースなどの機能を有するもの.

エンジン回転数センサ engine speed sensor
エンジンの回転数を検知するセンサ．エンジンの回転軸からフレキシブルシャフトを用いてメータ表示する機械式回転計をはじめ，リードスイッチ式，電磁誘導式，点火パネル式などの電気式回転計など各種のものがある.

延長目盛 extended scale
①アナログ測定機器で，有効範囲の上限を超え，目盛の他の部分として付加された目盛．②有効な測定範囲の上限を超えた，または下限に満たない部分に目盛の他の部分と区別して付加した目盛.

円筒座標ロボット cylindrical robot
動作機構が主に円筒座標形式のロボット.

エンドエフェクタ end effector
末端効果器，効果器ともいい，ロボットが作業対象に直接働きかける機能を有する部分.

エンドオブテープ end of tape
数値制御テープの終りを示す補助機能．エンドオブプログラムがもつ機能に加えて，プログラムスタートを示すキャラクタまで数値制御テープを巻き戻す機能をもつ.

エンドオブプログラム end of program
マシンプログラムの実行の終りを示す補助機能．この補助機能を含むブロックの指令を実行した後に，主軸回転，切削油剤，送りなどが停止し，数値制御装置や数値制御工作機械をリセットする.

エンドオブブロック end of block
EOB と略称し，マシンプログラムにおいて，1ブロックの終りに示す機能．この機能キャラクタには，NL の 1 文字または CR に続く LF の 2 文字を用いる.

エンドオブレコード end of record
数値制御テープに記録された情報の終りを示す機能．この機能キャラクタには，% を用いる.

エンドユーザ end user
データ処理と情報交換のために，計算機ネットワークを使用する人，装置，プログラムまたは計算機システム．

遠方操作 remote operation
機側から遠い場所で行う手動または自動操作．多くの場合，操作される機器を直接見ることができないので，機器の状態を表す信号などにより操作を行う．

遠方連動操作 remote sequential operation
遠方操作によって行う連動運転．

お

OR 演算 OR operation
＝論理和．

オア回路 OR circuit
2個以上の制御口と1個の出力口をもち，いずれの制御口に入力が加えられても出力口に出力が現れる回路．A または B に制御圧が加えられると Z に出力が現れる．A からも B からも制御圧が加えられないと，Z に出力が現れない．

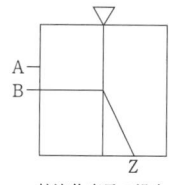 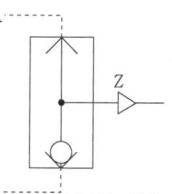

純流体素子の場合　　可動形素子の場合
$Z=A+B$
オア回路（JIS B 0133）

オイラーの方程式 Euler's equation
理想流体の運動方程式で，Navier's-Stokes の運動方程式において，粘性係数 $\mu=0$ とおくことにより得られる．

$$\rho \frac{DW}{Dt} = F - \mathrm{grad}\ p$$

ここで，

$$\frac{D}{Dt} = \frac{\partial}{\partial t} + u\frac{\partial}{\partial x} + v\frac{\partial}{\partial y} + w\frac{\partial}{\partial z}$$

ρ：流体の密度，$W(u, v, w)$：速度，F：単位体積に働く外力，p：圧力．
これをオイラーの方程式という．

オイルクーラ hydraulic oil cooler
＝作動油冷却器．

オイルプレッシャスイッチ oil pressure indicator lamp switch
油圧表示灯スイッチともいい，オイルプレッシャインジケータランプなどの回路を開閉するスイッチ．

オイルプレッシャセンサ oil pressure sensor
油圧センサともいい，油圧などの圧力を検知して，電気信号に変換するもの．

応荷重弁 variable load valve
車両の積載荷重に対応して，制動力を自動的に加減するバルブ．（⇒測重弁）

応答 answering
データステーション間の接続の確立を完結するために，呼出し側のデータステーションに応ずる処理過程．

応答 response
①入力信号の関数として表された指示値，表示値また出力信号が，入力信号の変化によって変化する有様．②制御系またはその要素の入力の変化に応ずる出力の時間的変化の有様．自動制御系の応答としては，次頁の図（b）のような理想的な応答はありえず，実際の応答は基本的には図の（c），（d），（e）に大別される．（⇒ステップ応答）

応答関数 response function
系の動特性を表す関数．重み関数，伝達関数などがある．

応答曲線 response curve
検出器からの信号を記録してつくられる図形．その形状は，用いる分析方法によって異なる．

応答時間 response time
①ステップ応答において，指示値，表示値また出力信号が，最終値からの特定範囲に納まるまでの時間．②バルブや回路などに入力信号が加わったときから，出力がある規定の値に達するまでの時間．

応答時間（検出器の） response time (of detector)
検出器の入力を一定のレベルから別の一定の

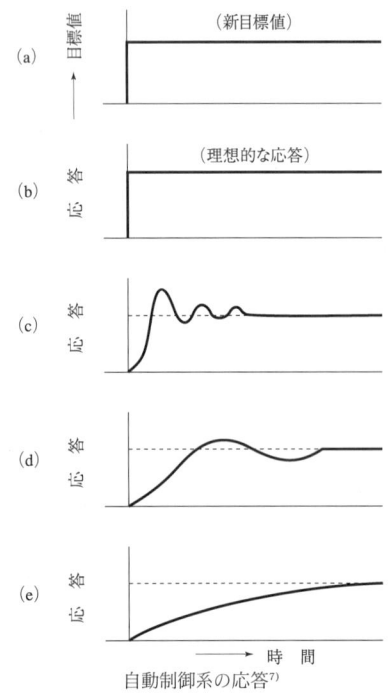

自動制御系の応答[7]

レベルまで瞬時に変化させたとき，出力がその最終の大きさに対し定められた割合の大きさに達するのに要する時間．

応答速度 response speed
応答の速さをいい，時間領域においては，立上り時間，行過ぎ時間，整定時間，時定数などがある．

欧文ピッチ処理 proportional spacing
欧文文字などを表現する際，文字固有の字幅に従って字送りすること．例えば，W は広く，I は狭く字送りして印字または表示する．

応用アソシエーション application-association
アソシエーションともいい，プレゼンテーションサービスを使用して，応用プロトコル制御情報を交換することによって形成される二つの応用エンティティ間の協同関係．

応用プログラム application program
ファイルの内容を処理し，ファイルまたはファイルの記録されたボリュームの属性の一部を処理することもあるプログラム．応用プログラムは，この規格で定義する利用者の特定クラスをなす．

応用プロセス application-process
特定の応用のための情報処理を実行する実開放型システム内の要素．

オキシダント自動計測器 continuous oxidant analyzer
大気中のオキシダント濃度を連続的に測定する装置．

オクターブ octave
①二つの振動の振動数比が 2：1 であるときの振動数の間隔．②周波数比 2 の音程．

オクテット octets
8 ビットのビットシーケンスからなる情報転送単位．

送り速度オーバライド feedrate override
プログラムされた送り速度を手動で変更すること．

送りレジスタ shift register
シフトレジスタともいい，けた送りを行うレジスタ．

遅れ time lag, delay, dead time
時間遅れともいい，入力信号の変化に対して，出力信号の変化が直ちに伴わないこと，またはこれを特徴付ける時間．遅れには伝達遅れとむだ時間遅れがある．

遅れ時間 delay time
遅延時間ともいい，ステップ応答において，出力が入力から遅れる時間．備考：出力が最終変化量の 50％に達するまでの時間(これが速応性の目安となる)，95％に達するまでの時間，最初の行過ぎの極大点に達するまでの時間，5％に達してから 95％に達するまでのなどが採られる．線形一次遅れ系では時定数を使うことが多い．

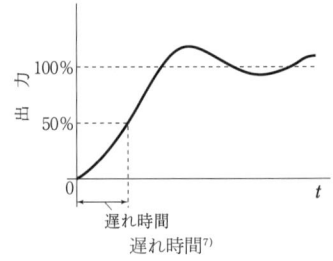

遅れ時間[7]

遅れ電流 lagging current
交流回路において電圧に対して位相が遅れている電流．

遅れ補償器 transmission lag compensator
空気圧信号の伝送距離が長い場合に，伝送遅

れを補償するために挿入される微分演算器．

遅れ要素 lag module
制御系において，信号に一次容量遅れを与え，信号周波数の関数として信号の減衰と最大－90℃の位相シフトを起こさせる機能単位またはアルゴリズム．遅れ要素の伝達関数は次の式による．

$$\frac{Y}{X} = \frac{1}{1+sT}$$

ここに，s：複素変数，T：時定数，X：入力のプラス変換，Y：出力のプラス変換．

OS operating system
＝オペレーティングシステム．

OCR optical character recognition
＝光学的文字認識．

押しボタンスイッチ push button switch
手で操作可能なプランジャあるいはスイッチを動作させるためのボタンをもっているスイッチ．すなわち，ボタンを押すことにより接点が動作し，手を放すと復帰するスイッチ．

オシロスコープ cathode-ray oscilloscope
陰極線管を使用し，一つまたは複数の電気に関する量の瞬時値を，時間または他の電気に関する量の関数として表示する測定器または観測装置．

O_2制御 O_2 control
エアリッチ制御ともいい，ボイラなどの低温腐食防止やNO_x制御などの効果をねらって低酸素燃焼を行う場合に，排ガス中のO_2を1％未満になるよう空燃比を自動制御すること．

O_2センサ oxygen sensor
酸素センサともいい，排出ガス中の酸素濃度を検知して，電気信号などに変換するもの．

オートカウンタ auto-counter
生産数量を表示し，所定量に達したとき，自動停止装置などを働かせる計器．

オートカッタ auto cutter
自動的に領収証を切り取る装置．

オートカット automatic cut-off
領収証を，ナイフ，はさみなどでロール紙から自動的に切断し発行すること．

オートクリア機能 autoclear function
自動復帰ともいい，コピー完了後，所定の時間が経過すると自動的に設定前の状態に復帰する機能．例えば，用紙サイズ，コピー濃度，コピー枚数変更などに用いられる．

オートサンプラ automatic sampler
＝自動サンプラ．

オートシャットオフ機能 shutoff function
コピー完了後，所定の時間が経過すると自動的に電源を切る機能．ただし，小容量の結露防止ヒータなどの電源は，残る場合もある．

オートセレクト制御 autoselect control
一つの調節器に対して，複数の制御量の中から必要なものを自動的に選択して制御する制御方式．

オートチューニング auto tuning
セルフチューニングともいい，最適調整のPID定数を求める効率的な方法として，調節計自らがプロセスの特性を調べ，適切なPID定数を計算し，これを自動的に調節計内に格納して制御を行う方式．すなわち，PID制御の最適調整を自動的に行う機能をいい，主なオートチューニングの方法を表に示す．

オートチューニングの諸方式[9]

方 式	原 理
波形観測法	目標値変更や自然の外乱による測定値の変化を観測して，プロセスの特性を推定する
ステップ応答法	調節計出力にステップ状のテスト信号を上のせし，プロセスの応答を調べる
パルス応答法	調節計出力にパルス状のテスト信号を上のせし，プロセスの応答を調べる
リミットサイクル法	調節計を一時的にオンオフ動作として制御系にリミットサイクルを起こさせ，その内容を調べる
限界感度法	調節計の比例帯を狭くしていき，制御系を発振させそのときの比例帯と発振周波数を調べる

オートドア制御装置 auto door control device
適当なタイミングでオートドアを開閉することによって無人搬送車類を通過させるための制御装置．

オートドッファ automatic doffing machine, automatic doffer
①所定量巻き取られたパッケージを自動的に取り出す装置．②自動的に玉揚げを行う装置．（⇒自動玉揚装置）

オートパイロット auto pilot
ジャイロ計器などからの検出信号を受け，自

動的に飛行機や船舶を安定に操縦する装置．

オートフルオロスコープ autofluoroscope
ガンカメラの一種で，多数の角形のNaI（TI）シンチレータをモザイク状に並べて発光を検出し画像とする装置．

オートマチックベルトサンダ automatic belt sander
回転する2本以上のエンドレスの研磨布紙を，自動的に工作物の表面に圧着し，工作物を自動送りして研削するサンダ．

オートメーション automation
＝自動化．

オートラジオグラフィー autoradiography
①X線フィルムに密着させて感光させることによって試料中の放射性物質で標識した化合物の分布を調べる方法．②物体に含まれる放射性物質の分布を，その物体に密着させた写真乾板（または乳剤層）上に記録する方法．

オートローダ auto-loader
工作物を自動的に所要位置に取り付けるための装置．

オーバーシュート overshoot
①行過ぎ量，過渡行過ぎ量の同義語．②主要な遷移に後続してそのままの向きに振れる形で生じるひずみ．

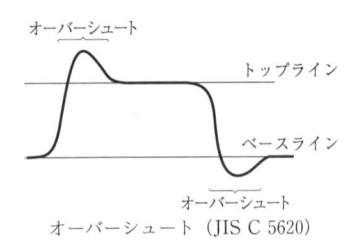

オーバーシュート
トップライン
ベースライン
オーバーシュート
オーバーシュート（JIS C 5620）

オーバセンタモータ over-center motor
流れの方向を変えることなく回転方向を逆転できる油圧モータ．

オーバダンピング over damping
＝過制動．

オーバフロー overflow
入力値または合計数値のけた数がそれぞれ容量を超えること．

オーバライド override
プログラムされた値を手動で変更すること．

オーバーライド制御 override control
自動制御系において，一つの操作量に対して測定量の異なる二つの調節器の出力を切り換え

てプロセスを運転する方式．切換条件は，プロセスの運転方法（目的）によって決まる．

オーバーライド操作 override control
正規の操作方法に優先して操作ができる代替操作手段．

オーバーラン overrun
ロボットの制御装置の故障などによって，運動部分が設定された位置または経路を逸脱すること．

オーバーラン防止機能 overrun protecting function
オーバーランを防止する機能．

オーバリーチ保護 overreaching protection
リレーの動作が誤って整定範囲を超えて行われることを防止するための保護．（⇒アンダーリーチ保護）

オーバル歯車式流量計 oval wheel flow-meter
容積式流量計の一つであって，計量室およびその中に設置されたオーバル歯車によって"ます"を構成し，オーバル歯車の回転数を計数して流体の通過体積を測定する流量計．

オーバレイ overlay
計算機プログラムにおいて，内部記憶装置中に永続的に保持されることのない部分．

オーバレイする to overlay
計算機プログラムの実行中に，現在は不要となった計算機プログラムの部分によってそれまで占有されていた記憶域に，計算機プログラムの区分をロードすること．

オーバーレンジ over range
①機器において，入力信号値が調整された測定範囲を超えている状態．②有効範囲の上限を超えて測定できる範囲．通常，有効範囲の上限値の百分率で表される．

オーバーレンジの限界 over range limit
性能に損傷または永久変化を生じさせることなく，機器に印加できる最大入力．

オフ off
＝開．

オフアラーム OFF alarm
警報状態において警報接点が開になる方式．

オブザーバ observer
状態観測器ともいい，対象の状態を，対象のモデルに基づいてその入出力信号から推定する方法または装置．（⇒カルマンフィルタ）

オプショナルブロックスキップ optional block skip
ブロックデリートともいい、ブロックの最初に機能キャラクタ、/を付加して、このブロックを選択的に飛越しできるようにする機能。手動で、この機能を有効にするか、無効にするかを選択する。

オフィスコンピュータ office computer
一般的な事務所の環境で使用できる10進演算を基本とした事務処理用のコンピュータであって、基本機能として伝票発行および帳票作製機能を備えたダイレクトインプットにより操作でき、プログラムが簡単な機械の総称。

オフ位置 off position
＝ノーマル位置。

オフセット offset
①ステップ応答において、十分時間が経過して制御偏差が一定値に落ち着いたとき、なお残る偏差。すなわち、応答後の出力が定常状態に達しても目標値に等しくならず、ある程度は残る制御偏差(残留偏差)。比例動作ではオフセットは避けることができない現象で、オフセットの大きさは比例帯の幅に比例する。②ある波形の基準レベルが零レベルと異なっているとき、その波形はオフセットしているといい、その大きさは零レベルに対する基準レベルの振幅で表す。③定常偏差の同義語。

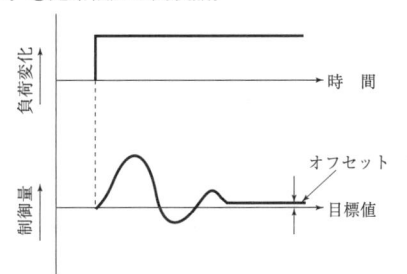

比例動作による制御結果[7]

オフディレータイマ off-delay timer
入力値が1から0に変化したとき、出力を指定した時間遅延させる機能ブロック。

オプトエレクトロニクス optoelectronics
＝(電子通信の)オプトエレクトロニクス。

オフライン off-line
機器とプロセスとが、プロセスが進行している実時間中に互いに関連しているが作用し合うことがなく、まはその一方が他方に作用を及ぼすことがない状態。

オフライン装置 off-line equipment
中央処理装置と直接に通信関係がない周辺装置または機器。

オープンセンタ open center
中立位置で圧力ポートが戻りポートまたは系統の他の部分に通じて、流れをバイパスしている切換弁の形式。

オープンセンタ系統 open center system
油圧系統で、使用されないときでも、作動流体が制御機器を通ってリザーバに戻る回路が成立している形式のもの。オープンセンタ系統には、通常、定容量形ポンプを用いる。

オープンセンタ弁 open-center valve
オープンセンタ形式のバルブ。これはオープンセンタ系統に用いる。

オープンニュートラル open neutral
中立位置でシリンダ(または負荷)ポートが互いに接続されて、戻りポートに通じている切換弁の形式。この形式の弁をオープンニュートラル弁という。

オープンループ open loop
＝開ループ。

オペランド operand
演算数ともいい、演算が行われる対象となるもの。

オペレーションガイド operation guide
目標値と現在値とを比較し、制御対象の目標値を表示し、操作の指針を与える装置。

オペレータ operator
工業プロセスまたはその制御装置の操作・監視を行う者。

オペレータインタフェース operator interface
オペレータが必要に応じて制御対象を手動制御したり、プラント状態を監視するために備えられた操作スイッチ類および状態表示装置類の総称。

オペレーターズコンソール operator's console
プロセスの運転用機器が取り付けられたコンソール。

オペレーターズステーション operator's station
分散形制御システムのオペレーターズコンソールとして用いられるインテリジェントステーション。

オペレーティングシステム operating system
OSと略称し，PCシステムの実行を管理するソフトウェア．

オームの法則 Ohm's law
均一の物質からなる導線の両端の電位差をVとするとき，これに流れる定常電流IはVに比例する．$V=I\cdot R$とおいたとき，Rを導体の電気抵抗という．

重み weight
位取り表現法における各数字位置の計数であって，各数字位置における文字によって表現される値にそれぞれの係数を乗じて加え合わせること，その表現における数の値が与えられるもの．

重み関数 wieghting function
①線形制御系またはその要素の単位インパルスに対する応答の時間関数をいう．これは線形制御系またはその要素のステップ応答の時間関数を時間で微分したものに等しい．②⇒インパルス応答

重み付き加算ユニット weighted summing unit
二つ以上の量を入力とし，それらの重み付き和を出力とする機能ユニット．

重み付き平均 weighted mean
重み$w_1, w_2, \cdots, w_n$をもつ測定値$x_1, x_2, \cdots, x_n$の重み付き平均は，次の式で表される．
$$\frac{\sum_{i=1}^{n} w_i x_i}{\sum_{i=1}^{n} w_i}$$
ここに，重み$w_1, w_2, \cdots, w_n$は負でない実数とする．

親目盛線 main scale mark
主要な目盛箇所に用いる目盛線で，長さ，太さなどを変えて他の目盛線と区別したもの．

オリフィス（絞り） orifice
長さが断面寸法に比べて比較的短い絞り．オリフィス絞りで発生する圧力降下は，流体粘度の影響をあまり受けない．（⇒チョーク絞り）

オリフィス板 orifice plate
管路内に挿入され，上流側と下流側に差圧を生じさせる指定の穴がある形状の流量センサ．

オリフィス流量計 orifice flowmeter
差圧式流量計の一種で，流体の流れる管の途中にオリフィスを入れて，その前後の圧力差から流量を測定する流量計．

オルザットガス分析器 Orsat analyzing apparatus
1個のビュレットと数個のガスピペットからなる携帯用ガス分析器．吸引法によって気体混合物中の二酸化炭素，酸素，一酸化炭素および窒素の含有量を測定する．

オールスピード調速機 all-speed governor
可変調速機，全速調速機ともいい，機関の使用範囲内の任意の回転数に調速できる調速機．

オルタネート表示 alternate display
⇒多現象オシロスコープ．

折　線 broken line
ボード線図のゲイン線図を何本かの線分で近似することがある．こうして得られた折れ曲がった線を折線とよび，この近似を折線近似とよぶ．そしてこの折れ曲がる点を折点という．この折点に対応する周波数を折点周波数という．

終わり符号 end code
情報の終了を検出するために設ける記号．

オ　ン on
＝閉．

オンアラーム ON alarm
警報状態において警報接点が閉になる方式．

オン位置 on position
位置の数が二つのバルブで，操作のための外力または信号が働いているときの弁体の位置．

オン・オフ on-off
＝入・切．

オンオフサーボ形制御動作 ON-OFF servo control action
各位置動作の調節器において，操作部の操作量をフィードバック信号として閉ループを構成する制御動作．

オンオフサーボ系 on-off servo system
閉ループの前向き経路にオン-オフ特性をもたせたサーボ系．

オンオフ式レベル計 on-off type leve meter
被測定物の表面高さが所定の位置の上にあるか下にあるかを検出する方式のレベル計．線源の減衰や，検出器，回路部などの特性変化の影響を受けにくい．

オン・オフ制御 on-off control
制御偏差が設定値に対して正であるか負であるかによって，操作量が動作信号に応じて二つの定まった値のいずれかをとる制御．すなわち，制御動作が二つの定まった状態だけで行われる制御方式．この制御では動作すきまを設ける．

サイクリングを生じる欠点がある.

オン・オフ制御回路 ON-OFF control circuit
制御動作が,弁の開閉のような二つの定まった状態だけをとる制御回路.

オンオフ調節器 on-off controller
二つの異なる出力値の一つが,ゼロである2位置調節器.

オンオフ動作 on-off action
①位置の一つをゼロとする2位置動作,②操作量または操作量を支配する信号が,入力の大きさにより二つの定まった値のどちらかをとる動作.オンオフは全開,全閉を意味するが,必ずしも全開,全閉とならない場合もオンオフ動作とよばれる.(⇒比例動作)

オンオフ弁 on-off valve
オン・オフ制御で使用される自動作動弁の総称.電磁弁が広く用いられる.

音響カプラ acoustic coupler
イヤホンやマイクロホンの校正に用いる,所定の形状および容積の空洞をもつカプラ.

音声応答装置 audio response unit
音声信号で応答する出力装置.

音声自動認識 automatic speech recognition
音声を,工学的手段によって,対応する記号列に変換すること.

オンディレータイマ on-delay timer
入力値が0から1に変化したとき,出力を指定した時間遅延させる機能ブロック.

温度圧力補正 temperature/pressure correction
温度および圧力が,その基準値から変動したために生じた測定値への影響を補正すること.

温度検出器 temperature sensor
温度に応じた電気信号または空気圧力信号などの出力を発生する機器.

温度指示伝送器 indicating temperature transmitter
液体または気体圧力式の温度エレメントと組み合わせて現場で温度を指示すると同時に空気圧変換・伝送を行う伝送器.

温度スイッチ temperature switch
温度が規定値に達したとき動作する温度検出スイッチ.

温度制御 temperature control
制御対象の温度を,ある目標値に一致させるための制御.

温度制御装置 temperature controls
温度制御を行う装置.

温度センサ temperature sensor
テンパレチャセンサともいい,温度を感知するセンサの総称.

温度調整器 temperature regulator, temperature controller
設定温度と温度検出器の受感温度との差を補正する信号を温度制御弁などに出力する機器.

温度調整弁 temperature regulating valve
温度を検出する機構によって,熱媒または冷媒流体を調整し,温度を一定に保持する調整弁.

温度調整リレー temperature regulating relay
機器,システムが正常な動作状態から離脱したことを検出し,適当な装置の動作によりこれを正常状態に戻す機能を有するリレー.

温度調節器 temperature controller
温度を感温筒の媒体変位などによって検出し空気または電気信号に変換し,調節弁などを制御して温度を調節する機器.

温度調節弁 temperature control valve
温度を調節する調節弁.

温度定点 fixed point of temperature
温度目盛の基準となる温度.国際的に表に示すように物質の凝固点,沸点が用いられている.

温度定点 (JIS K 0215)

定義定点	絶対温度(K)	セルシウス度(℃)
平衡水素の三重点	13.81	−259.34
平衡水素の17.042K点	17.042	−256.108
平衡水素の沸点	20.28	−252.87
ネオンの沸点	27.102	−246.087
酸素の三重点	54.361	−218.789
酸素の沸点	90.188	−182.962
水の三重点	273.16	0.01
水の沸点	373.16	100
スズの凝固点	505.118	231.968
亜鉛の凝固点	692.73	419.58
銀の凝固点	1235.08	961.93
金の凝固点	1337.58	1064.43

温度伝送器 temperature transmitter
気体圧力式感温体を用いて温度を測定し,力平衡機構によって空気圧信号に変換する伝送器.

温度変換器 temperature transducer
温度センサからの温度に関連した電気信号を,統一信号に変換する変換器.

温度補償付き流量調整弁(油圧) pressure-temperature compensated flow control valve (hydraulics)
流体の温度変化にかかわりなく，流量を所定の値に保持する流量調整弁．

温度リレー temperature relay
規定の温度で動作するリレー．

音　波 sound wave, elastic wave
弾性媒質中における，圧力，応力，粒子変位，粒子速度などの振動，およびこれらの振動の伝搬現象．

オンライン on-line
機器とプロセスとが，プロセスの進行している実時間中に互いに作用し合ったり，またはその一方が他方に作用を及ぼすような状態．

オンライン計測 on-line measurement
測定器と計算機とを直結して計測すること．

オンライン装置 on-line equipment
中央処理装置の制御下にあって，現在の作動情報が発生と同時にデータ処理装置に導かれるようなコンピュータおよびその周辺装置．

オンラインプロセスクロマトグラフ on-line process gas chromatograph
定期的にプロセスの混合物をサンプリングし，ある化学的混合物の1種類以上の成分濃度を繰り返し測ることができ，この濃度値を伝送するガスクロマトグラフ．

オンライン分析 on-line analysis
化学プロセスなどにおいて，測定対象からの分析試料の採取，分析部への導入，分析，記録・伝送を行う装置による連続分析．

か

過圧防止安全装置 pressure relief device
安全弁，逃し弁，破裂板，過圧自動停止装置などの圧力容器の内圧（外圧）が所定の圧力を超えた場合に，危険を防止するため，自動的に直ちに所定の圧力以下にする装置．

開 off, open
オフや切ともいい，回路を開くこと．開閉装置をもつ機器の開閉部分が不導通状態にあること，およびその動作をいう．（⇒開路）

解 solution
問題の条件を満たす答，すなわち代数方程式の根，微分方程式を満たす関数，地図の塗り分けのように所定の条件を満たす組合せなど．解は，二次方程式の根の公式のように，解析的に明示できるもの，グラフのオイラー閉路のように，求める手順を明示できるもの，高次代数方程式の根のように，解の存在は保証されているが，それを求めるには数値計算によらざるを得ないもの，NP 完全問題のように，問題の規模が大きくなると解の存在の判別自体が困難なものなど，さまざまな様相がある．

開位置 open positon
入口（圧力ポート）が出口に通じている弁体の位置．

外因損失時間 environmental loss
機能単位の外部の障害に起因するダウン時間．

外界計測機能 external measuring function
対象物体や障害物など，ロボットの外界の計測に関する状態．

開回路 open loop
＝開ループ．

回帰線 regression line
変数 $x_1, x_2, \cdots, x_p$ を固定したとき，変数 y の母平均 μ がこれら $x_1, x_2, \cdots, x_p$ の関数で表されるとき，これを $x_1, x_2, \cdots, x_p$ に対する y の回帰関数（regression function）という．特に，μ が，$x_1, x_2, \cdots, x_p$ の一次式で表される場合，これを $\mu=\beta_1 x_1+\beta_2 x_2+\cdots+\beta_p x_p$ とすると，β_i を x_i に対する y の回帰係数（regression coefficient）という．特に μ が 1 変数 x の関数で表される場合が回帰線である．この場合，x に対する y の回帰線と y に対する x の回帰線とは一般に一致しない．

回帰分析 regression analysis
変数 $x_1, x_2, \cdots, x_p$ を固定したとき，確率変数 y の期待値が $x_1, x_2, \cdots, x_p$ の多項式で表される場合，その中の係数またはその多項式自身について推定・検定を行うこと．この多項式を回帰式という．変数がただ一つで一次のときは単回帰，二次以上のときは曲線回帰，変数が二つ以上のときは重回帰という．手法としては最小二乗法を用いる．

階級制御 hierarchy control
＝ハイアラーキ制御．

開極時間（リレーの） contact opening time (of relay)
リレーにおいて，入力の所定の変化に対応して閉路状態の接点が開路するまでの時間．

改行 line feed
LF と略称し，動作位置を同一キャラクタ位置のまま次の行に進める書式制御キャラクタ．

会計機 accounting machine
会計器 3 個以上をもち，加減算だけを行うとともに記帳をも行う会計機械．

会計機械 accounting machine
主として記帳作表を行うもので，計算と作表の制御機構をもつ機械．紙テープせん孔機，カードせん孔機，磁気元帳などによる入出力機構付きのものも含む．

下位語 narrower term
階層関係の中で，下位にある用語．（⇒上位語）

開差率 percentage of deviation
表示数値と測定数値との差の，表示数値に対する百分率．

界磁 field system
直流機および同期機において，界磁極・界磁巻線・継鉄を含めた界磁束を発生させる部分の総称．

外字 external character
内字および準内字以外の図形文字であって，外字番号または外字符号で指定されたもの．

界磁スイッチ field switch
放電接点をもった界磁回路用スイッチ．

界磁制御 field control
主電動機の界磁電流を変化させて行う主電動機の電流,電圧,回転速度およびトルクの制御.

界磁チョッパ制御 field chopper control
チョッパによる界磁制御.

外字番号 external character number
個々の外字を識別するために付ける番号.

外字符号 external character code
個々の外字を識別するために付けた符号であって,外字符号指定(EXC)とともに用いられる.

解釈する to interpret
計算機プログラムにおける原始言語の命令文を,次の命令文の翻訳および実行の前に,一つずつ翻訳し実行すること.

解釈プログラム interpretive program
インタプリタ(計算機のプログラミングにおける)ともいい,解釈するために使われる計算機プログラム.

解 除 cancel release
指示した機能を停止させること.

階 乗 factorial
1から与えられた整数までのすべての自然数の積.

解除時間 release time
制御装置に作用する操作力の解除の始まりから,制御動力が失われるまでの時間.

回生制動 regenerative braking
電動機を発電機として動作させ,運動エネルギーを電気エネルギーに変換して電源に送り返す電気制動.

回線交換 circuit switching
要求のたびに二つ以上のデータ端末装置を接続し,その接続が解放されるまで,それらの間のデータ回線を排他的に使用させるような処理過程.

階層形計算機ネットワーク hierarchical computer network
制御機能が階層的に構成され,データ処理ステーション間に分散できる計算機ネットワーク.

階層関係 hierarchical relation
二つの用語または類どうしの形式関係であって,一方が他方に対して下位にあるもの.

階層制御 hierarchy control
制御システムが階層的に構成されている分散制御方式.

階段波 staircase
同一極性のステップが,ある時間間隔をおいて連続している波.

階段波ランプ形 stepped ramp type
1ステップの大きさの一定の階段状電圧(階段波ランプ電圧)が,入力電圧(または零電圧)に等しくなったときから,零電圧(または入力電圧)に等しくなるまでの間のステップ数を計数する変換方式.

回転位置検出 rotational position sensing
RPSと略称し,読取りおよび書込みが可能な位置を示すためにディスクの位置を連続的に監視する方法.この技法では,読取り書込みヘッド位置を適切な同期信号と連続的に比較する.

回転機 rotating machine
＝回転電気機械.

回転計 tachometer
＝回転速度計.

回転数制御 rotational speed control
回転電気機械の回転速度を変化させて行う容量制御.

回転速度計 tachometer
回転計ともいい,回転軸の角速度を測定する装置.

回転電気機械 electric rotating machine
一般に回転機と略称され,回転部分をもち,電磁誘導作用に基づく,電力(無効電力を含む)の発生,変換もしくは変圧を行い,または電力を受けて機械動力を発生する電気機械.

回転パイロット弁 rotating pilot valve
フライホイールに連結してタービンの速度変化とともに上下し,制御油圧を変えて加減弁開度を調整するバルブ.

回転待ち時間 rotational delay
直接アクセス記憶装置の読取り書込みヘッドが,与えられたアドレスまたはキーに対応するトラック上の特定のレコードの位置に到達するのに必要な時間.

開度制限装置 gate limiting device, stroke limiting device
サーボモータピストンの動ける行程をある値までに止める装置.

χ^2 分布 chi-square distribution
確率密度関数をもつ分布.すなわち,確率密度関数
$$f(x) = \frac{x^{\phi/2-1}}{2^{\phi/2}\Gamma\left(\frac{\phi}{2}\right)}\exp\left(-\frac{x}{2}\right) \quad (0 < x < \infty)$$

をもつ分布．χ^2 分布は，自由度 ϕ によって定まる．

外部アクセス可能閉域利用者グループ closed user group with outgoing access
閉域利用者グループの一つであって，データ網伝送サービス内の他の利用者と通信することが許される機能を割り当てられている利用者を有するもの．相互運用設備が使用可能で他の交換網に接続されているデータ末端装置をもつ利用者を有するものまたはその両方．

外部影響量 influence quantity
一般に機器の外部にあって，機器の性能に影響を与えるすべての量．備考：①外部影響量には，環境，電源，負荷などに関する量がある．②外部影響量には，影響性能量は含まれない．

外部影響量による変動 variation
一つの外部影響量が相次いで二つの規定された値をとり，他はすべて標準状態にした場合，それぞれに対応する測定値または供給値との差．

外部影響量の標準値 reference value of an influence quantity
機器の固有誤差を決定するために，標準として規定した一つの外部影響量の単一の値．

外部影響量の標準範囲 reference range of an influence quantity
機器が固有誤差に関する条項を満足する外部影響量の値の範囲．

外部記憶（装置） external storage
補助記憶（装置）ともいい，入出力チャネルを通してだけ処理機構からのアクセスが可能な記憶装置．外部記憶装置は，周辺装置として考えてよい場合がある．

外部帰還 external feedback
調節器の負帰還演算回路に外部から信号を与えること．

外部帰還形 external feedback system
磁気増幅器において，出力の関数である制御磁化力を出力巻線とは別に設けた帰還線を用いて帰還する回路方式．

回　復 recovery
①データの転送中に発生した矛盾した状態または誤った状態を特定のデータステーションが解決する処理過程．②送信装置，受信装置または回線などの異常に起因して発生するこう着状態から抜け出すこと．

回復機能 recovery function
故障発生後，正常な動作を再び続けるために必要な機能．

回復不能誤り unrecoverable error
計算機プログラムにとって外部の回復手段を使用することなしには回復が不可能な誤り．

外部雑音の影響 influence of external noise
測定系の外部に存在する雑音源が測定系にもたらす影響の大きさ．

外部磁界 external magnetic field
外部設置環境の磁界の強さ（機器が自らつくる磁界とは異なる）．

外部磁界の影響 magnetic field interference
外部磁界が測定結果に影響を与える大きさ．

外部磁界の干渉 external magnetic field interference
外部磁界が，機器の動作に影響を与える現象．

外部スイッチ external switch
ハードウェアまたはソフトウェアの装置であって，作成者によって定義され，命名され，二者択一の状態のいずれかであることを示すために使用される．

外部設定 external setting
＝リモート設定．

外部端子 external terminal
ICとインタフェースをなす外部機器との間の電流連続性を確実にする伝導素子．

外部抵抗の影響 influence of external resistance
外部抵抗が測定結果に影響を与える大きさ．

外部データ external data
プログラム中で外部データ項目または外部ファイル結合子として記述されたデータ．

外部データ項目 external data item
実行単位中の一つ以上のプログラムにおいて外部レコーダの一部として記述されたデータ項目であって，そのデータ項目は，それで記述されたすべてのプログラムで参照できる．

外部データ入力機能 external data input
数値制御装置の外部からデータを入力することにより，プログラム番号サーチ，工具オフセットの量の書き換え，ワーク座標系の設定などができる機能．

外部データレコード external data record
実行単位中の一つ以上のプログラムにおいて記述されたレコードであって，それを構成するデータ項目は，それらが記述されたすべてのプログラムが参照できる．

外部同期 external synchronization, external triggering
　入力信号とは別の外部信号によって行う同期．

外部ファイル結合子 external file connector
　実行単位中の一つ以上の実行用プログラムにおいて参照可能なファイル結合子．

外部フィードバック external feedback
　調節器の負帰還演算回路に，外部から信号を与えること．

外部プログラムパラメタ external program parameter
　計算機プログラムにおいて，その計算機プログラムの呼出し時に設定されなければならないパラメタ．

外部リセット external reset
　調節器の外部から積分回路へ信号を与えること．

外部論理状態 external logic condition
　記号枠外部でとりうる入力または出力の論理状態．紛らわしくない場合は，単に外部状態とよぶ．（⇨内部論理状態）

回分プロセス batch process
　入出力が時間的に不連続であるプロセス．（⇨連続プロセス）

開平演算器 square root extractor
　差圧式流量計による流量の2乗に比例した信号を開平して流量比例信号を得る演算器．

開閉器 switch
　＝スイッチ．

開閉装置 switchgear
　電気回路を開閉する目的に使用される器具または装置の総称．

開平目盛 square-root scale
　開平表示の目盛．

　開平目盛（JIS B 0155）

開放弁 open valve
　流路を開放することを目的とするバルブ．

外　乱 disturbance
　制御系の状態を乱そうとする外的作用．すなわち基準量以外で，望ましくない，通常予測不可能な入力量の変化．

外乱検出系 disturbance detection system
　制御量の変化により外乱の影響を検出していたのでは遅れが大きい場合は制御不能になりかねない．このような場合，外乱を制御量変化として現れないうちに検出して主調節器の出力と合わせて操作量を調節する必要があり，このような系をいう．

外乱制御 disturbance control
　フィードバック制御は外乱を打ち消すような動作を行うが，プロセス制御では除去可能な外乱を取り除いておく方法がとられる．これを外乱制御といい，カスケード制御も同様の効果をもつ．

外乱補償 disturbance variable compensation
　単要素式制御では外乱が発生すれば制御困難となり，外乱が大きければ制御不能となる．この外乱の悪影響をできるだけ少なくする手段として，二要素式制御を用いること．

開ループ open loop
　開回路やオープンループともいい，フィードバック経路のない信号経路．

開ループゲイン open loop gain
　指定された周波数における，偏差入力の変化部分に対する帰還出力の変化分の絶対値の比．

開ループゲイン特性 open-loop gain characteristics
　周波数の関数で表す開ループゲインの特性曲線．

開ループ周波数特性 open-loop frequency response
　前向き経路（フォワードパス）要素と帰還経路（フィードバックパス）要素との周波数応答の積．

開ループ制御 open-loop control
　フィードバックループがなく，制御量を考慮せずに操作量を決定する制御．すなわち，信号の流れ経路が開いていて信号が循環しない制御系による制御．フィードバックが行われないので，制御結果は外乱の影響を大きく受ける．アナログ開ループ制御のほかに，2値論理制御およびシーケンス制御のような別の形式がある．（⇨閉ループ制御）

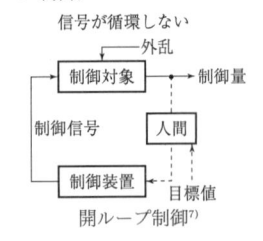

　開ループ制御[7]

開ループ伝達関数 open loop transfer function
①一巡伝達関数の同義語。②偏差入力と帰還出力との間の伝達関数。

解列 parallel off
並列運転を解く操作。

回路 circuit
素子の機能を結合して所要の信号または(および)エネルギー処理機能をもたせたもの。

開路 open circuit
不導通状態にある回路。(⇒開)

回路遮断器 circuit breaker
電気回路に障害が発生したとき，回路を自動的に遮断するもの。

開路接点 open contact
＝b接点。

回路素子 circuit element
電気回路や磁気回路などに使用される素子の総称。

会話形 conversational mode
計算機システムの操作形態の一つであって，利用者とシステムとの間で交互に取り交わされる投入および応答が，2者間の対話と同様の手段でなされるようなもの。

ガウス形パルス Gaussian pulse
波形 $y(t)$ が次式のようなガウス曲線に従うパルス。
$$y(t)=ae^{-b(t-c)^2}$$

ガウス雑音 Gaussian random noise
瞬時値がガウス分布をもつような不規則雑音。

ガウス分布 Gaussian distribution
＝正規分布。

カウンタ counter
①数値または数値の諸表現を収めるデータ項目であって，その数値に対して他の数値を加減したり，変更したり，破算したり，任意の正または負の値を設定したりできる。②計数器の同義語。

カウンタ回路 counter circuit
入力として加えられるパルス信号の数を計数し，記憶する回路。

カウンタバランス弁 counterbalance valve
負荷の落下を防止するため，背圧を保持する圧力制御弁。

カウント counting
＝計数。

火炎確立時間 flame-establishing period
点火動作の際にバーナより燃料が噴出(燃料遮断弁が開いた)した瞬間から，火炎検出器によって火炎が検出されるまでの時間。(⇒安全時間)

火炎擬似信号 flame simulation signal
＝擬似火炎信号。

火炎検出器 flame detector, flame sensor
フレームデテクタ，フレームセンサ，フレームアイ，炎検出装置ともいい，火炎の有無を検出する機器。すなわち，バーナなどの火炎の有無を検出し，これを電気信号に変換し，操作信号として送る火炎(燃焼炎)の監視を行う機器。火炎検出の機能により下表のごとくに分類される。火炎検出器は安全上，性能上，次に示す条件を必要不可欠とする。①あらかじめ定められた条件に適合する火炎のみ検出すること。②真の火炎と擬似火炎とを見誤らないこと。③電気信号を電気的に外乱から守って正しく伝送すること。

可観測性 observability
系の出力を，有限時間観測することによって，観測開始時の系のすべての状態変数の成分を知ることができるか否かという特性。

かぎ key
キーともいい，データ要素の集合に含まれる識別子。

書込みサイクル時間 write cycle time
分離した読取りと書込みのサイクルをもつ記憶装置において，連続する書込みサイクルの開始点の最小時間。

書込みヘッド write head
書込みだけが可能なヘッド。

火炎検出器の分類[7]

火炎の発熱を利用する方式──バイメタル式火炎検出器
火炎の導電性を利用する方式──フレームロッド
火炎の発光を利用する方式──電子管式火炎検出器─┬─光電管─┬─光電管火炎検出器
　　　　　　　　　　　　　　　　　　　　　　　│　　　　└─紫外線光電管火炎検出器
　　　　　　　　　　　　　　　　　　　　　　　└─光導電素子─┬─硫化カドミウムセル火炎検出器
　　　　　　　　　　　　　　　　　　　　　　　　　　　　　　└─硫化鉛セル火炎検出器

書き込む to write
記憶装置またはデータ媒体にデータを永久的または一時的に記録すること．読み込むおよび読み取ると，書き込むおよび書き取るとは，記述上の見方の相違にすぎない場合が多い．例えば，内部記憶から外部記憶へデータの1ブロックを転送することは，外部記憶に書き込む，内部記憶から読み取るまたはその両方を指すと考えてよい．

可逆計数器 reversible counter
有限個の状態をもち，おのおのの状態が数を表す機能単位であって，適当な信号を受け取ると，その数が1または与えられた定数だけ増加または減少するもの．計数器は，通常，一挙に，表している数を指定された値，例えば，ゼロにすることができる．

可逆変換器 bilateral transducer
入・出力端子間で，いずれの方向にも伝達が可能な変換器．可逆変換器は相反の原理を満足する．

可逆変換器 reversible transducer
電気系から音響系や機械系への信号変換，および音響系や機械系から電気系への信号変換の，両方の向きの動作が可能な変換器．

学習機能 learning function
装置が，使用者にとって適切な字句，機能などを，過去の使用頻度や順序などに基づいて自動的に選択する機能．

学習制御 learning control
過去の制御経験を基に，目的により良く合うように制御方式を変化させていく制御．

学習制御機能 learning control function
作業経験などを反映させ，適切な作業を行う制御機能．

学習制御ロボット learning controlled robot
学習制御機能をもつロボット．

角周波数 angular frequency
周波数に 2π を乗じたもの．いま，ある波の周波数を $f(\mathrm{Hz})$ とすると，角周波数 ω は，$\omega = 2\pi f(\mathrm{rad/s})$ である．

角振動数 angular frequency, circular frequency
振動数の 2π 倍の量．単位は rad/s．

拡 張 escape
ESC と略称し，制御機能を追加する場合に用いる特殊制御キャラクタで，次に続く有限個のビット組合せの意味を変える．

確 度 accuracy, limit of error
①規定された状態において動作する機器の測定値または供給値に対し，製造業者が明示した誤差の限界値．②指定された条件における誤差限界で表した計測器の精度．③直値からのかたよりの小さい程度を示す度合．誤差の絶対値で表す方法と測定値に対する誤差の比率で表す方法とがある．

確 認 identification, confirmation
検出し判定すること．

確認運転 verification run
教示後ロボットの作業を確認する目的で，当該作業の全体または一部を実行させること．

確認(プリミティブ) confirm primitive
サービスアクセス点において要求(プリミティブ)によって以前に要請された手順を完了させるために，サービス提供者が発行するプリミティブ．確認と応答とは，その状況に応じて肯定または否定の2種類がある．

角変換器 angular trunsducer
回転運動のある特性を測定するように設計された変換器．

確率系 stochastic system
確率的な不確かさが伴う系．

確率変数 random variable
どのような値をとるかが，ある確率法則によって決まる変数．とることができる値が離散的であるか，連続的であるかによって，それぞれ離散形確率変数，連続形確率変数という．

確率密度関数 probability density function
確率変数 X について
$$P_r(a<X<b)=\int_a^b f(x)dx \quad (a,\ b は任意の実数)$$
と書けるとき，$f(x)$ を X の確率密度関数という．

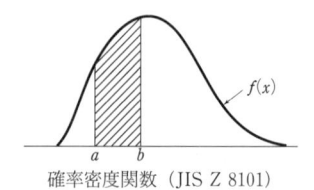

確率密度関数 (JIS Z 8101)

下限警報 low alarm
下限値を限界条件とする警報．

加減算器 adder-subtracter
受け取った制御信号に応じて加算器または減算器として動作する機能単位．加減算器は，和

と差とを同時に出力するように構成することができる．

下限制限制御 low limiting control
プロセス量が，設定された下限より下がったときにだけ，その動作が効力を生じる制限．（⇒上限制限制御）

下限設定 low limit setting
警報装置または信号リミッタにおいて下限の設定値を設定すること．

加減速度電動機 adjustable-speed motor
定速速度電動機の一種で，その回転速度を広範囲に加減できる電動機．

加減弁 governing valve
＝蒸気加減弁．

加減弁開度計 cam angle indicator, cam angle recorder, governor valve position recorder
タービンの加減弁駆動機構にすべり抵抗などを付け，加減弁の開度を指示または，指示・記録する計器．

下降時間 pulse drop-off time, pluse decay time
パルスの値が最大値に対して指定された大きいほうの値から小さいほうの値にまで下降するのに要する時間．

重ね合わせの理 principle of superposition
線形回路網の中に多数の起電力があるときの回路網の中の電流の分布は，各起電力が単独に存在したときの電流を重ね合わせたものに等しい．

重ね記録 over write recording
記録された信号を消去せず，その上に新しく信号を記録する方法．

加算器 adder, summer
①二つ以上の量を入力とし，それらの代数和を出力とする機器．②入力データで表現される数の和を出力データとして表現する機能単位．

加算機 adding machine
加減算を主として行う計算機械．作表できるものも含む．

加算機式計算器 calculator with arithmetic logic
計算器の一種であって，各オペランドの入力後に演算記号を与えるように内部回路を構成したもの．加減算と乗除算を組み合わせるのに，必要に応じて中間結果を保存しながら演算する場合がある．

加算積分器 summing integrator
入力アナログ変数を加重加算し，時間に関して，または他の入力アナログ変数に関して積分した出力アナログ変数を得る演算器．

加算点 summing point
信号を，代数的に加算する結合点．備考：①機能線図の中の加算点は，主に円記号表示とする．②代数記号の記述位置は，加算点への入力線の右側とする．

加算平均 averaging
繰り返される信号を重ね合わせ，それを総数で割る操作．雑音に理もれた信号を抽出することなどに使われる．

貨車自動仕訳装置 automatic car classification device, automatic wagon sorting device
操車場で転動する分解貨車の進路を自動的に設定する装置．

ガス圧力スイッチ gas pressure switch
ガス圧力が所定圧力範囲の高圧値また低圧値になったとき作動する圧力スイッチ．

ガス圧調整弁 gas pressure regulator
ガバナともいい，ガスの供給圧力を一定圧に制御保持するバルブ．

加　数 addend
加算において，被加数に加えられる数または量．

ガスクロマトグラフ gas chromatograph
サンプルの成分が分析用の吸収カラムで分離され，逐次成分別に検知されるガス分析計．

ガスクロマトグラフィー gas chromatography
移動相として気体を用いるクロマトグラフィー．

ガス警報装置 gas warning system
ガスを検知するセンサからの信号が警報部へ送られ，ガス濃度が設定値以上になった場合にリレー回路が作動し，ランプまたはブザーで警報を発する装置．

カスケード制御 cascade control
ある調節器の出力信号が，他方の調節器の目標値を決定する制御．すなわち，フィードバック制御系において，一つの制御装置の出力信号によって，他の制御装置の目標値を変化させて行う制御．カスケード制御方式の利点は，①制御量の間に希望するような関係を保たせることができる．②二次制御量の上限，下限を正確に制限することができる．③負荷変化を減少する

ことができる．④実効時間遅れを減少するよう改善できる．などがあげられる．(⇒測定制御)

カスケード設定 cascade setting
カスケード制御において後の調節器に与えられる設定．

ガス遮断弁 gas emergency trip valve
ガスを遮断するバルブ．

ガス燃料遮断弁 fuel gas shut-off valve
ガスバーナの近くに設ける燃料遮断弁(緊急遮断弁)．ガス燃料の特性上の危険防止の見地から開くときは徐々に，異常事態により閉止する場合は瞬時に閉弁させる必要があるので，主に液動電磁弁または機械駆動式遮断弁が用いられる．なお，ガス燃料遮断弁は2個を直列設置による二重遮断方式としなければならない．

ガス濃度計測器 gas concentration measurment
混合ガス中の成分ガスの濃度を測定する計器で，連続指示または記録機能をもつ．検出部のセンサには，電気化学的方法，光学的方法，電気的方法などさまざまな方式がある．

ガス分析器 gas analyzer
燃焼ガス中の炭酸ガス(CO_2)または酸素(O_2)を定量するための分析器．

ガス分析計 gas analyzer
2種類以上の成分をもった混合ガスの組成を分析する機器．

ガス量調節弁 gas regulating valve
比例制御方式のガスバーナにおいて，ガスバーナへの供給ガス量の増減を信号に応じて自動制御するバルブ．ガス燃料の特性，弁抵抗の少ないバタフライ弁が用いられ，その開閉操作はコントロールモータなどによって行われる．

可制御性 controllability
系の状態を，適切な操作によって，有限時間内に，任意の状態から別の任意の状態に移動させることができるか否かという特性．

過制動 over damping
①オーバダンピングともいい，回路の応答で振動する成分が抑圧されて存在しないこと．②制動比が1より大であるときの制動をいう．

仮想アドレス virtual address
仮想記憶における記憶場所のアドレス．

仮想記憶 virtual storage
計算機システムの利用者にとってアドレス可能な主記憶装置とみなしうる記憶空間であって，仮想アドレスが実アドレスへ写像されるもの．仮想記憶の大きさは，計算機システムのアドレス指定方式および使用可能な補助記憶装置の量によって制限され，主記憶場所の実際の量によって制限されない．

画像処理 image processing
①光，超音波，電磁波などを用いて得られた画像データを処理し，必要な情報を抽出すること．②計算機による図形処理．

加速度検出装置 acceleration relay
＝加速度リレー．

過速度制限設定回転速度 setting speed of over-speed limitting device
ある速度を超えると，過速度制限装置が作動する回転速度．

過速度制限装置応答時間 response time of over-speed limitting device
過速度制限装置の作動について信号を受けてから作動を始めるまでの時間．

加速度設定器 acceleration setter
タービン起動時に目標加速度を順次に設定し，タービンの加速度が目標値と一致するように制御する装置．

加速度調速装置 acceleration governor
タービンの加速を制限する装置の一つで，運転中，加速度が規定値以上になったとき，それを検出して作動するガバナ．

過速度トリップ overspeed trip
タービンの過速によってトリップ装置を作動させること．

加速度ピックアップ acceleration pickup
入力加速度に比例する出力(通常は，電気的)を発生する変換器．

過速度防止装置 overspeed control device, overspeed protective device
ロータが過速して，ある設定した速度に到達した場合に過速度防止系を作動させる制御要素またはトリップ要素．過速度調速機または過速度トリップ装置がある．

加速度リレー acceleration relay
加速度検出装置ともいい，蒸気加減弁またはインタセプト弁駆動機構中にあって，規定値以上の加速度を検出して加減弁またはインタセプト弁を急に閉鎖する機構．

カソード cathode
＝陰極．

カーソル cursor
表示装置の画面上の次の操作位置を指示するために用いられる可動で，かつ可視な標識．

片方向通信 oneway communication
あらかじめ指定された方向にデータが転送されるデータ通信.

かたより bias
測定値の母平均から真の値を引いた量.(⇒正確さ②)

合致法 coincidence method
目盛線などの合致を観測して,測定量と基準として用いる量との間に一定の関係が成り立ったことを知り,測定する方法.

カットアウト cut-out, unloading
アンロード弁などで圧力源側を無負荷にすること.この場合の圧力をカットアウト圧力という.

カットアウト圧力 cut-out pressure, unloading pressure
⇒カットアウト.

カットイン cut-in, reloading
アンロード弁などで圧力源側に負荷を与えること.この場合の圧力をカットイン圧力という.

カットイン圧力 cut-in pressure, reloading pressure
⇒カットイン.

カットオフ cut-off
ポンプ出口側圧力が設定圧力に近づいたとき,可変吐出し量制御が働いて流量を減少させること.

カットオフ電圧 cut-off voltage
遮断電圧ともいい,陰極からの電子流を定められた低い値(一般の測定ではゼロ)とするために加えられる電極電圧.

加電圧 applied voltage
印加電圧ともいい,負荷の両端に加えられている電圧.

過電圧継電器 overvoltage relay
電圧が基準設定値以上になると動作し,電気回路を過電圧から保護または除去する保護継電器.

過電流開放器 over-current release
負荷電流が設定値を超えたとき,即時または時間遅れをもって,回路を開放するように動作する保護装置.

過電流継電器 overcurrent relay
電流が設定値以上になると動作し,短絡および過負荷保護に使用される継電器.瞬時性のものと限時特性のものがある.

過 渡 transition
=遷移.

かど corner
コーナともいい,波形の特徴を示すもので勾配の不連続点または波形上の曲率最大の領域をいう.かど領域は特定の時間もしくは振幅,または両者を端点として指定する.

カード card
一定の形状寸法を有するカードで,これに一定の規則に従ってせん孔を行い,文字,数字または記号などを記録し,データ処理組織において情報の媒体として用いるもの.

可動形素子 moving part device
機械的に動く部分に用い,流体の流れで流体の挙動を制御する比較的小形の素子.

可動コイル計器 permanent-magnet moving-coil instrument
固定された永久磁石と可動コイルからなり,コイルを流れる電流と永久磁石の磁束との間の電磁力によってコイルが駆動される計器.

可動磁石式アンメータ moving coil type ammeter
可動磁石と磁界を利用して電流を指示する計器(アンメータ).

可動接点 moving contact
開閉機構をもつ電気機器で接触部,接点のうちで可動側にある接点接触部分.(⇒固定接点)

可動鉄片計器 moving-iron instrument
可動鉄片が,固定コイルを流れる電流,または固定コイルの電流で励磁された固定鉄片によって駆動される計器.

可動鉄片式アンメータ moving vane ammeter
可動鉄片式電流計ともいい,可動鉄片と磁界を利用して電流を指示する計器.

可動鉄片式電流計 moving vane ammeter
=可動鉄片式アンメータ.

過渡応答 transient response
入力信号が,ある定常状態から任意の時間的変化を経て,ある定常状態になったとき,指示値,表示値または出力信号が定常状態に達するまでの応答.任意の時間的変化としては,インパルス,ステップなどの変化が用いられる.過渡応答は制御系の動特性を評価する手段の一つで,ステップ応答,インパルス応答,ランプ応答などがこれに含まれる.

過渡区間 transition segment
=遷移区間.

過渡現象 transient phenomena
電子機器や電気回路では,入力が変化してか

ら一定の状態になるまでには時間がかかり，その間の変化の過程は図のようにいったん行き過ぎてから，減衰振動をしながら定常状態に落ち着く．このように，ある定常状態から他の定常状態に移る(落ち着く)までの現象．

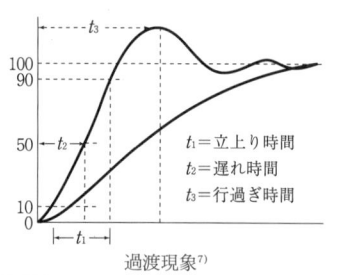

過渡現象[7]

過渡時間 transition duration
＝遷移時間．

過渡状態 transient
二つの定常状態を推移する間の変量の変化状態．

過渡振幅 transition amplitude
＝遷移振幅．

ガード付き入力 guarded input
遮へいをもつ入力回路方式で，その遮へいは，接地および共通点端子から絶縁され，しかも信号を伝達する導体の一つと同電位になるように構成された方式．

過渡特性 transient characteristics
定常状態にある系が，入力の変化によってかく乱を受け，次の定常状態に達するまでの過渡状態に呈する特性で，過渡応答によって表される．

かどひずみ corner distortion
コーナひずみともいい，特定なかど領域内における波形の基準波形に対する振幅偏差．特に規定がない限り基準波形のパルス振幅に対する比で表す．

過渡偏差 transient deviation
変量の瞬時値と最終定常値との差．

過渡行過ぎ量 transient overshoot
オーバーシュートともいい，ステップ応答において，出力が最終定常値を超えた後，最初にとる極大値の最終定常値からの隔たりを最終変化量の百分率で表したもの．(⇒ステップ応答時間)

カード読取り装置 card reader
せん孔済みカードの孔を読み取るかまたは検出して，データを孔パターンから電気信号に変換する入力装置．

カドラント quadrant
＝四分区間．

可能解 feasible solution
一定に制約条件を満たすもののなかから，ある評価基準を最大(または最小)にするものを求める最適化問題において，最適かどうかはともかく，制約条件はすべて満たすものが存在すれば，それを可能解という．

ガバナ gas governor
＝ガス圧調整弁，調速機．

ガバナ運転 speed governing operation
電力系統の周波数制御で，負荷変動を調速装置の作用によって吸収して行う運転．

過負荷運転 overload operation
定格出力以上での運転．

過負荷継電器 overload relay
過負荷を保護するための過負荷検知の継電器．

カーブフォロア curve follower
曲線で表されたデータを読み取る入力装置．

カプラ coupler
電気音響変換器や電気機械変換器の校正または試験を行うために，二つの変換器を結合する装置．

壁効果 wall effect
計数管などにおいて，壁の存在による測定結果への影響．検出器の寸法，壁の厚さや材質，被測定粒子のエネルギーなどに依存する．

可変ゲイン PID 制御 variable gain PID control
操作量，設定値，測定値，制御偏差などの値に基づいて補償ゲイン(P, I, D)を演算し，この補償された制御パラメタで PID 演算を行い制御出力とする PID 制御方式．

可変構造制御 variable structure control
制御対象の状態または変数の値に応じて，二つ以上の制御演算要素を切り換えることによって，制御構造を変えることができる制御方式．備考：①代表的なものとして，制御構造を変える切換え面上を制御対象の状態が振動および滑り動作を行いながら移動して制御目的を果たす，すべり状態制御が知られている．②制御対象の特性変動に対する強健性の向上を図ることが可能であり，変数の全動作範囲では非線形制御となる．

可変シーケンスロボット variable sequence robot
　設定情報の変更が容易にできるシーケンスロボット．

可変増幅管 variable mu(μ) tube, remote cut-off tube
　制御グリッドのバイアス電圧の選び方によって増幅定数が大きく変化するようにつくられた真空管．

可変調速機 variable speed governor
　＝オールスピード調速機．

可変抵抗器 variable resistor
　機械的な手段によって抵抗値を変えることができる抵抗器．

可変容量形スタータ variable displacement starter
　スタータとしての作動中，押しのけ容積が自動的に変えられる油圧スタータ．通常，流量が所定の最大値を超えないようにする．

可変容量形ポンプ variable displacement pump, variable delivery pump
　①1回当たりの理論吐出し量を変えられる油圧ポンプ，ポンプ．②押しのけ容積を変えることによって，回転速度と無関係にその吐出し量を制御できるポンプ．

可変容量形モータ variable displacement motor
　1回当たりの理論流入量が変えられる油圧モータ，空気圧モータ．

加法標準形 disjunctive canonical form
　論理関数 $f(x_1, x_2, \cdots, x_n)$ を論理積の和の形式で表現すること．(⇒乗法標準形)

可飽和リアクトル saturable reactor
　磁心と巻線とからなり，磁心の非直線特性を利用し，制御磁化力を加えることによって巻線に流れる交流を変化させる装置．

カム cam
　回転軸に取り付けた特殊な形状の外周をもつ円板または円筒．カムの回転により外周の変化を，接触して動く接触子の一方向への動きを変えて，所要のタイミングの制御動作を発生させることができる．(⇒カム式タイマ)

カム形制御器 cam type controller
　＝カム軸制御器．

カム式タイマ cam timer
　タイマモータの回転軸に多数のカム接点を取り付け，カムとマイクロスイッチなどのローラと接触を介してマイクロスイッチを動作(開閉)させるわけで，希望するシーケンスに合わせて必要数のカムと同数のタイミングを設定し，カム軸制御器とし，主にリレー回路における自動発停のシーケンス回路に用いられる．カムの形状，カム数などの組合せにより各種の論理回路をつくることができる．

カム軸 cam shaft
　カムをもつか，カムを取り付ける軸．(⇒カム式タイマ)

カム軸制御器 cam shaft controller
　カム形制御器ともいい，カム軸を用いた主回路の制御器．すなわち，カム式タイマによって開路，閉路される接触部を有する制御器．

カム式シーケンス回路 cam sequence circuit
　カム軸制御器とリミットスイッチを組み合せて構成されたシーケンス回路．

カムスイッチ cam-operated switch
　取っ手を回して，コンタクトエレメントの内部に設けられたほぼ円板状のカムを動かして，接触子を開閉する制御用操作スイッチ．

カム操作弁 cam operated valve
　カムによって操作されるバルブ．

カムリング cam ring
　ベーン，ラジアルピストンまたはモータを用い，ベーン，ピストンの往復運動を規制する案内輪．

ガラス水位計 glass water gauge
　ガラス管またはガラス板を用いて，水位を目で見ることができるようにした構造の水位計．毛細管現象による弊害を防ぐために，ガラス管の内径は 10 mm 以上とする．

借り数 borrow digit
　ある数字位置の差が算術的に負のときに生じ，他での処理のために送られる数字．位取り表現法においては，借り数は次の大きい重みをもつ数字位置へ送られる．(⇒循環借り)

仮命令 presumptive instruction
　あらかじめ決められた方法に従って修飾されるまでは有効命令にならない命令．

カルノー図 Karnaugh map
　重なった部分長方形で描かれた変数の論理関数の長方形図表であって，重なった長方形の各交差は論理関数の一意的な組合せを表し，かつすべての組合せに対して交差がつくられたもの．

カルマンフィルタ Kalman filter
　雑音の平均的大きさ(分散値)を考慮して，最

適設計されたオブザーバ.

感圧制御弁 pressure sensitive control valve
圧力を検知して，各種制御装置の信号圧力を制御するためのバルブ．

含意素子 IF-THEN gate, IF THEN element
ブール演算としての含意演算を行う論理素子．

感温部 therms sensor
感熱部ともいい，室温，燃焼ガスなどの温度を検出する部分．

間　隔 space
①動作位置を同一行で1キャラクタ分前進させる特殊機能キャラクタ．間隔は機能キャラクタとも印字しない図形キャラクタともみなされる．②何も表示されない図形をもち，語を区切ったり，空白を埋めたりするのに用いる特殊文字．

間隔時計機構 interval timer
指定された長さの時間が経過すると，割込み信号を発生する装置．

感覚制御 sensory control
感覚情報を用いるロボットの動作の制御．

感覚制御ロボット sensory controlled robot
感覚情報を用いて，動作の制御を行うロボット．

環　境 environment
そのソフトウェアが作動するハードウェアおよびソフトウェアの構成をいう．例えば，ソフトウェアの設計に際して，対象とした計算機，オペレーティングシステム，その他のソフトウェアおよび周辺装置の種類．

環境記述 environment description
プログラムの部分ではないが，プログラムの実行に関する事項を記述する言語構成要素．例えば，機器の特性，ファイルの特性，他のプログラムのインタフェース．

環境教示 environment teaching
ロボットにその環境条件を教示すること．

環境誤差 environmental error
環境条件のそれ以外のパラメタが基準値に保たれているとき，ある一つのパラメタ(温度，電源など)が変化することによって受ける誤差の最大値．例えば，次のパラメタなど．温度誤差%/°C，電源電圧誤差 %/V，電源周波数誤差 %/Hz．

環境条件 environmental condition
周囲条件ともいい，機器が正常に動作するための周囲(温度，湿度，振動衝撃，爆発性，危険場所，じんあいなど)の条件．通常，呼称値と許容範囲とで規定される．

関係指示記号 relation indicator
連結している分類記号の要素の中で，一定の関係を指示する特殊なシンボル．

間欠動作 intermittent control action
サンプリング動作ともいい，制御動作が一定時間間隔で行われる(規則的に繰り返される)もの．

監　視 monitoring
＝モニタリング．

監視機器 monitoring hardware
系の運転状態を観察するための装置．システムは，機能の正常さを確かめるため，または異常を検知するために連続して監視される．

漢字コード kanji code
漢字の文字集合に適用した結果としてコード要素集合をつくるコード．

漢字コード化集合 kanji coded set
漢字の文字集合の要素からなるコード化集合．

監視場所 monitoring station
各機器の運転，作動状態を知るために必要な計器を1箇所に集めて監視する場所．

監視プログラム supervisory program, executive program
スーパバイザともいい，通常はオペレーティングシステムの一部であって，他の計算機プログラムの実行を制御し，データ処理システムの作業の流れを統制する計算機プログラム．

干　渉 interference
二つ以上の音波，光などの波が同位相の場合は重なり合って強まり，逆位相のときは打ち消し合って弱まるように，互に影響して生じる現象．

緩衝記憶(装置) buffer storage, buffer
データ転送特性が異なる二つの機能単位の間のデータ転送を可能にするために，一時的にデータを記憶する専用の記憶装置または専用の記憶領域．緩衝記憶装置は，データ転送をする二つの装置が互いに同期化されていない場合，一方が直列で他方が並列である場合，または転送速度が異なる場合に用いられる．

監視用キャラクタ monitoring character
データ転送において，送受信状態の監視を行

うために相互に伝送されるキャラクタ．例えば，伝送の順方向には，ポーリング，セレクション，状態識別，放棄，終結，中断などのキャラクタがあり，伝送の逆方向には，応答，中断，切断などのキャラクタがある．

干渉計　interferometer
光の干渉を利用して光路差その他を測定する器械．

環状計数器　ring counter
リングカウンタともいい，計数器の一種であって，素子が環状につながれ，通常，そのうちの1個の素子が他と異なる状態となっていて，入力信号を受けるごとに，この状態が一つ隣に移動するように構成されたもの．

緩衝装置　slow closing device
主にサーボモータを急閉するとき，無負荷開度付近からサーボモータの閉鎖速度を遅くする装置．

環状ネットワーク　ring network
ループともいい，すべてのノードが必ず二つの板をもち，任意の二つのノード間に必ず二つのパスがあるネットワーク．ノードはすべて閉じた線上にある．

感震計　acceleration seismograph apparatus
地震の加速度を検出し，加速度が一定値を超えると警報または制御信号を発する装置．水平，垂直の各方向専用のものがある．

関　数　function
従属変数の値が一つ以上の独立変数の値から，ある指定されたやり方で決まる数学上の対象であって，独立変数それぞれの領域内の値の各許される組合せに対して従属変数の値が二つ以上対応することはないもの．

関数手続き（プログラム言語における）　function (procedure)
実行のとき一つの値を生じる手続きであって，その手続き呼出しが一つの式の中でオペランドとして用いられるもの．例えば，関数 SIN は，SIN(X) によって呼び出されたとき $\sin X$ の値をとる．

（関数手続きの）副作用　side effect (of a function procedure)
関数手続きの実行によって引き起こされる外部的な作用であって，関数の結果の値を生ずる作用とは異なるもの．

関数発生器　function generator
入力アナログ変数のある関数に等しい出力アナログ変数を得る演算器．

関数変換器　signal characterizer
シグナルキャラクタライザともいい，入力信号をあらかじめ設定した関数に従って特性付けし，出力する機器．

慣性モーメント　moment of inertia
物体の，ある回転軸に関する慣性の大小を示す量で，その物体の微小部分の質量 dm と，それの回転軸からの距離 r の2乗の総和．すなわち

$$慣性モーメント\ J=\int r^2 dm (\mathrm{kg\cdot m^2})$$

間接アドレス　indirect address
多重レベルアドレスともいい，オペランドのアドレスとして取り扱われるデータ項目の記憶場所を指示するアドレスであって，必ずしもその直接アドレスでなくてもよい．

間接アドレス指定　indirect addressing
命令のアドレス部が間接アドレスを含むアドレス指定の方法．

間接形計測装置　indirect gauging
液面などを計測する装置の一種．タンク壁を貫通せず，かつ，タンクから独立している計測装置．（⇒密閉形計測装置）

間接教示　indirect teaching
ロボットは動かさずにデータ入力などの方法によって教示すること．

間接制御　indirect control
主幹制御器などによって制御回路を介し間接的に主回路の制御装置を作動して行う速度制御．

間接制御対象　indirectly controlled system
直接制御量の変化に応じて，間接制御量が変わるような制御対象の部分．（⇒直接制御対象）

間接制御量　indirectly controlled variable
直接制御量に起因する制御量を，フィードバック信号としない間接的な制御量．（⇒直接制御量）

間接測定　indirect measurement
測定量と一定の関係にある幾つかの量について測定を行って，それから測定値を導き出すこと．

間接パイロット操作　indirect pressure control
弁体の位置が，パイロット装置に対する制御圧力の変化によって操作される方式．

間接命令　indirect instruction
指定された演算に対するオペランドの間接ア

関節ロボット　articulated robot
動作機構が主に関節によって構成されるロボット．

完全接続ネットワーク　fullyconnected network
任意の二つのノード間に必ず枝をもつネットワーク．

還送差　return difference
フィードバック制御系において，目標値，外乱などループ外から入る外生信号の加わる直前でループを切断したときに，外生信号からその加わった直後までの伝達関数(すなわち1)から，外生信号から切断した直前までの伝達関数を引いた差．1+(一巡伝達関数) に等しい．

観　測　observation
ある事象を調べるために観察し，事実を認める行為．自然現象については，測定を意味することがある．

感　度　sensitivity
①計測器の入力変化に対する応答変化の比．感度は，入力の値によって変わる場合がある．②変換器における出力量と入力量との比．入力量，出力量の種類の選び方によって異なったものになるので，それらの種類，単位を明記する必要がある．③計測器が測定量の変化に感じる度合で，指示値または表示値の変化の，その変化を生じさせた測定量の変化に対する比で表す．振れ係数なども含めて感度ということがある．

感度関数　sensitivity function
①伝達関数 $G(s)$ に含まれるパラメータ a の変化に対する伝達関数の変化率 $dG(s)/da$．②系を構成する要素の伝達関数の変化に対する系の伝達関数の変化率．備考：a)制御対象の伝達関数 $P(s)$ の相対変化 $\Delta P/P$ に対する制御系の伝達関数 $W(s)$ の相対変化 $\Delta W/W$ の比のように，変化の代りに相対変化で考えることもある．b)制御対象 $P(s)$ と制御装置 $C(s)$ とからなる単一フィードバック制御系で，制御対象の伝達関数の相対変化 $\Delta P/P$ に対する制御系の伝達関数 $W(s)$ の相対変化 $\Delta W/W$ の比は，$\Delta P\to 0$ のとき $1/(1+P(s)C(s))$ となる．

感度係数　sensitivity
機器または装置の指示量の変化の，測定量の変化に対する比．

感熱部　therms sensor
＝感温部．

ガンマ線レベル計　gamma ray level measuring device
放射線源と検出器との間に介在する対象(液体または固体)のレベルを，ガンマ線吸収量によって測定する機器．

き

偽　false
論理型の真でないもう一つの値．

偽　logical false
制御信号の非有意または無効な状態．この規格では，信号の高レベル(2.4～5.25 V)とする．

キー　key
①かぎの同義語．②レコードの位置を識別するためのデータ項目，またはデータの順序を識別するために用いるデータ項目の組．

気圧スイッチ　pneumatic pressure switch
空気圧力の変動を受けて作動するスイッチ．

気圧抵抗器　actuator
空気圧に対応して作動する可変抵抗器．

記　憶　storage
作業の必要とする情報を装置内に格納しておくこと．

記憶イメージ　storage image, core image
主記憶装置中に依存するとき，あるがままを示すような，計算機プログラムおよび関連するデータの表現．

記憶する　to store
①データを記憶装置に格納すること．②記憶装置においてデータを保持すること．

記憶セル　storage cell
記憶素子ともいい，記憶装置でアドレスによって指定できる最小単位．

記憶装置　storage
データを格納し，保持し，取り出すことができる機能単位．例えば，磁気カード，磁気ディスク，磁気ドラム，磁気テープ，パンチカード，パンチテープ，光学式ディスク．

記憶装置 storage device
データを格納し，保持し，かつ取り出すことができる装置．

記憶装置表示 memory indication, storage indication
記憶装置中に数を保持していることを示す視覚的表示．

記憶素子 storage element
＝記憶セル．

記憶動作 storing
データを記憶装置に格納する動作．

記憶場所 storage location
アドレスによって一意に指定される記憶装置の中の位置．

記憶保護 storage protection
書込み，読取り，またはその両方を阻止することによって，記憶装置または記憶場所へのアクセスを制限すること．

記憶保持 storage
記憶装置におけるデータの保持．

記憶保持時間 memory holding time
AC 電源を切った状態で，揮発性メモリに記憶されているデータを完全に保持できる時間．

記憶容量 storage capacity
記憶装置に格納することのできるデータの量であって，データの単位で表されるもの．備考：①データの単位としては，2進文字，バイト，語などがある．②レジスタに関しては，レジスタ長という用語と同じ意味で使う．

記憶割振り storage allocation
指定されたデータに対する記憶域の割当て．

機械インピーダンス mechanical impedance
単振動をする機械系のある点の力と，同じ点または異なる点の速度との複素数比．

機械基準点 machine datum
機械座標系を定めるため必要な数値制御工作機械固有の基準となる点．

機械機能 machine function
計算器が遂行する機能．

機械言語 machine language
＝計算機言語．

機械原点 mechanical origin
各動作自由度に関する固有の基準点．

機械最小値 machine infinitesimal
BASIC 処理系で表現でき，かつ処理できる最小の(ゼロでない)正の値．

機械最大値 machine infinity
BASIC 処理系で表現でき，かつ処理できる絶対値最大の正の値および負の値．処理系は，機械最大値が無限大を表すと解釈して，これを含むある種の演算が，機械最大値を結果として返すようにしてもよい．

機械座標系 base coordinate system
ロボットの構造から決まる座標系．

機械座標系 machine coordinate system
数値制御工作機械に固定される右手直交座標系．

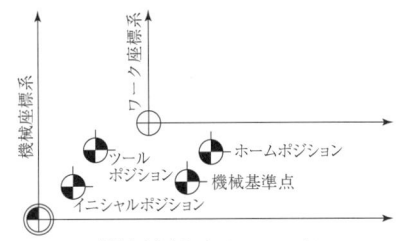

機械座標系（JIS B 0181）

機械式計算機械 mechanical calculator
演算を機械で行い，演算の結果が表示または記録される計算機械．

機械式調速機 mechanical governor, mechanical speed governor
回転数の変化を機械的に検出する調速機．

機械式容量制御ポンプ mechanical volume control pump
吐出し量が機械的外部機構によって制御される可変容量ポンプ．

機械操作 mechanical control, mechanically operated
カム，リンク機構などの機械的方法による操作．通常，ローラ，プランジャなどの機構を介して操作力を与える．

機械操作弁 mechanically controlled valve
カム，リンク機構その他の機械的方法で操作されるバルブ．

機械的同調 mechanical tuning
空洞の共振周波数を機械的に変化することによって発振周波数を変化させること．

機械的零位 mechanical zero
機器を電源から切り離し，入力端子間に入力を加えないとき，指示計の指針が止まる目盛上の位置．備考：機械的復帰トルクのない指示計では，機械零位は不安定である．拡大目盛の指示計では，機械的零位を目盛範囲外に移動した

ものがある.

機械電気式調速機 mechanical & electric governor
回転速度の変化を電気制御を入れて機械的に検出する調速機.

機械-電気式ピックアップ electromechanical pickup
機械系（ひずみ，力，運動など）からのエネルギーによって作動し，電気系にエネルギーを供給するか，またはこれと逆の過程をとる変換器.

機械の語 machine laying
計算機の語ともいい，特定の計算機による処理に適し，通常一つの単位として扱われる語.

機関自動始動装置 automatic engine starting device
機関冷却水の温度を自動的に検出し，その温度によって機関を自動的に始動または停止させる装置.

機　器 hardware
ハードウェアともいい，特定の目的や機能を実行するために使用する，機械，器具，部品など.

機　器 instrument
プロセス計測・制御において，一定の機能を果たすために一定の形に構成されたもの．例えば，変換器，伝送器，指示計，記録計，調節計，演算器，積算器.

効き遅れ時間 initial response time
操作力が作用する制御装置の構成品の動き始めから制動力が発生し始めるまでの時間.

機器単位制御 local unit control
機器ごとに手動操作スイッチにより遠隔制御とし，運転操作上の安全条件をインタロック回路に組み込んだ手動操作を主体にする方式.

奇偶検査 parity check
＝パリティチェック

奇偶検査 parity check, odd-even check
パリティ検査ともいい，0と1の組合せからなる1群の情報に余分のビットを付加して，その全体に含まれている数を奇数（または偶数）にそろえることによって誤りを検出すること．(⇒冗長検査)

奇偶検査ビット parity bit
パリティビットともいい，2進数字の集まりに付加する1個の2進数字であって，この2進数字を含めてすべての2進数字の和が，あらかじめ定めておいたとおりに，奇数または偶数になるようにするもの.

器具内部接続図 internal connection diagram
計器，リレー，制御器など，それ自身で機能をもっている器具の内部接続関係を示す図．その器具の入出力端子を示すものとして使われる.

危険率 significance level, level of significance
仮説 H_0 が真であるとき，測定によって H_0 が捨てられる確率．すなわち，第1種の誤りの確率．これは検定に先立ち目的に応じてあらかじめ定めておくことが必要である.

危険領域 dangerous area
その中に立ち入った場合に危険な状態が起こるおそれがあるロボット周辺の領域.

記号アドレス symbolic address
計算機のプログラミングに便利な形式で表されたアドレス.

記号アドレス指定 symbolic addressing
命令のアドレス部が記号アドレスを含むアドレス指定の方法.

記号回路図 marking circuit diagram
JIS に定められた図記号を使って示す制御の図面.

機構モジュール structure module
ロボットの機構を構成するモジュール.

記号論理学 symbolic logic
自然言語のあいまいさおよび理論的不十分さを避けるために選定された人工言語を用いて，正当な論証および演算を行う学問分野.

器　差 instrumental error
①指示器が示す値から真の値を引いた値．②標準器の公称値から真の値を引いた値.

器差補正 correction of instrumental error
機器または装置の器差を動作時の条件に補正する動作または行為.

擬似火炎信号 false flame signal
火炎擬似信号ともいい，実際の火炎からの光や熱以外に炉壁面の赤熱，炉内への漏光など，火炎検出器が火炎と誤検知し，あたかも正常な火炎を検出しているときと同じように発する信号.

擬似コード pseudocode
実行に先立って翻訳を必要とするコード.

擬似負荷 dummy load
＝ダミーロード.

記述関数 describing function
定常状態における非線形要素に正弦波入力を

加えた場合，出力の基本波成分だけをとることによって得られる周波数応答．記述関数は，入力信号の周波数と振幅とに依存する場合，または入力信号の振幅にだけ依存する場合がある．(⇨周波数伝達関数)

記述言語 description language
ロボットに作業を実行させるために必要な情報を記述するプログラミング言語．

記述項 entry
COBOL プログラムの見出し部，環境部またはデータ部に書く一連の句の組であって，分離符の終止符でとめる．

基準器 standard
公的な検定または製造業者における検査で計量の基準として用いる標準器をいう．

基準状態 reference condition
基準動作状態ともいい，基準動作条件を満たす状態．

基準信号 reference signal
基準変量から導かれる信号．基準信号は，比較要素でフィードバック信号と比較するための信号である．

基準性能特性 reference performance characteristics
基準動作条件下で得られる性能特性．

基準接点 reference junction
冷接点ともいい，熱電対における基準側端子．

基準接点補償 reference junction compensation
冷接点補償ともいい，熱電対入力の場合に，基準側端子の周囲温度の変化による測定誤差を少なくするための補償．

基準測定方法 reference test method
光ファイバの規格に定められた特性を定義どおり厳密に測定する方法であり，基準として定められた測定方法．(⇨代替測定方法)

基準値回路 reference value circuit
制御系を動作させるための基準として閉ループに加えられる入力信号．目標値に対して定まった関係をもち，制御量からの主フィードバック量がそれと比較される．

基準動作条件 reference operating condition
動作条件のうち，外部影響が性能に与える影響変動を無視できる動作条件．備考：①この条件の範囲において基準性能を定める．②外部影響による影響変動の値を決定するための基本となるものである．(⇨動作条件)

基準動作状態 reference condition
＝基準状態．

基準入力 reference input
＝基準入力信号．

基準入力信号 reference input signal
基準入力ともいい，制御系を動作させる基準として直接その閉ループに加えられる入力信号．目標値に対して定まった関係を有し，制御量からの主フィードバック信号がそれと比較されるものをいう．一般には目標値が基準入力要素を通って出ていく信号で，基準入力要素がない場合には目標値と一致する．

基準入力要素 reference-input element
目標値を基準入力信号に変換する要素．調節計などでは設定要素または設定機構ともよばれる．

基準波形 reference waveform
ある規定でつくられた基準として用いる比較的簡単な波形．

基準復帰記録 return-to-reference recording
0 および 1 を表す磁化のパターンが記憶セルの一部だけを占め，その記憶セルの残りは基準状態に磁化されるようにした 2 進数字の磁気記録．

基準流量測定装置 flow measurement calibration device
既定の条件下で，測定された時間内に校正される流量計を通過する流体の体積または質量を測定することによって，校正される流量計を通過する流量を求める装置．

基準量 reference variable
制御量の目標値を設定する制御装置の比較要素への入力変量．

基準レベル reference level
振幅および振幅に関する諸量を定義する際に基準とするレベル．特に規定がない限りベースラインに一致する．(⇨パルストップ中央点)

木状ネットワーク tree network
任意の二つのノード間に一つのパスしかないネットワーク．

疑似ランダム信号 pseudo random noise
人工的に発生された不規則な信号．例えばM系列信号など．

疑似ランダムパルス列 pseudo-random pulse train
パラメータの変化が近似的にランダムとみなせるようなパルス列．

起磁力 magnetomotive force
磁化力を磁界中の任意の閉路を1周して積分した値．

基準出力レベル normal output level
基準レベルで録音された信号を，再生装置からの出力が，飽和しないように，取り出すための目安として定めたレベルをいう．(⇨チャネルセパレーション)

キースイッチ key switch
キーを用いて切換えができるようにしたスイッチ．

基数 radix
基数記数法における数字位置に関する正の整数であって，その数字位置の重みにそれを乗じると，一つの上位の重みをもつ数字位置の重みになるもの．例えば，10進記数法では，各数字位置の基数は10である．

基数記数法 radix numeration system
基数表記法ともいい，ある数字位置の重みと，それより一つ低い数字位置の重みとの比が正の整数である位取り表現法．ある数字位置の文字の可能な値は，ゼロからその数字位置の基数より1小さい値までである．

奇数パリティ odd parity
バーコードの1キャラクタにおいて，黒バーのモジュール数の和が奇数(3または5)のもの．

基数表記法 radix notation
＝基数記数法．

記数法 numeration system, number representation system
数を表現するための表記法．

寄生周波数変調偏移 unwanted frequency modulation deviation due to amplitude modulation, incidental flequency modulation deviation
信号発生器の振幅変調に伴って生じる出力信号の望ましくない周波数変調の周波数偏移．

寄生振幅変調度 unwanted amplitude modulation factor due to frequency modulation, incidental amplitude modulation factor
信号発生器の周波数変調に伴って生じる出力信号の望ましくない振幅変調の変調度．

規制流れ metered flow
流量が所定の値に制御された流れ．この用語はポンプの吐出しに用いてはならない．

寄生変調 unwanted modulation (in a modulated condition), incidental modulation
信号発生器の変調に伴って生じる出力信号の望ましくない変調の総称．これには変調による搬送周波数のずれ，寄生周波数変調および寄生振幅変調が含まれる．

輝線 emission line
放射スペクトル中に現れる明るい線．励起された原子，イオンが基底状態に遷移するときに放射するエネルギーのスペクトル．

規則 rule
決定表の条件指定部および動作指定部を通る一つの例であって，満たされるべき条件のただ一つの組合せと，それに対応する動作との組を定義するもの．ある規則が満足されるとは，すべての条件がその規則の条件指定に合致することをいう．

基礎絶縁 basic insulation
器具本来の機能に必要な絶縁であって，感電に対して基礎的な保護物となる絶縁．(⇨補強絶縁)

期待値 expectation, expected valve
離散分については，値 x が出現する確率を $P_r(X=x)$ とすると，期待値 $E(X)$ は $E(X) = \sum x P_r(X=x)$ をいい，また確率密度関数 $f(x)$ をもつ連続分布については，
$$E(X)\int_{-\infty}^{\infty} xf(x)dx$$
をいう．多数回の測定を行い，測定値の平均をつくると，期待値に近い値になる．関数 $g(X)$ の期待値 $E[g(X)]$ は，
$$E[g(X)] = \sum g(x) P_r(X=x)$$
または，
$$E[g(X)] = \int_{-\infty}^{\infty} g(x)f(x)dx$$
である．

基底アドレス base address
計算機プログラムの実行中，アドレス計算において基準として用いられる数値．

基底アドレスレジスタ base address register
基底アドレスを保持するレジスタ．

基底解 basic solution
基底変数によって構成される解．これは非基底変数をすべて0とおくことによって得られる．

基底線 base line
＝ベースライン．

基底値 fiducial value
百分率誤差を規定するための基準の値．例えば測定値，設定値，有効範囲の上限またはその他の明示された値．

規定特性曲線 specified characteristic curve
定められた条件の下で，定常状態における機器の出力量を，対応する入力量の関数として規定した線．

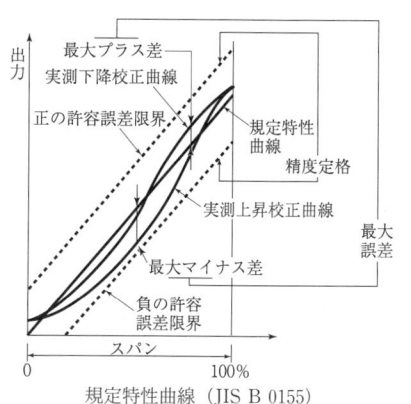

規定特性曲線（JIS B 0155）

基底負荷 base load
総合負荷のうち，最低部分に相当する負荷．

基底変数 basic variable
基底形式において基底を構成する変数．基底変数以外の残りの変数を非基底変数という．

輝　点 luminescent spot
＝陰極線管の輝点．

起電力 electromotive force
電荷に電位差を生じさせることにより，継続して電流を流しうる働きをする作用．

軌　道 trajectory
ロボットの構造に関連した指定点が移動することによって描く時間的空間軌跡．

起　動 start
始動ともいい，静止(休止または待機)の状態から運転の状態に移行すること．

起動インタロック start interlock
装置などの起動時に，そのまま運転に入れば危険を生じる状態にあるときは，装置を起動させない仕組みのインタロック．

軌道回路 track circuit
列車または車両を検知するために，レールを用いる電気回路．

起動空気管制弁 starting-air control valve
起動弁を作動する空気を制御するバルブ．

起動空気分配弁 starting-air pilot valve, air distributor
圧縮空気を各シリンダの起動弁に順序正しく分配するバルブ．

起動時間 starting-time
静止の状態から無負荷定格速度に達するまでに要する時間．

起動電磁弁 starting solenoid valve
主起動弁を圧縮空気で操作するバルブ．

起動電流 starting current
始動電流ともいい，機器または装置が始動時，過渡的に流れる電流の最大値．

起動弁 starting-air valve, oil starting valve
始動弁ともいい，起動空気を供給するためのバルブ．

機能キャラクタ function character
制御機能の指定または制御機能の開始，交換，停止などを指定するキャラクタ．

機能語 keyword
プログラム言語で用いられる文または文の構成要素を識別する文字の列．通常，よく使われる単語や記憶しやすい単語でつづる．

機能絶縁 basic insulation
機器本来の機能に必要な絶縁であって，感電に対して基礎的保護となる絶縁．(⇒保護絶縁)

機能接地 functional earth
装置の機能上必要な等電位を得るための接地．(⇒保護接地)

機能単位 function unit
ハードウェア，ソフトウェアまたはその両者からなるものであって，指定された目的を遂行するもの．

帰納的関数 recursive function
自然数を値としてとり，この関数がオペランドになるという置換え規則により得られる自然数の列から値が導かれる関数．

機能デバイス functional dvice
単に電磁現象に限らず，熱，光，機械振動およびその他物理，化学現象を直接的な形で利用して，所要の信号または(および)エネルギー処理，変換などを目的とする機能をもたせたデバイス．

機能ブロック functional block
①長方形の中に入力変量と出力変量の関数関係を記号で表した入出力変量をもつ系または要素．機能関係は，算術命令，伝達機能，微分式・

差分式，特性曲線，特性曲線群または機能で与えられる。②システム，サブシステムなどを構成するブロックであって，そのシステムに必要な機能を果たすもの．

機能ブロック図言語 function block diagram language
FBDと略称し，アプリケーションプログラムを表現するために機能ブロック図を使ったプログラム言語．

揮発性記憶装置 volatile storage
電源が切れたときに記憶内容が失われる記憶装置．（⇨不揮発性記憶装置）

キーバッファ key buffer
押しボタンの操作が通常の処理能力より先行した場合，一時的にその操作内容を記憶し，入力順序を処理する方式．

基 板 substrate
＝集積回路の基板．

キープリレー keep relay
電磁リレーのうち，いったん作動すると，作動した状態を保持する構造のもの．

気泡管 bubble-tube
圧力によって液位または密度を測定するために，空気を放出する目的で測定液中に挿入される管．

キーボード keyboard
コンピュータに入力する数字や，業務プログラムのキーが並べてある部分．

基本型符号化 primitive encoding
データを符号化したものであって，内容オクテットが，直接，値を表現するもの．

基本形リンク制御 basic mode link control
情報交換用7ビット文字集合の制御文字を用いたデータリンク制御．

基本記号 basic symbol
処理やデータ媒体などの正確な性質や形状が明らかでないとき，または実際の媒体を描く必要のないときに用いる記号．

基本項目 elementary item
論理的にそれ以上細分化できないデータ項目．

基本測定法 fundamental method of measurement
ある量を，それに関連するすべての基本量の測定によって決定する測定方法．

基本単位 base unit, fundamental unit
採用する単位系における基本量の単位．

基本量 base quantity, fundamental quantity
一定の理論体系の下に物理量を定義する場合に，無定義的にとるべき量．

帰無仮説 null hypothesis
差がないか，効果がないというような形の仮説．もっと一般的には統計的検定により，その当否をみようとしている仮説．

逆応答 reverse reaction
ステップ応答がゼロでない最終平衡値に落ち着くが，当初それとは反対方向に向かって動き始め，やがて引き返して最終平衡値のほうへと向かう現象．備考：1入力1出力の時不変線形集中定数系についていえば，伝達関数の極の実部がすべて負で，原点に零点がなく，実部が正の零点が奇数個存在する場合に現れる．

逆応答 reverse responce
ステップ応答が，一度逆向きになってから正方向となるとき，その応答を逆応答という．すなわち，入出力の収支関係からみて，出力ははじめ反対方向に振れ，やがて順方向に変化していくものであり，互いに逆方向の二つの遅れ要素の合成とみることができる．（⇨水位の逆応答）

逆起電力 counter-electromotive force, back electromotive force
回路や機器の内部において，指定された電流の向きに反する極性をもつ起電力．電動機の電機子に誘導する起電力は，電源からの入力電流と逆方向に生じる．

逆作動 reverse action
操作部が増加信号を受けたときに操作部出力（位置，角度など）が減少する動き．（⇨正作動）

逆作動式ダイアフラム調節弁 airless closed diaphragm control valve, reverse action diaphragm control valve
空気圧の増加に従って開く方式のダイアフラム調節弁．このバルブでは空気圧が0になったとき弁を閉じるので，制御対象の安全上から，例えば油量調節弁などに用いられる．この理由は非常事態（空気圧が0になったとき）に弁を閉じたほうが安全だからである．（⇨正作動式ダイアフラム調節弁）

逆自由流れ free reverse flow
バルブの2次側から1次側に流れる場合の自由流れ．

逆 相 negative phase
三相電源を動力とする電動機の回転方向が逆

になった状態．

逆相継電器 negative phase relay
逆相になったとき作動するリレー．(⇨逆相防止装置)

逆相制動 plugging
＝プラッギング．

逆相防止装置 negative phase protector
逆相になる場合，電源回路と電動機回路の遮断などによって逆相を防止する装置．

逆動作 reverse action
機器が装置（主に調節器）において，入力が増加した場合に出力が減少する動作．すなわち，出力が入力の増加とともに減少するような制御動作．(⇨正動作)

逆同時回路 anticoincidence circuit
＝反同時（計数）回路．

逆止めバタフライ弁 combined non-return butterfly valve
偏心式バタフライ弁に似た構造をもち，逆止め弁とバタフライ弁の機能を兼ねたバルブ．

逆止め弁 check valve, non-return valve
チェッキ弁ともいい，弁体が流体の背圧によって閉じ，逆流を防止するように作動するバルブ．

逆変換装置 electronic power inverter
直流電力を交流電力に変換する静止電力変換装置．

逆方向 reverse direction
整流素子において，低導電性を示す方向．(⇨順方向)

逆方向通信路 backward channel
順方向通信路に伴う通信路であって，監視信号または誤り制御信号のために使われるが，伝送の方向は利用者情報が転送される順方向通信路の方向と逆であるもの．情報を両方向に同時に転送する場合には，この定義はデータ通信装置からみたものである．

逆読み backward reading
磁気テープ装置などにおいて，逆方向にデータ媒体を戻しながら，記録されているデータを読み取ること．(⇨順読み)

キャッシュディスペンサ automatic cash dispenser
＝自動現金支払機．

キャッシュメモリ cache memory
処理機構が主記憶装置から得た命令およびデータのうち，後で使われる可能性の高いものの写しを保持するための，主記憶装置よりも小容量，かつ高速の緩衝記憶装置．

ギャップ付き PID 制御 gap attached PID control
制御偏差があらかじめ設定された偏差幅（ギャップ）より小さいときには制御出力が変化しないようにした PID 制御方式．

キャパシタンス capacitance
＝静電容量．

キャラクタ character
データの構成，制御または表現に用いる要素となるもので，文字，数字，記号および機能を表現するものからなる．

キャリア carrier
半導体における自由電子および正孔．

キャリパプロファイラ caliper profiler
シート状の被測定物の厚さを，電磁的に測定する装置．製紙工程またフィルム製造工程で使用する．

給気圧 supply air pressure
＝供給空気圧．

給気弁 intake valve, inlet valve, suction valve
新気を吸入するため，シリンダまたはシリンダヘッドに取り付ける弁．(⇨排気弁)

90％応答 90% response time
連続測定式の連続分析計による計測で，測定対象の濃度をゼロから高濃度へ切り換えたとき，またはその逆としたとき，分析計の指示が切換え時刻から最終値の 90％に相当する点に達するのに要する時間．T_{90}で示す．

給水加減器 feed water regulator
ボイラや汽水分離器への給水量を水位に対応して調節する装置．

給水加減弁 feed water control valve
ボイラの水位の変動によって給水量を加減するバルブ．

給水制御 feed water control
＝水位制御．

給水制御装置 feed water control system
水位制御装置ともいい，ボイラなどに送る給水量を制御する装置．水位検出器を併用し，偏差信号に応じて作動する給水ポンプまたは給水調節弁などから構成される．

給水調節弁 feed water control valve
給水量を調節するバルブ．

キュリー温度 Curie temperature
磁心が強磁性から常磁性に移る臨界温度．すなわち，強磁性体を加熱していくと次第に磁力

が弱まり，ある温度に達すると磁性を失ってしまう．このときの温度で，鉄のキュリー温度は約770℃，ニッケルは358℃である．

行 line
あらかじめ決められた数の文字位置の集合．

行印字装置 line printer
1行分の文字を単位として印字する印字装置．

供給側外乱 supply side disturbance
オペレータの不注意，過失などによって発生する外乱をいう．(⇨需要側外乱)

供給圧調整器 service regulator
一群の空気式計器に供給するための空気源の圧力調整器．

供給圧力 supply pressure
素子の供給口またはシステムへの供給流れの総圧．

供給空気圧 supply air pressure
給気圧ともいい，空気式機器および系に供給される空気の圧力．

供給空気圧変動の影響 influence of supply air pressure variation
供給空気圧の変動が機器の指示や出力に及ぼす影響．

供給口 supply port
供給流れを加えるポート．

供給源ユニット power supply unit
空気圧縮機，ポンプ，圧力調整弁などによって構成した，流体を供給する組合せ機器．

供給値 supplied value
機器が供給した量の値．(⇨絶対誤差)

供給特性 supply characteristics
供給口における供給圧力と供給流量との関係を表す特性．

供給流れ supply flow
流体素子またはシステムに供給する流れ．

供給流量 supply flow rate
供給流れの流量．

教示 teaching
所要の作業に必要な情報を，人がロボットに記憶させること．

教示機能 teaching function
ロボットの教示に関する機能．

強磁性体 ferromagnetic substance, ferromagnetic materials
鉄，ニッケル，コバルトおよびその合金などのように磁石に強く引き付けられ，その比透磁率が1に比べて大きく，また，磁気履歴を示す物質．

共振 resonance
強制振動している系において，励振振動数のいずれの方向へのわずかな変化によっても，その応答が減少するときの系の状態または現象．

共振周波数 resonance frequency
系に固有で，特別に大きな出力を生じる正弦波入力信号の周波数 ω_r．備考：次の微分方程式で表せる要素を含む伝達関数をもつ線形系の場合は，対応する周波数応答ゲインは，自然固有周波数 ω_0 と $\omega_r = < \omega_0\sqrt{1-2D^2}$ とによって関係付けられる ω_r で最大値をとる．

$$\frac{1}{\omega_0^2} \cdot \frac{d^2x(t)}{dt^2} + \frac{2D}{\omega_0} \cdot \frac{dx(t)}{dt} + x(t) = v(t)$$

行数カウンタ linage-counter
特殊レジスタの一つであって，その値はページ本体中での現在の行位置を示す．

強制振動 forced vibration
振動系に周期的な外力を加えているときに現れる振動．

協調制御 cooperative control
複数個の機能または複数台のロボットによって，一つの作業を行う制御方式．

共通警報 common alarm
異なった目的の警報を一つの警報装置で共用して行う方式．

共通設定 common setting
複数入力に対し，同じ点に共通して警報または調節の設定をする方式．多箇所同一設定とよぶことがある．

共通プログラム common program
別のプログラムの中に直接含まれているにもかかわらず，その別のプログラムに直接または間接に含まれるすべてのプログラムから呼び出すことが可能なプログラム．

共分散 covariance
2変数の偏差の積の期待値．

行方向 line writing direction
文字の配列の方向に垂直な方向．

行方向奇偶検査 longitudinal parity check
2進数字の集合が行列の形になっているときに，2進数字の行に対して行う奇偶検査．例えば，磁気テープの1ブロック中にあるトラック上のビット並びに対する奇偶検査．

協約値 conventional true
真の値に近い値で，真の値の代わりに用いられるもの．協約値としては，国際標準にトレー

行列標識 matrix sign
格子状に整列した素子群の選択な発光か、またはその素子群の見え方を変えることによって、異なる情報内容の伝達・表示が可能な標識。

極　差 span of instrumental error
極座ともいい、測定器の全範囲指示について器差を求めた場合の、器差の最大値と最小値との差。

極　座 span of instrumental error
＝極差。

極座標プロット polar plot
＝周波数応答軌跡。

極座標ロボット polar robot, spherical robot
動作機構が主に極座標形式のロボット。すなわち、腕の動作自由度軸が、腕の上下旋回、左右旋回、伸縮の極座標系で構成されているもの。

極数変換モータ pole change motor
ステータに極数が異なる巻線を設け、回転数を変化させる電動機。

極　性 polarity
振幅の符号。

極性反転 inversion
波形の極性を逆にすること。

許容差 tolerance
基準にとった値と、それに対して許容される限界値との差。または、ばらつきが許容される限界の値。基準にとった値に対する比、または百分率で表してもよい。

許容周囲温度 ambient temperature rating
制御機器などの精度が保障できる周囲温度の範囲。

許容電圧変動 allowable voltage variation
制御機器などの性能が満足できる電圧変動の範囲。

許容電流 allowable current
電線、接点などに流すことのできる最大の電流。

許容入力電圧 allowable input voltage
入力端子間に加えても差し支えのない電圧の最大値。

切 off
＝開。

切上げ機能 round-up function, rounding
計算結果の意図している最下位に対し、次のけたがゼロより大きい値をもつ場合に1を加える機能。（⇒切捨て機能）

切換圧力 switching pressure
出力を切り換えるのに必要な最低の制御圧力。

切換時間 switching time
入力がある値に達したときから、出力がある値に達するまでの時間。

切換式逆止め弁 controllable check valve
一つの操作位置では通常の逆止め弁と同様の機能をもち、他の操作位置ではどちらの方向にも自由流れを許す2位置手動操作弁。

切替えスイッチ selector switch
操作、行程などを選択できるようにしたスイッチ。

切換値 switching valve
位置動作において、出力量の値を変える入力量の値。備考：入力量の変化の方向に応じて、出力変量の値は二つの異なった切換値（高切換値、低切換値）によって、2位置間を変化することもある。（⇒2位置動作）

切換復帰 switch back
単安定要素において、制御圧力を減らすことによって安定状態へ戻る切換え。

切換復帰圧力 switch back pressure
切換復帰の起きる制御圧力の最高の値。

切換弁 directional control valve, selector
二つ以上の流れの形をもち、2個以上のポートをもつ方向制御弁。

切換流量 switching flow rate
出力を切り換えるのに必要な最低の制御流量。

切捨て機能 round-down function
計算結果において意図している最下位けたより小さいすべてのけたを削除する機能。（⇒切上げ機能）

切判別回路 off decision circuit
自動制御装置の制御対象となる機器が、人為的に系統から切り離された場合それは制御対象外となるが、その判断を行う回路。

キルヒホッフの法則 Kirchhoff's law
第1法則：回路網の接続点に流入する電流の総和は、流出する電流の総和に等しい。
第2法則：回路網中の1閉路をたどって1周したとき閉路中の起電力の代数和は、抵抗またはインピーダンスによる電圧降下の代数和に等しい。

記録 recording
測定量の値，物理的状態などを後から読み取れるように残し示すこと．

記録器 recorder
物理的状態を自動的に記録する器具．

記録計 recorder
記録計器のうち，測定量の値を記録する計器．記録手段としては，ペンおよびインク，熱線，磁気記録などがある．

記録計器 recording instrument
測定量の値を，自動的に記録する計器．検出器，伝送器などがあるときは，それらを含めた器具全体を指すこともある．

記録情報 recorded information
データ媒体の内部もしくは表面にまたはそれを介して蓄積された情報．

記録調節計 recording controller
検出した測定値を順次記録させる装置をもつ調節計．

記録密度 recording density, packing density
記録媒体の単位量当たりに記録された情報量．通常，単位量当たりのビットの数で表す．

キーロック key locking
安全操作のため操作の切換えがキーによって選定された状態に保持すること．

キーワード keyword
①ある文脈中において，言語構成要素を特性付ける字句単位．②できる限り辞書に登録してあるような標準形式にした語または語群．文献の表題または本文から抽出して文献の内容を表現し，検索を可能にするもの．

均圧弁 gas-air-ratio regulator
2次側のガス圧を，加えた空気圧と等しくする機能をもつバルブ．

緊急開放弁 emergency open valve
緊急時に開くバルブ．各種のバルブ形式と各種の操作方式の組合せがある．

緊急遮断弁 emergency shut-off valve
緊急時に閉じるバルブ．（⇒緊急開放弁）

緊急遮断弁 emergency quick closing valve
＝安全遮断弁．

緊急操作弁 emergency operating valve
緊急時に安全を確保するために操作する手動弁または自動弁の総称．

緊急停止 urgency stop
システムの異常に対処し安全を確保するため急停止すること．

近接覚 proximity sense
ロボットと物体とがある範囲内に接近した状態で，物体との相対関係を検知する感覚．

近接スイッチ proximity switch
物体が接近したことを無接触で検出するスイッチ（無接点スイッチ）．このために光源とフォトトランジスタなどを利用して物体の接近を検出する．

近接センサ proximity sensor
センサの前面から，ある距離にある対象物の存在を非接触で検出するセンサ．

筋電制御システム myoelectric conrol system
電動義手の操作を，断端の筋電位によって制御するシステム．

く

区域（プログラム言語における） area (in programming languages)
データ対象物をその中に挿入したり，参照したり，そこからデータ対象物を除去したりすることができる仕組みと，それが行われる記憶装置中の空間．

クイックオープニング特性 quick opening characteristics
⇒固有流量特性．

空間周波数 spatial frequency
単位長さ当たりの正弦波状の濃淡変化の繰返し回数を示すもの．

空気圧回路 pneumatic circuit
空気圧縮機などの要素によって組み立てられた空気圧縮装置の機能の構成．

空気圧（技術） pneumatics
圧縮空気を動力媒体として用いる技術手法．

空気圧カウンタ pneumatic counter
空気圧信号が加わった回数を計数し，表示する機器．

空気圧式制御 pneumatic control
＝空気制御．

空気圧シーケンスプログラマ cyclic pneumatic programmer
繰返し動作するプログラム装置によって，入力，出力もしくはその両方を制御する多数の空気圧機器からなる装置．

空気圧縮機 air compressor
空気を圧縮する機械．往復式と回転式とがあり，所内用，制御用，スートブロア用などに使用される．

空気圧シリンダ操作弁 air cylinder operated valve
空気圧を動力とするシリンダ操作弁．

空気圧ステッピングモータ pneumatic stepping motor
ステップ状入力信号の指令に従う空気圧モータ．

空気圧センサ pneumatic sensor
空気圧を利用して物体の有無，位置，状態などを検出し，信号を送る機器の総称．

空気圧増幅形ポンプ pneumatic pump
動力源に空気を用いて面積の異なるピストンを駆動させ，ピストンの面積比に比例した増幅率による圧力で移動相を加圧するポンプ．

空気圧調整ユニット air conditioning unit
フィルタ，ゲージ付き減圧弁，ルブリケータから構成し，一定の条件の空気を2次側に供給する機器．

空気圧ヒューズ pneumatic fuse
空気圧系統において，下流系統が破損したときに管路内の流れを自動的に閉ざす機器．

空気圧表示器 pneumatic indicator
空気圧回路内の状態を，空気圧を利用して表示する機器．

空気圧フィルタ pneumatic filter
空気回路の途中に取り付け，ドレンおよび微細な固形物を遠心力やろ過作用などで分離除去する機器．

空気圧モータ（rotary）air motor, pneumatic motor
空気圧エネルギーを用いて連続回転運動ができるアクチュエータ．

空気圧モータ操作弁 air motor operated valve
駆動部が回転体で，空気圧を動力とするバルブ．

空気圧-油圧制御 pneumatic-hydraulic control
制御回路には空気圧を使用し，作動部には油圧を使用した制御方式．

空気圧リザーバ pneumatic reservoir
空気圧エネルギーを蓄蔵し，それから圧力を引き出す蓄圧容器．

空気起動 compressed-air starting
圧縮空気による起動．

空気供給容量 pneumatic delivery capability
空気式機器において，負荷の増加によって出力圧が低下する場合，出力圧の規定範囲内の変化に応じて負荷に供給しうる空気流量．

空気源 air supply
機器に圧縮空気を供給する装置．

空気式調節弁 pneumatic control valve
空気圧信号を受け，空気圧によって作動する調節弁．

空気式リミッタ pneumatic limit operator, pneumatic limiter
一つまたは二つの空気信号を受信し，これをあらかじめ校正された設定値と比較して，設定値を超えたときに状態変化のための接点出力または信号を発生する機器．

空気消失時開 air-less open
＝エアレスオープン．

空気消失時閉 air-less close
＝エアレスクローズ．

空気消費量 air consumption
空気式機器において，信号が動作範囲内で定常状態にある場合の空気の最大消費量．通常，温度および圧力の標準状態に換算した m^3/h で表す．

空気制御 pneumatic control
空気圧式制御ともいい，制御空気圧で，直接調整することによって行う機関の出力などの制御．すなわち，制御装置各部の回路の信号伝達に空気圧(圧縮空気)を使用する制御方式の呼称．空気圧信号の値は 19.6～98 kPa を 0～100 %としている．

空気清浄器 air cleaner
圧縮空気中の油脂分，ちり，ほこりなどを除去する装置．主として計器用，制御用に使用される．

空気排気容量 pneumatic exhaust capability
空気式機器において，負荷の減少によって出力圧が上昇する場合，出力圧の規定範囲内の変化に応じて負荷から排気しうる空気流量．

空気弁 air valve
空気の出入を制御する自力式バルブの総称．

空気変換式圧力計 pneumatic type pressure gauge
圧力を空気信号で遠隔指示する計器．圧力が高いとき，圧力伝送の遅れが大きいときなどに使用する．

空気油圧式調節弁 pneumatic-hydraulic control valve
空気圧信号を受け，油圧によって作動する調節弁．

空気流量制御装置 airflow control system
空気の流量を制御する一連の装置．

空気流量制御弁 airflow control valve
空気の流量を制御するバルブ．

偶数調波形 even-harmonics type
制御入力により生じる電源周波数の偶数倍周波数の出力を利用する回路方式．

偶数パリティ even parity
バーコードの1キャラクタにおいて，黒バーのモジュール数の和が偶数（2また4）のもの．

偶然誤差 random error
突き止められない原因によって起こり，測定値のばらつきとなって現れる誤差．

空電変換器 pneumatic-to-electric transducer
空気圧力を電気的な出力信号に変換する機器．

空燃比制御 control of air-fuel ratio
要求に合わせて空燃比（燃焼に関与する空気流量と燃料流量との比）を制御すること．

空燃比フィードバック制御 feed back control of air-fuel ratio
排気中の酸素濃度などを検出して空燃比を自動制御すること．

空燃比フィードバック付き気化器 air-fuel ratio feed back controlled carburetor
空燃比フィードバック制御を行う装置を組み込んだ気化器．

空　白 null
媒体のあきまたは時間関係のあきを埋める特殊機能キャラクタ．情報内容に影響を与えることなく，加えたり除いたりできるが，情報配置または装置制御に影響を与えることがある．

空白化 blanking
一つ以上の表示要素またはセグメントの表示を抑止すること．

偶発同時計数 random coincidence, chance coincidence, accidental coincidence
ランダム同時計数ともいい，同時計数回路の分解時間内に，関連のない放射線を偶然計数することによる偽の同時計数．

空油変換器 pneumatic-hydraulic converter
空気圧を油圧に変換する機器．

区切り点 breakpoint
計算機プログラム中の一つの場所であって，通常一つの命令により指定され，その場所において外部からの介入またはモニタプログラムによりその実行に割込みをかけるところ．

矩形パルス rectangular pulse
＝方形パルス．

矩形パルス列 rectangular pulse tarin
矩形パルスの繰返しで構成するパルス列．

駆動部 actuator
受信した信号を，機械的な動きに変換する機構．機械的動作をさせる力または信号の媒体として，空気，電気，油圧またはそれらの組合せが使われる．駆動はダイアフラム，レバー，ピストン，回転機まはソレノイドなどによって行われる．代表的な駆動部としては，バルブ軸を駆動するものがある．

区　分 segment
一つの計算機プログラムの自己完備した部分であって，必ずしもその計算機プログラム全体が内部記憶装置中に，同時に保持されていなくても実行されうるもの．

区分化する to segment
計算機プログラムを区分に分割すること．

組合せ回路 combinational ciruit
いかなる時点においても，出力値がそのときの入力値だけによって定まる論理回路．組合せ回路は，内部状態を考慮しなくてもよい順序回路の特別の場合である．

組合せ条件 combined condition
2個以上の条件を論理演算子 AND または OR で結合した条件．

組合せ精度 system accuracy
多数個の機器を組み合わせて動作させたとき，その結果として得られた最大誤差の限界．

組合せ論理素子 combinational logic element
任意の時点における出力値が，その時点の入力値だけによって定まる論理素子．

組立量　derived quantity
基本量を組み合わせて定義される量．

位取り記数法　positional numeration system
数を文字列で表し，その値が文字の値とその置かれた位置によって定まるような数の表記法．

位取り表現　positional representation
位取り表現法による数の表現．

位取り表現法　positional representation system
文字の順序付けられた集合によって数を表現する記数法であって，一つの文字のもつ値が，その位置とそれ自体の値とに依存するもの．

クラッキング圧力　cracking pressure
逆止め弁，リリーフ弁などで，入口側圧力が上昇し，バルブが開き始めて，ある一定の流れが認められるときの圧力．

クラッチ　clutch
入力軸から出力軸に伝達される動力の遮断および結合を可能とする装置．機械式，電気式，電磁式などの種類がある．

グラフィックディスプレイ　graphic display
図形または画像を表示する装置．走査線の違いによって，ラスタ形，ベクトル形がある．

グラフィックパネル　graphic panel
図示パネルともいい，簡略化した工程図の中に，指示器，調節器，警報機器などを配したパネル．

クランパ　clamper
クランプ回路ともいい，クランプする回路．

クランプ　clamping
規定された条件にある波形の部分(例えば，適当な時間領域とか振幅領域)を一定のレベルに固定すること．

クランプ回路　clamping circuit
＝クランパ．

クランプレベル　clamp level
クランプするレベル．

クリアキー　clear key
間違えて操作したとき元に戻すために使用する押しボタン．

クリアする　to clear
①一つ以上の記憶場所をある決められた状態，通常ゼロまたは間隔文字に相当する状態にすること．②データの表示またはデータの表示に使われる情報を除去すること．

繰返し位置決め精度　repeatability
同一条件下で，同じ指令によって繰返し位置決めしたときの位置決め精度．

繰返し演算　repetitive operation
初期条件と他のパラメタの決まった組合せに従い，自動的繰返しによって方程式の解を求める演算．繰返し動作によって同一の解波形を表示するのに用いる．また，一つ以上のパラメタの手動調整や最適化にも利用しうる．

繰返し衝撃　repetitive shock
規則的時間間隔で繰り返される衝撃．

繰返し性　repetability
同一の方法で同一の測定対象を，同じ条件で，比較的短い時間に繰り返し測定した場合，個々の測定値が一致する度合．定量的には，得られた幾つかの測定値のうちの最大値と最小値との差の1/2で表す．(⇒反復性)

繰返し性誤差　repeatability error
全動作範囲にわたって，同一動作条件の下で，同一方向から接近する同一入力値に対する出力を短時間反復測定したときの上下限測定値の代数差．繰返し性誤差は，通常，スパンの百分率で表され，ヒステリシスおよびドリフトを含まない．(⇒校正表)

グリッド　grid
①グラフィックディスプレイ上に表示された一定間隔の格子．表示点の座標値を丸めるために使う．②電子またはイオンを通過させるために1個以上またはそれ以上の通路をもつ電極．

グリッドカットオフ電圧　grid cut-off voltage
電極が制御グリッドである場合のカットオフ電圧．

グリッド逆電流　grid inverse current
グリッドに流れる逆電流であって，例えばイオン電流，漏れ電流，グリッド熱放出電流などからなる．

グリッド駆動電力　grid driving power
C級増幅器でグリッドを正に駆動するための電力であって励振電源から与えられる．

クリッパ　clipper
クリップ回路ともいい，クリップする回路．

クリップ回路　clipping circuit
＝クリッパ．

クリップレベル　clip level
クリップするレベル．

クリティカルダンピング　critical damping
＝臨界制動．

グレコラテン方格　Graeco Latin square
　n 行 n 列のラテン方格を二つ組み合わせて，それぞれの方格の文字の n^2 通りの組合せが全部現れるようにした割付け．二つのラテン方格の一方をラテン文字，他方をギリシャ文字で表すことが多いので，これをグレコラテン方格という．行，列，ラテン文字，ギリシャ文字に割り付けられる因子は互いに直交する．

クロストーク　crosstalk
　フィードオーバともいい，他の回路からの望ましくないエネルギーの影響によって回路中に生じる妨害．

クローズドセンタ系統　closed centre system
　油圧系統で，使用されないときに系統の流れが閉ざされている形式のもの．クローズドセンタ系統には，可変容量形ポンプによって連続して圧力が供給されるものもあり，またアンローダ弁，電動ポンプ，ポンプバイパス装置などによって断続して圧力が供給されるものもある．

クローズドセンタ弁　closed centre valve
　圧力ポートから直接戻りポートへ流れる位置がなく，中立位置で閉位置になっている切換弁の形式のバルブ．

クローズドニュートラル弁　closed neutral valve
　中央位置でシリンダ（または負荷）ポートが閉じている切換弁の形式のバルブ．

クロック　clock
　時間の基準を与えるため，一定の間隔で時点を指示するもの．

クロック信号　clock signal
　＝刻時信号．

クロックパルス　clock pulse
　刻時パルスともいい，クロックに用いるパルス．

クロマトグラフ　chromatograph
　クロマトグラフィーを行うために用いる装置．

クロマトグラフィー　chromatography
　固定相，移動相の 2 相からなる系に試料を導入し，分布係数に応じて，物質を分離，分析する方法．

群管理制御方式　group control
　複数の制御対象を集中的に管理する制御方式．

け

系　environment
　データ処理システムまたは通信システムもしくはそのようなシステムの一部において，一つの文字を表現するのに使用するビット数を規定する特性．

系　system
　＝システム．

計器　measuring instrument, measuring meter, measuring gauge
　①測定量の値，物理的状態などを表示，指示または記録する器具．備考：検出器，伝送器などを含めた器具全体を指す場合もあれば，表示，指示または記録を担当する器具だけを指す場合もある．②①で規定する器具で，調節，積算，警報などの機能を併せもつもの．

計器の基準誤差　datum error of a measuring instrument
　計器を点検するために選んだ，指定した目盛値または測定量の指定した値における計器の誤差．

計器の零点誤差　zero error of a measuring instrument
　測定量の零値に対する基値誤差．

計器変圧器用ヒューズ　fuse for potential transformer circuit application
　計器用変圧器回路に使用するために設計されたヒューズ．定格電流が小さく一般に小形である．また，計器用変圧器の励磁突入電流に耐えるような許容時間-電流特性をもっている．

計器用変圧器　potential transformer, voltage transformer
　PT と略称し，ある電圧値を，これに比例する電圧値に変成する計器用変成器．

計器用変圧変流器　potential current transformer, combined voltage and current transformer
　PCT と略称し，計器用変圧器と計器用変流器を共通の外箱中におさめたもの．

計器用変成器　instrument tansformer
　電気計器または測定装置とともに使用する電

流および電圧の変成用機器で，変圧器，変流器，計器用変圧器および計器用変圧変流器の総称．

蛍光指示管 electron-ray indicator tube
受信管への入力信号の大小によって，管内に設けられた蛍光面に入射する電子ビームの広がりが変化し，発光面積が変化することによって，入力信号の大小を指示することのできる電子線管で，主として同調指示に用いられる．

計算機 computer
コンピュータともいい，算術演算および理論演算を含む大量の計算を，自動的に遂行することのできる機能単位．

計算機 calculator
3則または4則の演算を行う計算機械．

計算器 calculator
特に算術演算を行うために適した装置であって，個別の演算または一連の演算を始めるために人手の介入を必要とするもの．プログラムを内蔵している場合にはそれを変更するにも人手の介入を必要とする．計算器は，計算機の機能の幾つかを遂行するが，その操作には通常，頻繁に人手の介入を必要とする．

計算機械 calculating machine
各種の演算を行う機械．演算機構は機械式と電子式とがある．

計算機言語 computer language
機械言語ともいい，命令が計算機命令だけからなる計算機向き言語．

計算機システム computer system
＝データ処理システム．

計算機システムの障害許容力 computer system fault tolerance, computer system resilience
計算機システムが，構成要素の誤動作にかかわらず，正しく動作し続ける能力．

計算機シミュレーション computer simulation
電子計算機によるシミュレーション．

計算機縮小図形処理 computer micrographics
コンピュータマイクログラフィックスともいい，計算機によって作成されたデータをマイクロフォームに記録したり，またはマイクロフォームに記録されたデータを計算機の使用に適した形式に変換したりするための技法．

計算機自動-手動ステーション computer auto-manual station
計算機と操作部の間のDDC（直接ディジタル制御）ループにおいて，DDC，自動バックアップ制御または手動制御の切換機能をもち，その切換えは自動的または手動的に実行できる機器．

計算機図形処理 computer graphics
コンピュータグラフィックスともいい，計算機によって，データを図形表示へ，または図形表示をデータへ変換する技法．

計算機制御 computer control
制御装置の中に電子計算機を取り入れ，その高度の機能を利用する制御．

計算機ネットワーク computer network
データ通信のために相互に接続されたデータ処理ノードからなるネットワーク．

計算機の語 computer word
＝機械の語．

計算機プログラム computer program
処理に適した命令の順番付けられた列．備考：①処理には，プログラムの実行およびプログラムを実行する準備としてのアセンブラ，コンパイラ，解釈プログラムまたはその他の翻訳プログラムなどの使用も含まれる．②プログラムには，命令および所要の宣言文が含まれる．(⇒主プログラム)

(計算機プログラム)の注釈 comment (computer program), annotation, remark
原始言語の命令文の追加または挿入される記述，参照または説明であって，目的言語中で何の効果ももたないもの．

計算機向き言語 computer-oriented language
ある計算機またはある種類の計算機の構造を反映しているプログラム言語．

計算機名 computer-name
プログラムを翻訳または実行する計算機を識別するシステム名．

計算機命令 computer instruction, machine instruction
計算機の中央処理装置によって認識されうる命令であって，その計算機のために設計されたもの．

計算タイプライタ typewriter with calculator
タイプライタと演算機構とが連動して単一機構として作票計算を行う機械．

計時機構 timer, clock resister
時間を計るために，規則的な間隔で内容が変化するレジスタ．

傾　斜　ramp
　＝ランプ．
傾斜の影響　influence of physical orientation
　＝姿勢の影響．
傾斜非直線ひずみ　ramp nonlinearity
　＝ランプ非直線ひずみ．
計　数　counting
　カウントともいい，パルス数を数えること．
計数器　counter
　①有限個の状態をもち，おのおのの状態が数を表す機能単位であって，適当な信号を受け取ると，その数が1または与えられた定数だけ増加するもの．計数器は，通常一気に，表している数を指定された値，例えば，ゼロにすることができる．②カウンタともいい，計数するための回路．
係数器　coefficient unit
　入力アナログ変数を定数倍した出力アナログ変数を得る演算器．
計数制御　counting control
　生産工程において，計算器により加工数などをカウントとし，所定の数になるとラインを自動停止させるなどしたような制御．
係数設定モード　potentiometer set mode
　アナログ計算機の設定モードであって，問題の係数値を設定するモード．
計数逓減回路　scaling circuit
　入力パルスの数が，ある定められた値に達すると1個の出力信号を送り出すようにつくられた電子回路．
計数率　counting rate
　単位時間当たりの計数値．単位はcpmまたはcps．
計　装　instrumentation
　対象とするシステムの運転および管理を具現するために，対象システムの計測，制御，管理方法などの方法を検討して，制御および監視のための装置を装備すること．
計装図　instrumentation diagram
　測定装置，制御装置などを工業装置，機械装置などに装備・接続した状態を示す系統線図．
計装制御システム　instrumentation control system
　制御の管理や監視の目的のために計装を行う制御方式．
計　測　measurement
　変量の値を確定することを目的に行う一連の操作．備考：公的に取り決めた標準を基礎とする計測を計量ということがある．
計　測　measurement science
　特定の目的をもって，事物を量的にとらえるための手法・手段を考究し，実施し，その結果を初期の目的に達成させること．
計測化　instrumentation
　調査または管理しようとする対象を分析し計測ができるようにすること．
計測器　measuring instrument and apparatus
　計器，測定器，標準器などの総称．備考：計器，測定器など個々のものを計測器という場合は，それが計測器に含まれるという意味で用いる．
計測機器　measurement, hardware
　プロセスから情報を収集するための要素または装置．備考：センサ，トランスデューサ，伝送器，変換器，メータ，指示計および記録計のように，機能によって分類できる種々の計測機器がある．これらは，温度，圧力，変量，レベル，変位，成分分析などの測定変量によってさらに細分できる．幾つかの機器については，個々に定義される．
計測標準　measurement standard
　他の計測機器を比較・校正する目的で，ある量の一つ以上の既知の値の単位量の定義を実現，保存または再生を意図した有形の基準器，計測機器またはシステム．
継電器　relay
　＝リレー．
継電連動機　relay interlocking machine
　制御盤とリレー群を用いて，連鎖を電気的に行う連動機．
系統誤差　systematic error
　測定結果にかたよりを与える原因によって生じる誤差．
経年変化　secular change
　長期の時間経過に伴って生じる計測器またはその要素の特性の変化．
警　報　alarm
　アラームともいい，あらかじめ定められた状態となったとき，それについて注意を促すために信号（可視信号または可聴信号）を発することまたはその記号．
警報器　alarm unit
　プラントまたは制御システム内の，異常状態または限界条件の超過を知らせる信号を出力す

る機器．

警報出力 alarm output
警報信号ともいい，警報装置の出力信号．

警報信号 alarm signal
＝警報出力．

警報設定器 alarm set station
警報信号を出力するための条件を設定する機器．備考：警報器を含むものもある．

ゲイン gain
①信号が増幅される度合．すなわち，受信器の入力電圧を増幅する度合．増幅器の出力電圧と入力電圧の比で評価する．通常，dB で表す．②正弦波が入力されている定常状態の線形系において，入力とそれに対する出力との振幅の比．備考：(1)ゲインは，ある周波数での周波数応答の係数（絶対値）である．(2)現実的な使い方として，周波数がゼロの静的ゲインと対比して，ゼロ以外の周波数のゲインは通常，動的ゲインとよばれる．

ゲイン位相線図 gain-phase diagram
周波数応答 $G(j\omega)$ を，位相差を横軸に，ゲインの対象（dB 単位で描くことが多い）を縦軸にとり，角周波数（ω）を 0 から∞まで変化させて描いた線図．

ゲイン交点周波数 gain-crossover frequency
ボード線図または極座標プロットにおいて，ゲインが 1 になる周波数．（⇒周波数応答軌跡）

ゲインスケジューリング gain scheduling
調節器において，制御演算部で用いるゲインを，設定値，制御量，外乱，負荷などの信号によって変えること．

ゲインスケジューリング制御 gain scheduled control
制御演算部でゲインを，目標値，制御量，外乱，負荷などの信号によって変えながら行う制御．備考：変数の全動作範囲では非線形制御となる．（⇒ゲイン①）

ゲインスケジュール制御 gain schedule control
ゲインスケジューリングを用いて行う制御．変数の全動作範囲では，非線形制御となる．

ゲイン調整器 gain regulator
①入出力端間の電圧（音圧）比を，定量的に調整する器具．②信号増幅器のゲインを調整するもの．

ゲイン定数 gain constant
制御の安定性の特性を表すための用語の一つ

で，出力が安定したときの出力と入力との比率を示すもので，ステップ応答において出力の最終平衡値を入力の値で割った値．

ゲイン余裕 gain margin
位相角が $-\pi$ ラジアンとなる，最低周波数での開ループゲインの逆数．すなわち，一巡伝達関数の位相が $-180°$ となる角周波数において，そのゲインが 1 に対してどれほど余裕があるかを示す値．換言すればフィードバック制御系が不安定になるまでどれだけ開ループゲインを増加できるかの余裕．ゲイン余裕は位相余裕とともに制御系の安定度の目安を与えるものである．（⇒周波数応答特性ボード図）

けた上げ carry
けた上げ数を送る動作．

けた上げ数 carry digit
ある数字位置の和または積がその数字位置で表現できる最高数を超えるときに生じ，他での処理のために送られる数字．位取り表現法においては，けた上げ数は次の大きい重みをもつ数字位置へ，そこでの処理のために送られる．

けた上げする to carry
けた上げ数を送ること．

けた位置 digit position
1 けたの数字を収めるのに必要な物理的記憶単位であって，データ項目を定義するデータ記述項で指定された用途によってその大きさは変わる．

けた送り shift
語の中の文字の幾つかまたはすべてを，指定された語端の方向に同じ文字位置数だけそれぞれ移動すること．

けた区切り機能 punctuation capability
表示または印字する数の小数点記号の左側を 3 けたずつのグループに分ける機能．

結果 result
演算を行って得られるもの．

結果出力拡張機能 extended result output function
計算結果のけた数が計算器の出力できる数を超える場合，連続した複数回の操作によって，結果を表示または印字する機能．

結果の一意名 resultant indentifier
算術演算の結果を収めるための利用者が定めるデータ項目．

結合制御系 combined control system
二つ以上のフィードバック制御系が結合されて，両者の間に干渉がある制御系．

結線図　connection diagram
＝電気接続図．

欠　相　open-phase
交流多相回路において，そのうちの1組またはそれ以上の相に電圧が供給されない状態．

欠相継電器　open-phase relay
欠相したときに動作する継電器．

決定表　decision table
問題の定義で起こりうるすべての偶発条件と，それに対して実行すべき動作とを組み合わせた表．備考：プログラムの表現文書として，流れ図の代わりに用いる場合がある．

欠点数　number of defects
欠点の数．個々の品物に対して用いる場合とサンプル，ロットなどに対して用いる場合とがある．

ゲート　gating, gate
①信号波形を通過させたり，遮断したりすること．②ゲートする回路．③論理素子の同義語．

ゲート回路　gate circuit
＝単安定マルチバイブレータ．

ゲートトリガ電流　gate trigger current
サイリスタをオフ状態からオン状態へ切り換えるの必要とする最小のゲート電流．

ゲートパルス　gate pulse
ゲートするためのパルス．

ゲート弁　gate valve
＝仕切弁．

煙感知器　smoke detector
煙を感知することによって，火災探知を行う器具．イオン式と光電式とがある．

減　decrease
目標値を減らすこと．

限圧継電器　voltagelimiting realy
主電動機電圧が，設定値以下になるとステップ進めの信号を出す継電器．

限圧制御　voltage limiting control
高速からのブレーキ時に，主電動電圧が設定値を超えないように制限する制御．

減圧弁　pressure reducing valve
入口側の圧力にかかわりなく，出口側圧力を入口側圧力よりも低い設定圧力に調整する圧力制御弁．

限界感度法　critical gain method
調節計を比例動作のみとし，プロセス制御しながら比例帯を狭くしていき，制御系を発振させ，発振を開始したときの比例帯の発振周波数を測定し，これよりPID定数を求める方法．

限界警報センサ　limit alarm sensor
プロセス量が，上限または下限の設定条件を超えたことを検知する機器．

限界動作状態　limit conditions of operation
定格使用範囲を超える外部影響量，および有効範囲を超える性能量の値の範囲の全部で，機器をその範囲内で動作させても損傷を受けることがなく，また後で機器を定格動作状態で動作させたとき，性能が劣化していない範囲の全部．

原　器　prototype
基本単位の大きさそのものを具体的に表すもの．

言　語　language
情報の伝達のために使う文字，約束および規則の集合．

言語構成要素　language construct
プログラム言語を記述する際に必要な構文上の構成要素．例えば，識別子，命令文，モジュール．

言語プロセッサ　language processor
プロセッサともいい，ある指定されたプログラム言語を処理するために翻訳，解釈などの機能を遂行する計算機プログラム．

言語名　language-name
特定のプログラム言語を指定するシステム名．

検査キー　check key
データ項目から導き出され，その項目に付加される1個以上の文字であって，データの項目の誤りを検出するために用いることができるもの．

検査プログラム　checking program
計算機プログラムの一つであって，他の計算機プログラムまたはデータ集合に対して構文上の間違いを調べるもの．

検査文字　check character
1個の文字からなる検査キー．

減算器　subtracter
入力データで表現される数の差を出力データとして表現する機能単位．

現　示　aspect
信号の指示内容を表すこと．

限　時　time lag, lag
入力信号の変化時点より所定の時間だけ遅らせて出力信号値を変化させること．すなわち，所定の遅れをもって応動させること．

限時継電器　timing relay, time-delay relay, time-lag relay
　限時特性をもたせた継電器．すなわち，動作時間あるいは復帰時間を精度よく，あらかじめ定められた時間だけ遅延させる継電器．

原始言語　source language
　一つの言語であって，それから命令文が翻訳されるもの．

限時特性　time limit characteristics
　入力信号が与えられてから，定まった時間後に出力する特性．

原始プログラム　source program
　原始言語で表された計算機プログラム．

検出　detection
　①パルスの有無を調べること．②測定量を信号として取り出すこと．

検出回路　detection circuit
　検出を行う回路．

検出器　detecting element, detector
　変換器のうち，量を計器または伝送器に伝える信号に変換する器具または物質．

検出器　sensor
　制御対象，環境などから制御に必要な信号を取り出す機器，要素．

検出器の不感層　dead layer of a detector
　検出器内の有感領域以外の部分．

検出器の有効容積　sensitive volume of a detector
　有感領域ともいい，放射線検出器において，放射線を感じて出力信号を出しうる部分の容積．

検出信号　detecting signal
　制御対象より検出された信号．検出信号はシーケンス制御では2値信号，フィードバック制御ではアナログ信号とすることが多い．

検出スイッチ　detecting switch
　検出器とスイッチが一体となっており，ある状態を検出して自動的に動作するスイッチ．リミットスイッチや光電スイッチ，近接スイッチなどがある．

検出素子　sensor
　①センサの同義語．②測定量の直接の影響のもとにある検出器の受感部．例えば，熱電対の測温接点，測定抵抗体の抵抗素子．

検出部　detecting element
　制御装置において，制御対象，環境などから制御に必要な信号を取り出す部分．備考：取り出した信号について演算処理を行うことも少な
くない．

減　衰　damping, attenuation
　信号の大きさまたは振動の振幅が時間とともに減少すること．

減衰器　attenuator
　装置の感度を定量的に加減するために設けた調整器．

減衰時間　damping time, decay time
　指数形減衰波形が初期値からxパーセント減衰するのに必要な時間．例えば90％減衰時間，99％減衰時間として表す．

減衰時定数　damping time constant, decay time constant
　指数形減衰波形が初期値から$(1-1/e)\times 100$パーセント減衰するのに必要な時間．

減衰振動　damping oscillation
　時間とともに減衰していく振動．

減衰帯域　attenuation band
　フィルタなどで，信号の通過が阻止される周波数範囲．

減衰比　damping ratio
　ステップ応答において，出力が最終平衡値を超えた後，最初にとる極大値の最終平衡値からの隔たりに対する，第2番目の極大値の最終平衡値からの隔たりの比（整定時間の項の図を参照）．

減　数　subtrahend
　減算において，被減数から引く数または量．

減速装置　speed decelerasing gear, reduction gear
　回転速度を減速して動力を伝達する装置．

検　波　detection
　変調波から原信号波を取り出すことであって，非直線素子によってこの作用が行われる．

けん盤　keyboard
　キーを一定の規則に従って配列した盤であって，そのキーを押すとそれに対応した信号を送り出すもの．

限流継電器　current limiting relay
　①主電動機電流が設定値以下になるとステップ進めの信号を出す継電器．②電流の変化を制限するリレー．

限流制御　current limiting control
　力行時またはブレーキ時に，主電動機電流をあらかじめ設定した値に保つように行う制御．

限流抵抗器　current limiting resistor
　電流を一定値内に制限する目的で用いる抵抗器．

限流リアクトル current limiting reactor
電気回路の短絡の場合，回路に流れる大電流を制限する目的に使用されるリアクトル．

こ

語 word
①ワードの同義語．②何らかの目的から一つの単位とみなされる文字列．

コイル coil
一般的には，絶縁体の表面上に導体を巻いた自己インダクタンスをもつ部品．一般にはインダクタンスや磁界を得るために変圧器，電動機，回路素子などに使用される．

高域フィルタ high-pass filter
周波数 f から無限大までを通過帯域とし，ゼロから f までを減衰帯とするフィルタ．この場合，f はゼロおよび無限大を除く任意の値とする．

後縁 last transition
＝立下り区間．

効果器 end effector
＝エンドエフェクタ．

光学式文字読取り装置 optical character reader
光学的文字認識によって文字を読み取る入力装置．

光学的マッチトフィルタ optical matched filter
光学雑音に埋もれた画像信号を，SN 比が最大になるように検出するために用いる空間的周波数フィルタ．文字読取り，その他に利用する．

光学的文字認識 optical character recognition
OCR と略称し，図形文字を識別するために光学的な手段を用いる文字認識．

光学文字 optical character
光学的な手段による自動識別を容易にするために，特殊な規則に従って印字または手書きされた図形文字．

光起電力効果 photovoltaic effect
光電効果の結果，電極と電解質との間，金属電極と半導体との接触部および半導体の接合部に電圧が現れる現象．

工業計器 industrial instrument
工業計測を行うために用いる計測器．

工業計測 industrial measurement
工業の生産過程において，または生産に関して行う計測．

工業プロセス industrial process
単一または一連の物理的変化もしくは化学的変化を基本的に実行する工業的操作の集合．

工具径補正 cutter compensation
プログラムされた工具経路(工具のある特定の点の運動が描く経路)に対する工具径と実際の工具径との差の補正．工具経路に直交する方向において行う．数値制御でエンドミルを用いて加工物に輪郭を削り出す場合に用いられる．

工具長補正 tool offset length compensation
数値制御で旋削やボーリングを行う場合，刃先位置が工具取換えや工具研削などでずれた場合，誤差を避けるために数値制御装置に設ける補正装置を設け自動的に補正すること．

公差 tolerance
①規定された最大値と最小値との差．②計量法では，基準にとった値と，それに対して許容される限界の値との差．

高次遅れ higher order lag
一次遅れの要素が三つ以上ある場合の遅れをいう．

公称値 nominal value
①機器の性能量のうち，調整できない量の値に対する名目上の値．②標準器または測定器に与えられる名目上の値．

構成 configuration
①ハードウェア：モジュールの選定，これらの配置，相互接続の決定などシステム設計の一工程．②ソフトウェア：論理モジュールをあらかじめ装着したシステムにあって，必要とするモジュールの選定，これらの適当な論理配置への割付け．例えば，制御ループ，表示場所など，およびこれらの接続．

校正 calibration
指定の条件の下で，測定機器の出力値と測定される量との間の関係を定めること．実際の校正では次の作業がある．①目盛に目盛線を入れ

る場所の決定．②機器の出力の読取り値と標準との比較による誤差の決定．備考：予備調整または再調整において，内蔵の標準器などを用い，機器の誤が最も少なくなるように校正用調整器を調整することをいうこともある．

校正器 calibrator
設備の校正用として必要な，精密な信号発生または信号読取りのできる機器．

校正曲線 calibration curve
定められた条件の下で，実際に測定機器で得た値と測定する量の値との関係を表した曲線．(⇒規定特性曲線)

合成誤差 resultant error
幾つかの量の値から間接に導き出される量の値の誤差として，部分誤差を合成したもの．

校正サイクル calibration cycle
器内の校正範囲内において，測定値の上昇および下降にそれぞれ対応して得られる2本の校正曲線の組合せ．(⇒規定特性曲線)

校正のトレーサビリティー calibration traceability
機器の校正に用いる既知の値を，公的に認証された標準値に関係づける能力．(⇒トレーサビリティー)

校正表 calibration table
数表の形式にした校正曲線(次頁の表参照)．

合成パルス composite pulse
2個以上のパルスの重量によって得られる1個のパルス．

校正ひずみ reference strain, equivalent strain for calibration
測定値を校正するために加える電気信号．ひずみ入力で示される．

剛性復原部 rigid return
サーボモータの動きを速度検出器または増幅部に復原し，サーボモータの動きを回転数の変化と比例関係を保たせるもの．

構成要素 component
システムを構成する最小機能単位の要素．

構造型符号化 constructed encoding
データを符号化したものであって，内容オクテットが一つ以上の他のデータ値を完全に符号化したもの．

構造化テキスト言語 structured text language
ST と略称し，アプリケーションプログラムを表現するためにステートメント，演算子などを使った文字形式のプログラム言語．

拘束磁化状態 constained magnetization condition
磁気増幅器の制御回路において，交流電源から誘起する交流が阻止される状態．

高速度 high speed
応動時間が速やかになるように，特に考慮された応動．

高速度減流器 high speed current limiter
事故電流を減流させる高速度遮断器．

高速度遮断器 high speed circuit breaker
過電流検出機構を備え，過電流が流れると速やかに回路を遮断する遮断器．

高速度リレー high speed relay
直流で1 ms，交流で10 ms 以下で動作するリレー．

後置表記法 suffix notation, postfix notation, reverse Polish notation
数学上の式を構成する方法であって，各演算子はそのオペランドの後に置かれ，その前にあるオペランドまたは中間結果に対して行われる演算を示すもの．例えば，AとBとを加え，その和Cを乗ずることは，$AB+C\times$で表される．

高調波 high harmonic
周期的な複合波の各成分中，基本波以外のもの．第n高調波とは，基本周波数のn倍の周波数をもつもの．(⇒調波)

高調波含有率 relative harmonic content
ひずみ波に含まれている指定された高調波または高調波群の実効値の，基本波の実効値に対する比．すなわち

<u>指定された高調波または高調波群の実効値</u>
基本波の実効値

備考：①この量は，通常各高調波を分離してできるアナライザを用い測定される．②一つの高調波を指定したときは，その高調波に応じ，第2(第3)高調波含有率などという．

高調波ひずみ harmonic distortion
入力量が一つの正弦波であるとき，出力量に高調波成分が発生する非線形ひずみ．

高調波抑制 harmonic restrant
交流電気入力の高調波成分を選択して，これによりリレー動作の抑制をすること．

高低圧遮断圧力スイッチ high-pressure low pressure safety cut-out
冷凍機の圧縮機における，吐出し圧力の異常高圧，吸込み圧力の異常低下の発生時に作動し運転を停止させる圧力スイッチ．(⇒圧力制限器)

入力	誤差							上昇平均	下降平均	上昇平均	平均誤差
	実測上昇	実測下降	実測上昇	実測下降	実測上昇	実測下降	実測上昇				
%	%	%	%	%	%	%	%	%	%	%	%
0		−0.04		−0.05		−0.06			−0.05		−0.05
10		+0.14	+0.04	+0.15	+0.05	+0.16	+0.06		+0.15	+0.05	+0.10
20		+0.23	+0.08	+0.26	+0.09	+0.26	+0.13		+0.25	+0.10	+0.175
30		+0.24	+0.09	+0.25	+0.10	+0.26	+0.11		+0.25	+0.10	+0.175
40		+0.13	−0.07	+0.15	−0.04	+0.17	−0.04		+0.15	−0.05	+0.05
50	−0.18	−0.02	−0.16	+0.01	−0.13	+0.01	−0.13	−0.15	0	−0.15	−0.075
60	−0.27	−0.12	−0.25	−0.10	−0.23	−0.08		−0.25	−0.10		−0.175
70	−0.32	−0.17	−0.30	−0.16	−0.28	−0.12		−0.30	−0.15		−0.225
80	−0.27	−0.17	−0.26	−0.15	−0.22	−0.13		−0.25	−0.15		−0.20
90	−0.16	−0.06	−0.15	−0.05	−0.14	−0.04		−0.15	−0.05		−0.10
100	+0.09		+0.11		+0.10			+0.10			+0.10

最大誤差　　　　　　　　＝＋0.26％
ヒステリシスおよび不感帯　＝−0.32％
　　　　　　　　　　　　＝＋0.22％
繰返し性　　　　　　　　＝　0.05％

校正表の説明図 (JIS B 0155)

備考：①基準測定方法の誤差限界は，平均の誤差の決定においては考慮されていない．
　　　②校正表を完全にするためには，定測値を記す必要がある．

肯定応答 acknowledge
ACK と略称し，送信側に対する肯定的な応答として，受信側から送出する伝送制御キャラクタ．(⇒否定応答)

高低水位警報器 high and low water level alarm
ボイラやタンク類などにおける水位制御において，所定の高水位または低水位に達したとき，警報を発する水位警報器．

高低動作 high-low action
出力が二つの同符号の位置をもつ2位値動作．

光電管 phototube, photoemissive cell
放射を吸収して自由電子を放出する陰極(光電面)と，その電子を集める陽極とからなる，2極電子管の構造をもった光電検出器．

光電検出器 photoelectric detector
物質が放射線を吸収して自由電子を生じる現象(光電効果)を利用する放射の検出器．火炎検出器などに利用される．

光電効果 photo-electric effect
物質と光との相互作用であって，物質が光を吸収し，その結果，電子が解放される効果．

光電子増倍管 photomultiplier
光電管と同様な光電子発生機構をもつが，光電子を発生する陰極と陽極との間に，電子を増加させるための一つ以上の中間電極を備えた光検出素子(光電検出器)．

光電スイッチ photoelectric switch
光電効果を利用し，光を受けているあるいは物体が光を遮断することより，電気接点が開閉するスイッチ．光電スイッチは，直接，物体に触れなくても，物体の有無や位置を検出することができる．

光電池 photoelement, photovoltaic cell
放射を吸収して，金属と半導体の接触部，または単一の半導体結晶中におけるp形領域とn形領域との接合(p-n 接合)部に起電力が生じ，外部に自発電流が取り出される光検出器．

光伝導セル photoconductive cell
光の照射によって抵抗が変化する現象を利用した光検出素子．

光導電セル photoresistor, photoconductive cell
放射を当てることによって起こる電気伝導率の変化を利用する受光素子．

勾配法 gradient method
最適制御, 適応制御などにおいて, 評価関数の極値を探索するために用いられる一手法. 操作量をベクトル x で表し, 評価関数を $J=f(x)$ とする. 最適な操作量の推定値として, x_i が与えられたとすると次の x_{i+1} は
$$x_{i+1}=kH_i=\partial J/\partial x_i+x_i$$
から決定される. ただし, k は J を最大または最小にするように選ばれる.

項目 item
データの集合の要素. 例えば, ファイルはレコードのような幾つかの項目からなり, さらにそのレコードは他の項目からなっている. 備考：項目という用語は, データ要素と同じ意味で用いられることもある.

交流 alternating current
AC と略称し, 方向が周期的に変化する電流.

交流印加電圧 AC applied voltage
交流増幅器の負荷に電力を供給するための交流電源電圧.

交流機 a・c machine
交流電力(無効電力を含む)を発生または変換し, もしくは交流電力を受けて機械動力を発生する回転電気機械.

交流サーボ機構 AC servomechanism
サーボ機構の中で主要部分を伝わる信号が交流信号であるものをいう.

交流サーボモータ AC servomotor
交流電源によって駆動されるサーボモータ. 実用的なものは大部分, 二相サーボモータである.

交流電源の高調波成分 harmonic content of an a・c power supply
高調波成分は, 電源基本周波数電圧(実効値)に対する高調波電圧の2乗和平方根の百分率で表す. 公称周波数の10倍未満の高調波だけを考慮する.

交流電磁開閉器 a・c electromagnetic switch
交流用電磁接触器と熱動形などの過電流保護装置とを組み合わせた開閉器.

互換性 compatibility
指定したインタフェース仕様に合致できる単位機能の能力.

国際単位系 International System of Units
SI と略称し, 国際度量衡総会で採用された一貫した単位系. 基本単位, 補助単位および誘導単位からなる. 基本単位として長さ m, 質量 kg, 時間 s, 電流 A, 熱力学的温度 K(℃), 光度 cd, 物質の量 mol がある.

国際標準 international standard
国際的な合意によって認められた測定標準.

刻時機構 clock
処理機構の演算の規制, 割込みの発生, 時計などの目的で使用される, 正確な時間間隔をもった周期的信号を生成する機構.

刻時信号 clock signal, clock pulse
クロック信号ともいい, 時間間隔の計測や同期化のために使用される同期信号.

刻時トラック clock track
タイミングの基準を与えるための信号パターンが記録されているトラック.

刻時パルス clock pulse
＝クロックパルス.

刻時目盛 timing mark
経過時間を知るために一定時間間隔で付けられた標識.

語構成記憶装置 word organized storage
機械の語を単位としてまたは同一時間内で機械の語の部分を単位として, データを記憶したり取り出したりできる記憶装置.

誤差 error
①測定値と真の値との間の代数差. 備考：a)測定値が真の値より大きいとき, 誤差は正となる. 誤差＝測定値－真の値. b)機器の試験成績表に誤差を記す場合は, その機器の校正の方式を明記する必要がある. ②測定値, 設定値または定格値と, 測定または供給した量の値との違い. 備考：誤差の大きさは, 絶対誤差, 誤差率または百分率誤差で表される. ③測定値から真の値を引いた値.

誤差限界 limit of error
推定した総合誤差の限界の値.

誤差分散 error variance
誤差の分散. (⇒分散分析)

誤差率 relative error
絶対誤差の, 真の値, 設定値または定格値に対する比. 備考：①測定量の場合は, 絶対誤差の真の値に対する比. ②供給量の場合は, 絶対誤差の設定値または定格値に対する比.

故障診断 failure diagnosis
対象としている機器, システムなどが故障したとき, 症状や徴候を基にして不具合の箇所を見つけ出し, その程度を判断し, 可能であれば故障の原因を見つけ出すこと.

故障の木解析 fault tree analysis
信頼性または安全性上，その発生が好ましくない事象について，論理記号を用いて，その発生の経過をさかのぼって樹形図に展開し，発生経路および発生原因，発生確率を解析する技法．

個人誤差 personal error
測定固有者の癖によって，測定上または調整上生じる誤差．

誤操作 wrong operation
指定された操作方法に反した操作．

固体電解質酸素分析計 solid electrolyte oxygen analyzer
固体(例えば，高温下のジルコニア)の電気化学的な挙動を用いて，流体中の酸素含有量を測定する機器．

語長 word size, word length
1語の文字数．

国家標準 national standard
国家による公式な決定によって認められた測定標準．

固定関数発生器 fixed function generator
発生する関数が固定されており，利用者による変更が不可能な関数発生器．

固定記憶装置 fixed memory
＝読取り専用記憶装置．

固定基数記法 fixed radix numeration system
固定基数表記法ともいい，すべての数字位置が同じ基数をもつ基数記法．ただし，最大の重みをもつ数字位置を除く．

固定基数表記法 fixed radix notation
＝固定基数記法．

固定シーケンスロボット fixed sequence robot
設定情報の変更が容易にできないシーケンスロボット．

固定小数点表示法 fixed-point repressentation system
合意が得られている何らかの約束によって，小数点が一連の数字位置中に暗示的に固定されている基数記法．

固定小数点方式 fixed decimal mode
計算結果の小数部のけた数をあらかじめ選択している方式．

固定小数点レジスタ fixed-point register
固定小数点表示法を用いて，データを操作するためのレジスタ．

固定接点 fixed contact
開閉機構をもつ電気接続機器で接触部，接点のうち固定側の接点接触部分をいう．(⇒可動接点)

固定相 stationary phase
クロマトグラフィーが行われる場の要素の一つで支持体に固定されたもの．

固定抵抗器 fixed resistor
規定さた抵抗値をもち，かつ，抵抗値の機械的可変機構をもたない抵抗器．

固定ブロックフォーマット fixed block format
ブロック内におけるワード総数，キャラクタ総数およびワードの順序が一定のテープフォーマット．

コーディング coding
データ変化またはデータ表現を行う過程．

コード code
符号ともいい，情報を離散的な形式で1対1の対応をもたせて表現する規則の集合．キャラクタにおいては，キャラクタと7ビットのパターンとの間に1対1の対応を定めるコード(符号)があり，準備機能，補助機能などにおいては，それぞれの情報についてのコード(符号)がある．

誤動作 incorrect operation, incorrect performance
不要動作の一つで，リレーが動作すべきでない場合に動作すること．

誤動作警報 wrong operation alarm
正常な動作から誤った動作になれば，直ちに設けられた機構によって発する警報．

コード化集合 coded set
コードに従って，他の要素の集合に対応付けられている要素の集合．

コード化する to encode
＝符号化する．

コード化表現 coded representation
＝コード要素．

コード化文字集合 coded character set
各要素が，単一文字からなるコード化集合．

コードコンバータ code converter
＝コード変換器．

コード透過形データ通信 code-transparent data communication
データ通信の一形態であって，データ通信装置において使われるビット列の構成に依存しない，ビットを基本とするプロトコル．

コード独立形データ通信 code-independent data communication
データ通信の一形態であって，データ送信装置において使われる文字集合またはコードに依存しない，文字を基本とするプロトコル．

コード入力 code input
文字などを区点番号で入力する機能．

コード変換器 code converter
コードコンバータともいい，あるコードまたはコード化文字集合を用いたデータの表現を，別のコードまたは別のコード化文字集合を用いた表現に変更する機能単位．

コード要素 code element
コード化表現ともいい，コード化集合の一つの要素にコードを適用した結果．

コード要素集合 code element set, code set
コード化集合の全要素にコードを適用した結果．

コーナ corner
＝かど．

コーナ周波数 corner frequency
ボード線図において対数ゲイン曲線に接近する二つの直線の交点にあたる周波数．

コーナひずみ corner distortion
＝かどひずみ．

コヒーレンス coherence
二つ以上の波の間で時間的な相関があること．

誤不動作 incorrect non-operation
不要動作の一つで，リレーが動作すべき場合に動作しないこと．

個別記号 specific symbol
処理データ媒体などの正確な性質や形状が明らかで，実際の媒体を描く必要があるときに用いる記号．

個別警報 separate alarm
異なった目的の警報をそれぞれの警報装置で行う方式．

個別設定 separate setting
複数入力のおのおのに対し個別に警報設定するような設定方式．多箇所任意設定とよぶこともある．

COBOL（コボル） Common Business Oriented Language
主に事務データ処理を行うためのプログラム言語の一つ．

コマンド command
①コマンド開始（SCM）とコマンド終了（ECM）にはさまれた一つ以上の図形文字の列．各種の操作を指示するのに用いる．②コマンドフレームの制御部の内容であり，アドレスで指定した局に対して，ある特定のデータリンク制御機能の実行を指令する制御情報．③イニシエータが，ターゲットに対して操作を指定するために転送する情報．コマンドは操作コード，論理ユニット番号，転送長などからなり，コマンド記述ブロックで転送される．

コマンド記述ブロック command descriptor block
イニシエータからターゲットに操作要求を伝えるためのコマンド情報の形成．

コマンドフレーム command frame
受信側のアドレスをもつフレーム．一次局または複合局が送出できる．

コミュニケーション communication
信号の伝送によって意味を伝えること．

コミュニケーションシステム communication system
コミュニケーションの過程を統制するためのシステム．

子目盛線 subscale mark
測定量の最小分割を示す目盛線．

コモンモード干渉 common mode interference
コモンモード電圧の存在によって起こる出力情報の変化．

コモンモード除去 common mode rejection
出力にコモンモードによって現れる影響の抑制．

コモンモード除去比 common mode rejection ratio
機器がコモンモード干渉を除去できる度合を表すもので，規定された回路で結ばれた二つの端子と共通端子の間に加えた信号のピーク値の，それと同じ出力情報を発生させるのに必要な入力端子間の信号のピーク値に対する比で示す．コモンモード除去比は，dBで表されることが多く，一般にその値は，周波数によって異なる．

コモンモード除去率 common mode rejection ratio
機器の入力端子におけるコモンモード電圧と，同じ出力信号を得るような同一特性の差動入力信号との比．増幅器においては，コモンモード干渉の影響を入力に換算．コモンモード除

去率は，比率またはデシベル，すなわち，20・$\log_{10}$(比率)で表し，周波数と振幅に依存する．

コモンモード信号 common mode signal
共通基準点に対して差動入力の両端に現れる，同一の振幅および位相をもった望ましくない信号．例えば，コモンモード電圧など．

コモンモード電圧 common mode voltage
二つの入力端子のおのおのと，第3の端子間に加わっている二つの電圧の瞬時値の代数的平均値．第3の端子は，外箱か測定用接地端である．

固有誤差 intrinsic error
①標準状態において求めた誤差．②標準状態において求めた計測器の誤差．

固有周波数 eigen frequency
制御係数Dを含む2次線形系のステップ応答，
$$h(t)=1-e^{-D\omega_0 t}\left[\cos(\omega_0\sqrt{1-D^2}\,t)+\frac{D}{\sqrt{1-D^2}}\sin(\omega_0\sqrt{1-D^2}\,t)\right]$$
において，自然固有周波数ω_0と$\omega_e=\omega_0\sqrt{1-D^2}$とによって関係づけられる見掛けの周波数．
備考：上のステップ応答は，$v(t)$のステップ状の変化に対する次の微分方程式によって与えられる．
$$\frac{1}{\omega_0^2}\cdot\frac{d^2x(t)}{dt^2}+\frac{2D}{\omega_0}\cdot\frac{dx(t)}{dt}+x(t)=v(t)$$

固有周波数 natural frequency
ある系または回路が自由振動するときの周波数．

固有振動数 natural frequency
振動系の自由振動の振動数．n自由度系では，一般にn個の固有振動数が存在する．

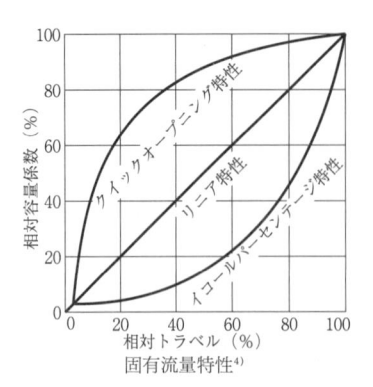

固有流量特性 inherent charcteristic
相対容量係数とそれに対応する相対トラベルとの関係．固有流量特性にはリニア特性，イコールパーセンテージ特性，クイックオープニング特性などがある．(⇒流量特性)

固有レンジアビリティ inherent rangeability
レンジアビリティともいい，制御可能な最大および最小容量係数の比．容量係数は，その固有流量特性の傾斜が決められた限度内にある相対トラベルの範囲内だけで制御可能とみなされる．

孤立パルス isolated pulse
定常状態からの変化の主要部分が孤立しているパルス．

コールド再始動 cold restart
すべてのデータ(入出力イメージテーブル，内部レジスタ，タイマ，カウンタなどの変数・プログラム)を自動または手動(リセット押しボタンなど)によって定められた状態に初期化した後，PCシステムおよびアプリケーションプログラムを再び始動すること．

コレクタ collector
トランジスタの三つの端子の一つで，トランジスタの動作に携わるキャリア．すなわち，電子または正孔の流れをベースから収集する働きをもつ部分．

根 root
方程式を満足させる未知数の値．または，ルート．

根軌跡 root locus
伝達関数の一つのパラメータを媒介変数として，伝達関数の極(特性方程式の根)を複素平面上に描く軌跡．

混合基数記数法 mixed radix numeration system
混合基数表記法ともいい，数字位置がすべて同じ基数をもつとは限らない基数記数法．

混合基数表記法 mixed radix notation
＝混合基数記数法．

混成集積回路 hybrid integrated circuit
①二つ以上の異種の集積回路の組合せ，または一つ以上の独立したデバイスもしくは部品と一つ以上の集積回路からなる回路．②ハイブリッドICの同義語．

コンソール console
操作卓ともいい，座っている人に適するように，傾斜角を付けたパネルをもつ構造物．

固有流量特性[4]

コンタクタ contactor
＝電磁接触器．

コンダクタンス conductance
①回路の端子電圧と同位相の電流の成分を，端子電圧で除して得られる値．②複素アドミタンスの実数部．

コンタクト出力 contact output
＝接点出力．

コンデンサ capacitor
一般的には，対向した電極をもち，電極間に誘電体が介在する部品．

コンデンサモータ capacitor motor
補助巻線と直列にコンデンサを接続するように設計された分相誘導電動機の総称．

コントローラ controller
センサから受けた情報を評価しアクチュエータに命令を伝達する装置．

コントローラビリティ controllability
＝有効レンジビリティ．

コントロールアウト control out
数値制御テープにおいて，数値制御工作機械の制御に直接関与しない情報の挿入の始まりを示す機能．この機能のキャラクタには，（を用いる．

コントロールイン control in
数値制御テープにおいて，数値制御工作機械の制御に直接関与しない情報の挿入の終りを示す機能．この機能キャラクタには，）を用いる．

コントロールコンソール control console
機器を遠隔操作するために必要な操作機構および監視・警報装置をもつ盤．

コントロールシステム control system
正常起動，安定運転，正常停止に必要な制御系（例えば起動制御系，燃料制御系など），異常状態における警報または停止を行う保安系（例えば燃料遮断系など），運転の監視を行う監視系および計器類ならびにシステムに必要な電源制御系からなる運転に必要な制御，保安，監視のためのすべての装置を含むシステム．

コントロールステーション control station
制御ステーションともいい，分散形制御システムで制御演算を行うインテリジェントステーション．

コントロールパネル control panel
＝制御盤．

コントロールモータ control motor
モジュトロールモータともいい，すべり抵抗器の信号に対応して，160°：60 s，90°：35 s の範囲で，右に左にと正逆回転する減速歯車を組み合わせた構造の単相コンデンサ形の制御モータ．電気式比例制御に広く採用される．

コントロールユニット control unit
センサなどからの入力信号を，一定の命令信号に変換してアクチュエータなどに出力する装置．コンピュータとよぶこともある．

コンパイラ compiler, compiling program
コンパイルするために使われる計算機プログラム．

コンパイラ生成プログラム compiler generator
コンパイラをつくるために使われる翻訳プログラムまたは解釈プログラム．

コンパイルする to compile
問題向き言語で表された計算機プログラムを計算機向き言語に翻訳すること．

コンパス compass
船の針路または物標の方位を測定する計器．

コンバータ converter
①通常，交流を直流へ，または直流相互を変換する機器．②データ変換器の同義語．

コンパレータ comparator
試料物体の長さを基準の尺度と比較して測定する器械．

コンビネーションスイッチ combination switch, steering column switch
異なる機能をもつ各種のスイッチを一つに組み合わせたスイッチ．

コンビネーションメータ instrument cluster
2種類以上の計器を一つのケースに納めたメータ．

コンピュータ computer
①計算機の同義語．②電子計算機ともいい，入力装置，記憶装置，制御装置，演算装置および出力装置からなり，センサなどからの入力信号を，これらの機能によって適切な命令信号に変換して，ディスプレイ，アクチュエータなどに出力する装置．コントロールユニットをコンピュータとよぶこともある．

コンピュータグラフィックス computer graphics
①コンピュータ内部に表現されたモデルをグラフィックディスプレイなどに表示する技法．②計算機図形処理の同義語．

コンピュータソフトウェア computer software
コンピュータに対して必要なデータ処理を行わせる手法．プログラム，手続，規則，ドキュメントなどの総称．

コンピュータハードウェア computer hardware
既定の様式でデータを受け，これを処理し，指定の書式で処理結果を出力できる機能単位．

コンピュータマイクログラフィックス computer micrographics
＝計算機縮小図形処理．

コンピューティングロガー computing logger
演算機能をもつデータロガー．

混変調ひずみ inter-modulation distortion
入力量が二つ以上の正弦波であるとき，出力量にそれらの和または差の周波数成分が発生する非直線ひずみ．

コンポーネント component
システムを構成する最小機能単位．

さ

差 difference
減算において，被減数から減数を引いた結果の数または量．

差圧 differential pressure
流体がバルブを通過するとき，その前後の圧力差．

差圧液面計 differential pressure type level gauge
基準液面と測定液面との差圧によって液面の位置を測定する計器．

差圧計 differential pressure gauge
マノメータともいい，2点間の気圧差を測定する装置．主としてU字管形，傾斜形，ダイアフラム形を用いるが，半導体ひずみゲージによる電気的な測定器もある．

差圧検出器 differential pressure detector
空気圧力の差圧を検出して，電気回路を開閉する機器．

差圧式流量計 differential pressure type flowmeter
流路に絞りを設けて，その絞りの前後の圧力差の平方根が流速に比例するのを利用して流量を測定する流量計．

差圧調整弁 differential pressure control valve
流体間の圧力差を規定値に保つように調整するバルブ．

差圧伝送器 differential pressure transmitter
検出された差圧値の信号を所定の信号に変換し，調節計へ入力信号として伝送するための伝送器．

差圧弁 differential pressure regulating valve
1次側と2次側またはそれぞれの圧力と系の異なる圧力との差を，ある値に保持する調整弁．

差圧変換器 differential pressure converter
差圧を電流，電圧などの信号に変換する装置．

差圧レベル計 pressure level measuring device
液面の上下2点間の差圧を検出することによって，液位を測定する機器．液面上の圧力が大気圧である場合は，液体のヘッドによって生じる圧力だけがしばしば用いられる．

再起動 restarting
異常停止または非常停止により運動を停止したロボットを再び運転の状態にすること．

最急降下法 steepest descent method
最適制御，適応制御などにおいて，評価関数の極値を探索するために用いられる手法の一つ．n個のプロセス変数 $x_1, x_2, \cdots, x_n$ からなる評価関数Pを考える．出発点からPの極値へ向かうには，等P曲線(等高曲線)の傾射の最急な方向(等P曲線に垂直な方向)に絶えず進めば，最も早く極値に到達できる．

サイクリング cycling
制御量が周期的に変わる状態．すなわち，オンオフ動作における制御量の周期的な変動のこと．サイクリングはオンオフ動作の大きな特徴であると同時に大きな欠点である．

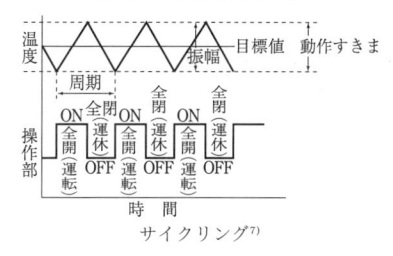

サイクリング[7]

サイクル cycle
事象(波形)の規定による始まりから終わりまでの部分．

サイクル時間 cycle time
記憶装置の連続する読取り書込みサイクルの開始点の間の最小時間．

サイクルスタート cycle start
自動モードまたはMDIモードにおいて，運転を開始させること．

サイクルタイプサーキットブレーカ cycle type circuit breaker
サーキットブレーカの中で自動的に復帰と遮断を繰り返すもの．

再現可能機械原点 reproducible machine datum
機械原点として定められた位置決め精度．備

考：電源投入，リセット動作，プログラム指令などによる原点の位置決め精度．

再現性 reproducibility
同一の方法で同一の測定対象を，測定者，装置，測定場所，測定時期のすべて，またはいずれかが異なった条件で測定した場合，個々の測定値が一致する性質または度合．

再現性誤差 reproducibility error
規定時間以上にわたり，同一動作条件の下で同一入力値に対して，両方向から接近させて出力を反復測定したときの上下限測定値の代数差．再現性は，通常，スパン百分率で表され，ヒステリシス，繰返し性および不感帯を含む．規定時間が十分長いならば，ドリフトまでも含む．

再現測定 measurement in the complete different conditions
人・日時・装置のすべてが異なる場合の測定．

再実行時間 rerun time
動作時間のうち，動作中の障害または間違いのため，再走行するのに使用される時間．

再始動 restart
チェックポイントにおいて記録したデータを使用し，計算機プログラムの実行を再開すること．

再始動条件 restart condition
計算機プログラムの実行中に再設定されうる条件であって，計算機プログラムの再始動を可能にするもの．

再始動する to restart
再始動を実施すること．

再始動点 restart point, rescue point
計算機プログラム中の一つの場所であって，実行を再始動しうるところ，特に再始動命令のアドレス．

再始動命令 restart instruction
計算機プログラム中の命令であって，そこから計算機プログラムを再始動させることができるもの．

最終支回路 final subcircuit, branch circuit
最終の回路の過電流保護装置から電力消費機器およびその付属機器に至る給電回路．

最終値 final value
測定値の最終の平均値．

最小位相系 minimum phase system
ゲイン特性が同一の周波数応答をもつ線形系の中で，位相の遅れが最も小さい系．

最小移動単位 least command increment
数値制御装置が駆動系に移動量として指令する最小単位．

再使用可能プログラム reusable program
計算機プログラムの一つであって，一度ロードされた後は繰り返し実行されうるもので，しかも実行中に変更されたいかなる命令も初期状態に戻され，外部プログラムパラメタは変更されずに保持されるという条件を満たしているもの．

再使用可能ルーチン reusable routine
ルーチンの一つであって，一度ロードされた後は繰り返し実行されうるもので，しかも実行中に変更されたいかなる命令も初期状態に戻され，外部プログラムパラメタは変更されずに保持されるという条件を満たしているもの．

最小遮断電流 minimum breaking current
規定された条件の下で，ヒューズが遮断しうる最小の固有電流．

最小遅延プログラミング minimum delay programming
アクセス時間を最小にするように命令およびデータの記憶場所を選んだプログラミングの一つの方法．

最小値選択 lowest selection
二つ以上の入力信号のうち最も小さい値の入力信号を自動的に選択して出力信号とすること．

最小調整可能流量 minimum controllable flow
①の自動制御弁のレンジアビリティの範囲における最小流量．②安定な流れの状態を維持することができるバルブの最小流量．

最小電源電圧 minimum power supply voltage
安定状態の全負荷条件において生じる電源電圧の値．

最小同期振幅 synchronization minimum amplitude
安定な内部同期に必要な有効面上の垂直振幅の最小値．必要な場合には，最小同期振幅は，周波数範囲ごとに示される．

最小同期電圧 synchronization minimum voltage
安定な同期に必要な外部同期電圧の最小値．必要な場合には，最小同期電圧は，周波数範囲ごとに示される．

最小二乗法 least square method
　1組の観測値が与えられたとき，これらにあらかじめ定められた条件式を満足するように，残差の平方の和を最小にするようにして調整値を決定する方法．

最小負荷 minimum load
　機器の出力側に接続することができる最小の負荷．

最小目盛値 minimum scale value
　目盛が示す測定量の最小値．

最小有効ビット least significant bit
　位取り表現法において，最小の重みをもつビット位置．

サイジング sizing
　与えられた仕様を満足する最も好ましい容量をもつバルブを選定すること．

再　生 playback
　記憶させた情報を読み出すことによって，その作業を実行させること．

再設定性 resettability
　供給量の設定において，同じ条件で，比較的短い時間に，繰り返しと同じ設定値を与えた場合の，個々の供給値が一致する度合．

再設定度 resettability
　再設定性を定量的に表すことをいい，次のように表す．①連続可変の場合：ある値に設定するのに，ある方向からと反対方向からと繰り返して行ったとき，得られた幾つかの供給値を各方向ごとに平均し，その平均値の差の1/2．②ステップ可変の場合：ある値に繰り返して（必要ならば両方向から）設定したとき，得られた幾つかの供給値のうちの最大値と最小値の差の1/2．③再設定度は，その設定値に対する百分率で表してもよい．

最大原理 maximum principle
　制御すべき系の状態と制御量との関係が微分方程式系などによって表されるとき，最適制御量が満たすべき必要条件を述べた定理．この定理は，ポントリャーギン（Pontrjagin）による．

最大誤差 inaccuracy
　測定確度ともいい，定められた条件の下で，定められた手順に従って装置の試験を行ったときに観測される，規定特定曲線に対する正または負の最大偏差．備考：一般には，測定量，スパンの百分率，レンジ上限値の百分率，目盛長の百分率，または出力の読取り値の百分率で表現される．特定の表示方法による場合は，それを明記しなければならない．（⇒規定特定曲線）

最大値選択 highest selection
　二つ以上の入力信号のうち最も大きい値の入力信号を自動的に選択して出力信号とすること．

最大電源電圧 maximum power supply voltage
　定常状態の最小負荷条件において生じる電源電圧の値．

最大負荷 maximum load
　機器の出力側に接続することができる最大の負荷．

最大目盛値 maximum scale value
　目盛が示す測定量の最大値．

最大有効数字 most significant digit
　位取り表現法において，最大の重みをもつ数字位置．

最大有効ビット most significant bit
　位取り表現法において，最大の重みをもつビット位置．

再調整 readjustment
　使用中の機器が規定の確度で動作しなくなったとき，製造業者の指示に従い，その機器を分解することなく，また添付品以外の機器を用いることなく，機器が再び規定の確度で動作するように再調整部分を調整する操作．

最適化 optimization
　体系の目的を，与えられた環境・条件の下で最もよく達成させること．（⇒最適性の原理）

最適解 optimal solution
　最適化問題の可能解の中に，所定の評価基準を最大（または最小）にするものが存在すれば，それを最適解という．

最適制御 optimal control
　定められた限界の下で，評価指数が最大か最小に達するような制御．

最適制御 optimal control, optimum control
　制御過程または制御結果を，与えられた基準に従って評価し，その評価成績を最も良くする制御．

最適制御 optimalizing control, optimum control, optimal control, optimizing control
　制御対象の状態を自動的にある所要の最適状態にしようとする制御．備考：最適制御とは，制御状態あるいは制御結果を与えられた基準に従って評価し，その評価成績を最も良くしつつ制御の目的を達成させようとする制御方式を総称する．（⇒適応制御）

最適性の原理 principle of optimality
　決定の全系列にわたって最適化を行うには，ある段階での決定がどうあろうとも，その決定から生ずる状態に関して残りの段階での決定が最適決定でなければならないという原理．備考：この原理は，ベルマン(Bellman)の動的計画法の基本原理である．

最適調整 optimum setting
　プロセス制御で，外乱，目標値の変化に対し制御系をその目的とする状態に最も近いように保つための調節計のパラメータの調整設定をいう．

再伝送 retransmission
　再発信ともいい，受信計器において測定値を計器内に内蔵された伝送装置によって再び伝送信号に変換し，出力する操作．

再入可能サブルーチン reentrant subroutine, reenterable subroutine
　サブルーチンの一つであって，繰り返し入ることができ，かつ，そのサブルーチンの先行する実行が完了する前に新たに入りうるもので，しかも外部プログラムパラメタがいかなる命令もその実行中に修飾されないという条件を満たしているもの．再入可能サブルーチンは同時に二つ以上の計算機プログラムに使うことができる．

再入可能プログラム reentrant program, reenterable program
　計算機プログラムの一つであって，繰り返し入ることができ，かつ，その計算機プログラムの先行する実行が完了する前に新たに入りうるもので，しかも外部プログラムパラメタがいかなる命令もその実行中に修飾されないという条件を満たしているもの．再入可能プログラムは同時に二つ以上の計算機プログラムで使うことができる．

再入可能ルーチン reentrant routine, reenterable routine
　ルーチンの一つであって，繰り返し入ることができ，かつ，そのルーチンの先行する実行が完了する前に新たに入りうるもので，しかも外部プログラムパラメタもいかなる命令もその実行中に修飾されないという条件を満たしているもの．再入可能ルーチンは同時に二つ以上の計算機プログラムで使うことができる．

再入点 reentry point
　サブルーチンを呼び出した計算機プログラムが，そのサブルーチンから再入されるときの命令のアドレスまたは標．

再配置可能アドレス relocatable address
　アドレスの一種であって，これを含む計算機プログラムが再配置されるときに調整されるもの．

再配置可能プログラム relocatable program
　再配置されうる形になっている計算機プログラム．

再配置する to relocate
　計算機プログラムまたはその一部を移動し，かつ，移動後に別の計算機プログラムが実行されうるように所要のアドレス参照を調整すること．

再発信 retransmission
　＝再伝送．

サイバネティックス cybernetics
　人間の行動における神経，感覚などの機能と機械における通信と制御の機能とを統一的，総合的に取り扱う科学．

再閉路始動 reclosing start
　故障発生に基づく継電器動作で，遮断器を開放し，ある一定時間後自動的に遮断器の再投入を始めること．

再閉路成功 successful reclosing
　故障遮断後ある無電圧時間をおいて再投入し，以後また健全時に戻る状態．

再閉路不成功 un-successful reclosing
　故障遮断後ある無電圧時間をおいて，再投入するが，その後また故障遮断をする状態．

再閉路リレー reclosing relay
　再閉路を行うことを目的とするリレー．

再訪率 revisit rate
　指定の精度定格でディジタル値に変換するために，1アナログ入力チャネルに割り当てられる秒当たりに換算した問合せ回数．

サイホン syphon, siphon
　液体が充満している逆U字形管路で最高点の圧力が大気圧以下のもの．

サイラトロン thyratron
　＝熱陰極グリッド制御放電管．

サイリスタ thyristor
　SCRと略称し，制御電極の付いたシリコン通電素子で，ガス入りサイラトロンに似た働きをし，制御電極にトリガ電圧を加えることによって，陽極から陰極に大電流を通すことができるもの．

サイリスタのゲート端子 gate terminal of thyristor
制御電流だけが流入または流出する端子.

サイリスタ変換装置 thyristor convertor
サイリスタを用いた半導体整流器,変圧器および付属装置から構成された静止電力変換器.

先入れ先出し記憶装置 pushup storage
次に取り出されるデータ要素が最も古く記憶されたものであるような方法でデータを順序付ける記憶装置.この方法は先入れ先出しとよばれる.

サーキットブレーカ circuit breaker
通電電流と周囲温度とにより動作する遮断器.

先取り prefetch
進行中の処理と並行して,必要と思われる命令またはデータをあらかじめ読み取ること.

サーキュレータ circulator
高周波伝送回路の一種.図で端子対1への入力は反射および減衰なしに,端子対2からだけ出て他の端子対へは漏れがなく,また端子対2への高周波入力は同様に反射,減衰,漏れがなしに端子対3からだけ出るもの.

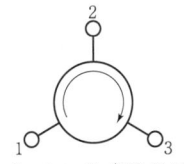

サーキュレータ(JIS F 0036)

作業 operation
対象物の物的・情報的な特性を計算的に変化させたり,観察・評価・処理すること.

作業機能 working function
ロボットの作業に関する機能.

作業教示 task teaching
ロボットに実行させる作業内容を教示すること.

作業原点 task origin
ロボットの作業に関する基準点.

作業制御機能 working control function
作業を実行する際の制御に関する機能.

作業モジュール working module
ある作業をロボットを使って行うモジュール化した作業要素.

作業領域 working space
ロボットを作業させることのできる空間.

作業レベル言語 task level language
一つのまとまった作業のレベルに対応する記述形式のプログラミング語.

サグ sag
平均傾斜が時間の経過とともにベースラインに近づくチルト.

削除する to delete
文字位置から内容を取り除き,その結果空いた位置に隣接する一連の文字を動かすこと.

作図装置 plotter
プロッタともいい,測定結果の数値を自動的に図として表示するための器具または装置.

作成システム originating system
他のシステムとのデータ交換を目的として,ボリューム集合上にファイルの集まりを作成することのできる情報処理システム.

下げ down
上げの反意語.

サージ surge
系統内の流体圧力の過渡的な(通常ごく短時間の)上昇.

サージ圧力 surge pressure
配管系統内において,過渡的に上昇した圧力の最大値.

サージ減衰弁 surge damping valve
継続的な流体の流れの加減速度を制御することによって,サージ圧力を減少させる自動弁.

サージ制限コンデンサ surge limiting capacitor
サージ電圧に対し低インピーダンスとなり,サージ電圧を吸収する目的で使用するコンデンサ.

サージ耐力 surge resistance
過電圧が加わったときに,機能が損われない状態を維持しうる装置の能力.

サージタンク surge tank
流量,組成などの変動を緩和するためのタンク.

サージ電圧 surge voltage
①5分間の周期でコンデンサ(主として電子機器に用いる信頼性保証電解コンデンサ)に直流電圧を30秒以内加えたとき,耐えることができる最大直流電圧をいう.②落雷やアーク接地などによって,通信線や電力線に誘起される異常電圧のように,短時間に急激に立ち上がる非周期的な過渡電圧.

サージ電流 surge current
サージ電圧によって流れる電流.

サージ電流耐量 maximum peak current, surge current withstand
バリスタが処理できるインパルス電流の最大波高値.

鎖錠 lock, locking
信号機,転てつ機などを電気的または機械的に操作できないようにすること.

サージング surging
流体機械で,配管を含めた系が一種の自励振動を起こし,特有の定まった周期で吐出し圧力およびガス量が変動する現象.

サセプタンス susceptance
①回路の端子電圧に対し90度の位相差がある電流の成分を,端子電圧で除して得られる値.②複素アドミタンスの虚数部.③リアクタンスの逆数.

雑音 noise
ノイズともいい,①信号に重ねられ,その情報内容を不鮮明にするような,好ましくない外乱.②測定系に混入または測定系内で発生して信号の伝達または受信の妨害となるもの.

雑音指数 noise figure
計測器への入力のSN比の,出力のSN比に対する比.普通はdBで表す.

雑音防止用コンデンサ radio interference suppression capacitor
電子機器,電気器具から発する無線周波の雑音を防止する目的で,主として交流電気回路に使用するコンデンサ.安全性能によって,U-コンデンサ,X-コンデンサ,Y-コンデンサに分けられる.

雑音レベル noise level
雑音が継続して存在するとき,その平均的な水準.

撮像形蓄積管 storage camera tube
入力が光学像であり,出力が電気信号である蓄積管.

撮像管 camera tube, image pick-up tube
光学像をテレビジョン映像信号に変換する電子線管であって,一般には電子ビーム走査を用いている.

作動 actuation
ある操作を行うことによって,機器がその操作された指令どおりの状態の変化を行うこと.

作動位置 actuated position
操作力が働いているときの弁体の最終位置.

差動シリンダ differential cylinder
シリンダの面積とシリンダとピストンロッドの間の環状面積との比が,回路機能上重要な複動シリンダ.

差動増幅器 differential amplifier
二つの入力回路をもち,二つの入力信号の差を増幅する増幅器.すなわち,二つの同種の入力回路をもち,それらが二つの電圧または電流の差に応じて動作するように結合された増幅器.

作動筒 actuating cylinder
出力が有効断面積と差圧に比例するような直線運動をするアクチュエータ.

差動トランス differential transformer transducer
可動部分の鉄心をもつ変圧器の,鉄心の可動部分の変位に比例する交流信号を発信する機器.

差動入力 difference input
二つの入力端子のおのおのと,共通点との間に加わっている電圧に関係なく,二つの入力端子間の電気に関する量を測定できる2端子入力回路方式.

差動法 differential method
同種類の2量の作用の差を利用して測定する方法.

作動油 hydraulic operating fluid, working fluid
油圧油ともいい,油圧回路に使用し,油圧機器を作動させて,動力伝達などを行うための媒体となる油.

作動油タンク hydraulic oil tank
油圧回路の作動油を貯蔵する容器.

作動油ポンプ operating oil pump
機器の制御および調節用の油圧回路に作動油を送るポンプ.

作動油冷却器 hydraulic oil cooler
オイルクーラともいい,作動油の過度の温度上昇を防止するために,管系に設けて作動油を冷却する装置で,自然放熱式,強制空冷式などがある.

作動領域 operational space
ロボットを作動させることができる領域.

サービス service
ネットワークアーキテクチャにおいて,ある層がエンドユーザに近い隣接の層に提供する能力.ある層が提供するサービスは,その層よりも物理的媒体に近い層がサービスに依存する.

サービス提供者 service-provider
サービスを提供する複数のエンティティ全体

の動作を，利用者に見えるようにモデル化した抽象的機械．

サービスプリミティブ service primitive
プリミティブともいい，サービス利用者とサービス提供者間における抽象的で実装に依存しない相互作用．

サービスプログラム service program
＝ユーティリティプログラム．

サービス利用者 service-user
単一のシステムにおいて，単一のアクセス点を通してサービスを使用する複数のエンティティ全体の抽象的表現．

座標 coordinate
直線上・平面上・空間などで主として点の位置を表すため，他の標準(座標軸)との関係において示す数，または数の組．

座標軸 coordinate axis
原点Oで互いに直交する，基準となる3軸(X軸，Y軸，Z軸)．(⇒座標面)

座標図形処理 coordinate graphics
表示画像が表示指令と座標データから生成される図形処理．

座標方式グラフィックス coordinate graphics, line graphics
表示命令と座標データから表示画像が生成されるコンピュータグラフィックス．

座標面 coordinate plane
二つの座標軸を含む基準となる平面．

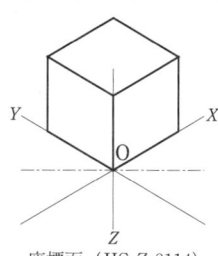

座標面（JIS Z 8114）

座標読取機 digitizer
＝ディジタイザ．

サブシステム subsystem
システムの一部分であって，その部分的機能を有しているもの．

サブネットワークアドレス subnetwork address
サブネットワークの登録機関によって，サブネットワーク接続点に与えられる識別子．

サブネットワーク接続点 subnetwork point of attachment
実終端システム，相互接続機構または実サブネットワークを実サブネットワークへ接続する点．

サブプレート取付け形弁（油圧） sub-plate valve（hydraulic）
主要な外部ポートを，取付け面に設け，サブプレートまたはマニホールドブロックなどへの取付けによって，外部流路との接続ができる形式のバルブ．

サブモジュール sub-module
一つのモジュールが，さらに幾つかのモジュールに分解できるとき，後者を前者のサブモジュールという．

サブルーチン subroutine
順番付けられた命令文の集合であって，一つ以上の計算機プログラムの中または一つの計算機プログラムの一つ以上の場所において使われるもの．

サーボアクチュエータ servo actuator
制御系に使用するサーボ弁とアクチュエータの結合体．

サーボ機構 servo mechanism
物体の位置，方位，姿整などを制御量とし，目標値の任意の変化に追従するように制御する機構．サーボ機構では，フィードバック制御を行うのが普通である．(⇒双動形サーボ機構，ユニラテラルサーボ機構)

サーボ系 servo system
変化する目標値に追従させるフィードバック制御系．備考：元来，物体の位置，方位，姿整，力などの力学量を制御量とし，目標値の任意の変化に追従するように構成された制御系であるが，追従制御を主な目的として構成された制御系を指すことも少なくない．

サーボシリンダ servo cylinder
最終制御位置が制御弁への入力信号の関数になるような追従機構を一体としてもっているサーボアクチュエータ．

サーボ制御 servo control
出力変位を基準入力信号と比較して，その差をなくすようにフィードバックをかけて操作される制御方式．

サーボ制御ロボット servo-controlled robot
サーボ機構によって制御されるロボット．位置サーボ，力サーボ，ソフトウェアサーボなど

がある.

サーボ操縦装置 servo-control
機械的または空気力学的な手段で，人間の力を補う機構をもった操縦装置.

サーボ弁 servovalve
電気その他の入力信号の関数として，流量または圧力を無段階に調整する制御弁.

サーボモータ servomotor
①油筒ともいい，パイロット弁で制御された油圧によって動力を発生させ，他の機構を動かす装置. ②サーボ機構において，制御信号に従って動力を発生し，負荷を動かす装置. 電気式，油圧式および空気圧式がある.

サーマルリレー thermal overload relay
＝熱動負荷継電器.

サーミスタ thermister
半導体材料を用いた抵抗式温度センサ.

サーミスタ温度計 thermister thermometer
抵抗温度計の一種で，抵抗素子としてサーミスタを使用するもの.

サーミスタ式温度計発信器 thermister type temperature sensor
＝サーミスタ式テンペレチャゲージセンダユニット.

サーミスタ式テンペレチャゲージセンダユニット thermister type temperature sensor
サーミスタ式温度計発信器ともいい，サーミスタを利用して温度を電流に変える装置.

サムホイールスイッチ thumb-wheel switch
文字車を回転することによって接触子を開閉する制御用操作スイッチ.

サーモカップル (radiation) thermocouple
2種類の金属または半導体の接合部に放射を当て，その温度上昇によって生じる熱起電力を利用した検出器.

サーモグラフィ thermography, thermal image
赤外線を利用して，物体からの温度分布を画像として取り出し解析する方法.

サーモスタット thermostat
一定の温度を保たせるための恒温槽に取り付ける自動温度調節装置の一種.

サーモパイル thermo pile
小形熱電対を幾組か直列に接続したもの.

サーモパイル (radiation) thermopile
サーモカップルの受光素子を多数直列に接続し，大きな熱起電力を得るようにした検出器.

サーモバルブ thermo valve
温度を検知して開閉するバルブ.

作用空気だめ application air reservoir
中継弁などを作用させる指令圧力用空気だめ.

作用順序表 sequence table
制御システムを動作させるスイッチの作用順序を示す表.

作用電極 working electrode
電位を制御して電流を測定するための微小電極.

皿形ダイアフラム dished diaphragm
中心部が外周部の高さよりも押し下げられた形状に成形された皿形のダイアフラム．同じ直径の平形ダイアフラムよりも大きな行程で使用できる．

残 圧 residual pressure
圧力供給を断った後に，回路または機器内に残る望ましくない圧力.

三圧力式制御弁 three-pressure type control valve
ブレーキ管，定圧空気だめおよびブレーキシリンダの3圧力によって作動する制御弁.

三位式信号機 three-position signaling system
信号機内方の2閉そく区間以上の進路の状態を示す信号を現示することができる信号機.

3位置制御 three-step control
偏差信号を入力信号として，3位置動作を行う制御．通常，中立帯には，偏差信号の正負両端に動作すきまがある.

3位置調節器 three-step controller
三つの異なる出力値をもつ多位置調節器．通常，多数の回路(出力)を選択して作動させ，操作部の三つの異なった位置を確定することによって達成される.

3位置動作 three-step control action
出力が三つの位置のいずれかとなるような位置動作．(⇒ハイ・ロー・オフ制御)

3位置弁 three-position valve
弁体の位置が三つある切換弁.

酸化還元電位計 oxidation-reduction potentiometer
水溶液中の酸化体と還元体の活量の平衡電位を測定するための電位差計.

三角結線 delta connection
＝三角接続.

三角接続　delta connection
三角結線，デルタ結線ともいい，三相回路において各相成分を三角形に接続する方法．

三角波衝撃パルス　symmetrical triangular shock pules
加速度-時間特性が二等辺三角形状をしている理想衝撃パルス．

三角パルス　triangular pulse
波形が三角形であるパルス．

産業用ロボット　industrial robot
自動制御によるマニピュレーション機能または移動機能をもち，各種の作業をプログラムによって実行でき，産業に使用される機械．

3極管　triode
陽極，陰極および制御グリッドの3電極で構成された電子管．

残差　residual
測定値から試料平均を引いた値．

算術あふれ　arithmetic overflow
算術演算の結果を表す数値の語のうち，数表現のために与えられている語長を超える部分．

算術演算　arithmetic operation
算術文を実行しまたは算術式を評価して，その結果として数学的に正しい解を与えること．

算術演算子　arithmetic operator
次の1文字または2文字の組合せ．

文字	意味	文字	意味
+	加算	/	除算
−	減算	**	べき乗
*	乗算		

算術演算装置　arithmetic unit
ALUと略称し，処理機構において，算術演算を行う部分．なお，算術演算装置は算術演算および論理演算の両方を行う装置に対しても使われることがある．

算術式　arithmetic expression
数字基本項目の一意名，数字定数，数字基本項目の一意名や数字定数を算術演算子でつないだもの，算術式を算術演算子でつないだもの，または括弧でくくった算術式．

算術平均　arithmetic mean
測定値を全部加えてその個数で割ったもの．

算術命令　arithmetic instruction, arithmetical instruction
演算部が算術演算を指定している命令．

算術レジスター　arithmetic register
算術演算または論理演算のオペランドまたは結果を保持するレジスタ．

算術論理演算装置　arithmetic and logic unit
処理機構において，算術演算と論理演算を行う部分．算術論理演算装置は，算術演算および論理演算の両方を行う装置に対しても使われることがある．

参照　reference
ある一つの宣言された言語対象物を指す言語構成要素．例えば，識別子．

三相回路　three-phase circuit
位相が順次120°ずつ異なった3個の交番起電力によって，エネルギーが供給される回路．

三相変圧器　three-phase transformer
単独で三相の電力を変成する変圧器．

三相誘導電動機　three-phase induction motor
三相電源によって動作する誘導電動機．

酸素センサ　oxygen sensor
＝O_2センサ．

散弾雑音　shot noise
陰極からの電子放出の不規則な変動に基づいて，出力中に含まれている雑音，その値が周波数に無関係なもの．

3端子接点　three-terminal contact
3端子間を閉路または開路する接点．

3倍精度　triple-precision
ある一つの数を表すとき，要求される精度に応じて機械の語を3個用いることに関する用語．

3倍長レジスタ　triple length register, triple register
単一のレジスタとして機能する3個のレジスタ．

散布度　dissemination
送信信号がわかったときの受信信号のもつ不確実性の大きさ．条件付きエントロピーで表示される．いま送信信号をx，受信信号をyとすると，散布度$H_x(y)$は，$H_x(y) = -\sum_x \sum_y p(x, y) \log p_x(y)$で表される．（⇒あいまい度）

サンプラ　sampler
連続時間信号の瞬時値を間欠的に(例えば，一定時間間隔で)取り込み，出力する要素．備考：①ここでいう瞬時値には短い時間幅をもたせることがある．②間欠的に信号を取り込むことをサンプリングという．

サンプリング　sampling
①標本化の同義語．②⇒サンプラ．

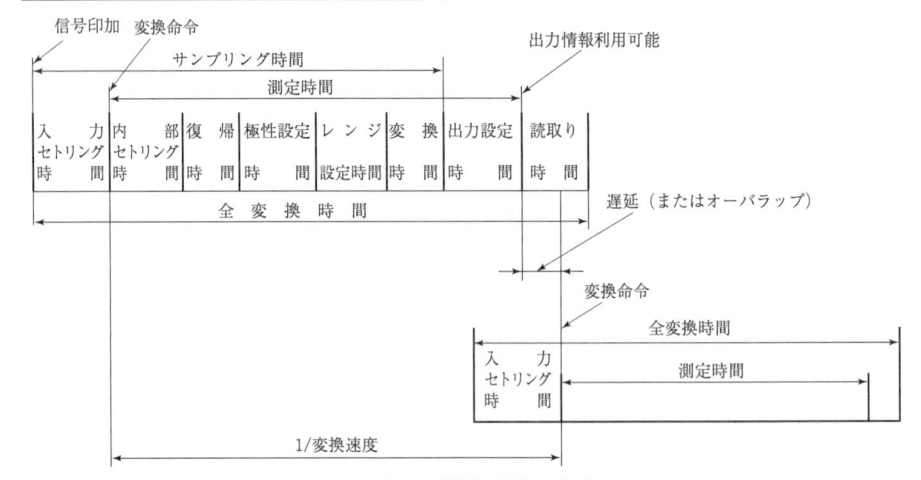

サンプリング時間 （JIS C 1002）

サンプリングオシロスコープ sampling oscilloscope
　周期信号をサンプリングし，得られた一連のサンプルを用いて，元の波形に相似な波形を組み立てて表示するオシロスコープ．

サンプリング回路 sampling circuit, sampler
　＝標本化回路．

サンプリング間隔 sampling interval
　①サンプリング周期の同義語．②二つのデータ点間の経過時間．

サンプリング誤差 sampling error
　サンプルによって求められる値と真の値との差のうち，サンプリングによって生じる部分．

サンプリング時間 sampling time
　変換回路が入力電圧を感知している時間．（上図参照）

サンプリング周期 sampling period
　サンプリング間隔ともいい，連続時間信号のサンプリングを行うときの時間間隔．

サンプリング制御 sampling control
　目標値と制御量が，時間的に不連続に扱われ（サンプルされ）操作量が保持される制御．

サンプリング調節器 sampling controller
　設定信号，偏差信号，または制御変量の信号として，サンプリングによって得られた値を使用する調節器．

サンプリング動作 sampling action
　連続時間信号の瞬時値を間欠的に(例えば，一定時間間隔で)取り込み，出力する動作．

サンプリング PI 制御 sampling PI control
　むだ時間の大きいプロセスの場合，連続 PID 制御の動作を適用するとハンティングをきたす．このような制御ループに対しては適宜，サンプリング動作を加えると安定する．このような制御方式をいう．

サンプルおよびホールド回路 sample and hold circuit
　変換装置の入力に付加され，入力電圧をサンプリングし，保持し，保持された電圧を変換装置が変換し終わるまで維持する回路．

サンプル値信号 sampled data signal
　⇒離散値信号．

サンプル値信号 sampled signal
　サンプリングによって得られた間欠的な信号．

サンプル値制御 sample-data control, sampling control
　制御系の一部にサンプリングによって得られた間欠的な信号を用いる制御．図にサンプル値制御を示すが，入力をディジタル計算機などで演算し，適切な操作信号いわゆるサンプル値信号を送り出す．

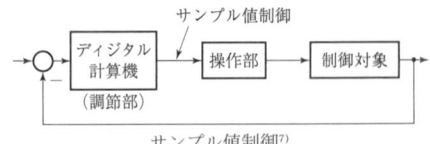

サンプル値制御[7]

サンプル値 PI 制御　sampled-data PI control
むだ時間の大きな制御に対して制御性を改善するための一つの制御方法であり，積分動作を一定間隔で一定時間作用させることによって，行過ぎ量を抑制する制御方式．（⇒ PID 制御）

サンプルホールド装置　sample-and-hold device
アナログ信号の瞬間値を検出し記憶する装置．

3 ポート弁　three port connection valve
三つのポートをもつバルブ．

3 増し符号　excess three code
10 進数字 n が，$(n+3)$ を表現する 2 進数表示で表現される 2 進化 10 進表記法．

三要素式水位制御　three elements water level control
大容量の水管ボイラの水位制御に用いられるもので，水位と蒸気流量に加えて給水流量の三つの要素を検出し，蒸気流量と給水流量との差が生じれば制御動作を開始するようにし，水位によってさらに修正し，合理的かつ安定した水位制御を行う方式．（⇒二要素式水位制御, 単要素式水位制御）

残留塩素計　residual chlorine analyzer
電気化学的方法で，水中の残留塩素の濃度を測定する分析計．単位は ppm, mg/l などがある．

残留周波数変調偏移　unwanted frequency modulation deviation (in an intentionally unmodulated condition), residual frequency modulation deviation
信号発生器の無変調時における出力信号の望ましくない周波数変調の周波数偏移．

残留振幅変調度　unwanted amplitude modulation factor (in an intentionally unmodulated condition), residual amplitude modulation factor
信号発生器の無変調時における出力信号の望ましくない振幅変調の変調度．

残留接点　residual contact
r 接点ともいい，いったん操作入力が印加されると，それを除去した後でも接点の状態を保持したままとなっている接点．

残留変調　unwanted modulation (in an intentionally unmodulated condition), residual modulation
信号発生器の無変調時における出力信号の望ましくない振幅変調および周波数変調の総称．

し

CRC　cyclic redundancy check
＝巡回冗長検査．

CRC キャラクタ　CRC character
ブロック全体にわたっての誤りの検出に用いるキャラクタ．

CRT　cathode ray tube
＝ブラウン管．

CRT オペレーション　cathode ray tube operation
CRT 表示を介してプロセスを運転すること．

CRT 表示　cathode-ray tube display
現象，データなどをブラウン管面上に表示すること．

CNC　computerized numerical control
コンピュータを組み込んで，基本的な機能の一部または全部を実行する数値制御．

CL データ　cutter location data, CL-data
自動プログラミングのシステムにおいて，メインプロセッサで求められた工具経路のデータ．

シェルフ取付計器　shelf-mounted instrument
シェルフに装着され，かつ，迅速に取り外せる構造の計器．

時延リレー　time delay relay
＝遅延リレー．

磁化　magnetization
磁性体が磁気を帯びた状態になること．常磁性体や反磁性体も磁界の中に置けば磁化する．

紫外吸光検出器　ultraviolet absorption detector
分析対象成分の紫外部吸収を利用して検出を行う液体クロマトグラフ用検出器．通常，可視部にも使用できる性能をもつ．

紫外線光電管　ultra-violet ray photoelectric tube
　光電子放出現象を利用した光電管．紫外線のうち特定範囲の波長だけを検出する電子管式火炎検出器の一つ．

磁界（磁場）　magnetic field
　磁気力（クーロン力）が作用する領域．

じか入始動開閉器　full voltage starting switch
　電動機を全電圧の下で始動・停止を行うもので，適当な過負荷保護装置を具備した開閉器．（⇒全電圧始動）

視覚情報処理　visual information processing
　生物の目の機能に類似した機能を用いて得られたデータを処理して情報を抽出すること．

視覚信号　visual signal
　情報または指示の伝送を役目とする，目に見える現象．

視覚センサ　visual sensor
　人間の目の働きをするセンサ．被視体の識別，姿整・位置・形の識別，検査，判定などを行わせるもので，ロボットに広く応用される．

視覚表示装置　visual display unit
　＝視覚表示端末．

視覚表示端末　visual display terminal
　視覚表示装置ともいい，データの入力と制御のためのキーボードと，表示されたデータと対話するための表示面，その他のものから成り立つ装置．VDTということもある．

視覚フィードバック　visual feedback
　＝ビジュアルフィードバック．

時間応答　time response
　ダイナミック応答ともいい，指定された使用条件において，要素・系の入力変化に対する出力の時間的変化の様相．備考：一般に応答または動的応答という．

時間遅れ　time delay
　＝遅れ．

時間基準シーケンス制御　time-oriented sequential control
　シーケンスプログラムの動作の多くが，時間によって始められるシーケンス制御．

時間計測器　timing device
　機器動作の経過時間を積分または表示するための計測器．事前に設定した時間が経過した後に動作状態を変化させる場合もある．

時間振幅変換器　time-to-amplitude converter
　＝時間波高変換器．

時間図　time-chart
　＝タイムチャート．

時間制御　sequence control
　抵抗溶接において，外部からの起動信号によって溶接の一連動作（溶接シーケンス）を起動させ，溶接電流の通電時間および時期，電極加圧時間などの相互関係を自動的に制御する制御機能の総称．

時間制御方式　time control
　時間要素を含むシミュレーションにおける時間の区切り方．実際の方法としては，定間隔時間制御方式と事象間隔時間制御方式がある．

時間中点　center time point
　規定した二つの時点または一つの時間幅の中央の時点．

時間波高変換器　time-to-pulseheight converter
　時間振幅変換器ともいい，1対の入力信号の時間間隔に比例した波高（振幅）の出力信号を与えるようにつくられた電子回路．

時間比例式制御動作　time proportional control action
　出力が周期的なパルス信号で，その大きさが1サイクルのオン時間の割合で表される制御動作．すなわち，一種のオンオフ動作で，目標値を中心とした比例帯の中でオンとオフの時間の長さを偏差に比例して変化させて動作すること．オンオフ動作の欠点を是正するもので，制御対象に加えられるエネルギーが偏差に比例することになる．

時間分析器　time analyzer
　パルス信号の時間間隔の度数分布を測定する装置．

時間変換係数　time scale factor
　解く問題の時間軸を計算機の時間軸に変換するのに使う係数．

式　expression
　①一つ以上のオペランドから値を計算する言語構成要素．オペランドには，真定数，識別子，配列参照，関数呼出しなどがある．②算術式または条件式．

しきい値　threshold level
　スレシホールドともいい，入力の大きさにより二つの異なる状態をとる機能をもつ回路などにおいて，その境界となる入力の値．

しきい値演算　threshold operation
　オペランドのしきい値関数を計算する演算.
しきい値関数　threshold function
　一つ以上の引き数をもつ2値スイッチング関数であって，その引き数は必ずしも2値引き数である必要はないが，その引き数に関する所定の数学的関数が，与えられたしきい値を超えたときにはその関数の値が1をとり，それ以外のときにはその関数の値が0をとるもの.
磁気インク文字読取り装置　magnetic ink character reader
　磁気インク文字認識によって文字を読み取る入力装置.
磁気回路　magnetic circuit
　磁束の通る閉回路．一般に電動機，変圧器などの鉄心のような磁性体での通り路を指し，電気回路などに対してこのようにいわれている.
磁気カード　magnetic card
　データを記憶できる磁性層をもつカード.
磁気カード記憶装置　magnetic card storage
　薄い可とう性のカードの表面に磁気記録することによって，データを記憶する磁気記憶装置.
磁気記憶装置　magnetic storage
　物質の磁気特性を用いた記憶装置.
磁気記録　magnetic recording
　磁化可能な物質を選択的に磁化することによってデータを記録する技法.
磁気光学効果　magnet-optical effect
　物質を磁場の中に置いた場合，物質の光学的性質が変化する現象．ファデラー効果，ゼーマン効果，コットン・ムートン効果などがある.
磁気コンパス　magnetic compass
　地磁気の水平磁場を利用して船の進路目標の方位を求める計器.
磁気酸素分析計　paramagnetic oxygen analyzer
　酸素の磁気特性を用いて，その濃度を測定する機器．酸素は常磁性で，磁場によって吸引される.
磁気式流量計　magnetic flowmeter
　流体が磁界を切ることによって生じる誘起電圧が流量に比例することを利用して流量を測定する流量計.
磁気遮断器　magnetic blow-out circuit-breaker
　磁気吹消コイルによりアークを磁界で駆動し，アークシュート内に押し込んで冷却，遮断する方式の気中遮断器.

磁気消去　erasure
　消去ともいい，磁気記録媒体に記録された信号を取り除く操作.
磁気消去ヘッド　magnetic erasing head
　磁気録音された信号を磁気的に消す磁気ヘッド.
磁気センサ　magnetic sensor
　磁気信号を検出する機能をもったセンサ．磁性物体の検知に用いられる．多くの種類の物理現象を利用した磁気センサがあり，それぞれの特徴を生かして用いられている.
磁気増幅器　magnetic amplifier
　直流制御巻線をもった可飽和リアクトルと半波整流器とを組み合わせ，制御巻線の入力により鉄心の飽和点を制御し，交流のインピーダンスを制御することを利用した増幅器.
磁気抵抗　reluctance, magnetic resistance
　磁気回路における起磁力と磁束との比．磁気回路の磁束に対する抵抗を表す.
磁気ディスク　magnetic disk
　片面または両面にデータを記憶できる磁性層をもつ平らな回転盤.
磁気ディスク記憶装置　magnetic disk storage
　共通な軸を中心に回転する1枚または複数枚のディスクの平らな表面に磁気記録することによって，データを記憶する磁気記憶装置.
磁気テープ　magnetic tape
　①データを記憶できる磁性層をもつテープ．②計数形電子計算機および類似の機械において，情報を入力，出力または記録するための磁気的信号を記録保持するテープ.
磁気テープ記憶装置　magnetic tape storage
　長手方向に移動するテープの表面に磁気記録することによって，データを記憶する磁気記憶装置.
色灯式信号機　colourlight signal
　色灯によって信号を現示する信号機.
磁気ドラム　magnetic drum
　データを記憶できる磁性層をもつ円筒形の回転体.
磁気ドラム記憶装置　magnetic drum storage
　軸を中心に回転する磁気ドラムの表面上に磁気記録することによって，データを記憶する磁気記憶装置.

磁気ドラム装置 magnetic drum unit
　ドラム装置ともいい，磁気ドラム，それを駆動するための機構，磁気ヘッドおよびそれに付随する制御機構を含む装置．

G機能 G-function
　＝準備機能．

磁気バイアス magnetic bias
　磁気録音で，録音に際し信号磁界に重ね合わせる直流または高周波の磁界．

磁気バブル記憶装置 bubble memory
　バブル記憶装置ともいい，薄膜状の，移動可能で書換え可能な不揮発性の円柱形磁化領域を用いる磁気記憶装置．

磁気ひずみ magnetostriction
　磁化に伴う磁性体の弾性変形．

識別 discrimination, decision
　複数種類のパルスの状態のいずれであるかを判別すること．

識別回路 discrimination circuit
　＝識別器．

識別器 discrimination circuit, discrimination decision circuit
　識別回路ともいい，識別を行う回路．

識別限界 discrimination thershold
　測定器において，出力に識別可能な変化を生じさせることができる入力の最少値．備考：不感帯，雑音に関する量．

識別子 identifier
　データの項目を識別しまたは名付け，ときにはデータの性質を示すために使われる文字または文字の集まり．

識別スレッシュホールド discrimination threshold
　出力側で感知できる，入力の最小変化値．

識別能 discrimination
　測定量のきわめて近接した二つの値を有意なものとして区別する測定器の能力．二つの値のうちの一方が，ゼロの場合も含む．

磁気ヘッド magnetic head
　①磁気データ媒体上でデータの読取り，書込みおよび消去のうちの一つまたは幾つかの機能を果たすことのできる電磁石．②磁気録音機において録音媒体の磁気的状態を変化させる部分．

識別レベル discrimination level, decision level
　識別を行うときの基準レベル．

磁気変調器 magnetic modulator
　磁心の非直線特性を利用して変調を行う装置．すなわち，磁気現象を利用して直流的な入力信号を交流信号に変換する装置．

C級増幅 class C amplification
　グリッドバイアスをカットオフ電圧よりも低く選んだ場合の増幅作用であって，グリッドに交流電圧が印加されない状態では，陽極電流はゼロである．グリッドに交流電圧を加えると半周期よりも短い間，陽極電流が流れる．なお，C1級は，全入力周期を通じてグリッド電流が流れない場合．C2級は，入力周期のある間だけグリッド電流が流れる場合．

仕切弁 gate valve
　ゲート弁ともいい，弁体が流体の通路を垂直に仕切って開閉を行い，流体の流れが一直線上になるバルブの総称．

仕切弁 sluice valve
　スルース弁ともいい，板状の弁体が，流水の方向と直角の方向に動く弁．

シグナルキャラクタライザ signal characterizer
　＝関数変換器．

シグナルコモン signal common
　多くの信号回路に共通の電気的接続部．シグナルコモンは多くの場合接地される．

シグナルコンバータ signal converter
　＝信号変換器．

シグナルセレクタ signal selector
　2個以上の入力信号から，希望する信号を選択する機器．

シグナルフローグラフ signal flow graph
　＝信号伝達線図．

シグナルボンド signal bond
　信号ボンドともいい，軌道回路電流を流すためのボンド．

ジーグラ・ニコルスの方法 Zigler-Nichols optimum setting
　自動制御系にステップ状の外乱を与えたとき制御量が振幅減衰比1/4で整定するような応答を最適として，そのような応答を与える調節計の比例ゲイン，積分時間，微分時間を決める方法．限界感度法とステップ応答に着目する方法の二つがある．

試験 test
　受け入れられるかどうかを決めるために，機能単位を動かして得られた結果と事前に規定された結果とを比較すること．例えばプログラム

試験．

資源 resource
オペレーティングシステムによって管理され，実行中のプログラムが使用できる機能またはサービス．

シーケンシャルスイッチ sequential switch
＝順序開閉器．

シーケンシャルファンクションチャート sequential function chart
SFCと略称し，アプリケーションプログラムを表現するためのチャートで，ステップ，アクション，トランジションなどを用いたもの．

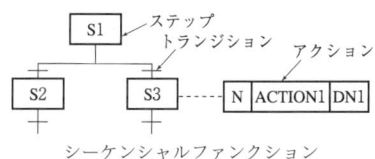

シーケンシャルファンクションチャート（JIS B 3500）

シーケンシャルプログラム sequence program control method
順序プログラム方式ともいい，前段の動作ステップの終了信号で次段の動作ステップを開始させることによって，プログラムを逐次進行させる方式．

シーケンス sequence
順序付けて並べられたビットの列．

シーケンス回路 sequence circuit
＝順序回路．

シーケンス制御 sequence control, sequential control
あらかじめ定められた順序または条件に従って制御の各段階を逐次進めている制御．なお，シーケンス制御では，次の段階で行うべき制御動作があらかじめ定められていて，前段階における制御動作を完了した後，または，動作後一定時間を経過した後に次の動作に移行する場合や，制御結果に応じて次に行うべき動作を選定して次の段階に移行する場合などが組み合わさっていることが多い．なお，シーケンス制御は順序制御と条件制御に大別される．

シーケンス制御システム sequential control system
あらかじめ定められた順序または論理に従って制御の各段階を逐次進めていく制御システム．

シーケンス制御接点 sequence controlled contacts
シーケンス制御において，順序を追って動作する接点の総称．

シーケンスタイマ sequence timer
＝タイマ．

シーケンスダイヤグラム sequential diagram
＝展開接続図．

シーケンステスト sequence test
各装置の操作，制御および作動の順序について各装置間の関係を表示した結線図に従って，その作動が良好であることを実地に確認する試験．

シーケンス流れ図 sequence flowchart
シーケンス制御における操作の系列や制御動作の進行などの状況をわかりやすく"流れ"にして表した図(流れ図)．(⇒タイムチャート)

シーケンス番号 sequence number
マシンプログラムにおいて，ブロックの相対的位置を指示するために付ける番号．この番号のアドレスにはNを用いる．

シーケンス番号サーチ sequence number search
マシンプログラムの中から，指定したプログラム番号のブロックを検索し呼び出すこと．

シーケンス弁 sequence valve
①入口圧力または外部パイロット圧力が所定の値に達すると，入口側から出口側への流れを許す圧力制御弁．②二つ以上の分岐回路をもった回路内で，その作動順序を回路の圧力または作動筒などの運動によって制御する自動弁．

シーケンスモニタ sequence monitor
機器の操作開始時期を判断し，諸条件を確認し，操作手順を逐次表示する装置．

シーケンスロボット sequence control robot
あらかじめ設定された情報（順序・条件および位置など）に従って動作の各段階を逐次進めていくロボット．

時限プログラム方式 time program control method
各動作ステップに前もって割り当てた時間間隔でプログラムを逐次進行させる方式．

自己インダクタンス self inductance
コイルに流れる電流の変化によって，コイル自身に電流の変化を妨げるように生じた起電圧の値Eを電流変化率dI/dtで除した値．次の式

で表される.

$$L=\frac{E}{\left(\dfrac{dI}{dt}\right)}$$

ここに，L：自己インダクタンス，E：起電圧の値，dI/dt：電流変化率．

自己帰還形 self-saturated type
磁気増幅器において，交流電源および出力巻線と直列に接続された半波整流器により，出力の関数である制御磁化力を出力巻線自身を通して与える回路方式．

自己検査符号 self-checking code
＝誤り検出符号．

自己修復 self-recovery
ロボットが自分自身に発生した異常を自分自身で処置し，元の状態に戻すこと．

自己診断 self-diagnosis
ロボットの機械的，電気的異常または人為的に発生する異常をロボット自身が識別すること．

自己診断機能 self-diagnosis function
装置・機器の異常または動作状態を自己検知し，その内容を表示し，使用時または保全時の処理を容易にする機能．

自己制御性 self-regulation
自平衡性や定位性ともいい，出力変化が生じたとき，制御対象の装置の固有の性質によってその変化が抑制されること．すなわち，システムが外乱で乱された場合でも，システムの出力値が所定の値に自動的に落ち着いていく特性をいい，この特性がすぐれている場合を自己制御性が強いという．このようなシステムは内部に必ず負のフィードバックループを含んでいる．

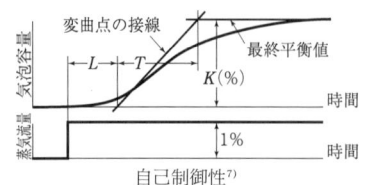

自己制御性[7)]
(注) L：むだ時間，T：時定数，K：ゲイン定数．
蒸気流量を変化させたときの気泡の容積変化の仕方

自己相関関数 auto-correlation function
時間的または空間的に変動する量の t における値 $f(t)$ と，$(t+\tau)$ における値 $f(t+\tau)$ との積 $f(t)f(t+\tau)$ の平均値をずれ τ の関数として表したもの．

自己相対アドレス self-relative address
相対アドレスの一種であって，これを含む命令のアドレスを基底アドレスとして用いるもの．

自己相対アドレス指定 self-relative addressing
命令のアドレス部が自己相対アドレスを含むアドレス指定の方法．

自己点検回路 self-checking circuit
制御回路の欠陥の有無を自動的に点検する回路．つまり，制御回路に自己診断機能をもたせたもので，特に安全性を必要とする回路，例えばバーナ点火装置の制御回路などに用いられ，自己点検回路により制御回路の異常を検知した場合には装置の動作は停止される．始動時に異常があると始動操作に入れないようにする始動時自己点検回路と，運転中は自動的に連続して点検し，異常を検知すれば直ちに運転停止とさせる連続自己点検回路とに分けられる．

仕事関数 work function
金属または半導体が熱せられたり，光を受けたりしたとき，それにより固体内の電子が刺激されて，固体内部の束縛から逃れるために必要なエネルギーのこと．単位記号は eV．仕事関数の値は物質によって異なり，金属の接触電位差や，熱電対が熱起電力を生じるのにも関係し，仕事関数が小さい金属は光電効果が起こりやすい．

自己復帰 self reset
入力が復帰値となれば自動的に復帰すること．（⇒自動復帰）

自己復帰動作 self-reset actuation
駆動部に所定の駆動信号を印加したときに状態が切り換わり，駆動信号を除去したとき駆動信号を印加する前の状態に復帰すること．

自己平衡性 self-regulation
①入力が一定の場合には，出力も入力の値に対応した一定値に落ちつく特性．②自己制御性の同義語．

自己保持 self holding
①運動部分を1箇所または数箇所の決められた位置に保持すること．②リレーが動作したとき，特定の機構あるいは他の入力により，動作機能を保持すること．

自己保持回路 self-hold circuit
論理回路の応用の一つで，信号が短時間入力されたことを記憶する目的の回路で，押しボタンスイッチなどが短時間操作されたことを記憶

自己保持形ソレノイド self holding type solenoid
磁気回路の一部に永久磁石を使用し、可動鉄心が固定鉄心に吸着した永久磁石による吸着力で保持するソレノイド。

自己保持接点 self holding contact
自己保持回路に使用するa接点。

自己保持動作 self-holding actuation
駆動部に所定の駆動信号を印加して状態を切り換えた後、駆動信号を除去しても元の状態に復帰しないで、駆動信号に印加した後の状態を保持すること。

自己誘導作用 self induction
コイルに流れる電流の変化によって、そのコイル自体にも起電力が誘起される現象。

視差 personal error
読取りに当たって視線の方向によって生じる誤差。

指示 indication
目盛もしくは指針、または数値を用いて測定量の値を表示すること。

GCR方式 GCR method
テープ上に一連の2進符号を逐次記録する場合、7データバイトごとにECCキャラクタを挿入し、4ビットから5ビットに変換し、さらに158個のデータ記録群ごとに制御用の信号を挿入する記録方式。

指示計 indicator
①計測値を、視覚的に表示する計器。②測定変量または入力信号の値を指示する機器。

指示計器 indicating instrument, indicator
測定量の値を指示する計器。検出器、伝送器などがあるときは、それらも含めた器具全体を指すこともある。

指示値 indicated value
機器の指示した値。通常、目盛盤と指針または指標を使用した機器の場合に用いる。

指示調節計 indicating controller
＝自動調節計。

指示範囲 indicating range
測定器が指示する量の範囲。

指示(プリミティブ) indication primitive
次のいずれかのためにサービス提供者が発行するプリミティブ。①ある手順を要請するため。②同位サービスアクセス点でサービス利用者に

よりある手順が要請されたことを指示するため。

C種絶縁 class C insulation
電気機器で許容最高温度180℃を超えるに十分耐える材料で構成された絶縁。

事象間隔シミュレーション event spaced simulation
事象間隔時間制御方式によったシミュレーション。

事象間隔時間制御方式 event-spaced time control
事象の生起で区切った時間制御方式。

指針 pointer
目盛と組み合わせて、量の大きさを示すために使われ、量の大きさに対応して変化するもの。

磁心 magnetic core
記憶のために使う、通常ドーナツ状の形をした小さな磁性体。

指数(関数)形パルス exponential pulse
波形の立上り区間と立下り区間の一方または両方が指数曲線に従うパルス。

指数(対数の) characteristic (of a logarithm)
対数表示において正または負の値をとりうる整数部。

システム system
系ともいい、所定の目的を達成するために、要素を結合した全体。備考：システムは装置と同一の意味で用いられることがある。

システム性能試験 system performance test
温度、流量、レベル、圧力などプロセスの重要なパラメタをプロセスの正常動作状態または模擬状態にして、システムに対して行う試験。

システムソフトウェア system software
アプリケーションプログラムの有無にかかわらず、装置を動作させるために、製造業者で書いたソフトウェア。

システム流れ図 system flowchart
システムの演算の制御およびデータの流れを表す流れ図。システム流れ図は次のものからなる。①データの存在を示すデータ記号。データ記号は、そのデータを記録する媒体を示すのに用いてもよい。②データに施される演算を示したり、それに続く論理経路を定めたりする処理記号。③処理やデータ媒体の間のデータの流れを示したり、処理間の制御の流れを示したりする線記号。④システム流れ図を理解し、かつ、

作成するのに便宜を与える特殊記号．備考：システム流れ図は，誤解のおそれがない場合には，流れ図とよんでもよい．

システムプログラム system program
数値制御装置としての機能を遂行させるプログラム．これによって，入出力の制御，駆動部分の制御，マシンプログラムの処理などを行う．

シース熱電対 sheath type thermocouple
熱電対素線を細管の中に入れ，これと一体化した形状の熱電対．

姿勢の影響 influence of physical orientation
傾斜の影響ともいい，機器または装置の正規の動作姿勢からの傾きによる影響．

c接点 c contact, changeover contact
トランスファ接点ともいい，相互に共通な接点端子を有するa接点，b接点を一括してc接点という．つまり開閉動作を行う接触部分で，可動接点部を共有したa接点とb接点とを組み合わせた切換接点のこと．

事前記憶する to prestore
計算機プログラム，ルーチンまたはサブルーチンに入る前に，その計算機プログラム，ルーチンまたはサブルーチンで必要なデータを記録すること．

自然固有周波数 natural inherent frequency
次の微分方程式で表せる，2次線形系における角周波数 ω_0．
$$\frac{d^2x}{dt^2}+2D\omega_0\frac{dx}{dt}+\omega_0^2 x=0$$

事前設定する to preset
ループの制御値またはパラメタに設定されるべき値のような初期条件を確定すること．

事前設定パラメタ preset parameter
計算機プログラムを作成するとき，例えば，流れ図をつくるとき，コーディングをするとき，またはコンパイルするときに設定するパラメタ．

磁束 magnetic flux
磁気回路における磁力線の総数．

シーソースイッチ seesaw switch
シーソー動作が可能な取っ手のいずれか一方を押すことによって接触子を開閉する制御用操作スイッチ．

CWD control wiring diagram
＝制御ケーブル接続図．

し張発振器 relaxation osillator
電気エネルギーを徐々に蓄え，これを急激に放電することを繰り返す発振器．

実アドレス real address
実記憶装置における記憶場所のアドレス．

実記憶 real storage
仮想記憶システムにおける主記憶装置．

実行 execution
①指示した機能を行わせること．②アプリケーションプログラムの指定された部分の動作を遂行すること．③計算機によって，一つの命令または計算機プログラム中の複数の命令を遂行する処理．

実行時 execution time, object time
実行用プログラムを実行する時点．

実行時間 running time, run duration
目的プログラムの実行に要する経過時間．

実効周波数偏移 effective frequency deviation
ひずみのある周波数偏移をリニアディスクリミネータに加えたとき，その出力における変調周波数の基本波成分と等しい振幅を生じるような純正弦波変調での周波数偏移．一般に"周波数変移"と記載した場合は"実効周波数偏移"を指す．

実行順序 execution sequence
プログラム中において，命令文の列および列の一部分を実行する順番．

実効振幅変調度 effective amplitude modulation factor
ひずみのある振幅変調波をリニアディテクタに加えたとき，その出力における変調周波数の基本波成分のピーク値の，直流出力成分に対する比．一般に"変調度"と記載した場合は"実効変調度"を指す．

実行する to execute
命令または計算機プログラムの実行を遂行すること．

実行単位 run unit
実行時に問題解決の単位として相互に作用し機能する，幾つかの実行用プログラム．

実効値 root-mean square value, effective value
周期波の電圧または電流の瞬時値の2乗の平均値の平方根．

実効転送速度 effective transfer rate
単位時間に実際に転送される利用者のデータの文字数．

実行用計算機 object-computer
環境部の段落の名前であって，実行用プログラムを実行する計算機の環境をこの段落で記述する．

実行用プログラム object program
実行可能な機械語命令の組およびデータとの相互作用のために設計された他の素材であって，問題解決を行うもの．

実際値 actual value
ある時点における量の値．

実時間 real time
リアルタイムともいい，計算機外部の別の処理と関係をもちながら，かつ外部の処理によって定められる時間要件に従って，計算機の行うデータの処理に関する用語．実時間は，会話形で動作するシステム，およびその進行中に人間の介入によって影響を及ぼすことができる処理を記述するのにも用いられる．

実時間演算（アナログ計算機における） real-time operation (in analog computing)
時間変換係数が1で行われる演算．

実システム real system
情報処理と情報伝送の両方または一方を実行でき，独立した統一体を構成する要素の集合であって，その要素には，電子計算機，関連ソフトウェア，周辺装置，端末，操作員，物理的なプロセス，情報転送手段などがある．

10進記数法 decimal numeration system
数字の0，1，2，3，4，5，6，7，8および9を使い，基数が10で，整数部の最下位の数字位置の重みが1である固定基数記数法．

十進表記法 decimal notation
数字の0，1，…，9を基準に用いる表記法．

10進法 decimal or denary
固定基数記数法において，数字として10をとることおよびそのような方式．

実数 real number
固定基数記数法において，有限または無限の数表示を使って表現される数．

実装する package
構成部分を配置，接続すること．

実装密度 packaging density
単位体積中に実装される部分または素子の数．

ジッタ jitter
①信号波形の振幅，周期，位相またはパルス幅などの好ましくない迅速で，しかも断続的な変化．②パルス列におけるパルスの振幅や時間

軸上のパラメータの不規則な変動，またはその変動の値をいう．変動の値は，値そのものまたは基準値に対する比率で表す．

実体配線図 practical wiring diagram
制御盤内などの器具や部品間の接続が実体に即して示された配線図．制御装置や回路の保守点検などには非常に便利である．

湿度計 hygrometer
湿度（絶対湿度，相対湿度，露点）を測定する機器．例えば，乾湿球法，塩化リチウム法，静電容量法，電気抵抗法など．

湿度制御 moisture control
区画室や機器へ供給する調和空気の湿度を所定の値に調節すること．

湿度センサ humidity sensor
空気中の水分に関連したさまざまな現象（物理・化学的）を利用して湿度を検出するために使用されるセンサの総称．

質量流量演算器 mass flow computer
差圧と静圧と温度の測定または差圧と密度の測定から，ガスの質量流量を求める演算器．

質量流量計 mass flowmeter
本質的に質量基準で流量を測定するか，または流量計内部で温度および圧力の補正を行って質量流量を測定する流量計．

指定 phrase
一連のCOBOLの文字列を並べたものであって，COBOLの手続きまたは句の一部となるもの．

CdSセル cadmium sulfide cell
＝硫化カドミウムセル．

CTC centralized traffic control device
＝列車集中制御装置．

時定数 time constant
①1次線形において，入力がステップ状に変化したとき，出力変化が全変化分の63.2％に達するのに要する時間．備考：a)時間応答 $A(1-e^{-t/T})$ または $Ae^{-t/T}$（それぞれステップ入力の場合）と記述されるとき T が時定数となる．b)高次系の場合，プロセスの各一次遅れ要素に対して時定数がある．ボード線図では，コーナ角周波数が $\omega=1/T$ で現れる．（⇒インディシャル応答）②応答の速さを特徴付ける定数で，時間の次元をもつもの．応答が次の式で表されるときには，係数 T をいう．

$$T=\frac{dy}{dt}+y=x$$

ここに，y：出力信号，x：入力信号．

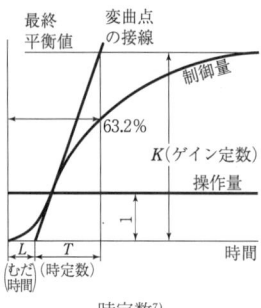

最終平衡値　変曲点の接線　制御量　63.2%　K(ゲイン定数)　操作量　L(むだ時間)　T(時定数)　時間

時定数[7]

始動 start
①起動の同義語. ②リレーを動作される方向に入力が変化した場合, 原位置から可動部が動き始め原位置における機能に変化を生ずることをいう.

自動位置決め装置 automatic positioning device
あらかじめ設定された位置に自動的に停止できる装置.

自動一面かんな盤 single surface planer, thicknessing planer
回転する横かんな胴, 昇降できるテーブルおよび送り装置からなり, 工作物を自動送りし, 一面を切削することにより主として厚さを決める最も一般的なかんな盤.

自動糸交換装置 automatic yarn changer
糸口の糸を自動的に切換える装置.

自動糸継装置 automatic yarn piecer
精紡機などの糸切れを自動的に検知して継ぐ機械.

自動運転 automatic operation
自動的に行う操作システム.

始動運転切換リレー start and run change over relay
機器を始動より運転に切換えるもの.

自動応答 automatic answering
呼び出されたデータ端末装置の呼出し信号に対して自動的に行われる応答. 呼び出されたデータ末端装置に操作員がいるか否かに関係なく呼びが確立する.

自動化 automation
オートメーションともいい, 自動的手段による処理過程の遂行.

自動改行 automatic carrier return
カーソルまたは入力している文字が, 1行当たりの指定された文字数以上になると, 自動的に次の行に移動する機能.

自動改札機 automatic checking and collecting machine
定期券または乗車券を自動的に読み取り, 改札および集札を行う機械.

自動解除 automatic cancel release
警報が発生した後に, 警報の対象となる事象が消滅するか, または一定時間経過したときに, 機器が自動的に警報を止めること.

自動改ページ automatic repagination
カーソルまたは入力している文字が, 1ページ当たりの指定された行数以上になると, 自動的に次のページに移動する機能.

自動化機器作動試験 automatic control of device operation test
自動化機器が, 設定条件どおり正常に作動することを確認する試験.

自動火災警報装置 automatic fire alarm system
自動的に火災を早期に発見して警報を発する装置. その感知器によって, 空気管式, 電気サーモスタット式, 煙管式, イオン式などがある.

自動かす取り装置 automatic bourette stripper
円形そ綿機のドラムに削り取られたブーレットを自動的にはぎ取る装置.

自動化する to automate
処理過程または装置を, 自動操作に置き換えること.

自動画像濃度調整機構 automatic density control device
原稿の種類に広じて自動的に画像の濃度を調整する機構.

自動かみ合せ装置 automatic coupling equipment
起動電動機または起動エアモータのピニオンギヤとエンジンのリングギヤとを自動的にかみ合わせる装置. 例えば, チャタリング式, 緩回転強制かみ合せなど.

自動間欠アイドル運転 automatically intermittent engine idling
機関自動始動装置によって, 機関を間欠的にアイドリングすること.

自動監視装置（環境） automatic monitoring system (for environment)
環境大気, 煙道排ガス, 環境水域, 排水などの水質に関する, 主として法で定める項目について, 試料採取, 測定, 結果表示を自動的に行

う装置．狭義には，当該項目の連続分析計をいい，広義には単数または複数の連続分析計，信号伝送部，中央制御，表示部からなるシステムをいう．

自動かんな刃研削盤 automatic knif grinder
といし台または刃取付け台が自動的に往復運動して，かんな刃を研削する研削盤．切込み運動などが自動的に行われるものもある．

始動器 starter
電動機の始動に用いられる一種の制御器．一般には，正常でない条件になった場合や，停止しようとする場合のための開路機構をもっている．

自動記憶割振り automatic storage allocation
データ対象物に対して空間を割り振る仕組みであって，そのデータ対象物の有効範囲の実行の間だけ割り振られるもの．自動記憶割振りは，動的記憶割振りの一種である．もう一つは，利用者の要求によって制御される記憶割振りである．

自動起動 automatic start
制御装置によって起動操作が自動的に行われる起動方式．

自動機能 automatic function
プログラムが制御し，利用者の補助なしに実行する，単一または一連の機械機能．

自動給紙方式 automatic paper feed
給紙を自動的に行う方式．

自動切換気化器 automatic fuel shift carburetor
始動用ガソリンと灯油または軽油との自動切換機能をもつ灯油機関用・軽油機関用の気化器．

自動切離 automatic uncoupling
けん引車とトレーラの連結部がプログラムに基づいて自動的に切離しできること．

自動記録器 logger
ロガーともいい，通常，時間の経過に従って事象や物理的状態を記録する機能単位．

始動空気管制弁 starting-air control, starting-air distributor
始動弁の制御空気を管制するバルブ．

自動空気抜き弁 automatic air vent valve
水機器，水配管などから空気を自動的に排出する自力式のバルブ．主にフロート式である．

自動空気抜き弁 auto air valve
内圧によってポンプや配管内部にある空気を外部へ完全に排除すると自動的に閉鎖する空気抜き弁．槽内形立軸ポンプなどの空気抜きに使用する．

自動空気ブレーキ装置 automatic air brake equipment
ブレーキ管によって，ブレーキ指令を伝達する空気ブレーキ装置．

始動空気分配弁 air distributor, starting-air pilot valve
圧縮空気を各シリンダの始動弁に正しく分配するバルブ．

自動管巻機 automatic pirn winder, automatic filling winder, automatic quiller
管の供給・交換などを自動的に行う管巻機．

自動減圧系 automatic depressurization system
沸騰水炉において，原子炉の減圧速度の遅い冷却材喪失事故時に主蒸気逃がし安全弁の一部を開放して原子炉を減圧させ，低圧炉心スプレイ系などによる冷却水の注入を促進させる設備．

自動現金支払機 automatic cash dispenser
キャッシュディスペンサともいい，IDカード(identification card)，預金通帳などによって照合のうえ現金を自動的に支払う機械．

自動原稿送り装置 automatic document feeder
あらかじめセットした原稿を，1枚ずつ自動的に原稿面ガラス上に送り込み，コピー完了後，自動的に原稿を排出する装置．

自動ケンス移送装置 automatic can transporter
次工程にケンスを自動的に移送する装置．

自動元素分析装置 automatic element analytical instrument
有機物中の炭素，水素，窒素，硫黄などを自動的に分析する装置．

自動券売機 automatic ticket vending machine
紙幣または硬貨を投入することにより乗車券，入場券などを自動的に作成し発行する機械．

自動硬貨両替機 automatic coin exchanger
硬貨から硬貨へ自動的に両替を行う機械．

自動工具交換装置 automatic tool changer
工具を自動で交換する装置．

自動故障区間分離方式 automatic switching by time relay system (on high voltage overhead distribution network)
配電線路の区分点に区分用自動開閉器を設置し，事故時に事故区間直前の自動区分開閉器を開放して事故区間以降を切り離す方式．

自動こば取り盤 automatic glue jointer
工作物を自動送りし，回転するかんな胴により，主としてはぎ面を加工するかんな盤．

自動裁断 automatic cutting
自動機械による裁断．

自動索引作業 automatic indexing
文献の本文から語や用語を自動選択したり，またはドキュメンテーション言語の中から用語を自動付与したりして，文献の内容を表現すること．

自動酸化 auto-oxidation
空気中の酸素によって連鎖的に進行する酸化反応をいう．

自動サンプラ automatic sampler
オートサンプラともいい，自動的に試料を採取する装置．

自動サンプリング automatic sampling, mechanical sampling
何らかの機械的手段によって，自動的にサンプリングすること．

自動三面かんな盤 three side planing and moulding machine
回転する横かんな胴，昇降できるテーブルに取り付けられた左右の立かんな胴および送り装置からなり，主として工作物の上面および両側面を同時に切削するかんな盤．テーブルが固定され各かんな胴が昇降できるものもある．

始動時安全時間 safety times at starting
不着火遮断時間ともいい，バーナの始動の際の点火時に，燃料供給の信号が発せられてから着火できなかった場合，燃焼安全制御装置が燃料供給停止の信号を発するまでの時間．(⇒安全時間, 運転中安全時間)

始動時間 starting time, start-up time
入力がリレーを動作される方向に始動値を超えて変化したとき，入力が始動値を超えた瞬間からリレーが始動するまでの時間．

自動式充電装置 automatic battery charger
充電操作を自動的に行う充電装置．

自動試験装置 automatic test equipment
予想される機能不良に対して，あらかじめ定めた試験プログラムを，人間の介入を最小限度に抑えて自動的に実行する装置．

自動始動-自動停止式 automatic start-automatic stop type
始動，停止が，相互の干渉なく独立に引き出される信号によって行われる方式．

自動紙幣両替機 automatic bill exchanger
紙幣から紙幣または硬貨へ自動的に両替を行う機械．

自動締付装置 automatic clamping device
自動的に材料の締付けを行う装置．

自動充電 automatic battery charge
稼動中の無人搬送車類がバッテリ放電量を自動検知し，自動的に車上充電すること．

始動充電発電機 starter generator
＝スタータダイナモ．

自動周波数制御運転 automatic frequency control operation
AFC運転ともいい，電力系統の周波数を規定値に保持するため，自動周波数制御装置によって発電所の出力を調整する方式．

自動手動切換器 automatic/manual station, A/M station
プロセス操作員が，自動制御と手動制御とを切り換え，手動制御のときに操作部の手動制御を行う機器．

自動/手動操作器 automatic/manual station
自動制御と手動操作の切換機能をもつ手動操作器．

自動焦点カメラ autofocus camera
焦点合せを自動的に行う機構をもつカメラ．

自動衝突予防援助装置 automatic radar plotting aids
ARPAと略称し，レーダからの情報を基にして衝突回避の判断に有効なデータを供給する装置．目標の捕捉，目標の追尾，それらの針路，速力のベクトル表示，警戒ゾーンの設定，警報，画面上の試行操船などの機能をもつ．

自動抄録作業 automatic abstracting
自動手法によって，抄録の作業をすること．

自動織機 automatic loom
よこ糸を自動的に補給する織機．

自動試料採取装置（粉塊混合物の） automatic sampler, automatic sampling equipment (for bulk materials)
一定時間または一定間隔で単位試料を採取し，これらを合わせて大口試料を得る装置．

自動試料調整装置（粉塊混合物の） automatic sample preparation equipment (for bulk materials)
大口試料から分析試料を得るため，乾燥，粉砕，分割などの試料調製操作を自動化した装置．この装置は，自動試料採取装置（粉塊混合物の）と組み合わせて使用することが多い．

自動試料導入装置 automatic sampler
試料を自動的に発光部に導入，試料を交換するなどの機能をもつ装置．

自動進角装置 auto-timer, automatic spark advance
エンジンの回転数および負荷に応じて自動的に動く（点火）進角装置．

自動進路制御装置 programed route control device
列車または車両の進路設定をプログラム化して自動的に制御する装置．

自動水圧安定装置 water governor
＝水ガバナ．

自動水栓 electronical automatic cock
光電センサ，電磁弁などを組み込み，自動的に開閉する給水栓．水用と湯用とがある．

自動水量安定装置 water regulator
＝水ガバナ．

始動スイッチ starting switch
＝スタータスイッチ．

自動スエージシェーパ automatic swage setting machine
＝自動ばち形あさり整形機．

自動すきま調整器 automatic slack adjuster
制輪子と踏面とのすきままたはブレーキディスクとブレーキライニングとのすきまを自動的に調整する機器．

自動ストロークベルトサンダ automatic stroke to belt sander
エンドレス研磨布紙を2個以上のプーリに掛けて駆動し，ベルト押えが自動的に左右運動をして研削するサンダ．

自動スプリンクラ消火装置 automatic sprinkler system
火災が発生すると自動的に散水する消火装置．

自動税額計算 automatic tax computation
税率，免税点などをあらかじめプリセットしておき，自動的に税金額を計算すること．

自動制御 automatic control
制御装置などにより，運転上の諸量（例えば吐出し量，圧力，水位など）を目標値に保つように自動的に行わせる制御．すなわち，制御系を構成して，自動的に行われる制御．

自動制御器 automatic controller
区画室や機器へ供給する諸量（例えば，圧力，水位など）の調節を自動的に行う機器．

自動制御器具番号 device function number
電気用図記号で書かれた電気接続図において，継電器，開閉装置，制御機器などについて種類，用途などを区別するための1から99までの番号．器具番号によってシーケンス制御の説明が簡潔正確に表現できる．

自動制御系 automatic control system
人手によらずに自動的に動作する制御系．自動制御系は，制御装置と制御対象の二つから成り立っている．

自動制御システム automatic control system
X線発生装置において，一つ以上の放射線量または対応する物理量の測定によって，X線管装置に供給する電気エネルギーの制御または制限を行うシステム．

自動制御装置調整 automatic control system tuning
自動制御装置が良好に作動するように行う，装置各部の調整作業．

自動制御弁 automatic control valve
自動制御の操作端として，調節部の信号によって自動操作されるバルブの総称で，調整弁（自力式）と調節弁（他力式）とがある．

自動精算 automatic reset
すべての集計値を1操作で，自動的に精算すること．

自動製図 automated drafting, computer automated drawing
①コンピュータ内部に表現されたモデルに基づいて，対象物の図面を自動化装置によって描くこと．②自動化した装置によって，製図すること．

自動製図機械 computer aided drafting machine
電算機の支援によって自動的に製図する機械．

自動製線機 scutching turbine
亜麻を製線する機械．乾茎の木質部をローラで砕く破茎部と木算部を打撃によって除去する

製織部とが連結されている.

自動設計 automated design
製品の設計に関する規則,計算方法をプログラム化して,設計の一部または全部を自動的に行うこと.

自動切断機 portable thermal cutting
切断トーチを装着して,自動的に走行して切断を行うために用いられる機械.

自動設定繰返し演算 automatic sequential operation
＝反復演算.

自動設定 automatic setting
上位機器または関連機器から自動的に与えられる設定.

自動船位保持装置 dynamic positioning system
DPSと略称し,自動的に船体の位置を保持する装置.

自動旋盤 automatic screw machine, automatic lathe
旋盤作業の操作を自動的に行う旋盤.棒材用とチャック作業とある.チャック作業で少数の限られた工程だけを行うものを特に単能盤ということもある.

自動線量率制御 automatic intensity control
X線発生装置において,前選択した部位で希望した放射線量率が得られるように,一つ以上のX線管負荷条件を自動的に制御する制御のモード.

自動倉庫 automated storage and retrieval system
生産に関連する物品(工作物,部品,半製品など)を一時的に保管,管理する目的で,入出庫を自動的に行う倉庫.

自動操作 automatic operation
①人力によらず,電気的または機械的にある操作の必要を検知し,機器に行わせる操作.②シーケンスに従って自動的に行う操作.

自動操縦系統(装置) automatic flight control system
自動操縦系統は,自動か半自動かの飛行経路制御によって操縦士を援助する自動操縦指令を発生・伝達するかまたはじょう乱に対する機体の応答を自動的に制御する電気,機械および油圧の構成部品からなる.この自動操縦系統には,オートパイロット,操縦かんまたは操縦輪ステアリング,オートスロットル,構造保護モード制御および類似の制御機構を含む.

自動操舵装置 auto pilot
船が設定針路からそれないように自動的に保針する操舵装置.

自動高さ調整装置 automatic level controlling device
自動高さ調整弁によって,空気ばねの高さを一定の範囲に保つ装置.

自動高さ調整弁 leveling valve, automatic level controlling valve
空気ばねの高さを一定の範囲に保つために,ばねの負荷に対応して空気圧を自動的に調整するバルブ.

自動立のこ目立機 straight saw sharpener
回転するといしにより,長のこの歯形を整形仕上げする研削盤.長のこの送りおよびといしの昇降運動は自動的に行われる.

自動玉揚装置 automatic doffing apparatus
玉揚げを自動的に行う装置.精紡機ではオートドッファということが多い.

自動探傷法 automatic scanning
探傷試験のための走査を自動的に行う方法.

始動値 start-up value
始動するのに必要な限界入力値をいう.

自動着陸システム automatic landing system
接地までまたは接地とそれ以後まで自動操縦が行える着陸システムをいう.

自動調合装置 automatic blending
数粒の原料を定まった比率で自動的に混合する装置.

自動抽出ファイル automatic abstraction file
カード,文書などを収容し,ボタン操作などによってその中から特定なものを容易に抽出できるようにした機械.

自動調心ころ軸受 self-aligning roller bearing
転動体として凸面ころを用いた自動調心軸受.通常,自動調心できるラジアルころ軸受の中で,外輪に球面軌道をもつ複列のころ軸受をいうことが多い.

自動調心軸受 self-aligning rolling bearing
一方の軌道が球状であることによって,両軌道の中心軸間の角ミスアライメントおよび角運動に適応できる軸受.

自動調心玉軸受　self-aligning ball bearing
転動体として玉を用いた自動調心軸受．通常，自動調心できるラジアル玉軸受の中で，外輪に球面軌道をもつ複列の玉軸受をいうことが多い．

自動調心ローラ　belt training roller
＝調心ローラ．

自動調節計　automatic controller
①調節計ともいい，量を表示するとともに，これを自動的に調節する機能をもつ計器．②偏差信号に応じて制御対象を制御するのに必要な信号をつくり出す機能をもち，指示記録を行う装置．備考：自動調節計は調節計，指示調節計ともいう．（⇒調節器）

自動調節式ドラグヘッド　self-adjustable type drag head
海底面との接触角度が自動的に変わるトレーリング形ドラグヘッド．

自動チョーク　automatic choke
エンジンの温度状態によってチョーク弁を自動的に開閉する装置．

自動追尾装置　automatic follow-up system
マイクロ波発信用アンテナを自動的に追従させる装置．

始動抵抗器　starting rheostat
電動機の始動電流を制御するために用いられる抵抗器で，定常運転に入ってからの速度制御には用いられないもの．

自動定数機能　automatic constant function
反復使用するために，数と演算命令を入力し，自動的に計算器が保持する機能．

自動定寸装置（研削盤一般の）　automatic sizing device
自動的に所定の寸法に研削する装置で，自動定寸をゲージまたは測定子で行うものと，工作物といしの相対的位置規正により行うものとがある．

自動定寸装置（ホーニング盤の）　auto-sizing device
定めた寸法に自動的に仕上げる装置．

自動(的)　automatic
指定された条件に従って，人手の介入なしに機能を果たす処理過程または装置に関する用語．

自動滴定　automatic ritration
滴定操作の一部または全部を自動化した滴定．

自動電圧調整運転　automatic voltage regulating operation
AVR運転ともいい，発電機の端子電圧を自動的に調整する運転．

自動電圧調整継電器　automatic voltage regulating relay
電圧をある範囲に調整するのに用いるリレー．すなわち，予定の電圧より上昇しすぎたり，下降しすぎたときに動作するリレー．

自動点火装置　automatic ignition device
自動的にバーナへの点火動作を行い点火させるための装置．

自動点検　automatic read
すべての集計値をワンタッチで，自動的に点検すること．

始動電流　starting current
＝起動電流．

自動電流調整器　automatic current regulator
電流をある範囲に調整するもの．または規定電流で動作するもの．

自動トーションコイリングマシン　torsion spring machine, torsion winder
主としてねじりコイルばねのコイル部および腕部を成形する機械．

自動閉じタップ　collapsible tap
ねじ立てができたときにチェーザが内側に引き込み，逆転することなくねじ穴から引き抜くことができるタップ．普通4個のチェーザが取り付けられている．

始動トルク　starting torque
モータを特定の条件の下で静止状態から始動するとき，モータから取り出される最後のトルク．

自動トレース装置　colour scanning tracer
原図を光点で走査し，自動的に色分解して彫刻用のトレースフィルムを作る装置．

自動ドレン弁　automatic drain valve
ドレンを自動的に排出するために用いるバルブ．

自動倣い旋盤　automatic copying lathe
あらかじめ定められた工程順序に従って，荒削りから仕上げまで自動的に繰り返し切削を行う倣い旋盤．

自動倣いルータ　copying router
移動自在なアームの先端に設置した主軸，倣い装置，倣い型からなり，ロールにより主軸を

倣い型に沿って移動し，工作物を自動倣いで加工する木工フライス盤．

自動軟水装置 automatic water softener
軟水器において，イオン交換樹脂の再生操作，再生液の補充などを自動的に行わせる機能をもたせたもの．

自動二面かんな盤 double surface planer
回転する上下2本の平行な横かんな胴，昇降できるテーブルおよび送り装置からなり，主として工作物の上下面を同時に切削するかんな盤．

自動ねじ立盤用タップ tap for automatic tapping machine
自動ねじ立盤を使用するタップ．ねじを盤の仕様によりシャンの形状が異なる．

自動燃焼制御装置 automatic combustion control equipment
ACCと略称し，ボイラの負荷変動や水位に対応して，燃料油や空気の供給量の調節および始動停止を自動的に制御する装置．

自動の状態 automatic condition
人が直接操作することなく，決められた順序または制御指令によって，ロボットが自動的に動作を行っているか，または自動的に動作を行うことができる状態．

自動の信号機 automatic signal
軌道回路などによって自動的に制御される信号機．

自動排気弁 automatic relief valve
閉鎖循環式呼吸器内の呼吸ガス圧力が高くなったとき自動的に開く排気弁．

自動排水弁 automatic drain valve
ドレンを自動的に排水するバルブ．

自動ばち形あさり整形機 automatic swage setting machine
自動スエージシェーパともいい，帯のこの歯先を動力により，プレスしてばち形あさり出しとその整形を行う機械．

自動発停制御装置 automatic start-stop controller
自動的に設備を起動発停する制御装置．

自動バッテリ変換 automatic battery exchange
無人搬送車類上のバッテリと，地上側のバッテリと自動的に交換すること．

自動盤木 adjustable side block
入きょ船の船底傾斜に合わせるため，油圧または機械的にその上面を調節できる盤木．

自動搬送システム automatic material handing system, automated material handing system
素材・部品から製品となる工程の間を生産に関連した物品（工作物，部品，半製品など）を積載して所定の場所へ自動で搬送するシステム．

自動バンド band saw machine with carriage
=全自動帯のこ盤．

自動引通機 automatic drawing-in machine
新しいワープビームのたて糸をドロッパ，おさに自動的に引き通す機械．

自動開きダイヘッド self-opening die head
おねじを切り終わったときチェーザが外側に開いて逆転することなく元の位置にまで戻すとのできる装置．コベントリーダイヘッド，ランジスダイヘッド，ジオメトリックダイヘッドなどがあり，チェーザがねじの半径方向に送られるものと接線方向に送られるものと2種類がある．

自動ビュレット automatic buret
自動的に作動して滴定を行うビュレット．

自動負荷制御装置 automatic load regulator
自動的に発電機負荷を制御する装置．

自動負荷調整運転 automatic load regulating operation
ALR運転ともいい，発電機出力を自動的に調整する運転．

自動復元装置 automatic run back device
=ランバック装置．

自動復帰 automatically reset, automatic resetting
①自動的に動作以前の状態に戻すこと．（⇒自己復帰）②警報を操作者が停止させた後で，一定時間経過後に機器が自動的に警報を再設定すること．

自動復帰 autoclear function
=オートクリア機能．

自動復帰接点 automatic resetting contact
手動操作自動復帰接点ともいい，押しボタンなどを押している間だけ接点が閉じ，手を離すと自動的に元の状態に戻る接点．

自動フラットプレス automatic flat pressing machine
布の供給，加熱，加圧，取出しを連続的，自動的に行うことのできるフラットプレス．

自動ブレーキシステム automatic braking system
必要によって，または事故で連結車両が分離したトレーラに自動的にブレーキがかかる装置．

自動ブレーキ弁 automatic brake valve
自動空気ブレーキ装置のブレーキ管の圧力を制御するブレーキ弁．

自動プログラミング automatic programming, compute part programming
①プログラム言語で書かれたパートプログラムをコンピュータを用いてマシンプログラムに直すこと．②作業情報を記述したプログラムを，制御装置に入力するためのNCプログラムに，コンピュータ処理によって機械的に変換すること．

自動プロッタ auto-plotter
ある船と目標との相対的な運動状況を時間を追って，自動的に表示器に作図表示する装置．

自動噴射弁 automatic injection valve
燃料の圧力によって自動的に弁が開閉される噴射弁．

自動分析 automatic analysis
試料導入など一連の操作を自動的に行う分析．

自動分析法 automated analysis
試料の特性の測定を自動的に行う方法．測定の前処理や濃度計算を自動的に行うこともある．通常，試験室試料の採取・調製は含まれない．また，測定項目は多項目または可変のことが多い．

自動平衡記録計 self-balancing recorder
サーボモータとポテンショメータを使用し，自動的に記録ペンの位置を入力信号と平衡状態に保つようなフィードバック機器をもつ記録装置．

自動閉鎖弁 self-closing valve
自動的に閉鎖するバルブ．油タンク付きのドレン弁などに使用する．

自動閉そく式 automatic block system
連続した軌道回路を設け，常置信号機の現示を列車によって自動的に制御する常用閉そく方式．

自動並列接続 auto-paralleling
交流発電機を並列運転する際，電圧・位相・周波数などがすべて等しくなったときに自動的に接続されること．

始動閉路時延リレー time lag relay for starting or closing
始動または閉路開始前に時間の余裕を与えるもの．

始動弁 starting-air valve, oil starting valve
＝起動弁．

自動弁 automatic valve
弁の作動が，そこを通る流体の働きだけによって完全に制御される弁．

自動ボイラ制御 automatic boiler control
ABCと略称し，高圧大容量ボイラなどで，自動燃焼制御では十分機能できない場合，燃焼制御と同時に水位制御を行うなど，それぞれの各制御回路を有機的に結合して，ボイラ全体を安定した運転が行えるような制御システムにより，ボイラ運転の全行程を自動制御により行うこと．

自動丸のこ歯研削盤 automatic circular saw sharpener
回転するといしにより，丸のこの歯形を整形仕上げする研削盤．送りおよびといしの昇降運動は自動的に行われる．

自動耳すり機 single edger
1本の主軸に1本の丸のこを取り付け，工作物をテーブル上で動力送りして，縦びきする丸のこ盤．

自動ムアリングウインチ automatic mooring winch, constant tension winch, tension winch
係留用ロープをロープ張力に応じて自動的に繰出しおよび巻込みのできるムアリングウインチ．

自動無効電力調整運転 automatic reactive power regulating operation
AQR運転と俗称され，発電機の無効電力を自動的に調整する運転．

自動目振り機 saw-tooth setting machine
動力により打撃を与えて，のこ歯に振り目を出す機械．帯のこ，丸のこおよび長のこ用がある．

自動モード automatic mode
ロボット自身による動作状態．

自動モード automatic mode of operation
数値制御テープまたはメモリに記憶されているマシンプログラムによって運転するモード．

自動模様縫い automatic zigzag sewing
模様カムによって自動的に連続して，ジグザ

グ幅，針位置，送りを単独または複合して変化させて行う模様縫いのこと．

自動油圧ブレーキ装置 automatic hydraulic brake device
切断し終わったときまたは直径の小さいもののときに，ソーヘッドの突進を防止する装置．

自動油面調整装置 automatic oil level regulator
圧油タンク内の油面を自動的に規定値に保たせる装置．

自動溶接 automatic welding
操作者が常時操作しなくても連続的に溶接が進行する装置を用いて行う溶接の総称．

自動預金機 automatic cash dispenser
IDカード，預金通帳などによって照合のうえ現金を挿入し，自動的に預金できる機械．

自動預金支払機 automatic teller's machine
IDカード，預金通帳などによって照合のうえ現金を挿入し，自動的に預金または現金の支払いのできる機械．

自動横編機 automatic flat knitting machine
キャリッジの運動を動力で行う横編機．

自動呼出し（データ網における） automatic calling (in data network)
選択信号のエレメントが最大データ信号速度で連続的にデータ網に入力される呼出し．選択信号は，データ端末装置によって生成される．規定された時間間隔内に同一アドレスに対する不完了呼が許可された回数以上起こらないようにするため，ある限界の網の設計基準によって規定することができる．

自動四面かんな盤 four side planing and moulding machine
回転する上下2本以上の横かんな胴，昇降できるテーブルに取り付けられた左右の立かんな胴および送り装置からなり，主として工作物の四面を同時に切削するかんな盤．テーブルが固定され各かんな胴が昇降できるものもある．

始動リアクトル starting reactor
かご形誘導電動機の始動電流を制御するため，始動の際に電源と電動機の間に挿入されるリアクトル．

自動力率調整運転 automatic power factor regulating operation
APFR運転ともいい，発電機の力率を自動的に調整する運転．

自動粒度測定装置 automatic size measuring equipment
自動的に粉粒体の粒径，粒度分布などを測定する装置．

自動両耳すり機 double edger
1本または2本の主軸に2枚の丸のこを取り付け，工作物をテーブル上で動力送りして同時に2箇所を縦びきする丸のこ盤．

自動列車運転装置 automatic train operation device
ATOと略称し，列車の速度制御，停止などの運転操作を自動的に制御する装置．

自動列車制御装置 automatic train control device
ATCと略称し，列車の速度を制限速度以下に自動的に制御する装置．

自動列車停止装置 automatic train stop device
ATSと略称し，列車が停止信号に接近すると，列車を自動的に停止させる装置．

自動連結 automatic coupling
けん引車とトレーラの連結部がプログラムに基づいて自動的に連絡できること．

自動連結器 automatic coupler
解放てこによって錠を操作した場合，連結器を互いに押し合うか，または引き合うだけで連結および解放できるナックル形の連結器．

自動連動装置 automatic route setting device
信号機，転てつ機などの操作，列車によって自動的に行う連動装置．

自動露出制御 automatic exposure control
X線発生装置において，前選択した部位で希望した放射線の量が得られるように，一つ以上のX線管負荷条件を自動的に制御する動作のモード．

自動露出率制御 automatic exposure rate control
X線発生装置において，前選択した部位および前選択した負荷時間で希望した放射線の量が得られるように，放出される放射線の率を，一つ以上のX線管負荷条件の制御によって自動的に制御する動作のモード．

自動ローラ帯のこ盤 band resaw with rollers, roller band saw
1個または2個以上の送りローラおよび駆動装置により，テーブル上で工作物を送って主として縦びきする帯のこ盤．テーブル付きでない

自動ローラ横形帯のこ盤 horizontal band resaw with rollers, horizontal roller band saw
2個ののこ車軸が水平に位置し帯のこが水平方向に切削運動し縦びきする横形の帯のこ盤。工作物は自動送りローラによって送られる。

自動ワインダ automatic winder
①2本のボビンホルダを有し，満管ボビンから空ボビンに糸条を自動的に切換える装置の付いたテークアップワインダ。②管糸の供給，交換，糸結および玉揚げなどを自動的に行うワインダ。

シート自動給紙方式 automatic sheet paper feed
あらかじめ裁断されたコピー用紙または感光紙を自動的に給紙する方式。

しなければならない shall
この用語は，要求の意味で用いる。すなわち，規格に合致しているといえるために，プログラムがとらなければならない形および処理系がとらなければならない動作を規定することを示す。

しの切停止装置 sliver stop motion
粗紡機などにおいて，スライバ，粗糸などのしのが切れると自動的に機械を停止させる装置。

磁場 magnetic field
⇒磁界（磁場）。

CP制御 continuous path control
全軌道または全経路で指定されている制御。

CP制御ロボット continuous path controlled robot
CP制御によって運動制御されるロボット。

CPU central processing unit
＝中央処理装置。

指標 index
①目盛と組み合わせて，量の大きさを示すために使われるもの。②計算機の記憶場所またはレジスタであって，その内容は，表中の特定の要素を識別するのに用いられる。

指標語 index word
命令のアドレス部に適用される命令修飾語。

指標データ項目 index data item
指標名に対応する値が，作成者の決めた形式で収められるデータ項目。

指標（プログラミングにおける） index (in programming)
データの他の項目に関連して，そのデータの項目の位置を識別する整数値の添字。

指標名 index-name
特定の表に関係付けられた指標を命令する利用者語。

指標レジスタ index register
命令の実行中にオペランドのアドレスを変更するために，その内容が用いられるレジスタ。指標レジスタは，ループの実行制御のカウンタとして，配列の使用の制御，表引きのような用途に，またはスイッチやポインタとして用いられる。

C_v 値 C_v value
容量係数の一つで，特定のトラブルにおいて圧力差が $1\,\text{lbf/in}^2$ のときのバルブを流れる $60°\text{F}$ の温度の流量を US gal/min で表す数値。次式によって求める。
$$C_v = \Omega\sqrt{\Delta p}$$
ここに，C_v：C_v 値〔$(\text{gal/min})/(1\,\text{lbf/in}^2)^{1/2}$〕，$\Omega$：流量(gal/min)，$\Delta p$：差圧($1\,\text{lbf/in}^2$)，$G$：水の比重＝1。なお，$C_v$ 値は，通常単位を付けない。

C_v 値（空気圧） value of C_v (of pneumatic)
C_v はバルブの流量特性を示す係数で，指定の開度で $0.07\,\text{kgf/cm}^2(6.9\,\text{kPa})$ の圧力降下の下で，バルブを流れる $60°\text{F}(15.5°\text{C})$ の水の流量を G.P.M. ($3.785\,l/\text{min} \fallingdotseq 1\,\text{G.P.M.}$)で計測した数字で表す。

シフト shift
2進情報を相隣接する記憶要素の一つから隣接する記憶要素へ順次移すこと。

シフトパルス shift pulse
シフトするためのパルス。

シフトレジスタ shift register
＝送りレジスタ。

シフトレジスタ回路 shift resister circuit
パルス入力が加わるごとに，記憶した情報を1段階ずつ次段へ送る回路。

時分割 time sharing
タイムシェアリングともいい，一つの処理装置において，二つ以上の処理を，時間で交互配置させるようにする計算機システムの操作技法。

時分割制御 time-shared control
一調節器の出力保持機能によって，複数の制

御ループに対して逐次に操作量を生じるサンプリング制御．

四分区間 quadrant
カドラントともいい，パルス波形の1サイクルを特定の時間もしくは振幅，またはその両者で4区分したものの1区間．

1/4・自乗乗算器 quarter-squares multiplier
$XY=\{(X+Y)^2-(X-Y)^2\}/4$ の関係式に基づいて乗算出力アナログ変数を得る演算器．

絞 り restriction
流れの断面積を減少して，管路または管路内に抵抗をもたせて圧力降下を発生させる機構．チョーク絞りとオリフィス絞りとがある．

絞り弁 restrictor, metering valve
絞り作用によって流量を規制する圧力補償機能がない流量制御弁．

絞り流量計 restriction flowmeter
流量の2乗に比例した差圧を発生させる絞り機構によって流量を検出する方式の流量計．

シミュレーション simulation
物理的または抽象的なシステムの，特定の動作の特性に関する別のシステムによる表現．例えば，データ処理システムによる，演算の手段とした，物理現象の表現．

シミュレーションプログラム言語 simulation language
計算機シミュレーションのプログラム作成を簡便化する目的でつくられた特殊言語．

シミュレータ simulator
シミュレーションを行うためにつくられた模型．例えば風洞や，計算機シミュレーションのためにつくられたプログラムなど．

CIM computer integrated manufacturing system
生産に関係するすべての情報をコンピュータネットワークおよびデータベースを用いて統括的に制御・管理することによって，生産活動の最適化を図るシステム．

ジャイロコンパス gyro compass
ジャイロの特性を利用して，その軸が地球上の真子午線を示すようにして真針路と真方位を測定できるように構成した装置．

釈 放 release
リレーの可動部が動作状態から復帰方向に動き始め動作時の機能に変化を生じることをいう．

釈放時間 release time
ドロップアウト時間ともいい，入力がリレーを復帰させる方向に釈放値を超えて変化したとき，入力が釈放値を超えた瞬間からリレーが釈放するまでの時間．

釈放値 release value
釈放するのに必要な限界入力をいう．

車軸検知器 axle detector
走行する列車または車両の車軸の通過を感知する機器．

車上制御装置 onboard controller
無人搬送車類に塔載される車両の動作を制御する装置．

車速センサ speed sensor
車速（スピードメータケーブルの回転数）を検知するセンサ．

遮 断 shutdown
①装置・機器の始動時や運転中に異常発生したとき停止すること．②開閉器具類を操作して電気回路を開いて（オフして）電流が通らない状態にすること．

遮断器 line breaker
＝断流器．

遮断器 circuit-breaker
常規状態の電路の開閉・通電の他，異常状態，特に短絡状態における電路を開閉しうる装置．

遮断時間 shut-off timing
インタロック回路や自己点検回路が，装置などの異常を検出してから，実際に遮断されるまでの時間．

遮断周波数 cut-off frequency
規定バイアス点で正弦波を用いて小信号の強度変調を行ったとき，得られる被変調光出力の正弦波振幅が低周波領域の十分に平たんな部分に対して3dB低下する周波数．

遮断電圧 cut-off voltage
＝カットオフ電圧．

遮断弁 shut-off valve
流路を閉じることを目的とするバルブ．

シャトル弁 shuttle valve
二つの入口と一つの共通の出口をもち，入口圧力の作用によって，出口が高圧側入口に自動的に接続し，同時に低圧側入口を閉じるような自動弁．

車内警報装置 cab warning device
地上信号機の現示に応じて，その情報を車両に送り，必要な運転上の操作を促す装置．

車内信号機 cab signal
車内において，列車の許容運動速度を示す信号を現示する信号機で，地上設備および車上設備からなる．

車内信号閉そく式 cab signal block system
連続した軌道回路を設け，車内信号機の現示を列車によって自動的に制御する常用閉そく方式．

ジャーナル journal
データ処理操作の時間順の記録．ジャーナルは，ファイルの以前の版や更新された版を復元するために利用されることがある．

シャノン shannon, binary unit of information content
情報の測度の単位．互いに排反な二つの事象からなる集合の，2を底とする対数として表された選択情報量に等しい．例えば，8文字からなる文字集合の選択情報量は，3シャノン($\log_2 8 = 3$)に等しい．

斜盤式流量計 nutating disc flowmeter
容積式流量計の一つであって，計量室およびその中に斜めに設置された円盤によって"ます"を構成し，円盤の回転数を計数して流体の通過体積を測定する流量計．

遮へい shielding
外部から電気的あるいは磁気的影響を避けるための装置．通常，次の二つが含まれる．①シールドすること．②スクリーンでさえぎること．

遮へいグリッド screen grid
陽極と制御グリッドとを静電遮へいするために両者間に設けられるグリッドであって，一般に固定の正電位に保たれる．(⇒放電管の遮へいグリッド)

遮へいコイル shielded coil
電子コイルに誘導される妨害電圧を軽減するために用いる変成器．

車両運行制御装置 vehicle controller
無人搬送車類の運行の管理，制御を行うため地上側に設けられる制御装置．

車両検知センサ vehicle detecting sensor
ある地点を通過する車両，あるいは車上から先行車両または対向車両を検知するためのセンサ．

ジャンピング jumping
流量調整弁で，流体が流れ始める場合などに，流量が過渡的に設定値を超える現象．

主安全制御器 primary safety controller
燃焼安全制御器ともいい，燃焼安全制御装置のうち，自動起動停止機能を有し，バーナの点火時や運転中(燃焼中)に異常を生じた場合，主バーナへの燃料遮断(バーナ停止)の信号を発する機能をもつ装置．基本的には安全スイッチ，シーケンスタイマ，フレームリレー，負荷リレーなどによって構成される．

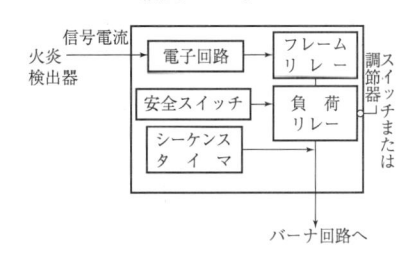

主安全制御器の構成の一例[7]
注：図の電子回路とは火炎検出電流の増幅部である．

周囲圧力 ambient pressure
機器を取り巻く媒体の絶対圧力．

周囲温度 ambient temperature
機器が通常の動作を行うか，または保管もしくは輸送される環境(近接して発熱体がある場合も含む)において，その代表点で測定された温度．

周囲湿度 ambient humidity
機器が，通常の動作，保管または輸送される環境において，その代表点で測定された湿度．

周囲条件 ambient condition
＝環境条件．

周囲条件 ambient conditions
機器または装置の動作に影響を与える周辺の条件．例えば温度，湿度，気圧，振動など．

周囲条件の影響 environmental influence
規定の周囲条件のうちの一つが基準値から変化し，その他の条件は一定に保たれている場合，その変化だけに基づいて引き起こされる機器出力の変化．

周期 period
周期的現象において，同一状態が再現するまでに経過する最小時間間隔．単位はs．

周期的パルス列 periodic pulse train
一定周期をもつパルス列．

従局 slave station
基本形リンク制御において，データを受信するように主局によって選ばれたデータステーション．

集合演算 set operation
形状を点集合としてとらえ，その集合の和，積，差によって新たな形状を生成する操作．

集合体 aggregate
データ対象物の構造化された集まりであって，一つのデータ型を形成するもの．

自由磁化状態 unconstrained magnetization condition
磁気増幅器の制御回路において，交流電源から誘起する交流が自由に流れうる状態．

重畳軌道回路 overlay track circuit
2種類以上の電流を重畳して用いた軌道回路．

自由振動 free vibration
励振を取り除いた後に起こる振動．自由振動では，その固有振動数で振動する．

修正範囲 correcting range
操作量が変わりうる二つの限界値で規定される範囲．

集積回路 integrated circuit
ICともいい，抵抗器やコンデンサなどの受動素子とトランジスタなどの能動素子が，基板上または基板内に分離不能の状態で結合されている回路．

集積回路記憶装置 integrated circuit memory, IC memory
結晶材料で作られた単一のチップ上に一括して作り込まれたトランジスタやダイオード，その他の回路素子からなる記憶装置．

集積回路の基板 substrate of integrated circuit
基板ともいい，表面上またはその内部に集積回路が作られる物体．

重相関係数 multiple correlation coefficient
重回帰分析における測定値 y_i とその回帰指定値 $\hat{y}$ との相関係数であって，
$$\frac{\sum(y_i-\bar{y})(\hat{y}_i-\bar{y})}{\sqrt{\sum(y_i-\bar{y})^2\sum(\hat{y}_i-\bar{y})^2}}$$
として表す．重相関係数の2乗は
$$1-\frac{\sum(y_i-\hat{y}_i)^2}{\sum(y_i-\bar{y})^2}$$
となり，指定した回帰式の当てはまりの程度をみるのに使う．

周速一定制御 constant surface speed control
旋削加工において，加工径に応じて切削速度を一定に保つように主軸の回転速度を制御すること．

従属関係表記 subordination connection notation
記号枠内において，複数の論理素子で構成される回路のすべての接続状態を実際に示すことなしに，入力相互間，出力相互間または入力と出力相互間の関係を示す表記法．

従属局 tributary station
基本形リンク制御を用いた分岐接続または2地点間接続における，制御局以外のデータステーション．

渋滞検出継電器 delay detective relay, stagnation detective relay
規定の時間以内に所定の動作が行われないとき動作するもの．

集団運転 group drive
一つの工場内の多数の機械を1台の電動機または数台の電動機に区分して集団で運転する方式．

終端抵抗値 terminating resistance value
成端抵抗値ともいい，動作特性を決めるための端子に接続する特定のインピーダンス値．一般に純抵抗値を用いる．

終端バイト final byte
エスケープシーケンスまたは制御シーケンスを終わらせるビット組合せ．

終端文字 final character
そのビット組合せがエスケープシーケンスを終わらせる文字．

集中形プロセス制御計算機 centralized process control computer
入出力データと周辺装置を含む，プロセスの全要素を1台の大形計算機で直接制御するプロセス計算機システム．

集中制御 centrarized control
中央制御や総括制御ともいい，大規模な設備・装置を全体的に効率的に管理・運転する目的で，各種の調節計，指示計器，操作機構，コンピュータなどを中央（1箇所）に中枢機構として集中管理する制御方式をいう．

集中制御 concentrated control
地上に設置された車両運行制御装置によって集中的に行う制御．

集中定数系 lumped parameter system
時間を独立変数とし，有限個の状態変数成分で記述される系．すなわち，状態方程式が常微分方程式である系．（⇒分布定数系）．

自由度 degress of freedom
①ある時刻において機械のすべての部分の位置を完全に決定するのに必要な独立座標の数．この数は，系に可能な独立変位の数に等しい．②振動系を構成する各部分のあらゆる瞬間における位置と位相を完全に決めるために最小限必要とされる独立な変数の数．

しゅう動接点 moving contact
抵抗素子に沿って動く可変抵抗器の接点．

しゅう動抵抗器 slide rheostat, slide resistor
＝ポテンショメータ．

自由流れ free flow
制御されない自由に通過する一方向の流れ．

収納用機器 constructional hardware
計測，制御および監視装置を取り付けるための構造物およびその集合体．例えば，ラック，パネル，キャビネット，シェルフなど．

周波数 frequency
振動数ともいい，周期的現象が毎秒繰り返される回数．その値は周期の逆数．単位は Hz．

周波数応答 frequency response
線形で安定な要素・系で，正弦波入力に対するその出力の振幅比および位相差が，入力の角周波数とともに変化する様相．備考：①伝達関数が $G(s)$ である要素・系の周波数応答は，複素関数 $G(j\omega)$ で記述することができる．ゲイン特性は $|G(j\omega)|$ で，また，位相特性は $\angle G(j\omega)$ で計算される．②要素・系が線形でない場合には，正弦波入力に対する出力が必ずしも正弦波になるとは限らず，歪んだ波形となることが多い．この場合には，入力角周波数と同じ角周波数の基本出力成分に着目して，入力に対する振幅比（ゲイン）および位相差を求めることがある．

周波数応答軌跡 frequency response locus
極座標プロットともいい，パラメタとして角周波数(ω)が，ゼロから無限大まで変化したときの複素平面での周波数応答の図形表示．ここに，動径は周波数応答の絶対値であり，そのときの偏角は周波数応答の位相角である．

周波数応答特性ボード線図 frequency response characteristic Bode diagram
周波数応答の特性を表した線図．

周波数解析 frequency analysis
検波して得られた信号を周波数成分の違いを利用し，フィルタによって分別すること．

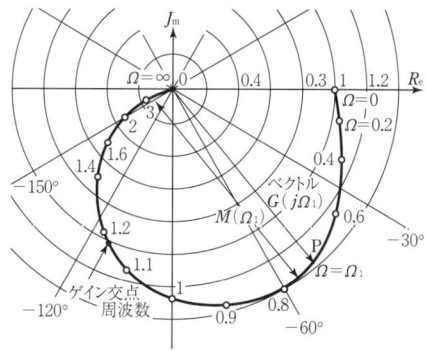

周波数応答軌跡（JIS B 0155）

$$G(j\Omega) = \frac{1}{1+2Dj\Omega+(j\Omega)^2}$$

ここに，$D=0.4$，$\Omega=\omega T$，$\Omega=\omega T=$正規化された周波数．

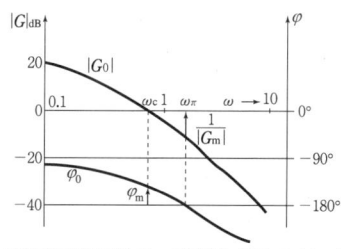

周波数応答特性ボード線図（JIS B 0155）
$|G_0|$：ゲイン応答，φ_m：位相余裕，φ_0：位相応答，ω_π：位相交点周波数，ω_c：ゲイン交点周波数，$1/|G_m|$：ゲイン余裕．

周波数継電器 frequency relay, frequency sensitive relay
周波数をある範囲に調整するもの．または規定周波数で動作するもの．すなわち，規定の周波数で動作するリレー．

周波数帯 frequency band
ある二つの周波数の間の範囲．備考：①一般には，高周波電流または電波の特性がほぼ等しいような連続した周波数の一群をいう．②ある機器の動作可能な周波数範囲をいう．

周波数帯域幅 frequency band width
周波数を変化したとき，利得または損失の値の基準周波数における値からの偏差が，規定された限度内にある周波数範囲．備考：①通常 3 dB または 6 dB を偏差の限界とする．②基準周波数は，指定された周波数，または利得もしくは損失の最大となる周波数である．

周波数伝達関数 frequency transfer function
周波数特性を表す伝達関数。線形系では伝達関数 $G(s)$ の s に $j\omega$ (ω は角周波数 rad/s, $j=\sqrt{-1}$) とおいた $G(j\omega)$ をいう。周波数伝達関数 $G(j\omega)$ の絶対値と偏角はその系のゲインまた位相に一致する。なお，非線形系の周波数伝達関数は特に記述関数とよばれる。

周波数特性 frequency characteristic
①供給値，測定値などの性能量の値または応答が，周波数によって変化する有様。②回路の周波数に対応する特性。実際には，増幅器などにおいて各周波数に対応する振幅または増幅度の関係を示すことが多い。

周波数バンド frequency band
周波数範囲の一部で，周波数を連続的に調整できる部分。

周波数偏移（絶対値－正弦波変調の） frequency deviation (absolute, for sinusoidal modulation)
正弦波周波数変調において，変調信号1サイクル間における瞬時最高周波数と瞬時最低周波数との差の1/2。

周波数変換機 frequency transducer
交流電力を受けて，これを異なる周波数の交流電力に変換する回転電気機械。この場合に相数が同時に変換されても，やはり周波数変換機という。

周波数変調ひずみ（正弦波変調の） frequency modulation distortion (for sinusoidal modulation)
正弦波周波数変調波を得るために，正弦波変調信号を信号発生器に加えたとき，その出力端子に接続されたリニアディスクリミネータの出力信号のひずみ。

周波数変調方式 frequency modulation method
磁気媒体への信号記録に際し，刻時信号と2進符号"1"において磁束反転を与える方式。

周波数弁別 frequency discrimination
周波数変調波から原信号波を振幅変化として取り出すこと。

自由引外し trip-free
トリップフリーともいい，遮断器などの投入操作中でも，引外し指令が与えられれば引き外し，かつ，投入指令が持続して与えられていても投入を阻止することをいう。

自由引外し継電器 trip-free relay
閉路操作中でも引外し装置の動作を自由にするもの。すなわち，遮断器などの投入操作のどのような段階のときでも，自由に引外しができるようにするリレー。

周辺機器 peripheral device
流体素子・回路以外の，システムを構成するのに必要な機器類。

周辺機器異常監視 monitoring for peripheral equipment
周辺機器の異常を車両運行制御装置によって監視すること。

周辺装置 peripheral
PCシステムの動作をプログラム，管理，モニタ，試験または記録する機能をもつ装置。

周辺装置 peripheral equipment
中央処理装置とは別のものであって，コンピュータと外部との情報交換を行う装置。

周辺装置 peripheral equipment, peripheral device
特定の処理装置からみて，その処理装置と外部との通信を提供する装置。例えば，入出力装置，補助記憶装置。

周辺ひずみ geometry distortion
有効面内の周辺において，図形の変形として現れるひずみ。

集流弁（油圧） flow combining valve (hydraulic)
二つの流入管路の圧力に関係なく，所定の出口流量が維持されるように合流するバルブ。

終了記号 message indicator
次に示す特定の条件を通信管理システムに知らせるための識別符号。

符号	意味
通信群終了記号(EGI)	通信群の終わり
通信文終了記号(EMI)	通信文の終わり
通信行終了記号(ESI)	通信行の終わり

EGI, EMI および ESI は階層で，EGI は，概念的に ESI および EMI を包含する。EMI は，概念的に ESI を包含する。通信行は，ESI, EMI または EGI によって終わる。通信文は，EMI または EGI によって終わる。

重力式自動ブレーキ gravity braking system
トレーラのけん引棒が分離落下することによって自動的に作動するブレーキ装置。

16進記数法 hexadecimal numeration system

16個の数字 0, 1, 2, 3, 4, 5, 6, 7, 8, 9, A, B, C, D, E, F を使い，基数が 16 で，整数部の最下位の数字位置の重みが 1 である固定基数記数法．A, B, C, D, E, F は，それぞれ 10, 11, 12, 13, 14, 15 を表す．例えば 16 進記数法では，3 E 8 という数表示は，1000 すなわち，$3 \times 16^2 + 14 \times 16^1 + 8 \times 16^0$ という数字を表現する．

16進数字 hexadecimal digit, sexadecimal digit

16 進記数法で用いられる数字．例えば 0 から 9 までの数字および A, B, C, D, E, F の文字のうちの一つ．

16進数表示 hexadecimal numeral

16 進記数法における数表示．例えば，101 は 2 進数表示であり，V は等価なローマ数字による数表示である．

16進法 sexadecimal on hexadecimal

固定基数記数法において，基数として 16 をとることおよびそのような方式．

主回路 main circuit, power circuit

主電動機電流を流す回路．

主回路接続図 main circuit connection diagram

主要電気機器の接続に主体をおいた電気接続図．

受感軸 sensitive axis

並進変換器が最大の感度をもつ方向．

主幹制御器 master controller

総括制御の装置で運転士によって操作され，力行，ブレーキ，速度変更，運転方向の転換などの制御信号を指令する制御器．

主記憶装置 main storage

主メモリともいい，命令およびその他のデータを，実行または処理に先立ってロードしなければならない内部記憶装置．主記憶装置という用語は，大形の計算システムの場合によく使われる．

主局 master station

基本形リンク制御において，一つ以上の従局へのデータを転送するように求められ，それに応じたデータステーション．なお，ある任意の瞬間において，データリンク上では主局はただ一つしかありえない．

主効果 main effect

一つの因子の水準の効果を，他の因子の水準のすべての組合せについて平均したもの．

主刻時機構 master clock

他の刻時機構を制御することを主な機構とする刻時機構．

主サイリスタ main thyristor

主回路に使用するシリコン制御整流素子．

主サーボモータ main servomotor

主配圧弁から分配される油圧によって作動するサーボモータ．

主蒸気圧力低下防止装置 initial pressure regulator, initial pressure limiter

タービン運転中，主蒸気圧力がある値まで低下すると蒸気加減弁が閉まり始め，さらに低下すると無負荷開度まで閉じる装置．

主蒸気入口圧力制御装置 initial pressure governor

タービンの入口主蒸気圧力を制御するための装置．

主蒸気逃し弁 main steam relief valve

主蒸気系に圧力上昇が起こった場合，圧力センサの信号によって開放され，圧力上昇を抑制する弁．

主蒸気逃し弁制御系 main steam relief valve control system

加圧水炉において，蒸気発生器の圧力を制御するため，主蒸気逃し弁の開度を調整する設備．

主処理装置 main processing unit

MPU と略称され，アプリケーションプログラムの解釈・実行を行う PC システムの一部分．主処理装置は，実行処理部，メモリ部，入出力部，通信部および電源部の全部または部分から構成される．

受信側 receiver

符号化されたデータ値を識別するために，送信側が作成したオクテットを復号化するための実装．

受信側セションサービス利用者 receiving session service user

セションコネクションのデータ転送フェーズ中，データの受信側として動作するセションサービス利用者．セションサービス利用者は，同時に送信側および受信側のセションサービスの利用者の両方になることができる．

受信側セションプロトコル機械 receiving session protocol machine

対象とするセションプロトコルデータ単位を受信するセションプロトコル機械．

受信側 TS 利用者 receiving TS user

トランスポートコネクションのデータ転送フ

ェーズ中，データの受信側として動作するトランスポートサービス利用者．トランスポートサービス利用者は，同時に，送信側および受信側の両方になることができる．

受信管　receiving tube
大電力送信の目的に使用しない小形真空管であって，主として小電力の増幅，発振，変調，検波，整流などの目的で設計された真空管．ただし一般にはマイクロ波管に属するものを除く．

受信器　receiver
伝送された信号を受け，指示，記録，警報などを行う器具．

受信機　receiver
レーダアンテナが受けたエコー信号を検波増幅して表示機で取り扱えるビデオ信号を与える機器．

受信要素　receiver element
入力信号情報を受けて，機器内で意図する目的に適するように変換する機能部分．

受水槽用定水位弁　receiver tank level regulating valve
定水位弁ともいい，水槽に給水し，槽内のパイロット弁と連動して，所定の水位になると自動的に給水を停止するバルブ．

主制御器　main controller
主幹制御器などからの制御信号を受けて，主として速度制御，回路の切換えなどを行うため，抵抗制御器，界磁制御器，逆転器，転換器などの各機器によって構成された制御器．

主制御装置　master controller
マスタコントローラともいい，負荷の変動を検出して，それに対応する制御を行うための主な装置．

主制御装置　main control unit
一つの処理機構に二つ以上の命令制御装置がある場合，ある与えられた時間において，他のすべての命令制御装置を従属させる命令制御装置．オペレーティングシステムにおいて，一つの命令制御装置を主制御装置として指定するのは，ハードウェア，ソフトウェアまたは双方のいずれであってもよい．

主接点　main contact
リレー本来の責務を遂行する接点のこと．

受像管　television picture tube, kinescope (USA)
テレビジョンの映像信号を蛍光面に画像として表すための陰極線管．

出発信号機　stating signal
停車場から出発する列車に対する信号機．

出　力　output
①出力処理にかかわる装置，もしくはチャネル，またはこれにかかわるデータもしくは状態に関する用語．出力という用語は，文脈上明らかな場合には，出力データ，出力信号または出力処理の代わりに用いてもよい．②出力信号の同義語．

出力圧　output pressure
機器から出る圧力信号または圧力の定格．

出力圧力　output pressure
出力口における出力流れの総圧．

出力インピーダンス　output impedance
①動作状態で，機器の出力端子から機器側を見たインピーダンス．備考：信号発生器では，出力インピーダンスが信号源インピーダンスと異なる場合がある．②出力口において測定される上流側のインピーダンス．

出力回路　output circuit
負荷インピーダンスを与えるために出力電極に接続する外部回路．

出力基本要素　output primitive, graphic primitive, display element
表示画像を構成するために用いる基本的なグラフィック要素．

出力給気容量　output air capacity
出力信号として送出可能な最大空気流量．

出力口　output port
出力ポートともいい，出力流れを出すポート．

出力係数　output coefficient
出力の演算式において二つ以上の入力の演算結果にかかる倍率．例えば演算式 $E_0 = K_0 \{ K_1 (E_1 + B_1) \pm K_2 (E_2 - B_2) \pm \cdots \} \pm B_0$ における K_0．

出力サブシステム　output subsystem
プロセスインタフェースシステムにおけるプロセス計算機システムからプロセスへデータを転送する部分．

出力処理　output process
計算機の構成要素がデータを作り出す処理．

出力信号　output signal
出力ともいい，機器または装置から出る，情報を担っている信号，または物理的作用．

```
入力          要素         出力
(電圧) ─→ (調節部) ─→ (電流)
```

出力信号[7]

出力装置 output unit
計算機からデータを出す装置.

出力端子 output terminal
回路または装置から供給する電流,電圧,電力などの供給端子,供給点などの総称.

出力抵抗 output resistance
出力インピーダンスの抵抗成分.

出力データ output data
計算機の構成要素が作り出すデータ.

出力電極 output electrode
出力信号を取り出す電極.

出力点数 number of outputs
機器または装置から出る信号の数.

出力電流 output current
電子管の出力側負荷に流れる電流.

出力電力 output power
①信号発生器の指定出力端子に接続される定格負荷インピーダンスに等しい負荷に供給される電力.②電子管の出力電極から負荷に供給される電力.

出力特性 output characteristics
出力圧力と出力流量との関係を表す特性.

出力流れ output flow
入力によって制御された流れ.

出力バイアス output bias
出力信号に加えられるバイアス.例えば,演算式 $E_0 = K_0 \{K_1(E_1-B_1) \pm K_2(E_2-B_2) \pm \cdots\} \pm B_0$ における B_0.

出力パワー output power
出力流れのパワー.出力圧力と出力流量の積で表す.

出力節 output node
出る方向の枝をもたない節をいう.この信号は特に指定した出力を表す.(⇒入力節)

出力プログラム output program
計算機の出力処理を構成するユーティリティプログラム.文脈中では,使用形式と頻度の違いによって計算機プログラムとルーチンを区別している.

出力ベース運転 output constant operation
周囲の状態にかかわらず出力を一定に保つように制御して運転すること.

出力変化率リミット output change rate limit
調節計からの操作出力が急激に変化するとプロセスや操作部に悪影響を及ぼすので,出力の変化速度を制限すること.

出力変成器 output transfomer
トランジスタ,電子管などを用いた増幅回路の出力側に接続し,外部負荷回路のインピーダンスをトランジスタや電子管の負荷の最適負荷インピーダンスに変換する変成器.

出力保持時間 output holding time
出力をもつ機器において,その機器に対するエネルギー供給が停止した場合に,停止直前の出力の値を所定の誤差範囲内で記憶している時間.エネルギー供給が停止している間は,出力信号が出なくてもかまわない.

出力ポート output port
＝出力口.

出力リミット output limit
調節計からの操作出力が過大または過小になると,対象プロセスに悪影響を与えやすくなるので,出力の範囲を制限することをいう.

出力リレー output relay
起動スイッチを押すか,調節器から起動(オン)の信号が出ることにより動作するリレー.

出力ルーチン output routine
計算機の出力処理を構成するユーティリティルーチン.文脈中では使用形式と頻度の違いによって計算機プログラムとルーチンを区別している.

主抵抗器 main resistor
主回路に接続して,主電動機の抵抗制御,速度制御および発電ブレーキに用いる抵抗器.

主電源 main power supply
PCシステムの電圧供給として設置された常設装置の主体となる電源.

主電源 power source
システムのエネルギーが得られる一次供給源.通常は,交流電源.

受電電力一定調整運転 demand control operation
自家用火力発電所などにおいて,受電電力が一定となるような発電機出力を制御する運転.

手動運転 manual operative method
手動操作による運転方式.

手動応答 manual answering
呼び出された使用者が,呼出しを受信できることを手操作によって知らせたとき,呼びが確立する応答.

受動局 passive station
基本形リンク制御を用いる分岐接続または2地点間接続において,ポーリングまたはセレクティングを待っている従属局.

手動式 manual type
手動で始動し、また制御する方式．

手動制御 manual control
操作部を、直接または間接に人が操作して行う制御．備考：プロセス工業においては、一般に、手動制御は統一信号で行われる．

手動制御器 manual controller
手動で操作する制御器．

手動設定 manual setting
人為的に行われる設定．

手動操作 manual operation
人力により、機器を直接または間接的に行う操作．

手動操作器 manual loader
操作部の手動操作を行うための信号を発生する機器．

手動操作自動復帰接点 manual operation and automatic reset contact
＝自動復帰接点．

受動素子 passive device
入力だけによって動作する流体素子．

手動データ入力モード manual data input mode of operation
＝MDIモード．

手動パルス発生器 manual pulse generator
手動でハンドルを回転して、指令パルスを発生する機器．

手動復帰 manual reset, hand reset
①リレーの動作状態を手動で復帰させること．②手動操作により機械的に復帰させること．すなわち、手動で動作以前の状態に戻すこと．

手動復帰継電器 hand-reset relay, manual reset relay
リレーの接点を手動で初めの状態に復帰させる構造のもの．

受動変換器 passive transducer
出力が入力信号だけによって定まる変換器．

手動モード manual mode
人間の操作によりロボットを動かす状態．

手動モード manual mode of operation
押しボタンスイッチやレバースイッチで、数値制御工作機械を運転するモード．

手動呼出し（データ網における） manual calling (in data network)
呼出し側のデータステーションからの選択信号を一定でない文字速度で回線に入力することを許す呼出し．文字は、データ端末装置またはデータ回線終端装置で生成することができる．

手動リセット manual reset
＝マニュアルリセット．

手動リセット弁 manual reset valve
運転中にインタロックにより遮断された安全遮断弁は、再度、弁を開ける信号があっても、安全確認のため手動復帰によらなければ、開くことができない構造を備えた安全遮断弁をいう．

主配圧弁 main distributing valve, main control valve
補助サーボモータなどによって作動され、主サーボモータに圧油を分配するもの．リレーバルブも含むものもある．

主ヒューズ main fuse
主回路の保護に用いるヒューズ．

主フィードバック信号 primary feedback signal, main feedback signal
自動制御系において、制御量の値を目標値と比較するためのフィードバック信号をいう．

主プログラム main program
計算機プログラムの骨幹になる部分．計算機プログラムは、通常、主プログラムと閉じたサブルーチンとから構成される．主ルーチンという用語を主プログラムの意味に用いることがある．

主平滑リアクトル main smoothing reactor
主回路電流の脈流を平滑にする装置．

シュミット回路 Schmitt circuit
シュミットトリガ回路ともいい、入力波形の振幅が一定値を超える時点での状態の変化を生じるようにした、二つの増幅器の接地側端子を共通に接続して正帰還を行うマルチバイブレータ．

シュミットトリガ回路 Schmitt trigger circuit
＝シュミット回路．

シュミットトリガ素子 Schmitt trigger
入力圧力が特定の圧力を超えたときにだけ出力を発生する流体素子．図のAに入力圧力、Bに一定のバイアス圧力が作用している場合、入力圧力がバイアス圧力より大きいときにだけ、出力口Zに出力圧力が現れる．

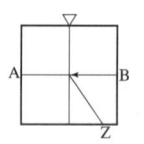

シュミットトリガ素子（JIS C 5620）

主メモリ main memory
＝主記憶装置．

需要側外乱 demand side disturbance
例えば，ボイラの場合，蒸気消費現場で蒸気を急激に大量使用するなど需要側によって発生する外乱をいう．（⇒供給側外乱）

受領システム receiving system
データ交換を目的として他のシステムで作成されたボリューム集合上のファイルの集まりを読み取ることができるシステム．

主ルーチン main routine
⇒主プログラム．

ジュール熱 Joule heat
電流によって抵抗のある導体内に発生する熱．

ジュールの法則 Joule's law
①導体内に流れる定常電流によって単位時間中に発生する熱量は，電流の値の2乗と導体の抵抗に比例する．②仕事が熱に変換されるときその割合は一定であり，この比が仕事の熱当量である．

主レコードキー prime record key
索引ファイル中のレコードを一意に識別する内容をもつキー．

巡回冗長検査 cyclic redundancy check
①CRCと略称し，CRC多項式によって，ビット列の多項式を除算し，被除算多項式を0に初期設定し，また，データ列の1および0の個数を被除算多項式の係数とし，さらに除算のけたあふれのない2を法とする減算を用いて，その剰余をエラーの検査用に伝送し，受信側では伝送された剰余を計算結果の剰余と比較して，等号の成立するときエラーのないことを指示する方式の検査．②巡回的なアルゴリズムによって余分の数字または文字を生成して行う冗長検査．

巡回時計 watchman's clock
特定の場所を巡回した時刻を記録する時計．

循環借り end-around borrow
借り数を最上位の数字位置から最下位の数字位置へ送る動作．

循環けた上げ end-around carry
けた上げ数を最上位の数字位置から最下位の数字位置へ送る動作．例えば，減基数の補数で表現されている二つの負数を加えるとき，循環けた上げが必要となる．

循環けた送り end-around shift, cyclic shift
機械の語またはレジスタの一端からはみ出した文字が，他端から再び入り込む論理けた送り．

順次 sequential
逐次ともいい，すべての事象が，時間をおくことなく，一つずつ次々に生起する処理に関する用語．

順次アクセス sequential access, serial access
順序付けられているのと同じ順番でデータを記憶装置またはデータ媒体に格納する能力または格納されたとおりの順番でデータを読み取る能力．

瞬時値 instantaneous value, instantaneous magnitude
ある時刻における量の値．（⇒サンプラ）

瞬時値変換 instantaneous value conversion
入力電圧の瞬時値をディジタル化する変換．備考：①この値は，変換時間中に存在する瞬時値である．②瞬時値変換を行うものに，逐次比較形，追随比較形，ランプ形，階級ランプ形などがある．

瞬時特別非常電源 instantaneous special emergency power supply
商用電源が停止したとき，0.5秒以内に自動的に負荷に電力を供給するための電源．ただし，無停電電源は除く．

順序 order
順序付ける際に用いられる指定された並べ方．順番と違って順序は必ずしも線形である必要はない．例えば，項目が階層構造をもつ場合の順序付けがそうである．

順序開閉器 sequence switch
シーケンシャルスイッチともいい，カム式タイマなどを用いて，シーケンスを順次進めていく制御器具．

順序回路 sequence circuit
シーケンス回路ともいい，あらかじめ定めた順序に従って，制御動作の各段階を逐次進めていく制御回路．

順序回路 sequential circuit
ある瞬間における出力値が，その時点での入力値と内部状態とによって定まり，その内部状態は，直前の入力値と直前の内部状態とによって定まる論理回路．順序回路は，有限個の内部状態をとることができるので，抽象的な観点か

らは有限オートマンとみなすことができる．

順序記憶方式 sequence storage method
各軸の動作ステップの順序の記憶に関する方式．

順序起動 sequential start up
プラントのように多数の機器で構成されるシステムを，休止状態から運転状態まで移行させていく場合，それぞれの機器をあらかじめ定められた順序で逐次動作させてシステムを起動していくこと．

順序制御 sequence control
制御の各段階を進む順序と，各段階ごとに行う操作または状態が途中で変更されないシーケンス制御をいう．例えば全自動洗濯機がそうである．（⇒条件制御）

順序付ける to order
指定された規則に従った順に項目を配置すること．

順序停止 sequential stop
順序起動と同様に，定められた順序でプラントの各機器を停止させながらシステムを休止に導くこと．

順序投入リレー sequential closing relay
予定の順序で遮断器などの開閉器類を投入させるリレー．

順序プログラム方式 sequence program control method
＝シーケンシャルプログラム．

順序論理素子 sequence logic element
任意の時点における出力値が，その時点の入力値と素子の内部状態とによって定まる論理素子．その内部状態は，直前の入力値と直前の内部状態とによって定まる．

順電圧降下 forward voltage drop
整流素子の順方向に現れる電圧降下．

順番付け to sequence
自然数の順序に従った順に項目を配置すること．通常の線形順序は，適当な方法および手順を指定することによって，自然数上に写像できる．したがって，この拡張として，順番付けが，例えばアルファベット順や年代順であってもよい．

準備完了状態 ready state
すべての運転条件が選択され，すべてのインタロックが解除された後の，一操作によって動作開始が可能な機器の状態．

準備機能 preparatory function
G機能ともいい，制御動作のモードを指定する機能．このワードのアドレスには，Gを用い，それに続くコード化された数で指定する．（⇒ドウェル）

準備状態 preparatory state
スタンバイ状態で必要な操作条件が設定できない場合，これらの条件を設定することができる機器の状態．

順ファイル sequential file
順編成のファイル．

順変換装置 electronic power rectifier
交流電力を直流電力に変換する静止電力変換装置．

順編成 sequential organization
ファイルにレコードが書かれたときに決まる前後関係に従ってレコードが識別されるような論理ファイル構造．

順方向 forward direction
①整流素子において，高導電性を示す方向．（⇒逆方向）②データリンク確立前に制御局から従属局へ向かうメッセージの伝送方向，およびデータリンク確立後に主局から従局へ向かうメッセージの伝送方向．

順方向通信路 forward channel
伝送の方向が利用者情報の転送される方向と同じ通信路．（⇒逆方向通信路）

順呼出し sequential access
ファイル中のレコードの順序で決まる前後関係に従ってレコードを読み書きする呼出し法．

順読み forward reading
磁気テープ装置などにおいて，順方向にデータ媒体を進めながら，記憶されているデータを読み取ること．（⇒逆読み）

純流体センサ fluidic sensor
機械的に動く部分を用いないで，流体の動作だけで対象物を検出するセンサ．

純流体素子 fluidic device
機械的に動く部分を用いないで，流体の流れで流体の挙動を制御する素子．

純流体ダイオード fluidic diode
流れの一方向に対し小さな流体抵抗をもち，それと逆方向の流れに対し大きな流体抵抗をもつ可動部分のない素子．

私用 private use
標準化していない制御機能を，この規格と両立する方式で表現する手段．

商 quotient
被除数の値を除数の値で割って得られる数または量．除算の結果の一つ．

消イオングリッド de-ionizing grid
放電管のグリッドであって、その付近の消イオンを助長し、それによって管内の二つ領域を互いに遮へいするためのもの．

上位語 broader term
階層関係の中で，上位にある用語．(⇨下位語)

使用温度範囲 operating temperature range
動作温度範囲ともいい，機器を使用する周囲温度の下限値から上限値までの範囲．一般に，正常動作条件の温度範囲．

障害しきい値 fault threshold
特定の種類の障害件数について指定された限界があって，もし件数がこれを超えたときは，適切な処置を必要とするもの．この種の処置は，操作員への通報，診断プログラムの実行または障害の発生した装置を切り離すための再構成などを含むことがある．

障害追跡 fault trace
モニタによって障害発生までの状態を連続的に反映した障害の記録．

障害物検知装置 crossing obstructing detector
踏切道に列車または車両が接近した場合，自動的に自動車などを検知する装置．

障害物接触検出バンパ contact bumper
障害物(人など)に接触したとき，無人搬送車類を急停止させる装置．

障害率しきい値 fault-rate threshold
定められた時間当たりの障害件数で示した障害しきい値．

上下限警報 high and low alarm
上限値および下限値を限界条件とする警報．

使用可能時間 available time
利用者の立場からみて，機能単位が使用できる時間．

蒸気圧力制御 steam pressure control
蒸発量(蒸気流量)の変動による蒸気圧力変化を検出し，その圧力状態によって燃焼量を自動的に加減し，ボイラの蒸気圧力を目標値に維持しようとする制御．

蒸気温度制御装置 steam temperature control system
ボイラの過熱蒸気温度および再熱蒸気温度を制御する装置．

蒸気加減弁 main steam control valve, governing valve
加減弁ともいい，蒸気量を加減してタービンの出力を調整するバルブ．

蒸気減圧減温装置 pressure reducer and attemperator
ボイラ高圧蒸気を所内補助または工場蒸気用として用いる場合に，減圧弁，減温器などを用いて適切な圧力・温度にする装置．

小規模集積化 small scale integration
中規模集積化よりも，低次の集積化を行うこと．狭義には，100素子未満のものはこの部類に属する．

小規模集積回路 small scale integrated circuit
SSIと略称し，小規模集積化した集積回路．

消去 erasure
＝磁気消去．

消去およびプログラム可能読取り専用記憶装置 erasable programmable read-only memory
特殊な処理によって記憶内容を消去して，再使用のできるプログラム可能読取り専用記憶装置．

消去可能記憶装置 erasable storage
異なるデータを同じ記憶場所に何回でも書込みできる記憶装置．

消去する to erase
①データをデータ媒体から除去すること．消去は，通常，データを重ね書きするかポインタを削除することで行われる．②文字位置から内容を取り除き，その結果空いた位置をそのままにしておくこと．

消去ヘッド erase head
磁気データ媒体上のデータを消去することだけが可能な磁気ヘッド．

小計機能 subtotal function
計算の中間結果を表示または印字する機能．

衝撃 shock
強打，激突，衝突，激振，激しい振動などによって生ずる突然の非周期的運動．衝撃を定量化測定するために使用される方法が二つある．a)加速度または減速度の値をその持続期間とともに示す方法．b)所定の平らな表面上への自由落下の高さを示す方法．

衝撃関数 unit impulse
＝単位インパルス．

衝撃式印字装置 impact printer
印字される媒体を機械的に打つことによって印字を行う印字装置．

衝撃パルス　shock pulse
比較的短時間の間に加速度の上昇と下降を行う衝撃励振の形．

上下列　chain
類が連なったものであって，先頭の類を除く個々の類が先行する類の下位になっているもの．

条件　condition
①真理値を定めることのできる実行中のプログラムの状態．言語仕様または一般形式で条件1，条件2などを参照される条件は，括弧付きの場合も含む単純条件か，または複数個の単純条件，論理演算子および括弧を構文上正しく組み合わせた組合せ条件からなる条件式であって，真理値を決められるものとする．②問題の表記において考慮すべき事項の記述または条件の一部として考慮すべき他の手続きへの参照．

上限警報　high alarm
上限値を限界条件とする警報．

条件式　conditional expression
EVALUATE文，IF文，PERFORM文またはSEARCH文に書く単純条件または複合条件．

条件指定　condition entry
ある条件と特定の規則との関連付け．

条件指定　conditional phase
条件指定とは，条件文の実行によって生じる条件の真理値の結果に従ってとるべき動作を指定する．

条件ジャンプ　conditional jump
条件付き飛越しともいい，プログラムの実行における，現に実行されている命令の暗示的または宣言されている実行手順からの脱出．それを指定する命令が実行され，しかも，指定された条件が満たされたときにだけ起きるもの．

条件制御　conditional control
シーケンス制御の一方式で，前もって決められた条件によって，制御の各段階を逐次進めていく制御方式．自動エレベータの制御などに広く用いられる．（⇨順序制御）

上限制限制御　high-limiting control
プロセス量が，設定された上限を超えたときにだけ，その動作が効力を生じる制御．（⇨下限制限制御）

上限設定　high limit setting
警報または信号リミッタにおいて上限値を設定すること．

条件付き安定　conditional stability
フィードバック制御系において，一巡伝達関数のゲインが大きくても，また，小さくても不安定であるが，その中間において安定であることがある．このようなとき，この系は条件付き安定であるという．

条件付き極値問題　constrained extermal problem
変数 $X=(x_1, x_2, \cdots, x_n)(n\leqq\infty)$ についての m 個の関数 $g_i(X)(i=1, \cdots, m)$ があり，条件 $g_i(X)\geqq 0$ $(i=1, 2, \cdots, m)$ の下で他の一つの関数 $f(X)$ を最大化または最小化する問題．条件の中には等式が含まれていてもよい．また通常は，各変数 $x_1, x_2, \cdots, x_n$ は実数値をとるが，整数値など離散的な値に限定する場合もある．

条件付き飛越し　conditional jump
＝条件ジャンプ．

条件付きパラメタ　conditional parameter
要求または応答では，その存在がこの規定で定義した条件によって変わるパラメタ．指示または確認では，その存在が先行のセションサービスプリミティブ中と同じになるパラメタ．

条件文　conditional statement
条件の真理値によって実行用プログラムが次にとる動作が決まる文．

乗算器　multiplier
＝アナログ乗算器．

消磁　de-energize
非励磁ともいい，電磁コイルの通電を中止し，磁石としての機能を除去することおよびそれが継続している状態のこと（⇨励磁）

常時開　normally open
①ノーマル位置が開位置の状態．②操作のための外力または信号が除かれたときにノーマル位置に自ら復帰し，それが開位置となっているバルブの形式．この形式のバルブをノーマルオープン弁という．

常時開路接点　normally open contact
NO接点ともいい，操作電磁石が励磁されたときに閉じる接点．（⇨a接点）

消磁気　magnetic eraser, bulk eraser, head eraser
磁気録音媒体，磁気ヘッドなどに残留する磁気を消去する装置．

使用湿度範囲　operating humidity range
機器を使用する周囲湿度の下限値から上限値までの範囲．一般に，正常動作条件の湿度範囲．

動作湿度範囲ともいう．

常時閉 normally closed
①ノーマル位置が閉位置の状態．②操作のための外力または信号が除かれたときにノーマル位置に自ら復帰し，それが閉位置になっているバルブの形式．この形式のバルブをノーマルクローズ弁という．

常時閉路接点 normally closed contact
NC接点ともいい，操作電磁石が消磁されたとき閉じている接点．（⇒b接点）

使用条件 working condition
＝動作条件．

上昇時間 rise time
出力パルスが最大振幅の10％から90％まで増加するのに要する時間．（⇒遅延時間）

乗 数 multiplier factor, multiplier
乗算において，被乗数に掛ける因数．

小数点 radix point
基数記数法で表される数の表現において，整数部の文字と小数部の文字とを分ける位置．

常設周辺装置 permanent peripheral
PCシステムのアプリケーション機能を実行するために，欠くことのできない周辺装置．なお，常設周辺装置でない周辺装置を非常設周辺装置という．

常設装置 permanent installation
アプリケーション機能を実行するのになくてはならないPCシステムの一部分．常設装置は，主処理装置，リモート入出力局および常設周辺装置からなっている．

状 態 state
①構成要素の置かれている状況を表す記述．この記述は，変数のとる値，要素のもつ属性などによって行われる．②圧力，温度，密度，組成など熱力学的状態量で定まる状態をいう．

状態監視 condition monitoring
アイテムの使用および使用中の動作状態の確認，劣化傾向の検出，故障や欠点の位置の確認，故障に至る経過の記録および追跡などの目的で，ある時点の動作値およびその傾向を監視すること．監視は，連続的，間接的または定期的に点検・試験・計測・警報などの手段もしくは装置によって行う．

状態観測器 observer
＝オブザーバ．

状態信号 status signal
ステータス信号ともいい，制御要素の状態を伝送し，識別させるための信号．

状態推移 state transition
＝状態遷移．

状態遷移 state transition
状態推移ともいい，制御系あるいは制御装置のような動的システムの状態が時間の経過とともに変化していくことをいう．

状態遷移図 state transition diagram
順序回路の状態の移り変わりいわゆる状態遷移を図のような形式で表現した図．○印は区別しうる回路の状態 X_j, X_{j+1} などを示し，○印間の矢印はその状態の移り変わりを示す．

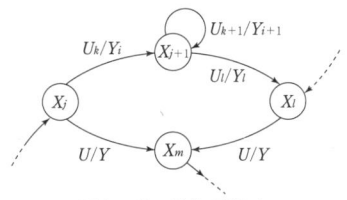

順序回路の状態遷移図[9)]

状態表示 status display
機器および回路の状態を表示すること．

状態表示出力 status output
機器の動作状態，動作モードを表示する出力．

状態変数 state variable
状態量ともいい，システムの挙動を記述する（必要にして最小限の）変数の組．

状態方程式 state equation
入力の過去から現在までの影響を縮約した量である状態変数の変化を記述する方程式．備考：連続時間系（離散時間系）の場合には，状態変数の変化速度（未来値）が状態変数および入力信号の現在値で決定される微分（差分）方程式で表される．これに出力と状態変数および入力信号との関係を表す代数方程式である出力方程式を合わせて，状態方程式表現といい，この状態方程式表現を状態方程式とよぶこともある．

状態量 state
＝状態変数．

常 駐 resident
特定の記憶装置上に，常時保持される計算機プログラムに関する用語．

常駐制御プログラム resident control program
＝中核．

冗長形計算機システム redundancy computer system
動作中の1台の計算機が故障した場合，待機中の他の計算機に引き継げられるように接続し

冗長系 redundant system
信頼性を高くしたい要素を数個並列に接続し，一つの要素が故障しても，他の要素がそれをバックアップするようなシステム．（⇨デュアルシステム）

冗長検査 redundancy check
誤りの検出のためにデータに付加された1個ないし数個の余分の数字または文字を利用して行う検査．

冗長性 redundancy
規定の機能を遂行するための構成要素または手段を余分に付加し，その一部が故障しても上位アイテムは故障とならない性質．冗長性が得られるような構成状態を冗長という．

冗長度 redundancy
情報源に含まれる記号を配列する際に受ける制限の度合．情報源のエントロピーを H とし，これと同じ記号をもち，すべての記号が等確率で発生するような仮想の情報源を考え，そのエントロピーを H_{max} とすると，冗長度 r は，$r = 1 - H/H_{max}$ で表される．なお，H/H_{max} を相対エントロピーとよぶ．

冗長符号 redundant code
符号誤り検出や誤り訂正などの目的で，本来の音の符号に余分に付加する符号．

焦電検出器 pyroelectric detector
自発分極の大きさが温度によって変化する強誘電体結晶に放射を吸収させ，その結果生じる温度変化に対応する自発分極の変化を利用する熱形検出器．

衝突形素子 impact amplifier, impact modulator
対向する噴流の衝突面の位置を変えることを利用した純流体素子．

衝突防止装置 collision controller
無人搬送車類どうしの衝突を防止するために車上または地上に設けられる装置．

衝突予防システム anti-collision system
レーダから得た情報を処理して船舶の衝突を防ぐためのデータを表示するシステム．

場内信号機 home signal
停車場に進入する列車に対する信号機．

消費電力 electric power consumption
機器が，動作範囲内で通常の運転状態において消費する電力．

情　報 information
①伝達される事実．②コミュニケーションの過程において，知識を増やす目的で，事実または概念を表現するために使われるメッセージ．この定義はドキュメンテーション用語に限定される．

情報化 computerization
計算機による自動化．

情報科学 computer science
自動的手段によって遂行されるデータ処理に関連する方法や技術を扱う科学技術の一分野．

情報化する to computerize
計算機を用いて自動化すること．

情報源 information source
伝達すべき通報を発生する源．情報源は，通報の種類とその発生確率とによって特徴付けられる．

情報検索 information retrieval
何らかの形で記録されている情報の集まりの中から必要な情報を見出し，取り出すこと．

情報交換 information exchange
異なるシステム間でも相互に情報が利用できるように，一つのシステムから他のシステムへ情報を伝えること．

情報処理 information processing
＝データ処理．

情報（データ処理および事務機械における） information (in data processing and office machines)
データに適用される約束に基づいて，そのデータに対して一般に通用している意味．

情報伝達機能 communicative function
ロボットが人間や他の機械装置に情報を直接伝達する機械．信号伝送電線のほか，光・音などによる信号伝達も含まれる．

情報トラック information track
紙テープに情報を記録するためにあけられる孔の長手方向の線状の部分．

乗法標準形 conjunctive canoical form
論理関数 $f(x_1, x_2, \cdots, x_n)$ を論理和の形式で表現すること．（⇨加法標準形）

情報メッセージ information message
データ伝送の主対象となるデータで，一つのテキストから構成され，テキストの前に一つのヘッディングが先行することがある．

情報量 amount of information
情報のもつ不確実性の度合．ある対象 i の生起確率 $p(i)$，事象 j が生起したという条件の下での対象 i の実用確率を $p(i-j)$ とするとき，対象 i の実現を予言する場合の事象 j の生

起がもたらす情報量 I は

$$I = \log \frac{p(i/j)}{p(i)}$$

である.

情報理論 information theory
情報の測度や性質を取り扱う理論分野.

情報路 information channel
通信を送信側から受信側に伝送するために使用される媒体.

情報路容量 channel capacity
情報路に可能なあらゆる情報源を接続したときの伝達速度の最大値. 時間 T の間に情報路上を送りうる異なる信号列の総数を $N(T)$ とすれば, 情報路容量 C は,

$$C = \lim_{T \to \infty} \frac{\log N/(T)}{T}$$

で表される.

剰 余 remainder
除算において, 被除数のうち割られなかった部分の数または量. その絶対値は除数の絶対値より小さい. 除算の結果の一つ.

商用軌道回路 commercial frequency track circuit
商用周波数を用いた軌道回路.

商用交流障害 hum
商用交流に起因する測定の障害となる雑音.

商用周波数 commercial frequency
商用電源の周波数. 富士川を境にして東日本では 50 Hz, 西日本は 60 Hz.

常用冗長 active redundancy
すべての構成要素が規定の機能を同時に果たすように構成してある冗長.

商用電源 commercial power supply
電力会社が供給する 50 Hz または 60 Hz の電力.

常用閉そく方式 regular block system
実時施行する閉そく方式の総称.

使用率 duty cycle
断続負荷の状態において, 全体の時間に対する通電時間の割合を百分率(%)で表したもの.

初期位置 initial position
主管路の圧力がかかってから, 操作力によって予定の運転サイクルが始まる前の弁体の位置.

初期化 initialization
①基本条件または開始状態にすること. ②機械を始動可能状態にするための操作, またはデータ媒体を使用する前, もしくは処理を行う前に必要とされる操作. ③記憶媒体を新しいファイル用媒体として使用可能な状態にする機能.

初期化プログラム initial program
実行単位中でそのプログラムが呼び出されたときはいつでも初期状態にされるプログラム.

初期条件モード initial condition mode, reset mode
アナログ計算機の設定モードであって, 積分器は動作させないで初期条件を設定するモード.

初期状態 initial state
①動作が可能になった後の装置の状態. この状態がモードの"リセット"状態になることを推奨する. ②実行単位で最初に呼び出されたときのプログラムの状態. ③ポイントツーポイントシステムにおいて, データリンクが確立される以前の状態.

初期値 initial value
暗号化の処理を開始するときに用いる値.

初期プログラムローダ initial program loader
計算機で用いられるブートストラップローダであって, オペレーティングシステムの残りの部分をロードするために必要なオペレーティングシステムの一部分をロードするためのもの.

初期偏差 initial error
ステップ応答において, 入力が急変した瞬間には, 出力はまだその変化は現れないので非常に大きな偏差を生じる. この偏差を初期偏差とよぶ.

除 去 delete
アイテムを個別用途から外すこと. 技術データについては, 除去は, 箇条, 句, ページなどの削除を示す.

触媒分析計 catalytic analyzer
接触燃焼式可燃性ガスセンサによって, ガス成分を測定する機器.

除算器 analog divider
二つの入力アナログ変数の商に比例した出力アナログ変数を得る演算器.

書 式 format
=データ処理の書式.

書式送り form feed
動作位置を同一キャラクタ位置のまま, 次の書式のあらかじめ定められた行に進める書式制御キャラクタ.

書式機能 formator function
データストリーム送信者が情報をどのように

書式化し，表現してほしいかを記述する制御機能．

書式制御キャラクタ format effectors
入出力媒体における情報の配列や位置を制御するために用いられるキャラクタの総称．

書式（プログラム言語における） format (in programming language)
文字を用いてファイル中のデータ対象物の表現を指定する言語構成要素．

除　数 divisor
除算において，被除数を割る数または量．

触　覚 tactile sense
ロボットと物体の間の接触に関する感覚．

触覚フィードバック tactile feedback
ロボットの動きを制御するために圧覚などの触覚情報をフィードバックすること．

ジョブ job
利用者によって定義され，計算機によって実施される仕事の単位．用語"ジョブ"は，しばしば"ジョブの表現"を厳密でなく指すのにも用いられる．ジョブの表現は，計算機プログラム，ファイル，オペレーティングシステム制御文などの集合からなる．

ジョブの走行 job run
走行ともいい，一つ以上のジョブの遂行．

処理機構 processor
プロセッサともいい，計算機において，命令を解釈し，実行する機能単位．備考：①処理機構は，少なくとも一つの命令制御装置と，算術論理演算装置とからなる．②計算機において，命令を解読し，実行する機能単位．

処理系 process system
プログラムを入力し，その実行の準備を行い，それをデータとともに実行して結果をもたらすためのシステムまた機構．処理系とは，インタプリタまたはコンパイラと実行時システムといったものだけではなく，その背後にある計算機とオペレーティングシステムまたはそれと同等の機構をも含めていう．例えばコンパイラ単独では処理系とはいわない．

処理システム implementation
情報処理システムが，作成システム，受領システムまたはその両者として動作することを可能にする処理の集まり．

処理する（データを） to process (data)
処理において，データに演算を施すこと．

処理装置 processing unit
プロセッサともいい，一つ以上の処理機構と内部記憶機構からなる機能単位．英語では処理機構（processor）と処理装置（processing unit）は，しばしば同様に用いられる．

処理対象(物) processing object
プログラム言語内で定義されている，または定義しうる処理の単位であって，構造上または用法上の観点から類別したもの．例えば，手続き，式，関数．

処理能力 throughput
スループットともいい，与えられた時間内に計算機システムによって遂行される仕事の量の測度．例えば，1日当たりのジョブの個数．

処理ビデオ processed video
ビデオ信号を情報処理装置で処理を行い，必要なエコーの情報を表示面上に見やすい形に表したもの．

自力起動 black start
プラント外部から動力の供給を受けないで行われる起動．

自力制御 self-operated control
操作部を動かすのに必要なエネルギーが，制御対象から検出部を通して直接得られる制御のこと．すなわち，別に補助動力源を必要とせず自力でできる制御．自力制御の制御動作はその特性からオンオフ動作と比例動作に限定される．減圧弁，ボールタップなどこの例である．（⇒他力制御）

自力調節器 self-operated controller
操作部を駆動するエネルギーを，すべて検出部を通して制御対象から得る調節器．

シリコン検出器 silicon detector
けい素の単結晶を用いる半導体検出器．

シリコン-リチウム半導体検出器 Si(Li) semiconductor detector
シリコン中にリチウムをドープしてつくった絶縁層をはさんでP.I.Nを接合した素子を用い，入射X線のエネルギーに比例した電流パルスを出力する検出器．エネルギー分散方式に用いられる．

シリーズ形流量調整弁（油圧） series flow control valve (hydraulic)
バルブに組み込まれた圧力補償弁の流路が，可変絞りと直列に接続されている形式の2ポート流量調整弁．

シリーズモード干渉 series mode interference
シリーズモード電圧の存在によって起こる出力情報の変化．

シリーズモード信号 series mode signal
ノーマルモード信号ともいい,機器または装置の入力端子間にかかる望ましくない差動信号.

シリースモード除去 series mode rejection
ノーマルモード除去ともいい,出力にシリーズモード信号との影響を抑制すること.

シリースモード除去比 series mode rejection ratio
機器がシリースモード干渉を除去できる度合を表すもので,干渉電圧のピーク値の,それと同じ変化を出力情報に生じさせるのに必要な入力信号のピーク値の増加分に対する比で示す.シリースモード除去比は,dBで表されることが多く,一般にその値は,周波数によって異なる.

シリーズモード除去率 series mode rejection ratio
ノーマルモード除去率ともいい,出力情報に変化を引き起こすようなシリーズモード信号と,同一の変化を生じるために必要な信号との増加分の比.シリーズモード除去率は,デシベルすなわち $20 \log_{10}$(比率)で表す.

シリースモード電圧 series mode voltage
測定電圧に重畳している望ましくない入力電圧.シリースモード電圧の例には,測定用リード線の熱起電力または誘導電圧などがある.なお,ノーマルモード電圧ということもある.

シリースモードリジェクション series mode rejection
＝ノーマルモードリジェクション.

シリーズモードリジェクションレシオ series mode rejection ratio
＝ノーマルモードリジェクションレシオ.

自律走行式 autonomous travel
誘導ラインがなく車両自身が判断して走行する方式.

試料標準偏差 sample standard deviation
不偏分散の平方根.(⇒標準偏差)

試料平均 sample mean
⇒平均値.

シリンダ cylinder
①その中でピストンが往復運動する円筒形の内面を形成する部分.②磁気ディスク機構において,コームがある位置にあるとき,そのすべての磁気ヘッドによってアクセスされるすべてのトラックの組.

シリンダ式調節弁 cylinder operated control valve
駆動部にシリンダを用いた調節弁.

シリンダ操作弁 cylinder operated valve
駆動部にシリンダを用いたバルブ.

シリンダ吐出し弁 cylinder discharge valve
気体を吐き出すためシリンダの吐出し側に取り付けたバルブ.

シリンダ力 theoretical cylinder force
ピストン面に作用する理論流体力.

シールイン継電器 seal-in relay
付勢した接点を側路するように接続された接点をもち,他の装置が回路を切るまで,そのコイルが励磁されているリレー.

シールチャンバ seal chamber
圧力測定に影響を与えることなく,プロセス流体から伝送器本体を隔離するための封入液が入った容器.

シールド shield
外部磁界や外部電界の影響から電子回路や電子部品を保護するため,これらに導体または強磁性体で包み込むこと.

指令 command
運動や機能を始動させる命令.

指令言語 command language
制御言語ともいい,適切な構文をもった手順演算子の集合であって,オペレーティングシステムによって遂行されるべき機能を指示するために用いられるもの.

自励掃引 free running sweep
入力信号および外部同期信号に関係なく,周期的に行われる掃引.

指令パルス command pulse
制御軸に沿う運動を与えるパルス状の信号.

磁歪 magneto striction
磁界の作用によって強磁性体に生じるひずみ.

真 true
論理型の値の一つ.

真 logical true
制御信号の有意または有効な状態.この規格では,信号の低レベル(0〜0.4 V)とする.

人為変数 artificial variable
単体法の最初の素階において単位行列をつくるために計算に技巧上導入される非負の値をとる補助の数.

真空管 vacuum tube
電気的特性が，残留ガスまたは蒸気の電離によって実質上影響されない程度に排気された電子管．

真空継電器 vacuum relay
予定の真空度で動作するリレー．

真空スイッチ vacuum switch
電路の開閉が真空中で行われるスイッチ．絶縁耐力が高く，かつ，電気回路を開いたときのアークが拡散によりよく消される特徴がある．

真空調整弁 vacuum regulating valve
大気圧より低いある一定圧力に保持する調整弁．

真空低下遮断装置 vacuum tripping device
＝真空トリップ装置．

真空トリップ装置 vacuum tripping device
真空低下遮断装置ともいい，真空が低下したとき，タービンへの蒸気の流れを止め，タービンを緊急停止させる装置．

真空逃し弁 vacuum relief valve
装置内の圧力が所定の真空度を超えたとき自動的に弁体が開いて流体を導入し，装置内を所定の真空度に保持するバルブ．

真空熱電対 vacuum thermocouple
熱容量の小さい熱電対を封入し，真空とした赤外線検出素子．

真空破壊弁 vacuum breaker
①タービンを停止するとき，復水器に空気を導入するバルブ．②ポンプ停止に際し，外部からケーシング内部へ空気を導入して真空を破壊するバルブ．

シンク出力 sink mode output
無接点出力が活性化(ON)されるとき，負荷から出力端子へ電流が流入すること．図中，コモンとは，電流，電圧などの共通ラインを指す．

シンク出力（JIS B 3500）

シングルエンド single end
電子管で端子が一方だけに出ていること．普通の受信管では，キャップのついていないものがこれにあたる．

シングル駆動 single drive
1組の駆動部による駆動．

シングル手順 single routine
単一のデータ通信回線を通してデータリンクの設定，維持，切断およびデータ伝送を行うデータリンクプロトコル．

シングルブロック運転 single block operation
マシンプログラムの1ブロックだけ実行させること．

シングルポート形弁 single port type valve
弁箱に設けてある流路の数が1個である形式のバルブ．

シングルループ調節計 single loop controller
ワンループ調節計ともいい，内蔵するマイクロプロセッサが，一つの制御量を制御する機能をもつ調節計．備考：カスケード制御，フィードフォワード制御などの機能をもつものも含まれる．

シンクロ synchro
2個以上の回転体の回転軸の同期を自動的に保たせる特殊な多相回転機の総称．

信号 signal
①変量の情報を伝えるパラメタ(情報パラメタ)をもつ物理的な量．②情報を伝えるために用いられる量．

信号安定化 signal stabilization
不安定な飽和形非線形系に高い周波数の信号を加えて系を安定化することをいう．(⇒内部変調)

信号機 signal
信号を現示する装置で，常置信号機，車内信号機および臨時信号機の総称．

信号機構 signal mechanism
信号機の信号を現示する機構．

信号機の外方 in approach of signal
信号機が信号を現示している方向．

信号機の総括制御 throw-out route control
継電連動装置において，列車の進路が数区分され，その各区分ごとに信号機を設けて，必要に応じ外方の信号機のてこによって，内方の信号機を同時に制御すること．

信号機の内方 in rear of signal
信号機が信号を現示していない側で，列車または車両を防護している方向．

信号グリッド　signal grid
混合管および周波数変換管で信号を加えるグリッド．図は5格子7極管の例を示す．図中，①陽極，②第5グリッド（遮へいグリッド），③第4グリッド（信号グリッド），④第3グリッド（遮へいグリッド），⑤第2グリッド（陽極グリッド），⑥第1グリッド（発振グリッド），⑦陰極．

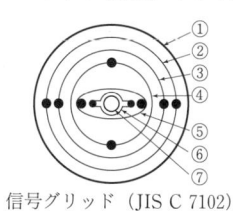

信号グリッド　(JIS C 7102)

信号継電器　signal relay
電気信号を発信するか，また受信するためのリレー．

信号結線図　circuit diagram
鉄道信号保安装置の電気回路を，鉄道信号用文字記号および図記号を用い表した線図．

信号源インピーダンス　source impedance
信号発生器の出力等価回路を，内部インピーダンスがゼロの電圧源と，直列インピーダンスで表したときの直列インピーダンス．信号源インピーダンスは，信号発生器を信号源として動作させているときに重要であるが，信号発生器を他の信号源の負荷として動作させているときには，出力インピーダンスが重要な要素となる．なお，この両者の値は異なることがある．

信号源起電力　source electromotive force
信号発生器の出力等価回路を，内部インピーダンスがゼロの電圧源と，直列インピーダンスで表したときの電圧源の起電力．信号源起電力の値は次のようにして求める．①信号発生器に信号源インピーダンスに等しい負荷を接続した場合は，指定出力端子における搬送波電圧の実効値の2倍．②信号発生器に開放されたとみなされる負荷を接続した場合は，指定出力端子における搬送波電圧の実効値．なお，これを開放出力電圧ともいう．

人工言語　artificial language
①規則が使用前から明示的に確立されている言語．②あらかじめ定めた規則の集合に基づいてつくられた言語または統制された言語．この定義はドキュメンテーション用語に限定される．

信号検出器　signal detector
誘導以外の信号の検出器．

信号源抵抗　signal source resistance
信号源の出力抵抗．すなわち，計器や熱電対や測温抵抗体などの検出端を接続するとき，導線の抵抗が何オームまで計器の規定している誤差（例えば±0.5％の場合のその範囲）内に入るかを規定するもの．

信号再生　signal regeneration
元の特性と一致させるように，信号を復元する信号変換．

信号出力部　signal output part
装着部を除き，機器の部分または他の機器へ信号電圧，信号電流を取り出す部分．

信号振幅シーケンス制御　signal amplitude sequencing control
スプリットレンジの特別な形式として，いわゆる信号の振幅シーケンス制御があり，これをいう．この場合，出力信号は重なりの有無にかかわらず，入力信号の大きさに連続に応答する．

信号絶縁　signal isolation
信号回路とすべての他の回路および接地との間に干渉がないこと．備考：干渉には信号の物理的性質によって，電気的，電磁的，静電的，熱的などがある．

信号設定器　signal set station
目標値，比率，バイアス値などの設定に用いる信号を発生する機器．

信号線　signal wire
地上制御装置から無人搬送車類に命令を発する，または応答を受けるための信号線．

信号層　signal plane
電気信号の伝送を目的とした導体層．接地または一定の電圧をもたせた層は信号層とはいわない．

信号装置　signaling device
自動車の存在および挙動を，光または音響によって車外者に知らせる装置．

信号装置　signal apparatus
鉄道信号を現示または表示する装置の総称．

信号対雑音比　signal-to-noise ratio
＝SN比．

信号遅延時間　apparent signal delay
ステップ信号を加えた場合，管面上における掃引の開始時から輝点の垂直変位が最終値の10％に達するまでの時間．備考：入力に信号電圧を加えたときからの実際の遅延時間とは異なる．

人工知能 artificial intelligence
認識能力，学習能力，抽象的思考能力，環境適応能力などを人工的に実現したもの．(⇒知能ロボット)

信号伝達線図 signal flow graph
シグナルフローグラフともいい，変数相互間の影響関係を表現する重み付き方向グラフ．備考：変数を節点で表し，変数 x から変数 y への伝達関数が G_{yx} であるときに，x 節点から y 節点へ向かって，G_{yx} を重みとする重み付き有向枝を設ける(重み G_{yx} をトランスミッタンスとよぶことが多い)．変数 y は節点 y へ向かう枝のそれぞれについて始端の変数に枝のトランスミッタンスを乗じたものの和として与えられる．

信号灯 signal light
光信号を発射するように設計したものまたは装置．

信号流れ線図 signal flow graph
信号の流れだけに着目して描く線図．一つの系の動作を解析するために，その系を機能別にブロック図で示し，各ブロック間を流れる信号の状態(大きさおよび向き)を表示したもの．

信号入出力部 signal input and output part
ディスプレイ用などの信号電圧，信号電流を入出力する部分の全体．ただし，装着部は除く．

信号入力部 signal input part
装着部を除き，機器の部分または他の機器からの信号電圧，信号電流を入力する部分．

信号発生器 signal generator
周波数，電圧および変調を，定格範囲内で，ある決まった値に設定できる遮へいされた無線周波信号源．

信号反応器 signal repeater
信号機の信号現示の状態を知らせる機器．

信号のひずみ distortion
所定の信号パターンにおける，望ましくない変化．

信号表示区間 cab signal section
車内信号閉そく式において，列車に対して同一信号情報を伝送する独立した区間．

信号付属機 signal appendant
主信号機または従属信号機に付属して，その信号機の指示すべき条件を補うために設ける進路表示機および進路予告機の総称．

信号変換 signal transformation
最大値，波形，タイミングなどの信号の特性を一つ以上変えること．

信号変換器 signal converter
シグナルコンバータともいい，ある統一信号を，別の統一信号に変換する伝送器．統一信号には，電流：4〜20 mA，圧力：20〜100 kPa，電圧：1〜5 V などがある．

信号ボンド signal bond
＝シグナルボンド．

信号用リレー signal relay
鉄道信号保安装置に用いるリレーで，軌道リレー，線状リレーなどの総称．

信号リミッタ signal limiter
入力信号が変化しても，出力信号があらかじめ設定された値を超えて大きく，または小さくならないように制限をもたせた機器または機能．備考：制限のかけ方によって，上限リミッタ，下限リミッタまたは上下限リミッタという．

真性温度範囲 intrinsic temperature region
半導体の電気特性が結晶内に存在する不純物または欠陥によって本質的に左右されない温度範囲．

浸漬形（検出器の） immersion type (of detector)
pH 計，ORP 計，溶存酸素計などの検出器全体を試料液につけて測定する検出器の形式．

進相運転 leading power factor operation
発電機を進みの力率で運転して，系統から無効電力を吸収する運転．

診断機能 diagnostic function
機器内部の異常の有無を診断し，障害を出力する機能．診断機能は，オンラインまたはオフラインの試験モードで機器が動作する場合に用いる．

診断プログラム diagnostic program
①数値制御装置や数値制御工作機械が正しく動くかどうかを確かめるプログラム．これによって，数値制御装置の故障や間違いの状況を知ることができる．②機器の障害や計算機プログラムの間違いを識別し，突き止め，説明する計算機プログラム．

真　値 true value
測定器で測ろうとしている物理量の値．

シンチレーションカメラ scintillation camera
シンチレーション検出器によって検体からの放射線を計測し，放射性物質の分布を画像として記録する装置．

シンチレーション計数器 scintillation counter
　NaI (TI) などのシンチレータによって，入射X線を可視・紫外領域の光パルスに変換して計数する検出器．

シンチレーション検出器 scintillation detector
　シンチレータおよびそれから出る光を受ける検知器（光電子増倍管，ホトダイオードなど）からなる放射線検出器．

シンチレータ scintillator
　放射線が入射したとき，持続時間が数μs 以下の蛍光を発する物質（シンチレーション物質）であって，放射線の検出に用いられるもの．

振動 vibration
　通常，明確な基本的振動をもった往復，回転またはその両方の周期的運動．回転機械の振動が代表的である．

振動計 vibrometer
　振動数，振幅，加速度などを測定する計器．

振動子 crystal, transducer
　電気振動と機械振動（超音波）とを相互に変換するもの．主に水晶，圧電セラミックスが用いられる．

振動数 frequency
　＝周波数．

振動センサ vibration sensor
　多数の振動数成分を含む機械的振動を電気，その他の物理量に変換する素子．

振動の厳しさ vibrational severity
　機器に，影響または損害を与える振動環境の値．備考：①この度合は，質量 m の物体が与えるまたは受ける，運動エネルギー $mv^2/2$ で表される．ここに，v は振動の往復運動による質量 m の速度である．図において，一定速度ラインは，一定運動エネルギーラインを示す．したがって，一定の振動の厳しさのラインを示す．②振動には，他の分類方法がある．例えば図に示すように，周波数から特定の周波数までは，一定変位ライン，その周波数以上は一定加速度ラインとする方法がある．その折り返しの周波数には，低周波域が 8 Hz，高周波数が 60 Hz が選ばれている．（下図参照）

進入管制 approach control
　計器飛行状態で出発，着陸する航空機に指示または誘導を行う航空交通管制．

真の値 true value
　①測定量の正しい値．すなわち，ある量を誤差の伴わない方法で測定した場合の値．備考：特別な場合を除き，観念的な値で，実際には求められないので，できるだけ真の値に近い協約値が代わりに用いられる．②標準器について，それが現実にもつ値．

振幅 amplitude, magnitude
　物理量の瞬時値，ならびに瞬時値から定義したレベルおよびレベル差，特に規定がない場合は基準レベルをベースラインに一致させたレベル．備考：振幅の前に量的修飾語をつけて，「瞬時振幅」，「ピーク振幅」，「ピークピーク振幅」，

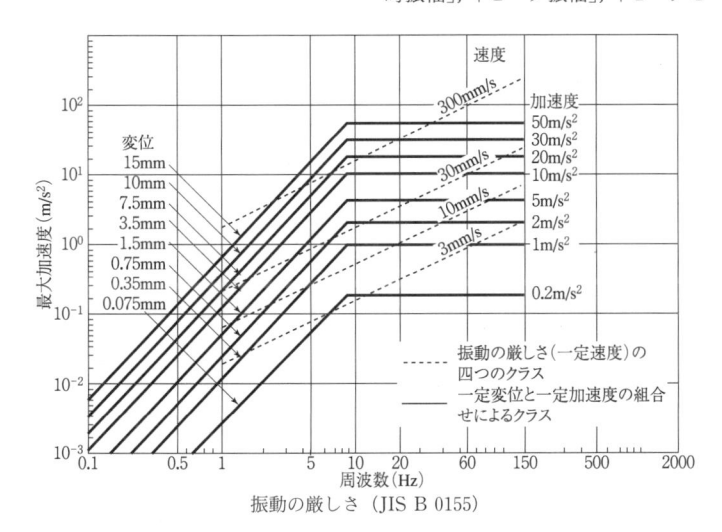

振動の厳しさ (JIS B 0155)

「平均振幅」,「二乗平均振幅」,「平均絶対振幅」のように用いる.

振幅過渡 magnitude transition
＝振幅遷移.

振幅制限 amplitude limiting
波形の振幅を基準レベルから一定値以内の範囲におさえること.

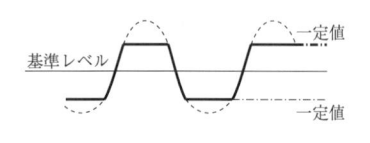

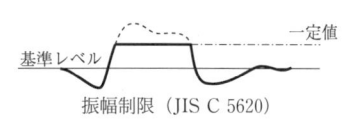

振幅制限 (JIS C 5620)

振幅制限回路 limiting circuit
＝リミッタ.

振幅遷移 magnitude transition
振幅過渡ともいい,規定したある振幅から他の規定した振幅への変化.特に規定がないときは微係数ゼロから次の微係数ゼロの点までの振幅変化.

振幅特性 amplitude characteristic
ある回路において,一定周波数の正弦波の入力振幅と出力振幅との関係を示す特性.

振幅比較 magnitude comparison
二つの入力波形について,または一つの入力波形と,ある定められたレベルについて,その振幅の大小または振幅差がどれほどかを示すこと.

振幅変調度(正弦波変調の) amplitude modulation factor (for sinusoidal modulation)
正弦波振幅変調波において,最大振幅と最小振幅の差の半分の,これら振幅の平均値に対する比.

振幅変調ひずみ(正弦波変調の) amplitude modulation distortion (for sinusoidal modulation)
正弦波振幅変調波を得るために,正弦波変調信号を信号発生器に加えたとき,その出力端子に接続されたリニアディテクタの出力信号のひずみ.

振幅弁別 amplitude discrimination
検波して得られた信号を特定のレベルと比較し,大小によって信号を分別すること.

シンプレックス法 simplex method
＝単体法.

真方位指示装置 true bearing unit
レーダおよび無線方位測定機において,ジャイロコンパスと結合して目標を真方位で表示する装置.

シンボル symbol
キャラクタ,図,文字,略語などのように,約定で定めてある記号のことであって,1語または数語の代わりに,著述その他の伝達に使う.

信頼区間 confidence interval
信頼限界にはさまれる区間.すなわち,信頼限界の上限値と下限値との間の範囲.

信頼限界 confidence limits
母数 θ に対して,測定値から定められる上と下の限界 $T_L(x_1, x_2, \cdots, x_n)$, $T_U(x_1, x_2, \cdots, x_n)$ であって,これが真の θ をはさむ確率が,例えば,95％(またはそれ以上)であることが保証されうるような限界.

信頼性 reliability
①計測器またはその要素が,規定の条件の範囲内で規定の機能と性能を保持する時間的安定性を表す性質または度合.②機能単位が,要求された機能を規定された条件の下で規定された期間実行する能力.

信頼性特性値 reliability characteristics, reliability parameter
数量的に表した信頼性の尺度.

信頼性プログラム reliability program
信頼性目標値の設定およびそれを実現するための技術的・管理的な手順の計画体系.

信頼性ブロック図 reliability block diagram
システムの信頼度とその構成要素との間の機能的関連を示す線図.例えば,簡単な2構成要素の場合は図のように表す.

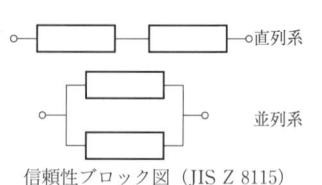

信頼性ブロック図 (JIS Z 8115)

信頼度 reliability
アイテムが与えられた条件で規定の期間,故障なしに,所要の機能を果たす確率.(⇒分布関数,信頼度関数)

信頼度関数 reliability function
$R(t)=1-F(t)$ で表される関数．

信頼率 confidence coefficient
信頼限界の確率．

真理値 truth value
条件を評価した結果の表現であって，次の二つのいずれかになる．成立(真)，不成立(偽)．

真理値表 truth table
論理演算に対する演算表．すなわち，論埋回路においてはいくつかの二値的な入力のある組合せに対して出力が生ずる．そこで入力のすべての可能な組合せ(入力ありを1，なしを0として)を書き，これらに対応する出力の欄に出力を生じない場合は0，出力の生ずる場合は真理値1を記入した表を作成する．このような表を真理値表といい，論理素子あるいは組合せ回路については入力信号と出力信号のすべての関係を真理値表を使って表す．

心理物理量 psychophysical quantity
特定の条件の下で，感覚と1対1に対応して心理的に意味があり，かつ物理的に定義・測定できる量．色の三刺激値，音の大きさなど．

人力操作 manual control
指，手または足による操作方式．通常，押しボタン，レバーまたはペダルなどを介して操作力が与えられる．

進路区分鎖錠 sectional route lock
列車または車両が，信号機の進行を指示する信号現示または入換標識の進路が開通している表示によって，その進路に進入したとき，そのてこを定位に復しても，なお列車または車両によって関係転てつ器を転換できないように鎖錠し，列車または車両が進路の1区分の軌道回路を通過し終わるごとに，その区分内の転てつ器を解錠すること．

進路鎖錠 route lock
列車または車両が，信号機の進行を指示する信号現示または入換標識の進路が開通している表示によって，その進路に進入したとき，関係転てつ器を転換できないように鎖錠すること．

進路信号方式 route signal system
ルートシグナルシステムともいい，列車に進路の開通状態を指示する信号方式．

進路表示機 route indicator
場内信号機，出発信号機，誘導信号機または入換信号機を二つ以上の進路に共用するとき，その信号機に付属して，列車または車両の進路を表すもの．

進路予告機 preliminary route indicator
場内信号機，出発信号機，閉そく信号機，遠方信号機または中継信号機に付属して，次の場内信号機または出発信号機の指示する列車の進路を予告するもの．

す

水圧自動ガス弁 automatic gas valve
湯沸器，給湯機内を通る水の圧力に応じて動作し，メーンバーナを開閉する弁．

水圧シリンダ操作弁 hydraulic cylinder operated valve
水圧を動力とするシリンダ操作弁．

水圧調整器 water governor
＝水ガバナ．

水位計 water level gauge
水面計ともいい水位を計る計器．一般にガラス水面計が広く用いられる．

水位警報器 water level alarm
ボイラやタンクなどの水位の異常による事故・トラブルを防止するために，所定の水位に至ったとき警報を発する装置．高低水位警報器と低水位警報器とがある．

水位検出器 water level detector
水位発信器ともいい，水位を検出しこれを水位信号に変換し発信するもの．水位検出器は一般に水位警報器と併用されることが多い．

水位検知器 level switch
水位が設定された値に一致したときに作動するスイッチ．

水位制御 water level control
給水制御ともいい，ボイラやタンク類などにおいて，負荷変動に対応して給水量を調節し，水位を所定範囲(標準水位)を保つように制御すること．一般には単要素式水位制御が用いられるが，ボイラなどにおいては二要素式水位制御や三要素式水位制御も採用される．

水位制御装置 water level controller
＝給水制御装置．

水位調整装置　water level regulator
上水槽の水位に応じて水車を運転する装置．水力発電所の出力調整装置として使用される．

水位調節器　water level controller
ボイラなどの水位制御のための調節器．

水位発信器　water level transmitter
＝水位検出器．

水銀スイッチ　mercury switch
真空のガラス管内に，水銀と1mm程度の電極用端子線を封入したもので，左右に傾けることにより，内部の水銀が流動して接点を開閉する構造のスイッチ．小形でも比較的大電流が開閉できるなどの特徴があるが，マイクロスイッチのように短時間に数多い繰返しの開閉はできない．オンオフ式圧力調節器などに用いられる．

水銀整流器　mercury-pool rectifier
陰極が水銀だめとなっている整流器．

吸込み制御式調量　inlet metering
1サイクルにポンプが吸い込む燃料の量を加減して行う方式の調量．

吸込弁　inlet valve
送風機・圧縮機の吸込み側に設け，ガス量または圧力を調節するバルブ．（⇒吐出し弁）

吸込み弁　inlet valve, suction valve
噴射ポンプの燃料吸い込み通路に設けた弁．

吸込弁開放式アンローダ　suction valve unloader
吸込弁の弁板を開いて吸込弁が作動しないようにして行うアンローダ．

吸込ベーン制御　inlet (guide) vane control
送風機の吸込ベーンによる圧力またはガス量の制御．

水質自動制御　automatic water conditioning
制御対象の水質を当該装置（例えばボイラ水）に最適の水質に維持するため，ボイラ水のpH，電気伝導率，ヒドラジンなどを測定（検出）し，その測定値に対応して薬液注入制御すること．

水車制御盤　turbine control board
水圧計，軸受温度計，電磁弁など運転制御に必要な装置を内蔵したキャビネット．

水素炎イオン化検出器　flame ionization detector
水素の燃焼熱によって有機化合物の骨格炭素をイオン化して成分を検出する主としてガスクロマトグラフ用検出器．

垂直磁気記録　perpendicular magnetic recording, vertical magnetic recording
データを表す磁化の方向を，記録面に対して垂直にする磁気記憶装置．

垂直(水平)偏向係数　vertical (horizontal) deflection coefficient
入力電圧の，その電圧変化により生じた垂直（水平）変位の長さに対する比．例えば，5 V/cm，5 V/div などと表す．

スイッチ　switch
開閉器ともいい，電気以外の物理量の変化によって電気回路の開閉通電を行う器具の総称．

スイッチ状態条件　switchstaus condition
オンまたはオフに設定できる作成者の定めたスイッチが，所定の状態にあるかどうかによって真理値の決まる命題．

スイッチ点　switchpoint
計算機プログラムにおけるパラメタであって，分岐を制御し，かつ，その分岐点に到達する前に設定されるもの．

スイッチ標識　switch indicator
スイッチ点の設定状態を決定したり示したりする標識．

スイッチング　switching
回路が一つの状態から他の状態に遷移すること．

スイッチング温度　switching temperature
抵抗値が急激に増加し始める温度．

スイッチング関数　switching function
有限個の可能な値だけをとる関数であって，その関数のおのおのの独立変数も有限個の可能な値だけをとるもの．

スイッチング時間　switching time
スイッチングに要する時間．

スイッチング素子　switching element
オン・オフ（0または1）の2進信号により，状態を切り換える素子．リレーやフリップフロップなどがこれに当たる．

スイッチング変数　switching variable
有限個の可能な値または状態だけをとりうる変数．例えば，文字集合中の任意の1文字．

推定器差　estimated instrumental error
実際の測定によらず，理論的に推定して求めた器差．主として総合的な器差を推定する場合が多い．

推定値　estimate
推定量の実現値．

推定値 assessed value
観測値から母集団に関して，規定の信頼水準で推定して求めた特性値．(⇒信頼性特性値)

推定量 estimator
点推定による推定値 $T(x_1, x_2, \cdots, x_n)$ を確率変数とみたもの．

水道用減圧弁 pressure reducing and check valves for water
温水機器に入る水圧を減圧し，温水機器から上流へ逆流させない弁．

水分計 moisture meter
物質が含有する水分を測定する機器．例えば，赤外線吸収法，誘電率法，放射線法など．

水分率調節装置 moisture control device
のり付け乾燥後のたて糸の水分率を検出表示し，一定になるように調節する装置．

水平送り調節器 feed eccentric adjusting base assembly
下軸に取り付けられた送りの量を調節するもの．

水平磁気記録 longitudinal magnetic recording
データを表す磁化の方向を，記録トラックの長手方向にする磁気記録方式．

水平タブ horizontal tabulation
HTと略称し，動作位置を同一行で次のあらかじめ定められたキャラクタ位置に進める書式制御キャラクタ．

水平パリティチェック horizontal parity check
媒体に記録された2進符号において，媒体の運動方向に対し水平方向のビットについて奇偶検査を行うこと．

水平偏向係数 horizontal deflection coefficient
入力電圧の変化の，その電圧変化により生じた水平変位の長さに対する比．例えば，5 V/cm，5 V/div などと表す．

吹鳴制御装置 whistle and siren control system
船舶の信号として用いる汽笛，エアホーンなどを手動および自動式に制御する装置．普通，ダイヤスイッチ，タイムコントローラなどを付属している．

水面計 water level gauge
＝水位計．

水量調整機構 gate operating mechanism
ランナに供給する流量を調整する機構．

数字 digit, numeric character
負でない整数を表す文字．例えば，16進記数法における0から9およびAからFの文字の一つ．

数字位置 digit place, digit position
位取り表現法において，文字が占めるおのおのの場所であって，順序数または同等の識別子によって識別されるもの．

数式通り方式計算器 calculator with algebraic logic
計算器の一種であって，最初のオペランドは入力前に演算記号を必要としないが，以後のオペランドはそれを必要とするように内部回路を構成したもの．加減算と乗除算を組み合わせる場合，中間結果を手操作によってとっておく必要はない．例えば，次の問題を解くために数式通り方式計算器が用いる演算順序は，次のとおりである．

$$\frac{12+3-5}{2}=5$$

キー操作	表 示	印字例
12	12	
＋	12	12＋
3	3	
－	15	3－
5	5	
÷	10	5÷
2	2	
＝	5	2＝
		5＊

図示パネル graphic panel
＝グラフィックパネル．

数字項目 numeric item
0から9までの数字からなる文字の列で表される値だけを内容とするように記述されたデータ項目．符号付きの場合，"＋"，"－"，またその他の符号を表す文字も含む．

数字コード numeric code
数字の文字集合に適用した結果としてコード要素集合をつくるコード．

数字集合 numeric character set
数字を必ず含み，制御文字，特殊文字も含むが，欧字，漢字，仮名は含まない文字集合．

数字定数 numeric literal
1けた以上の数字からなる定数であって，小数点や算術符号を含んでいてもよい．小数点は，右端にあってはならない．算術符号を書くときは，左端に書かなければならない．

数字表記法 numerical notation
数字だけを用いる表記法.

数字目盛 numerical scale
測定量の値を離散的に指示するように，1列に並んだ数字で構成されている目盛.

数値尺度 numerical scale
目盛を数値で表した尺度.

数値制御 numerical control
① NC と略称し，工作物に対する工具経路，その他，加工に必要な作業の工程などを，それに対応する数値情報で指令する制御. ②数値データを扱う装置によって行われる工作の自動制御. 通常，動作が進行するにつれて数値データが読み取られる.

数値制御け書き numerical control marking
数値制御装置によって，け書く方法.

数値制御研削盤 numerically controlled grinding machine
工作物の回転度および工作物に対するといし頭の相対位置が数値情報による指令で制御される研削盤.

数値制御工作機械 numerically controlled machine tool
工作物に対する工具経路，加工に必要な作業の工程などを，それに対応する数値情報で指令する制御機能をもった工作機械.

数値制御製図機械 numerically controlled draughting machine
＝プロッタ.

数値制御旋盤 numerically controlled lathe
バイトの運動が数値情報による指令で制御される旋盤.

数値制御立形ボール盤 numerically controlled drilling machine with vertical spindle
主軸に対するテーブルの相対位置が数値情報による指令で制御される立軸のボール盤.

数値制御テープ numerical control tape
数値制御工作機械を制御するために，数値制御装置の入力として加えられるマシンプログラムを記録したせん孔テープ.

数値制御中ぐり盤 numerically controlled boring machine
主軸に対するテーブルの相対位置が数値情報による指令で制御される中ぐり盤.

数値制御歯切盤 numerically controlled gear cutting machine
工作物と工具との相対位置が数値情報による指令で制御される歯切盤.

数値制御平削り盤 numerically controlled planing machine
テーブルに対する刃物台の相対位置が数値情報による指令で制御される平削り盤.

数値制御フライス盤 numerically controlled milling machine
主軸に対するテーブルの相対位置が数値情報による指令で制御されるフライス盤.

数値制御ルータ numerical control router
テーブル，主軸の移動を数値制御により行い，工作物を加工する木工フライス盤. 主軸が2軸以上のものもある.

数値制御ルータレース numerical control router lathe
ルータヘッド，主軸台および心押し台などからなり，数値制御により工作物をフライス削りする木工旋盤.

数値制御ロボット numerically controlled robot
ロボットを動かすことなく，順序・条件・位置およびその他の情報を数値・言語などにより教示し，その情報に従って作業を行えるロボット.

数値的 numeric, numerical
数によって表現されるデータに関する用語.

数値データ numeric data
数表示による表現されたデータ.

数値パラメタ numeric parameter
制御文字の機能を規定するパラメタのうち，数値で指定するもの.

数値表現 numeric representation
数表示によるデータの離散的表現.

数表現 number representation, numeration
記数法による数の表現.

数表示 numeral
数の離散的表現. 例えば次の四つの数表示は，同じ数，十二を表したものである.

Twelve	英語による数表示
12	10進記数法
XII	ローマ数字による表示
1100	2進記数法

据置きアドレス指定 deferred addressing
アドレス指定の一方法であって，あらかじめ決められた回数だけ，または標識によって処理が打ち切られるまで参照されると，間接アドレスが別の間接アドレスに置き換えられるもの.

スカラ　scalar
ただ一つの値によって特性付けられる量．

図記号　graphical symbol
対象物，概念または状態に関する情報を，文字・言語によらず見てわかる方法で伝えるための図形．

透き間容積加減式アンローダ　clearance valve unloader
シリンダの透き間容積を加減し，圧縮機の体積効率を加減することによって行うアンローダ．

スキャナ　scanner
＝走査器，走査空中線．

スキャニングモニタ　scanning monitor
多点の変数を監視走査し，異常点を警報する装置．

スキャンタイム　scan time
イメージテーブルを更新する時間を含み，アプリケーションプログラムの同じ部分を再実行できるまでの時間．

スクラム　scram
危険状態を防ぐかまたは最小にとどめるため即座に停止すること．

スクロール　scroll
表示面上の全体または一部の図示記号を，指定した方向に移動する動作．

図形記号　graphic symbol
図形文字または制御機能の可視(視覚的)表現．

図形キャラクタ　graphic symbol character
機能キャラクタ以外のキャラクタで，手書き，印刷，表示などの視覚的表現をもつキャラクタ．

図形表示装置　graphic display device
データを任意の図形の形で表す表示装置．

図形文字　graphic character
①制御機能以外の文字であって，印字・表示の可視的表現をもつもの．②制御文字以外の符号化文字であって，印字・表示の可視的表現をもつもの．

スケジュールする　to schedule
ディスパッチされるべきジョブまたはタスクを選択すること．一部のオペレーティングシステムにおいては，上記以外に入出力操作のような仕事の単位もスケジュールされうる．

スケーラ　scaler
入力パルスを積算し表示する装置．

スケーリング　scaling
①ディジタル機器または装置において，レンジの書込み．②ディジタル機器または装置において，入力データ(物理量データ)の工業単位データへの変換．

スケール駆動　scale driving
指示方式の一つで，目盛自体を動かして指示を行う方式．

図式言語　graphical language
アプリケーションプログラムを表現するために用いる図式のプログラム言語．

進み遅れ要素　lead/lag module
制御系において，信号に一次容量の進みおよび遅れの両方を与え，信号周波数の関数として，振幅と位相の両方を変化させる機能単位またはアルゴリズム．進み遅れ要素の出力振幅と入力振幅との大小関係および位相シフトの正負は，信号周波数および進み遅れ要素の時定数によって定まる．備考：①進み関数は，遅れ関数と逆数の関係にあるので，増幅と位相進みを生じる．②進み遅れ要素の伝達関数は次の式による．
$$\frac{Y}{X} = \frac{1+sT_1}{1+sT_2}$$
ここに，s：複素関数，T_1：進み時定数，T_2：遅れ時定数，X：入力のラプラス変換，Y：出力のラプラス変換．

進み電流　leading current
交流回路において，電圧に対して位相が進んでいる電流．

進み要素　lead module
制御系において，信号に一次容量進みを与え，信号周波数の関数としての振幅の変化と最大90°の位相シフトを起こさせる機能単位またはアルゴリズム．進み要素の伝達関数は次の式による
$$\frac{Y}{X} = \frac{sT}{1+sT}$$
ここに，s：複素変数，T：時定数，X：入力のラプラス変換，Y：出力のラプラス変換．

スタイラス　stylus
書く，印を付けるまたは彫り込む場合に用いる鋭い先端の道具．

スタータスイッチ　starting switch
始動スイッチともいい，スタータの回路を開閉するスイッチ．

スタータダイナモ　starter generator
始動充電発電機ともいい，エンジン始動時にスタータとして作動し，エンジン始動後はダイナモとして作動する直流機．

スタック記憶装置 stack storage
＝後入れ先出し記憶装置．

スタックポインタ stack pointer, stack indicator
後入れ先出し記憶装置において，最も新しく記憶された項目を保持している記憶場所のアドレス．

スターティングアンローダ starting unloader
圧縮機の始動時の負荷を軽減させるために設けたアンローダ．

スターデルタ始動器 star-delta starter
7.5〜1 kW 以上の三相誘導電動機を始動するとき始動電流を制限するため，始動時にはスイッチにより固定子巻線を星形(スター形)にし，ほぼ全速度になったとき三角形(デルタ形)に切り換えるもの．

スタート信号 start signal
調歩式伝送において，受信装置がその符号エレメントの受信を準備するための信号であって，文字の先頭に位置するもの．スタート信号は，一般に1単位間隔の信号エレメントに限定される．

スタートパルス start pulse
動作を開始させるためのパルス．

スタンバイ状態 stand-by state
待機状態ともいい，装置の動作を開始させるために不可欠な前準備が完了した状態．

ステアリング制御 steering control
無人搬送車類の操だ方向を整えるための制御．

ステーション station
データ端末装置，データ回路終端装置，およびそれらの共通インタフェースからなる一群の機能ユニット．

ステータス status
各コマンドの操作が完了したときに，ターゲットからイニシエータに転送される1バイトの状態情報．

ステータス信号 status signal
＝状態信号．

ステッピングモータ stepping motor
＝ステップモータ．

ステッピングリレー stepping relay
歩進リレーともいい，入力信号を受けるごとに作動し，複数の出力接点を一定に開閉する．つまり連続的なパルスでシーケンシャルなスイッチ動作をするリレー．

ステップ step
①振幅が一定レベルから他の一定レベルへ急激に変化する波形の区間(図参照)．② SFC を表現する要素の一つで，入出力について，関連するアクションで定義される1組の規則に従って動作するプログラム，機能または機能ブロックの単位．③制御状態が段階的に変わる場合の途中の各段階．④読取り書込みヘッドを1シリンダごとに移動すること．

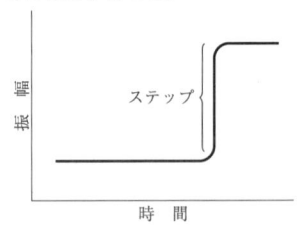

ステップ (JIS C 5620)

ステップ応答 step response
要素・系にステップ入力が加わったときの応答．備考：単位ステップ(高さが1のステップ状変化の)入力に対する応答を単位ステップ応答という．

ステップ応答時間 step response time
入力がステップ状に変換した瞬間から，出力がその全変化分の指定されたパーセントに達するまでに要する時間．

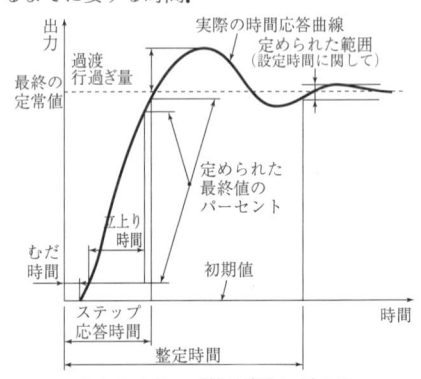

入力のステップ状の変化に対する代表的な時間応答 (JIS B 0155)

ステップ応答時間 response time
ステップ応答において，出力値が最終値に対して決められた値に達するまでの時間．一般に最終値の 63.2 %(時定数)，90 %，95 %，98 % が使用されるが，特に指示がなければ 63.2 %の値をとる．

ステップ信号 step signal
図のように，ある時刻 t_1 までは 0（ある目標値）で，その時刻から後は他の一定の値（新目標値）となる信号．

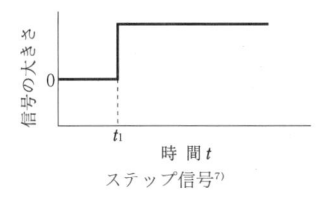

ステップ信号[7]

ステップ入力 step input
ステップ信号状の入力．

ステップモータ step-motor
ステッピングモータともいい，ディジタルな信号（例えばパルス）を一つ受けるたびに一定の角度変位するモータ（アクチュエータ）．大トルクを得るため電気ステップモータと油圧モータを一体にした電気油圧ステップモータが用いられている．

ステートメント statement
宣言または動作シーケンスの1ステップを意味するプログラム言語の要素．

ストップ信号 stop signal
調歩式伝送において，後続する文字を受信装置が受信できるように準備するための信号であって，文字の終わりに位置するもの．ストップ信号は，通常，定められた最小値以上の長さを有する一つの信号エレメントに限定される．

ストップパルス stop pulse
動作を停止させるためのパルス．

ストップ弁 stop valve
＝止め弁．

ストレージオシロスコープ storage oscilloscope
ストレージ管とよばれる特殊な陰極線管を使用し，りん光性残光とは異なる原理で，揮線を長時間保持できるオシロスコープ．

ストレンゲージ strain gauge
加えられた張力および圧縮力によって，電気抵抗が変化する要素．ストレンゲージ圧力トランスデューサなどの検出要素に用いられる．

ストレンゲージ圧力センサ strain gauge pressure sensor
受圧素子に接合した半導体や金属の，電気抵抗変化を利用した圧力センサ．

ストローク stroke
①バルブの弁棒または操作部の軸の移動量（距離）．②ピストンが移動する距離．

ストローク入力装置 stroke device
自己の移動経路を一連の座標として与える入力装置．例えば，一定頻度で位置記録を行う位置入力装置．

ストローブ strobing
特定の時間幅で信号波形を弁別すること．

ストローブ回路 strobing circuit
ストローブする回路．すなわち，ある一定の時間間隔でパルスを与え，そのパルスが存在する期間に入力信号があれば時間幅，振幅とも規定された出力パルスを出す回路．

ストローブパルス strobe pulse
ストローブするパルス．すなわち，ストローブ回路において，一定時間間隔で与えられるパルス．

ストロボ法 strobo scopic method
一定周期の点滅する光で回転体またはそれに取り付けたストロボ板を照射した場合，点滅周期と回転周期が一致すると回転体が静止して見える現象を利用して回転速度を測定する方法．

スナップアクションスイッチ snap action switch
接点を駆動する操作力がある値を超えると急速に接点が切り換わるスイッチ．このとき接点を駆動する速さとは無関係であり，マイクロスイッチやトグルスイッチは代表的な例である．

スパイク spike
パルス幅に比べて十分短いパルス状のひずみ．

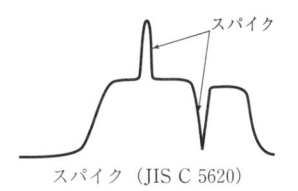

スパイク（JIS C 5620）

スーパバイザ supervisor
＝監視プログラム．

スーパーバイザリー制御 supervisory control
設定値制御ともいい，制御ループ群が，間欠的な修正動作に従って独立に作動するような制御．例えば，修正動作として，操作量が他の外部装置による設定値変更がある．

スーパービジョン supervision
＝統括管理．

スパン span
あるレンジの上限値と下限値との差.例えば、レンジ0℃〜150℃、スパン150℃.レンジ−20℃〜200℃、スパン220℃.

スパン誤差 span error
実際の出力スパンと指定の出力スパンとの差.スパン誤差は、通常、指定の出力スパンの百分率で表す.

スパンシフト span shift
何らかの影響に基づく、出力スパンの変化.スパンシフトは、通常、指定の出力スパンの百分率で示される.

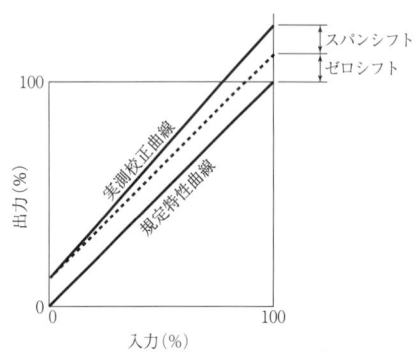

スパンシフトおよびゼロシフト（JIS B 0155）

スパン調整 span adjustment
機器のスパンを電気的または機械的な操作により所定の値に調整すること.

スピーカ loudspeaker
電気信号を音響信号に変換し、音波を空間に放射するための電気音響変換器または変換装置の総称.

スピーダ speeder
＝速度設定器.

スピードコントロールスイッチ speed control switch, cruise control switch
車速を自動的にコントロールするスイッチ.

スピードシグナルシステム speed signal system
＝速度信号方式.

スピードセンサ speed sensor
光電、磁気、誘導コイルなどを利用して、車速を検出する装置.

スピードマッチング弁 speed matching valve
高圧と中圧の各タービンが別軸となる場合、昇速中、同速にするため主蒸気を中圧タービンに連絡し速度を調整するバルブ.

図　表 figure
本文を説明したり、補足するための図.

スプリアス spurious
基準条件で、正弦波出力水晶発振器の出力の高調波以外の周波数成分の基本波成分に対するレベル差.単位はdB.

スプリアス出力 spurious output
信号発生器の無変調時における出力電圧中に含まれるすべての不要出力電圧.ただし、ハム、リプル、雑音および残留変調成分も除く.備考：搬送波の高調波および低調波も除外したものだけを、スプリアス出力とよぶ場合があるが、その場合は、その旨を明記すること.

スプリアス特性 spurious characteristics
規定された同調周波数以外の周波数において、入力信号が出力側の負荷に現れる現象.通常、同調周波数における出力電圧とそれ以外の周波数における出力電圧との比をdBで表す.

スプリット形調節弁 split body control valve
弁箱を2分割し、弁座を間にはさみ付けている調節弁.

スプリットレンジ split-range
一つの入力信号が、二つ以上の異なった関数に応じた出力信号を発生するような制御動作.（⇒信号振幅シーケンス制御）

スプーリング spooling
周辺装置と計算機の処理装置との間でデータを転送するとき、処理の遅れを短縮するために補助記憶装置を緩衝記憶として用いること.

スプリング形センサ spring type sensor
密着巻きしたスプリングが外力により変形して、スプリングを通過する流体の漏れを大きくする現象を利用したセンサ.

スプリングリターン弁 spring return valve
操作のための外力または信号が除かれたとき、ばね力によってノーマル位置に復帰する形式のバルブ.

スプール spool
円筒形滑り面に内接し、軸方向に移動して流路の開閉を行うくし形の構成部品.

スプール形素子 spool type device
スプールにより流れを制御する素子.

スプール弁 spool valve
スプールを用いた滑り弁.

スプレー調節弁 spray water control valve
蒸気温度を制御するために注水量を加減する

バルブ．

スペクトル spectrum
①振動数または波長の関数としてのある量の記述．②一つの放射源から発する電磁波の放射を，プリズム，回折格子などの分散素子によって分散して得られるもの．

滑 り slip
同期速度と回転子回転速度との差の同期速度に対する比をいい，百分率または小数で示す．

すべり覚 slip sense
ロボットと物体との間の接触面内での相対的な動きを検知する感覚．

すべり状態制御 sliding mode control
⇒可変構造制御．

すべり抵抗器 slide rheostat
＝ポテンショメータ．

滑り弁 slide valve
弁体と弁座とが相対的に滑って開閉作用する形式のバルブ．

スポッティング spotting
惰行中に発電ブレーキ回路を構成し，弱いブレーキ電流を流し，列車速度に応じて抵抗ステップを自動的に選択しておいて，ブレーキ電流の立上りを早める制御方法．

スミスのむだ時間補償制御 dead time compensating control of Smith
むだ時間の大きな制御対象に対して速い応答特性をもたせるため，または外乱を補償するための一制御方法で，主調節器にプロセスモデルの補償器を組み合わせて出力をフィードバックすることによって，制御性を改善する方式．(⇒ PID 制御)

スモークインジケータ smoke indicator
煙路に取り付けて排ガスを観察することによって燃焼状態を判別するための計器．標準光源からの光を反射鏡を利用して肉眼で見るもの，電流に変換して指示するものなどがある．(⇒電気式スモークインジケータ)

スライサ slicer
スライス回路ともいい，スライスする回路．

スライス slice
長網抄紙機のフローボックスから紙料が長網上に流れる際，その流量を調節する装置．

スライス回路 slicing circuit
＝スライサ．

スライスレベル slice level
スライスするレベル．

スライド slide
滑り面に接触して移動し，流量の開閉などを行う構成部品．

スライドスイッチ slide switch
取っ手をスライド(しゅう動)することによって接触子を開閉する制御操作用スイッチ．

スライド弁 slide valve
ねじ圧縮機で，容量調節のために本体に取り付けたバルブ．

スライバむら制御装置 sliver evening device
スライバ(よりのない帯状またはロープ状にした繊維の集合体)の太さのむらを自動制御する装置．

スラスト保護装置 thrust failure protection device
スラスト摩耗遮断装置ともいい，タービン運転中，スラスト軸受に異常を生じた場合，タービンを緊急停止させる装置．

スラスト摩耗遮断装置 thrust failure protection device
＝スラスト保護装置．

スラック変数 slack variable
不等式の制約条件を等式に変えるために導入される補助の変数．例えば不等式 $9x_1+4x_2\leq 360$ は，非負のスラック変数 λ_1 を導入して等式 $9x_1+4x_2+\lambda_1=360$ に変えることができる．

スリット slit
光学系において，光束を規制するために置かれた狭いすきま．すなわち，光や分子の流れ(電子，原子も含む)を制御して通過させるための装置．

スリップリング collector ring, slip ring
ブラシとのすり接触を介して外部回路との通電を行うため，回転子の回転軸に取り付けられた金属性のリング．

スルース弁 sluice valve
＝仕切弁(sluice valve)．

スループット throughput
＝処理能力．

スレショルド threshold
＝しきい値．

スレーブステーション slave station
データ受信するためにマスターステーションに選ばれたデータステーション．

スローオープニングバルブ slow opening valve
低燃料始動をさせるために徐々に開くバル

ブ．
スロットルバルブ　throttle valve
エンジンの吸気量を制御する弁．
スワッピング　swapping
主記憶装置の領域の内容と補助記憶装置の領域の内容とを交換する処理．
寸動　inching
インチングともいい，短時間に1回または繰り返し入り・切りを行って電動機を少しずつ動かす操作をすること．

せ

静圧管　static tube
気体中に挿入して，気体の静圧を測定する器具．
制圧機　pressure regulator, relief valve
水口を急閉鎖したとき，水圧管内の水圧上昇を防止するための装置．
正圧リリーフ弁　positive pressure relief valve
区画室内の圧力が周囲圧力に対して一定限界を超えて上昇したときに，区画室内の空気を大気に放出するバルブ．
正確　accuracy
誤差のないものがもっている性質．
正確さ　accuracy
①測定した値と測定される量(実用上の)，真の値との合致性概念の度合．②かたよりの小さい程度．備考：推定したかたよりの限界の値を正確度，その真の値に対する比を正確率という．
正確度　accuracy
誤差の大きさの定量的測度．しばしば相対誤差の関数で表現される．この測度が高いことは誤差が少ないことに対応する．
正確率　accuracy rate
⇒正確さ②．
正帰還　positive feedback
＝正のフィードバック．
正規性　normality
分布が正規分布であるということ．
正規電圧　normal mode voltage
本来の信号の電圧に加えられる，増幅器の2入力間に誘導される雑音電圧．
正規分布　normal distribution
ガウス分布ともいい，確率密度関数
$$f(t)=\frac{1}{\sqrt{2\pi}\sigma}\exp\left[-\frac{1}{2}\left(\frac{t-\mu}{\sigma}\right)^2\right]$$
$$(-\infty<t<\infty)$$
分布関数
$$F(t)=\frac{1}{\sqrt{2\pi}\sigma}\int_{-\infty}^{t}\exp\left[-\frac{1}{2}\left(\frac{t-\mu}{\sigma}\right)^2\right]dx$$
で表される分布．備考：正規分布を表すのに記号 $N(\mu, \sigma^2)$ を用いることがある．特に $N(0, 1^2)$ の場合
$$f(t)=\frac{1}{\sqrt{2\pi}}\exp\left(-\frac{t^2}{2}\right)=\phi(t)$$
$$F(t)=\int_{-\infty}^{t}\phi(\mu)d\mu=\phi(t)$$
を標準正規形表示ともいう．
制御　control
ある目的に適合するように，制御対象に所要の操作を加えること．備考：目的としては，制御対象の特性を改善すること．その特性の変動を相殺すること．外乱など制御対象に外部から好ましくない影響を相殺すること．制御量を目標値に近づけること，または追従させること．などがある．
制御脚書き　control footing
制御集団の最後の報告集団．
制御頭書き　control heading
制御集団の最初の報告集団．
制御圧延　controlled rolling
熱間圧延法の一種で，鋼片の加熱温度，圧延温度および圧下量を適正に制御することによって，鋼の結晶組織を微細化し，機械的性質を改善する圧延．
制御アルゴリズム　control algorithm
制御系で実行する制御動作を，数学的に表現したもの．
制御アンペア回数　control ampere-turns
制御電流による起磁力をアンペア回数で表したもの．
制御域　control area
制御情報を保持するために計算機プログラムによって用いられる記憶域．
制御演算部　controlling element
＝調節部．

制御階層 control hierarchy
CONTROL 句に書かれた FINAL およびデータ名の順番によって定まる報告書細分の序列．

制御回路 control circuit
主回路用機器の制御を行う回路．すなわち，制御対象の制御を行うために必要となる回路．

制御回路開放器 control circuit cut-off switch
制御回路を電源および制御引通し線から切り離す開放器．

制御角 phase-control angle
位相制御において，制御される電気角の値．

制御器 controller
①X線装置において，X線の発生・調整などの制御を行う装置．γ線装置においては，線源の移動など照射に必要な操作を行う装置．②電動機などの電気機械器具に供給される電力を，あらかじめ定められた方法に従って制御する装置．その操作を電磁石によって行うものを電磁制御器という．

制御基準図 control standard diagram
操作基準を図式化したもの．すなわち，制御対象の負荷に対する指令信号，状態量をこれと比較することにより，一目で正常か異常かを見分けるものである．制御基準図があると制御装置の故障時など，手動制御しなければならない場合，比較的らくに手動制御が行える．

制御機能 control function
①ロボットの制御に関する機能．作業制御機能，教示機能，操縦機能などがある．②データの記録，処理，伝送または解釈に影響を及ぼす動作で，一つ以上のビット組合せで表現するもの．③制御文字で始まる制御列またはそれによって表現される特別の機能．

制御局 control station
①基本形リンク制御において主局を指定し，ポーリング，セレクティング，問合せおよび回復手順を管理するデータステーション．②システムに接続されているすべての局のメッセージの伝送状態を制御し，監視し，または異常状態からの回復制御を行う局．

制御切れ control break
CONTROL 句で参照するデータ項目の値が変化すること．より一般的には，報告書の階層構造を制御するデータ項目の値の変化．

制御切れレベル control break level
最も大きい制御切れを基点とする制御階層中の相対位置．

制御空気除湿装置 control air dehydrator
空気式制御機器へ供給する制御空気中の水分を低減する装置．

制御グリッド control grid
一般に陰極と陽極間に設けられたグリッドであって，電極間に流れる電子流を制御するための電圧が加えられる．

制御系 control system
①制御のために制御対象に制御装置を結合して構成された系．②制御対象，制御装置などの系統的な組合せ．

制御継電器 control relay
電気機器や回路の制御を遂行する目的に使用される継電器．

制御ケーブル接続図 control wiring diagram
一般に CWD と略称され，自動制御機器の設置場所とその間の接続ケーブルを主体としてまとめた展開接続図．

制御言語 control language
＝指令言語．

制御サイクル control cycle
車輪ロックを仕掛けたときから次にロックを仕掛けるまでのアンチロック装置の機能のサイクル．

制御シーケンス control sequence
パラメタを含む制御機能の符号化表現のために使う，制御機能制御シーケンスイントロデューサ(CSI)から始まるビット組合せの列．

制御車 driving trailer, control trailer
原動機をもたないが，運転室を備え，総括制御を行うことができる車両．

制御周期 control period
制御装置が対象とするシステムまたはサブシステムに対して，制御装置の制御演算処理を行う周期．

制御集団 control group
制御データ項目の値または FINAL によってつくられる本体集団の組．各制御集団は，制御頭書き報告集団に始まり，中間に幾つかの明細報告集団を含み，制御脚書き報告集団に終わる．

制御周波数 control frequency
1s 当たりの発生する制御サイクル数．

制御出力 control output
制御装置の出力信号．

制御状態 control condition
制御局を有する網構成のデータ通信システム

において，データリンクが確立される以前の状態．

制御信号 control signal
調節信号ともいい，操作量を支配するための信号．

制御スイッチ control switch
接触器，継電器その他の装置の動作を電磁的に制御するための開閉器．

制御ステーション control station
＝コントロールステーション．

制御ストリング control string
制御のための論理的な単位としてデータストリームの中に現れる区切られた文字列．

制御性 control ability
制御のしやすさは制御対象の時定数とむだ時間によって定まり，時定数が大きくむだ時間の小さいものは制御しやすく，時定数が小さくむだ時間の大きいものは制御が難しい．そこで時定数とむだ時間の比率のことを制御性といい，制御のしやすさの目安にしている．

制御線 control line
主幹制御器または制御回路の相互間を接続する絶縁電線．

制御装置 controlling system
制御対象を制御する要素を包括した装置．フィードバック制御では，フィードバック経路にある要素を含む．

制御装置 governing system
速度，温度，圧力，出力などの重要な特性を制御する装置．

制御装置 control assembly
機器の関連する動作条件を前設定，制御，測定，調節および表示するために必要な部品の組合せ．

制御装置 control device, controller
制御対象に組み合わされて制御を行う装置．フィードバック制御における制御装置は，検出部，調節部，操作部からなる．

制御装置（電気機器） control device, controller
制御の対象となる機械，プロセス，システムなどの全体または一部と組み合わされて，制御を行う装置．

制御対象 controlled object
制御の対象となる系で，機械，プロセス，プラントなどの全体または一部がこれに当たる．

制御タイマ controlling timer
事前に設定した時間が経過した後に，または別々の時間間隔で構成された合計時間が経過した後に，動作状態を変化させるための時間計測器．

制御ダクト control duct
入力口と制御ノズルの間の流路．

制御抵抗 resistor
＝レジスタ．

制御データ項目 control data item
内容の変化が制御切れを起こすデータ項目．

制御データ名 control data-name
CONTROL 句に書かれ，制御データ項目を参照するデータ名．

制御電圧 control voltage
磁気増幅器の制御回路に加える電圧．

制御電極 control electrode
電子流の大きさ，速さまたは方向を制御するための電極．

制御電源 control power source
操作電源ともいい，制御機器，制御装置を駆動するための電源．安定に駆動させるためには，電圧変動や周波数変動の小さい安定した電源が必要となる．

制御電流 control current
磁気増幅器の制御巻線に流れる電流．

制御動作 control action
制御演算部が操作量を生成するアルゴリズム．例えば，PID 制御における比例動作，積分動作，微分動作，オンオフ動作など．

制御動作信号 control action signal
動作信号や訂正信号ともいい，設定値と主フィードバック量の差．すなわち，基準入力信号と主フィードバック信号とを比較して，制御動作を起こさせるもとになる信号．フィードバック制御系では，(基準入力信号)－(主フィードバック信号)あるいは，(目標値)－(制御量)で与えられるのが普通である．

制御特性 control characteristic
①自動制御系について，定常状態における制御量と入力(設定量，外乱)との関係．数式や図面などで表す．②放電開始グリッド電圧と陽極電圧との関係であって，一般にグラフで表される．

制御流れ controlled flow
制御された流れ(例えば,制御弁の1次側から2次側への流れ)．

制御流れ control flow
一つのプログラムの実行順序におけるすべての可能な経路を抽象化したもの．制御流れは，

図によって表現することができる．

制御入力　control input
①制御装置の入力信号．②操作量の同義語．

制御の階層　control hierarchy
制御システムの複雑さの増加に対応して順序付けられた，個々の制御レベル間の関係を図式的に表現したもの．

制御ノズル　control nozzle
入力流れを供給するノズル．

制御の段数　stage of the controls
プログラム制御，シーケンス制御などにおいて，あらかじめ定められた制御動作の数をいう．

制御場所　control station
監視場所の機能に加えて，主機・ボイラなどの操縦や制御を行うことができる場所．

制御発破　controlled blasting
破壊の程度が適度になるように，爆薬の破壊力を制御して行う発破．

制御盤　control panel
コントロールパネルともいい，制御に必要なマグネット，スイッチ，リレー，タイマなどをケース内に組み込み配線したもの．

制御盤　control boad
立っている操作者に適するように，計器パネル，制御パネルを取り付けた構造物．

制御範囲　control range
指定した動作条件下で，制御量が変化しうる，二つの限界値で規定する範囲．

制御比　control ratio
与えられた動作条件で，陽極電圧の変化を放電開始グリッド電圧の変化で割った商．

制御部　controller
シーケンス制御における検出部，命令処理部，操作部，表示警報部の総称．

制御プログラム　control program
一つの計算機プログラムであって，計算機システムにおいて計算プログラムの実行をスケジュールし，監視するように設計されたもの．

制御弁　control valve
①流れの形を変え，圧力または流量を制御するバルブ．制御弁は圧力制御弁，方向制御弁，流量制御弁に大別される．②ブレーキ管の圧力変化によって，ブレーキシリンダの圧力を制御するバルブ．

制御偏差　deviation, error
制御系において，ある時点における目標値と制御量との差．制御理論およびサーボ機構の分野では，（目標値）－（制御量）として符号を定めているが，プロセス制御の実際面では，（制御量）－（目標値）として符号を定めることが多い．

制御棒　control rod
位置を変化させることにより原子炉の反応度を制御する棒状のもの．

制御ボックス　control box
電動車いすの駆動および推進方向の制御装置を納めた箱．

制御巻線　control wirewound
磁気増幅器の磁心に独立した制御磁化力を与えるための巻線．この巻線に流れる制御電流によって出力が制御される．

制御命令　control command
次に制御量をどのような値にするかに関する命令．

制御文字　control character
①一つのビット組合せだけで表現する制御機能．②制御機能を表現する符号化文字．

制御モジュール　control module
制御を行う機構モジュール．

制御油装置　hydraulic power unit
電気式調速機の制御圧力油を発生させる装置．タンク，制御油冷却器，制御油ポンプなどから構成される．

制御油ポンプ　hydraulic fluid pump
電気式調速装置の制御用圧力油を供給するポンプ．

制御油冷却器　hydraulic fluid cooler
電気式調速装置の制御油を冷却する装置．

制御用空気圧縮機　control air compressor
制御，計測，操作などに用いる空気圧縮機．

制御用空気管　control air pipe
自動制御用圧縮空気を送る管．

制御用空気だめ　control air receiver
制御，計測，操作などに用いる圧縮空気を蓄える器．

制御用計算機　control computer
プロセス制御，数値制御，生産ラインなどの各種の工業用分野でオンラインで使用される場合の計算機の呼称．

制御用検出スイッチ　control detecting switch
予定の動作条件に達したとき，それを検出して動作する制御用スイッチ．

制御要素　control element
対象物の運動その他の変化を制御するために，物理的な，場合によっては化学的方法で操作することができる機械式，電気式，空気圧式，

油圧式などの構成要素．

制御用操作スイッチ manual control switch
人によって操作する制御用スイッチの総称．

制御用油圧管 control oil pipe
制御用圧力油を送る管．

制御ライン control line
制御に必要なエネルギーをトラクタからトレーラへ伝達するパイロットライン．

制御量 controlled variable
制御対象に属する量のうちで，それを制御することが目的となっている量．すなわち，制御の対象になっているものの量のうちでそれを制御することが目的となっている量．（⇒操作量）

制御ループ control roop
＝フィードバックループ．

制御レバー control levers
エンジンを制御するため，またはプロペラやその他の軸出力吸収装置に対して作動を調整するために必要なあらゆるレバーをいう．

制限制御 limiting control
制御すべきプロセス量が，あらかじめ定められた限界を外れたときにだけ，動作が効力を生じる制御．

制限電圧 voltage under pulse condition, clamping voltage
サージ電圧がバリスタによって抑制され，バリスタ端子間に残留する電圧の波高値．

制限電圧比 clamping voltage ratio
制限電圧をバリスタ電圧で除した値．

正弦波 sine wave
電流や電圧の波形が，時間とともに変化し各瞬間の値が，その最大値の正弦の値となる波動のこと．つまり時間に対して大きさが，正弦的に変化する電圧，電流をいう．

正弦波に近い波形 substantially sinusoidal waveform
全ひずみ率が小さく，指定された値を超えない波形．指定がない場合は，全ひずみ率が5％を超えない波形とする．

正弦量 sinusoidal quantity, simple harmonic quantity
独立変数の正弦関数として表される周期量．次のように表される．
$$y = A\sin(\omega t + \varphi)$$
ここに，y：正弦量，t：独立変数，A：振幅，ω：角振動数，φ：位相角．

正 孔 hole, electron hole
半導体中の価電子の空位．正の自由電荷のように動作する．

整合出力電圧 matched output voltage
定格負荷インピーダンスに等しい負荷を，信号発生器の指定出力端子に接続した場合，その端子における搬送波電圧の実効値．

整合変成器 matching transformer
インピーダンス整合の目的で用いる変成器の総称．入力変成器，出力変成器，マッチングコイルなど．

静誤差 static error
時間的に変化しない測定量に対する計測器の誤差．

正作動 positive action
信号の増加に伴って操作軸が前進する動き．

正作動 positive actuation
クラッチまたはブレーキで，操作入力を加えたときに連結または制動すること．

正作動 direct operation
操作部が増加信号を受けたときに操作部出力（位置，角度など）が増加する動き．（⇒逆作動）

正作動式ダイアフラム調節弁 airless open diaphragm control valve, direct action diaphragm control valve
空気圧の増加に従って弁体を閉じる方式のダイアフラム調節弁．

静止形誘導器内部故障検出装置 internal fault detecting device of static induction machine
静止誘導器の内部故障を機械的に検出するもの．

静止器温度リレー static machine temperature relay
変圧器，整流器などの温度が予定値以上または以下になったとき動作するもの．

静止クレーマー方式 static Kremer system
巻線形誘導電動機と直流電動機を直結し，誘導電動機の二次滑り電力をシリコン整流器で整流して直流電動機の入力とする速度制御方式．定出力特性をもつ．

静止セルビウス方式 static Scherbius system
巻線形誘導電動機の二次滑り電力を整流器で整流し，これを他動サイリスタ逆変換装置によって電源周波数の交流電力に変換して，電源に送り返す速度制御方式．定トルク特性をもつ．

静止電力変換装置 electronic power converter
　電子的手段によって，交流から直流，直流から交流，直流から直流，または交流から交流へ電力を変換する機能をもつ装置．

静止誘導器 stationary induction apparatus
　連続的に回転する部分をもたない電磁誘導作用によって電力を変成し，または遅相無効電力を消費する装置．例えば，変圧器，誘導電圧調整器，リアクトルなどをいう．

正常状態 normal condition
　危害に対する保護のために備えたすべての手段が完全であり，かつ，規定の性能を満足する状態．

正常停止 regular stop
　あらかじめ決められたポイントに通常減速で停止すること．

正常停止 normal stop
　ノルマル停止ともいい，正常運転中に正規のプログラムによって生じる停止．

正常動作条件 normal operating conditions
　機器または装置が規定の誤差限界内で動作するように設計された動作条件の範囲．

正常動作精度 mean rate acuracy
　入力における雑音によって生じる誤差を除き，装置が正常な作動条件の下で使用されているとき，許容される精度範囲．

正常な使用 normal use
　取扱説明書に従って，または明らかに意図された目的で，機器を使用したり操作すること，および非使用時に移動および保管をすること．

静止レオナード方式 static Leonard system
　直流電動機の速度制御方式の一方式で，静止電力変換装置を用いて交流電圧を直流電圧に変換し，この直流電圧で直流電動機の速度制御を行うもの．高速エレベータの速度制御などに用いられる．（⇒ワード・レオナード方式）

整数 integer
　① 0，+1，−1，+2，−2，…のうちの一つの数．
　② 想定小数点の右側けた位置をもたない数字定数または数字データ項目．一般形式中でこの用語を用いたときは，小数点を含まない数字定数であって，規則で明示しない限り符号が付いてはならないし，またゼロであってはならない．

整数計画法 integer programming
　線形または非線形計画法で全部または一部の変数のとりうる値が整数値に限定されている場合．

生成アドレス generated address, synthetic address
　計算機プログラムの実行中に，結果として形成されるアドレス．

生成プログラム generator
　パラメタを受け取って，ある骨組に従った機械語の計算機プログラムを作り出す計算機プログラム．

成層言語 stratified language
　それ自身の超言語として用いることができない言語．

製造者規定信号 vender unique
　機能の使用法を，製造者が規定するインタフェース信号．

成端抵抗値 terminating resistance value
　＝終端抵抗値．

整定回転数 stabilized speed
　負荷を急変させた後，速度がその定常速度変化率に落ち着いたときの回転数．

整定回転数変化率 permanent speed change
　整定回転数と負荷変化前の回転数の差で，定格回転数の百分率で表す．

$$\delta_s = \left|\frac{n_b - n_a}{n_r}\right| \times 100$$

ここに，n_b：負荷変化前の回転数，n_a：負荷変化後の回転数，n_r：定格回転数．

整定回転速度 steady state speed
　負荷を急変させた後，速度がその定常速度変化率に落ち着いたときの回転速度．

整定回転速度変化率 permanent speed change
　整定回転速度と負荷変化前の回転速度との差．定格回転速度に対する百分率で表す．

整定時間 settling time
　ステップ応答において，出力が最終平衡値の指定された許容範囲内（例えば±5％）におさまるまでの時間（次頁の図参照）．すなわち，ステップ入力が与えられた時点から，出力信号が最終定常値の指定された裕度（例えば5％）内に達するまでの時間．

整定時間 recovery time
　負荷を急変したとき定常速度変化率から速度が外れた点から，新しい負荷に対応する速度の定常速度変化率に入って落ち着くまでの時間．

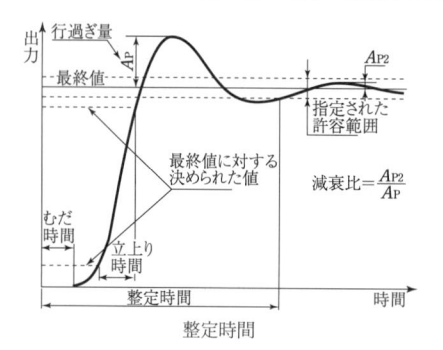

整定速度　permanent speed
　所定条件で，ある負荷で定格速度で運転しているタービンの調速装置または調速機の調節をそのままとし，他の負荷に変化させた後自動的に整定した回転数．

整定速度調定率　steady state speed regulation, permanent speed change
　整定速度変動率ともいい，整定速度調定率 R_s (％)は，次の式で表される．

$$R_s = \frac{n_0 - n_r}{n_r} \times 100$$

ここに，n_0：整定速度(rpm), n_r：定格速度(rpm)．

整定速度変動率　permanent speed change
＝整定速度調定率．

静　的　static
　プログラムの実行に入る前に確立されうる性質に関する用語．例えば，固定長変数の長さは，静的である．

静的記憶装置　static storage
　記憶内容を保持するために周期的な記憶回復動作を必要としない記憶装置．

静的機器　passive component
　起動を必要とせず，外から動力供給などを受けることなしに，あるがままの状態で機能を果たす機器．

静的最適化　static optimization
　最適な平衡状態を求めること．すなわち，制御量が操作量の線形，または非線形代数方程式で表現されているとき，制御量からつくった評価関数を最小にするように，操作量を決定することで，この場合，最小二乗法や勾配法などを利用して操作量が決定される．動的最適化は，平衡状態からのずれを問題にするわけで，静的最適化は制御系の目標値を求めることにあたる．（⇒最適制御，動的最適化）

静的測定　static measurement
　測定中一定の値をもつとみなすことができる量の測定．静的という修飾語は，測定法ではなく測定量に適用される．

静的ダンプ　static dump
　機械に関連した特定の時点で，しばしば走行の終わりにダンプすることであって，通常，計算機操作員または監視プログラムの制御の下で行われる．

静電界干渉　electrostatic field interference
　外部の静電界が，機器の動作に与える現象．

静電記憶装置　electrostatic storage
　誘電体表面層上の帯電領域を用いた記憶装置．

静電気放電　electrostatic discharge
　ESD と略称し，機器に，静電気電位の異なる物体が接近または接触することによって，両者間に生じる放電．

静電遮へい（コイル・変成器の）　electrostatic shielding
　一次巻線と二次巻線および引出し部に生じる静電結合を防止するため，巻線間に導体を挿入したり，またコイルや変成器を外部から静電結合を除去するよう導体をもって遮へいすること．

静電容量　electrostatic capacity
　キャパシタンスともいい，互いに絶縁された二つの導体にそれぞれ $+l, -l$ クーロンの電荷を与えたとき，l と両導体間の電位差 V との比 l/V を導体間の静電容量という．

静電容量式圧力センサ　electrical capacitance pressure sensor
　受圧ダイアフラムと固定電極との間の距離の変化による静電容量の変化を利用した圧力センサ．

静電容量式液面計　capacitance type water gauge
　静電容量検出プローブを液中に挿入し，検出される静電容量から液量および液位を測定する装置．

静電容量レベル計　electrical capacitance level measuring device
　二つの電極間に介在する対象(液体または固体)のレベルを，電極間の静電容量を検知することによって測定する機器．電極の一方は，容器の壁面でもよい．

精　度　precision
　①測定値のばらつきの程度．ばらつきが小さ

い方が，より精度が良い，または高いという．
②ほとんど等しい値を区別する能力の尺度．例えば，4けたの数表示は6けたの数表示より精度が低い．しかし，適切に計算された4けたの数表示は不適切に計算された6けたの数表示より正確なこともある．

精　度　overall accuracy
計測器が表す値または測定結果の正確さと精密さを含めた総合的な良さ．

制　動　damping
①回路の応答で振動する成分が抑制されること．②振動の振幅を抑制すること．

制動係数　damping factor
次の微分方程式で表せる，2次線形系の係数 D の値．
$$\frac{d^2x}{dt^2}+2D\omega_0\frac{dx}{dt}+\omega_0^2x=0$$

正動作　correct operation, normal operation
リレーが動作すべき場合に動作すること．（⇒不要動作）

正動作　direct action
出力が，入力の増加とともに増加するような制御動作．（⇒逆動作）

制動（振動の）　damping (of oscillation)
エネルギーを失って，振動の振幅が時間とともに減少する状態．

制動比　damping ratio
2次線形系の自由振動において，振幅の減少する割合．

制動比　damping ratio
制動のありさまを表す無次元の定数で，応答が次の式で表されるときの係数 ζ をいう．
$$\frac{d^2y}{dt^2}+2\zeta\omega_n\frac{dy}{dt}+\omega_n^2y=\omega_n^2x$$
ここに，y：出力信号，x：入力信号，ω_n：自由振動の角周波数．

静特性　static characteristics
①時間的に変化しない測定量に対する，計測器の応答の反応．②直流または低周波で，負荷インピーダンスがゼロの状態での電子管の特性．③制御対象を完全平衡状態に保って運転した場合の制御量と操作量との関係の特性．これはまた，いろいろな大きさの正または負のステップ入力に対するステップ応答の定常特性の模様を示す特性ともいえる．静特性は，自動制御の安定や速応性には直接関係ないが，最終的な制御偏差に関係する．（⇒動特性）

精度定格　accuracy rating
機器の形式仕様によって許容される，最大誤差の限界．精度定格には，一致度，ヒステリシス，不感帯，繰返し性誤差，およびその機器の仕様に定められる関連細目による複合的影響が含まれる．（⇒規定特性曲線）

性　能　performance
機器の意図された機能が果たされる度合．

性能曲線　performance curve
性能を曲線で表示したもの．

性能係数　performance coefficient
磁気増幅器における電力増幅度と応答時間との比をいい，次式で表される．
$$D_\mathrm{p}=\frac{K_\mathrm{p}}{T}$$
ここに，D_p：性能係数，K_p：電力増幅度，T：応答時間．

性能表記　performance characteristics
静的または動的な条件下において，または特定の試験の結果として，機器の機能および能力を表す適切なパラメタとその数値との表記．

性能量　performance characteristic
機器の性能を，値，許容差，範囲などによって明らかにするために，その機器に指定された測定量，供給量または設定量の一つ．次のような量も，測定量，供給量または設定量とみなす．a)交流電圧計の周波数．b)電力計，無効電力計および位相計の電圧，電流，力率および周波数．c)信号発生器の信号源インピーダンス．d)減衰器の入出力インピーダンス，入力電力および周波数．

正のフィードバック　positive feedback
正帰還ともいい，出力を助長するように入力にフィードバックする，つまり，フィードバックによって入力が増すこと．自動制御は本質的に負のフィードバックであるが，制御系の調整が悪かったり，信号の伝達遅れが大きかったりすると，制御量のフィードバックが条件によっては正のフィードバックになることがあり，制御偏差を助長しハンチングを生じる．発信器などは正のフィードバックをかけて発振を起こさせている．このように，要素の特性を補正するような場合に用いられ，そのための部分的なフィードバックを復原という．

整　備　maintenance
アイテムを使用可能状態に修復または維持するために必要な作業で，給油・充てん，修理，改修，オーバホール，検査および状態の確認を

含む．

整備プログラム maintenance program, work program
全体を種目別または細分割して，集団的に実施するとき，所要の整備水準が達成できる理論的な一連の整備作業を規定するプログラム．

製品仕様 product specification
特定の製品について記述する性能，その他の特性の表記．

正負3位置動作 positive negative three-step action
出力が一つのゼロ位置と，二つの異符号の位置をもつ3位置動作．

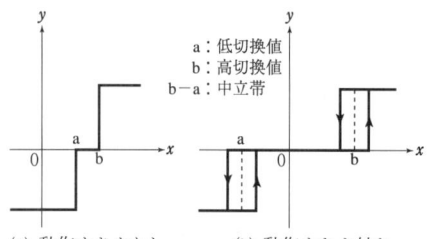

(a) 動作すきまなし　(b) 動作すきま付き
正負3位置動作（JIS B 0155）

正負条件 sign condition
あるデータ項目または算術式の代表的な値がゼロより大きいか，小さいかまたはゼロに等しいかによって真理値の決まる命題．

正不動作 correct non-operation
リレーが動作すべきでない場合に動作しないこと．（⇒不要動作）

正負動作 positive-negative action
出力が二つの異符号の位置をもつ2位置動作．

成分偏差伝送器 composition deviation transmitter
成分の物理的または化学的な特性変化の情報を伝送する機器．

精密さ precision
ばらつきの小さい程度．備考：ばらつきを標準偏差または指定した倍数で表した値を精密度，その母平均またはその推定値に対する比を精密率という．

精密船位測定装置 precise ship position measuring device
陸上からの距離を電波などによって計測して，船位を精密に測定する装置．

精密度 precision
⇒精密さ．

精密率 precision rate
⇒精密さ．

制約 constraint
変数の動きうる範囲を規定する条件式．条件付き極値問題の $g_i(X) \geq 0$ $(i=1,\cdots,m)$ が制約である．

静翼可変制御 stator blade control
軸流送風機または軸流圧縮機で可変静翼によって行う圧力またはガス量の制御．

正流 direct flow
バルブの定められた流れに沿って入口側から出口側に向かって流れる流れ．

整流 rectification
交流電圧またはパルス電圧を2極管の非直線性を利用して直流に変換すること．

整流器 rectifier
交流電圧を直流電力に整流する機器．

整流計器 rectifier instrument
交流の電流または電圧を測定するため，可動コイル計器と整流器とを組み合わせた計器．

整流式光電管 rectifier type photoelectric tube
図のように光が照射されたとき光電子を放出する光電子放出現象を行う光電管．ガス炎には不適で油燃焼用に用いられる．（⇒電子管式火炎検出器）

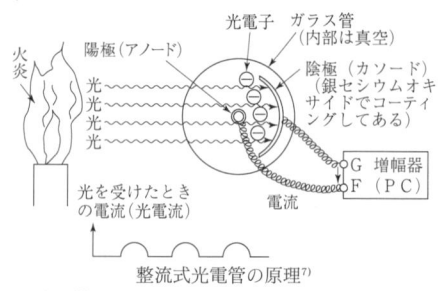

整流式光電管の原理[7]

整流装置 rectifier
交流を直流に変換する装置．シリコン整流装置，ケノトロン整流装置，セレン整流装置などの形式がある．

整流素子故障検出装置 fault detecting device of rectifier element
整流素子の故障を検出するもの．

正論理 positive logic
①送信部で電気入力データが"1"のとき光出力が"点灯"し，電気入力データが"0"の

とき光出力が"非点灯"である論理，または受信部で光入力が"点灯"のとき電気出力データが"1"で，光入力が"非点灯"のとき電気出力データが"0"である論理．②2値変数の状態1をより大きい値をもつ論理レベル（Hレベル）に対応させ，状態0をより小さい値をもつ論理レベル（Lレベル）に対応させる論理．（図参照）．⇨（負論理）

```
          ┌──── "1"
          │
 "0" ─────┘
```
正論理（JIS X 0122）

赤外線ガス分析計　infrared gas analyzer
特定のガスが赤外線を吸収する性質を利用して，特定成分のガス分析を行う計器．

積行列法　product form algorithm
単体法の計算方法の一つで，元の係数行列と各反復におけるピボット演算行列を保存するもの．一つのピボット演算行列は，掃き出し行に対応する列を除けば単位行列と同じだから，1行列（ηベクトル）だけ保存すればよい．

積空切換弁　empty and load changeover valve
貨車で，積車または空車の状態に応じて，空気通路を切換えるバルブ．

積算器　integrator
①入力信号について積分を行い，出力する要素．信号にはアナログ信号，接点信号，およびパルス信号がある．なお，表示機能が付加されているものを積算計という．②測定量の時間についての積分を行う器具．

積算計　integrating meter
積算計器のうち，測定量を時間について積分した値を表示する計器．

積算計器　integrating instrument, integrating meter
測定量の時間についての積分値を表示する計器．検出器，伝送器などがあるときは，それらも含めた器具全体を指すこともある．

積算係数　integrating factor
積算計または積算器において，カウンタ1単位の重みを示す係数．例えば×100 m³，×10 kg．

積算値　integrated value
積算の結果，求まる値．通常は，カウンタの表示値に積算係数を乗じて求める値．

積算電力計　watt-hour meter
使用した電力の合計を測定する計器．一般には誘導形交流電力計を指す．

積算範囲　integrating range
積算計または積算器において，積算を行うことができる測定量の範囲．

積分　integration
波形の積分値に比例した波形をつくること．

積分圧飽和　reset windup
積分回路の蓄積要素が飽和状態になること．これはバッチプロセスの制御量をゼロから目標値まで一気に自動でスタートさせる場合などでは，過大なオーバーシュートと長い整定時間を要することになり，プロセスに悪影響を及ぼす．（⇨アンチリセットワインドアップ）

積分圧飽和防止　anti-reset windup
＝アンチリセットワインドアップ．

積分遅れ　integral delay
例えば，ドラム水位は入力信号（流入量）を階段状に変えたとき，直線上にどんどん変わってゆく．このような動特性を積分遅れとよび，比較的よく現れる動特性の一つである．

積分回路　integration circuit
積分器ともいい，積分を行う回路．

積分器　integrator
①入力アナログ変数を，時間に関して積分した出力アナログ変数を得る演算器．②積分回路の同義語．

積分光束計　integrating photometer
1回の比較によって全光束が測定できるような装置．

積分時間　integral time, reset time
PI動作またはPID動作の制御装置にステップ入力を加えたとき，比例動作だけによる出力と積分動作だけによる出力とが等しくなるまでの時間．備考：①比例動作に対する積分動作の弱さを表すパラメータ．②積分時間の逆数をリセット率という．③積分時間を次の式に示す．

$$T_{\mathrm{I}} = \frac{K_{\mathrm{P}}}{K_{\mathrm{I}}} = K_{\mathrm{P}} T_{\mathrm{I}}$$

ここに，K_{P}：比例ゲイン，K_{I}：積分動作係数，T_{I}：積分動作時間，K_{I}：積分時間．

積分性　integral characteristics
積分要素の示す特性をいう．積分要素が幾つも続いたものや，積分要素に一次遅れや高次遅れが直列に接続された場合も積分性とよぶ．

積分性のハンティング hunting of integral characteristics

積分動作において積分時間を短くしすぎると，動作が強すぎて測定値が波を打つような現象をいう．なお，積分時間が0ではオンオフ動作となる．

積分調節器 integral controller

積分動作だけを行う調節器．

積分動作 integral action

I動作またはリセット動作ともいい，入力量（調節器の場合，システムの備考）の時間積分値に比例する大きさの出力を出す制御動作．積分動作は，フローティング動作の一つである．積分動作はオフセットをなくすることができ，原則として比例動作と組み合わせて比例積分動作として用いられる．

積分動作係数 integral action coefficient

積分動作における入力量に対する出力量の変化率（時間微分）の比．積分動作の伝達関数を示す．

$$\frac{Y(s)}{X(s)} = \frac{K_\mathrm{I}}{s}$$

ここに，K_I：積分動作係数，s：複素変数，$Y(s)$：出力関数，$X(s)$：入力関数．

積分動作時間 integral action time

積分動作における積分係数の逆数．ただし，入力変数と出力変数との次元数は同じにする．備考：①積分動作時間を次の式に示す．

$$T_\mathrm{I} = \frac{1}{K_\mathrm{I}}$$

ここに，T_I：積分動作時間，K_I：積分動作係数．②入力変数のステップ変化と出力変数とが等しくなるまでの時間で表すことができる．

積分動作制限器 integral action limiter

積分動作が，あらかじめ決められた限界（ワインドアップ，飽和）を超えることを防止する機器．

積分非直線性 integral non-linearity

①増幅器や変換回路などの入力信号に対する出力信号を表す特性曲線において，最大定格出力の点と原点を結ぶ直線からのずれの最大値を，最大定格出力で除した値の百分率．②マルチチャネル波高分析器において，入力パルス波高とチャネル番号との直線関係からのずれの最大値を，最大定格チャネル番号で除した値の百分率．

積分変換 integrating conversion

入力電圧の規定された時間中の積分値をディジタル量にする変換．積分変換を行うものに，電圧周波数変換形，デュアルスロープ形などがある．

積分飽和現象 integral windup

＝リセットワインドアップ．

積分補償 integral compensation

一巡伝達関数が定位性（積分性などの因子をもたないとき），その制御系の目標値および外乱のステップ応答にオフセットが残る．この場合，閉ループのどこかに積分要素を挿入すればオフセットをなくすることができる．このように積分要素を閉ループ内に挿入する補償をいう．

せき流量計 weir flowmeter

開水路中に設けられた指定の形状の切欠け部をもつ"せき"の上流側の液面の高さを測定することによって，せきを乗り越えて流れる流量を測定する流量計．せきの下流側の液面はせきの切欠け部の最下部より下にくるようにする．

セクタ sector

磁気ドラムまたは磁気ディスクのトラックまたはバンドのあらかじめ決められた角度方向の部分であって，アドレスが与えられているもの．

セグメント segment

ひとまとめに操作できるような表示要素の集まり．（⇒表示要素）

セション session

ネットワークアーキテクチャにおいて，機能単位間のデータ通信のために行われる接続の，確立，維持および解放に関するすべての動作．

セションサービス利用者 session service user

単一システム内の，セションサービスを使用するエンティティ全体の抽象表現．

セションプロトコル機械 session protocol machine

このプロトコルで規定した手順を実行する抽象機械．備考：セションエンティティは，一つ以上のSPM(session protocol machine)から構成される．

セションプロトコル単位識別子 session protocol data unit identifier

各セションプロトコルデータ単位を識別するために，セションプロトコルデータ単位の先頭にある情報．

絶縁 isolated

素子や回路のそれぞれの間で電気的な接続がないこと．

絶縁階級 classification of insulation
電気機器のうち，コイルその他の導電部分に施される絶縁は，その構成材料の耐熱性によって各種の規格や基準で区分され，その区分をいい，JIS で Y 種，A 種，E 種，B 種，F 種，H 種，C 種に区分されている．

絶縁形アナログ入力 isolated analogue input
入力端子が，他のすべての端子から電気的に絶縁されているアナログ入力チャネル．(⇒非絶縁形アナログ入力)

絶縁監視装置 insulation level monitoring device
回路の絶縁状態を監視する装置．

絶縁された共通点をもつ入力 input with isolated common point
入力端子の一つが，出力端子の一つと接続されているが，外箱および電源とは絶縁されている入力回路方式．

絶縁増幅器 isolated amplifier
入力回路と出力回路との間，および両入出力回路と大地との間に電気的結合のない増幅器．

絶縁抵抗 insulation resistance
絶縁物で絶縁された 2 導体間の電気抵抗．

絶縁抵抗計 insulation resistance tester
通常メガーとよばれ，発電機または電池を内蔵する定格電圧 100 V 以上の携帯用直流形抵抗計．すなわち，電気機器の絶縁抵抗を測定する計器で，100 V，200 V 電源の電気機器や電路は通常，500 V の絶縁抵抗計で測定した値で規定されている．

絶縁変圧器 insulating transformer
一つの回路と他の回路との間を絶縁することを目的とした巻数比 1 の変圧器．

接近警報装置 proximity warning device
無人搬送車類の接近を知らせる警報装置．

接近鎖錠 approach lock
信号機にいったん進行を指示する信号を現示していて，その信号機の外方一定区間に列車が進入したとき，または列車が信号機の外方一定区間に進入していて，その信号機に進行を指示する信号を現示させたとき，列車がその信号機の内方に進入するか，またはその信号機に停止信号を現示させてから，相当時分経過するまでは，列車によって進路の転てつ器などを転換できないようにそれぞれ鎖錠すること．

接近表示器 approach indicator
列車が停車場に接近したことを表示する機器．

接触角 touch sense
ロボットと物体との間の接触の有無に関する感覚．

接触画面 touch screen, touch sensitive screen
画面の一部に触れることによって，利用者がデータ処理システムと交信できる表示装置．

接触器 contactor
電動機その他の電気機器の電力回路を頻繁に開閉するための装置．電動機の始動・速度制御に使われるものは，始動時の過電流に対しても開閉機能をもつ．電磁石によって接触子の開閉操作するものを電磁接触器という．

接触抵抗 contact resistance
例えば，スイッチの接触面，リレー接点の接触面など，導体の接触面に生ずる電気抵抗．端子などの接続部分の電気抵抗も含まれる．

接続電位差 contact-potential difference
二つの物質を接触させたとき，両者間に現れる電位差であって，両者の仕事関数の差を電子電荷で割った商をいう．

接触不良 contact fault
リレー，スイッチなどの接点の接触面が悪化し，接点が導通状態にする入力があるにもかかわらず不導通または導通が不完全である状態．

接続 connect
①通信装置などを通じて，マンマシンインタフェースと主処理装置間とを論理的に結合すること．②イニシエータが，操作を指示するために，ターゲットを選択して接続すること．

接続 connection
①情報を伝えるために機能単位間に確立される関係．②モジュール間の相互作用，特に非同期手続きに対する手続き呼出しを可能にする仕組み．

接続図 connection diagram
＝電気接続図．

絶対アドレス absolute address
計算機言語中のアドレスであって，中間的な基準を使用せずに記憶場所または装置を識別できるもの．

絶対アドレス指定 absolute addressing
命令のアドレス部が絶対アドレスを含むアドレス指定の方法．

絶対誤差 absolute error
測定量または供給量の単位を用いて，代表的に表した誤差．①測定量の場合は，測定値から

真の値を引いた値．②供給量の場合は，供給値から設定値または定格値を引いた値．備考：標準抵抗器，標準コンデンサなどの値は供給値とみなす．③計算値，観測値，測定値または実現値から，真値，指定値または理論値を代数的に引いた結果．

絶対座標系 world coordinate system
ロボットとは無関係に設立された座標系．設置基準面を基本とすることが多い．

絶対停止の信号機 absolute signal
停止信号現示中，絶対にこれを越えて進入することを許さない信号機．

絶対命令 absolute instruction
最終的な，実行可能な形式になっている計算機命令．

接地 ground, earth
アースともいい，電気機器の動作の安定を図る目的で，機器と大地を同電位に保つために導線で結ぶこと．高圧電線などの接地は，人体保護が主な目的となる．

設置基準面 baseplane
ロボットが設置される面．一般に床，壁，天井などである．

接地抵抗 ground resistance, earth resistance
接地電極と大地との間の電気抵抗．使用電圧や使用目的により，種々の値がとられる．電気工作物規定では第一種，第二種，第三種，特別第三種があり，接地線の太さと接地抵抗値が定められている．

接地入力 grounded input
二つの入力端子のうち，その一方が測定用接地に直接接続されている入力方式．多くの場合，測定用接地に直接接続されている端子は共通点端子である．不平衡入力ということもある．

設定 setting
制御装置に目標値または制御動作のパラメータを与えること．

設定器 setting device
調節器の設定機構（ダイヤルやノブ）だけを別置きにし独立した構造を有する目標値の設定を行う装置．調節器の本体と設定器は電気的に接続される．

設定信号 setpoint signal
SP と略称し，目標値の設定に用いられる信号．

設定精度 setting precision
調節器で目標値を設定した場合，その設定値

が実際に作動したときの値が，目標値に対してどの程度の正確さや精密さをもつかを表す度合．例えば，ある設定温度（目標値温度）に対して，設定温度が± t ℃と表現している場合は，実際に作動する温度が目標値温度に対して± t ℃の範囲内にあることを表す．

設定値 setting value, tuning value
①調節器や制御装置に目標値として与えられた値．②調節器や制御装置の制御動作のパラメータとして与えられた値．

設定値 set value
ダイヤル，スイッチなどにより機器に設定した値．

設定値 set point
＝目標値．

設定値外送信号 set point transmission signal
調節器において設定された設定値を外部に送り出す信号．

設定値制御 set point control action
＝スーパーバイザリー制御．

設定値発生器 set point generator
時間その他の変量を関数として，調節器への設定値を発生する機器．

設定範囲 setting range
⇒定格範囲．

設定部 setting element
調節計などで，設定値を記憶する部分をいう．

設定要素 setting means
制御系において設定値を与えるための要素．プロセス制御では調節計などにおいて基準入力要素に対応した部分をいうことがある．

設定量 preset value
定量制御装置（ある定められた量を制御する装置）において目標値として与えられた値．

接点 contact
電気回路を開閉する導体の接触点．すなわち，リレー，スイッチなどにあって開閉動作を行う接触部分．

節点 node
ノードともいい，データ網において，一つ以上の機能単位が通信路またはデータ回線を相互接続する点．

接点式電圧調整器 contact type regulator
＝接点式レギュレータ．

接点式レギュレータ contact type regulator
接点式電圧調整器ともいい，接点を開閉させ

接点出力 contact output
コンタクト出力ともいい，電気接点の開閉を信号とする出力．①接点作動側からは，接点部への電源供給がない方式の接点出力をドライ接点出力という．②接点作動側では，コレクタ負荷抵抗をもたないようなトランジスタ接点をオープンコレクタという．

接点状態表示信号 contact interrogation signal
接点が開いているか閉じているかの状態を示す信号．

接点跳動 contact bounce
チャタリングともいい，接点の開閉時に生じる望ましくない開閉現象．

接点定格 contact rating
接点に流すことのできる最大電流値．

接点入力 contact input
①電気接点の開閉を信号とする入力．②スイッチの開閉によって発生する装置への2進入力．スイッチには，機械的または電気的なものもある．

接点保護 contact protection
過電流または過電圧に対する接点の保護．

接点容量 contact capacity
接点部に印加できる最大許容電圧および接点部が開閉できる最大許容電流で表される接点の能力．

セット set
回路が複数個の状態をとれるとき，そのうちの指定する一つの状態にすること．能動的な状態と非能動的な状態の2状態をとれるときは，通常能動的な状態にすること．

Z軸指令キャンセル Z-axis feed cancel
マシンプログラムのチェックなどを目的に，数値制御工作機械のZ軸だけ移動させずにプログラムを実行すること．

セットする（計数器を） to set (a counter)
計数器を，指定された数に対応する状態にすること．

セットバック setback
制御ノズルの後退を表す値．図において，b をセットバックという．

セットパルス set pulse
回路をセットするためのパルス．

ゼネレータ generator, dynamo
ダイナモともいい，自動車の電気負荷に電気を供給し，バッテリを充電するための発電機．

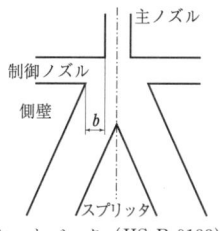

セットバック (JIS B 0133)

レギュレータなどを付属することがある．

ゼネレータコンタクト generator line contacter, generator breaker
発電機の出力回路を開閉する接触器．

ゼネレータコントロールパネル generator control panel, generator control unit
発電機系統の動作状態を監視し，発電機の動作，出力を制御し，併せて出力をバスへ接続する継電器またはコンタクトを制御する装置．

ゼネレータフィールドリレー generator field relay, field relay
発電機の界磁電流を開閉する継電器．

ゼーベック効果 Seebeck effect
2種類の導電性物質の線で閉回路を作り，二つの接合部に温度差をつけると，回路に起電力が起きて電流が流れる現象．ゼーベック効果は熱電対に利用される．

セミ・グラフィックパネル semi-graphic panel
制御パネルの上部に取り付けられ，プロセスの簡略化された線図，または線図とプロセス状態表示装置をもつパネル．（⇨グラフィックパネル）

セルフチューニング self tuning
＝オートチューニング．

セレクタスイッチ selector switch
取っ手を回し，取っ手の回転軸方向に接触子を開閉する制御用操作スイッチ．主に操作回路の切換えに用いられ，2点切換え（2ノッチ）と3点切換え（3ノッチ）がある．

セレクティング selecting
分岐接続または2点間接続において，一つ以上のデータステーションに対し，データの受信を要求する処理過程．

セレクト select
選択ともいい，指定された基準に従って文書データの中から該当する内容を選んで取り出す機能．

ゼロアドレス命令 zero address instruction
アドレス部をもたない命令であって、アドレスが暗示的に示されるとき、またはアドレスを必要としないときに用いられるもの。

ゼロエレベーション zero elevation
ゼロ正遷移レンジで、測定量のゼロが測定レンジの実下限値以上である量。ゼロエレベーションは、測定量の単位かまたはスパンの百分率かのどちらかで表される。

ゼロガス zero gas
①分析装置の最小目盛値を校正するために用いる標準ガス。②計測器のゼロ点を校正するために用いる校正用ガス。

0形の制御系 type 0 control system
制御系またはその要素が積分性または微分性をもたない(定位性をもつ)場合をいう。(⇒1形の制御系)

ゼロガバナ zero governer
2次側のガス圧をほぼ大気圧に調整するガス圧力調節器。

ゼロ基準一致性 zero-based conformity
規定特性曲線とそれを近似する校正曲線とを、レンジの下限値で一致させ、最大プラス差および最大マイナス差が等しくなるようにした場合の、近接の度合。

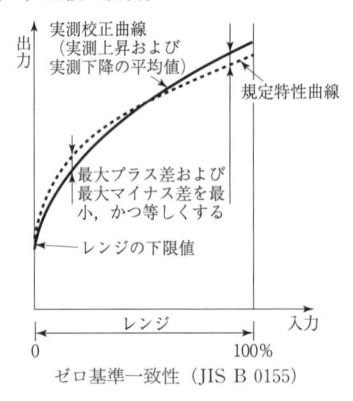

ゼロ基準一致性 (JIS B 0155)

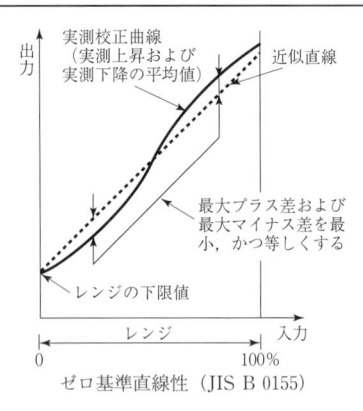

ゼロ基準直線性 (JIS B 0155)

ゼロ基準値線性 zero-based linearity
校正曲線と近似直線とを、レンジの下限値で一致させ、相互の最大のプラス差および最大マイナス差が等しくなるようにした場合の、近接の度合。

ゼロ検出器 null detector, zero detector
零位法における不平衡信号がゼロであるかどうかを検知する器具。

ゼロサプレッション zero suppression
ゼロ負遷移レンジで、測定量のゼロが測定レンジの実下限値以下である量。測定量の単位で表せば、そのゼロサプレッションは測定レンジ実下限値に等しく、また、スパンの百分率でも表せる(サプレション比)。

ゼロシフト zero shift
入力がレンジの下限値のとき、何らかの影響による出力値の変化。ゼロシフトは、通常、指定の出力スパンの百分率で表す。(⇒スパンシフト)

ゼロ充てんする to zerofill
使用されていない記憶場所に、ゼロを表す文字を書き込むこと。

ゼロ消去 zero suppression
不要なゼロを表示、印字しないか、またはゼロを特殊記号に変えて表示、印字を行うこと。

ゼロ正遷移レンジ elevated-zero range
測定量のゼロが測定レンジの実下限値より大きいようなレンジ。ゼロは、レンジの実上下限値の間、レンジ実上限値、またはレンジ実上限値より上にある。例えば
$-10V〜0V〜+10V$
$-100℃〜0℃$
$-100℃〜-20℃$
(次頁の表参照)

ゼロ調整入力 zero adjustment input
調節計や記録計などで、指示や記録ペンなどが正確にゼロ点を指すように調整する際に与える入力信号。(⇒ゼロ点調整)

ゼロ (データ処理における) zero (in data processing)
いかなる数を加えても、またはいかなる数から引いても、その数の値を変えない数。

レンジおよびスパンの関係用語の説明図（JIS B 0155）

レンジの例	呼称	レンジ	レンジの下限値	レンジの上限値	スパン	備考
0　　　+100	—	0〜100	0	+100	100	—
20　　+100	ゼロ負遷移レンジ	20〜100	20	+100	80	サプレッション比 =0.25
−25 0　+100	ゼロ正遷移レンジ	−25〜+100	−25	+100	125	—
−100　　0	ゼロ正遷移レンジ	−100〜0	−100	0	100	—
−100　−20	ゼロ正遷移レンジ	−100〜−20	−100	−20	80	—

ゼロ点　zero point
試料物質がない状態で計測装置を作動したときの，計測器，指示器または目盛の静止位置．

ゼロ点移動　zero shift
電気的または機械的な操作によりゼロ点を移動すること．

ゼロ点移動　zero point shifting
ゼロ点が何らかの原因によって移動する現象．

ゼロ点誤差　zero error
指定の使用条件の下で，入力がレンジの下限値のとき，実際の出力値と出力範囲の指定の最小値との差．ゼロ点誤差は，通常，指定の出力スパンの百分率で表す．

ゼロ点調整　zero adjustment
機器のゼロ点を電気的または機械的な操作により所定の値または位置に調整すること．一般に計器類では使用前にゼロ点調整を行うことが必要である．（⇒ゼロ調整入力）

ゼロ入力電流　quiescent current
磁気増幅器において，入力がゼロのときの出力電流をいう．

ゼロ負遷移レンジ　suppressed-zero range
測定量のゼロが測定レンジの実下限値以下であるようなレンジ．備考：ゼロは，目盛上に現れない．例えば 20〜100 kPa．（⇒ゼロ正遷移レンジ）

ゼロ抑制　zero suppression
数表示における意味のないゼロの除去．

ゼロ抑制機能　zero suppression function
印字または表示される計算結果から不要なゼロを取り除く機能．

ゼロラップ　zero lap
滑り弁などで，バルブが中立点にあるときポートは閉じており，バルブが少しでも変位するとポートが開き，流体が流れるような重なり状態．

ゼロリセット　zero reset
測定部および表示部の値をゼロに戻すこと．

遷移　transition
過渡ともいい，振幅，勾配または高次の微係数が規定した値だけ変化すること．特に規定がないときは振幅遷移という．

遷移区間　transition segment
過渡区間ともいい，規定した値だけ遷移している波形の区間．

遷移時間　transition duration
過渡時間ともいい，特に規定がない限り遷移区間の持続時間．

遷移振幅　transition amplitude
過渡振幅ともいい，特に規定がない限り遷移区間前後の振幅差．

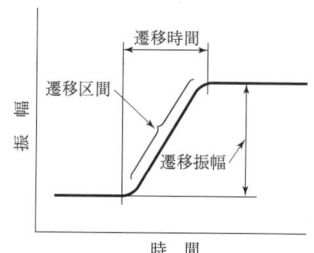

遷移振幅（JIS C 5620）

船位測定装置　position measuring device
船の位置を測定する装置．

繊維長測定器　fiber length tester, fiber sorter
繊維長（繊維〔ステープル〕の長さ）を測る測定器．

全印加電圧　total applied voltage
入力端子間に印加する電圧．通常は抵抗素子の両端に接続した端子を入力端子とする．

前縁 first transition
＝立上り区間．

全加算器 full adder
被加数D，加数Eおよび下位の数字位置から送られてくるけた上げ数Fの三つの入力，ならびにけた上げなしの和Tおよび新しいけた上げ数Rの二つの出力をもち，入力と出力とが次の表によって関係付けられる組合せ回路．

入力D，被加数	0	0	1	1	0	0	1	1
入力E，加数	0	1	0	1	0	1	0	1
入力F，けた上げ数	0	0	0	0	1	1	1	1
出力T，けた上げなしの和	0	1	1	0	1	0	0	1
出力R，けた上げ数	0	0	0	1	0	1	1	1

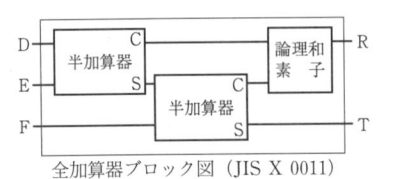

全加算器ブロック図（JIS X 0011）

線間電圧 line voltage
同一回路の電線相互間の電圧をいうが，一般的な多相交流回路では特に相隣る線間の電圧．

線間容量 line capacity
電線相互間の静電容量．

線形系 linear system
入力，状態または出力との関係が，線形方程式で記述される系．備考：特性が時間的に変化する時変線形系があるが，時間的に変化しない時不変線形系を単に線形系ということが多い．
（⇨非線形系）

線形計画法 linear programming
条件付き極値問題で目的関数が1次関数であり，制約が1次不等式または等式からなるもの．通常は，各変数が非負であるという条件がついている．

線形等化 linear equalization
直線等化ともいい，線形回路により波形等化をすること．

線形系の安定性 stability of a linear system
線形系において，外乱により定常状態の値から離れても，外乱がなくなれば再び定常状態の値に戻る性質．

線形系の条件安定性 condional stability of a linear system
線形の単一ループ系において，系が静的な開ループゲインのある範囲で安定であり，その範囲外では不安定であるような性質．

線形系の絶対安定性 absolute stability of a linear system
線形の単一ループ制御系において，静的な開ループゲインの限界値が存在し，系がそのゲインより低いすべての値に対して安定であり，より高いすべての値に対して不安定であるような性質．

線形表記法 linear notation
分類記号を形成する表記法であって，分類記号が類どうしの相互関係を表現せずに，類どうしの序列を保っているもの．

線形変換器 linear transducer
規定された振動数範囲では出力と入力とが比例する変換器．

線形リスト linear list
データ要素の線形な順序集合であって，記憶装置中で記憶位置を順次割り当てることによって，その順序が保たれているもの．

全けた上げ complete carry
並列加算において，すべてのけた上げを直ちに送ること．

全減算器 full subtracter
被減数I，減数Jおよび他の数字位置から送られてくる借り数Kの三つの入力，ならびにJとKの和とIとの，借りなしの差Wおよび新しい借り数Xの二つの出力をもち，入力と出力とが次の表によって関係付けられる組合せ回路．

入力I，被減数	0	0	1	1	0	0	1	1
入力J，減数	0	1	0	1	0	1	0	1
入力K，借り数	0	0	0	0	1	1	1	1
出力W，借りなしの差	0	1	1	0	1	0	0	1
出力R，借り数	0	1	0	0	1	1	0	1

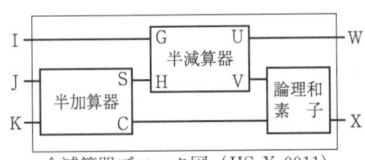

全減算器ブロック図（JIS X 0011）

せん孔カード punch card
孔パターンをせん孔することができるカード．

せん孔装置 punch
データ媒体に孔をあける装置．

せん孔タイプライタ perforating typewriter
印字と同時に紙テープにせん孔記録ができ，

読取り，かつ印字機能をもつタイプライタ．

せん孔テープ　punch tape
孔パターンをせん孔することができるテープ．

せん孔テープ読取り装置　punched tape reader
せん孔済みテープ上の孔パターンを読み取るかまたは検出して，データを孔パターンから電気信号に変換する入力装置．

先行ページング　anticipatory paging
必要とする以前の，補助記録装置から主記憶装置へのページの転送．

せん孔翻訳機　interpreter device
せん孔済みカードにせん孔された孔パターンに対応する文字を，同じカード上に印字する装置．

先行予測ガバナ　load sensing relay, load anticipator
負荷遮断を検出し，タービンの速度，出力を調節する弁を一時的に閉止して過速度を防ぐ装置．

先行読取りヘッド　pre-read head
ある読取りヘッドに隣接して置かれ，その読取りヘッドがデータを読み取る前に同じデータを読み取るために使う読取りヘッド．

センサ　sensor
検出素子ともいい，物理，化学現象に接して，その現象に対応する信号を発生する要素．例えば熱電対，測温抵抗体，オリフィス，pH電極など．すなわち，対象の状態に関する測定量を，信号に変換する系の最初の要素．

潜在価格　shadow price
線形計画法で，最適解に対する評価ベクトル．潜在価格は，基底の構成に変化なしに制約式の右辺の定数の値を1単位増加したときの目的関数の値の変化を示す．

センサ位置自動追従装置　automatic sensor positioning equipment
磁気センサを海底から一定の高さに保持する装置．

センサシグナル　sensor signal
センサが供給する情報．

センサモジュール　sensor module
感覚の機能を有する機構モジュール．

全自動帯のこ盤　band saw machine with carriage
自動バンドなどともいい，送材車を動力または手動によって送り，送材車上の工作物を主にして縦びきする帯のこ盤．テーブルを取り付け，テーブル帯のこ盤として兼用できるものもある．

全自動式　fully automatic type
自動的に始動し，また制御する方式．

全自動シームレス手袋編機　fully automatic full fashioned glove knitting machine
指先を丸く形成し，指のまたのかがりがいらず，親指を小指と反対方向（外側）に向けて編み上げられる自動手袋編機．

全自動ジャカード手袋編機　fully automatic jacquard glove knitting machine
ジャカード柄の手袋の指先を丸く成形し，指のまたのかがりがいらず，親指を小指と同じ方向（内側）に向けて編み上げられる自動手袋編機．

全自動横編機　fully automatic flat knitting machine
全般の操作を自動的に行うための各種の機能を備えた自動横編機．

全消去機能　clear all function
作業レジスタおよび記憶装置中のデータを全部取り消す機能．記憶装置のデータは取り消さない方式の計算機もある．

線上ネットワーク　linear network
ただ二つの端点と，任意の数の中間ノードがあり，任意の二つのノード間に唯一のパスしかないネットワーク．

線上ネットワーク（JIS X 0018）

洗浄弁　flush valve, flushometer valve
便器の洗浄に用い，ハンドルなどを操作すると必要な水量が吐水し，所定の水量になると自動的に閉止するバルブ．

前進回復　forward recovery
ファイルの古い版を，ジャーナルに記録されたデータによって更新し，ファイルのより新しい版を復元すること．

前進操縦弁　ahead maneuvering valve
前進タービンの回転速度を自由に変えられるように設けたバルブで，ノズル弁兼用のものと，ノズル弁とは別個に設けたものがある．

線　図　diagram, diagrammatic drawing
記号と線を用いて，装置・プラントの機能，その構成部分の間の相互関係，物・エネルギー・情報の系統などを示す図面．

船速測定装置 speed log
船の速さを測定する装置．

全速調速機 all-speed governor
＝オールスピード調速機．

選 択 select
＝セレクト．

選択回路 selective circuit
同等の電気回路が複数個あり，その電気回路をある条件の下で任意に選べる回路．

選択機能 function preselection capability
特定の制御またはキーによって複数の機能を実行できるようにする機能．

選択休止命令 optional pause instruction
計算機プログラムの実行を手操作によって一時的に中止させることができるようにする命令．

選択遮断 discriminative trip, selective trip
配電系統中，回路に短絡事故が発生した場合，それらの事故の影響を限定するため故障点に最も近い保護遮断器だけが動作すること．

選択情報量 decision content
有限個の互いに排反な事象の中から，いずれかの事象を選択するために必要な選択回数を意味する対数的尺度．数学的には，この選択情報量は，$H_0=\log n$ で表される．ここで，n は事象の個数である．

選択信号 selection signal
交換網における呼びを確立するために必要とされるすべての情報を指定する文字の列．

選択信号 selective signal
複数個ある被選択電気回路の中から，特定の電気回路を選び動作させる信号．

選択制御 selective control
複数の測定量から1個の制御量として調節器が受け入れたり，あるいは複数の調節器の出力からの1点が操作部に送られるような選択機能を有し，しかもこれらの複数の信号中の最高値または最低値が自動的に選択されるように形成される制御方式をいう．選択制御の目的はプロセス機器の保護や経済運転，あるいは計装機器の故障に対する冗長化などである．

選択点数 number of selectable points
機器または装置において，複数の入力または出力の点数から選択できる点数．

選択パラメタ selective parameter
制御文字の機能を規定するパラメタのうち，規定事項を項目で選択指定するもの．

選択呼出し方式 selective calling
ある局から特定の符号を送り，希望局だけを限って呼び出す方式．希望者は1局の場合もあり，複数局(群)の場合もある．

選択リレー selective relay
操作において任意の機器を選び出し，その選ばれた機器に指令を与える目的のために用いるリレー．

前置増幅器 preamplifier
①低レベル信号源に接続し，SN 比を劣化することなく信号が取り扱えるように，適切な入出力インピーダンスおよびゲインをもたせた増幅器．②放射線検出器の直後に接続され，インピーダンス整合や信号対雑音比の改善に用いられる増幅器．

前置表記法 prefix notation, Polish notation, parenthesis-free notation
数学上の式を構成する方法であって，各演算子はオペランドの前に置かれ，それに続くオペランドまたは中間結果に対して行われる演算を示すもの．例えば，A と B とを加え，その和に C を乗ずることは，$X+ABC$ とういう式で表される．

前置プロセッサ front end processor
計算機ネットワークにおいて，回線制御，メッセージ操作，コード変換，誤り制御のような仕事をホスト計算機に代わって処理するプロセッサ．

全抵抗値 total resistance
抵抗素子の両端に接続した端子間の抵抗値．

全電圧始動 full voltage starting
電動機に定格電圧を印加して行う始動．(⇒じか入始動開閉器)

せん頭値 peak value
再生された信号電圧の 0 V を基準にした波高値．

線度器 line standard
平面上に刻まれた目盛線間の距離によって規定の寸法を表す長さの標準器．

全二重伝送 duplex transmission
同時に両方向へ伝送が可能なデータ伝送．

全波ブリッジ形 full-wave brdige type
自己帰還形磁気増幅器の一種であって，全波ブリッジ整流器の相隣り合う辺を半波形回路で置き換えて直流出力を得る回路方式．

全ひずみ率 total distortion factor
基本波を取り除いたひずみ波の実効値の，元のひずみ波の実効値に対する比．すなわち，

基本波を取り除いたひずみ波の実効値
ひずみ波の実効値
この量は，通常，ひずみ率計を用いて測定される．ひずみ率計は基本波を除去し，高調波，電源リプルおよび非高調波のようなすべての他の成分を含めたものの実効値を示す．

全負荷 full load
所定の条件における最大の負荷．一般に銘板に示された最大負荷を指す．

全変換時間 total conversion time
1回の測定が完全に行われるのに必要な時間．備考：変換速度の逆数は，必ずしも全変換時間と等しくない．（⇒サンプリング時間）

専用回線 leased line
特定の端末相互間を特定の使用目的に使うために結ぶ回線．NTTの電話回線を直通で専用とするもの．伝送帯域を自由に使えるので，データ，写真など多種類の情報を多重化して伝送することもできる．

線路諸標 roadway post, wayside marker
線路の維持，管理および保守上必要な各種の標識類の総称．距離標，勾配標，曲線標，逓減標などがある．

線路表示器 track number indicator
突放入換標識に付属して，その入換標識がどの線路に対するものであるかを表示する機器．

線路別表示灯 track marker
多線が1線に集合する線路で，入換標識を共用するとき，その入換標識に付属して各線ごとに設けられ，集合する多線路のどの線路が開通しているかを表示する灯．

そ

層 layer
①プリント配線板を構成する各種の総称語．②ネットワークアーキテクチャにおいて，概念的に完結した，サービス，機能およびプロトコルのグループ．このグループは，階層的に並べられたグループの集合の一つであり，そのネットワークアーキテクチャに適合するすべてのシステムに横断的に適用される．

増 increase
目標値を増すこと．

増圧圧力 intensified pressure
増圧器によって増圧された，1次側圧力より高い圧力．

増圧器 intensifier, booster
入口側圧力を，それにほぼ比例した高い出口側圧力に変換する機器．

増圧シリンダ pressure intensifier
流体圧を増大するため，受圧面積の異なるピストンをもつブレーキシリンダ．

双安定素子 bistable device, flip-flop device
二つの安定な状態をもち，一方の状態から他の一方の状態に変えるのに入力を必要とする流体素子．

双安定トリガ回路 bistable trigger circuit
フリップフロップともいい，二つの安定状態をもつトリガ回路．

掃引 sweep
①タイムベースが発生する電圧または電流によって，輝点を規則的に移動させること．②振動発生装置の制御変数(通常は，振動数)がある範囲を連続的に通過する過程．

掃引時間 time coefficient
有効面内において，掃引により輝点が単位長さを移動する時間．例えば，2 ms/cm, 2 ms/div などと表す．

掃引遅延 delayed time base sweep
送信パルスを発信する時刻と掃引を開始する時刻を，外部調整つまみで変えられるようにする機能．

相回転 phase rotation, phase sequence
多相交流回路では電圧または電流はある位相差(三相の場合は120°)をもって変化しているが，その位相の変化の順序．

総括制御 multiple unit control
複数車両を一括して行う制御．

総括制御 supervisory control
＝集中制御．

相関関数 correlation function
時間的または空間的に変動する量 $f(t)$, $g(t)$ を相互に τ だけずらせたものの積 $f(t)g(t+\tau)$ の平均をずれ τ の関数として表したもの．備考：量 $f(t)$, $g(t)$ が同一の場合には，自己相関関数，異なる場合には，相互相関関数という．

相関係数 coefficient of correlation
　x,y の共分散を，x の標準偏差と y の標準偏差との積で割ったものを，x,y の相関係数という．2変数 x,y に関する n 組の測定値 (x_1,y_1), (x_2,y_2), …, (x_n,y_n) から次の式によって計算される統計量 γ を試料相関係数という．

$$\gamma = \frac{\sum_{i=1}^{n}(x_i-\bar{x})(y_i-\bar{y})}{\sqrt{\sum_{i=1}^{n}(x_i-\bar{x})^2 \sum_{i=1}^{n}(y_i-\bar{y})^2}}$$

母集団については，この式の n の代わりに母集団の大きさ N を入れて計算し，これを ρ で表し，ρ を母相関係数という．

相間電圧不平衡 voltage unbalance
　利用機器端子における各相電圧に差が生じている状態．

相互インダクタンス mutual inductance
　近接して置かれた2個のコイルがあるとき，一方のコイルに電流 I が流れるとき，他方のコイルに生じる誘導起電圧 E を電流変化率 (dI/dt) で除した値．次の式で表される．

$$M = \frac{E}{\left(\dfrac{dI}{dt}\right)}$$

ここに，M：相互インダクタンス，E：誘導起電圧の値，dI/dt：電流変化率．

走　行 job run
　＝ジョブの走行．

総合インタロック試験 unit interlock test
　ユニット全体として各種のインタロックが良好に作動することを確認する試験．

総合誤差 overall error
　①種々の原因によって生じる誤差のすべてを含めた総合的な誤差．②計器（交流回路に使用する電力量計および無効電力計）と計器用変成器とを組み合わせた場合の全体の誤差をいい，計器単独の誤差と合成誤差との代数和．

総合接続図 total diagram
　システム全体の機器や制御装置の間の具体的な接続を示す図面．現場での外部配線工事用の図面として使用される．

相互干渉 interaction
　二つ以上のフィードバック制御系が組み込まれている制御系などで，互いに作用し合うこと．相互干渉があると一般に制御系の安定が悪くなり，かつ，一方の制御が乱れるとその影響で直ちに他方に及ぶので非常に制御しにくい．このため比率制御を行う必要がある．

相互コンダクタンス mutual conductance
　制御グリッド対陽極間のトランスコンダクタンス．

相互参照 cross-reference
　あるドキュメンテーション言語において，用語または類の関係が同格関係であることを示すもの．

相互スペクトル密度 cross spectral density
　相互相関関数をフーリエ変換したもの．

相互相関関数 cross-correlation function
　時間的または空間的に変動する二つの量 $f(t)$ および $g(t)$ について，t における値 $f(t)$ と $(t+\tau)$ における値 $g(t+\tau)$ との積 $f(t)g(t+\tau)$ の平均値をずれ τ の関数として表したもの．

相互誘導作用 mutual induction
　二つの電流回路があって一方の回路による磁束が他方の回路に鎖交していれば，一方の回路の電流変化は鎖交磁束に変動を与えるので，他の回路に電磁誘導の現象で起電力が発生する．このことを相互誘導作用といい，変圧器はこの作用を応用したものである．

走　査 scanning
　複数の対象についての働きかけを，定められた規則によって順次切換えること．すなわち次のようなことをいう．①多回線の並列信号を，その内容を変えないで直列同期信号に変換すること．②ディジタル計算機などで，多数の入力点がある場合に一定の順に従って，これらの入力点をディジタル計算機などの入力部に次々に接続すること．③装置の各部の運転状態その他の計測をするのに，多数の計測点をそれぞれ1～2.5 s という速度で，自動的に順次切換えて測定していくこと．

操　作 operation
　①人力またはその他の方法によって，対象とする機器に所定の状態に変化を行わせること．②機器を使用するとき，これらを正しく機能させるために必要な行為．

操　作 manipulation
　制御装置などからの信号を操作量に変え，制御対象に働きかけること．

操作員用コンソール operator's console
　プロセスの運転用機器が設置されているコンソール．

操作開閉器 operation switch
　ボタンスイッチ，フロートスイッチ，リミットスイッチ，圧力開閉器など，機器を操作する

開閉器の総称.

操作回路 operating circuit
機器または装置に所定の動作を行わせるための回路.すなわち,インタロック回路をなす一つの回路で,論理回路の判断指示により装置の停止や,起動スイッチを入れたときに起動OKや不起動といった操作部を動作させる,あるいは起動させてはならない,といった信号をつくる回路.

走査形厚さ計 scanning type thickness meter
被測定物の走行方向と直角の方向に測定ヘッドを移動しながら測定する厚さ計.通常は,被測定物の幅方向の厚さ変化を測定するために使用する.

走査器 scanner
スキャナともいい,空間的なパターンの構成部分を逐次的に調べて,そのパターンに対するアナログまたはディジタルの信号を発生する機構.

走査空中線 antenna scanner, radar antenna
スキャナともいい,レーダの空中線とそれを回転する装置からなるレーダ構成品の一つ.

操作者 operator
①助手の介在の有無にかかわらず,個々に機器を使用する人.助手は操作者の下で機器の幾つかまたはすべての機能を操作する.②論理入力装置のメジャーを変化させ,トリガの発火を生じさせるために物理入力装置を操作する人.

操作シリンダ power cylinder
空気圧系,油圧系などに用いる直線形アクチュエータ.すなわち,シリンダ内でしゅう動するピストンにより,左右いずれかの部屋に動作流体を送って操作端を動かす機構.大きい駆動力を必要とする場合に,いわば増幅機構として用いられるシリンダ機構.

操作信号 manipulate signal
操作部に送られる信号.

操作ステーション operator's station
分散形制御システムの操作用コンソールとして用いられるインテリジェントステーション.

操作装置 manual operating device
ロボットの始動,停止,教示などを行うため,人間が操作してロボットの動作を制御するスイッチなど.

操作卓 console
＝コンソール.

走査速度 scan rate
1秒当たりのチャネル数で表される,一連のアナログ入力チャネルの問合せ速度.

操作卓 operator console
計算機の操作員と計算機との間の交信に使う機能をもつ機能単位.

操作端 actuator
広義には操作部の同義語と解釈してもよいが,狭義には操作量に直接接触し,制御系の中で,制御対象の制御量に影響を与える末端部分.例えば給水弁,ダンパなど.

操作電源 operating power source
＝制御電源.

操作電動機 pilot motor
カム軸制御器のカム軸を回転駆動する電動機.

操作ドラム control drum
主軸速度,送りなどの操作を制御するドラム.

操作盤 operating panel
運転操作および調整に必要なボタンスイッチ,切換えスイッチ,計器および表示灯などを配列したもの.

操作盤 operator control panel
計算機またはその一部を制御するために使うスイッチをもつ機能単位.計算機の機能動作に関する情報を与えるインディケータをもつこともある.操作盤は,操作卓または操作員が装置する他の操作の一部であることもある.

操作部 final controlling element
制御装置において,調節部などからの信号を操作量に変え,制御対象に働きかける部分.備考:サーボ機構などでは操作部を明確にすることができないこともある.

操作量 manipulated variable
制御系において制御量を制御するために制御対象に加える量.制御入力ともいう.

操作力 control force
制御装置に働かせる力(F_c).

操作力センサ control force sensor
パーキングレバーの操作力を検出し,ブレーキロック装置を作動準備状態にする検出装置.

操縦機能 manual operating function
人間が直接操作する機能.

操縦装置 operating device
①機械をレバー,ハンドル,ボタンなどにより操縦運転する装置.その方式には,機械的リングロッドなどによる手動機械式,手動で発生する油圧による手動油圧式,動力によって発生

した圧力油を切換制御する動力油圧式，圧縮空気を用いて制御する空気圧式，電気を用いて制御する電気式などがある．動力油圧式，空気圧式には，直接制御による直動式とパイロット制御によるパイロット式とがある．また，各方式とも各種倍力機構を併用して操作力軽減をはかったアシスト式もある．②エンジンの起動，停止および回転数制御の操作ができるレバー，ハンドルなどからなる装置．

操縦装置 flight control
航空機の運動方向，姿勢などを制御する装置の総称．

操縦弁 maneuvering valve
主蒸気タービンの回転方向を変え，また，主蒸気の流量を加減して任意の回転速度を保持するためのバルブ．

操縦ロボット operating robot
ロボットに行わせる作業の一部またはすべてを人間が直接操作することによって作業が行えるロボット．

送信ウィンドウ transmit window
トランスポートエンティティが，ある時点で，あるトランスポートコネクション上で送信するために，その同位エンティティによって認可された連続シーケンス番号列．

送信形コンパス transmitting compass
＝発信式コンパス．

送信側 sender
転送のためデータ値を符号化するための実装．

送信側セションサービス利用者 sending session service user
セションコネクションのデータ転送フェーズ中，データの送信側として動作するセションサービス利用者．

送信側セションプロトコル機械 sending session protocol machine
対象とするセションプロトコルデータ単位を送信するセションプロトコル機械．

送信側 TS 利用者 sending TS user
トランスポートコネクションのデータ転送フェーズ中，データの送信側として動作するトランスポートサービス利用者．

送信側トランスポートエンティティ sending transpot entity
TPDU(トランスポートプロトコルデータ単位)を送信するトランスポートエンティティ．

送信管 transmitting tube
大電力送信の増幅，発振，変調，整流などの目的に設計された真空管．ただし，一般にはマイクロ波管に属するものを除く．

送信機 transmitter
高出力パルスのマイクロ波を発生する装置．

送信パルス transmitted pulse, initial pulse indication
超音波パルスを発生させるために，探触子の振動子に印加する電気パルス．

相変換器 phase converter
交流の相数を変換する変換器．

相対アドレス relative address
基底アドレスからの差として表されるアドレス．

相対アドレス指定 relative addressing
命令のアドレス部が相対アドレスを含むアドレス指定の方法．

双対関係 duality
目的関数を最大にする一つの線形計画問題と，目的関数を最小にするもう一つの線形計画問題で，互いに一方の解が他の潜在価格となっている関係．双対関係にある二つの線形計画問題の目的関数の極値は一致する．例えば，x_jを変数とし，

$$\sum_{j=1}^{n} a_{ij} x_j \leq b_i \ (i=1,\cdots,m), \ x_j \geq 0 \ (j=1,\cdots,n)$$

の制限の下で

$$\sum_{j=1}^{n} c_j x_j$$

を最大にする問題 u_i を変数とし，

$$\sum_{i=1}^{m} a_{ij} u_i \geq c_j \ (j=1,\cdots,n), \ u_i \geq 0 \ (i=1,\cdots,m)$$

の制限の下で

$$\sum_{i=1}^{m} u_i b_i$$

を最小にする問題とは双対の関係にある．

相対感度 relative sensitivity
変換器のある条件における感度を，基準として選ばれた条件における感度との比較によって表したもの．基準として選んだ条件を明記する必要がある．

相対誤差 relative error
絶対誤差と，誤差を含む量の真値，指定値または理論値との比．

相対的安定度 relative stability
⇒安定度①．

相対度数 relative frequency
測定値のある値(またはある区間に属する値)

の出現度数を測定値の総数で割った値.

相対容量係数 relative flow coefficient
定格容量係数に対する容量係数の比.

装　置 apparatus, equipment
特定の目的（プロセス計測・制御において，一定の目的）を遂行するように，機器類を組織化したもの．例えば，計測装置，制御装置，監視装置，中央処理装置，電源装置など．

装　置 device
文字符号データ要素の符号化情報を送信および/または受信できる情報処理機械の一部分（通常の意味での入力装置のほか，応用プログラムやゲートウェイ機能などのプロセスの場合もある）．

装　置 equipment
ハードウェア，ソフトウェアまたはそれらの組合せ．電子計算機システム内で物理的に明確に分離されている必要はない．

装置アドレス device address
入出力装置，補助記憶装置などに付けられる装置固有のアドレス．

装置制御キャラクタ device control characters
情報処理システムやデータ伝送システムに関連する，補助装置を制御するために用いられるキャラクタの総称．

装置制御文字 device control character
計算機システムに用いられている周辺装置に対する制御機能を指定するために使われる制御文字．

装着部 applied part
診療のために意図的に患者に接触または挿入する医用電気機器の部分，ならびに内蔵する電気回路および回路に導電接続する回路の全体．

双対演算 dual operation
あるブール演算に対する他のブール演算であって，第一のブール演算のオペランドの否定を第二のブール演算のオペランドとして演算したとき，第一のブール演算の結果の否定が結果として得られるもの．例えば，論理和は論理積の双対演算である．

双動形サーボ機構 bilateral servomechanism
バイラテラルサーボ機構ともいい，サーボ機構に目標値を与えるオペレータが，現在駆動要素が負荷に供給している力の何分の1かの力を感じることのできるサーボ機構をいう．すなわち，入力側の運動を出力側へ伝達するばかりでなく，出力側に作用する力を入力側へ伝達するサーボ機構．

遭難自動通報設備 emergency position indicating radio beacon
船舶が重大，かつ，急迫の危険に陥った場合に 2182 kHz または 2091 kHz を使用し，即時に救助を求める通報を自動的に送信する設備．

相反変換器 reciprocal transducer
線形で受動的な可逆変換器．

増　幅 amplification
入力信号よりも高いレベルの出力信号を与えること．増幅を行うためには，エネルギー源をもつことが必要である．

増幅器 amplifier
①増幅するための器具．②アンプリファイアの同義語．

増幅定数 amplification factor
①陽極電流を一定に保った場合の，陽極電圧変化を制御グリッド電圧変化で割った値．②2電極間の増幅定数の同義語．

増幅部 amplifier
速度検出部によって検出される微少なエネルギーを水量調整機構を操作できるエネルギーに増幅，拡大するもの．電子管増幅管，磁気増幅器，油圧サーボ機構などがある．

増幅部 amplifying unit
信号の大きさや信号レベル（パワーレベル，ポテンシャルレベル）などを増幅する部分．自動制御系では制御動作信号などの信号レベルは，通常低いので，この信号レベルを高めるために，制御系の前向き経路に増幅部に挿入するのが普通である．

相補演算 complementary operation
あるブール演算に対して他のブール演算であって，同じオペランドに対してそれらの演算を行ったとき，第一のブール演算の結果の否定が結果として得られたもの．例えば，論理和は否定論理和の相補演算である．

相補形 complementary
極性の異なる素子を組み合わせた回路または構造を表す形容詞．

相　律 phase rule
多成分系でその状態を決定するのに必要な変数の最小の数．すなわち自由度は，成分数に2を加えたものから相の数を減じたものに等しい．

層　流 laminar flow
流体の粒子がその流線上を規則正しく運動す

る流れ．レイノルズ数が小さい場合に見られる．(⇒乱流)

測温コーン thermal cones
所定の温度で変形する材料で作られた，円すい状の温度測定器．材料は粘土，塩，その他の物質の混合物からなり，所定の温度で軟化するようにその混合比を定めてある．例えば，パイロメトリックコーン，ゼーゲルコーンなど．

測温抵抗温度計 resistance bulb thermometer
測温抵抗体を利用した電気式遠隔指示温度計．熱電対温度計に比べて低温度の測定に使用する．

測温抵抗体 resistance bulb
電気抵抗が温度によって変化する金属材料の抵抗素子を用いた温度センサ．

そく(塞)止弁 manual operated starting air valve
起動用圧縮空気を空気分配弁または起動弁に送る手動操作のバルブ．

速写ダンプ snapshot dump
一つ以上の指定された記憶域の内容の動的ダンプ．

速写プログラム snapshot program
選ばれた命令または条件に対してだけ，出力データをつくり出す追跡プログラム．

測重弁 sensing valve
車両の積載質量を空気圧に変換して，応荷重弁に伝達するバルブ．

即値アドレス immediate address
アドレス部の内容が，オペランドのアドレスではなく，値そのものであるもの．

即値アドレス指定 immediate addressing
命令のアドレス部が即値アドレスを含むアドレス指定の方法．

即値命令 immediate instruction
指定された演算に対する，オペランドのアドレスではなく，オペランドそれ自身を含む命令．

測　定 measurement
ある量を，基準として用いる量と比較し，数値または符号を用いて表すこと．

測定学 metrology
測定の基本的方法および手段を取り扱う科学．

測定確度 inaccuracy
＝最大誤差．

測定器 measuring apparatus, measuring device
測定を行う器具装置など．

測定系 system of measurement
ある量の測定を目的として，必要な機能をもつ要素を集めて対象とともに構成される系．

測定誤差 measurement error
サンプルによって求められる値と真の値との差のうち，測定によって生じる部分．

測定誤差 error of measurement
①測定値，設定値または定格値と，測定または供給した量の真の値との違い．誤差の大きさは，絶対誤差，誤差率または百分率平均誤差で表される．②ある量の測定値と真値との差．

測定時間 measuring time
変換命令が与えられたときから，完全なディジタル情報が出てくるまでの時間．(⇒サンプリング時間)

測定周期 measuring period
ある測定点において，一定時間間隔で行われる測定の，ある測定から次の測定までの時間間隔．

測定スパン measuring span
測定範囲の最大値と最小値との差．例えば

測定範囲	測定スパン
0～150℃	150℃
−50～150℃	200℃
50～150℃	100℃

測定対象 measuring object
測定される物または現象．

測定値 measured value
①ある瞬時において，測定装置から得られる情報の量．②測定によって求めた値．備考：読み値に校正係数を適用して得られる値(通常は比率単位の明確な物理量)．またはさらに統計的処理などを施した真の値とみなせる値．③メータの指示値にあらゆる関連したすべての補正係数を適用して求めたある量の真値の推定値．

測定値の試料 sample of measured values
同一条件の下でランダムに求められる有限個数の測定値の1組．備考：測定値の母集団からおのおのの測定値を，同一の確率でランダムに抜き取ったとき，その測定値の1組が，測定値の試料である．

測定値の母集団 population of measured values
同一条件の下で求められるべき，すべての測定値(無限個)の集まり．

測定値微分先行形 PID 制御 measured value derivative precede type PID control
入力信号に対して微分演算を行った出力を加算して制御出力とする PID 制御方式．

測定点 point of measurement
測定対象が空間的または時間的に広がりをもっている場合に，実際に測定を行う位置または時刻．

測定の尺度 scale of measurement
量を数値で表すために定めた，量と数値との間の 1 対 1 の対応の規則．

測定範囲 measuring range
＝測定レンジ．

測定標準 measurement standard, etalon
測定に普遍性を与えるために決めた基準として用いる量の大きさを表す方法またはもの．

測定ヘッド measuring head
線源容器(放射線源を含む)と放射線検出器の総称．補償センサや信号処理用の電子回路を含むこともある．

測定変量 measured variable
測定量ともいい，測定される量，性質または状態．一般的な測定変量としては温度，圧力，流量，速度などがある．

測定変量 variables to be measured
測定対象を特徴づける，幾つかの種類の測定量．

測定用接地端子 measuring earth terminal
測定回路，制御回路または遮へい導体に直接接続されていて，測定するときには接地する端子．

測定量 measurand
測定の対象となる量．測定量は，場合によって測定した量(measured quantity)または測定する量(quantity to be measured)のこともある．

測定量 measured variable
＝測定変量．

測定レンジ measuring range
測定範囲ともいい，測定器によって測定できる量の範囲．備考：目盛が示す測定量の最大値をフルスケール(full scale)といい，スパン(span)とは異なる．

測定レンジの実下限値 measuring range lower limit
測定するために調整された，機器の測定量の最低値．

測定レンジの実上限値 measuring range higher limit
測定するために調整された，機器の測定量の最高値．

測定レンジの調整可能下限 lower actual measuring range value
規定の誤差限界内で測定するために調整可能な，機器の測定量の最低値．

測定レンジの調整可能上限 higher actual measuring range value
規定の誤差限界内で測定するために調整可能な，機器の測定量の最高値．

測　度 measure
測定量の大きさの目安に使う量または数．一般には普遍性がない．

速度起電力 speed electromotive force
回転電気機械のコイルに誘導する起電力のうち，磁束とコイルの相対速度に基づく部分．

速度計器用発電機 tachometer generator, tachometer dynamo
回転機の軸に機械的に連結され，速度に比例した発生電圧(交流の場合は周波数も)を回転速度の測定に利用するための発電機．

速度継電器 speed relay, fast relay
特定の速度で動作するリレー．過速度リレー，同期速度リレー，低速度リレーがある．

速度計発電機 tachometer generator
車軸または主電動機軸によって，直接または間接に駆動し，速度に応じた電圧またはパルスを発生する自動制御用に使用される小形の発電機．

速度検出部 speed detector
回転数の変化を検出するもの．電源発電機とスピーダ(機械式)または周波数検出回路(電気式)などからなる．

速度信号方式 speed signal system
スピードシグナルシステムともいい，列車に運転速度を指示する信号方式．

速度スイッチ speed switch
機器の速度が予定値に達したとき動作する検出スイッチ．

速度制御 speed control
①速度を上げる，下げるまたは一定に保つ制御．②車両の走行速度の制御．

速度制御回路 speed control circuit
回路内の流れの制御によってアクチュエータの作動速度を制御することを目的とした回路．

速度制御弁（空気圧） speed control valve (pneumatic)
可変絞り弁と逆止め弁を一体に構成し，回路中のシリンダなどの流量を制御するバルブ．

速度制限器 velocity limiter
入力信号の変化率(速度)が設定限界内では，出力信号は，入力信号を出力し，入力信号の変化率(速度)が設定限界を超えると，設定した制限速度で出力信号が入力信号の値に近づいてゆく機器．

速度設定器 speed setter
タービン起動時に目標回転数を順次に設定し，タービンの回転数が目標値と一致するように制御する装置．

速度設定器 speed changer
スピーダともいい，タービンの出力軸の速度または出力を調節する目的で調速機の設定値を変化させるための装置．

速度設定偏差 speed setting
遠隔制御による場合，速度設定の目標値と実測値の最大偏差．定格回転数の百分率(％)で表す．

速度調整装置 speed adjusting device, speed changer
調速機によって設定された水車の回転数を増減する装置．並列運転中はこれで水車の出力を増減できる．

速度調定率 permanent speed variation, steady state speed variation
ある有効落差，ある出力で運転中の水車の調速機に調整を加えずに直結発電機の負荷を変化したとき，定常状態における回転数の変化分と発電機の負荷の変化分との比．

速度比（車両一般の） speed ratio
主電動機の最高使用回転速度と定格回転速度との比．

速度比（動力装置の） velocity ratio
変速装置，流体変速機などで，出力軸回転速度と入力軸回転速度との比．

速度比検出装置 velocity ratio detector
流体変速機の速度段を自動的に切換えるため，速度比を検出する装置．

速度ピックアップ velocity pickup
入力速度に比例する出力(通常は，電気的)を発生する変換器．

速度偏差 velocity error
サーボ機構にランプ入力を与えた場合に，過渡応答が減衰した後の定常状態において生ずる偏差．

側波帯 sideband
変調によって生じるスペクトル成分のうち，搬送周波数の上側または下側に現れる部分の周波数帯．側波帯内にある一つの周波数を側波周波数という．

素子 element
部品または装置を一つの機能体とみなした場合，その機能体を構成する単位．

阻子 block, blocking
動作入力の如何にかかわらずリレーを不動作にすること．

ソース出力 source mode output
無接点出力が活性化(ON)されるとき，負荷へ出力端子から電流が流出すること．なお，図中のコモンとは，電流，電圧などの共通ラインを示す．

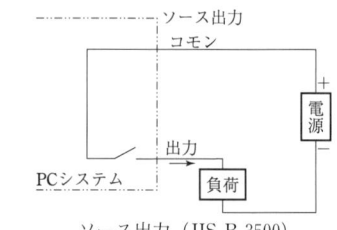

ソース出力（JIS B 3500）

ソータ sorter
多数枚のコピーをとる場合，自動的に分類とページ揃えをする装置．

ソート sort
指定された基準に従って文書データの並べ換えをする機能．

ソフトウェア software
①データ処理システムを機能させるための，プログラム，手順，規則，関連文書などを含む知的な創作．ただし，ソフトウェアは，移送に用いられる担体とは別個のものである．②処理装置をステップバイステップ制御するために計算機のプログラム記憶装置に蓄えるための1組の命令をいう．これには2進機械語命令とともにアセンブルしたりコンパイルしたりすることを要求する原始プログラム命令も含む．

ソフトウェアサーボ系 software servo system
信号処理をソフトウェアで行うサーボ系．

ソフトマニュアル soft manual
手動操作要素において，操作時間と出力とが対応している方式．

ソレノイド solenoid, electric solenoid
電磁石やマグネットともいい，電流を通じて鉄心を引き付け，また電流を断って鉄心を離す構造のもの．

ソレノイド操作 solenoid control, solenoid operated
電気ソレノイドによる操作．

ソレノイドトリップ solenoid trip
ソレノイドの励磁によってトリップ装置を手動させること．

ソレノイドバルブ solenoid valve
①電磁弁の同義語．②コントロールボックスからの信号を受けて配管内の作動流体を封じ込めた状態に保持する電磁弁．(⇒操作力センサ)

ソレノイド弁 solenoid operated valve
電磁弁ともいい，一体に組み付けた電気ソレノイドで操作される弁．通常，通電しないときはノーマル位置に自ら復帰する．

た

ダイアゴナル制御 diagonal control
互いに斜めに相対している車輪が共通の命令で制御する複数輪制御方法.

耐圧防爆構造 flameproof construction
全閉構造で,容器内部で爆発性ガスの爆発が起こった場合,容器がその圧力に耐え,かつ,外部の爆発性ガスに引火するおそれのないことが公的機関によって試験,その他によって確認された防爆構造.

ダイアフラム diaphragm
ダイヤフラムともいい,弾性を有する薄膜.すなわち,圧力を変位に変換する金属または非金属の弾性薄膜.(⇒ダイアフラムモータ)

ダイアフラム圧力センサ diaphragm pressure sensor
圧力-変位変換要素として,ダイアフラムを用いた圧力センサ.

ダイアフラム形シリンダ diaphragm cylinder
運動部分のシールにダイアフラムを用いたシリンダ.

ダイアフラムゲージ diaphragm gauge
ダイアフラムの圧力-変位変換要素の片面だけに圧力を加え,その動きによって圧力を測定する計器.

ダイアフラムモータ diaphragm motor
ダイアフラムにより空気圧をシャフトの動きに変える機構.単に"ダイアフラム"と略称されることもある.ダイアフラムモータは,スプリングの有無によりスプリング式とスプリングレス式に分かれ,また,ダイアフラムに加わる圧力の方向により正作動,逆作動の別がある.

帯域伝送方式 band transmission system
伝送路の周波数帯域が狭い場合のデータ伝送方式で,その多くは搬送波を用いる.すなわち,直流符号の形で出力されるディジタルデータで,搬送波を通信回線がもつ周波数帯域内の信号に変換してデータ伝送を行うもの.

帯域幅 band width
目標値から制御量までの閉ループ伝達関数の周波数応答のゲインが直流ゲイン(角周波数 ω =0におけるゲイン)より,例えば,3dB下がる角周波.備考:適応性の評価指数の一つである.

帯域フィルタ band-pass filter
周波数 f_1 から f_2 までを通過帯とし,ゼロから f_1 および f_2 から無限大までを減衰帯域とするフィルタ.この場合, f_1, f_2 ($f_2>f_1$)は,ゼロおよび無限大を除く任意の値とする.

第1種の誤り error of the first kind
仮説 H_0 が正しいのに H_0 を捨てる誤り.(⇒第2種の誤り)

ダイオード diode
一方向には非常に低抵抗で電流が流れやすく,その逆方向に高抵抗で電流が流れにくい特性をもった2端子半導体素子.整流作用やスイッチング作用などに利用される.

ダイオードコネクタ crystal diode connector
回路接続機能以外に電気的(ダイオード,抵抗,コンデンサ)機能を付帯したコネクタをいう.

待機 waiting
即時運転に入ることが可能な状態.

大気圧式バキュームブレーカ atmospheric type vacuum breaker
給水-給湯系統の逆サイホン作用を防止するために負圧部分へ自動的に空気を導入する機能をもち,常時圧力のかからない部分に設けるバキュームブレーカ.

大気圧センサ pressure sensor
=プレッシャセンサ.

大記憶 mass storage
データを順にも乱にも構成し維持できる媒体.

大記憶管理システム mass storage control system
大記憶フィルム処理を管理し,制御する入出力管理システム.

大記憶ファイル mass storage file
大記憶媒体に収められたレコードの集まり.

待機状態 stand-by state
=スタンバイ状態.

待機冗長性 standby redundancy
機能を果たす代替手段が必要となるまで不作動で,機能を果たしている一次手段が故障した

ときに作動する場合の冗長性.

大気放出弁 relief valve
タービントリップ時など蒸気圧力の過度の上昇を防ぐために，異常圧力によって動作し大気に放出するバルブ．

大規模集積化 large scale integration
多数個の集積回路群を1枚の基板上に相互配線し，大規模な集積化を行うこと．狭義には，1000素子以上のものはこの部類に属する．

大規模集積回路 large scale integrated circuit
＝LSI．

対 極 counter electrode
作用電極に対して用いられる電極．

台形波衝撃パルス trapezoidal shock pulse
加速度が直線的に規定値まで増加し，その値を一定時間持続し，以後直線的にゼロに減少する理想衝撃パルス．

台形パルス trapezoidal pulse
波形が台形であるようなパルス．

耐衝撃性 shock resistance
外部から機器に加えられる衝撃に対する強さ．

対称入力 symmetrical input
二つの入力端子のおのおのと，共通点端子との間のインピーダンスの公称値が等しい3端子入力回路方式．備考：①この入力回路方式は，共通点に関して，本来互いに逆相位で，等しい振幅をもつ信号を受けようとするためのものである．②平衡入力(balanced input)ということもある．(⇨非対象入力)

対象レベル言語 object level language
対象物体の取扱いレベルに対応する記述形式のプログラミング言語．

対震自動消火装置 tip-over switch, earthquake breaker, emergency shut-off device
一定の震度などを感知した場合に，自動的に燃焼を停止する安全装置．

耐振性 vibrational proof
外部から機器に加えられる振動に対する強さ．備考：振動の周波数および振幅によって強さの程度が異なるので，耐振性の表示には，周波数と振幅または耐振加速度の許容限界値を併記する．

対数ゲイン logarithmic gain
ゲインの対数．対数ゲインは通常デシベルで表す．ゲインGに対し対数ゲインは，$20 \cdot \log_{10}$ (dB)．(⇨周波数応答特性ボード線図)

対数減衰率 logarithmic decrement
振動の振幅が時間とともに指数関数的に減少するとき，相続くサイクルにおける同じ向きの最大値の比の自然対数．

台数制御 parallel system control
＝多点制御．

対数増幅器 logarithmic amplifier
入力信号の対数に比例した出力信号を与えるパルス増幅器または直流増幅器．

対数目盛 logarithmic scale
対数表示の目盛．

対数目盛 (JIS B 0155)

体積弾性率 volume elasticity, bulk modules
等方性弾性体に一様に加えられた圧力と，そのとき生じた膨張度との比．単位は $Pa(=N/m^2)$．

代替測定方法 alternative test method
光ファイバの規格に定められた特性を測定する方法であって，基準測定方法に対する代替として定められた測定方法．

外位置形シリンダ multi position cylinder
同軸上に二つ以上のピストンをもち，各ピストンはそれぞれ独立した部屋に分割されたシリンダ内で動き，いくつかの位置を選定するシリンダ．

多位置調節器 multi-step controller
二つ以上の異なる出力値をもつ調節器．

多位置動作 multi-step control action
出力が三つ以上の位置をもつような位置動作．多位置動作では段数を多くすることにより実質的に比例動作に近づく．

対地容量 earth capacitance
信号ラインと大地との間の静電容量．

耐電圧 withstand voltage
電気機器の絶縁が一定時間絶える電圧．例えば，1000 VAC 1分間(電源端子と接地端子間)．

ダイナミック応答 dynamic response
＝時間応答．

ダイナミックゲイン dynamic gain
周波数応答において入力信号の振幅に対する出力信号の振幅の比．

ダイナモ dynamo
＝ゼネレータ．

ダイナモ DC dynamo, DC generator
コンミテータによって整流し，直流出力を出

す充電用ゼネレータ．

第2種の誤り error of the second kind
仮説 H_0 が正しくないとき，H_0 を捨てない誤り．第2種の誤りの確率は，1から検出力を引いたものに等しい．（⇒第1種の誤り）

代入 assignment
変数に値を与える仕組み．この仕組みを用いることも代入という．

大入力特性 large signal behavior characteristics
信号電流のレベルによって示される特性値の差．

ダイノード dynode
2次電子放出を目的とする電極．

タイバス tie bus
電力供給の組換えを行うために，あるバスを他のバスに接続するのに用いられるバス（並行運転に用いる場合もある）．

代表根 dominant root
安定な制御系の特性方程式の特性根のうち実数部の最も大きい根をその系の代表根という．

代表振動成分 dominant oscillating component
代表根に対応した時間応答成分をいう．

タイプ1ディジタル入力 type 1 digital input
リレー接点，押しボタンスイッチなどのような機械的な接触スイッチ部品から信号を受けるためのディジタル入力．タイプ1ディジタル入力は，センサ，近接スイッチなどの無接点スイッチと共に使うのには適していない．

タイプ2ディジタル入力 type 2 digital input
2線式近接スイッチのような無接点スイッチからの信号を受けるためのディジタル入力．このクラスのものは，タイプ1の応用として使用することもできる．

タイマ timer
シーケンスタイマともいい，設定した時間を経た後，信号を出す機器．すなわち，入力信号を受けてから所定の時間後に接点と開閉するなど限時動作の機能をもった器具（リレー，スイッチなど）の総称．

タイマモータ timer motor
カム式タイマの軸を回転させる電動機．軸を一定速度で回転させる必要があるので同期電動機が用いられる．

タイミング timing
事象の発生の時点を指示すること．

タイミング入力 timing input signal
一定時間間隔または測定現象に同期した入力信号．

タイミングパルス timing pulse
タイミングをとるためのパルス．

タイムアウト time out
ある特定の事象から始まり，あらかじめ決められた時間の終わりに発生する事象．タイムアウトは適当な信号を使うことにより，発生しないようにすることができる．

タイムコントローラ time controller
定められた時間間隔または任意に定められる時間間隔で電気装置を制御する制御器．霧中信号などに用いられる．

タイムシェアリング time sharing
＝時分割．

タイムシグナル time signal
プログラム制御またはシーケンス制御における特定の時刻または時間を表す信号．

タイムスイッチ time switch
設定しておいた時間になると電気接点を開閉する構造のスイッチ．

タイムスケジュール調節器 time schedule controller
設定値または基準入力信号を，あらかじめ決められたタイムスケジュールに自動的に追従させる調節器．

タイムチャート time-chart
時間図ともいい，シーケンス制御におけるシーケンス装置の回路の動作やシーケンス装置によって制御される装置の動作で時間的な関係で示した図表をいう．（⇒シーケンス流れ図）

タイムベース time base
時間の基準となる信号を発生する回路．すなわち，輝点を規定された速度で移動させるための電圧または電流を発生する回路．備考：カウンタ（電子計数装置）では，周波数測定のためのゲート時間を決定し，または測定時間のためのクロックパルスを発生させる基準周波数発生器．

ダイヤフラム diaphragm
＝ダイアフラム．

ダイヤフラム形素子 diaphragm type device
ダイアフラムにより流れを制御する素子．

ダイヤフラム式圧力計 diaphragm pressure gage
ダイアフラムの両面に差圧が作用するとその大きさに比例してダイアフラムがたわむことを利用して圧力を測定する圧力計．

ダイヤフラム式調節弁 diaphragm operated control valve
駆動部にダイアフラムを用いた調節弁．

ダイヤフラム操作弁 diaphragm operated valve
駆動部にダイアフラムを用いたバルブ．

ダイヤフラム弁 diaphragm valve
ゴムなどの伸縮可とう性のダイアフラムで流路を開閉する構造のバルブ．

ダイヤルスイッチ dial switch
吹鳴制御装置に用いるもので，接・断・自動・手動などに切換えできる制御回転形スイッチ．

代用閉そく方式 substitute block system
常用閉そく方式を施行できないとき，その代わりに施行する閉そく方式の総称．

大容量記憶装置 mass storage
非常に大きな記憶容量をもつ記憶装置．

ダイレクトコール機能 direct call facility
＝直接呼出し機能．

ダイレクトディジタルコントロール direct digital control
＝直接ディジタル制御．

対話方式 interactive mode
プログラムを対話的に処理する方式．利用者は，個々のプログラムの動作に対して直接に応答ができ，また，プログラムの実行の開始と終了を制御することができる．

ダウンコントロールバルブ flow control valve, flow regulator valve
負荷時における下降速度を制御する流量制御弁．

ダウン時間 down time
機能単位が障害のために使用できない時間．ダウン時間は，その機能単位自体の障害によるものと，周囲の障害によるものとがあり，前者の場合にはダウン時間は動作不能時間に等しい．

多回路モジュール multi-circuit module
多数の絶縁された回路を含んでいるモジュール．入出力モジュールに関して，多数の絶縁された信号インタフェースを含んでいる．

多巻線変成器 multi-winding transformer
一つの信号を多配分するための変成器．

多極管 multi-electrode tube
単一の電子流に対する3個以上の電極で構成される電子管．

濁度計 turbidity meter
光の透過散乱などを用いて，光学的に濁度を測定する分析計．単位は ppm, mg/l などがある．

ターゲット target
①電子ビームを当てられる電極．②イニシエータから指示された操作を実行する SCSI 装置．

ターゲット式流量計 target flowmeter
管路内の中央に設置された円板にかかる流体圧力を検出して，流速を検出する方法の流量計．円板にかかる力は，流速の2乗に比例する．

多現象オシロスコープ multitrace oscilloscope
一つの電子ビームを切換えて，複数の電子現象を別々の輝線で表示し，同時に測定または観測できるオシロスコープ．電子ビームの切換えには一つの掃引が終わるごとに切換えるオルタネート表示と，1回の掃引中に多数回の切換えを行うチョップ表示とがある．

多行程モータ multi stroke motor
出力軸1回転中にモータ作用要素が複数回往復する油圧モータ．

タコグラフ tachograph
＝運行記録計．

多軸自動旋盤 multi spindle automatic lathe
複数の主軸をもつ自動旋盤．

多重化 multiplexing
データ伝送において，二つ以上のデータ送信装置がそれぞれの通信路をもつように，一つの伝送媒体を共有させる機能．

多重性 redundancy
ある機能を確実に果すため，同一または同等の機器または系統を二つ以上設けること．

多重制御 multiplex control
多くの制御対象に対して1台のディジタル計算機を用いて時分割方式で計算機制御を行う方式．

多重相互待機 multi mutual stand-by control
二つ以上の発電セットをもち，その中の何台かが運転および待機すること．いずれの発電セットを運転するかは自動的な制御の切換えによって行われる．切換えの順序は自由に選択でき

る．

多重タスキング multitasking
 二つ以上のタスクを，並行して遂行するかまたは交互配置で実行する機能を備えた操作形態．

多重チャネル multiplexer channel
 同時に動作する複数台の周辺装置と内部記憶装置との間のデータの転送を並行的に扱う機能単位．データ転送は，バイト単位またはブロック単位で行われる．

多重適合決定表 multiplehit decision table
 条件の組合せのうちの少なくとも一つが，二つ以上の規則によって満たされる決定表．

多自由度系 multi-degree-of-freedom system
 任意の時刻における系の配置を明確にするのに二つ以上の座標を必要とする系．

多重表示インジケータ multidisplay
 複数の表示を一つの表示窓に表示する警報．

多重プログラミング multiprograming
 一つの処理装置によって，二つ以上の計算機プログラムを交互配置して実行する機能を備えた操作形態．

多重プロセッサ multiprocessor
 一つの主記憶装置に共通にアクセスする二つ以上の処理機構をもつ計算機．

多重プロセッシング multiprocessing
 多重プロセッサの二つ以上の処理装置による並列処理の機能を備えた操作形態．

多重目盛 multiple scale
 目盛範囲が異なった目盛が複数表示してある目盛．備考：目盛範囲が異なった目盛が二つの場合には，二重目盛（double scale）という．

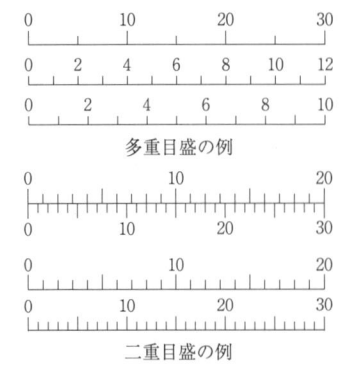

多重目盛（JIS B 0155）

多重ループ multiloop
 閉ループを二つ以上もつ制御系のループをいう．（⇒単一ループ）

多重レベルアドレス multilevel address
 ＝間接アドレス．

多数決演算 majority operation
 各オペランドが値0または1のいずれかをとり，値1をもつオペランドの個数が値0をもつオペランドの個数より多いときだけ値が1になるしきい値演算．

多数決回路 majority circuit
 組合せ論理回路で1である入力信号の個数が，0である入力信号の個数より多いとき，出力信号が1となる回路をいう．

多数決素子 majority gate, majority element
 多数決演算を行う論理素子．

タスク task
 多重プログラミングまたは多重プロセッシングの環境において，計算機によって実施されるべき仕事の要素として制御プログラムによって取り扱われる命令の一つ以上の列．

多接触リレー multi-contact relay
 多数の接点を有する補助リレー．

多層配線 multilayer interconnection
 一つの回路機能をもたせるために構成部分どうしを相互に接続する場合に配線用導体と絶縁体とを交互に積層して2層以上の導体層をもった配線．

多速度調速機 multiple-speed governor
 あらかじめ設定されたいくつかの回転数に調速できる調速機．

多速度動作 multi-speed control action
 制御動作信号の大きさによって，操作量の変化速度が三つ以上の定まった値の一つをとる制御動作．

多段制御 multistage control
 操作部が目標値と現在値との偏差に応じて段階的に動作をする自動制御．

多段速度電動機 multispeed motor, change-speed motor
 定速電動機の一種で，その回転速度を数段に変更できる電動機．

多段速度フローティング調節器 multiple-speed floating controller
 出力の変化率が，誤差信号の定められた範囲に応じた二つ以上の値をとることのできるフローティング調節器．

多段速度フローティング動作 multiple-speed floating action
　出力量の変化率が，複数の絶対値に応じたフローティング動作．

多段中継弁 step relay valve
　同一の指令空気圧に対して，2種類以上の異なる出力空気圧を得る中継弁．

立上り区間 leading edge, first transition
　前縁ともいい，パルスベースからパルスストップへの主要な遷移区間．

立上り区間半値点 first transition mesial point
　＝立上り半値点．

立上り区間ピーク半値点 first trasition peak mesial point
　＝立上りピーク半値点．

立上り区間ピークピーク半値点 first transition peak to peak mesial point
　＝立上りピークピーク半値点．

立上り時間 rise time, pulse rise time
　パルスの値が最大値に対して指定された小さいほうの値から大きいほうの値まで上昇するのに要する時間．

立上り時間 rise time
　ステップ応答において，出力がその最終変化量のあるパーセントから別のパーセント(例えば，10％～90％，5％～95％など)に変化するのに要する時間．備考：最終変化量の何パーセントから何パーセントまでかを明記する必要がある．

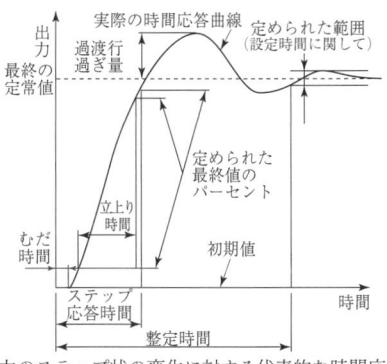

入力のステップ状の変化に対する代表的な時間応答 (JIS B 0155)

立上りパーセント点 leading edge percent point, first transition percent point
　立上り区間でのパーセント点．(⇒パルスストップ中央点)

立上り半値点 leading edge mesial point
　立上り区間半値点ともいい，波形の立上り区間内の半値点．(⇒パルスストップ中央点)

立上りピーク半値点 leading edge peak mesial point
　立上り区間ピーク半値点ともいい，波形の立上り区間内のピーク半値点．特に必要がある場合には，正ピーク半値点と負ピーク半値点に対応して，立上り正ピーク半値点(立上り区間正ピーク半値点)または立上り負ピーク半値点(立上り区間負ピーク半値点)と指定する．

立上りピークピーク半値点 leading edge peak to peak mesial point
　立上り区間ピークピーク半値点ともいい，波形の立上り区間内のピークピーク半値点．

立下り区間 trailing edge
　後縁ともいい，パルスストップからパルスベースへの主要な遷移区間．

立下り区間半値点 last transition mesial point
　＝立下り半値点．

立下り区間ピーク半値点 last transition peak mesial point
　＝立下りピーク半値点．

立下り区間ピークピーク半値点 last transition peak to peak mesial point
　＝立下りピークピーク半値点．

立下りパーセント点 trailing edge percent point, first transition percent point
　立下り区間でのパーセント点．(⇒パルスストップ中央点)

立下り半値点 trailing edge mesial point
　立下り区間半値点ともいい，波形の立下り区間の半値点．(⇒パルスストップ中央点)

立下りピーク半値点 trailing edge peak mesial point
　立下り区間ピーク半値点ともいい，波形の立下り区間のピーク半値点．特に必要がある場合には，正ピーク半値点と負ピーク半値点に対応して，立下り正ピーク半値点(立下り区間正ピーク半値点)または立下り負ピーク半値点(立下り区間負ピーク半値点)と指定する．

立下りピークピーク半値点 trailing edge peak to peak mesial point
　立下り区間ピークピーク半値点ともいい，波形の立下り区間内のピークピーク半値点．

多値制御系 multi-variable control system
多変数制御系ともいい，操作量と制御量が二つ以上ある制御系．

多値動作 multi-value control action
操作量または操作量を支配する信号が，入力の大きさにより三つ以上の定まった値のうちの一つをとる制御動作．操作量が三つ以上の定まった変化速度をもつ場合も含む．

多チャネルモジュール multichannel module
複数の入力もしくは出力または複数の入力および出力をもった入出力モジュール．

脱気器圧力調節弁 deaerator pressure control valve
脱気器の圧力を調節するバルブ．

脱気器水位調節弁 deaerator level control valve
脱気器タンクの水位を調節するバルブ．

ダッシュポット dashpot
行程の終端で作動流体が絞られた通路を移動することによって働く流体作動機器内の緩衝機構．

脱　調 power swing
電力系統での事故発生や急激な負荷の変動などで，電源からの入力がこれに応じきれないため同期が保たれなくなった状態．

タップ tap
電圧を変える目的で巻線に設けられた口出し．

タップ切換器 tap changer
タップ制御を行うカム軸制御器．

タップ制御 tap control
主変圧器のタップを切換えて行う電圧制御．

タップ（ポテンショメータの） tap (of potentiometer)
抵抗素子の中間に固定して設けた電気的接続端子．

打点間隔 dotting interval
打点記録計において，ある測定点を打点した瞬間から次の測定点を打点するまでの時間間隔．

多点記録計 multi-point recorder
各入力値を識別して記録する計器．識別の方法として色，記号などがある．

多電子銃陰極線管 multiple-gun cathode-ray tube
2個以上の分離した電子銃をもつ陰極線管．

多点制御 multi-point control
台数制御ともいい，1台の制御装置で二つ以上の制御対象を制御すること．

ターニング turning
点検，調整などのために，エンジンやタービン，送風機などを低速で回転させること．

多ビーム陰極線管 multi-beam cathode-ray tube
2本以上の電子ビームをもつ陰極線管．

タービン自動起動装置 turbine automatic starting device
各部の状態を監視しながらタービンを自動的に起動昇速する装置．

タービン制御盤 turbine control panel
タービン関係の諸装置の制御操作および監視を総括的に行う盤．

タービン追従制御 turbine following control
負荷変化に対して，まず給水量，燃料量および空気量が変化し，その結果生じる主蒸気圧力の偏差を打ち消すようにタービンの加減弁開度を変化させる制御方式．

タービンバイパス弁 turbine by-pass valve
タービンをバイパスするバルブ．

タービン流量計 turbine flowmeter
管路中に設けられた翼車の回転数によって流速を測定する方式の流量計．

ダブラ形 doubler type
自己帰還形磁気増幅器の一種であって，半波形回路を交流電源および負荷を共有するように接触し，各半波ごとに交互に動作させて交流出力を得る回路方式．

ダブルパルス double pulse
2個で1組になったパルス．

ダブルパルス列 double pulse train
ダブルパルスの繰返しで構成されるパルス列．

ダブルレンジ double range
⇒多レンジ．

多変数制御 multivariable control
複数の制御入力と複数の制御量との間に相互干渉がある系において，制御入力をまとめて操作することによって，複数の制御量を同時に制御する制御方式．

多変数制御系 multi-variable control system
＝多値制御系．

多方向スイッチ multi-directional switch
　取っ手を手で規定した幾つかの方向に起倒することによって接触子を開閉する制御用操作スイッチ．

ダミーロード dummy load
　疑似負荷ともいい，電気回路などの調整や測定時に実際の負荷を接続できない場合，実際に接続させるべき負荷に近似なインピーダンスおよび電力容量をもつ回路網などが用いられている．この負荷をダミーロードという．

多要素オシロスコープ multibeam oscilloscope
　複数の電子ビームを発生する陰極線管を使用し，複数の電気現象を別々の輝線で同時に表示できるオシロスコープ．複数の電子ビームは，その掃引を別々に制御できるものである．

他力制御 relay-operated control, power operated control, indirect control
　制御対象の検出値を電圧，電流，空気圧などの他の補助エネルギーによる信号に変換し，また操作端を動かすのに必要なエネルギーが電気や空気圧などの補助エネルギー源から与えられる制御のこと．他力制御方式は自動制御の大部分に採用される．(⇨自力制御)

他励電動機 separately excited motor
　電機子とは別々の電源によって励磁される主極の界磁巻線(すなわち他励巻線)をもつ直流電動機．

多レンジ multirange
　一つの機器にレンジが複数であること．例えば，0～100℃，0～150℃，0～200℃．備考：レンジが二つの場合は，ダブルレンジという．

多連トルクコンバータ式流体変速機 multiple torque converter type hydraulic transmission
　複数個のトルクコンバータを組み合わせた流体変速機．

単安定素子 unistable device
　一つの安定な状態をもち，入力がある間だけ出力の状態が変わる流体素子．

単安定トリガ回路 monostable trigger circuit
　一つの安定状態と一つの不安定状態をもつトリガ回路．

単安定マルチバイブレータ monostable multivibrator, one-shot multivibrator
　ゲート回路ともいい，二つの回路状態のうち一方が安定，他方が不安定で，入力信号により不安定状態になった場合，回路の定数によって定まる一定時間後に元の状態に戻るマルチバイブレータ．

単位 unit
　量を測定するために，基準として用いる一定の大きさの量．

単位インパルス unit impulse
　δ関数や衝撃関数ともいい，理想化されたインパルスで，単位面積をもったもの．

単位インパルス応答 unit impulse response
　⇨インパルス応答．

単位系 system of units
　特定の1組の基本単位およびそれと対応する組立単位の体系．特別な場合には補助単位を含む．

単位水車 unit turbine
　単位落差に換算した流量，出力，回転数をもつ水車．

単位スイッチ unit switch, individual contactor
　電空接触器ともいい，直流主回路の開閉などに用いる電磁空気操作式の気中開閉器．

単位ステップ unit step
　振幅の変化が無限小の時間内で生じ，その変化幅が単位値である理想化されたステップ．

単位ステップ応答 unit step response
　⇨ステップ応答．

単一速度フローティング調節器 single-speed floating controller
　誤差信号の符号に応じて，出力が一定の変化率で増減するフローティング調節器．備考：制御動作を行わない誤差信号の中立帯が用いられる場合がある．

単一速度フローティング動作 single-speed floating action
　出力量の変化率が，単一の絶対値に応じたフローティング動作．

単一表記法 pure notation
　アルファベット，数字などのようなただ1種類のシンボルを用いる表記法．

単一パルス single pulse
　1個だけ単独にあるパルス．

単一フィードバック single feedback
　⇨フィードバック制御，フィードバックループ．

単一命令操作 single step operation
　逐一命令操作ともいい，一つの計算機命令またはその一部分が，外部信号に呼応して実行さ

単ループ single loop
閉ループをただ一つもつ制御系のループをいう．(⇨多重ループ)

単位方式 unit system
圧油装置，潤滑油装置，空気圧縮装置などを各水車ごとに単独に設ける方式．備考：この意味は発電用に限定される．

単位列 unit string
ただ一つの要素をもつ列．

ターンオフ turn off
回路素子が能動状態と非能動状態または導通状態と非導通状態とを取れるとき，能動状態または導通状態（オン状態）から非能動状態または非導通状態（オフ状態）へ遷移すること．

ターンオフ時間 turn off time
ターンオフに要する時間．特に規定がない限り，ターンオフ動作の始まりから最終値の90％の値になるまでの時間．

ターンオン turn on
回路素子が能動状態と非能動状態または導通状態と非導通状態とを取れるとき，非能動状態または非導通状態（オフ状態）から能動状態または導通状態（オン状態）へ遷移すること．

ターンオン安定時間 turn-on stabilizing time
装置に電圧が加えられた瞬間から仕様どおりの動作が可能となるまでの時間間隔．

ターンオン時間 turn on time
ターンオンに要する時間．特に規定がない限り，ターンオン動作の始まりから最終値の90％の値になるまでの時間．

断火 flame failure
異常消火ともいい，燃焼に異常が生じて火炎が消えた状態またはこれに近い状態．

断火応答時間 flame failure response time
＝異常消火応答時間．

炭化水素自動計測器 continuous hydrocarbon analyzer
大気中の炭化水素濃度を自動的に計測する装置．水素炎イオン化検出方式（全炭化水素測定方式，非メタン炭化水素測定方式および活性炭化水素測定方式）の自動計測器が規定されている．

単巻変成器 autotransformer
一つの連続した巻線をもち，その一部が1次側と2次側の回路に共通となる構造をもつ変成器．

段間変成器 interstage transformer
トランジスタ増幅器または電子管増幅器で，インピーダンスが異なる二つの線路を接続するときに昇圧，降圧またはインピーダンス整合に用いる変成器．

単軌条軌道回路 single-rail-track
片側レールにレール絶縁を用いた軌道回路．

単極 monopolar
1個の電極を用いてその局在部位を中心に信号またはエネルギーを授受すること．

単極性パルス unipolar pulse
ベースラインからの主要な変位が正，負いずれか片方の極性だけに限られているパルス．

単極性パルス列 unipolar pulse train
パルスの極性がすべて同一であるパルス列．

タンク油量計 tank oil gauge
タンク内の油量を計測する計器．

単項演算 monadic operation, unary operation
ただ一つのオペランドに対する演算．

単項演算子 unary operator
算術式中で，変数または左括弧の前に付ける正号（＋）または負号（－）であって，それぞれ算術式に＋1または－1を掛ける効果をもつ．

単座形 single seated type
一つの弁座で流れを開閉または調整する形式．

単座形調節弁 single seated control valve
一つの弁座をもつ調節弁．

探索 search
与えられた性質をもつデータ要素を見付けるために行う．ある集合に属する一つ以上のデータ要素の検査．

端子 terminal
①機器そのものの一部をなし，外部電線を接続する部分．②外部と接続するために利用できる構成部分であって，信号またはエネルギーの出入口として用いられるもの．③外部回路が接続される部分．

短時間運転 short-time operation
指定された方法で短い時間運転する状態．

短時間定格 short time rating
指定された短時間の間だけ，一定条件で使用する場合の定格．

短時間定格出力 short time rated output, short time rating
あらかじめ定められた時間の間，連続して出すことができる定格出力．

短時間定格リレー short time rating relay
所定の負荷，電圧および周囲条件に応じて短時間作動させるリレー．

単式信号機 single wire signal
1本の鋼線によって操作される信号機．

単軸自動旋盤 single spindle automatic lathe
主軸が1本の自動旋盤．主軸台が主軸の軸方向に移動することによって送り運動を行うものを主軸台移動形といい，これに対して，普通の主軸台が固定され工具が運動するものを主軸台固定形という．

端子抵抗値 terminal resistance
しゅう動接点へ接続した端子と他の端子との間で測定される抵抗値．

端子電圧 terminal voltage
電気回路や電気機器の端子間の電圧．

短縮アドレス呼出し abbreviated address calling
呼を開始するときに，利用者がアドレスの総文字数より少ない文字数のアドレスを使用できる呼出し．

単純階層 mono-hierarchy
ドキュメンテーション言語の特性であって，ある一つの段階では各用語に唯一の上位語しか指定しないこと．階層付けられた用語において各用語が，直属の上位語を指定していること．

単純型 simple type
その値の集合を直接指定して定義する型．(⇒論理型)

単純緩衝法 simple buffering
計算機プログラムの実行の間中，緩衝記憶装置を割り当てておく技法の一つ．

探傷感度 working sensitivity
パルス幅，ゲインなどを，目的に応じて適度に調整した感度．

弾性復原部 flexible return, compensation
サーボモータの動きを速度検出部または増幅部に一時的に復原し，サーボモータの行過ぎを防ぎ安定に制御するもの．一時的に復原する方法としては，機械式調速機ではダッシュポット，電気式調速機では RC 回路を用いる．

単線結線図 skeleton diagram
配線，電気機械器具などの電気的なつながりを，相数や線数に関係なく1本の線で書き表した結線図．(⇒複線接続図)

単掃引 single sweep operation
入力信号または外部同期信号により掃引が1回だけ行われ，それ以後の掃引は外部からリセットされるまで阻止される掃引．

単相運転 single phase operation
三相電源を電源とする電動機が欠相のまま運転が行われること．(⇒単相防止)

単相三線式 single-phase three-wire system
低圧回路で変圧器の2次側の中性点を接地し，そこから中性線と電力線2条と併せて3条で電力を供給する回路．

単相変圧器 single-phase transformer
単独で，単相の電力を変成する変圧器．

単相防止 single phase protection
単相運転になったとき電動機を停止させること．

単相誘導電動機 single-phase induction motor
単相電源によって動作する誘導電動機．

断続継電器 flashing relay, flasher relay
コイルに信号電流が流れている間，所定の周期で接点の開閉を繰り返すリレー．警報発生時に表示灯(警報灯)を明滅させる場合などに用いられる．

単速度動作 single-speed floating action
制御動作信号がある特性の範囲(中立帯)を超えたとき，一定の速度で操作量を増減する制御動作．

断続短時間動作 intermittent and short-time operation
規定時間の動作とそれに続く15分間の非動作とが繰り返される動作状態をいう．

単速度式 single speed type
単一回転数で運転する方式．

単側波帯伝送 single-sideband transmission
振幅変調方式において，上または下側波帯の片方だけを伝送すること．実際には，搬送波の一部または全部を除去する場合が多い．

単体判定基準 simplex criterion
単体法の反復過程において基底の構成の変化なしに各非基底変数を1単位増加したときの目的関数の変化量が非負であるかどうかを用いて最適性を判定する方法．

単体表 simplex tableau
単体法の計算のための表．例えば，単体表は，次の四つの方程式を表している．

$x_0 - 7x_1 - 12x_2 = 0$
$\lambda_1 + 9x_1 + 4x_2 = 360$
$\lambda_2 + 4x_1 + 5x_2 = 200$
$\lambda_3 + 3x_1 + 10x_2 = 300$

単体表（JIS Z 8121）

基底変数		x_0	λ_1	λ_2	λ_3	x_1	x_2
x_0	0	1				-7	-12
λ_1	360		1			9	4
λ_2	200			1		4	5
λ_3	300				1	3	10

単体法 simplex method
シンプレック法ともいい，線形計画問題の解決の一つで，一つの可能基底解から出発し，適宜基底変数の入換えとそれに伴うピボット演算を行って目的関数の値の最大（または最小）にする基底変数とその値を求める方法．可能基底解から出発できない場合は，2段階単体法その他適当な方法を適用する．

ターンダウンレシオ turn-down ratio
＝レンジアビリティ．

探知 detection
探索の結果，目標物を知覚すること．

単適合決定表 single-hit decision table
条件の組合せのどの一つも，ただ一つの規則においてだけ満たされる決定表．混合のおそれのない場合は，これを単に決定表とよんでもよい．

タンデム接続 tandem connection
＝PR 接続．

端点 end point node, peripheral node
一つの枝の終端だけであるノード．

単動シリンダ single acting cylinder
流体圧をピストンの片側だけに供給することができる構造のシリンダ．

端度器 end standard
両端の面間距離によって規定の寸法を表す長さの標準器．

単独運転 single operation
数個の機器類をおのおの独立に行う運転．

単独計器 single measuring instrument
計器用変成器と組み合わせないで単独で使用する計器．

単独車輪制御 individual wheel control
ブレーキマスタシリンダで発生した力を各車輪ごとに調節する制御方法．

ダンパ damper
風道または煙道を通過する風量またはガス量を調節する装置．

ダンパ damper, absorber
エネルギーを消散させる方法によって衝撃または振動の振幅を軽減するのに用いる．すなわち，制御系の振動を抑制するために用いられる．

ダンパ制御 damper control
回数数は一定としておき，送風機の吐出し側または吸込み側のダンパによる圧力またはガス量の制御．

ダンプ dump
ダンプされたデータ．

ダンプする to dump
記憶装置またはその一部の内容を通常，内部記憶から外部媒体へ書き込むことであって，例えば，記憶装置を他へ転用したり，障害もしくは誤りに対して防御するなどの特定の目的のために，またはデバッグとの関連において行われるもの．

ダンプ弁 dump valve
オフ位置で全ポートを閉じ，オン位置で全ポートを互いに接続するような2個以上のポートをもち，系統内のある部分の圧力を急速に放出するために用いる2位置制御弁．

タンブラスイッチ tumbler switch
反転スイッチつまみを起伏させることにより開閉させるスイッチ．

ダンプルーチン dump routine
ダンプするユーティリティルーチン．

単方向伝送 simplex transmission
あらかじめ指定された一方向だけの伝送が可能なデータ伝送．

単巻変圧器 autotransformer
一次・二次巻線が分離・絶縁されることなく，一部が共通になっている変圧器．

単要素式水位制御 single element water level control
水位のみを検出し，その変化に応じて給水量を調節して水位を所定範囲に維持する最も簡単な水位制御方式．一般には水位検出信号に応じて給水ポンプをオンオフさせるいわゆるオフ動作が用いられる．（⇒二要素式水位制御，三要素式水位制御）

短絡 short circuit
電位差がある電気回路の2点が直接電気的につながれた状態．普通，回路が短絡すれば大きな電流が流れ，機器を破損するから注意を要する．

短絡継電器 short-circuit relay
カム軸電動機回路を開放または短絡してカム軸を作動する継電器.

短絡電流 short-circuit current
事故または誤結線によって,短絡回路を流れる過大電流.

短絡保護付出力 short-circuit proof output
一時的な過負荷電流に対して保護対策が施されている出力.

短絡渡り short circuit transition
直並列制御で,一部の主電動機を短絡した後,直列から並列に切換えること.

断流器 line breaker
遮断器ともいい,主回路の過電流および常時電流を遮断するのに用いる装置.

単ループ制御系 single loop control system
1個の制御量あるいはこの制御量と目標値との偏差に,制御演算を行い,その結果を1個の操作量としてプロセスに出力する制御系をいう.制御演算にはオン-オフ制御も含まるが,プロセス制御で最も一般に用いられるのは PID 制御である.

断路器 disconnector
定格電圧の下で負荷電流の開閉をたてまえとせず,充電された電路を開閉するために用いられる気中開閉器.

ち

値域を定める to range
量または関数がとりうる値の範囲を定めること.

チェッキ弁 check valve
＝逆止め弁.

チェックポイント checkpoint
計算機プログラム中の一つの場所であって,検査が行われ,または再始動のためにデータの記録が行われるところ.

チェレンコフ検出器 Čerenkov detector
チェレンコフ効果によって放出された光を検出することによって,高速荷電粒子を測定できるようにした放射線検出器.

遅延 delaying
波形をある時間幅だけ遅らせること.

遅延回路 delay circuit
①信号に遅れを生じさせる目的で使用する回路.②遅延させる回路.

遅延サーモスイッチ delay thermo-switch
燃焼機器の機能上遅れ,時間を必要とするときに用い,温度で作動するスイッチ.

遅延時間 delay time
①入力パルスが加わってから,出力パルスが最大振幅の10％の値に達するまでの時間.なお,図中,t_d:遅延時間,t_r:上昇時間,t_{stg}:蓄積時間,t_f:下降時間.②遅れ時間の同義語.

遅延準備掃引 delaying sweep
二つのタイムベースがあり,トリガパルスにより起動された第1のタイムベースによる掃引が,第2のタイムベースによる掃引の開始を,設定された時間だけ遅らせるために使用されるとき,第1の掃引をいう.

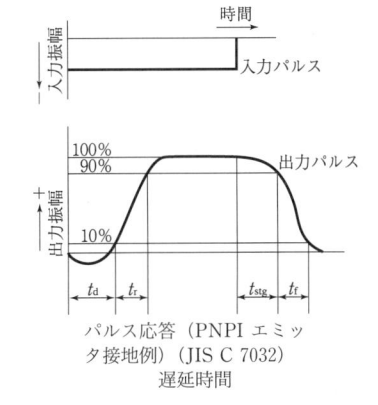

遅延線 delay line
①ディレイラインともいい,コイルとコンデンサで構成された回路の中を電気信号が伝達するときの時間の遅れを利用した部品.②信号の伝送において,目的とする遅延を生じるように設計された線または回路網.

遅延掃引 delayed sweep
トリガパルスが加えられた後,設定された時間だけ遅れて開始される掃引.

遅延素子 delay element
ある与えられた時間間隔の後,先に入力され

パルス応答(PNPI エミッタ接地例)(JIS C 7032)
遅延時間

た入力信号と本質的に同じ出力信号を出力する機構.

遅延弁 delay valve
入力信号が加わると,設定した一定時間経った後,作動するリレー弁.

遅延要素 delay element
流体抵抗,流体容量などを用いて信号の伝達を遅らせる要素.

遅延リレー delay relay
時延リレーともいい,所定の時間遅れをもって応動することを目的としたリレー.すなわち,ソレノイドが励磁または消磁されてから,一定時間経過した後に接点を開閉する構造の電磁リレー.

力　覚 inner force factor
ロボットの動作に関する力の感覚.

力フィードバック force feedback
ロボットの動きを制御するために力覚の情報をフィードバックすること.

力平衡 force balance
装置に入力として作用する力と,出力の一部を変換して発生させた力とが,平衡位置で定常動作を行わせるようにすること.

置換キャラクタ substitute character
無効または誤りとなったキャラクタを自動的に置き換えるのに用いる置換用の特殊機能キャラクタ.

置換法 substitution method
測定量と既知量とを置き換えて2回の測定結果から測定量を知る方法.

蓄圧器 accumulator
＝アキュムレータ.

逐一命令操作 step-by-step operation
＝単一命令操作.

逐　次 sequential
＝順次.

逐次比較形 succesive approximation type
ディジタル表示に対応する電圧を発生する帰還電圧発生器を備え,それが発生した電圧を入力電圧と比較し,この両者が等しくなるように一定のプログラムに従って上位のけたから逐次変換を行い,最下位のけたに至って変換を終了する形式.

蓄積管 storage tube
①情報の記録,保持,読取りおよび消去などの作用を行うことができるように設計された電子線管.②リフレッシュすることなく表示画像を保持することができる陰極線管.

蓄積時間 storage time
入力パルスが終ってから出力パルスが最大振幅の90％に減少するまでの時間.（⇒遅延時間①）

地上設定 remote data input
車両運行制御装置またはそれに接続された設定器によって,動作(作業)指令を設定すること.

置数クリア clear entry
＝置数訂正.

置数消去機能 clear entry function
計算器に入力し,まだ処理していないデータを取り消す機能.

置数制限 high or low amount lockout
入力できる数値または数値のけた数を制限すること.

置数訂正 clear entry
置数クリアともいい,置数した数値を取り消すこと.

窒素酸化物自動計測器 continuous nitrogen oxides analyzer
大気中または排ガス中の窒素酸化物濃度を連続的に測定する自動計測器.

チップ chip
受動素子,能動素子もしくは集積回路が作り付けられた,または作り付けることを前提とした,半導体または絶縁物の細片.

知　的 intelligent
内蔵された処理機構によって,部分的または全体的に制御される装置や単位機能に関する用語.

知的機能 intelligent function
検出,記憶などを媒体として判断,認識,適応,学習などをつかさどる能力.知的機能は現代のロボットのもつべき機能である.（⇒人工知能,知能ロボット）

知能ロボット intelligent robot
人工知能によって行動決定できるロボット.

チャタリング chattering
弁体が繰り返して弁座をたたく不安定な状態.

チャタリング contact bounce
＝接点跳動.

着火失敗トリップ装置 ignition-failure tripping device
起動の際,燃料を噴射開始した後,規定時間後もなお着火しない場合,トリップして起動操作を中止させる保安装置.

着呼受付信号 call-accepted signal
呼び出されたデータ端末装置が，到達した呼出しを受け付けること示すために送る呼出し制御信号．

着呼受付不可信号 call-not-accepted signal
呼び出されたデータ端末装置が，到着した呼出しを受け付けないことを示すために送る呼出し制御信号．

チャート chart
＝チャート紙．

チャート紙 chart
チャートともいい，タコグラフ用記録紙．

チャネル channel
一方向の通信信号の伝送路．

チャネルセパレーション channel separation
ある回路の出力端における基準出力レベルと，基準出力レベルにおいて動作している別の回路から，その回路に混入する不要成分との，出力端におけるレベル差．

中央位置 middle position
3位置弁の中央の弁体の位置．

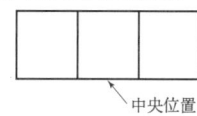

中央位置（JIS B 0142）

中央処理装置 central processing unit
CPUと略称し，制御部と演算・論理部を含むコンピュータの単位機能．例えばプロセッサ，マイクロプロセッサ．

中央制御 central control
＝集中制御．

中央制御室 main control room
諸機械を集中管理制御する室．

中央値 median
＝メジアン．

中央点 center point
規定した時間中点における波形上の点．

中 核 nucleus
常駐制御プログラムともいい，制御プログラムの，主記憶装置中に常駐する部分．

中間位置 intermediate position
初期位置と作動位置の中間の任意の弁体の位置．

中間装置 intermediate equipment
データ端末装置と信号変換装置との間に位置する補助的な装置であって，変調の前または復調の後において付加的な機能を果たすもの．

中間阻止弁 intercept valve
＝インタセプト弁．

中間タップダブラ形 center-tap doubler type
自己帰還形磁気増幅器の一種であって，二つの半波形回路の交流印加電圧の大きさが等しく，位相が180°異なるようにし，負荷を共有させて直流出力を得る回路方式．

中間ノード intermediate node
二つ以上の枝の終端を兼ねるノード．

中間バイト intermediate byte
①エスケープシーケンスの中で制御機能エスケープと終端バイトとの間にくるビット組合せ．②制御シーケンスの中で，制御機能制御シーケンスイントロデューサと終端バイトまたはパラメタバイトと終端バイトとの間にくるビット組合せ．

中間目盛 partial scale
目盛範囲にゼロ点を含まない目盛．例えば200〜1000℃，−150〜−50℃．

中間文字 intermediate character
三つ以上のビット組合せからなるエスケープシーケンスの中で，そのビット組合せが制御文字エスケープのビット組合せと終端文字のビット組合せとの間にくる文字．

抽気圧力制御運転 operation controlled by extraction pressure
抽気タービンで，抽気圧力制御装置によって抽気圧力を規定値に制御して行う運転．

抽気圧力制御装置 extraction pressure governor
抽気圧力を一定に保つために蒸気および抽気加減弁を制御する装置．

抽気加減弁 extraction control valve
抽気タービンの抽気圧力を一定に保つため，抽気段以降の蒸気量を加減するバルブ．

抽気逆止め弁 extraction check valve, reverse current valve
抽気管およびこれに連なる給水加熱器などから水蒸気・水がタービンへ逆流するのを防止するためのバルブ．

注記行 comment line
標識領域に星印（＊）を書いた原始プログラムの行であって，その行のA領域およびB領域には計算機の文字集合の任意の文字列を書ける．注記行は，プログラムの文書化のためだけにあ

る．

注記項 comment-entry
計算機の文字集合から任意の文字を組み合わせて見出し部に書く記述項．

中規模集積化 medium scale integration
大規模集積化よりも，低次の集積化を行うこと．狭義には100素子以上で1000素子未満のものはこの部類に属する．

中規模集積回路 medium scale integrated circuit
MSIともいい，中規模集積化した集積回路．

抽気リレーダンプ弁 relay dump valve
＝リレーダンプ弁．

中継信号機 repeating signal
場内信号機，出発信号機または閉そく信号機に従属して，その外方で主体の信号機の信号現示を中継する信号機．

中継信号標識 repeating signal marker
色灯式中継信号機であることを表す標識．

中継弁 relay valve
指令空気圧の変化を中継して，大容量の圧縮空気の給排などを行うバルブ．

注　釈 comment
プログラムの本文中に含まれているが，そのプログラムの実行には影響を与えない言語構成要素．注釈はプログラムの注意事項を説明するのに用いられる．

抽出する to extract
項目のグループから一定の基準に合う項目を選んで取り出すこと．

抽象構文 abstract syntax
①データ型を定義し，データ型の値を規定する表記法．ただし，プロトコルによる転送のための表示(符号化)の方法は規定しない．②符号化技法に依存しない記法による応用層データまたは応用プロトコル制御情報の仕様．

中性点 neutral point
交流電源で電位がゼロになる点．三相交流のY結線の接続点，単相三線式の接地線などがその例である．

中性点接地方式 neutral grounding system
中性点を直接または高抵抗やリアクトルを通じて接地する方式．

中置表記法 infix notation
演算子の優先順位の規則によって支配され，括弧のような区切り記号を用いる数学上の式を構成する方法であって，演算子はオペランドの間に置かれ，各演算子は隣接するオペランドまたは中間結果に対して行われる演算を示すもの．例えば，AとBとを加え，その和にCを乗ずることは，$(A+B) \times C$という式で表される．

中目盛線 among-scale mark
計器の指示を読み取りやすくするために，必要に応じて子目盛線の一定数ごとに子目盛線に代えて設けられる目盛線で，長さまたは太さなどを変えて子目盛線と区別したものをいう．

中立位置 neutral position
位置の数が三つ以上あるバルブで，指定された中央の弁体の位置．

中立帯 neutral zone
①正負3位置動作における二つの切換値の間の領域．②3位置動作における二つの切換値の間の領域．図中，a：低切換値，b：高切換値，b－a：中立帯．（⇒不感帯）

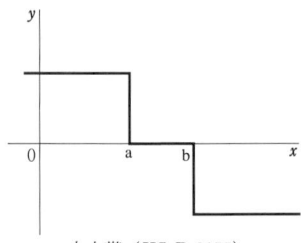

中立帯（JIS B 0155）

チューニング tuning
制御または制御ループが，望ましい特性または応答を示すように，補償要素・制御装置のパラメータの値を調節すること．

調圧器 pressure governor
元空気だめの圧力を一定範囲に保つため，空気圧縮機の送出し作用を制御する機器．

超音波 ultrasonic wave
周波数が20 kHz以上の音波．

超音波厚さ計 ultrasonic thickness meter
超音波によって試験体の厚さを測定する装置．ディジタル表示超音波厚さ計，表示器付き超音波厚さ計，電磁超音波厚さ計がある．

超音波液面計 supersonic type level gauge
パルス音波の反射時間によって液面の位置を測定する計器．

超音波センサ ultrasonic sensor
超音波を用い，これを遮断することによって物体の存在を検出するセンサ．

超音波流量計 ultrasonic flowmeter
超音波と流体の動きとの干渉によって，流速を検出する方式の流量計．

超音波レベル計 ultrasonic level measuring device
超音波エネルギーのビームを発射し，表面または界面からの反射波が帰ってくまでの時間を測定して，対象(液体または固体)のレベルを求める機器．

聴　覚 acoustic sense, sence of hearing
音響的情報に関する感覚．(⇒感覚制御)

ちょう形弁 butterfly valve
流水方向に直角に設けられた軸を中心として，円板形の弁体が回転する弁．

超言語 metalanguage
言語を規定するために用いる言語．

超小形組立回路 microassembly
個別部品どうし，集積回路どうしまたは個別部品と集積回路とを組み合わせて，構成部品を交換不能の形に高密度に組み立てた回路であり，これを組立および実装する以前に，個々について試験(検査)することができるもの．

超小形電子回路 microelectronic circuit
超小形電子技術を用いて組み立てた回路．

長時間スペクトル long-time spectrum
十分長い時間区間内のスペクトル．信号の長時間にわたる平均的な性質を記述するのに用いられる．

調心ローラ belt training roller, belt training idler
自動調心ローラともいい，ベルトの片寄りを調整するローラ．

調　整 adjustment
量・状態を一定に保つか，または一定の基準に従って変化させること．

調整器 regulator
＝レギュレータ．

調整弁 regulating valve
①バルブの作動に必要な動力を検出部を通して制御対象から受けるバルブの総称．②流体の流量や圧力を設定値に維持するバルブ．

調節器 blind controller
量を指示することなく，これを自動的に調節する機能をもつ器具．

調節器 controller
制御量の値と目標値とを比較することによって，それらの間の偏差をなくすために，対象となっているものに自動的に所要の操作を加える機器．

調節器 feedback controller
＝フィードバック調節器．

調節計 automatic controller
＝自動調節計．

調節計 controller
制御演算部を構成する要素．

調節計 indicating controller
制御量の値を表示する機能をもつ調節器をいう．

調節式リストリクタ弁 adjustable restrictor valve
外部から圧力降下を調節できるリストリクタ弁．

調節信号 control signal
＝制御信号．

調節部 controlling element
制御演算部ともいい，制御装置において，目標値に基づく信号と検出部からの信号を基に制御系が所要の働きをするのに必要な信号を作り出して操作部へ送り出す部分．

調節弁 control valve
①プロセス制御システムの操作端の一つとして作動するバルブ．プロセス流体の流量を変更するための内部機構とバルブ本体から構成される．バルブ本体は，調節器から送られた信号によって応答する1台以上の駆動部に連結される．②外部からの操作信号によって流量や圧力を自動調整するバルブ．③調節部の信号を受け，バルブの作動に必要な動力を補助動力源から受けるバルブの総称．

調節要素 controlling element
調節部において，比較要素からの偏差信号により目標値と合致するよう制御するに必要な制御動作信号をつくり操作部に伝達する部分．

調相機 rotary condenser, synchronous condenser
機械的に無負荷で運転し，励磁を加減して回路から吸収または回路へ供給する無効電力を調整することができる回転電気機械．なお，同期速度で運転するものを同期調相機といい，そうでないものを非同期調相機という．

調速機 speed governor
①水車の回転数および出力を調整するため，自動的に水量調整機構を制御する装置．調速機は増幅部，復原部，速度調整装置，負荷制限装置などからなる．②ガバナともいい，タービンの回転数を検出して制御系の要素の作動位置を決め作動させる装置．

長大軌道回路 long track circuit
商用周波数の1/2の分数調波を用いた長区間

制御用軌道回路．

超電導記憶素子 superconducting memory
超電導のループに流れる電流は，超電導状態にある限り流れ続けるという性質を利用した記憶素子．

超電導トランジスタ superconducting transistor
超電導体を用いた三端子素子でトランジスタのもつ増幅や入出力分離などの機能をもった電子素子．

調波 harmonic
基本振動数の整数倍の振動数をもつ正弦量．備考：基本振動数の2以上の整数倍の振動数をもつ正弦量を高調波ともいう．

頂部線 top line
＝トップライン．

超方格 hyper square
互いに直交する3個以上のラテン方格を組み合わせた実験の割付け．（⇒グレコラテン方格）

調歩式 start-stop type
字信号に対応する個々の符号(エレメント群)に対して，スタート信号(エレメント)およびストップ信号(エレメント)にそれぞれ先行および後続させるような同期の一形式．

調歩式伝送 start-stop transmission
文字を表すそれぞれの信号群に，スタート信号が先行し，ストップ信号が後続する非同期伝送．

調和分析 harmonic analysis
フーリエ解析ともいい，周期振動の特性を各調波について求めること．

調和励振 harmonic excitation
時間の調和関数で表される外力または入力．

直視形蓄積管 display storage tub
電気信号として導入された情報を蛍光面上の持続可視像として表示できるように設計された蓄積管．

チョーク(絞り) choke
長さが断面寸法に比べて比較的長い絞り．チョーク絞りで発生する圧力降下は，流体粘度の影響を大きく受ける．（⇒オリフィス絞り）

直接アクセス direct access, random access
データの物理的位置を表すアドレスによって，データの相対位置に無関係な順序で記憶装置からデータを読み取る能力または記憶装置にデータを格納する能力．

直接アドレス direct address
オペランドとして取り扱われるデータ項目の記憶場所を指示するアドレス．

直接アドレス指定 direct addressing
命令のアドレス部が直接アドレスを含むアドレス指定の方法．

直接記憶アクセス direct memory access
主記憶装置と周辺装置の間において，処理装置によるデータの処理を必要としないで，データを直接移動させるための技法．

直接教示 direct teaching
ロボットの腕，手などを直接人が動かして教示すること．

直接制御 direct control
主回路に挿入した制御器を手動で直接操作する速度制御．

直接制御対象 directly controlled system
操作部によって直接制御する，制御系内のプロセスまたは系の要素．（⇒間接制御対象）

直接制御量 directly controlled variable
検知した値をフィードバック信号とする制御量．（⇒間接制御量）

直接測定 direct measurement
測定量と相対関係にある他の量の測定によらず，測定量の値を直接求める測定．備考：測定値に対して補正を行うために，影響量の値を決定する補正的測定を行う必要があったとしても，その方法が直接測定であることに変わりはない．

直接ディジタル制御 direct digital control
DDCと略称し，ダイレクトディジタルコントロールともいい，調節器の機能が，ディジタル装置で行われる制御．なお，調節器の入出力信号は，アナログ信号でもよい．

直接入力 direct input
センサまたは変換器から発信された信号をそのまま入力すること．

直接パイロット操作 direct pressure control
弁体の位置が，制御圧力の変化によって直接操作される方式．

直接命令 direct instruction
指定された演算に対するオペランドの直接アドレスを含む命令．

直接呼出し機能 direct call facility
ダイレクトコール機能ともいい，利用者がアドレス選択信号を出さなくても呼出しができるようにする機能．網は，一つ以上の事前に決め

直線書きオシログラフ rectilinear writing oscillograph
ペンの振れ幅が入力信号に直線的に比例する記録装置.

直線形流量特性 inner flow characteristics
＝リニア特性.

直線傾斜 linear ramp
＝直線ランプ.

直線性 linearity
①実測線と理想直線とのずれ, 調節弁の入口信号圧とトラベルとの関係は直線となるのが理想的であるが, 実際にはずれがある(図(a)参照). ②校正曲線が直線で近似される近接の度合. 備考：直線性には修飾語を加える必要があり, 単に直線性といえば独立直線性を指す. ③規定の抵抗変化特性が直線である場合の一致性. ④入力信号と出力信号との間の直線関係からずれの小さい程度. ⑤校正曲線と, それに近似させた最近似直線との正負の最大偏差で示される近接の度合(図(b)参照). 最近似直線は校正曲線からの正負偏差の最大値が最も小さく, かつ等しくなるように求める.

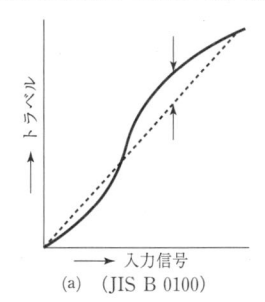

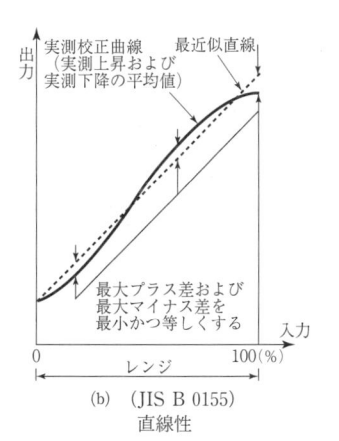

直線性（検出器の） linearity (of a detector)
検出器における, 出力の大きさが対応する入力の大きさに比例するという性質.

直線性誤差 linearity error
校正曲線と, 選ばれた近似値線との間の最大プラス差および最大マイナス差. 備考：直線性誤差には修飾語を加える必要があり, 単に直線性誤差といえば独立直線性誤差を指す.

直線的コーディング straight line coding
①ループを含まない命令の集合. ②展開することによってループを避けるプログラミング技法.

直線等化 linear equalization
＝線形等化.

直線補間 linear interpolation
与えられた2点間を直線に沿った点群で近似させること.

直線ランプ linear ramp
直線傾斜ともいい, 一定のこう配をもつランプ.

直動形電磁切換弁 solenoid operated directional valve
電磁石によって, 直接, 主弁を作動する形式の切換弁.

直動式 direct acting type
調整弁, 電磁弁などで, バルブの作動に必要な動力によって直接バルブを開閉する形式.

直読計器 direct reading instrument
測定量の値を目盛から直接読み取ることができる計器. なお, 測定器の場合は直読測定器という.

直並列制御 series parallel control
主電動機を直列接続から並列接続にまたはその逆に組み換えて行う電圧制御.

直並列変換器 staticizer, serial-parallel converter
時系列信号を, これに対応する同時に存在する1組の信号に変換する機能単位.

直巻電動機 series motor
電機子巻線と直列に接続された主極の界磁巻線(すなわち直巻巻線)をもつ直流電動機.

直　流 direct current
DCと略称し, 時間の経過に対し, 方向の変らない電流.

直流機 DC machine
直流電力を発生もしくは変圧し,または直流を受けて機械動力を発生する回転電気機械.

直流軌道回路 DC track circuit
直流を用いた軌道回路.

直流再生回路 DC restorer
＝ベースライン再生回路.

直流再閉路継電器 DC reclosing relay
直流回路の再閉路を制御するもの.

直流サーボ機構 DC servomechanism
サーボ機構を伝わる信号が直流信号であるサーボ機構をいう.

直流サーボモータ DC servomotor
直流電源で駆動されるサーボモータ.制御方式としては電機子制御形と界磁制御形がある.

直流増幅器 direct current amplifier
直流の電流または電圧の入力信号を増幅するための,特にドリフトを少なくするように設計された増幅器.

直流電源電圧のリプル DC power voltage ripple
リプル電圧は,定格負荷で測定した平均電源電圧に対する電源電圧の全交流成分の p-p 値の百分率で表す.

直流電動機 DC motor
直流電力を受けて動作する電動機.

直列 serial
すべての事象が一つずつ次々に生起する処理に関する用語.例えば,文字を構成する複数のビットを直列に転送すること.また,幾つかの要素を1列に次から次へと接続すること.

直列加算 serial addition
数字位置ごとに順次,オペランドに対応する数字を加えることによって行われる加算.

直列形 series-connected type
磁気増幅器において,二つの出力巻線を直列に接続した回路方式.

直列データ回線 tandem data circuit
連続した三つ以上のデータ回線終端装置を含むデータ回線.

直列伝送 serial transmission
文字またはその他のデータを表す信号エレメント群の順次伝送.

直列補償 series compensation
サーボ系でよく使われるもので,制御系の前向き経路に補償要素を挿入して制御系の特性の改善を図ることという.直列補償には位相遅れ補償,位相進み補償,位相進み・遅れ補償などがある.(⇨フィードバック補償)

直列補償要素 tandem compensator
制御ループの前向き経路中に制御対象と直列に入れられた補償要素.

直角座標ロボット rectangular robot, Cartesian robot
動作機構が主に直角座標形式のロボット.

直結 online
計算機の直接制御下での機能単位の操作に関する用語.

直交配列表 orthogonal array
任意の2因子について,その水準のすべての組合せが同数回ずつ現れるような実験の割付けのための表.

チョッパ chopper
直流電力を異なる電圧の直流電力に直接変換する電力変換装置.

チョッパ制御 chopper control
チョッパによって行う制御.

チョップ表示 chopped display
⇨多現象オシロスコープ.

チョップ部 chopping part
チョッパの部分で,主電流を高速・高頻度で入・切する電子スイッチ.

地絡 ground fault
大地に対して電位をもつ電気回路の一部が大地に直接電気的につながれた状態.

地絡過電圧継電器 ground overvoltage relay
中性点が抵抗接地系などで一線地絡事故などに生ずる零相電圧で動作する保護継電器.

地絡検出装置 earth detector
地絡したことを検出する装置.

地絡表示灯 earth lamp, ground lamp, earth indicating lamp
地絡の状態を表示するランプ.

地絡方向継電器 ground directional relay
配電線の地絡故障時に零相電圧または中性点電流を極性量として零相電流の方向を識別して動作する保護継電器.

治療制御盤 treatment control panel
放射線治療において,患者への照射を制御する制御盤.

チルト tilt
水平であるべきパルストップまたはパルスベースの平均傾斜がゼロでないときの平均傾斜ひずみ.

沈鐘式圧力計　float type pressure gage
筒状容器内に水または油を入れ，その中に釣鐘形の浮子を浮かべ，その上下によって圧力を測定する圧力計．

つ

対エコー　paired echo
対反響ともいい，主パルスの前後の位置に対となって現れるパルス．

追加保護接地　additional protective earth
正規の保護接地の事故時の電撃による危険に対して保護するために，正規の保護接地に追加して設ける保護接地．

追従制御　follow-up control, tracking control
追値制御ともいい，変化する目標値に追従させる制御．追従制御はカスケード制御，比率制御，プログラム制御に分けられる．(⇨定値制御)

追従操作　slave operated
機械的連動によって位置決めするのと同じように，主機器または制御装置に追従して位置決めさせる圧力操作．

追従比較形　servo-balancing type
数字表示器が結合されている帰還電圧発生器の出力電圧を，サーボ機構によって，入力電圧と常時平衡させる変換形式．

追従保持要素　track and hold unit, track and store unit
外部論理信号によって，入力アナログ変数またはその標本値に等しい出力アナログ変数を得る演算器．

追跡記号　tracking symbol
位置入力装置から与えられた座標データに対応する位置を表示するための，表示面上の記号．

追跡（図形処理における）　tracking (in computer graphics)
位置入力装置から与えられた座標データに対応する位置へ追跡記号を移動させること．

追跡プログラム　trace program
命令が実行される順番，および通常はそれらが実行された結果を提示することによって，別の計算機プログラムの検査を行う計算機プログラム．

追値制御　follow-up control
＝追従制御．

対反響　paired echo
＝対エコー．

通過信号機　passing signal
出発信号機に従属して，その外方で主体の信号機の信号現示を予告し，停車場通過の可否を知らせる信号機．

通過帯域　pass band, passing band
フィルタなどで，信号が通過する周波数範囲．

通気開　air-to open
＝エアツウオープン．

通気閉　air-to close
＝エアツウクローズ．

通弧　arc-through
放電を停止しなければならない期間内に制御作用を失い，順方向に電流が流れること．

通信管理システム　message control system
作成者の用意する実行時の管理システムであって，通信の処理を行うこと．

通信記述項　communication description entry
データ部の通信節に書く領域項であって，レベル指示語CDの後に通信記述名を書き，その後に必要な句を書く．これは，通信管理システムとCOBOLプログラムの論理的な連絡に記述する．

通信記述名　cd-name
データ部の通信節における通信記述項で記述され，通信管理システムとの論理的な連絡領域に命名する利用者語．

通信制御装置　communication control unit
データ回線を介して伝送されるデータの授受に関する制御を行う機能単位．

通信節　communication section
通信管理システムとプログラムの論理的な連絡を記述するデータ部の節であって，1個以上の通信記述領域からなる．

通信装置　terminal, communication device
待ち行列にデータを送信したり，待ち行列からデータを受信したりできる機構（ハードウェアまたはハードウェアとソフトウェア）．この機構は，計算機または周辺装置でありうる．一つの計算機上で，通信記述項をもつ1個以上のプ

ログラムが，一つ以上のこの機構を定義する．

通信理論 communication theory
雑音その他妨害の影響下における通報の伝送を取り扱う理論分野．

通信路 channel
片方向伝送の手段．通信路は，例えば周波数多重または時分割多重により提供されることがある．

通信路容量 channel capacity
情報源から通報を伝送する際の通信路の能力の速度．1文字当たりの平均伝達情報量の最大値または平均伝達情報速度の最大値で表現される．この最大値は適当な符号を用いれば，任意の小さな誤り確率で達成できる．

通電開方式 exciting open type
通電時に接点が開となるような方式．

通電閉方式 exciting close type
通電時に接点が閉となる方式．

通報受端 message sink
通信系において通報を受け取る部分．

通報（情報理論，通信理論における） message (in information theory and communication theory)
情報の伝達を目的とする順序付けられた文字列．

通流期間 conduction interval
チョップ部に主電流が流れている期間．

通流制御率 conduction control factor
チョップ部の入力信号から切信号までの時間と繰返し1周期との比．

筒形ヒューズ cartridge fuse
内部に可溶体を収めた筒の両端に筒形刃形，締付け形などの接触部を備えたヒューズリンクを使用するヒューズ．

つめ付ヒューズ link-fuse
可溶体の両端につめを備え，つめをねじで締め付けて使用する構造の非包装ヒューズ．

ツーモータ駆動 two motors drive
2個の電動機をもつ1組の駆動装置による駆動．

て

手 hand
ロボットやマニプレータにおいて，人間の手に類似した機能をもつ部分．（⇒腕）

底 base
記数法において，表現される数を決定するために，指数で示される値によってべき乗され，かつ，それに仮数が乗じられる数．例えば，次の式の数5
$$2.8 \times 5^2 = 70.$$

低圧警報スイッチ lowpressure alarm switch
圧縮空気圧の低下を感知するもの．

低圧配電線 lowtension distribution
電圧が直流で750V，交流で600V以下の配電線路．

定圧力制御 (auto) constant pressure control
制御装置によって，送風機・圧縮機の作動圧力またはこれにつながるプラントなどの作動圧力を一定に保つ自動制御．

定位 normal position
分岐器類の常時開通している方向．（⇒反位）

低域フィルタ low-pass filter
周波数ゼロからfまでを通過帯域とし，fから無限大までを減衰帯域とするフィルタ．この場合，fはゼロおよび無限大を除く任意の値とする．

定位性 proportionality
＝自己制御性．

定位性制御対象 controlled system with self-regulation
自己制御性(定位性)のある制御対象．（⇒不定位性制御対象）

DNC direct numerical control
①1台以上の数値制御工作機械のパートプログラムまたはマシンプログラムを共通の記憶装置に格納し，数値制御工作機械の要求に応じて必要とするプログラムを，その機械に分配する機能をもつ数値制御．②1台以上の数値制御機械のNCプログラムを共通の記憶装置に格納し，数値制御機械の要求に応じて必要とするプログラムを，その機械に分配する機能をもつ数値制御．

DA変換 digital to analog conversion
ディジタル量をアナログ量に変換する操作．

DA 変換　digital-to-analogue conversion
ディジタル信号をアナログ信号に変換すること．

低温作動弁　low temperature operative valve
一定温度に気温が下がると水を流出させて凍結を防ぐ弁．

低回転選択　select-low
最初にロックしようとする車輪の信号でグループの全車輪が制御する複数輪制御方法．

定　格　rating
①指定された使用条件．②部品を適正な状態で動作させるのに必要な基本的条件．（⇒定格値②）

定格回転数　declared speed, rated speed
定格出力に対応する回転数．

定格回転速度　rated engine speed
定格出力を出すときの原動機の回転速度．

定格出力　rated horse power, rated output, normal power
定められた運転条件で，定められた一定時間の運転を保証する出力．

定格使用状態　rated conditions of use
機器が動作誤差に関する条項を満足する各外部影響量の値の範囲全部．備考：この状態において，一つの外部影響量の取りうる値の範囲が，その外部影響量の定格使用範囲である．

定格使用範囲　rated range of use
①定格動作条件の下で，機器が動作できる範囲．②機器が動作誤差に関する条項を満足する一つの外部影響量の範囲．

定格値　rated value
①測定，供給または設定できる一つの量の値で，製造業者がその機器について明示したもの．一つの量についての定格値が二つ以上あることもある．例えば，測定範囲の切換えのできるものは，その範囲ごとに一つの定格値をもち，また使用する状態によって異なる定格値をもつものもある．②機器を適正な状態で動作させるのに必要な基本的条件．

定格電源周波数　rated supply frequency
機器に指定した電源周波数．指定のないときは，50 Hz または 60 Hz とする．

定格電源電圧　rated supply voltage
機器に指定した電源電圧．三相電源のときは，線間電圧を指す．

定格動作条件　rated operating conditions
仕様書に明示されている動作条件．正常動作条件と一致する場合もある．

定格動作状態　rated operating conditions
各性能量の有効範囲および各外部影響量の定格使用範囲の全部で，機器の動作誤差は，その範囲内で規定される．

定格範囲　rated range
測定，供給または設定できる一つの量の値の範囲で，製造業者がその機器について明示したもの．備考：定格範囲を，測定量の場合は測定範囲，供給量の場合は変化範囲または は設定範囲などという．

定格負荷インピーダンス　rated load impedance
信号発生器の信号源インピーダンスの定格値に等しい負荷インピーダンス．

定格容量係数　rated flow coefficient
定格トラベルにおける容量係数の値．

定格流量（油圧）　rated flow rate
一定の条件の下に定められた保証流量．

定ガス量制御　(auto) constant flow control
制御装置によって，送風機・圧縮機のガス量を一定に保つ自動制御．

定間隔時間制御方式　fixed clock time control
一定の時間で区切った時間制御方式．

定義測定法　definitive method of measurement
ある量をその量の単位の定義に従って，測定する測定法．

定限時　definite-time
本質的に，動作を起こさせる量がある限度以上になれば，その大きさの何如にかかわらず，その動作時間が一定の場合をいう．

低減搬送波伝送　reduced-carrier transmission
振幅変調方式において，搬送波レベルを低減して伝送すること．

抵　抗　resistance
流体や電気などの流れを防げる働きのこと．例えば，制御量が温度の場合には熱抵抗，圧力や流量の場合には流動抵抗，電圧の場合には電気抵抗となる．

抵抗カム軸　rheostatic control cam-shaft
カム軸制御器の部品で，抵抗制御などを行うカム軸．

抵抗器　resistor
電気抵抗を属性としてもつ物質．電子回路の

両端に電圧を加えたとき、オームの法則によって電流の制限、電圧の降下を生じ、電圧の分圧、電流の制限、整合などに用いる部品.

抵抗式温度センサ resistance temperature sensor
電気抵抗が温度によって変化する抵抗素子を用いた温度センサ.

抵抗制御 rheostatic control, motor combination
主電動機に直列または並列に接続された主抵抗器の抵抗値を変化させて行う電圧制御.

抵抗制御（電動機） rheostatic control (motor)
電動機の電機子回路に挿入した抵抗の大きさを変えてその速度を制御する方式.

抵抗線ひずみ式圧力計 strain gauge type manometer
受圧部に張られた抵抗線の圧力による変位によって圧力を測定する圧力計.

抵抗損 ohmic loss, resistance loss
銅損ともいい、電気抵抗 R オームの導体中を電流 I アンペアが流れるときに生じる電力損失であって、$I^2 \cdot R$ ワットになる. すべて熱エネルギーに変換され、これをジュール熱という.

抵抗値 resistance value
起電力を生じない導体の両端に加えた電圧を、そこに流れる電流で除して得られる値.（⇨電気抵抗）

抵抗チョッパ制御 rheostatic chopper control
チョッパによる抵抗制御.

抵抗変化特性 resistance law
しゅう動接点端子と規定の端子との間で測定した抵抗値または出力電圧比と駆動機構の機械的位置との間に存在する関係.

抵抗率 resistivity
単位断面積、単位長さ当たりの電気抵抗. 単位は $\Omega \cdot m$.

ディザー dither
①摩擦、ヒステリシス、記録ペンのひっかかりなどの影響に打ち勝つために与える小振幅振動. ②スプール弁などで、摩擦、固着現象などの影響を減少させて、その特性を改善するために比較的高い周波数の振動. ③サーボシステムにおいてたびたび発生する状況を再現するための制御シャフトの繰返し回転. ④量子化雑音を聴覚的に目立たなくするため、量子化する前の信号にあらかじめ加える雑音.

定在波 standing wave
同一周波数の自由進行波の干渉によって生じる空間的な振幅分布の定まった波.

停止 stop
運転の状態から休止または待機の状態にすること.

DC direct current
＝直流.

停止・開路時延リレー time lag relay for stopping or opening
停止または開路前に時間の余裕を与えるもの.

定時間間隔シミュレーション clock time simulation
定間隔時間制御方式によるシミュレーション.

ディシジョンテーブル decision table
各種の条件と、それに対応する制御動作の関連を表の形で記述するもの. 分散制御に採用されている.

停止水位 stopping water level
自動操作でポンプが停止するときの水位.

ディジタイザ digitizer
座標読取機ともいい、座標をディジタル化して入力する装置.

ディジタル digital
数や量の表示を数字を用いて表す方式、手法. 記憶、演算、論理判断などが正確、容易で、あいまいさがなく精度を高められる特徴がある.（⇨アナログ）

ディジタル IC digital IC
論理回路を収めた IC.

ディジタル/アナログ変換器 digital-analogue converter
ディジタル入力信号を、アナログ出力信号に変える機器.

ディジタルオーディオディスク digital audio disk
音の信号を符号に変換して記録したディスクレコード.

ディジタルオーディオテープレコーダ digital audio tape recorder
音の信号を符号に変換して記録するテープレコーダ.

ディジタル化する to digitize
離散的データでないデータをディジタル形式で表現すること. 例えば、ある物理量の大きさのディジタル表現をその大きさのアナログ表現

ディジタル計器 digital instrument
測定量を数字などを用いて離散的な値で表示する計器．

ディジタル計数形 digital
数字によって表現されるデータに関する用語．

ディジタルサーボ系 digital servo system
入力信号と主要部の情報処理がディジタル量であるサーボ系．

ディジタル信号 digital signal
数字に対応した離散的な情報パラメタで表した信号．

ディジタル制御 digital control
目標値，制御量，外乱，負荷などの信号のディジタル値から，制御演算部でのディジタル演算処理によって操作量を決定する制御．

ディジタル総合応答時間 total system response time of digital
入力端子へ入力された信号状態の変化から，出力端子へ出力される信号状態が応答するまでの経過時間．

ディジタル素子 digital device
出力が不連続に変化する流体素子．

ディジタルデータ digital data
数値または文字で表現されたデータ．

ディジタル電圧計 digital electronic voltmeter
アナログ/ディジタル変換器をもっていて，測定電圧をディジタル表示する機器．ディジタル電圧計の中には，ディジタルの電気的出力をもつものがある．

ディジタル表現 digital representation
変数の量子化された値の離散的表現．すなわち，数字と，場合によっては特殊文字および間隔文字とによる数の表現．

ディジタル表示 digital display
数値によって数量を表現すること．

ディジタルフィルタ digital filter
信号中の望ましくない周波数成分を減少させるアルゴリズム．（⇒フィルタ）

停止定位の信号機 normal stop signal
通常の場合，停止信号を現示させておく信号機．

停止命令 stop instruction
計算機プログラム実行の終了を指定する出口．

定周波制御 constant frequency control
周期を固定して行うチョッパ制御．

定常位置偏差 static position error
⇒定常偏差．

定常運転 steady state operation
一定の出力で運転されていること．

定常応答 steady-state response
過渡応答に対して，制御系または要素が定常状態になったときの応答．すなわち，要素・系で，過渡応答が消えて定常状態に達したときの応答．階段状入力，定速度入力あるいは正弦波入力信号が加わって十分に時間が経過した後の応答が定常応答である．備考：通常，安定な要素・系について考える．

定常加速度偏差 static acceleration error
⇒定常偏差．

定常状態 steady state
⇒安定性．

定常情報源 stationary message source, stationary information source
通報の生起確率が時刻に依存しない情報源．

定常振動 steady-state vibration
継続的な周期振動．

定常速度偏差 static velocity error
⇒定常偏差．

定常速度変動率 rate of change of speed setting
定常運転状態における回転速度の変化の幅．速度変化曲線の包絡線の幅を定格回転速度の百分率で表す．

定常特性 steady-state characteristics, steady-state performance
自動制御系またはその要素の入力がある定常状態となったときの系の特性．定常入力としてはステップ入力，ランプ入力などがよく使われる．

定常偏差 steady-state error, steady-state deviation
過渡応答において，十分時間が経過して制御偏差が一定に落ち着いたときのその値．すなわち，制御系で，過渡応答が消えて定常状態に達したとき，一定値に落ち着いた制御偏差の値．備考：入力がステップ入力の場合の定常偏差を定常位置偏差またはオフセット，ランプ入力の場合の定常偏差を定常速度偏差，定加速度入力の場合の定常偏差を定常加速度偏差という．

定常偏差 steady state deviation, offset
オフセットともいい，系が定常状態に達したとき，一定値に落ち着いた制御偏差の値．

定常流 steady flow
任意の点の速度，圧力，密度などのすべての状態が時間的に変わらない流れ．乱流の場合には，その時間的平均値が変わらぬ流れ．

定常偏差係数 offset coefficient
ある与えられた点における制御特性に対する正接(tangent)の絶対値．備考：入力変量と制御変量との両方について，同一の単位が用いられるときは，定常偏差係数と定常偏差とは同じ数によって表される．

低水位遮断器 low water level shut-off device
ボイラや給湯機などにおいて，水位が許容最低位置となった場合，バーナの燃焼を自動的に停止させる安全装置．

定水位弁 level regulating valve
＝受水槽用定水位弁．

定数機能 constant function
数と演算命令を入力し，それを反復使用するために計算器が保持する機能．

ディスク disk
少なくとも片面に，磁気記録によってデータを記憶できる磁性層をもつ平面円盤．

ディストリビュータ distributor
＝分配器．

ディスパッチする to dispatch
実行の準備ができているジョブまたはタスクに対して処理装置上の時間を割り振ること．

ディスパッチャ dispatcher
オペレーティングシステムにおける計算機プログラムまたはその他の機能単位であって，その目的がディスパッチすることであるもの．

ディスプレイ display
表示器に入力内容などを明示すること．なお，表示器そのものをディスプレイということもある．

ディスプレイ display unit, display
情報の量を視覚でとらえるための表示装置．表示の内容としては，文字，数字，グラフ，絵などがある．

訂　正 correction
①指定した文字列を別の文字列に置き換えて誤りを正す機能．元の文字列は消去される．②計量管理記録において，判明した誤記を訂正し，または改善された測定結果に基づいて記録を訂正すること．

訂正信号 corrective signal
＝制御動作信号．

訂正動作 corrective action
制御系の偏差を減少させようとする制御動作．

定速調速機 constant-speed governor
一定の回転数を保持する調速機．

定速度電動機 constant-speed motor
給与電圧(交流機では周波数も)を一定に保てば，負荷にかかわらず，一定またはほぼ一定の回転速度で動作する電動機．

定値制御 set-point control
目標値が一定のフィードバック制御および制御．(⇒追従制御)

定値設定 fixed command setting
定値制御における目標値の設定．

低調波 subharmonic
周期的強制振動をしている系の振動成分のうち，外力の基本周波数の整数分の一の周波数をもつもの．

DDC direct digital control
＝直接ディジタル制御．

停電安全装置 safety device of power failure
燃焼中停電した場合および再通電した場合のトラブルを未然に防止する装置またはシステムの総称．

定電流制御 constant current control
抵抗溶接において，主通電の各半サイクルまたはサイクルごとに主回路の電流の変動を検出し，各半サイクルまたは各サイクルごとの主通電の点弧位相を自動的に変化させることによって，この変動の影響を補正する機能をもつ主通電回路の通電制御方式．

D動作 D-action
＝微分動作．

低燃焼インタロック low-fire interlock
主バーナの着火時にその衝撃やトラブルを防止するために，主バーナの燃料調節弁の開度が低燃焼位置でなければ点火動作に移行させないようリミットスイッチなどで構成するインタロック．

DPS dynamic positioning system
＝自動船位保持装置．

定比減圧弁 proportioning pressure reducing valve
出口圧力を入口圧力に対して所定の比率に保持するバルブ．

定比ヒューズ return flow fuse
圧力側と戻り側の流量比が所定の値を超えた

ときに両方の管路を閉ざす油圧ヒューズ・空気圧ヒューズ.

定比リリーフ弁 proportional pressure relief valve
回路の圧力をパイロット圧力に対し，所定の比率に調整(パイロット操作)するリリーフ弁.

ディファレンシャルバルブ differential valve
2系統の配管内の圧力差を感知する構成部品.

t 分布 t-distribution
確率密度関数
$$f(x) = \frac{\Gamma\left(\frac{\phi+1}{2}\right)}{\sqrt{\pi\phi}\,\Gamma\left(\frac{\phi}{2}\right)} \cdot \frac{1}{\left(1+\frac{x^2}{\phi}\right)^{(\phi+1)/2}}$$
$(-\infty < x < \infty)$
をもつ分布. 備考: t 分布は, 自由度 ϕ によって定まる.

定容量形モータ fixed displacement motor
1回転当たりの理論流入量が変えられない油圧モータ・空気圧モータ.

低力率運転 lagging power factor operation
発電機を遅れの力率で運転して，系統に無効電力を供給する運転.

定流弁 constant flow valve
系統圧力が多少変化しても流量を一定に保持して，アクチュエータの速度を一定にする自動弁.

定量止水栓 volume regulating faucet
所定の水量にハンドルを設定すると，その量で自動的に止水する水栓.

定量ヒューズ quantity measuring fuse
通過流量が所定の値を超えたときに作動する油圧ヒューズ・空気圧ヒューズ.

定量弁 continuous flow valve
給気式呼吸保護具の着用者に，一定流量の空気を供給するための調節用弁.

ディレイライン delay line
＝遅延線①.

低レベルカット low level cut
入力または出力がゼロ点近辺のあらかじめ定められた値以下に減少すると，自動的に出力をゼロにするかまたは動作を停止すること. 備考: 流量の場合には, 低流量カットともいう.

デカード decade
① 10段階ユニットの集まり. ② 10対1の比をもつ二つの数の問の区間.

適応制御 adaptive control
制御対象の特性・環境などの変化に応じて，制御系の特性を所要の条件を満たすように変化させる制御.

適応制御ロボット adaptive controlled robot
適応制御機能(環境の変化などに応じて制御などの特性を所要の条件を満たすように変化させる制御機能)をもつロボット.

適合試験 conformance test
個別規格に合致していることを確認するために行う試験.

テキスト text
1ページまたは複数ページからなる文書の図形文字および制御文字の列.

テキスト開始 start of text
STX と略称し, テキストの最初のキャラクタとして用い，かつ，テキストに先行するヘッディングがある場合には，その終結にも用いる伝送制御キャラクタ.

テキスト形式言語 textual language
アプリケーションプログラムを表現させるために規定した文字列を使ったプログラム言語.

テキスト終結 end of text
ETX と略称し, 一つのテキストの終結を示す伝送制御キャラクタ.

出口 exit
計算機プログラム，ルーチンまたはサブルーチン中の命令であって，その命令の実行後は，その計算機プログラム，ルーチンまたはサブルーチンによって制御がもはや行われないもの.

テクニカルプロセス technical process
物理変数が監視または制御される装置で行われる一連の動作. 例えば，航空機における自動操縦と自動着陸.

手首 wrist, secondary axes
ロボットの構成部分で，腕の端部にあって，手を取り付ける部分. 一般に姿勢決め機能をもつ.

手首座標系 wrist coordinate system
ロボットの手首を基準にして定められる座標系.

デコーダ decoder
＝復号器.

手順向き言語 procedure-oriented language, procedural language
手順を明確な算法として容易に表現しうる問

題向き言語．

テストモード static test mode
アナログ計算機の設定モードであって，特定の初期条件を与えて演算器相互間の接続の状態を調べ，さらに積分器以外のすべての演算器の正常な動作を確認するモード．

デセラレーション弁（油圧） deceleration valve (hydraulic)
アクチュエータを減速させるためカム操作などによって流量を徐々に減少させるバルブ．

データ data
①情報を表現する文字，もしくは連続的に可変な量．②人間または自動的手段によって行われる通信，解釈，処理に適するように形式化された事実，概念，指示の表現．

データエントリーパネル data entry panel
コンピュータに処理の対象となるデータを入れるための機能をもった機器．

データ回線 data circuit
両方向のデータ通信の手段を提供する関連した1組の送信通信路および受信通信路．

データ回線終端装置 data circuit-terminating equipment
データステーションにおいて，データ端末装置と伝送路の間に位置し，信号変換および符号化を行う装置．

データ検証 verify
人手による誤り，またはデータ伝送における誤りを最小にするため，通常，機械を用いてデータの印字結果および記録を別のものと照合すること．

データ交換装置 data switching exchange
回線交換，メッセージ交換，パケット交換などの交換機能をもつ装置．

データ受信装置 data sink
伝送されたデータを受け取る機能単位．

データ処理 data processing
①情報処理ともいい，データに対して行われる演算の体系的実施．例えば，併合，分類，計算，アセンブル，コンパイル．②与えられたデータから必要な情報を得るために，電気的または機械的方法によってデータを処理すること．

データ処理システム data processing system, computer system, computing system
計算機システムともいい，計算装置および関連要員を含むシステムであって，データに対し一連の操作を加えるため，入力，処理，記憶，出力，制御の諸機能を果たすもの．通常一つ以上の計算機と，それに関連するソフトウェアからなる．

データ処理ステーション data processing station
データ処理ノードにおいて，データ処理装置とそれに関連するソフトウェア．

データ処理ノード data processing node
計算機ネットワークにおいて，データ処理装置が配置されているノード．

データ信号速度 data signaling rate
①データ伝送システムの特定の伝送路において，1秒間に送られる2進数字（ビット）の総計．②相対する端末装置間における情報を伝送する速度をいい，ビット/秒の単位で表す．ディジタル2進直列伝送の場合は，秒で表した最小有意間隔長の逆数がデータ信号速度になる．

データ処理の書式 format in data processing
書式ともいい，あらかじめ設定した方法でデータ媒体の内部または表面にデータを配（排）列するもの．この定義はドキュメンテーション用語に限定される．

データステーション data station
データ端末装置，データ回線終端装置，およびそれらに共通なインターフェースからなる機能単位の集まり．

データ送信装置 data source
伝送するデータを送り出す単位機能．

データ多重変換装置 data multiplexer
二つ以上の通信路が一つのデータ伝送路を共用できるようにする機能単位．

データ端末装置 data terminal equipment
データステーションの一部であって，データ送信装置，データ受信装置またはその両方として働くもの．

データ値 data value
型の値として規定する情報．

データ値の符号化 encoding of a data value
データ値を表現するため使用するオクテットの完全な順序列．

データ通信 data communication
プロトコルに従ったデータ伝送によって，機能単位間で情報を転送すること．

データ伝送 data transmission
電気通信を用いてある地点から他の地点へデータを伝えること．よく用いられるデータ伝送方式は帯域伝送方式，PCM伝送方式，ベースバ

ンド方式である．

データ流れ　data flow
定数，変数，ファイル間におけるデータの転送であって，命令文，手続き，モジュールまたはプログラムの実行により行われるもの．

データ流れ図　data flowchart
問題解決におけるデータの経路を表し，かつ，使用する各種のデータ媒体とともに，処理手順を定義する．データ流れ図は次のものからなる．①データの存在をデータ記号．②データに施される処理を示す処理記号．③処理やデータ媒体の間のデータの流れを示す線記号．④データ流れ図を理解し，かつ，作成するのに便宜を与える特殊記号．

データ入力　data entry
機械で読取り可能な媒体にデータを入力する処理．

データハイウェイ　data highway
データステーション相互間を，少なくとも1本のデータ伝送路で結ぶ情報伝送手段．

データバンク　data bank
特定の事柄について，利用者が参照できるように構成されたデータの集合．

データベース　data base
①他目的で，かつ，柔軟な検索を許すように管理されたデータの集積．②複数の独立した利用者に対して，要求に応じてデータを受け入れ，格納し，供給するためのデータ構造．

データ変換器　data converter
コンバータともいい，データを一つの表現から，等価ではあるが異なった表現に変換する単位機能．

データ網　data network
データ端末装置間の接続を確立するためのデータ回線および交換装置の構成．

データリンク　data link
リンクプロトコルによって制御される二つのデータ端末装置の一部と，相互に接続しているデータ回線との組であって，データ送信装置からデータ受信装置へのデータ転送を可能とするもの．

データロガー　data logger
プロセスの各種の変数値または状態，すなわち，データを自動的に収集し，印字・作表などをする機器．

手続き　procedure
手続き部中の一つの段落もしくは節，または機能的に続いた幾つかの段落もしくは節．

手続き（プログラム言語における）　procedure (in programming languages)
仮引数をもつまたはもたないブロックであって，そのブロック名およびその仮引数に対する実引数をもつ言語対象物によって，その実行が引き起こされるもの．

鉄道信号　railway signal
鉄道において，色，形，音などの一定の符号を用いて意思を伝えるための手段で，信号，合図および標識の総称．

鉄道信号保安装置　railway signaling equipment
列車の運転または車両の移動の安全を保つための手段で，信号装置，閉そく装置，転てつ装置，連動装置，踏切保安装置，軌道回路装置などの総称．

デッドマン形制御（デッドマンスイッチ）　deadman type control (deadman switch)
操作器に人が力を加えている間だけその回路を作動状態に保ち，人がその力を取り除けば直ちに回路が自動的に復帰する開閉回路の制御方式（スイッチ）．

デッドマン機能　deadman function
人が力を抜けば自動的にロボットの動作を停止させる．この機能は教示操作用ボタンスイッチなどにもたせる．

デッドマンシート　deadman seat
シートを離れることによってブレーキがかかるか制御回路が遮断される方式のシート．シートとは運転者の座席のこと．

デッドマン装置　dead-man's device
運転士が失神などの異常状態となったことを検知して，ブレーキなどの操作を行う装置．

手の回転　revolution of hand, swivel of hand
ロボットの腕と手が相対的に回転するような手の運動．

手の振り　bending of hand
ロボットの手首を中心とした手の旋回．上下振り，左右振りなどとよぶこともある．

デバイス　device
①所定の機能を実行できる機器の要素．②能動的機能，非直線的機能や変換機能などのような特殊な機能を含む部品または装置．例えば，トランジスタ，ダイオード，ホールデバイスおよびメモリデバイスなどをいう．

デバギング　debugging
運用前に，可能な限り不完全な点を検出し是

正すること．

デバッグする（プログラミングにおいて） to debug (in programming)
計算機プログラムまたは他のソフトウェアにおける間違いを検出し，追跡し，取り除くこと．

テープ運転 tape operation
数値制御テープで運転すること．

テープせん孔装置 tape punch
せん孔テープ上に孔パターンの様式でデータの記録を自動的につくるせん孔装置．

テブナンの定理 Thévenin's theorem
起電力を含んだ回路のある端子を開放したとき，その端子間に発生する電圧 $\dot{V}$，その端子から電源側を見たインピーダンスが $\dot{Z}_0$ のとき，その端子間にインピーダンス $\dot{Z}$ を接続するとき，これに流れる電流 $\dot{I}$ は，$\dot{I} = \dot{V}/(\dot{Z}_0 + \dot{Z})$ で表される．

テープフォーマット tape format
数値制御テープにおける情報の配列．

デマルチプレクサ demultiplexer
マルチプレクサによって結合されたおのおのの信号を出力信号として再生する装置．

デマンド監視制御 demand supervisory control
最大需要電力を管理値以下にとどめ，電力設備の効率的な運転と省エネルギーを推進するため，目標電力に対し予測監視制御の機能をもつ制御方式．

デマンド弁 demand valve
肺力弁ともいい，面体内が陰圧になったとき，鋭敏に空気を供給し，陽圧になったとき閉じる弁．

デュアルエアブレーキバルブ dual air brake valve
ブレーキペダルを踏むことによって，それぞれ独立した2系統の空気圧力を制御するもの．

デュアル形計算機システム dual computer system
特殊な構成で使用される2台の計算機システムで，それぞれが同一入力を受け，同じルーチンを実行し，その並列処理の結果を比較するようにしたシステム．

デュアルシステム dual system
一つの目的のために2組の同一機能の装置を設け，常に並列で運転を行い，片方が故障しても正常な運転を継続する二重化システム．（⇨冗長系，デュプレックスシステム）

デュアルスロープ形 dual slope type, linear dual slope type
入力電圧に比例した電流で一定時間中コンデンサを充電し，次に規定された電流で，このコンデンサが元の電圧になるまで放電する．このとき放電に要する時間中のクロックパルス数を計数する変換方式．

デュプレックス形計算機システム duplexed computer system
特殊な構成で使用される2台の計算機システムで，1台はオンライン，他はオンライン計算機に機能不全が生じたときに使用できるように待機しているシステム．

デュプレックスシステム duplex system
一つの目的のために2組の同一機能の装置を設け，常時は片方で運転し，他方は待機させ，運転中の装置が故障したとき，待機の装置を運転させる二重化システム．（⇨デュアルシステム）

δ 関数 δ function
＝単位インパルス．

デルタ結線 delta connection
＝三角接続．

テレグラフロガー telegraph logger
テレグラフの操作および時刻を自動的に記録する機器．テレグラフの命令もしくは応答またはその両者を記録する．

テレモータ telemotor
操だ機を操だ室から油圧遠隔制御する装置．

電圧 voltage
電位差のことをいう．単位はV．

電圧位相差 voltage phase difference
隣り合った任意の二つの相電圧の波形の基本成分間の電気角度の差を，その瞬間値が負の方から正の方向に移るときに0レベル（または直流レベル）に横切る交点間でとった値．

電圧回路 potential circuit, pressure circuit, voltage circuit
供給電圧またはこれに相応する電圧が加わる回路で，計器端子間の回路部分．（⇨電流回路）

電圧計 voltmeter
電圧を測る計器．トルクを得る方式から，可動コイル形（直流用），可動鉄片形（交流用），電流力計形（交流直流両用）に分けられる．

電圧継電器 voltage relay
予定の電圧値で動作するリレー．過電圧継電器と不足(低)電圧継電器とがある．

電圧検出端子 sensing terminal
＝Ｓターミナル．

電圧検出リレー voltage-sensing relay
あらかじめ定められた電圧値で動作するリレー．

電圧降下 voltage drop
抵抗やインダクタンスなどに流れる電流で電圧が降下する現象．

電圧周波数変換形 voltage to frequency conversion type
入力電圧の値に直接比例した周波数を発生し，一定時間中に生ずる繰返し数を計数する変換方式．

電圧出力 voltage output
出力信号を電圧で行うこと．例えば，1〜5 V・DC とか，0〜10mV・DC などがある．

電圧制御 variable voltage control
主電動機の電圧を変化させて行う主電動機の電流，電圧，回転速度およびトルクの制御．

電圧制御（電動機） armature voltage control (motor)
電機子に加える電圧の大きさを変えて電動機の速度を制御する方式．必要な場合は電圧の極性も変える．

電圧接点 voltage contact
制御電源の電圧が印加されている接点．

電圧増幅器 voltage amplifier
入力電圧を増幅する装置．一般にトランジスタ，IC，真空管装置，磁気装置が使われる．

電圧増幅度 voltage transfer ratio
出力電圧の変化分とそれに対応する制御電圧の変化分をいい，次式で表される．

$$K_\mathrm{v} = \frac{\varDelta V_\mathrm{L}}{\varDelta V_\mathrm{c}}$$

ここに，K_v：電圧増幅度，V_L：出力電圧，V_c：制御電圧．

電圧調整器 voltage regulator
回路のある点の電圧を一定に保つ装置．

電圧低下検出 under voltage detection
電圧低下を検出すること．

電圧平衡継電器 voltage balance relay
2回路の電圧差をある範囲に保つもの，または予定電圧で動作するもの．（⇒平衡保護）

電圧補償制御 voltage compensation control
抵抗溶接において，主通電の各半サイクルまたは各サイクルごとに主回路の入力電圧の変動を検出し，各半サイクルまたは各サイクルごとの主通電の点弧位相を自動的に変化させることによって，この変動の影響を補正する機能をもつ主通電回路の通電制御方式．

電圧抑制 voltage restraint
電圧量以外のリレー入力によるリレーの動作を電圧量により抑制すること．

電位計管 electrometer tube
非常に大きい内部抵抗をもつ信号源からの電圧を測定するために入力抵抗をきわめて高くした真空管．

電位差 potential difference
2点間の電位の差．いわば電圧と同じ．

電位差計 potentiometer
電位差を測る装置．電位差計は未知電圧と可変既知電圧の差がゼロになるような既知電圧を加えて未知電圧を測定するもので，直流用と交流用とがある．しかし一般的には，直流電圧を精密に測る計器が電位差計であると解してよい．

電荷 electric charge
すべての電気現象の根源となる実体．実在する電荷は常に電気素量の整数倍となっている．

点火安全装置 primary safety device
燃焼機器において，点火時，再点火時の不点火，立消えなどによるトラブルを未然に防止する装置またはシステムの総称．

電界 electric field
帯電体または電荷の近くでは，他の電荷あるいは軽い物体に吸引，反発などの電気力が作用する．このような性質のある場所を電界という．

電界効果トランジスタ field effect transistor
FET と略称し，多数キャリアによる電流通路のコンダクタンスをキャリアの流れに直角な電界により制御するトランジスタ．

電解コンデンサ electrolytic capacitor
一般に陽極表面に陽極酸化によって形成した酸化皮膜を誘電体とし，固体または非固体の電解質をこの誘電体に密着して陰極の一部としたコンデンサ．

展開接続図 elementary wiring diagram
シーケンスダイヤグラムともいい，EWD と略称し，制御機械器具の制御動作の順序（シーケンス）を示す接続図．

電荷形増幅器 charge sensitive amplifier
前置増幅器の一種であって，入力信号の電荷量に比例した波高値（振幅）をもつ出力信号を与えるように作られたもの．

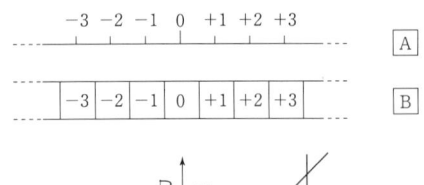

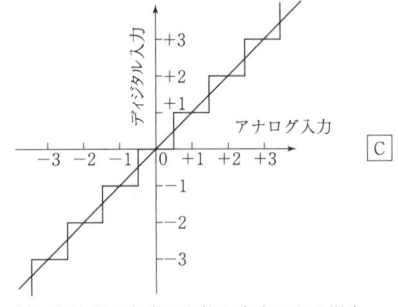

(a) 転換点が各表示単位の中央にある場合

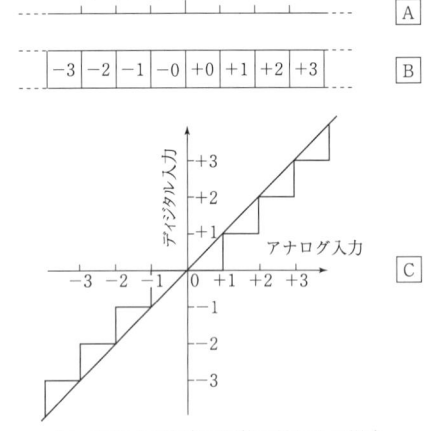

(b) 転換点が各表示単位の端にある場合

A：アナログ入力，B：ディジタル出力，C：変換特性

転換点（JIS C 1002）

点火時期制御方式 ignition timing control system
HC，NO_x を低減させるため，点火時期を制御する方式．

点火スイッチ lighting switch
点火操作を行うスイッチ．

添加励磁制御 superinposed field excitation control
直流直巻電動機の界磁巻線に主回路以外から電流を重畳して行う界磁制御．

転換点 commutation point
各量子化単位内の点であって，入力電圧の値が変化したとき，表示している値(出力信号)が，ある値からその次の値に移る点．備考：転換点の位置には次の二つの場合がある．①量子化した各部のほぼ中央にある場合(図(a)参照)．②量子化した各部分の端にある場合(図(b)参照)．

電気回路 electric circuit
電流の通路として用いられる導体系．その中に抵抗，インダクタンス，静電容量，トランジスタ，真空管，変圧器，電源などを含んでいる場合もある．

電気機械変換器 electromechanical transducer
電気系からの信号によって駆動されて機械系に信号を供給し，またはその逆の動作を行う装置．

電気機連動機 electro-mechanical interlocking machine
電気てこと機械てことを併用し，連鎖を機械的に行う連動機．

電気空気圧式制御 electro-pneumatic control
電気式制御と空気圧式制御とを組み合わせた制御方式．

電気空気圧スイッチ electro-pneumatic switch
電気空気圧式制御装置において，電流の指示と空気圧の指示をいずれか一方から他方に変えるスイッチ．

電気空気式開閉器 electropneumatic type switch
電気的に操作するバルブの制御により，圧縮空気で主接触子を開閉するじか入始動開閉器．

電気空気式調節弁 electropneumatic control valve
電気信号を受け，空気圧によって作動する調節弁．

電気系統 electrical system
制御および保護装置を含む発電回路，ならびに配電回路の総称．

電気サーボ機構 electric servomechanism
系内の信号処理も駆動部もすべて電気式のサーボ機構．

電機子 armature
整流子機および同期機を構成する一部で，鉄心と巻線または整流子(整流子機)をもち，起電

力が誘導されるとともに負荷電流が流れる部分．直流機では回転子そのものを指すことが多い．

電気式スモークインジケータ electric smoke indicator
ボイラなどが不完全燃焼の場合，煙の色または濃度を光度の変化を利用して測定する装置．(⇒スモークインジケータ)

電気式制御 electric control
制御回路の伝達信号に電圧や電流などの電気を用い，かつ，操作部の操作動力に電気を使う制御方式．信号の伝達と演算が容易，確かな特長がある．

電気式調節弁 electrical control valve
電気信号を受け，電気動力によって作動する調節弁．

電気式調速機 electric governor
回転速度の変化を電気的に検出する調速機．

電気式逃し弁 power control valve, electric relief valve
ボイラ圧力の過度上昇を防ぐため，電磁式パイロット弁の作用によって自動的に蒸気を吹き出す逃し弁．

電機子制御 armature voltage control
直流電動機の電機子電圧を調整して，速度またはトルクを制御すること．

電機子チョッパ制御 armature chopper control
主電動機の電機子に接続されたチョッパによる電圧制御．

電気出力インタフェース electrical output interface
受信部の出力信号を電圧値および電流値で表した電気的接続条件．

電気蒸気式調節弁 electro-steam control valve
電気信号を受け，蒸気圧によって作動する調節弁．

電気指令ブレーキ electric command brake equipment
ブレーキ指令を電気信号で行うブレーキ装置．

電気信号蓄積管 electric-signal storage tube
入力も出力も情報が電気信号の形をとる蓄積管．

転記する to transcribe
あるデータ媒体から他のデータ媒体へ，必要に応じてデータを受け取る側の媒体に受け入れられる形に変換して，複写すること．

電気接続図 electrical schematic diagram
接続図や結線図ともいい，図記号を用いて，電気回路の接続と機能を示す系統図．備考：各構成部品の形，大きさ，位置などを考慮しないで図示する．

電気接点 electric contact
電気回路の開閉または接触を機械的に行う電気的接触素子．

電気操作 electrical control
電気的状態変化による操作方式．

(電子通信の)オプトエレクトロニクス opto-electronics
オプトエレクトロニクスともいい，光学現象と電磁現象の双方をともに利用して情報を集め，処理し，もしくは伝達することに関連した技術または工学．

電気抵抗 electrical resistance
物質の中を流れる電流を制限する物質に固有の性質．電気抵抗によって電気エネルギーは熱エネルギーに変換される．単位は Ω．

電気抵抗式温度計 resistance thermometer
金属線の電気抵抗が温度に変わることを利用して温度を測定する温度計．測温抵抗体としては白金($-200\sim500°C$)，銅($0\sim120°C$)，ニッケル($-50\sim120°C$)などの細線が用いられる．

電気抵抗ひずみゲージ electric resistance strain gauge
ひずみゲージともいい，電気抵抗体にひずみを与えられたときに，その抵抗値が変化する物理的現象を応用して，ひずみ測定を行うために使用するもの．

電気的零位 electrical zero
機器に電源を供給し，入力端子間に入力を加えず，入力端子を外部電界から防御し，製造業者が特に指定した場合には，その外部回路だけを接続したときの指示値，または表示値．

電気転てつ制御器 electric switch controlle
電気転てつ機の電動機回路および表示回路を制御する機器．

電気入力インタフェース electrical input interface
送信部の入力信号を電圧値および電流値で表した電気的接続条件．

電気復帰 electrical reset
復帰を目的とする外部からの電気入力の変化により，リレーを復帰させること．

電気変換式圧力計 electric type pressure gauge
圧力を電気信号で遠隔指示する計器．圧力が高いとき，圧力伝送の遅れが大きいときなどに使用する．

電気油圧サーボ機構 electro-hydraulic servomechanism
信号処理は電気信号を用い，駆動部に油圧機器を用いるサーボ機構．

電気油圧式サーボ弁 electro-hydraulic servovalve
その作動が電気的入力信号によって制御される油圧サーボ弁．

電気油圧式制御 electrohydraulic system control
制御回路や調節回路などを電気回路で構成し，その出力信号（制御動作信号）によって，油圧回路や油圧機器で操作端を操作するような制御方式．すなわち，電気式制御と油圧式制御の両者の長所を組み合わせた制御方式．

電気油圧式調節弁 electro-hydraulic control valve
電気信号を受け，油圧によって作動する調節弁．

電気用図記号 graphic symbols for electrical drawing
電気接続図を描くときに用いる図記号．

電気用文字記号 letter symbols for the designation of electrical devices
電気用図記号で描かれた電気接続図において，各機器，器具，素子などの種類，用途，性質などについて，相互の区別を明確にするため図記号の中または脇に記入される文字記号・器具番号．

電　極 electrode
電子またはイオンの放出，捕集または電界によるそれらの運動制御の諸作用のうち，一つまたはそれ以上を行う導電性の構成要素．

電極電圧 electrode voltage
ある電極と陰極またはフィラメントの特定端子（一般に負端子）との間の電圧．備考：各電極電圧を表すのに陽極電圧，グリッド電圧などの用語が用いられる．

電極棒式水位検出器 electrode bar type water level detector
水位の検出端として電極棒を用いた（水の電気伝導性を利用した）水位検出器．

電空制御 electropneumatic control
複数個の電磁弁の組合せによって，空気圧を介して行う機関の出力などの制御．

電空制御器 electropneumatic master controller
電気指令を併用する空気ブレーキ装置の部品で，主にブレーキ弁からの指令圧力と被制御側空気管のフィードバック圧力との差圧によって，電磁弁回路を開閉する機器．

電空接触器 individual contactor
＝単位スイッチ．

電空転てつ制御 electro-pneumatic point machine
電磁的に制御される圧縮空気を用いた動力転てつ機．

電空転てつ制御器 electropneumatic switch controller
電気転てつ機の電磁弁および表示回路を制御する機器．

電空変換器 electric-pneumatic converter
電気信号を空気圧信号に変換する機器．

電空変換弁 electropneumatic change valve
電気的な入力信号に対応して空気圧出力を得るバルブ．

電空変換弁増幅器 electropneumatic change valve amplifier
電空変換弁を作動する増幅器．

電源安定度 power supply stability
電源電圧および周波数が時間経過または影響量の変化に対して，定格値からどれほど変わらないかを示す数値．

電源回路 electric power source circuit
インタロックの電気回路を構成する一つの回路で，安定した電源を供給し，装置の安全確保のために過電流など電極に異状を生じた場合に，電気の供給を停止したりする回路．

電源周波数 power supply frequency
システムまたはシステム要素に供給される電源の周波数．

電源瞬断特性 power supply interruptions characteristics
機器の電源が瞬断したとき，機器が示す動作または特性．この特性を表すときは，瞬断時間を明記する．

電源絶縁抵抗 insulation resistance of main
短絡された電源端子と，保護接地端子または外箱との間に，規定された直流電圧を加えて測

定した絶縁抵抗．

電源装置 power supply device
計測制御システムまたはシステムの要素に適切なエネルギーを供給するために，主電源からのエネルギーの変換，整流，調整，その他エネルギーの形態を変更することができる独立のユニット．

電源耐電圧 withstand voltage of main
短絡された電源端子と，保護接地端子または外箱との間に，安全に加えうる電圧の値．

電源電圧 power supply voltage
システムまたはシステム要素に供給される電源の電圧．

電源の安定状態 steady state power conditions
一定時間以上持続する電源の状態．

電源の過渡的外乱 transient power disturbances
一定時間持続する電源の外乱．

電源変圧器 power supply transformer
電源電圧を昇圧または降圧の目的で用いる変圧器．商用周波数用とスイッチングレギュレータ用とがある．

電源変動 power supply variation
電源電圧および周波数の定格値からの変動．
備考：これらの周波数としては，直流から，例えば，磁気増幅器などに用いられるような高い周波数まである．

電磁安全弁 magnetic operated safety valve
安全弁の背に電磁石を取り付け，その電磁力をレバーを介して増幅し，電気信号で操作する安全弁．

電磁オシログラフ electromagnetic oscillograph
ガルバノメータを用い，コイルの偏光を光学的てこによって拡大して記録する装置．

電磁開閉器 electromagnetic switch
①サーマルリレーを付けた電磁接触器．②電磁力により主接触子を開閉するじか入始動開閉器．

電子回路 electronic circuit
電気を信号として用い，情報の伝達や処理をするための回路．

電磁カウンタ magnetic counter
電磁石のコイルに電流が流れたとき，または電流が切れたときカウンタを動作させる機構により，電流パルスを機械式カウンタに表示させようしたもの．

電子管 electron tube
気密外囲器の中で電子またはイオンが真空またガスの中を運動することによって電気伝導を生じる電子装置．

電磁環境両立性 electromagnetic compatibility
EMCと略称し，機器またはシステムが，許容レベル以上の電磁妨害波を発生させることなく，その電磁環境において満足に機能する能力．

電子管式火炎検出器 electronic tube type flame detector
火炎の検出に火炎の発光現象を利用するのに電子管を用いる火炎検出器の総称．

電子管タイミング式シーケンスタイマ electronic tube type sequential timer
電子管のスイッチング特性あるいは半導体の電流変化特性を利用して，各リレーの接点を順序・タイミングに応じて開閉させるようにしたタイマ．

電磁気干渉 electromagnetic interference
EMIと略称し，電磁気外乱が，機器の動作に影響を与える現象．

電磁給排弁 magnet supply and discharge valve
電磁弁の作動によって圧縮空気の給排を行うバルブ．

電磁切換弁 solenoid directional control valve
各種制御装置の信号圧力を切り換えるための電磁弁．

電子空気圧式制御 electro-pneumatic control
電子式制御と空気圧式制御を組み合わせた制御方式．

電子計算機 computer
＝コンピュータ．

電磁継電器 electromagnetic relay
電磁石と接極子と接点があって，電磁石巻線に流れる電流で磁束ができ，接極子を吸引して接点を開閉するリレー．小さい入力信号を大きな出力信号に変換でき，また多くの接点を用いることにより，一つの入力信号で同時に多数の出力信号が得られるなど特徴があり，制御回路において，自動発停，各制御の設定された手順，制限値のとおりに制御の段階を進めていく場合に用いられる．

電子式制御 electronic control
　制御系の主に調節部において，制御の演算や増幅に電子回路を用いた制御方式．出力信号を変換することによって電気式，油圧式，空気圧式などの各種の操作端が使える．各部の占有面積が小さく，コンパクトとなり，また伝達遅れも少ないなど多くの利点がある．

電子式タイマ electronic timer
　自動発停制御装置に主に用いられる限時継電器の一種で，コンデンサと抵抗器の組合せにより放充電特性を利用して，所定の時間遅れをとり，電磁継電器の出力接点の開閉を行うもの．

電磁自動空気ブレーキ装置 automatic electromagnetic air brake equipment
　電磁弁を併用した自動空気ブレーキ装置．

電磁石 solenoid
　＝ソレノイド．

電子銃 electron gun
　電子ビームの生成およびビーム電流値の制御を行う電極構成体．

電子制御編機 electronically controlled knitting machine, computerized knitting machine
　編機の各部分の運動をコンピュータに与えた指令によって制御しながら，編地を作る機械．

電磁制御器 electromagnetic controller
　⇒制御器②．

電子制御気化器 electronic controlled carburetor
　電子回路によって空燃比の制御を行う気化器．

電子制御式 EGR 装置 electronic controlled EGR system
　電子制御回路を用いて，エンジンの運転状態に応じた EGR ガス量の制御を行う EGR 装置．

電子制御調速機 electronic control governor
　電子回路を利用する調速機．

電子制御点火装置 electronic ignition system
　電子回路で点火時期を制御する点火装置．

電子制御燃料噴射方式 electronic controlled fuel injection system
　電子回路によって噴射量，噴射時期などの制御を行う燃料噴射方式．

電磁接触器 contactor
　コンタクタともいい，電磁石の励磁によって閉路し，減磁によって開路する接触子をもち，かつ，電気回路の頻繁な開閉に耐える開閉部を備え，押しボタンスイッチなどによって操作される開閉器．

電磁接触器 individual contactor
　＝単位スイッチ．

電子線管 electron beam tube
　電子線の形成，集束，偏向および電流制御などを行う数個の電極をもつ電子管．

電磁操作 solenoid control
　電磁石による操作方式．

電磁操作弁 solenoid valve, solenoid controlled valve
　電磁石によって操作されるバルブ．

電子装置 electronic system, electronic equipment
　自動車の安全性，快適性，経済性などを高めるため，マイクロコンピュータを用いるなど電子技術を応用した装置．

電子増倍管 electron multiplier tube
　1個または2個以上のダイノード電極によって二次電子増倍を行うことを主目的とする電子管．

電子増倍部 electron multiplier
　入射電子流を一つ以上のダイノードによって電流増幅する部分．

電子測定器 electronic measuring apparatus
　電子デバイスを利用し，電気に関する量を測定，または電気に関する量を測定のために供給する機器．なお，空洞周波数計および定在波測定器のような電子デバイスを含まない測定器も電子測定器とみなす．

電子測定装置 electronic measuring equipment
　複数の電子測定器からなる装置．

電磁直通制御器 electropneumatic straight air brake controller
　電磁直通空気ブレーキ装置の構成部品で，主にブレーキ弁からの指令圧力と直通管からのフィードバック圧力との差圧によって，電磁弁回路を開閉する機器．

電子デバイス electronic device
　半導体の電子もしくはホールの伝導，ガス中の電子もしくはイオンの伝導，または真空中の電子の伝導を利用した部品もしくはその集合体をいう．

電子電流 electron current
　電子の流れによって生じる電流．

電子同調 electronic turning
電子流の速度，電流密度などを変化させることによって発振周波数を変化させること．

電磁波 electromagnetic wave
電界または磁界の周期的変化により電波と磁波が同時に相伴って広く空間に伝搬するような波動を電磁波という．

電磁パイロット切換弁 solenoid controlled pilot operated directional control valve
電磁操作されるパイロット弁が一体に組み立てられたパイロット切換弁．

電子はかり electronic force balance
被測定物の質量による重力を，抵抗ひずみ計(ロードセル)の出力で表すか，または電磁力で平衡をとって表すはかり(天びん)．前者をロードセル式，後者を電磁式という．

電磁吐出し弁 magnet discharge valve
電磁弁の作動によって，ブレーキ管圧力の減圧を行うバルブ．

電磁バルブ magnetic valve
圧縮空気またはバキュームをコントロールシリンダへ送るバルブ．

電子ビーム electron beam
局限された領域内の軌道を動く電子の束．

電磁噴射弁 electromagnetic injector
電磁力によって開閉される噴射弁．

電磁弁 solenoid operated valve
①電磁石の電磁力によって弁体を開閉するバルブ．②ソレノイド弁の同義語．

電磁弁 solenoid-controlled valve
クラッチ，ブレーキの空気圧回路や液圧プレスの油圧回路に用い，スライド制御などに用いる電磁弁．

電磁弁 solenoid valve
①電磁力を用いてバルブ軸を駆動するバルブ．②ソレノイドバルブともいい，電磁石またはソレノイドの作用により開閉する弁．

電磁放射 electromagnetic emission
電磁エネルギーが，その源から出る現象．

電子捕獲検出器 electron capture detector
放射線同位元素からの放射線または放電によって有機ハロゲン化物，ニトロ化合物，有機金属化合物，縮合環化合物などを選択的に検出するガスクロマトグラフ用検出器．

電磁油圧制御 electrohydrostatic control
複数個の電磁弁の組合せによって，油圧を介して行う機関の出力などの制御．

電磁誘導 electromagnetic induction
電流路と鎖交する磁束が変化するとき起電力を誘導する現象．

テンションバランサ automatic tensioning device
電線またはワイヤの張力を自動的に一定に調整する金具．

電磁流量計 magnetic flowmeter
管路内に加えられた磁界を横切って流れる導電性液体に誘起される起電力によって，流速を検出する流量計．

電子レンズ electron lens
電子ビームの集束または発散を制御するように設計されたもの．

電子連動機 computerized interlocking system, microprocessor based interlocking system
電子計算機を用いて連鎖を行う連動機．

電磁ログ electro-magnetic log
船底に取り付けた磁界発生部による磁界が海水を切るときの相対速度に比例して生じる起電力によって船の速さと航程を測定する装置．

点推定 point estimation
母数 θ に対して，測定値から推定値 $T(x_1, x_2, \cdots, x_n)$ をつくり，θ は $T(x_1, x_2, \cdots, x_n)$ に近いであろうと推定すること．

点制御 intermittent control
地上から制御情報を特定地点で車上に伝送することによって列車を制御すること．

転送 transfer
情報の移動．情報の変形または変換を含む場合もある．

伝送 transmission
①検出器，伝送器などからの信号を受信器に送り伝えること．伝送を行うためには，信号に変換し，または信号の大きさを変える機能が必要である．②機器または装置の信号を他の機器または装置に送り伝える動作．

伝送器 transmitter
①発信器ともいい，出力が，統一信号である計測用トランスデューサ．備考：次の修飾語で始まる伝送器は，自明のものとして定義を省略する．浮力ディスプレーサ液位．酸化度．濃度．pH．導電率．位置．密度．圧力．差圧．還元度．起電力．抵抗．イオン濃度．速度．タコメータ．レベル．温度．②発信器ともいい，検出器からの信号を伝送するため別の信号に変換し，または信号の大きさを変える機能をもつ器具．

伝送距離 transmission distance
①信号を正確に，必要な伝送速度で伝送できる伝送路の長さ．②規定のマーク率の信号を規定の符号誤り率以下で伝送できる最大の距離．

転送時間 transfer time
データ転送が開始された時点から完了する時点までの時間．

伝送終了 end of transmission
一つ以上のテキストの伝送終了を示す伝送制御キャラクタ．

伝送信号 transmission signal
伝送に用いる信号．例えば，直流電流信号：4～20 mA，直流電圧信号：1～5 V，空気圧信号：20～100 kPa．

転送する to transfer
データをある記憶場所から他の記憶場所へ送ること．

伝送制御拡張 data link escape
伝送制御機能を追加する場合に用いる伝送制御キャラクタで，次に続く有限個のキャラクタの意味を変える．このキャラクタは，補助的な伝送制御機能を与える場合に限って使用し，これに続くキャラクタとしては，図形キャラクタおよび伝送制御キャラクタを使用しなければならない．

伝送制御キャラクタ transmission control characters
電気通信網におけるデータ伝送を制御し，または容易にするために用いられるキャラクタの総称．

伝送制御文字 transmission control character
データ端末装置間のデータの伝送を制御し，または容易にするために使われる制御文字．

伝送速度 transmission speed
①信号がその伝送路に伝送される速度．②伝送する信号の単位時間当たりの情報量（ビット数）．単位は b/s．

伝送速度 transmission rate
単位時間に伝送される平均情報量．例えば，雑音のない情報路では，記号 s_i の持続時間が t_i で生起確率が p_i であるとき，その情報路の伝送速度 R は

$$R = \frac{-\sum_{i=1}^{n} p_i \log p_i}{\sum_{i=1}^{n} p_i t_i}$$

となる．

伝送ブロック終結 end of transmission block
ETB と略称し，伝送上の理由で，分割されたブロックの終結を示す伝送制御キャラクタ．

伝送路 line, transmission line
データ回線の一部であってデータ回線終端装置の外側にあり，データ回線終端装置をデータ交換装置と接続したり，データ回線終端装置を他の一つ以上のデータ回線終端装置と接続したり，またはデータ交換装置を他のデータ交換装置と接続したりするもの．

伝達インピーダンス transfer impedance
単振動をする機械系のある点の力と他の点の速度との複素数比．

伝達遅れ transfer lag
①信号の伝送路または機能ブロックにおける遅れ．②入力に対する応答が時間的に遅れて出てくること．その原因はむだ時間によるものと時定数によるものとがある．

伝達遅れ transport dealy
物質の輸送時間または信号伝播の有限な速度に起因する遅れ．

伝達関数 transfer function
時不変線形な連続時間要素・系の入出力関係表現の一つ．初期状態をゼロとしたときの，入力信号のラプラス変換に対する出力信号のラプラス変換の比．

伝達特性 transfer characteristics
入力と出力との関係を表す特性．

伝達要素 transfer element
自動制御系で信号伝達をする要素．一方向的にその入力信号を出力信号に変換するもので，出力の変化が入力に変化を与えることはない．

転てつ器回路制御器 switch circuit controller
トングレールに接続して電気回路を開閉する機器．

転てつ器標識 point indicator, switch indicator
転てつ器が定位であるか，反位であるかを表示するための標識で，普通転てつ器標識，脱線転てつ器標識，遷移（乗越し）転てつ器標識および発条転てつ器標識の総称．

転動形ダイアフラム rolling diaphragm, convolution diaphragm
内外の2部分が相対運動するとき，ダイアフラムが伸びて膜の一部が転がり接触しながら壁を離れ，他方が壁と転がり接触し始めるような

構造につくられたダイアフラム．

電動機操作　electric motor control
電動機による操作方式．

電動機用ヒューズ　fuse of motor circuit application
電動機回路に使用するために設計されたヒューズ．備考：電動機の始動電流に耐えるような許容時間-電流特性をもっている．なお，低圧用では電動機の過負荷保護特性をもつものもある．

伝導性雑音　conductive noize
電源線または制御線を通して伝わる雑音．

電動操作開閉器　motor operated switch
電動機により主接触子を開閉するじか入始動開閉器．

電動弁　electric operated valve
電動機を用いてバルブ軸を駆動するバルブ．

伝導妨害　conducted interference
機器が動作中，その機器の内部から，電源線または制御線を通じて送り出される望ましくない電流による妨害．

伝導妨害感受性　conducted susceptibility
電源線または制御線を通じて受ける望ましくない信号または衝撃電圧などにより，機器が妨害を受ける度合．

点ドリフト　point drift
規定の基準動作条件での，一定の入力に対する，規定期間における出力の変化．点ドリフトは，しばしば一つ以上の入力値(例えば，レンジの0％, 50％, 100％)で測定される．それによってゼロドリフトおよびスパンドリフトが求められる．例えば，周囲温度20±1℃，試験期間48時間に対する中間目盛点ドリフトは，出力スパンの0.1％以内．

電波式液面計　electric wave type level gauge
電波の反射時間によって液面の位置を測定する計器．

テンペレチャセンサ　temperature sensor
＝温度センサ．

伝搬時間　propagation delay time
＝伝搬遅延時間．

伝搬遅延時間　propagation delay time
伝搬時間ともいい，回路または伝送路でパルスが入力から出力までに要する時間．

点滅信号　flashing signal
光源からの発光が一定の周期で明滅する信号．

電離検出器　ionization detector
検出器の有効容積における電離作用を利用した放射線検出器．

電離箱　ionization chamber
電離放射線によってつくられた電荷を，気体増幅が起こらない程度の電界を印加して電極に集めることを利用した放射線検出器．

転流　commutation
①隣り合っている二つの放電路間の電流の転移．②一つの整流回路素子から次の回路素子へ電流の移り変わること．リアクタンスのため，両素子を同時に電流の流れる期間があり，転流はこの期間中に行われる．

電流　electric current
電荷の移動する現象で陽電荷移動の方向がその方向である．単位はA．

電流回路　current circuit
負荷電流またはこれに相応する電流が通ずる回路で，計器端子間の回路部分．(⇒電圧回路)

電流計　ammeter, ampermeter
＝アンメータ．

電流継電器　current relay
予定の電流で動作するリレー．過電流継電器と不足電流継電器に大別される．

電流検出継電器　current-sensing relay
あらかじめ定められた電流値で動作するリレー．

電流出力　current output
出力信号を電流で行うこと．例えば，4〜20mA・DCがある．

電流増幅度　current amplification
磁気増幅器，トランジスタなどで用いられるもので，出力電流の変化分とそれに対応する制御電流の変化分との比をいい，次式で表される．

$$K_\mathrm{I} = \frac{\mathit{\Delta} I_\mathrm{L}}{\mathit{\Delta} I_\mathrm{c}}$$

ここに，K_I：電流増幅度，I_L：出力電流，I_c：制御電流．

電流平衡継電器　current-balance relay
2回路の電流差をある範囲に保つもの，または予定電流差で動作するもの．(⇒平衡保護)

電流密度　current density
電極の単位面積当たりの電流の大きさ．

電流容量　current-carrying capacity
導体に電流を通じた場合，許容最高温度を超えないで，電気的・機械的に損傷を受けることなく通電できる最大電流．

転流リアクトル commutating reactor
整流回路素子間の転流を助けるために挿入されるリアクトル．

電流力計計器 electrodynamic instrument
固定コイルおよび可動コイルに流れる電流の間に作用する電磁力を利用した計器．

電力 electric power
単位時間当たりの電気のエネルギー．

電力計 wattmeter
回路の電力を測定する計器．一般に用いられるのは電流力計計器タイプである．

電力継電器 power relay
予定の電力で動作するリレー．すなわち，電力をある範囲に調整するもの，または予定電力で動作するもの．

電力制御器 electric power regulator
入力信号に従って，供給源からの電力エネルギーを制御する機器．

電力増幅度 power amplification
磁気増幅器における電流増幅度と電圧増幅度との積をいい，次式で表される．
$$K_p = K_I K_v$$
ここに，K_p：電力増幅度，K_I：電流増幅度，K_v：電圧増幅度．

電力ヒューズ power fuse
公称電圧 3.3 kV 以上の交流回路に使用される遮断容量の大きいヒューズ．

と

問合せ interrogating
主局が従局に対し，その局であることの確認または局の状態を送るように要求する処理過程．

問合せ enquiry
相手局からの応答を要求する場合に用いる伝送制御キャラクタで，その応答には，局識別，局状態を含めてもよい．

といし摩耗自動補正装置 automatic wheel wear compensator
といしの摩耗を自動的に常に修正して正しい研削ができるようにする装置．

等圧質量変化測定 baric mass-change determination
所定の温度プログラムに従って揮発生成物の分圧を一定に保ち，物質の平衡状態における質量を温度の関数として測定する方法．

等圧弁 two-way delivery valve
噴射管内の残留圧が一定になるように逆止め弁を付設した送出し弁．

同一条件測定 measurement in the same conditions
人・装置が同じで引き続き短時間内に行う測定．

同一条件測定精度 precision of measurement in the same conditions, repetability
同一条件測定における精度．

統一信号 standardized signal
レンジが標準化された信号．例えば，4～20 mA・DC 電流信号，20～100 kPa 空気圧信号．

同位列 array
ある類を細分してできた集合であって，その類より1段階だけ下位に当たるもの．

動インピーダンス motional impedance
電気音響変換器または電気機械変換器で，負荷時インピーダンスと制止インピーダンスとの差．

ドウェル dwell
数値制御において，制御される運動をあらかじめ定められた時間だけ停止させる機能．これを実行する指令は準備機能によって与える．

同音異義性 homophony
二つ以上の用語が，同じ発音でありながら，異なった意味をもっているような特性．

等価演算 equivalence operation
二つのオペランドが同じブール値をとるときに限り，結果がブール値1になる2項ブール演算．

等価回路 equivalent circuit
ある条件の下で，ある回路と同じ特性をもつと考えられる別の回路．すなわち，すべての周波数あるいはある周波数範囲にわたって同じ周波数特性を有する二つの回路について一方を他方に対する等価回路という．複雑な回路網で回路計算が困難な場合，これと等価な簡単な回路に置き換えて計算するのに用いる．

等化器 equalizer
系の伝送周波数特性の振幅または位相を，目

的とする特性となるように補正する装置．

等価雑音パワー　noise equivalent power
NEPと略称し，出力雑音パワーの入力換算値に等しい入力パワー．雑音による識別限界の表現である．

等価素子　IF-AND-ONLY-IF gate, IF-AND-ONLY-IF element
ブール演算としての等価演算を行う論理素子．

統括管理　supervision
スーパービジョンともいい，システムの制御および監視操作．信頼性および安全性を保証する操作を含むこともある．

透過なデータ　transparent data
セションプロトコル機械の間でそのまま転送され，セションプロトコル機械は使用しないセションサービス利用者データ．

等価入力インピーダンス　equivalent input impedance
与えられた周波数および電圧の状態において，機器の入力回路に入力する電流の瞬時値が，入力電圧の瞬時値の非直線関数であるとき，等価入力インピーダンスは，機器の入力回路と同じ有効電力を吸収し，機器の入力回路に流れる無効電流の基本周波数成分に等しい無効電流を流す抵抗と，リアクタンスを組み合わせたインピーダンスである．

同　期　synchronization
①映像波形が静止するように掃引を制御すること．②ある基準信号に対して動作の時相を合わせること．

同　期　synchronism, synchronization
①二つ以上の波形またはパルス列を相互に時間的に同時または一定関係にあること．②二つ以上の波形またはパルス列を相互に時間的に同時または一定関係にすること．

同　期　synchronism
発電機の回転速度を接続しようとする電力系統の周波数と一致させる操作．

同期運転　synchronized operation
二つの回転系を同じ速度で回転させること．

同期機　synchronous machine
定常運転状態において，同期速度で回転する交流機．

同期式　synchronous
共通の事象の発生に依存する複数の処理過程に関する用語．

同期周波数範囲　synchronization frequency range
内部または外部同期において，安定に同期できる周波数．

同期信号　synchronous idle
同期信号方式で他のキャラクタを伝送しない状態において同期をとり，または同期を維持するための信号として用いる伝送制御キャラクタ．

同期スイッチ盤　synchronous engine starting device
1台の機関を始動する複数個の始動発電機のかみ合いを検知し，同時に回転させる装置．

同期制御　synchronous control
抵抗溶接において，同期信号を溶接電源からとり，主通電の開閉をサイリスタなどで行い，主通電の各半サイクルまたは各サイクルごとに点弧位相を制御する主通電回路の通電制御方式．

同期掃引　synchronized sweep
掃引周期を，入力信号の周期またはその整数倍に等しく保つように同期して行われる掃引．

同期速度　synchronous speed
電源周波数 f_0 (Hz) と回転機の極数 p で決まる回転磁界の回転速度．同期速度 $=120f_0/p$ (rpm)．

同期的　synchronous
共通のタイミング信号のような特定の事象の発生に依存した二つ以上の処理に関する用語．

同期伝送　synchronous transmission
ビットを表す各信号の発生時点が固定した時間基準に関係するデータ伝送．

同期電動機　synchronous motor
定常運転状態において同期速度で回転する電動機．

同期パルス　synchronizing pulse
同期させるためのパルス．

動誤差　dynamic error
時間的に変化する測定量に対する計測器の誤差．

動　作　action
問題解決のために実行すべき処理の述語．

動　作　operation, actuation
①リレーがその所定の責務を遂行すること．②ある原因を与えることによって所定の作用を行うこと．例えば，押しボタンスイッチの動作はこのスイッチを押すことである．

動作位置 active position
次にくる図形文字を表示するか，または次にくる図形表現が必要な制御機能を表す図形記号を表示する文字位置．通常，動作位置はカーソルで示す．

動作位置計測 acting position measurement
ロボットの姿勢，動作に関する現在位置（または角度）の計測．

動作温度範囲 operating temperature range
＝使用温度範囲．

動作加速度計測 acting acceleration measurement
ロボットの動作に関する加速度（または角加速度）の計測．

動作可能時間 operable time, uptime
機能単位を動作させると正しい結果を出す時間．

動作限界 operating limits
機器が，動作特性に永久的損傷を受けることなく，使用できる動作条件の限界．備考：①動作条件は，輸送保管条件の限界とは異なる．②通常，動作限界と正常動作限界との間では，性能特性は示されない．③正常動作条件内に戻った場合，正常な特性に回復させるための調整を必要とすることがある．

動作減衰量 transmission loss
電源の内部インピーダンスに等しいインピーダンスを電源（信号源）に接続した場合，負荷に供給される電力 P' と整合変成器を回路に挿入した場合の出力 P との比．

$$a_\mathrm{b} = 10 \log \left| \frac{P'}{P} \right| \quad (\mathrm{dB})$$

動作誤差 operating error
定格動作状態において求めた誤差．

動作時間 acting time
ロボットの腕部制御において，目標位置への移動の指令が与えられてから停止するまでの時間．

動作時間 operating time
動作可能時間のうち，機能単位が動作している時間．

動作湿度範囲 operating humidity range
＝使用湿度範囲．

動作指定 action entry
ある動作と特定の規則との関連付け．

動作自由度 degree of freedom of motion
一つのロボットの中に存在しうる互いに独立なジョイントの数．備考：簡略化して自由度とよぶこともある．直動，回転，旋回部分の数で表すことが多い．

動作順序制御機能 motion sequence control function
作業制御機能のうち，動作順序の制御に関する機能．

動作条件 operating condition
使用条件ともいい，動作中の機器が置かれる条件．これには，測定対象変量は含まれない．動作条件の例としては，周囲圧力，周囲温度，電磁界などがある．これらの条件の静的および動的な変動を考慮しなければならない．

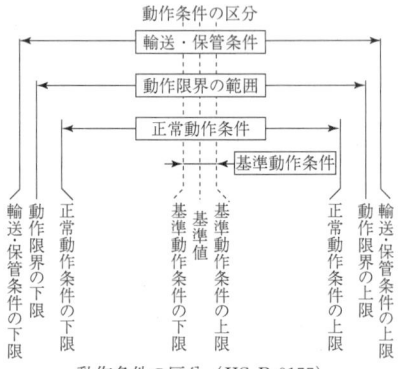

動作条件の区分
輸送・保管条件
動作限界の範囲
正常動作条件
基準動作条件

輸送・保管条件の下限／正常動作限界の下限／基準動作条件の下限／基準値／基準動作条件の上限／正常動作限界の上限／輸送・保管条件の上限

動作条件の区分（JIS B 0155）

動作信号 actuating signal
＝制御動作信号．

動作すきま differential gap
入切り差ともいい，高切換値と低切換値とのすきま．備考：動作すきまを中立帯と意味を混合しないこと．（⇒切換値，2位置動作）

動作速度計測 acting speed measurement
ロボットの動作に関する速度（または角速度）の計測．

動作値 operating value
リレーが動作するのに必要な限界入力値．

動作評価 performance
制御系の過渡応答における動作を最適化させる動的最適化制御において，その最適化の程度を定量的に評価すること．

動作評価関数 performance function
制御動作の動作評価を定量的に与える関数．
（⇒評価関数）

動作不能時間 inoperable time
ダウン時間のうち，すべての周囲時間は満足されているが，機能単位を動作させても正しい結果を出さない時間．

動作モジュール acting module
ロボットの動きを構成するモジュール．

動作流体 working fluid
流体伝動装置において，動力を伝達する媒体となる流体．空気圧，油圧，水圧がそうである．伝達動力の大きいものでは油圧が用いられ，空気は圧縮性が大きいため比較的動力の小さいものに用いられる．

動作レベル言語 motion level language
ロボットの単位動作レベルに対応する記述形式のプログラミング言語．

同　時 simultaneous
一つの処理において，別々の機能単位によって扱われ，同じ時間間隔内に生起する二つ以上の事象に関する用語．例えば，一つ以上のプログラムの実行において，入出力チャネル，入出力制御装置および関連した周辺装置によって行われる幾つかの入出力操作は，互いに同時でありうり，また，処理装置によって直接操作される他の操法とも同時でありうる．

同時回路分解時間 coincidence resolving time
同時(計数)回路において，一つの出力信号を与えることができる各入力パルスの最大時間間隔．

同時(計数)回路 coincidence circuit
二つ以上の入力回路からの入力信号が所定の時間内に重なって入ってきたときにだけ出力信号を出すように作られた電子回路．

灯質（光信号の） character (of light signal), characteristic (of light signal)
光信号が伝送する情報内容の区別に役立つ，独特な周期的繰返しと光(単数または複数)の組合せ．

同種計算機ネットワーク homogeneous computer network
すべての計算機が類似または同一のアーキテクチャをもつ計算機ネットワーク．

同　相 in-phase
位相角がゼロの二つの交番量の関係をいう．例えば，抵抗だけの交流回路の電圧，電流は位相差がないから同相であるという．

同相電圧 common mode voltage
差動増幅器において，各本来の信号の電圧に加えられる，各入力と接地間に誘導される電圧．

同相分除法 common mode rejection
同相電圧の影響を抑制する差動増幅器の能力．

同相弁別比 common mode rejection ratio
同相電圧を抑圧する能力．等しい振れの大きさを与える同相入力と逆相入力との比で表す．

銅　損 copper loss, ohmic loss
＝抵抗損．

導　体 conductor
電流を流しやすい物質．銅は安価で電気抵抗が低い代表的な導体である．

導体層 conductor layer
信号層，電源層，グランド層などの導電性がある層．

同　調 tuning
電気的または機械的に自由振動をするものは，この自由振動と同じ周期のエネルギーを加えると，著しく大きな振動をすること．

同調回路 tuning circuit
ある周波数に同調する回路．コイルとコンデンサを組み合わせた回路で，一方または両方を可変として種々の周波数に同調できるものもある．

同調感度 tuning sensitivity
機械的同調での駆動素子の位置，電子同調での電圧などの同調を受けもつパラメータの変化量で周波数変化量を割った商．

同調調整 tuning control
受信機の局部発振器の発振周波数を変えて最大の受信出力が得られるようにすること．

同調変成器 tuning transformer, tuning coil
コンデンサと変成器で共振回路を形成し，単一の周波数を低損失で選択する目的で用いる変成器．

同調容量 tuning capacitance
定格周波数において，コイルのインダクタンスと共振させるための静電容量値．

同　定 identification
モデルの構造(伝達関数・差分方程式などの形)をあらかじめ定めておいて，システムの入出力データに基づいてそのモデルに含まれるパラメータの値を決定すること．備考：モデリングの一つの段階として位置付けられる．

動的記憶装置 dynamic storage
記憶内容を保持するために周期的な記憶回復動作を必要とする記憶装置．

動的記憶割振り dynamic storage allocation
記憶割振りの技法の一種であって，計算機プログラムおよびデータに対して割り当てられる記憶域が，必要が生じた時点において，適用される基準に従い決定されるもの．

動的計画法 dynamic programming
逐次的になされる意志決定の最適化問題を定式化することによって得られる問題の取扱いの理論および手法．最大原理などがある．

動的最適化 dynamic optimization
システムの過渡状態をある評価関数に従って最適化することをいい，平衡状態からずれている制御量を定められた最適基準に従わせるように制御する．最適制御が動的最適化のために利用される．（⇒静的最適化）

動的再配置 dynamic relocation
計算機プログラムが主記憶装置の異なった領域で実行されうるように，実行中にこのプログラムに対して新たな絶対アドレスを割り当てる処理．

動的資源割振り dynamic resource allocation
計算機プログラムの実行のために割り当てられる資源が，必要時に適用される基準によって決定される割振り技法の一つ．

動的測定 dynamic measurement
変動する量の瞬時値の測定および場合によっては，その時間的変動の測定．動的という修飾語は，測定法ではなく測定量に適用される．

動的ダンプ dynamic dump
計算機プログラムの実行中にダンプすることであって，通常，計算機プログラムの制御の下で行われる．

導電率計 conductivity meter
導電率を測定して，水溶液の濃度または純度を間接測定する分析計．単位は $\mu S/m$ または mS/m．

導電率レベル計 electrical conductance level measuring device
二つの電極間に介在する導電性液体の液位を，電極間の電気抵抗を検出することによって測定する機器．

動特性 dynamic characteristics
①時間的に変化する測定量に対する計測器の応答の特性．②負荷インピーダンスを加え，交流陽極電流を流して動作させる場合の電子管の特性．③制御系において，時間的に変化する入力に対する機器の応答の特性．すなわち，入力信号が入ると，それに対応した出力信号が出る．この入力信号と出力信号との関係を決定するのが動特性で，各種の動特性試験によって直接的に表示される．例えば，ステップ応答，インパルス応答，ランプ応答などの過渡応答特性．正弦波入力に対する定常応答である周波数応答などである．

動特性試験 dynamic response test
ユニットの過渡応答特性を調べる試験．動特性試験の手法は，動特性を求めようとするプロセスに特定の入力信号を加え状態量の変動を出力信号として測定し，入出力信号の関係から動特性を求める方法が最も一般的である．動特性試験法は入力信号の形状により，過渡応答試験法，周波数応答試験法および統計的動特性試験法に大別される．

投　入 closing
開閉器類を操作して電気回路を閉じて，電流が通る状態．例えば遮断器や電源を「投入する」というように用いる．

等比率形流量特性 equal percentage flow characteristics
＝イコールパーセンテージ特性．

等分目盛 uniform scale
目盛の間隔がおのおの等しい目盛．

```
   0     20     40     60
   |――|――|――|――|――|――|
       等分目盛 （JIS B 0155）
```

動翼可変制御 rotor blade control
軸流送風機・圧縮機で可変動翼によって行う圧力またはガス量の制御．

動　力 power
単位時間内に行われる仕事あるいは供給されるエネルギーをいう．

動力操作 power operation
機器を電気，スプリング，空気圧などの入力以外の動力によって操作すること．

灯列式信号機 position light signal
灯の配列およびその点灯位置によって信号を現示する信号機．

トーカ talker
データを他の機器へ転送する機能．

ドキュメンテーション documentation
記録情報の蓄積，検索，利用または転送を目的として継続し，しかも系統立てて記録情報を収集し，処理すること．この定義はドキュメンテーション用語に限定される．

ドキュメンテーション言語 documentary language
データまたは文献の蓄積および検索ができるようにするために，データまたは文献の内容を表現するのに使う形式化した言語．

ドキュメント読取り装置 document reader
＝文書読取り装置．

特殊自動閉そく機 restricted automatic block system
場内信号機の防護区域に設けた軌道回路によってその信号機の現示を，また，出発信号機の防護区域の両端に設けた列車および車両の進入・進出を検知する装置によってその信号機の現示を，自動的に制御する常用閉そく方式．

特殊信号 accident warning signal
緊急時に使用する信号で，発炎信号，発光信号および発雷信号，発報信号の総称．

特殊レジスタ special register
コンパイラがつくり出す記憶場所であって，COBOL の特定の仕様を用いると発生する情報を収めるのが本来の目的である．

特性インピーダンス characteristic impedance
無限長線路(伝送路のようにある程度以上長い線路)の電圧，電流は送端から遠ざかるに従ってその振幅は減少するが，その振幅比は線上のどこでも一定となるもので，この比を特性インピーダンスという．

特性曲線 characteristic curve
機器または装置の出力変量の定常な状態における値を，一入力変量の関数として，他の入力変量は一定値に保って表した図表(曲線)．備考：他の入力変量をパラメータとして扱うと一群の特性曲線が得られる．(⇒規定特性曲線)

特性根 characteristic root
自動制御における，特性方程式の根を指す．閉ループ系の特性方程式はその一巡伝達関数を $G(s)$ とすれば
$$1+G(s)=0$$
で与えられる．この特性根は系の閉ループの伝達関数の極と一致する．

特性認知 identification
運転状態における制御対象の動特性を，その運転中に人為的な外乱を与えずに自動的に測定する技術．

特性方程式 characteristic equation
過渡応答はフィードバック制御系の動特性を評価する基準となり，過渡応答の様子は特性方程式の根により決定される．解が系の伝達関数の極を与える方程式を特性方程式と呼び，図に示す系の場合には特性方程式は
$$1+G(s)\cdot H(s)=0$$
となる．

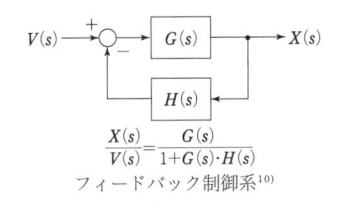

$$\frac{X(s)}{V(s)}=\frac{G(s)}{1+G(s)\cdot H(s)}$$
フィードバック制御系[10]

特定曲線 characteristic curve
機器において，それ以外の入力量を一定値にして，定常状態における出力量を，一つの入力量の関数として表した線．他の入力量をパラメータとして扱うと，一群の特性曲線が得られる．

独立一致性 independent conformity
規定特性曲線と，それを近似する校正曲線との最大プラス差および最大マイナス差が最も小さくなるようにした場合の，近接の度合．(⇒一致性①)

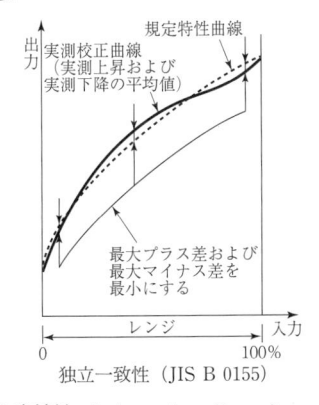

独立一致性 (JIS B 0155)

独立直線性 independent linearity
校正曲線と近似直線とを，最大プラス差および最大マイナス差が最も小さくなるようにした場合の，近接の度合．次頁の図参照．(⇒直線性⑤)

トグルスイッチ toggle switch
レバーを中立位置から左右(または上下)の各方向に外力を加え，接点のアームとレバーとのトグル作用による切換操作により接続回路の変更を目的とする制御用操作スイッチで，自動復元するものも含む．

出力軸／実測校正曲線(実測上昇および実測下降の平均値)／近似直線／最大プラス差および最大マイナス差を最小，かつ等しくする／レンジ／入力／0／100%

独立直線性 (JIS B 0155)

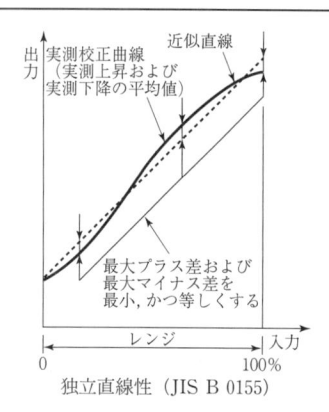

閉じたサブルーチン closed subroutine
サブルーチンの一種であって，呼出し列によって連係されることにより，個々の場所に挿入されることなく，それが計算機プログラム中の二つ以上の場所から用いられるもの．

閉じたループ closed loop
出口をもたないループであって，実行が，そのループを含む計算機プログラムの外部からの介入によってだけ中断されるもの．

度数分布 flequency distribution
①測定値の中の同じ値が繰り返し現れる場合，各値の出現度数を並べたもの．②測定値の存在する範囲を幾つかの区間に分けた場合，各区間に属する測定値の出現度数を並べたもの．度数分布は，度数表，棒グラフ，ヒストグラムなどで表す．

トーチオフセット機能 torch offsetting function
ロボットの軸系に対して，トーチ先端位置をずらしてセットしても，所定の動作を正しく行う機能．

トップライン top line
頂部線ともいい，パルストップ振幅に等しいレベル．(⇒パルストップ中央点)

突放入換標識 kick off shunting indicator
突放入換えに用いる入換標識．

ドナー donor
半導体において，電子伝導を起こさせる不純物をいう．

飛越し jump
計算機プログラムの実行における，現に実行されている命令の，暗示的または宣言されている実行順序からの脱出．

飛越し命令 jump instruction
飛越しを指定する命令．

ドプラー効果 Doppler effect
波動源，観測点または媒質が移動することによって，波動の観測された振動数(周波数)が変化する現象をいう．

ドプラーレーダ Doppler radar
電磁波におけるドプラー効果を利用して移動物体の速度，方向，位置を検出するレーダ．

トムソン効果 Thomsom effect
両端の温度に差がある金属に電流を流すと，その金属の抵抗によって発生するジュール熱以外に，熱を発生したり吸収したりする現象．

ドメイン domain
データ処理の資源が共通の制御下に置かれている計算機ネットワークの一部分．

止め弁 stop valve
ストップ弁ともいい，弁棒のねじによって弁が上下し，弁座とのすきまを変化して流体通路の断面積を変化する構造の弁．

ド・モルガンの法則 De Morgan's law
論理代数において，論理和の否定は個々の変数の否定の論理積に等しい．また，論理積の否定は個々の変数の否定の論理和に等しい，という法則．論理代数の変数 $X, Y, Z, \cdots$ を用いて表すと次式のようになる．
$$\overline{(X+Y+Z+\cdots)} = \overline{X} \cdot \overline{Y} \cdot \overline{Z} \cdot \cdots$$
$$\overline{(X \cdot Y \cdot Z \cdot \cdots)} = \overline{X} + \overline{Y} + \overline{Z} + \cdots$$

トラッキング tracking
ある信号を他の信号に追従させること．

トラッキング制御 tracking control
車両運行制御装置が無人搬送車類の位置をトラッキングすることによって，衝突防止および運行制御を行う制御．

トラッキング動作方式 tracking mode of operation
入力電圧がある値以上変化したとき，内部回路がその変化を検知して変換命令を出す方式．

トラック track
データ媒体が一つの読取り書込みヘッドを通過する際に，その読取り書込みヘッドに対応するデータ媒体上の経路．

トラベル travel
調節弁の閉弁位置からの弁体の移動量(距離)．

ドラムスイッチ drum switch
回転できる円筒形または扇形の表面の導電部または接触子と固定接触子がしゅう動接触によ

って開閉する制御用操作スイッチ．

ドラム制御器　drum controller
円筒面上に可動接触子(セグメント)を配置し，円筒を回すことによって固定接触子(フィンガ)の間の接触を制御する制御器．

ドラム装置　drum unit
＝磁気ドラム装置．

トランジション　transition
SFC を表現する要素の一つで，対応する有向連結に沿って，一つ以上の前ステップから一つ以上の後続ステップへ制御を遷移させる条件．

トランジスタ　transistor
半導体を利用した増幅，発振，スイッチングなどの機能をもった電子回路素子．普通，エミッタ，コレクタ，ベースの3領域(3端子)からなり，それぞれ主伝導体を放出，制御，収集する働きをもつ．

トランスコンダクタンス　transconductance
ある電極から他の一つの電極に対するトランスコンダクタンスとは，第 2 の電極の電流の正弦波成分を第 1 の電極の電圧の正弦波同相成分で割った商をいう．ただし，残りの電極電圧を一定に保った場合のもの．

トランスデューサ　transducer
変換器ともいい，測定量または信号を，それに対応する同種の信号または異種の処理しやすい信号に変換する装置．

トランスファシリンダ　transfer cylinder
回路間の流体を混合することなく，一つの回路から他の回路へ流体圧力を伝達するための機器．

トランスファ接点　transfer contact
＝c 接点．

トランスファリレー　transfer relay
常開接点と常閉接点を備えた接点構造で可動接点側が共用回路リレー．

トランスポートサービス提供者　transport service provider
セションエンティティから見て，トランスポートサービスを提供するエンティティの全体をモデル化した抽象機械．

トランスポートサービス利用者　transport service user
単一システム内で，トランスポートサービスを利用する複数エンティティ全体を表す抽象的表現．

トランスポンダ　trans ponder
装置から発信する超音波の質問信号に，自動的に応答信号を送信することのできる超音波送受波器．潜水船の位置を計測するためなどに用いられる．

トランスミッタンス　transmittance
信号流れ線図における信号間の関係をいう．
(⇒信号伝達線図)

トリガ　trigger
①電子回路などの状態またはその出力を急変するきっかけ．すなわち，電子回路やコンピュータの動作開始をさせるため，あるいは電子回路においてある状態を引き起こしたり，状態を反転させるためなどに外部から加える小さな制御用信号(通常パルス信号)．②操作者が有意の瞬間を示すために用いることができる物理入力装置またはその集合．

トリガ回路　trigger circuit
少なくとも一つの安定状態を含む幾つかの安定状態または不安定状態をもち，適切なパルスを印加することによって目的とする状態遷移を起こすことができる回路．

トリガスイッチ　trigger switch
引金状の取っ手によって接触子を開閉する制御用操作スイッチ．

トリガする　to trigger
＝引き金を引く．

トリガ掃引　triggered sweep
トリガパルスが加えられるごとに開始される掃引．輝点はトリガパルスが来るまでは待機位置(掃引の起点)にある．

トリガ動作方式　triggered mode of operation
変換命令が，外部から電気的にまたは手動により与えられる方式．

トリガパルス　trigger pulse
トリガするためのパルス．

トリッピング　tripping
＝引外し．

トリップ　trip
＝引外し．

トリップフリー　trip-free
＝自由引外し．

ドリフト　drift
一定であるはずの信号が，機器の特性の変化およびまたは環境の影響で，ゆっくりと変動すること．

トリマポテンショメータ　trimmer potentiometer
⇒半固定形可変抵抗器．

トルク torque
回転体に作用する回転力の大きさ．回転軸に直角な面内における力のモーメントで表される．

トルク切り torque stop
＝トルクストップ．

トルクコンバータ hydraulic torque converter
流体回路にポンプ羽根，タービン羽根および案内羽根をもち，トルクを変換して動力を伝える機械．

トルクコンバータインジケータ torque-converter indicator
オートマチックトランスミッションの作動位置を知らせるための表示．

トルクストップ torque stop
トルク切りともいい，電動弁の開または閉位置において弁座面の力が増大し，操作部の駆動トルクが定められた値以上になったときにバルブの動作を停止させること．

トルク増幅器 torque amplifier
わずかの入力を与えて大きな出力トルクを生じさせる装置．サーボ機構などに使用される．

トルク(速度)可変装置 torque (speed) variator
駆動軸および駆動される軸の角速度の比(またはそれらの軸の有効トルクの比)を変更できる連結装置．

トルク比 torque ratio
出力軸トルクと入力軸トルクとの比．

トルクモータ torque motor
制限された回転角の範囲で，または拘束された状態で発生するトルクが利用される電動機．

トレーサビリティ traceability
標準器または計測器が，より高位の測定標準によって次々と校正され，国家標準・国際標準につながる経路が確立されていること．

トレンド記録 trend recording
主としてプロセスの運転傾向を知るために，入力点から希望の点を選択して時系列変化を記録し，トレンドグラフとして表示する方法．備考：①類似語として，リアルタイムトレンドおよびヒストリカルトレンド(長時間のトレンド記録)がある．②トレンドには，1点固定のトレンド記録および多点トレンド記録がある．

トレンド記録計 trend recorder
多入力の中から，プログラムまたは操作員の選択によって特定入力を記録する計器．

ドレン(油圧) drain (hydraulic)
油圧機器の通路または管路からタンク(またはマニホールドなど)に戻る油または油が戻る現象．

ドロップアウト drop-out
磁気記憶装置にデータを記憶する場合，または磁気記憶装置からデータを取り出す場合に，2進文字を読取り損なうことによって引き起こされる誤り．ドロップアウトは通常，磁性層の損傷または微片がその上に存在することによって発生する．

ドロップアウト時間 drop-out time
＝釈放時間．

ドロップイン drop-in
磁気記憶装置にデータを記憶する場合，または磁気記憶装置からデータを取り出す場合に，事前に記録していない2進文字を読み取ることによって引き起こされる誤り．ドロップインは通常，磁性層の損傷またはその微片がその上に存在することによって発生する．

な

内圧防爆機器 pressurized apparatus
機器内に圧力をもたせて周囲の可燃性ガスが侵入しないようにした構造の電気機器．

内界計測機能 internal measuring function
ロボット自体の状態に関する計測機能．

ナイキスト線図 Nyquist plot
ベクトル線図ともいい，周波数応答 $G(j\omega)$ を，その実部を横軸に，虚部を縦軸にとり，角周波数 ω を0から∞まで変化させて書いた線図．備考：一巡伝達関数のベクトル線図で安定判別を行うとき，ナイキスト線図という．

内部記憶装置 internal storage
入出力チャネルを用いることなく，処理機構からのアクセスが可能な記憶装置．内部記憶装置は，キャッシュメモリおよびレジスタのような他の種類の記憶装置も含む．

内部故障 internal failure
アプリケーションプログラム以外の PC システムのハードウェアまたはソフトウェアの故障．

内部雑音 internal noise
機器の内部で発生するすべての雑音．備考：増幅器の内部雑音の値は，入力に規定のインピーダンスを接続し，無信号にして最も利得を上げた場合の雑音出力を，入力に換算した値で表される．

ナイフスイッチ knife switch
刃形開閉器ともいい，絶縁された台の上に刃と刃受けがあり手動で開閉するスイッチ．交流 200 V また 220 V の電路で，主に主幹または分岐用に用いる．

内部接続図 internal connection diagram
制御盤，配電盤，器具などの内部配線の接続を示した電気接続図．

内部抵抗 internal resistance
電気機器などの端子間に存在する抵抗．

内部データ internal data
すべての外部データ項目および外部ファイル結合子を除くプログラム中で記述されたデータ．プログラムの連絡節で記述された項目は，内部データとして扱われる．

内部データ項目 internal data item
実行単位の一つのプログラム中で記述されたデータ項目．内部データ項目は，大域名をもつことができる．

内部同期 internal synchronization, internal triggering
入力信号を利用して行う同期．

内部ファイル結合子 internal file connector
実行単位中のただ一つの実行用プログラムによってだけ参照可能なファイル結合子．

内部変調 inter-modulation
二つ以上の振動入力を入れると，入力振動の一つに対する系の伝達特性が他の入力振動により変化する現象．飽和要素を含む系において入力信号にノイズのあるときなどに認められる現象で，ノイズの代わりに故意に高い振動を入れて系を安定化することもある．（⇒信号安定化）

内部論理状態 internal logic condition
記号枠内部でとりうる入力または出力の論理状態．紛らわしくない場合は，単に内部状態とよぶ．（⇒外部論理状態）

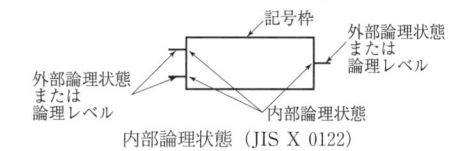

内部論理状態（JIS X 0122）

内容アドレス記憶装置 tent addressable storage
＝連想記憶装置．

内容オクテット contents octets
特定の値を表現するデータを符号化したものの一部であって，同じ型の他の値と区別するためのもの．

内容終了オクテット end of-contents octets
符号化の終わりを決定するために使用するデータ値を符号化したものの一部であって，その終わりにあるもの．備考：すべての符号化が，内容終了オクテットを必要とするとは限らない．また，内容終了オクテットをこの規格の例の中では EOC と表記する．

流れ flow
流体の運動．

流れ図 flow chart
問題の定義，分析または解法の図的表現であって，データ流れ図，プログラム流れ図およびシステム流れ図とする．

流れ図記号 flowchart symbol
流れ図において，演算，データ，流れの向き，装置などを表すために用いる記号．

流れ線 flowline
流れ図において，データ制御や転送を示すために，記号間を結ぶ線．

流れの形 flow pattern
バルブの任意の位置で，各ポートを接続する流体の流れの経路の形．

流れの向き flow direction
流れ図における記号間の前後関係の表示．

なだれ警報装置 snowslip warning device
なだれで線路が支障されたとき，これを自動的に知らせる装置．

ナット nat, natural unit of information control
自然対数で表現された情報の測度の単位．例えば，8文字からなる文字集合の選択情報量は，$\log_e 8 = 2.079 = 3\log_e 2$ ナットに等しい．

ナットねじ立て自動盤 automatic nut tapping machine
タップでナットのねじを立てる自動機械．

ナビエ・ストークの式 Navier-Stokes equation
圧縮性粘性流体の運動方程式である．すなわち，粘性を考慮した三次元流れにおける力の釣り合いを示す運動方程式で，座標軸 x, y, z のそれぞれについて一つずつの式がある．

なまり rounding
かどひずみの一種で，パルスのかどが取れて丸くなるひずみ．

なまりパルス round pulse
鋭いかどをもたないパルス．

波 wave
物理量の時間的変化．例えば，導波管の中の電磁波とか集中定数回路の入出力電圧または電流の時間的変化などをいう．

ならい制御 tracer control
模型の輪郭を追従するシステムによって操作される制御方式．

NAND演算 NAND operation
＝否定論理積．

ナンド回路 NAND circuit
2個以上の制御口と1個の出力口をもち，すべての制御口またはいずれかの制御口に入力が加えられない場合にだけ，出力口に出力が現れる回路．A, Bのいずれか，または両方に制御圧力が加えられない場合，Zに出力が現れる．

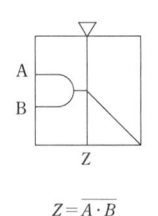

$$Z = \overline{A \cdot B}$$

純流体素子の場合　　　可動形素子の場合

ナンド回路（JIS B 0133）

NANDゲート NAND gate
＝否定論理積素子．

NAND素子 NAND element
＝否定論理積素子．

に

2アドレス命令 two address instruction
2個のアドレス部をもつ命令．

二安定マルチバイブレータ bistable multivibrator
フリップフロップともいい，二つの回路状態とも安定で，入力信号に応じていずれか一方の回路状態をとって安定するマルチバイブレータ．

二位式信号機 two-position signaling system
信号機内方の1閉そく区間だけの進路の状態を示す信号を現示する信号機．

2位置制御 two-step control
偏差信号を入力信号として，2位置動作を行う制御．通常，動作すきまがある．

2位置調節器 two-step controller
二つの異なる出力値をもつ多位置調節器．

2位置動作 two-step action
出力が二つの位置のいずれかになる位置動作.

2位置弁 two position valve
弁体の位置が二つある切換弁.

逃し弁 relief valve
主に液体の異常圧力上昇を防ぐために用い,上流側の液体の圧力が所定の値以上になると,その圧力の上昇に応じて自動的に開く機能をもつバルブ.

2元対称通信路 symmetric binary channel
2種の文字からなる情報を伝送する通信路であり,伝送したある文字を,他方の文字に誤る条件付き確率が等しい性質をもつもの.

二元配置 two-way layout
二つの因子 A, B について,それぞれの a 水準 $A_1, A_2, \cdots, A_a$, b 水準 $B_1, B_2, \cdots, B_b$ を選び,各その水準の組合せ全部について完全にランダムな順序で行う実験.乱塊法実験の結果得たデータも二元配置法として解析する.備考:(1)では 12 回の実験を,(2)では 24 回の実験を全体としてランダム化して実験順序を定める.

2項演算 dyadic operation
2個のオペランドに対する演算.

2項演算子 dyadic operation, binary operation
二つだけのオペランドに対する演算を表す演算子.

2項ブール演算 dyadic Boolean operation
二つのオペランドに関するブール演算.

2-5進符号 biquinary code
10進数字 n が1対の数表示 a と b で表される表記法であって,a は 0 または 1,b は 0, 1, 2, 3 または 4 で,$(5a+b)$ が n に等しいもの.備考:①この二つの数字はしばしば一連の二つの2進数表示によって表現される.②通常,この二つの数表示は2進数字で表現される.

ニコルス線図 Nichols chart
開ループ周波数特性より閉ループ周波数特性を求めるためにつくられた線図.すなわち,ゲイン位相線図上に一巡伝達関数の周波数応答を描いたとき,単一フィードバック系の目標値から制御量までの閉ループ伝達関数のゲインと位相差が読み取れるように,ゲイン位相線図上に閉ループ伝達関数のゲインおよび位相差が一定となる曲線を重ね書きした線図.

二酸化硫黄自動計測器 continuous sulfur dioxide analyzer
大気中または排ガス中の二酸化硫黄濃度を連続的に測定する装置.各種の自動計測器がある.

二次遅れ second order lag
一次遅れの要素が二つにわたる場合の遅れをいう.

二次抵抗制御 rotor resistance control
巻線形誘導電動機の二次側に抵抗を接続し,比例推移を利用して回転速度を制御する方式.

二次電子放出 secondary electron emission
電子またはイオンが表面と衝突することによって,その表面から電子を放出することをいい,一次電子が表面から反射したものも含める.

二次標準 secondary standard
一次標準との比較によって,その値が決定される測定標準.

二重軸ポテンショメータ dual potentiometer
同心のシャフトで2個以上のポテンショメータをそれぞれ別々に操作する機構をもつポテンショメータ.

二重遮断方式 serial two safety cut-off valves system
燃料遮断弁を2個直列に配置する方式.ガス燃焼装置では主配管系,パイロット配管系ともこれの採用が義務付けられており,灯油などの軽質油の場合も安全上,二重遮断方式とすることが望ましい.

二重絶縁 double insulation
機能絶縁と保護絶縁との二つからなっている絶縁.

二自由度制御 two-degree-of-freedom control
一つのフィードバック制御に関して,例えば目標値から制御量への伝達関数,外乱から制御量への伝達関数,検出器に入る雑音から制御量への伝達関数というように何種類もの伝達関数が考えられ,これらのうちの二つの伝達関数を独立に調整することができる制御方式.

2自由度 PID 制御 two degrees of freedom PID control
外乱抑制と目標値追従との両方の特性を最良にするために,2自由度パラメタを設定して行う PID 制御方式.

二重目盛 double scale
⇒多重目盛.

二乗目盛 square-two scale
二乗表示の目盛.

```
0 2 3 4  5   6    7     8      9       10
|_|_|__|___|____|_____|_____|_____|
         二乗目盛（JIS B 0155）
```

二乗余弦パルス raised cosine pulse
波形 $y(t)$ が次式の二乗余弦曲線に従うパルス.

$$\begin{cases} y(t)=a\cos^2\dfrac{t}{T} & -\dfrac{\pi}{2}T\leq t\leq\dfrac{\pi}{2}T \\ y(t)=0, \ t\leq-\dfrac{\pi}{2}T \ \text{および} \ t\geq\dfrac{\pi}{2}T \end{cases}$$

2進化10進表記法 binarycoded decimal notation
おのおのの10進数字が2進数字で表現されている2進化表記法. 例えば, 重みが8-4-2-1である2進化10進表記法で, 数23は, 0010011で表現されている.

2進化表記法 binary-coded notation
おのおのの文字が2進表示で表現されている2進表記法.

2進化数法 binary numaration system
数字0および1を使い, 基数が2である固定基数記数法. 例えばこの記数法では, 数表示110.01は10進記数法における数6.25を表す. すなわち, $1\times 2^2+1\times 2^1+1\times 2^{-2}$.

2進計数器 binary counter
2進法でパルスを計数する回路または装置.

2進コード binary code
2進の文字集合に適用した結果としてコード要素集合をつくるコード.

2進算術演算 binary arithmetic operation
オペランドと結果が純2進記数法で表現される算術演算.

2進数字 bit, binary digit
2進記数法で用いられる数字. 例えば, 2進記数法では, 0か1のどちらか.

2進数表示 binary numeral
2進記数法における数表示. 例えば, 101は2進数表示であり, Vは等価なローマ数字による数表示である.

2進制御 binary control
2進信号で, 伝送, 処理および記憶される制御.

2進表記法 binary notation
二つの異なる文字, 通常は, 2進数字の0と1を使う表記法. 例えば, 交番2進コードは2進表記法であるが, 2進記数法ではない.

二進表記法 binary notation
二つのシンボルだけを用いる表記法.

2進法 binary
固定基数記数法において, 基準として2をとること, およびそのような方式.

2進文字 binary character
2進文字集合のどちらかの文字. 例えば, T（真）またはF（偽）, Y（肯定）またはN（否定）.

2進文字集合 binary character set
二つの文字からなる文字集合.

二 相 two phase
互いに90°の相差をもった交流電気方式.

二相サーボモータ two phase servomotor
交流サーボモータの代表的なもので, 固定子に空間的に直交した2組の巻線を施し, かご形などの回転子を使用した二相誘導電動機で, サーボモータとしての制御性能が優れている.

二段2位置制御 two position two-step control
設定点の異なる2位置動作を組み合わせた制御方式. 2位置制御の制御性を上げるために用いられる.

2値信号 binary signal
①二つの値しかとりえない信号. ②2個の異なる値で表現する量子化信号.

2値セル binary cell
一つの2進文字を維持できる記憶セル.

二地点同接続 point-to-point connection
ポイントツーポイント接続ともいい, データ伝送のために, 二つのデータステーション間で確立される接続. この接続は, 交換装置を含むことがある.

2値変数 binary variable
二つの異なった値をもち, そのうちの, いずれか一方の値をとる変数.

2値論理素子 binary logic element
入力および出力が2値変数を表し, その出力が入力の論理関数（特別な場合として, 時間的関係, しきい値論理関数, 増幅作用などを含む）で規定される素子. ただし, この規格における素子とは, 通常の一つの記号枠または連結した複数個の記号枠で示すものとする.

2電極間の増幅定数 amplification factor (between two electrodes)
一つの電子管の二つの電極電圧を変化させたき, 主電子流の大きさを一定値に保った場合の両電極電圧の変化の比. ただし, 残りの電極電圧を一定に保った場合のもの.

ニードル弁 needle valve
流量を調整しやすいように弁体が針状をしているバルブ．

荷幅検出器 load size checker
搬送物が無人搬送車類よりオーバハングしている場合のオーバハングしている部分を検出する検出器．

二方リストリクタ弁 tow-way restrictor valve
どちらの方向にも流れを制限するリストリクタ弁．通常固定オリフィスを用いる．

2ポート弁 two port connection valve
二つのポートをもつバルブ．

日本語入力方式 Japanese word input method
日本語の入力に関する手段．仮名漢字変換方式や文字盤入力方式などがある．

日本語ワードプロセッサ word processor for Japanese characters
日本語の文章の入力，記憶，編集および印刷の基本機能をもち，文書作成の効率化を主目的とする装置．

荷役制御室 cargo control room
荷役制御盤などを配置して貨物油荷役作業の制御および監視を行う室．

荷役制御盤 cargo control panel, cargo control console
貨物油の荷役およびバラストの注排水を集中制御するための機器を組み込んだ盤．

入きょ船位検知装置 docking ship position indicator
入きょ船の位置を検知・確認する装置．

入出力 input-output, I/O
同時的か否かを問わず入力処理，出力処理またはその両方にかかわる装置，処理もしくはチャネルまたはこれらにかかわるデータもしくは状態に関する用語．入出力という用語は，文脈上明らかな場合には，入出力データ，入出力信号または入出力処理の代わりに用いてもよい．

入出力状態 i-o status
入出力動作の結果の状態を表す2文字の値を含む概念上の存在．この値は，そのファイルに対するファイル管理記述項中に FILE STATUS 句を書くことによって，そのプログラムで利用可能となる．

入出力制御装置 input-output controller
一つ以上の入出力装置を制御する単位機能．

入出力節 input-output section
環境部中の節であって，実行用プログラムが用いるファイルと外部媒体に命名し，プログラム実行時のデータの転送と取扱いに関する情報を指定する．

入出力絶縁 isolation
＝アイソレーション．

入出力装置 input-output unit
計算機との間でデータを入出力する装置．

入出力チャネル input-output channel
内部記憶装置と周辺装置の間のデータ転送を扱う機能単位．

入出力特性 input-output characteristics
入力と出力との静的な関係を表す特性．

ニュートラルスイッチ neutral switch
①変速装置のニュートラル位置を検出し，ニュートラルインジケータランプの回路を開閉するスイッチ．②インヒビタスイッチの同義語．

ニューマチックセル pneumatic cell
気体の熱膨張による圧力変化を利用した赤外線検出器．

入力 input
①入力処理にかかわる装置，処理もしくはチャネル，またはこれらにかかわるデータもしくは状態に関する用語．入力という用語は，文脈上明らかな場合は，入力データ，入力信号または入力処理の代わりに用いてもよい．②入力信号の同義語．

入力インピーダンス input impedance
①動作状態で，機器の入力端子から機器側を見たインピーダンス．備考：a) 入力インピーダンスは，通常並列接続された抵抗と容量の値で等価的に示される．b) ある種の測定機器では，測定前，測定中および測定終了時の入力インピーダンスが異なることがある．②交流電気回路の入力端子に交流電圧を加えた場合の電圧と入力端子に流れる電流との比．

入力インピーダンスの最終値 final value of the input impedance
測定終了時に測定した測定機器の入力インピーダンスの値．入力インピーダンスとして，ただ一つの値が示されたときは，最終値を表している．

入力回路 input circuit
制御電圧を与えるために入力電極に接続する外部回路．

入力回路電流 input circuit current
増幅器の入力と中性点間を流れる電流．

入力空洞　input resonator
入力信号によって励振され，電子流を変調する共振空胴．

入力係数　input coefficient
入力信号に乗じられる倍率．例えば，演算式 $E_0=K_0[K_1(E_1-B_1)\pm K_2(E_2-B_2)\pm\cdots]\pm B_0$ における $K_1, K_2, \cdots$．

入力サブシステム　input subsystem
プロセスインタフェースシステムにおけるプロセスからプロセス計算機システムへデータを転送する部分．

入力受理　acknowledgement
トリガに有意の瞬間が生じたこと（これを"発火"するという）を論理入力装置の操作者に知らせる出力．

入力処理　input process
計算機の構成要素がデータを受け取る処理．

入力信号　input signal
入力ともいい，機器または装置に供給される，情報を担っている信号，または物理的作用．

入力信号電圧　input signal voltage
信号入力端子に入力される信号のピーク電圧．

入力信号電流　input signal current
信号入力端子に入力される信号のピーク電流．

入力制御圧力　input control pressure
入力制御口における入力流れの総圧．

入力制御口　input control port
入力流れを加えるポート．

入力制御流れ　input control flow
主噴流または供給流れを制御する流れ．

入力制御パワー　input control power
入力制御流れのパワー．入力制御圧力と入力制御流量の積で表す．

入力制御流量　input control flow rate
入力制御流れの流量．

入力装置　input unit
計算機へデータを入力する装置．

入力端子　input terminal
回路または装置に供給する電圧，電流，などの供給端子または供給点などの総称．

入力値　logical input value
論理入力装置によって得られる値．

入力定格　input rating
入力の量または値について，機器の製造業者がその機器について明示したもの．

入力抵抗　input resistance
入力インピーダンスの抵抗成分．

入力データ　input data
計算機の構成要素が受け取るデータ．

入力電圧降下　input voltage drop
電流信号入力機器において入力端子に生じる電圧降下．例えば，5 V/20 mA．

入力電極　input electrode
入力信号を印加する電極．

入力点数　number of inputs
機器または装置に入る信号の点数．仕様書などでは一般に最大入力点数で示す．

入力導線抵抗の影響　effect of input-lead resistance
機器の入力端子と外部装置を接続する導線抵抗が機器の動作に及ぼす影響．例えば，トランスデューサと機器の入力端子とを接続する導線の抵抗値が機器の測定値に及ぼす誤差．

入力特性　input characteristics
入力制御圧力と入力制御流量との関係を表す特性．

入力バイアス　input bias
入力信号に加えられるバイアス．例えば，演算式 $E_0=K_0[K_1(E_1-B_1)\pm K_2(E_2-B_2)\pm\cdots]\pm B_0$ における $B_1, B_2, \cdots$．

入力バイアス電流　input bias current
①演算器の入力信号にバイアスを与えるための電流．②入力回路部に演算増幅器を使用した機器において，機器が正常な稼動状態のときに二つの入力端子から流入（または流出）する直流電流の平均値．例えば，$IB=(IB_1+IB_2)/2$．

入力ファイル　input file
入力モードで開かれたファイル．

入力節　input node
入る方向の枝をもたない節をいう．この信号は駆動信号源を表す．（⇒出力節）

入力プログラム　input program
計算機の入力処理を構成するユーティリティプログラム．文脈中では，使用形式と頻度の違いによって計算機プログラムとルーチンを区別している．

入力変成器　input transformer
トランジスタ，電子管などを用いた増幅回路の入口側に接続し，線路または外部装置と増幅器とのインピーダンス整合に用いる変成器．

入力保護　input protection
任意の二つの入力端子間または任意の入力端子と接地間に加えられるおそれのある過電圧に

対する保護．

入力要求 prompt
　特定の論理入力装置が利用可能であることを操作者に示す出力．

入力容量 input capacitance
　入力電極の電極容量．

入力ルーチン input routine
　計算機の入力処理を構成するユーティリティルーチン．文脈中では，使用形式と頻度の違いによって計算機プログラムとルーチンを区別している．

入力レベル input level
　フィルタの入力端に供給される電力または電圧レベル．

二要素式水位制御 two element water level control
　単要素水位制御の欠点をカバーするために，水位と蒸気流量(蒸発量)の二つの要素を検出し，両者の検出信号を総合して給水量を調節し，標準水位を維持する方式．その制御動作には比例動作または比例・積分動作が用いられる．(⇨三要素式水位制御)

二要素制御 two element control
　フィードフォワード制御とフィードバック制御を組み合わせて行う制御方式．

人間機械系 man-machine system
　人間および人間が操作する装置や機械類を構成要素とする体系．

認識機能 recognitive function
　ロボットのもつ認識に関する機能．

ね

ねじ自動盤 automatic screw machine
　ねじ部品を自動的に切削加工する機械．

ねじ調整形ポテンショメータ lead-screw actuated potentiometer
　多回転駆動機構として，案内ねじをもっているポテンショメータ．

熱陰極グリッド制御放電管 thyratron
　サイラトロンともいい，陽極電流の始動を制御できる一つまたはそれ以上のグリッドをもつ熱陰極放電管．

熱加工制御 thermo-mechanical control process
　制御圧延を基本に，その後空冷または強制的な制御冷却を行う製造法の総称．

熱形検出器 thermal detector of radiation, thermal radiation detector
　放射を吸収して熱に変換し，それによる温度上昇によって生じる物理的効果(起電力の発生，導電率の変化，電気分極の変化，気体の膨張など)を利用する放射の検出器．

熱起電力 thermoelectromotive force
　2種類の金属の両接点間に温度差があるとき，ゼーベック効果によってその間に生ずる起電力．

熱雑音電圧 thermal noise voltage
　電荷の熱じょう乱運動によって生じるゆらぎ電圧．備考：抵抗器の端子間に生じるゆらぎ電圧の2乗平均はナイキストの方程式で表される．

$$\overline{V_n^2} = 4KTR\Delta f$$

ここに，$\overline{V_n}$：熱雑音電圧(V)，K：ボルツマン定数(1.38×10^{-23} J/K)，T：絶対温度(K)，R：抵抗値(Ω)，Δf：周波数帯域幅(Hz)．

熱線式流量計 hot wire flowmeter
　電気的に加熱された細線を気体の流れに置き，気体の流れの冷却効果によって細線の抵抗値が変化することを利用した気体流量計．

熱電形計器 electrothermal instrument
　流れる電流の発熱作用および熱電効果を利用した計器．

熱電効果 thermo-electric effect
　ゼーベック効果，ジュール熱，トムソン効果，ペルチエ効果などのように，熱と電気とが直接かかわり合う現象．

熱電子 thermion
　金属導体内の自由電子の運動エネルギーが，温度上昇によってある程度以上に増加すると金属表面から飛び出してくる電子．

熱電対 thermocouple
　熱電効果によって接合部で起電力を生じる1対の異種材料からなる導体を用いた温度センサ．

熱電対温度計 thermocouple thermometer
　パイロメータともいい，熱電対を利用した電

気式遠隔指示温度計．主に排ガス，蒸気など高温度の測定に利用する．

熱電対列 thermopile
放射エネルギーを測定するために，多数の熱電対を直列に接続したもの．

熱伝導度ガス分析計 thermal conductivity gas analyzer
ガス中の加熱された金属細線の抵抗変化を用いて，1種類以上の成分の濃度を測定する機器．

熱動負荷継電器 thermal overload relay
サーマルリレーともいい，電流の熱効果を利用して過負荷を検出する継電器．溶融金属形とバイメタル形とがある．

ネットワーク network
①ラダー図プログラムのエレメントが最大限に相互接続された形態．②ノードとそれらを相互に接続する枝の配置．

ネットワークアーキテクチャ network architecture
計算機ネットワークの論理構造および動作原則．ネットワークの動作原則は，サービス，機能およびプロトコルの動作原則を含む．

熱ペンレコーダ thermal stylus recorder
熱ペンと感熱紙を用いた記録装置．

熱膨張リリーフ弁 thermal relief valve
流体の熱膨張によって生じた余剰の体積だけをバイパスする自動弁．

燃焼安全制御器 combustion safety controller
＝主安全制御器．

燃焼安全制御装置（ボイラの） combustion safety control system (of boilers)
燃焼に起因するボイラの事故を防ぎ，ボイラを安全確実にシーケンス制御を行わせるための装置．ボイラの自動安全装置の中核となるものである．

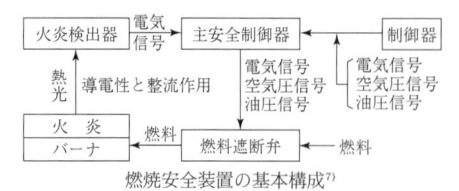

燃焼安全装置の基本構成[7)]

燃焼監視装置 combustion monitoring device
燃焼の状態を連続的に監視し，火炎が異常消火したり燃焼状態が極度に悪化したときに，燃焼遮断機構が作動し，燃料の供給を停止するか，

または燃焼異常の信号を発する装置．

燃焼管制装置 burner operation and control system
バーナの点火から燃焼を含む運転にかかわる総括的な制御を行う装置．

燃焼式ガス分析計 combustion type gas analyser
ガスの燃焼による容積の変化または発熱量を測定して，そのガスの濃度を測定する計器．

燃焼制御装置 automatic combustion control system
ボイラ，熱設備に供給される燃料量と空気量を制御し，しかも空燃比を最適に保つ装置．

粘性 viscosity
流れに抵抗する内部摩擦の大きさを表す流体の物性．

粘性係数 coefficient of viscosity
ニュートンの粘性法則 $\tau_{xy}=-\eta(du/dy)$ で定義される係数 η．ここに，τ_{xy}：流体の y 面に働く x 方向のせん断応力，u：x 方向の流速．

粘性流れ viscous flow
流体の粘性によるせん断応力の影響を無視できない流れ．

粘度 viscosity
流動する物体の内部に生ずる抵抗をいい，物体に加わるせん断応力とせん断ひずみ速度との比で表される．単位はポアズ P（パスカル・秒 [Pa・s]）．

粘度計 viscosity meter
粘度を測定する機器．例えば，細管法，回転法，振動法など．

粘度調節器 viscosity controller
粘度を一定流量流す細管前後の圧力差として検出して空気または電気信号に変換し，温度制御によって粘度を調節する機器．

燃料切換弁 fuel change over valve
エンジンに供給する燃料の油種を切り換えるためのバルブ．

燃料遮断弁 fuel shut-off valve
燃料の噴出(供給)停止を行うためのバルブ．

燃料制御装置 fuel control system
燃焼機器に供給する燃料の量を制御する装置．

燃料調節弁 fuel flow control valve
燃焼機器への燃料供給量を調節するバルブ．

燃料流量計 fuel flow meter
燃料の流量を計測する計器．

の

NOR 演算　NOR operation
＝否定論理和．
ノア回路　NOR circuit
2個以上の制御口と1個の出力口とをもち，制御口のすべてに入力が加えられない場合にだけ，出力口に出力が現れる回路．AとBに制御圧力が加えられない場合にだけ，Zに出力が現れる．

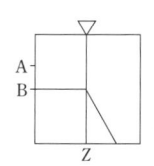

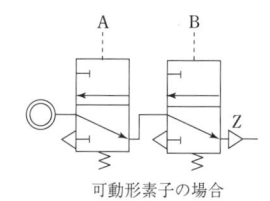

$$Z = \overline{A+B}$$

ノア回路（JIS B 0133）

NOR ゲート　NOR gate
＝否定論理和素子．
NOR 素子　NOR element
＝否定論理和素子．
ノイズ　noise
＝雑音．
能動回路　active circuit
真空管，トランジスタ，電池などのような電力供給源を内部に含んでいる回路をいう．
能動素子　active device
入力とは別の供給パワーを必要とする流体素子．
能動変換器　active transducer
出力の一部が入力信号以外に，他のエネルギー源によって与えられる変換器．
のこぎり(歯)形パルス　saw tooth pulse
立上り時間と立下り時間が著しく異なるような三角パルス．
ノズル　nozzle
流体を噴出させるための，断面積縮小部を含む流路端部．
ノズル・フラッパ　nozzle flapper
空気圧式制御装置において，ノズル，フラッパおよび固定オリフィスにより構成され，変位という検出信号を空気圧という信号に変換する機構．

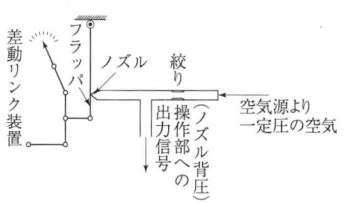

ノズル・フラッパの原理[7]

ノックセンサ　knock sensor
エンジンのノッキングを検知するセンサ．
NOT-IF-THEN 演算　NOT-IF-THEN operation
＝排他演算．
NOT-IF-THEN ゲート　NOT-IF-THEN gate
＝排他素子．
NOT-IF-THEN 素子　NOT-IF-THEN element
＝排他素子．
NOT 演算　NOT operation
＝否定．
ノット回路　NOT circuit
1個の制御口と1個の出力口をもち，制御口に入力が加えられない場合にだけ出力口に出力が現れる回路．Aに制御圧力が加えられない場合，Zに出力が現れ，Aに制御圧力が加えられると，Zに出力が現れない．

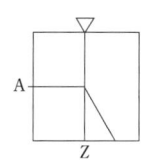

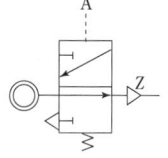

$$Z = \overline{A}$$

ノット回路（JIS B 0133）

ノット監視装置　knot monitor, knot detector
自動ワインダで異常な糸結びを監視し，これを除去する装置．

NOT ゲート　NOT gate
＝否定素子．
NOT 素子　NOT element
＝否定素子．
ノード　node
①LAN などの通信機能における分岐点，回路終端などであって，本来は能動的な機能も含めてノードというが，ここでは単に物理的な分岐点を指す．②節点の同義語．
ノード（分散データ処理における）　node
ネットワークにおいて，枝の終端の点．
ノーマル位置　normal position
①操作力が働いていないときの弁体の位置（図参照）．②オフ位置ともいい，操作のための外力または信号が働いていないときの弁の位置．

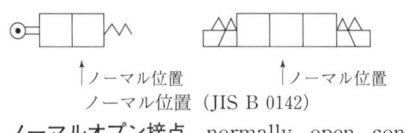

ノーマル位置（JIS B 0142）

ノーマルオプン接点　normally open contact
自動車の直流電気回路に用いるリレーのコイルが励磁され作動したとき閉じる接点．
ノーマルオープン弁　normally open valve
⇒常時開②．
ノーマルクローズ接点　normally closed contact
自動車の直流電気回路に用いるリレーのコイルが励磁され作動したとき開く接点．
ノーマルクローズ弁　normally closed valve
⇒常時閉②．
ノーマルモード除去　normal mode rejection
＝シリーズモード除去．
ノーマルモード除去率　normal mode rejection ratio
＝シリーズモード除去率．
ノーマルモード信号　normal mode signal
＝シリーズモード信号．
ノーマルモード電圧　normal mode voltage
⇒シリーズモード電圧．
ノーマルモードリジェクション　normal mode rejection
シリーズモードリジェクションともいい，出力にノーマルモード信号の影響が現れるのを抑制するような，機器または装置の能力．
ノーマルモードリジェクションレシオ　normal mode rejection ratio
シリーズモードリジェクションレシオともいい，出力情報にある変化を引き起こすようなノーマルモード信号と，同一の変化を生じるために必要な信号の増加分の比．備考：ノーマルモード除去率は，デジベルすなわち $20\log$（比率）で表す．
のり液面調節装置　size level control device
サイズボックスまたはキャビチボックスののり液の面を常に一定のレベルに保つための調節装置．
ノルマル停止　normal stop
＝正常停止．
ノンサーボ制御ロボット　nonservo-controlled robot
サーボ機構以外の手段によって制御されるロボット．
ノンブリード形　non-bleed type
ブリード形に対して，流体の一部を外部へ放出する機構を備えないバルブの形式．

は

把握　grip, grasp
ロボットが指により物体のもつ移動の自由度を拘束すること.

バイアス　bias
電子管, トランジスタなどの動作点を与えるために, あらかじめ与えておく電圧または電流をいう.

バイアス圧力　bias pressure
バイアス流れの総圧.

バイアス増幅器　biased amplifier
入力信号のうち定められたしきい値(バイアスレベル)を超える部分だけを増幅して出力信号を発生する増幅器.

バイアス電圧　electrode bias
入力信号のないとき制御グリッドと陰極間に前もって加えられている電圧.

バイアス電流　bias current
磁気増幅器のバイアス巻線に流れる電流.

バイアス流れ　bias flow
あらかじめ入力制御口に与えておく一定入力制御の流れ.

背圧　back pressure
①バルブにおける2次側の圧力. ②回路の戻り側もしくは排気側または圧力作動面の背後に作用する圧力.

背圧形センサ　back pressure sensor
センサの出口抵抗の変化によって生じる圧力変化を利用した近接センサ.

背圧ガバナ　back pressure governor
＝背圧制御装置.

背圧制御運転　operation controlled by back pressure
背圧タービンで, 背圧制御装置によって背圧を規定値に制御して行う運転.

背圧制御装置　back pressure governor
背圧ガバナともいい, 背圧を一定に保つために蒸気加減弁を制御する装置.

背圧弁　back pressure regulating valve
1次側の流体圧力を, ある一定圧力に保持するため, 1次側圧力の変化に応じて流体を放出する調整弁.

配圧弁　distributing valve, control valve
調速機, 制圧機などに使用され, サーボモータに油圧または水圧を分配する弁. なお, この意味は発電用に限定される.

ハイアラーキ制御　hierarchy control
階級制御ともいい, 制御システムを制御の性質や規模により幾つかのレベルに分け, おのおののレベルにおいてその制御に適した計算機を用いるような制御方式をいう.

ハイウェイ　highway
プロセス計算機システムにおいて, 計算機システムとプロセスインタフェースシステム間の相互接続のための一手段. 備考：①バスハイウェイも同意語として使用される場合がある. バスは一般にチャネルとよばれる. ②一般にハイウェイは, ビット直列型データ伝送方式の機能をもつものをいう.

バイオニクス　bionics
生体における情報の伝送・処理・その働き, または生体と外界との間の情報の受入れ・送出しなどを究明し, この機能を工学的に実現しようとする技術または工学で, エレクトロニクスの一分野.

配管図　piping diagram, plumbing drawing
構造物, 装置における管の接続・配置の実体を示す系統図.

排気圧制御方式EGR装置　exhaust pressure controlled EGR system
排気圧を制御信号として, EGRガス量を制御するEGR装置.

排気温インジケータ　exhaust temperature indicator
排気系がオーバヒートに近い状態にあることを示す警報.

排気温警告センサ　exhaust temperature sensor
排気温度が異常に高くなったことを検出する装置.

排気管制御　exhaust slide valve, exhaust rotary valve
2行程機関の排気過程の終わりで, 排気ポートを全閉して掃気の流出を防ぐ弁.

排気電磁弁 solenoid valve for air releasing
　排気管中に取り付け，ポンプ呼び水時に開いて排気を行う電磁弁．

排気バイパス方式 exhaust bypass control system
　排気タービンに入る排気の一部を外に逃がして給気圧を設定値以下に抑える制御方式．

排気弁 exhaust valve
　燃焼ガスを排出するため，シリンダまたはシリンダヘッドに取り付ける弁．（⇨吸気弁）

媒　質 medium
　波を伝えるもの．音波の場合は弾性体．

ばいじん量測定器 dust content measuring instrument
　主として煙道でばいじん濃度を測定する機器．光電式，ろ紙式，集じん式などがある．

排水栓 drain valves
　排水バルブともいい，給水配管，給湯配管に組み込まれ，排水を目的とした栓．

排水バルブ drain valves
　＝排水栓．

配線図 connection diagram, wiring diagram
　装置またはその構成部品における配線の実態を示す系統図．各構成部品の形，大きさ，位置などを考慮して図示する．

配線用遮断器 molded-case circuit-breaker
　開閉機構，引外し装置などを絶縁物の容器内に一体に組み立てた気中遮断器．

配線用ヒューズ fuse for the protection of low voltage cable and line
　低圧配線を保護するために設計されたヒューズ．広い範囲の過電流に対して，低圧配線を保護できる特性をもっている．

媒体 medium
　①データを運ぶためのもの．媒体の例としては，より対線，同軸ケーブルおよび光ファイバがある．②データを記録または伝送するための媒体で，例えば，磁気テープ，通信回路などをいう．

媒体アクセス制御 medium access control
　リングへのアクセスを制御および仲介するデータ局の部分．

排他演算 exclution
　NOT-IF-THEN演算ともいい，1番目のオペランドがブール値1，2番目のオペランドがブール値0をとるときに限り，結果がブール値1になる2項ブール演算．

排他素子 NOT-IF-THEN gate, NOT-IF-THEN element
　NOT-IF-THENゲート，NOT-IF-THEN素子ともいい，ブール演算としての排他演算を行う論理素子．

排他的論理和演算 non-equivalence operation
　＝非等価演算．

排他的論理和素子 EXCLUSIVE-OR gate, EXCLUSIVE-OR element
　EXCLUSIVE-ORゲート，EXCLUSIVE-OR素子ともいい，ブール演算としての非等価演算を行う論理素子．

バイタル交流電源装置 vital alternating power supply
　無停電電源装置の一つで，慣性力の大きい電動発電機や，蓄電池から交流に変換される後備装置などから構成されるもの．

バイチ図 Veitch diagram
　四角形を用いてブール関数を表す図表．この図表を構成する四角形の数は，とりうる状態の数，すなわち2を変数の個数によってべき乗したものである．（⇨ベン図）

倍長レジスタ double length register, double register
　単一のレジスタとして機能する2個のレジスタ．倍長レジスタは次のような目的に用いられる．①乗算において，積を記憶する．②除算において，部分商と剰余を記憶する．③文字操作において，文字列をけた送りまたはアクセスする．

配電盤 switchboard
　送電および配電の制御に必要な計器，開閉器，安全装置などを装備したもの．

バイト byte
　一単位として取り扱われるビット列．この規格では，7単位符号系では7ビット，8単位符号系では8ビットからなる．

ハイドロリックエアサーボ hydraulic air servo
　圧縮空気を利用して高液圧を発生する構成部品．

ハイドロリックバキュームサーボ hydraulic vacuum servo
　ブースタ，倍力装置ともいい，マスタシリンダに発生した液圧を大気と負圧との差圧を利用

して増加する構成部品．

ハイドロリックピストン hydraulic piston
低圧側と高圧側との間に置かれ，サーボ力によって高圧を発生させるピストン．

ハイドロリックリレーバルブ hydraulic relay valve
ブレーキマスタシリンダの液圧に応じて空気圧を調節するバルブ．

バイナリカウンタ回路 binary counter circuit
入力として入るパルスの数を2進数として計数し，記憶する回路．

バイパス運転 by-pass operation
主系統を通さずバイパス系統を使用して行う運転．

バイパス形流量調整弁（油圧） by‑pass control valve (hydraulic)
バルブに組み込まれた圧力補償弁の流路が，可変絞りの手前の分岐路となって，余剰流体を油タンクまたは2次供給回路へバイパスさせる形式の3ポート流量調整弁．

バイパス制御 by-pass control
①密閉サイクルガスタービンで，急速な負荷変化に応答するため，および単独運転時の調速のために，バイパス弁を操作して圧縮機出口から前置冷却器入口に向かって作動流体をバイパスさせる出力および回転数の制御．②送風機・圧縮機の吐出し側から吸込み側に設けたバイパス管のバイパス弁による圧力またはガス量の制御．

バイパス弁 by-pass valve
バイパス管を取り付けて流体を側路させるためのバルブ．

バイパスボンド by-pass bond
重畳軌道回路のレール絶縁部で，特定周波数の軌道回路電流だけを通す機器．

バイパスマニフォールド bypass manifold
配管接続を行うための接続口を多数もつ接続ブロック．通常，閉止またはバイパス用のバルブを取り付けて使用する．

パイプコンペンセータ pipe compensator
温度の変化による鋼管の伸縮を自動調整する機器．

パイプライン処理機構 pipeline processor
命令が実行の一連の装置で行われ，かつ，これら複数の装置が複数の命令の適切な部分を同時に処理できるようになっている処理機構．

ハイブリッド hybrid
2種以上の異なる種類のものを組み合わせた混成構造のものをいうときに用いる用語．

ハイブリッドIC hybrid integrated circuit
混成集積回路ともいい，1個以上の独立したデバイスまたは部品と，1個以上の集積回路とからなる回路．独立したデバイスもしくは部品の全体または一部が集積化されている場合が多い．

ハイブリッド計算機 hybrid computer
アナログデータとディジタルデータの両方を処理できる計算機．

ハイブリッドトランス hybrid tranformer
2線式線路と4線式線路との結合に使用する変成器．

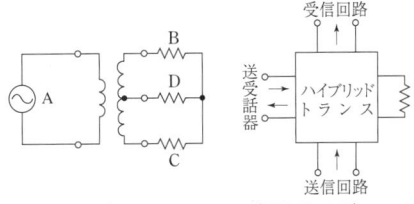

ハイブリッドトランス（JIS C 5602）

バイメタル bimetallic element
接合した2種類の金属の温度膨張の差を利用した温度検出器．

バイメタル温度計 bimetal thermometer
バイメタルの変位で温度を測定する温度計．

バイメタル式オイルプレッシャゲージセンダユニット bimetal type oil pressure sensor
バイメタル式油圧計発振器ともいい，バイメタルを利用して油圧を電流に換える装置．

バイメタル式温度計受信器 bimetal type temperature gauge indicator
＝バイメタル式テンパレチャゲージレシーバユニット．

バイメタル式温度計発信器 bimetal type temperature sensor
＝バイメタル式テンパレチャゲージセンダユニット．

バイメタル式電圧計 bimetal type volt meter
＝バイメタル式ボルトメータ．

バイメタル式テンパレチャゲージセンダユニット bimetal type temperature sensor
バイメタル式温度計発信器ともいい，バイメタルを利用して温度を電流に変える装置．

バイメタル式テンパレチャゲージレシーバユニット bimetal type temperature gauge indicator
バイメタル式温度計受信器ともいい，バイメタルの変位を利用して温度を指示する計器．

バイメタル式燃料計受信器 bimetal type fuel gauge indicator
＝バイメタル式フューエルゲージレシーバユニット．

バイメタル式燃料計発振器 bimetal type fuel sensor
＝バイメタル式フューエルゲージセンダユニット．

バイメタル式フューエルゲージセンダユニット bimetal type fuel sensor
バイメタル式燃料計発振器ともいい，バイメタルを利用してタンクの液面を電流に換える装置．

バイメタル式フューエルゲージレシーバユニット bimetal type fuel gauge indicator
バイメタル式燃料計受信器ともいい，バイメタルの変位を利用してタンクの液面を指示する計器．

バイメタル式フラッシャ bimetal type flasher
抵抗線の電流による発熱でバイメタルを変位させ，接点を開閉する機構のもの．

バイメタル式ボルトメータ bimetal type volt meter
バイメタル式電圧計ともいい，バイメタルの変位を利用して電圧を指示する計器．

バイメタル式油圧計発振器 bimetal type oil pressure sensor
＝バイメタル式オイルプレッシャゲージセンダユニット．

バイラテラルサーボ機構 bilateral servo-mechanism
＝双動形サーボ機構．

バイラテラルサーボ系 bilateral servo system
入力側の運動を出力側に伝達するだけではなく，出力側に作用する力を入力側へ伝達するサーボ系．

倍力装置 hydraulic vacuum servo
＝ハイドロリックバキュームサーボ．

肺力弁 demand valve
＝デマンド弁．

パイルアップ pile-up
先行パルス信号に対して次の信号が重なる現象．

ハイ・ロー・オフ制御 high-low-off control
例えば，非戻り油式圧力噴霧式バーナの場合，バーナを2本用いて，制御対象（ボイラの蒸気圧力など）に応じて，燃焼停止（オフ）〔0％〕，バーナ1本燃焼（ロー）〔50％〕，バーナ2本燃焼（ハイ）〔100％〕させる動作いわゆる3位置動作を行わせる燃焼制御方式．

ハイ・ローシグナルセレクタ high-low signal selector
2個以上の入力信号から，最高または最低の入力信号を自動的に選択する機器．

パイロット圧 pilot pressure
パイロット管路に作用させる圧力．

パイロット回路 pilot circuit
インタロックの電気回路を構成する一つの回路で，危険状態が発生した旨の信号をつくる回路．

パイロット管路 pilot line
パイロット方式で作動させるための作動流体を導く管路．

パイロット作動式 pilot operated type
パイロット式ともいい，調整弁，電磁弁などで，バルブの作動に必要な動力によってパイロット弁を開閉し，動力を増幅して主弁を開閉する形式．

パイロット式 pilot operated type
＝パイロット作動式．

パイロット制御ポンプ pilot control pump
吐出し量が制御ポートの圧力によって制御される可変容量形ポンプ．

パイロット操作 pressure control
パイロット圧の変化による操作方式．

パイロット操作 pilot operated
一体に組み込んだパイロット弁を通して操作圧力が導かれる圧力操作．

パイロット操作逆止め弁 pilot controlled check valve
パイロット圧によってバルブの開閉が操作される逆止め弁．

パイロット操作切換弁 pilot controlled directional control valve
パイロットとして作用させる流体圧力によって操作される切換弁．

パイロット付き安全弁 pilot operated safety valve
パイロット弁と主弁との組合せからなる安全弁．パイロット弁の吹出しによって主弁が作動する．

パイロット波 pilot wave
受信側装置の動作を制御するために伝送する低レベルの信号数．

パイロットバルブ pilot valve
調速機，制御機，圧油装置などに使用され，少量の圧油によって補助サーボモータ，配圧弁などを制御するもの．なお，この意味は発電用に限定される．

パイロット弁 pilot valve
①案内弁ともいい，サーボモータへ送る制御油圧を加減するバルブ．②他のバルブまたは機器を圧力によって操作するために用いる制御弁．③他のバルブや機器の制御機構を，圧力操作するために補助的に用いる小形の切換弁．

パイロット弁式油圧自動制御装置 pilot type hydraulic automatic control system
パイロット弁とサーボシリンダの構成によって，検出端よりの小さい力の信号が油圧を利用することにより，大きな力の信号に変換する方式の油圧式自動制御装置．

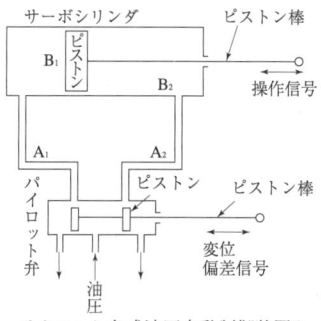

パイロット弁式油圧自動制御装置[7]

パイロットライン pilot line
制御装置(例えば，ブレーキバルブ)と他の制御装置(例えば，リレーバルブ)を連結している配管．エネルギーの流れは第二制御装置を制御するためだけに用いる．なお，この定義は連結車の二つの車両を連結している配管には適用しない．

パイロメータ thermocouple thermometer
＝熱電対温度計．

刃形開閉器 knife switch
＝ナイフスイッチ．

はかり balance
物体の質量を測定する機器の総称．

吐出し弁 discharge valve, delivery valve
ポンプの吐出し側をせき止めたり吐出し量を増減させる目的に使用するバルブの総称．

吐出し弁 discharge valve
送風機・圧縮機の吐出し側に設け，ガス量または圧力を調節するバルブ．（⇒吸込み弁）

バキュームチェックバルブ vacuum check valve
負圧または圧縮空気を保持するバルブ．

バキュームブレーカ vacuum breaker
給水・給湯系統において負圧が生じた場合，衛生器具，水受け容器中に吹き出した水・湯または使用した水・湯が逆サイホン作用によって逆流するのを防止するために，負圧部分へ自動的に空気を導入する機能をもつバルブまたは機器．

バキュームプレッシャインジケータ vacuum pressure indicator
真空度が下がったことを示す警報．

バキュームポンプ vacuum pump
機関などによって駆動され，サーボユニットに必要な負圧を発生する構成部品．

白色雑音 white noise
白色ノイズともいい，平坦なパワースペクトル密度をもち，時間相関をもたない不規則な雑音．

白色ノイズ white noise
＝白色雑音．

薄膜集積回路 thin film integrated circuit
基板上に構成された回路素子とその相互接続が薄膜から成り立った集積回路．

波　形 waveform
波の図形的表示で時間の関係として物理量を表示したもの．

波形再生 waveform regeneration
①ひずみや雑音などの加わった波形から元の波形をつくり出すこと．②受信部の入力信号から，ひずみや雑音を取り除いて送信部の出力信号に復元すること．

波形再生回路 waveform regeneration circuit
＝波形再生器．

波形再生器 waveform regenerator
波形再生回路ともいい，波形再生を行う回路．

波形整形 waveform shaping
①線形または非線形回路によって波形を望みの波形にすること。②波形再生した信号から，線形または非線形回路によって元の送信部入力信号をつくり出すこと。

波形整形回路 waveform shaping circuit
波形整形器ともいい，波形整形を行う回路。

波形整形器 waveform shaper
＝波形整形回路。

波形等化 waveform equalization
線形または非線形回路により伝送路で生じたひずみを補正して望みの波形にすること。備考：一般に等化は周波数スペクトラムの平坦化のときに用い，整形は非線形回路によりく形波，三角波などにするときに用いることが多いが，厳密な意味での区別はむずかしい。

波形等化回路 waveform equalization circuit
波形等化器ともいい，波形等化をする回路。

波形等化器 waveform equalizer
＝波形等化回路。

波形ひずみ waveform distortion
波形の変化として現れるひずみ。

波形符号化 waveform coding
波形ひずみをできるだけ小さくするという基準に従って音声を符号化する方法。

波形弁別器 pulse-shape discriminator
入力パルスの波形が，所定の条件(例えば，パルスの立上り時間がある値以下，パルス幅がある値以上など)を満たしたときだけ，出力信号を与えるように作られた電子回路。粒子弁別などに利用される。

パケット packet
データや制御信号を含む2進数字の列であって，列全体を一つの単位として伝送したり変換したりされるもの。データ，制御信号，場合によっては誤り制御情報を含むこともあるが，これらの情報が一定の形式で配列されている。

パケット組立/分解機能 packet assembler/disassembler
パケット変換網にアクセスする機能のないデータ端末装置がパケット交換網にアクセスできるようにする機能単位。

パケット交換 packet switching
行く先が指定されたパケットを用いて行うデータの経路指定および転送の処理過程であって，通信路はパケットの伝送中だけ占有され，伝送終了後は他のパケットの伝送のために使用可能となるもの。

パケット順序制御 packet sequencing
パケットが送信側のデータ端末装置から送られてきた順序のとおりに，受信側のデータ端末装置に伝送されることを保証する処理過程。

波高時間変換器 pulse-height-to-time converter, amplitude-to-time converter
入力信号の波高(振幅)に比例した時間を表す出力を与えるように作られた電子回路で，次の二つの方式がある。①出力信号のパルス幅が入力信号の波高に比例する方式。②1対のパルス出力信号の時間間隔が入力信号の波高に比例する方式。

波高値 crest value, peak value
波形の最大値。

波高分析器 pulse-height analyzer
パルス信号の波高値の度数分布を測定する装置。

波高分析器ウインドウ pulse amplitude analyzer window
波高分析器が出力信号を出すことができる入力信号の波高範囲。

波高分別器 pulse-height discriminator
定められたしきい値を超える波高をもつ入力パルスがきたときだけ，出力信号を発生するように作られた電子回路。

バーコード barcode
異なる太さや間隔をもつ平行な縦線の組合せによって文字を表現するコードであって，横断走査によって光学的に読み取るもの。

バーサイン衝撃パルス versine shock pulse, haversine shock pulse
加速度-時間特性がゼロから始まるバーサイン曲線の完全な1サイクルをなしている理想衝撃パルス。

端 edge
主な遷移部分。

把持 hold
ロボット関連用語で，保持および把握の総称。

パージインタロック purge interlock
火炉パージと燃焼装置とのインタロック。すなわち，所定時間または所要量の火炉パージを行った後でなければ点火動作に入れないようにしたインタロック。

パージコントロールバルブ purge control valve
燃料蒸発ガスを，吸着貯蔵した部分から取り出して吸気系を導入することを制御するバル

ブ．

始め符号 initial code
データの開始を検出するために設けられる符号．

把持モジュール prehension module
把持（ロボットの手が物体を把握して空中に保っている状態）の機能を有する機構モジュール．

パーシャルフリューム流量計 Parshall flume flowmeter
開きょ中に設けられた指定のかけひの絞り部の，液面の高さを測定する方式の流量計．

バス bus
数個の発信源のうち任意のところから，数個の受信先のうち任意のところへ，情報を転送する経路．

バス bus, bus bar
電源回路を分岐しまたは統合し，電力を配分するための単一または複数の電線および供給回路が接続される導体．

パス path
ネットワークにおける任意の二つのノード間の任意の経路．パスは，二つ以上の枝を含んでもよい．

バスタイブレーカ bus tie breaker
タイバスを切り離すための遮断器．

バスタイリレー bus tie relay
バス相互間の電力供給を遮断または接続するための継電器．

バースト誤り burt error
2個以上の符号に連続して誤りが生じること．

バースト伝送 burst transmission
制御された間欠的な時間間隔で行われる特定のデータ信号速度によるデータ伝送．

はずみ車 flywheel
＝フライホイール．

派生電流 resulting current
接地式配電方式において，その中性点と接地点間に流れる電流．

パーセント基準線 percent reference line
下記のように定めた振幅をもつ基準となる線．x パーセントの基準線の振幅は

$$PBA+\frac{x}{100}(PTA-PBA)$$

ここに，PBA：パルスベース振幅，PTA：パルストップ振幅．（⇒パルストップ中央点）

パーセント点 percent point
x パーセント基準線の振幅をもつ波形上の点．（⇒パルストップ中央点）

バタフライ逆止め弁 butterfly check valve
逆止めバタフライ弁から駆動機構を除いたもので，逆止め弁の機能だけをもったバルブ．

バタフライ弁 butterfly valve
弁箱内で弁棒を軸として円板状の弁体が回転するバルブ．

パターン pattern
プリント配線上に形成された導電性の図形および非導電性の図形．

パターン認識 pattern recognition
自動的な手段によって，形，輪郭または構成を識別すること．

パターンマッチング pattern matching
二つのパターンを比較し，両者が同類であるかどうかを調べること．

8進基数法 octal numeration system
数字の0，1，2，3，4，5，6，7および8を使い，基数が8で，整数部の最下位の数字位置の重みが1である固定基数記数法．例えば，8進基数法では，1750 という数表示は，1000 すなわち，$1\times 8^3+7\times 8^2+5\times 8^1+0\times 8^0$ という数字を表現する．

八進細分記号 octave device
十進表記法を拡張するための方法であって，ある同位列の中の類の数を制限しないように，数字の9を拡張用のシンボルとして用いるもの．

8進数表示 octal numeral
8進記数法における数表示．例えば，101 は 2進数表示であり，Ⅴは等価なローマ字数字による数表示である．

8進法 octal
固定基数記数法において，基数として8をとることおよびそのような方式．

8 値 octal
8個の異なる値または状態をとりうるような選択または条件で特性付けられることを表す用語．

バックコンタクト back contact
＝b接点．

パック10進表記法 packed decimal notation
二つの連続した10進数字それぞれ4ビットを割り当てて，1バイトで表現する2進化10進表記法．

発光スペクトル　emission spectrum
原子または分子が励起状態から，エネルギーのより低い状態へ遷移することによって放出される光のスペクトル．

発光ダイオード　light emitting diode
ガリウムひ素，ガリウムりんなどの結晶からつくられ，電流を加加したとき発光する半導体ダイオード．

発振器　generator, oscillator
ある周波数の電圧や電流を発生させる装置．しかし商用周波数関係では発電機という用語が使われている．発振器というとトランジスタなどを使ったものが多い．

発信器　transmitter
＝伝送器．

発信式コンパス　transmitting compass
送信形コンパスともいい，自己の指度に関する信号を発生して外部に送り，リピータコンパスを動かしたり他の機器のために方位信号を与えるコンパス．

バッチ制御　batch control
連続一貫生産(操業)と異なって，銘柄ごと，数量ごとなどの断続的な生産(操業)を行うプロセスの制御．

バッチ操作　batch process
同じ一連の操作を非連続的に繰り返すこと．

バッテリーバックアップ　battery backup
機器または装置への電力供給が停止した場合，動作を正常に維持するためにバッテリー予備電源に切り換えられる方式．

発電制動　dynamic braking
電動機の電機子を電源から切り離して代わりに負荷抵抗を接続し，発電機動作によって電気エネルギーに変換された運動エネルギーを電機子回路抵抗中の熱エネルギーの形で吸収する電気制動．

発電電動機　generator mortor
一つの機器で発電機と電動機の機能をもつもの．

発報信号　accident warning audible signal
警報音による停止信号．

発雷信号　detonating signal
爆音による停止信号．

PARD　periodic and/or random deviation, PARD
機器の指示値，表示値もしくは供給値の周期的もしくはランダムな，またはその双方を含む好ましくない変化．備考：①PARDは各種の原因によって生じるが，入力信号の有無に関係なく存在しうる．②ハムおよびリプルは周期的な変化であり，雑音および揺らぎは，ランダムな変化である．

ハードウェア　hardware
①データ処理で用いられる物理的装置．備考：計算機プログラム，手順，規則，関連文書などと対比して用いる用語．②機器の同義語．

ハードエラー　hard error
データ読取りのたびに常に起こる永続的な誤り．

ハードコピー　hard copy
コンピュータの出力が人間の目で見て読めるように，印刷された文書や図表などの形で出力されたもの．

パートプログラム　part program
数値制御工作機械で，所定の部品や加工を行うプログラム．このプログラムには，人間にわかりやすいプログラム言語で書かれるものと，テープフォーマットに従って書かれるものとがある．

ハードマニュアル　hard manual
手動操作要素において，操作位置と出力とが対応している方式．

ハートレー　hartley, decimal unit information content
情報の測度の単位．互いに排反な10個の事象からなる集合の，10を底とする対数として表された選択情報量に等しい．例えば，文字からなる文字集合の選択情報量は，0.903ハートレー ($\log_{10}8=0.903$)に等しい．

バーナ自動制御装置　automatic burner control system
バーナの操作を自動的に行うための制御装置．

バーニヤ制御　vernier control
ステップ間をさらに細分または無段にして，ステップ進級時のトルク変化を少なくする制御．

ばね復帰　spring return
可動形素子の可動部がばねの力によって，ノーマル位置に戻ること．

パネル　panel
計器，調節計および表示装置の装着を目的にした，平坦な固定面または構造物．例えば，計器パネル，遠隔制御パネル，リレーパネルなど．

パフォーマンスモニタ performance monitor
プロセスの性能を監視する装置．例えば，ボイラ効率，タービン熱消費率などを計算し，現時点の値を運転員に表示する．

波　腹 antinode
定在波の振幅の最大部分．

バフル baffle
放電路に置かれて電気的に結線されていない素子．一般に次の目的に用いられる．①ガス分子の流れを制御するため．②熱放射を制御するため．③放電路の電流分配を制御するため．④通電終了後のガス分子を消イオンするため．

バブル記憶装置 bubble memory
＝磁気バブル記憶装置．

ハ　ム hum
①指示値，表示値または供給値の平均値付近における，電源周波数に関連したほぼ正弦波状の低周波の好ましくない変化．②電源の商用周波数およびその高調波分を含む雑音．

ばらつき dispersion
測定値の大きさがそろっていないこと．また，不ぞろいの程度．ばらつきの大きさを表すには，例えば標準偏差を用いる．

パラボリック特性 parabolic flow characteristics
放物線形流量特性ともいい，相対トラブルの等量増分が相対容量係数の2乗の増分を生じる固有流量特性．$\Phi=\Phi_0+ah^2$の式で表す．$h=1$，$\Phi=1$のときは$a=1-\Phi_0$．

パラメタ parameter
①特定の用途のために，ある一定の値が与えられる変数であって，かつ，その用途を示すことができるもの．②コマンドの内容を記述するために，イニシエータからターゲットに転送される情報．

パラメータ parameter
ある系内での変量，または変量を記述する量．パラメータは，一定の場合と，時間または系の変量の大きさに依存する場合とがある．

パラメタバイト parameter byte
制御シーケンスの中で，制御機能制御シーケンスイントロデューサ(CSI)と終端バイトの間，またはCSIと中間バイトの間にくるビット組合せ．

パラメトロン parametron
共振回路のパラメタ励振現象を利用して1/2分周振を起こさせ，この振動の2種の位相によって2進数字を表示させることによって，記憶または論理演算の機能を行わせる論理素子．

バランスレスバンプレス切換え balanceless bumpless transfer
調節器または制御装置において自動/手動切換時，自動/手動出力バランスを人為的にとる必要がなく，かつ出力が急激に変化しないような切換方式．

バリスタ varistor
印加電圧の上昇に伴い，非直線的に抵抗値が減少する抵抗器．

バリスタ電圧 voltage of reference current
基準電流におけるバリスタの端子間電圧．

バリスタ電圧温度係数 temperature coefficient of voltage at reference current
バリスタ電圧の温度依存性を表す係数．周囲温度が上昇したときの1℃当たりのバリスタ電圧の変化率で表す．次の式で表される．

$$バリスタ電圧温度係数(\%/℃) = \frac{V_{cmA(T_2)} - V_{cmA(T_1)}}{V_{cmA(T_1)}} \cdot \frac{1}{T_2 - T_1} \cdot 100$$

ここに，$V_{cmA(T_1)}$：$T_1(℃)$におけるバリスタ電圧，$V_{cmA(T_2)}$：$T_2(℃)$におけるバリスタ電圧．ただし，$T_2(℃) > T_1(℃)$とする．

パリティ検査 parity check
＝奇偶検査．

パリティチェック parity check
1文字または1語に含まれる2進数の加算を行い，その和を，1けたの前もって計算されたパリティビットと比較して検査すること．すなわち，1語に含まれる1の数が，奇数か偶数かを検査する試験．奇偶検査ともよばれる．

パリティビット parity bit
＝奇偶検査ビット．

パルス pulse
①定常状態から振幅が遷移し，有限の時間だけ持続して元の状態に戻る波または波形．備考：定常レベルからの変化の主要部分は有限な時間に含むが，元の状態に戻るのに無限の時間を要するような波または波形も含む．②考慮の対象とする時間(例えば，論理シーケース)に比べて短い時間の振幅の変化であって，その変化後の値が最初の値と同じになる信号．レベルの対語として用いる．③きわめて短い時間の間だけ継続する信号．

パルス位置 pulse position
規定した方法で決めたパルスの位置を表す時間軸上の点．特に規定がない限りパルストップ

中央点に対応する時点をもってパルス位置とする．（⇨パルストップ中央点）

パルス下降時間 pulse falltime
＝パルス立下り時間．

パルス間隔 pulse interval
一つのパルスから，次のパルスまでの時間間隔．

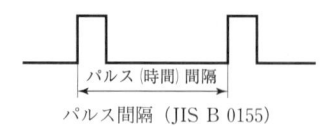

パルス間隔（JIS B 0155）

パルス間隔 pulse separation
指定した二つのパルスの間の，定めた方法で定義した時間間隔．

パルス間隔ジッタ pulse separation jitter, pulse separation fluctuation
パルス列におけるパルス間隔のジッタ．

パルス間隔ひずみ pulse separation distortion
ある波形のパルス間隔と基準波形のパルス間隔との差．特に規定がない限り基準波形のパルス間隔に対する比で表す．

パルス基底 pulse base
＝パルスベース．

パルス基底振幅 pulse base magnitude
＝パルスベース振幅．

パルス繰返し時間 pulse repetition period
＝パルス繰返し周期．

パルス繰返し周期 pulse repetition period
パルス繰返し時間ともいい，パルス列における繰返し周期．

パルス繰返し周期ジッタ pulse repetition period jitter, pulse repetition period fluctuation
パルス列におけるパルス繰返し周期のジッタ．

パルス繰返し周波数 pulse repetition frequency
パルス列における繰返し周波数．

パルス繰返し周波数ジッタ pulse repetition frequency jitter, pulse repetition frequency fluctuation
パルス列におけるパルス繰返し周波数のジッタ．

パルス繰返し率 pulse repetition rate
パルス列における繰返し率．

パルス係数 pulse factor
パルス信号におけるパルス1個当たりの重みを示す係数．

パルス形成 pulse forming
1個または複数個の波から望みのパルスの形成を行うこと．

パルス形成回路 pulse forming circuit
パルス形成を行う回路．

パルス再生 pulse regeneration
ひずみや雑音などの加わったパルスから元のパルス波形をつくり出すこと．

パルス再生回路 pulse regeneration circuit
＝パルス再生器．

パルス再生器 pulse regenerator
パルス再生回路ともいい，パルス再生を行う回路．

パルスジッタ（位置） pulse jitter, pulse position jitter
パルス列におけるパルス位置のジッタ．

パルス周波数 pulse frequency
パルストレインにおける繰返し周波数．

パルス上昇時間 pulse risetime
＝パルス立上り時間．

パルス振幅 pulse amplitude, pulse magnitude
広義には，規定した方法で定義したパルスの振幅．狭義には，共通の方法で定義したパルストップ振幅からパルスベース振幅を引いた振幅差．（パルストップ中央点）

パルス振幅ジッタ pulse magnitude jitter, pulse magnitude fluctuation
パルス列におけるパルス振幅のジッタ．

パルス制御 pulse control
主整流回流素子を繰り返して流れる電流の通流開始点または終了点を変えて行う制御．

パルス整形 pulse shaping
パルスに対して波形整形を行うこと．

パルス整形回路 pulse shaping circuit
パルス整形器ともいい，パルス整形を行う回路．

パルス整形器 pulse shaper
＝パルス整形回路．

パルス占有率 pulse duty factor
パルスデューティファクタともいい，周期的パルス列の任意のパルスのパルス幅 T_D とパルス繰返し周期 T_P との比．

$$占有率\ U = \frac{T_D}{T_P}$$

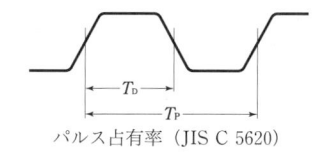

パルス占有率（JIS C 5620）

パルス増幅器　pulse amplifier
パルス信号を増幅させるために広帯域特性をもたせた増幅器.

パルス立上り時間　pulse risetime
パルス上昇時間ともいい，パルス立上り区間中での二つの規定した振幅によって定まる時点の間隔. 特に規定がないときは，10パーセント点と90パーセント点に対して規定する．(⇒パルス立下り時間)

パルス立下り時間　pulse falltime
パルス下降時間ともいい，パルス立下り区間中での二つの規定した振幅によって定まる時点の間隔. 特に規定がないときは，90パーセント点と10パーセント点に対して規定する．

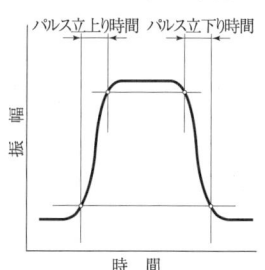

パルス立下り時間（JIS C 5620）

パルス中央点　pulse center point
パルストップ中央点またはパルスベース中央点. なお，誤解を招かないときは，両者をパルス中央点と総(略)称する．

パルス頂部　pulse top
＝パルストップ.

パルス頂部振幅　pulse top magnitude
＝パルストップ振幅.

パルスデューティファクタ　pulse duty factor
＝パルス占有率.

パルス電圧　pulse voltage

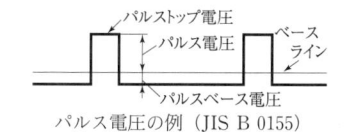

パルス電圧の例（JIS B 0155）

規定した方法で定義した電圧.

パルス伝達関数　pulse transfer function
時不変線形な離散時間要素・系の入出力関係表現の一つ. 初期状態をゼロとしたときの，入力信号の z 変換に対する出力信号の z 変換の比.

パルストップ　pulse top
パルス頂部ともいい，定常状態から遷移して振幅が持続しているパルスの部分.

パルストップ振幅　pulse top magnitude
パルス頂部振幅ともいい，規定した方法で定義したパルストップの振幅. 特に規定がない限り基準レベルからの振幅の平均値とする．(⇒パルストップ中央点)

パルストップ中央点　pulse top center point
規定した方法で定義したパルス幅の時間中点における，パルストップ上の点. 特に規定がない限りこの時間中点は立上り半値点と立下り半値点の時点の時間中点とする．

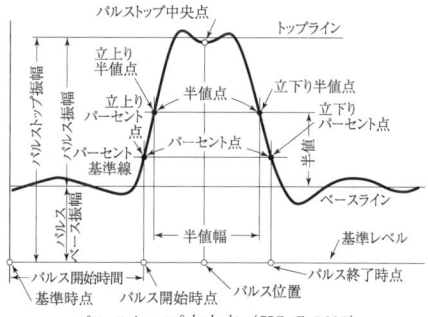

パルストップ中央点（JIS C 5620）

パルストップひずみ　pulse top distortion
パルストップにおける振幅の基準値からの偏差. 特に規定がない限り基準波形のパルス振幅に対する比で表す．

パルストレイン　pulse train
定常レベルからの振幅の変化が時間的に繰り返し起こるようなパルス.

パルスの遅れ　pulse delay
注目しているパルスの位置が基準時点より後にあること．

パルスの進み　pulse advance
注目しているパルスの位置が基準時点より前にあること．

パルス波形　pulse shape
表示器上に表示されるパルスの波形. パルス波形は主に，立上り時間・振幅・幅などに特徴

パルス波形ひずみ pulse waveform distortion
パルス波形のひずみの総称．

パルス幅 pulse duration, pulse width, pulse length
パルスの持続時間．特に規定がない限り，立上り半値点から立下り半値点までの時間．

パルス幅延長回路 pulse stretcher
パルス幅の短い入力信号を，波高の比例性を保ちながら，パルス幅の長い出力信号に変換する回路．

パルス幅ジッタ pulse duration jitter, pulse width jitter, pulse duration fluctuation, pulse width fluctuation, pulse length fluctuation
パルス列におけるパルス幅のジッタ．

パルス幅ひずみ pulse duration distortion, pulse width distortion, pulse length distortion
ある波形のパルス幅と基準波形のパルス幅との差．特に規定がない限り基準波形のパルス幅に対する比で表す．

パルス符号変調方式 pulse code modulation
PCMと略称し，音の信号を符号化し，パルス形の電気信号に変換すること．

パルスベース pulse base
パルス基底ともいい，孤立パルスの前後またはパルス列の各パルスの間の定常の部分．

パルスベース継続時間 base line dwelltime
パルス列の任意のパルスのパルスベースの振幅がある規定した限界内にある時間．

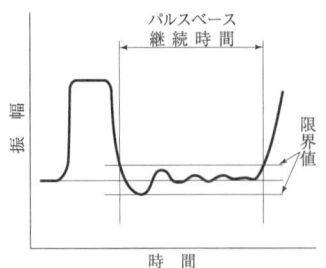

パルスベース継続時間（JIS C 5620）

パルスベース振幅 pulse base magnitude
パルス基底振幅ともいい，規定した方法で定義したパルスベースの振幅．特に規定がない限りパルスベース振幅はゼロとする．(⇒パルストップ中央点)

パルスベース中央点 pulse base center point
規定した方法で定義したパルス間隔の時間中点における，パルスベース上の点．特に規定がない限りこの時間中点は立下り半値点と立上り半値点の時点の時間中点とする．

パルスベースひずみ pulse base distortion
パルスベースにおける振幅のベースラインからの偏差．特に規定がない限り基準波形のパルス振幅に対する比で表す．

パルス変成器 pulse transformer
パルス波形伝送またはパルス波発生のために使用する変成器．

パルスレスポンス pulse response
パルス波形の入力信号に対するレスポンス．

パルス列 pulse train
定常レベルからの振幅の変化が時間的に繰り返し起こるような波または波形．備考：1種類以上の孤立パルスを時間的に重ね合わせたもの．

パルセーション制御 pulsation control
抵抗溶接において，スクイズ時間，通電時間，冷却時間，ホールドおよびオフ時間を図のように制御し，シングルインパルスおよびマルチインパルスの単溶接または繰返し溶接を自動的に行うことができるようにした時間制御方式．

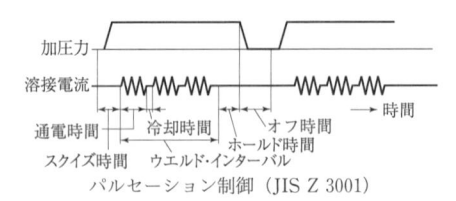

パルセーション制御（JIS Z 3001）

バルブ valve
流体系統で，流れの方向，圧力もしくは流量を制御または規制する機器の総称．機能，構造，用途，種類，形式などを表す修飾語が付くものには"弁"という用語を用いる．

バルブ制御 valve control
主管路の流量や圧力をバルブにより制御する制御方式．

パルプ濃度伝送器 consistency transmitter
紙パルプの特性に関する物理的性質の組合せ情報を伝送する特定の機器．

パレート最適解 Pareto optimal solution
複数の評価基準に対する最適化を目指す多目的最適化問題では，すべての評価基準について

他よりすぐれているという意味での最適解はほとんどの場合に存在しない．制約条件を満たしながら，ある評価基準を向上させようとすると，他のどれかの評価基準を劣化させなければならないような解を，非劣解またはパレート最適解という．

パワースペクトル power spectrum
時間的または空間的に変動する量の2乗平均を周波数成分の分布として表したもの．

パワースペクトル密度 power spectral density
ある振動数の帯域幅における不規則振動の振幅の2乗平均値をその帯域幅で割った値．

パワー増幅器 power amplifier
入力信号と物理的に同じ性質の，より高いエネルギーの出力信号を外部動力源によって得る装置．例えば，電子式，磁気式，空気圧式，液圧式，機械式などのパワー増幅器がある．

パワーフェイル回路 powerfail circuit
主電源に電源異常が生じたときに，動作中のプログラムを保護する論理回路．代表的なものとしては，パワーフェイル回路がコンピュータに電源異常を伝えると，すべての揮発性データを保護するルーチンを働かせ，電源復旧後，そのデータを回復するルーチンを起動し，コンピュータが動作を再開する形式がある．

パワー弁 power valve, power jet valve, economizer valve
パワー系統の燃料の流量を制御する弁．

バーンアウト burnout
無入力状態のとき，出力を最大方向または最小方向に振り切らせること．

反位 reverse position
分岐器類の常時開通していない方向．（⇒定位）

範囲（測定値の） range of observations
測定値の最大値と最小値との差．

半加算機 half adder
被加数Aおよび加数Bの二つの入力，ならびにけた上げなしの和Sおよびけた上げ数Cの二つの出力をもち，入力と出力とが次の表によって関係付けられる組合せ回路．

半加算機 (JIS X 0011)

入力A, 被加数		0	0	1	1
入力B, 加数		0	1	0	1
出力S, けた上げなしの和		0	1	1	0
出力C, けた上げ数		0	0	0	1

反響 echo
エコーともいい，反射または特殊な伝送特性に起因して主パルスの前後の位置に生じる小さなパルス．

ハングアップ hung-up
連続測定式連続分析計による計測で，測定対象の濃度をある濃度から濃度ゼロのものに切り換えたとき，指示がゼロに復帰するまでに要する時間．

半減算機 half subtracter
被減数Gおよび減数Hの二つの入力，ならびに借りなしの差Uおよび借数Vの二つの出力をもち，入力と出力とが次の表によって関係付けられる組合せ回路．

半減算機 (JIS X 0011)

入力G, 被減数		0	0	1	1
入力H, 減数		0	1	0	1
出力U, 借りなしの差		0	1	1	0
出力V, 借り数		0	1	0	0

半固定形可変抵抗器 pre-set variable resistor
微調節などの目的に用いるものであって，しゅう動点を動かす量および動かす頻度が一般用の可変抵抗器に比べて著しく小さい可変抵抗器．なお，3端子のものはトリマポテンショメータともいう．

半自動式 semi-manual type
始動および制御の一部を手動で行い，その他の操作を自動で行う方式．

半自動始動-自動停止式 semi-automatic start-automatic stop type
電気停止を加えることによって自動保護制御をやりやすくする方式．

半自動始動-手動停止式 semi-automatic start-manual stop type
手動始動の代わりに電気または空気始動を組み合わせた方式．保護制御装置のない場合が多い．

半自動の信号機 semi-automatic signal
軌道回路などによって制御されるとともに，取扱者によっても制御される信号機．

半自動弁 semi-automatic valve
外部からの手段で制御されるが，自動作動を伴う弁．

反射 reflection
波が一つの媒質中を進行して他の媒質との境界面に達したとき，進行方向が変わって再び元の媒質中を進行する現象．

反射角 angle of reflection
波動が境界面入射して反射するとき，反射波の進行方向と境界面の法線との角．

搬送周波数 carrier frequency
搬送波の周波数．

搬送波 carrier wave
情報の伝送に必要な搬送用の正弦波または周期的なパルスなどの波．(⇒変調)

判断命令 discrimination instruction, decision instruction
分岐命令および条件付き飛越し命令からなる命令の類に属する命令．

半　値 mesial magnitude
半値振幅ともいい，ある特定の二つの振幅の平均値．特に規定がない場合にはこれら二つの振幅は，パルストップ振幅とパルスベース振幅とする．(⇒パルストップ中央点)

半値振幅 mesial magnitude
＝半値．

半値点 mesial point
半値振幅をもつ波形上の点．

ハンティング hunting
乱調ともいい，フィードバック制御系において現れる，振幅の減衰しない振動現象．備考：①線形システムではハンティングは，安定限界の，またはそれに近い動作の証拠である．非線形は，振幅と周波数との定まったハンティングを起こすことがある．②時不変線形集中定数系についていえば，閉ループ伝達関数の極の中に，実部が負でない共役複素極が含まれる場合に現れる．

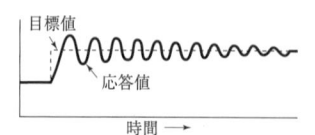

ハンティング[7]

バンド band
磁気ドラムまたは磁気ディスク上の1組のトラックであって，そのすべてが並列に読取りまたは書込みできるもの．

ハンド・アイシステム hand-eye system
ビジュアルフィードバックでマニピュレータを制御するシステム．

反同時(計数)回路 anticoincidence circuit
逆同時回路ともいい，二つ以上の入力回路からの入力信号が所定の時間内に重なって入ってきたときを除いて出力信号を出すように作られた電子回路．

半導体 semiconductor
金属と絶縁体との中間の抵抗率をもち，その電荷のキャリア密度がある濃度範囲で温度とともに増加するような電子またはイオン伝導性の物質．

半導体検出器 semiconductor detector, solid-state detector
放射線による半導体中の電子・正孔対の生成および電極への移動を利用する放射線検出器．

半導体集積回路 semiconductor integrated circuit
一つまたはそれ以上の半導体基板に作り込んだ回路素子を相互接続した集積回路．

半導体整流器 semiconductor rectifier assembly
半導体整流素子または半導体整流スタックを付属物または付属機器とともに，同一の箱の中または架台上に取り付け，電気的接続を行ったもの．

半導体のウェーハ wafer of a semiconductor
能動素子，受動素子もしくは集積回路を作りつけた，または作りつけることを前提とした薄い半導体板．

半導体用ヒューズ fuse for the protection of semi-conductor circuits
半導体整流回路素子を保護するために設計されたヒューズ．速動形で動作電圧が低い．

バンドの重なり band overlap
周波数範囲の一部で，相隣る二つの周波数バンドに共通な部分．これは有効周波数範囲の連続性を確保するためのものである．

半二重伝送 half-duplex transmission
どちらの方向にも伝送が可能であるが，両方向同時に伝送できないデータ伝送．

半波形 half-wave type
自己帰還形磁気増幅器の一種であって，一つの出力巻線と一つの半波整流器と電源および負荷を直列に接続した回路方式．

反　復 iteration
単体法で1回のピボット演算に相当する演算．

反復アドレス指定 repetitive addressing
ゼロアドレス命令にだけ適用できる暗示アドレス指定の一方法であって，命令の演算部が，最後に実行された命令のオペランドを暗示的にアドレスするもの．

反復演算 iterative operation
自動設定繰返し演算ともいい，初期条件または他のパラメタの組合せ順序に従い，自動的パラメタ設定機構によって方程式の各解を求める演算．反復演算は，境界値問題やシステムパラメタの最適化問題の解を自動的に求めるのに使用する．

反復性 repeatability
繰返し性において，測定対象，測定器，測定条件などを一度変更した後に，最初の状態に設定して，改めて別の時期に測定を繰り返した場合を反復性という．

反復動作方式 repetitive cyclic mode of operation
変換命令が，内部のクロックから反復して与えられる方式．

はん(汎)用ヒューズ fuse for general application
一般配電回路を含む種々の回路に使用できるように設計されたヒューズ．

はん(汎)用レジスタ general purpose register
レジスタの集合のうち，通常，暗示的にアドレスを指定できるレジスタであって，累算機，指標レジスタまたはデータの特殊操作用のように種々の目的に用いることができるもの．

ひ

PIガバナ proportional integral governor
Pガバナのうち，さらに時間単位に目標回転速度に対する実回転速度の誤差を集積し，その積算量からすばやく目標回転速度に近づけるための制御信号を出すガバナ．

PIDガバナ proportional integral differential govenor
PIガバナのうち，さらに回転速度変化率 (dn/dt) を計算し，その値から円滑に目標回転速度に近づけるための制御信号を出すガバナ．

PID 制御 PID control
比例積分微分動作ともいい，比例動作，積分動作および微分動作の三つの動作を含む制御方式．PI制御の欠点を微分動作を加えて併用することで是正され，きわめて安定した制御が行える．PID制御は負荷変動の場合の安定が速く，むだ時間の大きいものや，制御の行き過ぎが問題となるような制御対象に適する．備考：三つの動作の一部を含まない場合には，含むものだけを明示して，P制御，PI制御，PD制御などとよぶ．PID制御という用語は，これらの総称としても用いられる．

PI-D 制御 PI-D control
⇒微分先行型 PID 制御．

PID 定数 PID parameters
PID制御において，比例ゲイン，積分時間，および微分時間に単位を付けた定数．

PID 動作 PID-action
＝比例積分微分動作．

PI 動作 PI action
＝比例積分動作．

非圧縮性流体 incompressible fluid
流体でも液体は気体と異なり圧縮しにくい特性がある．すなわち，液体は温度が一定なら圧力により体積がほとんど変化しないので非圧縮性流体とよばれる．（⇒圧縮性液体）

BR 接続 BR port connection
切換弁で，BポートはRポートを通じ，PポートとAポートは閉じている流れの形．

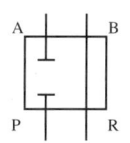

BR 接続（JIS B 0142）

PR 接続 PR port connection
タンデム接続ともいい，切換弁において，PポートはRポートに通じ，AポートとBポートは閉じている流れの形．

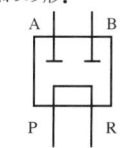

PR 接続（JIS B 0142）

非安定マルチバイブレータ free running multivibrator
＝無安定マルチバイブレータ．

非一致演算 non-identity operation
すべてのオペランドが同じブール値をとらないときに限り，結果がブール値1になるブール演算．二つのオペランドに対する非一致演算は非等価演算である．

ピエゾ効果 piezo-electric effect
＝圧電効果．

pH 計 pH-meter
電気化学的方法で，水溶液中のpH値を測定する溶液分析計．

pH 自動計測器 automatic recording pH meter
水のpH値を連続的に測定する装置．

pH 電極アセンブリ pH electrode assembly
一般に，計測用電極と基準電極とからなり，溶液中の水素イオン(H^+)の活性の関数である電気信号を発生するセンサ．

PN 接合 PN junction
p形とn形の半導体が一つのチップの中で接している状態をいう．

PAB 接続 PAB port connection
Pポートブロックともいい，切換弁で，Pポートは A ポートと B ポートに通じ，R ポートは閉じている流れの形．

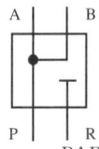

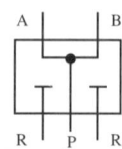

PAB 接続（JIS B 0142）

PLC programmable logic controller
＝プログラマブルロジックコントローラ．

ビオ・サバールの法則 Biot-Savart's law
導線に電流 I が流れているとき，導線上の線素 dl によって空間の1点 P に生ずる磁界の強さ H を与える法則で，次式のように示される．
$dH = (I \cdot \sin\theta \cdot dl)/4\pi r^2$ ここに，$r : dl$ と P 点間の距離，θ：線素 dl における接線が r となす角．

非可逆変換器 unilateral transducer
出力側に信号を加えることによって，入力側に信号を加えたときのような動作を行わせることが不可能な変換器．

非可逆変換器 non-reversible transducer
電気系から音響系や機械系への信号変換，または音響系や機械系から電気系への信号変換のうち，いずれかの向きの動作だけを行う変換器．

比較演算子 relational operator, relation
次に示す予約語の列と比較文字との組であって，比較条件を書くのに使う．

比較演算子（JIS X 3002）

非較演算子	意味
IS [NOT] GREATER THAN	より大きい
IS [NOT] >	（より大きくない）
IS [NOT] LESS THAN	より小さい
IS [NOT] <	（より小さくない）
IS [NOT] EQUAL TO	等しい
IS [NOT] =	（等しくない）
IS GREATER THAN OR EQUAL TO	より大きいか
IS > =	等しい
IS LESS THAN OR EQUAL TO	より小さいか
IS < =	等しい

比較監視器 comparison monitor
2以上の源泉からの信号や警報出力を比較し，これら2以上の出力が規定の許容差の中にあるか外にあるかを示すため，それ自体の信号を発生する装置．

比較器 comparator
①振幅比較を行う回路．②二つの項目を比較し，その結果を表示する機能単位．③2量の大小を比較し，その差に対応する信号を与える器具．

比較器（アナログ計算における） comparator (in analog computing)
異なる二つの入力アナログ変数を比較し，その結果で動作する演算器．

比較条件 relation condition
ある算術式，データ項目，文字定数または指標名ともう一つの算術式，データ項目，文字定数または指標名の値とが，所定の比較関係を満たしているかどうかによって真理値の決まる命題．（⇒比較演算子）

比較測定 comparison measurement
同種類の量と比較して行う測定．

比較部 comparing element
制御装置において，目標値と，制御量または制御対象からフィードバックされる信号とを比較する部分．

比較要素 comparing element
①出力値が2入力値の差になるような，2入力信号と1出力とをもった伝達要素．②調節部において，検出部よりの検出信号値と目標値の

信号(基準信号)と比較して，調節要素へ偏差信号を送り出す部分．

非加算機能　nonadd function
印字式計算器(表示印字式計算器も含む)において，計算に影響なく文字を印字する機能．

非加数　augend
加算において，他の数または量が加えられる数または量．

p形半導体　p-type semiconductor
多数キャリアが正孔である外因性半導体．備考：①正孔密度が伝導電子密度よりも多い外因性半導体．②正孔は比較的少数で非縮退ガスのようにふるまい，マクスウェル・ボルツマンの速度分布則に従う．抵抗率は温度の低下とともに増加する．

pガバナ　proportional action governor
負荷変化に対する回転速度変化を負荷変化に比例して制御するガバナ．

光高温計　optical pyrometer
高温物質が発する光の強さと一定の発光体との光度を比較して，温度を測定する計器．

光信号　light signal
光源からの発光による視覚信号．

光スイッチ　optical switch
光の入射，出射またはその両方が可能な2個以上の端子をもち，ある端子に入射した光パワーが他の端子から出射するか，またはいずれの端子からも出射しないなど二つ以上の定常的な状態を外部からの駆動手段によって切換えることができる光伝送用受動部品．

光伝送　optical transmission
レーザや発光ダイオードなどの光を搬送波として用いる信号の伝送．

光ピックアップ　optical pickup
光を用いて記録媒体から信号を取り出し，電気信号に変換する再生ヘッドをもつピックアップ．

光ファイバ　optical fiber
裸光ファイバ，光ファイバ素線，光ファイバ心線および光ファイバコードの総称．

光変調器　optical modulator, light modulator
情報を光で伝送するために電気信号を光の強度，振幅，周波数，位相などの変化に変換する装置．

非干渉制御　decoupling control, non-interacting control
複数の制御入力と複数の制御量との間に相互干渉がある系において，一つの制御入力の影響が一つの制御量だけに及ぶようにする制御方式．備考：これは，プロセス内の干渉を遮断することではない．

引き金を引く　to trigger
トリガするともいい，計算機プログラムの即時の実行を引き起こすことがあって，しばしば外部環境からの介入，例えば，手操作制御による入口点への飛越しが原因となる．

引出式スイッチ　push and pull switch
＝プッシュプルスイッチ．

非基底変数　nonbasic variable
⇒基底変数．

引伸し　stretching
比較的狭いパルス幅を規定された時間間隔にまで広げること．

引伸し回路　stretching circuit, stretcher
引伸しする回路．

引外し　tripping
トリッピング，トリップともいい，開閉器類の保持機構を外して開路させること．

B級増幅　class B amplification
グリッドバイアスをほぼカットオフの値に選んだ場合の増幅作用であって，交流グリッド電圧が加わらないときの陽極電流は，ほとんどゼロである．グリッドに交流電圧が加わったときは，ほぼ半周期の間，陽極電流が流れる．備考：B1級は，全入力周期を通じてグリッド電流が流れない場合．B2級は，入力周期のある間だけグリッド電流が流れる場合．

ピークゲイン　peak gain
目標値から制御量までの閉ループ伝達関数の周波数応答のゲインの最大値の，直流ゲイン(角周波数 $\omega=0$ におけるゲイン)に対する比．通常 M_p で表す．備考：ピークゲインは安定性の評価指数の一つで，共振の程度を表す．

ピーク電流　peak current
脈動電流の最大値．

ピーク動作逆電圧　crest working reverse voltage
整流素子または整流回路素子に逆方向に印加される電圧の波高値で，瞬間的過電圧または周期的振動を伴う過渡の過電圧を除いた値．

ピーク半値　peak mesial magnitude
ピーク半値振幅ともいい，ピーク振幅とパルススペース振幅の平均値．特に必要がある場合は正ピーク振幅と負ピーク振幅に対応して正ピーク半値または負ピーク半値と指定する．

ピーク半値振幅　peak mesial magnitude
＝ピーク半値．

ピーク半値点　peak mesial point
ピーク半値振幅をもつ波形上の点．特に必要がある場合には，正ピーク半値振幅と負ピーク半値振幅に対応して正ピーク半値点または負ピーク半値点と指定する．

ピークピーク半値　peak to peak mesial magnitude
ピークピーク半値振幅ともいい，正ピーク振幅と負ピーク振幅の平均値．

ピークピーク半値振幅　peak to peak mesial magnitude
＝ピークピーク半値．

ピークピーク半値点　peak to peak mesial point
ピークピーク半値振幅をもつ波形上の点．

被減数　minuend
減算において，他の数または量が引かれる数または量．

非コヒーレンス　incoherence
二つ以上の波の間で時間的な相関がないこと．

PC　programmable controller
＝プログラマブルコントローラ．

PCM　pulse code modulation
＝パルス符号変調方式．

PCM伝送方式　pulse coded modulation system
信号をパルス状の符号に変換して行うデータ伝送方式．

PCシステム　PC system
＝プログラマブルコントローラシステム．

PCT　potential current transformer
＝計器用変圧変流器．

PCVバルブ　PCV valve
エンジンの作動を損なうことなく，ブローバイガスの発生量に応じて吸気系への還流量を制御する弁．

ビジュアルフィードバック　visual feedback
視覚フィードバックともいい，ロボットの動きを制御するために視覚情報をフィードバックすること．

非周期的パルス列　aperiodic pulse train
一定周期をもたないパルス列．

B種絶縁　class B insulation
許容最高温130℃に十分耐えうる材料で構成された絶縁．

非常位置指示無線標識　emergency position indicating radio beacon
捜索救難作業において，遭難者の位置の決定を容易にするために，信号を自動的に送信する設備．

非常警報器　emergency alarm
非常の場合，旅客が乗務員に通報する警報装置．

非衝撃式印字装置　nonimpact printer
印字される媒体を機械的に打たないで印字を行う印字装置．

非常スイッチ　emergency switch
非常時などに回路を開閉するスイッチ．

被乗数　multiplicand
乗算において，他の数または量を掛けられる因数．

非常調速機　emergency governor, overspeed governor
タービンが過速した場合，定格速度の111％以下で作動し，タービンへの蒸気の流入を防ぎ停止される装置．

非常停止　emergency stop
①事故など危険時の急停止．②システムの異常に対処し安全を確保するため，非常停止信号によって動力電源を遮断し急停止すること．

非常停止回路　emergency stop circuit
装置が危険状態になると自動的または人為的に装置を停止させる回路．

非常停止機能　emergency stop function
非常停止を行わせる機能．押しボタンスイッチなどの信号をソフトウェアによって処理してこの機能を達成することもある．

非常停止ボタン　emergency stop button
①非常の場合に，スライドの運転を随意に停止させることができるボタンスイッチ．②無人搬送車類を非常停止するため無人搬送車または地上に設けられた押しボタン．

非常電源　emergency source of electrical power
主電源装置がその機械を失ったときに，主として非常時に必要な電気機器に給電する電源．

非常ブレーキスイッチ　emergency brake switch
非常の場合，手動で非常ブレーキ作用を行わせるスイッチ．

非常弁　emergency valve
列車管の急激な減圧速度を検知して，非常ブ

レーキ作用を行うバルブ．

非常用予備発電装置 onsite standby power supply
外部電源からの電力供給が停止した場合，保安確保に必要な電力を供給する発電装置．

比色計 colorimeter
標準溶液の色濃度と比較することによって定量分析を行う器械．

被除数 dividend
除算において，他の数または量で割られる数または量．

ビジランス装置 vigilance device
運転士の注意状態を，機器の入・切操作またはその他の運転操作から自動的に監視して，万一，運転士が注意状態をなくしたとみなされたときには，警報を発し，車両を停止させる装置．

ヒステリシス hysteresis
入力の方向性前歴に依存して，入力値に対応する出力値が異なる特性（下図）．（⇒不感帯）

ヒステリシス差 hysteresis error
①全レンジにわたって測定量を上昇，下降させることによって得られる二つの校正曲線の間の，不感帯分を除く最大偏差．②測定の前歴によって生じる同一測定量に対する指示値の差．③調節弁の入力信号圧増加時と減少時の同一信号値における弁軸位の隔り（図参照）．

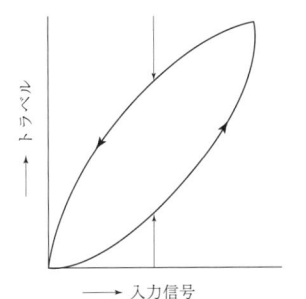

ヒステリシス差（JIS B 0100）

ヒステリシス幅 maximum hysteresis error
ヒステリシス差の最大値．

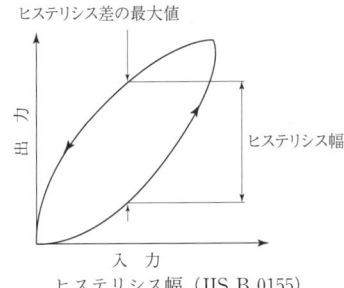

ヒステリシス幅（JIS B 0155）

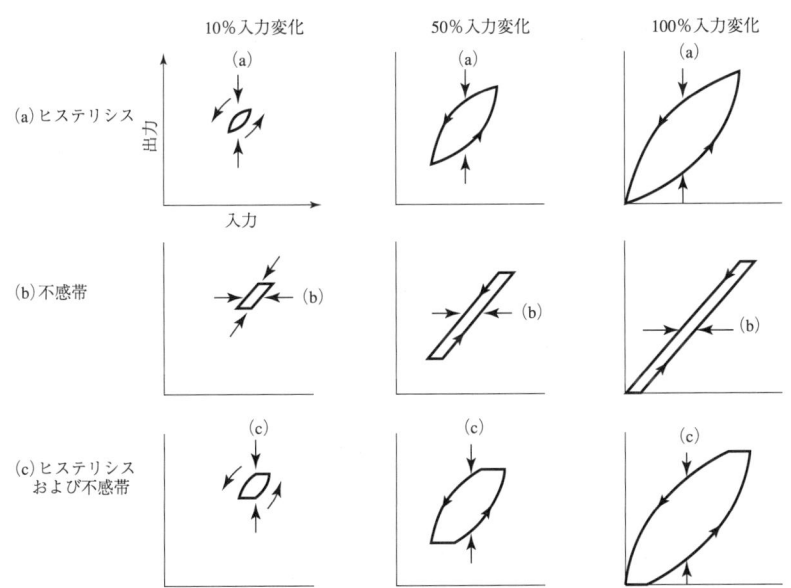

ヒステリシスおよび不感帯（JIS B 0155）

ヒステリシスモータ hysteresis motor
残磁性の磁性材料からなる平滑な円筒形の回転子をもつ,固定子側のつくる回転磁界の下で,始動期間は磁性材料のヒステリシス損の作用によって動作し,定常運転状態では残留磁気によって同期運転される電動機.残磁性は強いことが望ましい.

ヒストグラム histogram
測定値の存在する範囲を幾つかの区間に分けた場合,各区間を底辺とし,その区間に属する測定値の出現度数に比例する面積をもつ柱(長方形)を並べた図.区間の幅が一定ならば,柱の高さは各区間に属する値の出現度数に比例するから,高さに対して度数の目盛を与えることができる.

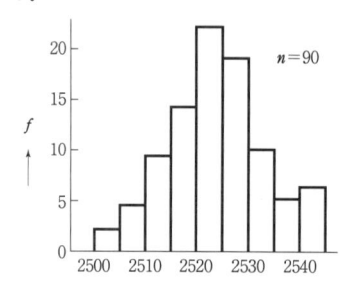

ヒストグラムの一例 (JIS Z 8101)

ピストン piston
シリンダ内で直接作動ガス圧力を受けてシリンダ内を往復動する部品.

ピストンプルーバ式流量測定装置 piston prover
=ボールプルーバ式流量測定装置.

ピストンモータ piston motor
流入流体の圧力がピストン(またはプランジャ)端面に作用し,その圧力によって斜板カム,クランクなどを介してモータ軸が回転する形式の油圧モータ・空気圧モータ.

ひずみ distortion
ある波形が基準波形と異なるとき,その波形にはひずみがあるという.また,その偏差の値,または偏差の基準値に対する比率をひずみという.特に規定がない場合は比率で表す.その波形と基準波形が異なっても比例関係があれば,ひずみがないという.備考:ひずみの前に量的修飾語をつけて,瞬時ひずみ,ピークひずみ,ピークピークひずみ,平均ひずみ,二乗平均ひずみ,平均絶対ひずみのように用いる.

ひずみゲージ strain gauge
=電気抵抗ひずみゲージ.

ひずみ入力 strain input
ひずみで示したひずみ測定器の入力.

ひずみ波 distorted wave
基本正弦波と異なる波形をもつ波.

ひずみ率 distortion factor
波形のひずみの程度を表すもので,一般には高調波の実効値の,基本波の実効値に対する比.すなわち,

$$\frac{高調波の実効値}{基本波の実効値}$$

備考:①ひずみ波の中には高調波以外に雑音なども含まれるので,通常測定されるのは高調波含有率または全ひずみ率である.②ひずみ率は,通常百分率またはdBで表される.③ひずみ率が10%以下のときは,ひずみ率計で測定した値をひずみ率とみなしてよい.

ひずみ率 distortion rate
比率で表したひずみの値.ひずみと同じであるが,特に比率であることを明示したい場合に用いる.

非絶縁形アナログ入力 non-isolated analogue input
入力端子が,他の端子と電気的に接続されているアナログ入力チャネル.(⇒絶縁形アナログ入力)

非絶縁増幅器 non-isolated amplifier
信号回路と接地を含む他の回路との間に電気的接続のある増幅器.

非接触接近検出装置 non contact obstruction detector
障害物(人など)に接触することなく定距離の接近で無人搬送車類が障害物(人など)を検出する装置.

b接点 b contact
開路接点,ブレーク接点,バックコンタクトともいい,押しボタンスイッチを押した(入力した)とき開となり,押すのをやめたとき(自然な状態では)閉となる接点.または,電磁リレーにおいて自然の状態(非励磁のとき)では接点を閉じており,入力が加わったとき(励磁したとき)に開く接点.

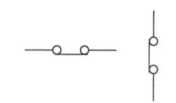

リレーのb接点記号[7)]

非線形系　nonlinear system
入力と出力との関係が非線形である系．すなわち，入力と状態との関係，または状態と出力との関係の少なくとも一方が非線形系方程式で記述される系．（⇨線形系）

非線形計画法　nonlinear programming
条件付き極値問題で目的関数または制約の中に1次でない関数を少なくとも一つ含むもの．

非線形減衰　nonlinear damping
減衰力が速度の1以外の乗べきに比例する場合の減衰．備考：どの形式の粘性減衰であっても減衰力は速度がゼロに近づくと減衰もゼロに近づく．

非線形制御　nonlinear control
少なくとも一つの非線形演算要素を制御演算部に含む制御方式．備考：①非線形演算要素とは，その入出力関係が線形演算では得られない演算要素である．例えば，出力が入力の開平演算または二つ以上の高次関数演算によって与えられるような演算要素をいう．②代表的なものとして，ゲインスケジューリング制御，厳密な線形化を用いた制御，可変構造制御などがある．③ファジイ制御，ルールベース制御も推論演算部では非線形演算を行っているので非線形制御に入る．

非線形制御系　non-linear control system
不感帯やヒステリシスなどの，非線形特性をもった要素を含む制御系．すなわち，自動制御系の構成要素が非線形特性を有することによって，その制御系の制御方程式が数学的に定義された非線形微分方程式となるとき，この自動制御系をいう．

非線形等化　nonlinear equalization
非直線等化ともいい，非線形回路により波形等化をすること．

非線形動作　nonlinear control action
制御動作信号に対する操作量の関係が時間的あるいは空間的に非線形ないし不連続な制御動作をいう．時間的には時間比例制御，サンプル値制御が，空間的には二位置・多位置・単速度・多速度の各動作が該当する．

皮相電力　apparent power
交流電圧と電流の実効値の積．皮相電力に力率を乗じたものが有効電力となる．

非対称入力　asymmetrical input
二つの入力端子のおのおのと，共通点端子との間のインピーダンスの公称値が異なっている3端子入力回路方式．（⇨対称入力）

非直線等化　nonlinear equalization
＝非線形等化．

非直線ひずみ　non-linear distortion
入力量とそれに対応する出力量との間に比例関係がないときに現れるひずみ．

非直結　offline
計算機の非直接制御下での機能単位の操作に関する用語．

ピックアップ　pickup
①ディスクレコードから電気信号を取り出すための装置．ピックアップヘッドとトーンアームとからなる．②リレーの可動部が入力0の位置から入力を加えたときの他の最終位置まで移動すること．

ピックアップヘッド　pickup head
溝の変調によって駆動され，機械的な信号入力を電気的な信号出力に変換する再生ヘッド．

ピックアンドプレイス　pick and place
ロボットの基本的な作業形態で，対象物を持ち上げて，他の場所に移動させて置く作業．

ピック識別子　pick identifier
セグメント内の個々の出力基本要素に付け，ピック入力装置によって得られる名前．異なった出力基本要素に対して同じピック識別子を割り当ててもよい．

ピック入力装置　pick device
①特定の表示要素またはセグメントを指定するために使われる入力装置．例えばライトペン．②出力基本要素に付けたピック識別子およびそれに付随するセグメント名を得るためのGKS論理入力装置．

必須信号　mandatory
送信側では必須であるインタフェース信号．受信側では必要に応じて使用すればよい．

ピッチ誤差補正　pitch error compensation
数値制御工作機械の送り系のピッチ誤差を補正すること．

ビット　bit
①二つの値または二つの状態のうちいずれか一方をとって情報を表現するもので，2進法表示による数字の0または1に対応する．②情報量の単位の一種．情報量を表す定義式に含まれている対数の底を2とした場合は，ビットを単位とした数値が得られる．

ビット誤り　bit error
符号を構成するビットが，伝送，再生などの過程で損傷を受け，元のビットの値と異なったものになること．

ビット組合せ bit combination
一つの文字の表現または一つの文字の表現の一部に使う順序付けられたビットの集合.

ビット列型 bitstring type
0個以上のビットの順序列を値としてもつ単純型.

PT potential transformer
＝計器用変圧器.

否定 negation
NOT 演算ともいい，オペランドのブール値と反対のブール値を結果としてとる単項ブール演算.

否定応答 negative acknowledge
送信側に対する否定的な応答として，受信側から送出する伝送制御キャラクタ．(⇨肯定応答)

否定する to negate
否定の演算を行うこと.

否定積 non-conjunction
＝否定論理積.

否定素子 NOT gate, NOT element
NOT ゲート，NOT 素子ともいい，ブール演算としての否定を行う論理素子.

PD 動作 PD-action
＝比例微分動作.

PTP 制御 point-to-point control
経路上の通過点が飛び飛びに指定されている制御.

PTP 制御ロボット point‐to‐point controlled robot
PTP 制御によって運動制御されるロボット.

否定論理積 non-conjunction, NOT-BOTH operation
NAND 演算，否定積ともいい，各オペランドがブール値1をとるときに限り，結果がブール値0になる2項ブール演算.

否定論理積素子 NAND gate, NAND element
NAND ゲート，NAND 素子ともいい，ブール演算としての否定論理積を行う論理素子.

否定論理和 non-disjunction, NEITHER-NOR operation
NOR 演算，否定和ともいい，各オペランドがブール値0をとるときに限り，結果がブール値1となる2項ブール演算.

否定論理和素子 NOR gate, NOR element
NOR ゲート，NOR 素子ともいい，ブール演算としての否定論理和演算を行う論理素子.

否定和 non-disjunction
＝否定論理和.

ビデオファイル video file
画像情報を磁気などで記録，保存したもの.

非等価演算 non-equivalence operation
排他的論理和演算，EXCLUSIVE-OR 演算ともいい，二つのオペランドが異なるブール値をとるときに限り，結果がブール値1になる2項演算.

非同期機 asynchronous machine
定常運転状態において，同期速度と異なる速度で回転する交流機.

非同期制御 non synchronous control
抵抗溶接において，主通電の開閉を継電器，電磁接触器などで行うか，サイリスタを使用してもその始動を継電器，電磁接触器などで行う主通電回路の通電制御方式.

非同期手続き asynchronous procedure
プログラムの呼出し側の部分と並行に実行される手続き.

非同期伝送 asynchronous transmission
おのおのの文字または文字ブロックの先頭の発生時点は任意であるが，いったん伝送が開始されると，その文字またはブロックのビットを表す各信号の発生時点は，固定した時間基準の有意瞬間と同じ関係をもつデータ伝送.

P 動作 P-action
＝比例動作.

非等時性伝送 anisochronous transmission
同一グループ内における任意のある二つの有意瞬間の間隔は常に単位時間の整数倍となるが，異なるグループにまたがる二つの有意瞬間の間隔は必ずしも単位時間の整数倍とならないデータ伝送の処理過程．なお，データ伝送におけるグループとは，一つのブロックまたは文字をいう.

ピトー管 Pitot tube
同軸で一本化した2本の直管で構成され，一つの管は流体の流れ方向に開口部があって流体動圧を測定し，他の管は側面に開口部があって流体静圧を測定して差圧を得るセンサ.

ピトー管法 Pitot-tube method
ピトー管を用いて流量を測定する方法．この意味では発電用に限定される.

ピトー静圧管 Pitot static tube
気体中に挿入して，気圧の全圧および静圧を測定する器具.

ヒートコントロール electronic heat control
　抵抗溶接における溶接電流の調整方法の一種で，交流電流波形の位相制御により無段階的に電流を調整すること．

非ニュートン流体 non-Newtonian fluid
　摩擦応力が速度こう配に比例しない流体をいい，高分子物質流体などがこれに当たる．

非破壊読取り nondestructive read
　元の場所にあるデータを消去しない読取り．

PPI plan position indicator
　輝度変調によるレーダ表示．通常の場合，表示面の中心が自船となり，それから半径方向の掃引線をレーダアンテナと同期して回転させることによって，エコーを生じる目標が表示面上の各対応する方位距離の所に輝点と表され，地図に似た形の表示をつくるもの．

PbS セル lead sulfide cell
　＝硫化鉛セル．

PV process variable
　測定対象の測定値．

微　分 differentiation
　波形の微分値に比例した波形をつくること．

微分回路 differentiation circuit, differentiator
　微分を行う回路．

微分器 differentiator
　出力が入力信号の微分値に比例するようにした装置．

微分ゲイン derivative action gain
　レートゲインともいい，PD 動作において，ステップ入力を加えたとき，比例動作だけによる出力に対する微分動作だけの出力のピーク値の比．微分ゲインは"比例微分動作"の項に示す伝達関数で記される．理想的な PD 動作の微分ゲインは，$\alpha=\infty$ となる．

微分ゲイン derivative gain, rate gain
　不完全微分を用いた PD 動作の制御装置にステップ入力を加えたとき，比例動作だけによる出力に対する不完全微分動作だけの出力のピーク値の比（図参照）．備考：①微分動作を近似的に実現する不完全微分動作の近似の良さを表すパラメータ．②比例動作だけのゲインに対する不完全微分を用いた PD 動作の高周波帯域におけるゲインの比に相当する．

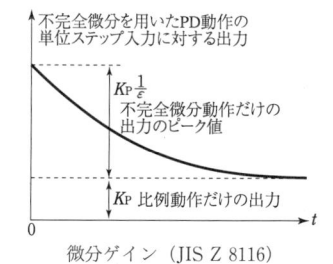

非分散赤外ガス分析計 non-dispersive infra-red gas analyzer
　NDIR と略称し，広帯域赤外線をガス体に放射し，波長選択センサを用いて特定の帯域幅を選択して，特定波長の赤外線の吸収量を測定することによって，測定ガスの濃度を測定する機器．

微分時間 derivative time, rate time
　PD 動作または PID 動作の制御装置にランプ入力を加えたとき，比例動作だけによる出力が微分動作だけによる出力に等しくなるまでの時間．備考：比例動作に対する微分動作の強さを表すパラメータ．微分時間を次の式に示す．

$$T_d = \frac{K_D}{K_P} = \frac{T_D}{K_P}$$

ここに，K_D：微分動作係数，K_P：比例ゲイン，T_D：微分動作時間，T_d：微分時間．

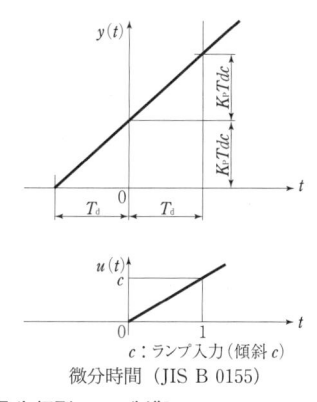

微分時間 (JIS B 0155)

微分先行型 PID 制御 PI-D control
　PID 制御の構成の中で，比例動作，積分動作は制御偏差に働き，微分動作は制御量にだけ働くような構成にした制御．備考：PI-D 制御とも書く．(⇒ I-PD 制御)

微分動作 derivative action
　D 動作，レート動作ともいい，入力量（調節器の場合，システムの偏差）の時間微分値に比例する大きさの出力を出す制御動作．すなわち，動作信号の微分値に比例した操作量を出す制御

動作．D動作は単独で用いられることはほとんどなく，むだ時間の大きいプロセスや伝達遅れの大きいプロセスに，比例動作または比例積分動作の欠点を是正するために加えて用いられる．

微分動作係数 derivative action coefficient

微分動作における入力量の変化率(時間微分)に対する出力量の比．微分動作の伝達関数を示す．

$$\frac{Y(s)}{X(s)} = K_D s$$

ここに，K_D：微分動作係数，s：複素変数，$Y(s)$：出力関数，$X(s)$：入力関数．

微分動作時間 derivative action time

微分動作において，入力量と出力量との次元数を同じにしたときの微分動作係数．備考：①入力量のランプ状変化値が出力量と等しくなる時間で表すことができる．②微分動作時間を次の式に示す．

$$T_D = K_D$$

ここに，T_D：微分動作時間，K_D：微分動作係数．

微分非直線性 differential nonlinearity

①増幅器や変換回路などの入力信号に対する出力信号の微係数を表す特性曲線において，微係数の平均値からの最大偏差を，平均値で除した値の百分率．②マルチチャネル波高分析器において，チャネル幅の均一さを示す目安であって，個々のチャネル幅の，チャネル幅の平均値からのずれの最大値を，平均値で除した値の百分率．

微分ユニット derivative unit

出力が，入力変量の時間に関する変化率に比例する機能単位．

被変調波 modulated wave

変調波ともいい，変調の結果生じる波．

非保護領域 unprotected area

人手操作でデータの入力をすることを許可されている領域．

ピボット演算 pivot operation, pivoting

単体において，条件式の系をある特定の変数が一つの式で系数1をもち，他ではゼロになるような等価の系におきかえるための1組の演算．

ピボット演算の手順は，次のとおりである．一般に n 個の変数からなる m 個の条件式の系を考える($m \leq n$)．

$$a_{11}x_1 + a_{12}x_2 + \cdots\cdots + a_{1n}x_n = b_1$$
$$a_{21}x_1 + a_{22}x_2 + \cdots\cdots + a_{2n}x_n = b_2$$
$$\vdots \qquad\qquad\qquad\qquad \vdots$$
$$a_{m1}x_1 + a_{m2}x_2 + \cdots\cdots + a_{mn}x_n = b_m$$

ここで，一つの $a_n \neq 0$ をとり，(1)第 r 行を a_{rs} で割ってそれを新しい第 r 行とする．(2)第 i 行 ($i \neq r$) から新しい第 r 行の a_{is} 倍を引いたものを新しい第 i 行とする．すなわち，新しい係数 $\bar{a}_{rj}, \bar{a}_{ij}(i \neq r)$ を①$\bar{a}_{rj} = a_{rj}/a_{rs}$．②$\bar{a}_{ij} = a_{ij} - a_{is} \cdot \bar{a}_{rj}(i \neq r)$ で計算する．このとき要素 a_{rs} はピボットまたは軸とよばれる．この演算によって変数 x_r は基底から出て行き，変数 x_s が新たに基底に入る．

この計算は，単位行列と第 r 列だけが異なる行列(ピボット演算行列)

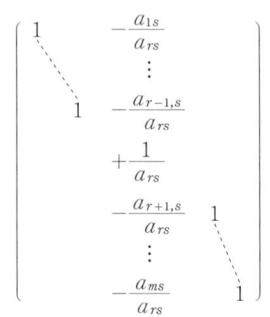

$$\begin{pmatrix} 1 & & -\dfrac{a_{1s}}{a_{rs}} & & \\ & \ddots & \vdots & & \\ & 1 & -\dfrac{a_{r-1,s}}{a_{rs}} & & \\ & & +\dfrac{1}{a_{rs}} & & \\ & & -\dfrac{a_{r+1,s}}{a_{rs}} & 1 & \\ & & \vdots & & \ddots \\ & & -\dfrac{a_{ms}}{a_{rs}} & & 1 \end{pmatrix}$$

を係数行列に左から掛けることに相当する．

非本質安全防爆回路 non-intrinsically safe circuit

本質安全防爆関連回路と一般回路の総称．なお，一般回路とは，本質安全防爆回路と直接関連がない回路．

ビーム beam

音波の指向性によって，ある方向に集中して出された超音波の束．

ビーム電流 beam current

電子ビームの切断面を通る電流．

百分率機能 percentage function

ある数に百分率の数値を掛け，結果を自動的に100で割る機能．

百分率誤差 error expressed as a percentage of the fiducial value

計測器の誤差の基底値に対する比を百分率で表したもの．混同のおそれがない場合は単に誤差といってもよい．

百分率誤差 percentage error

絶対誤差の基底値に対する比を百分率で表し

たもの．用いた基底値を明示しなければならない．

百分率平均誤差　percent average error
設定値または表示値に対する，設定値または表示値と測定値の平均値との差の百分率．百分率平均誤差(PAE)は，連続した 100 回の測定値から次式によって求める．
$$\mathrm{PAE} = \frac{X_\mathrm{P} - \bar{X}}{X_\mathrm{P}} \times 100$$
ここに，$\bar{X}$：測定値の平均値，X_P：設定値または表示値．

ヒューズ　fuse
ある一定値を超える電流がある時間流れたとき，その可溶部分が溶断することによって，電流を遮断し，回路を開放する機器．

ヒューズ抵抗器　fusing resistor
通常は，抵抗器として働き，規定以上の過電流が流れたとき，規定時間内に抵抗素子が溶接して，電流の流れを阻止し，抵抗値が元に復帰しない機能をもった抵抗器．

標　label (in programming)
命令の識別子．

評価関数　performance function
最適制御の尺度となる関数をいう．評価関数の値が最大，最小または特定の値になるように，もしくはある特定の範囲にはいるように制御系を操作することによって，最もよい制御が達成される．なお，動的最適化では動作評価関数が，静的最適化では一般に評価関数が対応する．

評価指標　performance index
定められた条件下で，制御の性質を示す数学的な表現．

評価ベクトル　pricing vector
改訂単体法において，初期単体表における各変数の列ベクトルの内積が単体判定基準に用いられる量となるベクトル．備考：線形計画問題において制約式のおのおのに対して評価ベクトル($\pi_1, \pi_2, \cdots, \pi_m$)の各成分が対応する．

表記法　notation
データを表現するための記号の集合およびその使い方の規則．

表　示　display, indication
測定量の値，物理的状態などを観測者に表し示すこと．

表示印字式計算器　display and printing calculator
計算器の一種であって，表示式計算器と印字式計算器のデータ出力機能を備え，利用者の意図によって印字式計算器の機能を選択できるもの．

表示画像　display image
表示面上に同時に描かれる表示要素またはセグメントの集まり．

表示間隔　display interval
ディジタル表示において，ある測定点を表示した瞬間から次の測定点を表示するまでの時間間隔．

標　識　indicator, marker
形，色などによって，対象物の位置，方向，条件などを表示する機器の総称．

標　識　indicator
計算機プログラムの実行中，特定の条件が満たされているかどうかを決定するために調べられるデータの項目．例えば，スイッチ標識，あふれ標識．

表示器　display
量の大きさまたは状態を表示する機器．

標識灯　marker light
列車の最前部，最後部に取り付けて列車の前位置，後位置の区分および種類を識別する装置．

表示計器　display
検出器，伝送器などからの信号を受けて，測定量の値，物理的状態などを表示する計器．

表示けた(桁)数　maximum number of display digits
ディジタル表示における最大けた(桁)数．

表示鎖錠　indication lock
信号てこを反位から定位に戻すとき，信号機が停止信号を現示，または入換標識が線路の開通していない表示をするまで，そのてこを完全に定位に戻すことができないように鎖錠すること．

表示式計算器　display calculator
計算器の一種であって，データ出力を恒久的には残らない文字の形で示すもの．

表示出力　display output
表示するための出力信号．

表示指令　display command
表示装置の状態を変更するか，または動作を制御する指令．

表示線監視リレー　pilot wire monitor relay
表示線の異常状態を検出することを目的とするリレー．

表示線リレー　pilot wire relay
表示線継電方式に使用することを目的とする

もの.

表示装置 display device
データを，目に見える形で表す出力装置．

表示値 indicated value
機器の表示した値．通常，ディジタル機器，オシロスコープ，記録計などの場合に用いる．

表示灯 indicator light
特定回路の作動状況を表示する灯火．

表示入力 display input
表示するための入力信号．

表示放電管 cold cathode character-display discharge tube, Nixie tube
分割された幾つかの陰極片と陽極との間にグロー放電を発生させて陰極の形で文字，数字などを発光表示する放電管．

表示モードスイッチ switch for mode of presentation
レーダ表示の多種のモードを切り換える装置．例えば，エコーをそのまま表す方式からそれらの情報を処理し，別の形にしたものに切り換えるスイッチ．

標準器 standard
ある単位で表された量の大きさを具体的に表すもので，測定の基準として用いるもの．(⇒基準器)

標準誤差 standard error
誤差の標準偏差．

標準試料 standard sample
＝標準物質．

標準状態 reference conditions
各外部影響量が標準値または標準範囲，およびもし必要なら，影響性能量が基準値または基準範囲にある状態であって，比較および校正を行うために規定したもの．備考：標準値または基準値は，通常許容差とともに示される．

標準状態 reference condition
①異なる条件の下での測定結果を，同一の条件の下での結果として比較できるようにするために取り決めた，基準として用いる測定条件．②計測器の固有誤差を決めるために規定した，各影響量に関する条件．備考：標準状態は，一般に一つの影響量の基準値もしくは基準範囲，または二つ以上の影響量の基準値もしくは基準範囲の組合せで示す．

標準正規分布 standard normal distribution
平均0，分散1の正規分布．備考：確率変数 X が平均 μ，分散 σ^2 の正規分布に従うとき，$Z=(X-\mu)/\sigma$ は標準正規分布に従う．

標準物質 reference material
標準試料ともいい，測定器の校正，測定法の評価，または材料の値付けの基準として用いられる素材または物質で，その特性値が目的を達成するのに十分な程度に確定されているもの．

標準偏差 standard deviation
分散の平方根．(⇒試料標準偏差)

標準レンジ standard range
製造方法が標準化されており，かつ供給者が推奨する，入力変量または出力変量の範囲．

表示画像 display image, picture
表示面上に同時に表現される出力基本要素およびセグメントの集まり．(⇒表示要素)

表示様式 graphic rendition
一連の図形記号を表示する際の視覚的様式．

表示要素 display element, graphic primitive, output primitive
表示画像を構成するために使われる基本的な図形要素．例えば，点，線分．

標本化 sampling
サンプリングともいい，定められた時点(例えば一定間隔の時点)に対応する波形のパラメータの瞬時値を取り出すこと．波形のパラメータとしては振幅，位相，周波数などがとられる．

標本化回路 sampling circuit, sampler
サンプリング回路ともいい，標本化する回路．

標本化パルス sampling pulse
標本化するためのパルス．

標本値 sampled value
標本化で取り出された値．

標遊容量 stray capacity
電気配線の全体にわたって分布している静電容量．特に同軸ケーブルやシールド線などのように複数の導体が密着しているような状態のものは，その導体に静電容量が大きく表れて，信号の伝送を乱すことがある．

避雷器 arrester
雷または回路の開閉などに起因する過電圧の波高値がある値を超えた場合，これに伴う電流を分流することにより過電圧を制限して，かつ，続流を短時間のうちに遮断して，系統の正常の状態を乱すことなく現状に自復する機能をもつ装置．

開いたサブルーチン open subroutine
サブルーチンの一種であって，計算機プログラム中のサブルーチンが使われる個々の場所にそれを挿入しなければならないもの．

平形ダイアフラム flat diaphragm
平らな板に打抜きまたは成形されたダイアフラム．

ピラニ真空計 Pirani vaccum gauge
気体の密度(したがって，圧力)に依存する冷却効果による抵抗変化から，その気体の圧力を測定する熱伝導度計を利用した真空計．

比率差動継電器 ratio differential relay
保護区間の端子電流の差(差動電流)で動作するものに抑制(比率特性)を付加し，誤動作防止を施した保護継電器．

比率制御 ratio control
二つ以上の変量の間に，ある比例関係を保たせる制御．

比率設定器 ratio station
操作によって加減できる係数を，入力信号に乗ずる機器．

比率調節器 ratio controller
二つの変量間に，あらかじめ決められた比率を保つように動作する調節器．

比率調整弁 pressure ratio regulating valve
相異なる二つの圧力の比率を，ある一定比に保持する調整弁．

比例位置制御動作 proportional position control action
制御量と操作量(または操作端位置)とが連続的な比例関係をもつ制御動作．

比例ゲイン proportional gain
比例動作の強さを表すパラメータで，入力変化分に対する出力変化分の比．備考：以下のPID 定数などの説明では PID 制御装置の伝達関数が
$$K_\mathrm{P}\left(1+\frac{1}{T_\mathrm{I}s}+T_\mathrm{D}s\right),$$
また，不完全微分を用いたときは
$$K_\mathrm{P}\left(1+\frac{1}{T_\mathrm{I}s}+\frac{T_\mathrm{D}s}{1+\varepsilon T_\mathrm{D}s}\right)$$
であることを前提としている．ここに，K_P：比例ゲイン，T_I：積分時間，T_D：微分時間，$1/\varepsilon$：微分ゲイン，である．

非励磁 non-excitation
＝消磁．

非励磁警報 non-excitation alarm
警報状態においてリレーが非励磁状態になる方式．

比例制御 proportional control
操作部が目標値(設定値)と現在値との偏差に応じて連続的に動作をする自動制御．

比例制御弁 proportional control valve
比例制御により，流量を調節する弁．すなわち，入力信号に比例した出力(圧力，流量)の制御ができるバルブ．

比例積分調節器 proportional plus integral controller
比例積分制御動作を行う調節器．

比例積分動作 proportional plus integral action, PI-action
PI 動作ともいい，比例動作と積分動作とを組み合わせた制御動作．比例動作における欠点であるオフセットを除くために，積分動作がプラスされる．PI 動作の伝達関数を示す．
$$\frac{Y(s)}{X(s)}=K_\mathrm{P}\left(1+\frac{1}{T_\mathrm{I}s}\right)$$
ここに，K_P：比例ゲイン，T_I：積分時間，s：複素変数，$Y(s)$：出力関数，$X(s)$：入力関数．

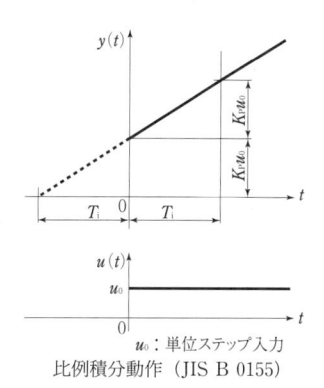

比例積分動作 (JIS B 0155)

比例積分微分制御 proportional plus integral plus derivative control, PID control
＝PID 制御．

比例積分微分調節器 proportional plus integral plus derivative controller
比例積分微分制御動作を行う調節器．

比例積分微分動作 proportional plus integral plus derivative action, PID-action
PID 動作ともいい，比例動作，積分動作および微分動作を組み合わせた制御動作(⇒ PID 制御)．PID 動作の伝達関数を示す．
$$\frac{Y(s)}{X(s)}=K_\mathrm{P}\left(1+\frac{1}{T_\mathrm{I}s}+T_\mathrm{d}s\right)$$
また，不完全微分を用いたときは，次の式となる．

$$\frac{Y(s)}{X(s)} = K_P\left(1 + \frac{1}{T_i s}\right)(1 + T_d s) \Big/ \left(1 + \frac{T_d s}{a}\right)$$

ここに，K_P：比例ゲイン，T_i：積分時間，T_d：微分時間，a：微分：$1 < a < \infty$，s：複素変数，$Y(s)$：出力関数，$X(s)$：入力関数．

比例増幅器 linear amplifier
入力信号に比例した出力信号を与えるパルス増幅器または直流増幅器．通常は，前置増幅器の後に接続され，主増幅器として使われる．

比例素子 proportional device
出力が入力に比例して変化する流体素子．

比例帯 proportional band
比例動作において，出力が有効変化幅の0～100％変化するのに要する入力の変化幅(％)．比例帯は，比例ゲインの逆数(％)に相当する．図に示すように，操作量を最大にするときの動作信号の値と，最小にするときの動作信号の値との差で比例帯の幅が狭いほど比例動作の働きは強められ，広いほど弱められる．比例帯は具体的に比例動作の働く大きさを示すものであり，理論計算では比例感度(比例ゲイン)の値が必要な場合は，比例帯から逆算して求めるのが普通である．

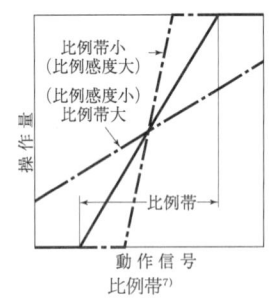

比例調節器 proportional controller
比例動作だけを行う調節器．

比例動作 proportional action
P動作ともいい，入力量に比例する大きさの出力量を出力する制御動作．すなわち，制御偏差に比例して操作量の大きさを決める制御動作．P動作はオンオフ動作の制御結果，サイクリングとオフセットを生じる欠点のうち，サイクリングは解消できるが，オフセットは残る．比例動作はその欠点を是正するため，積分動作と微分動作とを組み合わせることがある．

比例・微分先行型 PID 制御 I-PD control
⇒ I-PD 制御．

比例微分調節器 proportional plus derivative controller
比例微分制御動作を行う調節器．

比例微分動作 proportional plus derivative action, PD-action
PD動作ともいい，比例動作と微分動作とを組み合わせた制御動作．すなわち，比例動作の欠点である操作遅れをカバーするために，微分動作を組合せより安定した制御を行うもの．しかし比例動作の欠点をカバーする場合，PD動作よりも PI動作が広く用いられる．PD動作の伝達関数を示す．

$$\frac{Y(s)}{X(s)} = K_P(1 + T_d s)$$

また，不完全微分を用いたとき，次の式となる．

$$\frac{Y(s)}{X(s)} = K_P(1 + T_d s) / (1 + T_d s / a)$$

ここに，K_P：比例ゲイン，T_d：微分時間，a：微分ゲイン：$1 < a < \infty$，s：複素変数，$Y(s)$：出力関数，$X(s)$：入力関数．

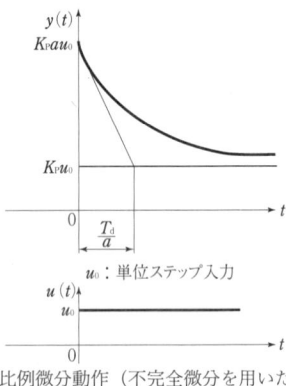

比例微分動作（不完全微分を用いたとき）(JIS B 0155)

比例＋オンオフ制御 proportional plus on-off control
比例動作とオンオフ動作を組み合わせた制御方式．蒸気圧力制御など圧力制御に広く用いられる．

比例要素 proportional element
入力と出力の間の関係が比例するように構成されている変換要素．

非劣解 noninferior solution
⇒ 定常偏差．

ひろがり流れ divergent flow, divergent current
　流路の断面積が流れの方向に増大する流れ．

ピンクノイズ pink noise
　単位周波数帯域(1 Hz)に含まれる波の成分の強さが，周波数に反比例する性質をもつ雑音．

ヒンジ形電磁継電器 hinge type electro-magnetic relay
　アーマチュアがヒンジ(蝶番)状の支点を中心にして動く構造の電磁継電器．一般に補助レリーとしてシーケンス制御などに使用されるものにはヒンジ形が多い．

品質制御システム(スポット溶接の) spot weld quality control system
　溶接中に，品質に関するパラメータを検出し，これらを自動的に処理して，外部条件の変動に際しても，溶接品質を一定に保つように溶接条件を自動的に補正する装置．

品質モニタ(スポット溶接の) (spot weld) quality monitor
　溶接中に，一つ以上の品質に関連するパラメータを検出し，これらを自動的に処理して，溶接品質を表示する装置．

ピンボード pin board
　1枚の板に多数の穴を設け，その穴にピンを挿入することにより，その点に配線されている絶縁した2本の線を短絡し接続する接続ボード．ピンを簡単に抜き差しして設定値が変更できる．

ピンボードプログラム方式 pin-board program system
　ピンボードのピンを差し変えることによって，シーケンスを容易に設定(変更)する方式のプログラム制御．

ふ

ファイル file
　①名前を付けた情報の集まり．②一つの単位として格納または処理され，名前をもつレコードの集合．

ファインスタート制御機能 fine arc starting control function
　アークスタートの誤りを解消する機能．

ファインストップ制御機能 fine arc stopping control function
　溶接終了時にワイヤを溶着せずにストップさせる機能．

ファクシミリ facsimile
　有線(専用線または加入線)または無線によって文字，図表などを送受信するための一連の機械．

ファジイ推論 fuzzy inference
　あいまいなルールとあいまいなデータ(事実)に基づいている推論．

ファジイ制御 fuzzy control
　ファジイ推論演算を行って，操作量を決定する制御．ルールベース制御に比べて滑らかな制御が可能であり，広い意味での非線形制御に入る．

ファストフィルバルブ fast fill valve
　プライマリピストンの作動によってリザーバとの通路を開閉するバルブ．

ファセット facet
　①ある類に対して，単一の特性を適用してつくり出した区分の集合．②概念のもつ性質に応じて概念をまとめるために使われる属性．

負圧警報スイッチ vacuum alarm switch
　負圧の低下を感知するもの．

負圧リリーフ弁 negative pressure relief valve
　区画室内の圧力が周囲圧力より一定値以上に低下したときに，外気を導入するバルブ．

ファンアウト fan out
　素子の一つの出力が制御可能な同じ性能の素子の最大の数．

ファンイン fan in
　一つの素子に与えることができる入力の最大の数．

不安定 instability
　平衡状態にある自動制御系が入力の変化(目標値の変更など)や外乱の発生によってその制御状態が乱された場合，それらの原因を取り除いても，時間の経過とともに過渡現象が無限大に発散する制御系は不安定であるという．不安定な制御系は実用的な制御は行えない．(⇒安定)

不安定状態 unstable state, metastable state, quasistable state
トリガ回路において、パルスの印加なしに安定状態に戻るまでの一定期間、回路がとどまっている状態。

フィクストコーンスリーブ弁 fixed cone sleeve valve
スリーブ状のバルブゲートによって流量制御を行うバルブ。

Vcc
カード内に実装された論理素子の動作に必要な供給電圧。

VDT visual display terminal
＝視覚表示端末。

フィードオーバー feedover
＝クロストーク。

フィードバック feedback
①閉ループを形成して、出力側の信号を入力側に戻すこと。②論理入力値の解釈を操作者に示す応用プログラムの出力。③⇒フィードバックループ。

フィードバック経路 feedback path
制御対象の出力からその系の比較要素の一方の入力に至る経路。

フィードバック信号 feedback signal
制御量で決まる信号であり、比較要素による信号。

フィードバック制御 feedback control
閉ループ制御ともいい、フィードバックによって制御量を目標値と比較し、それらを一致させるように訂正動作を行う(操作量を生成する)制御。備考：制御量をそのまま目標値側にフィードバックする場合には、単一フィードバックという(下図参照)。

フィードバック調節器 feedback controller
調節器ともいい、制御量の値と目標値とを比較することによって、それらの間の偏差をなくすために、対象となっているものに、自動的に所要の操作を加える機器。備考：実際のプロセスで使用する調節器は、流量調節器、温度調節器、圧力調節器、レベル調節器、pH調節器など多くの用語がある。

フィードバック発振器 feedback oscillator
出力からのフィードバック信号を用いた発振器。

フィードバック補償 feedback compensation
系または要素の特性を改善するためにその要素に局部的にフィードバックをかけて行う補償をいう。直列補償は補償要素が比較部の次段に挿入されるのに対し、フィードバック補償は補償のためのフィードバックを主フィードバック以外に設け、そこに補償が挿入される。

フィードバック補償要素 feedback compensator
フィードバック経路中に入れられた補償要素。

フィードバックポテンショメータ feedback potentiometer
制御量に対応する操作量を決めるためコントロールモータに内蔵しているポテンショメータのことをいう。

フィードバック要素 feedback elements
制御系のフィードバック経路にある要素。

フィードバックループ feedback loop
制御ループともいい、操作の結果を制御演算部に戻すために形成されるループ。備考：①作用または信号の伝達の下流側から上流側へ信号を戻すことをフィードバックという。②制御量をそのまま目標値側にフィードバックする場合には、単一フィードバックという。

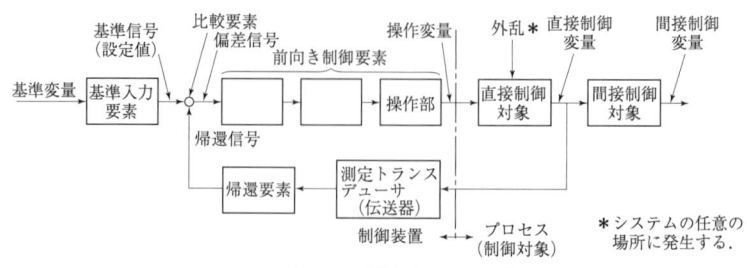

フィードバック制御 (JIS B 0155)

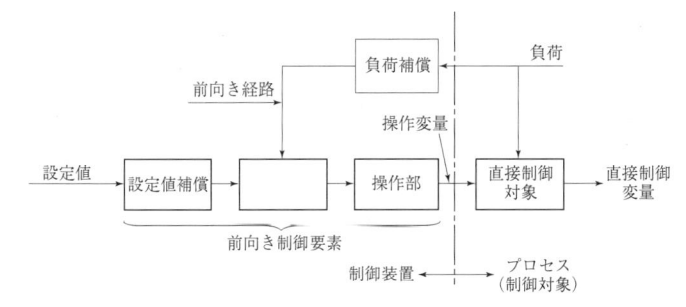

フィードバックのないフィードフォワード制御

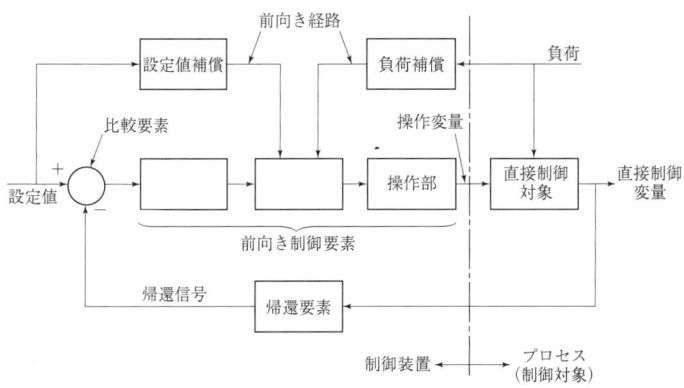

フィードバックを含むフィードフォワード制御
フィードフォワード制御（JIS B 0155）

フィードフォワード制御 feedforward control
①目標値，外乱などの情報に基づいて，操作量を決定する制御．備考：a）この制御動作は，目標値と制御量との偏差を最小にするように行われ，開ループ制御または閉ループ制御に適用できる．b）フィードフォワード制御は，安定特性を決定するフィードバックループの外にあるから，システムの安定性には無関係である．②外乱の情報によって，その影響が制御系に現れる前に必要な訂正動作を行う制御．（上図参照）

フィードフォワード補償要素 feedforward compensator
目標値，外乱などの情報に基づいて操作量を生成する補償要素．

フィードホールド feed hold
マシンプログラムの実行中に，送りを一時的に休止させること．

フィルタ wave filter
特定の周波数帯域の信号を通過させ，それ以外の周波数の信号を阻止する装置．

フィールド field
行始端，行終端，組始端，組終端またはタブストップで範囲を指定された印字面または表示面上の区域．

フィールドデータ field data
実使用状態で得たデータ．

フィールドバス fieldbus
情報伝達手段をもつフィールド機器と制御システム機器との間の，従来のアナログ伝送に代わる，ディジタル双方向通信路．

風圧スイッチ draft switch
風圧を検知して作動するスイッチ．

風速継電器 airflow relay
あらかじめ定めた風速または風量に達すると作動するリレー．

封入式温度計 filled thermal system
測温部，毛細管および圧力検出器からなり，温度に感応する流体が封入されている金属製温度計．

風量制御 capacity control
　燃焼用や空調用などに最適の空気量を送るため送風機から吐き出される空気量を制御すること．風量制御としては主にダンパ制御，ベーンコントロールが用いられる．

フェールセーフ fail-safe
　①機器または装置に故障が生じても安全側に作動する機能．②異常が発した場合に，ロボットが人に障害を及ぼさないように設計されていること．

フェールソフト failsoft
　計算機システムが，その障害許容力によって機能し続けることに関する用語．

フォーカス focus
　ファセットの要素．

フォトダイオード photodiode
　＝ホトダイオード．

フォトトランジスター phototransistor
　＝ホトトランジスタ．

FORTRAN FORTRAN
　数値計算を行うためのプログラム言語の一つ．備考：FORTRAN は Formula Translator の略．

フォーマッティング formatting
　特定の計算機システムが媒体にデータを記憶し，後でその媒体からデータを取り出せるようにするために，データ媒体を初期化すること．

フォーマット format
　フレキシブルディスクのトラック上におけるデータの様式．

負　荷 load
　機器の出力側に接続されて出力のエネルギーを，消費または吸収する部分．

負　荷 work load
　一定の期間内に，人または設備に課せられる仕事の量．その量は一般に工数で表す．

負荷インピーダンス load impedance
　負荷のインピーダンス．

付加誤差 complementary error
　影響量の値が標準状態の値と異なるために生じる計測器の誤差．

負荷時インピーダンス loaded impedance
　出力側に負荷をつないだときの入力側から見たインピーダンス．変換器の負荷電気インピーダンスとか，負荷時駆動点機械インピーダンスのようにいう．

負荷時タップ切換変圧器 on‐load tap changing transformer
　電圧が異なる二つ以上の回路間の電圧・電流の変成を行い，かつ変圧器が励磁されている状態または負荷をかけた状態でタップ切換えができる変圧器．

負荷集中制御 load centralized control
　負荷開閉を集中的に行って，負荷の季節的，時間的な均衡化を図り，負荷率の向上を目的とした制御方式．

負荷電流 load current
　電子管の外部負荷回路に流れる出力電流．

負荷リレー load relay
　主安全制御器の構成要素の一つで，自己保持することによって始動指令を記憶し，バーナ機器へ信号を送り出す機能をもつ電磁継電器の特定用語．

不感帯 dead band
　①出力値の変化として感知できる変化を，全く生じることのない入力変化の有限範囲（ヒステリシスの項の図参照）．備考：a) この特性を意図的に使う場合，中立帯とよぶことがある．b) 出力がディジタル値で表される機器の場合，不感帯とは，ディジタル出力が必ず変化を生じるアナログ入力信号の最小変化をいう．②計器の入力を変化させても出力に変化を生じさせない入力の範囲．備考：入力の小さな変化に対する望ましくない変化を減じるために，もともとある不感帯を故意に増すこともある．

不感帯誤差 dead band error
　測定レンジにおける不感帯の最大値．

不感帯要素 dead‐zone unit
　出力アナログ変数が入力アナログ変数の特定範囲内では一定である演算器．

負帰還 negative feedback
　＝負のフィードバック．

不規則雑音 random noise
　任意の時刻における大きさが正確に予知できない雑音．

吹出し弁 blow‐off valve
　設定値を超過したとき，流体を外部に逃がす自動弁．

不揮発性記憶装置 nonvolatile storage
　電源が切れたときにも記憶内容が失われない記憶装置．

複軌道回路 double‐rail track circuit
　両側レールにレール絶縁を用いた軌道回路．

復原 follow up
⇒正のフィードバック．

復原部 return
サーボモータの動きを速度検出部または増幅部に復原するもの．剛性復原部と弾性復原部分に区分される．なお，この意味は発電用に限定される．

複合管 multiple-unit tube
同一外囲器内に含まれた2個以上の互いに無関係な電子流に対する電極系で構成された電子管．備考：①複合管の表示例：双2極管，2極5極管，複3極管など．②特性の等しい2電極管系で構成されたものに双を用い，特性の異なる電極系のとき複を用いる．

復号器 decoder
デコーダともいい，任意の本数の信号が乗る複数の入力線と，同時に2本以上に信号が乗ることのない複数の出力線とをもち，入力信号の組合せが，信号が乗っている出力線を示すコードとなっている機能単位．

複合局 combined station
データステーションの一部であって，ハイレベルデータリンク制御において，データリンクの複合制御機能をもち，送信する指令および応答を生成し，受信した指令および応答を解釈するもの．複合局に割り当てられる責任としては，制御信号の交換の初期化，データのフロー制御機能，受信した指令の解釈およびデータリンクレベルにおける誤り制御機能と，誤り回復機能に関する適切な応答と動作がある．

復号する to decode
以前に符号化された結果を元に戻すようにデータを逆に変換すること．

複合制御系 compound loop control system
複数のプロセス入力を演算処理して，1個もしくは複数の操作量を出力する制御系．

複合操作 combined control
人力，機械，パイロットおよび電気操作などの各方式を二つ以上組み合わせた操作方式．

複合法 composite algorithm
単体法の初期タブローにおいて可能基底解が得られない場合，目的関数の最適化を考慮に入れながら可能解に近づけるように対数の入換えを行う方法．

複座形 double seated type
二つの弁座で流れを開閉または調整するバルブの形式．

複信方式 duplex operation
同時伝送によって甲乙相互の通信を行う方式．なお，無線通信では，複信方式は二つの周波数を必要とする．

復水器水位調節弁 condenser level control valve
ホットウェルの水位を調節するバルブ．

複数アドレス命令 multiaddress instruction, multiple address instruction
二つ以上のアドレス部をもつ命令．

複数軸制御 combined mult-axle control
複数軸の全車輪が共通の命令で制御する複数輪制御法．

複数輪制御 multi-wheel control
ブレーキマスタシリンダで発生した力を1グループの車輪について共通の命令で調節する制御方式．

複製する to duplicate
情報源のデータ媒体から，同じ物理的な形態をもつ書込み先のデータ媒体に複写すること．例えば，ある磁気テープから別の磁気テープにファイルを複製する．

複線接続図 multiline connection diagram
複線図用図記号と実際の電線の数と同じ数の線（三相回路では3本の線）を用いて表した接続図．（⇒単線結線図）

複素アドミタンス complex admittance
絶対値がアドミタンスのスカラ値であり，偏角が電圧と電流の位相差である複素量．偏角は，電流が電圧より進んでいるときに正である．

複素応答 complex response
複素励振に対する線形系の応答．

複素振幅 complex amplitude
実部と虚部をもつ振幅．

複素数 complex number
実数の順序対からなる数であって，$a+ib$の形で表現できる．ここで，aおよびbは実数であり，$i^2=-1$である．

複素励振 complex excitation
実部と虚部をもつ励振．複素励振およびその応答の概念は，計画の簡単化のために使われるようになったもので，系が線形なら実際の励振および応答は，複素励振およびその応答の実部である．線形系の場合，重ね合わせの理が成り立つので複素演算の手法は有効である．

複調装置 demodulator
変調された信号の元の信号に復元する機能単位．

複動シリンダ　double acting cylinder
流体圧をピストンの両側に供給することができる構造のシリンダ．

符号　code
①量子化した値を整数値の組合せで表したもの．②ある基本記号集合に対応させる他の体系化された記号集合．③コードの同義語．

符号誤り　code error
伝送や再生の過程でビット誤りが発生し，元の符号と異なった符号となること．

符号誤り検出　code error detecting
符号化された信号の誤りの有無を検出する操作．

符号誤り率　code error rate
受信パルス(被測定パルス)に送信パルス(基準パルス)の単位時間当たりのビット数に対する誤りビット数の比．

符号位置　sign position
通常，数表示の一端の位置であって，その数表示で表現された数の代数符号を示す標識を置くもの．

符号化　encode
量子化した値を符号にする操作．

符号解析　signature analysis
構成要素レベルで，ディジタル論理の誤りを分離する方法．この手法は，信号を追跡して長いビット列を4けた16進の符号，数値数へ変換することが基本になる．保守員が，各データノードにおける正しい符号数を与える論理図と，トラブルシューティングツリーを用いて入力符号数が正しく，出力符号数が誤りになる回路部分を見いだすまで追跡を行う．

符号化画像　coded image
記憶と処理に適した形式で表現される表示画像．

符号拡張　code extension
与えられた符号の文字集合に含まれていない文字の符号化のために用いる手法．

符号化する　to encode
コード化するともいい，元の形に再変換できるように，コードを使って，データを変換すること．

符号器　encoder
エンコーダともいい，同時に2本以上に信号が乗ることのない複数の入力線と，任意の本数に信号が乗る複数の出力線をもち，出力信号の組合せが，信号が乗っている入力線を示すコードとなっている機能単位．

符号数字　sign digit
符号位置を占める2進数字であって，その数表示が表現する数の代数符号を示すもの．

符号反転機能　sign change function
計算器に保持した数の正負の符号を反転する機能．

符号ビット　sign bit
符号位置を占める2進数字または2進文字であって，その数表示が表現する数の代数符号を示すもの．

符号変換器　inverter
入力アナログ変数と大きさが等しく，符号が反対の出力アナログ変数を得る演算器．

符号文字　sign character
符号位置を占める2進数字または2進文字であって，その数表示が表現する数の代数符号を示すもの．

節　node
定常波の特性を表す量の振幅がゼロとなる点，線または面．節の性質を明らかにしたいときは，適当な修飾語を用い，変位の節，速度の節，圧力の節などという．

ブースタ　booster
①信号ゲインが1であるようなパワー増幅器．②低入力を高出力に増幅する要素．③操作力を軽減するための倍力装置．

ブースタ　hydraulic vacuum servo
＝ハイドロリックバキュームサーボ．

ブースタ回路　booster circuit
低入力をある定まった高い出力に増幅する回路．Aに入力が加わると圧力源より高い出力がBに現れる．

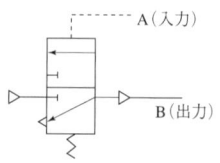

ブースタ回路（JIS B 0142）

ブースタ弁　booster valve
低入力の空気信号を高い出力に増幅するバルブ．

不足減衰　under damping
減衰比が1より小さな減衰．

不足制動　under damping
制動比が1より小であるときの制動をいう．

不足(低)電圧継電器　undervoltage relay
短絡事故などによる電気回路の電圧降下が基

準設定値以下になると検出，動作する保護継電器．

不足電圧 undervoltage
定常状態と過渡状態とを組み合わせた限界値の下限より低い電圧．

不足電流リレー under current relay
電流が不足したとき動作するもの．

不確かさ uncertainty
測定量の真の値が存在する範囲を示す推定値．測定の不確かさは，通常，多くの成分からなる．それらの成分のあるものは，一連の測定結果の統計的分布に基づいて推定可能で，試料標準偏差で示すことができる．他の成分は，経験または他の情報に基づいてだけ推定が可能である．

不着火遮断時間 safety times at starting
＝始動時安全時間．

復帰 reset
動作した継電器を動作前の状態に戻すこと．

復帰 carriage return
①同じ行の先頭の位置へ印字位置または表示位置を動かすこと．②動作位置を同一行の初めのキャラクタ位置に戻す書式制御キャラクタ．

復帰時間 recovery time
停電終了後，機器のすべての性能が示された規格値に入るまでの時間．

復帰時間 reset time
入力がリレーを復帰させる方向に復帰値を超えて変化したとき，入力が復帰値を超えた瞬間からリレーが復帰するまでの時間．

復帰値 resetting value
リレーが復帰するのに必要な限界入力．

プッシュプルスイッチ push and pull switch
引出式スイッチともいい，ノブ，ボタンなどで作動軸を軸方向に押したり引いたり交互の切換操作により接続回路の交換を目的とするスイッチ．

ブッフホルツ継電器 Buchholtz relay
変圧器内部事故時の油のガス化を検出するガス蓄積形と，主タンクとコンサベータを結ぶ管中の油量の増大（主タンクの油圧急上昇）を検出する油流形の組合せによる変圧器用保護継電器．

物理量 physical quantity
物理学における一定の理論体系の下で次元が確立し，定められた単位の倍数として表すことができる量．

物理レコード physical record
データ媒体上または記憶装置中の物理的位置に関連して考えたレコード．

不定位性制御対象 astatic controlled system
無定位制御対象ともいい，自己制御性のない制御対象．ボイラの蒸気圧力やドラム水位などがこれにあたる．（⇒定位性制御対象）

浮動小数点基底 floating-point base
浮動小数点表示法において，暗示的に固定された，1より大きい正整数の底であって，指数によって明示的に示された値または指数部によって表現された値によってべき乗され，そして表現される実数を決定するために，その仮数が乗じられるもの．例えば，浮動小数点表示の例では，暗示的に定められた浮動小数点基底は10である．

浮動小数点表示 floating-point representation
浮動小数点表示法による実数の表現．例えば，数0.0001234の浮動小数点表示は，0.1234—3である．ここで，0.1234は仮数，—3は指数である．これらの数表示は，可変小数点の10進記数法で表されている．暗示的に定められた浮動小数点基底は10である．

浮動小数点表示法 floating-point representation system
1対の数表示で実数が表される記数法であって，一方の数表示で与えられた仮数，暗示的に定められている浮動小数点基底を他の数表示で与えられた指数でべき乗することによって得られた値との積がその実数となるもの．浮動小数点表示法においては，同じ数に対して，小数点を移動し，それに従って指数を調整することによって得られる多様な表現がある．

浮動小数点方式 floating decimal mode
入力データの小数部のけた数に関係なく，計算結果の小数点記号を自動的に位置決めする方式．

フートスイッチ foot switch
スライドを起動させる足踏みスイッチ．

ブートストラップ bootstrap
命令の集合であって，完全な計算機プログラムが記憶装置に入り終わるまで，後続の命令をロードするもの．

ブートストラップ（ローダ） bootstrap (loader)
入力のルーチンであって，その中で事前設定された計算機の演算がブートスラップをロードするために使われるもの．

ブートストラップ回路 bootstrap circuit
入力にコンデンサとスイッチを並列にもち，正帰還をかけた増幅器で，直線ランプ波形またはのこぎり(歯)形パルスを発生する回路．

ブートストラップする to bootstrap
ブートストラップを使うこと．

フート弁 foot valve
ポンプの吸込管下端に取り付け逆流を防止する立形の逆止め弁．

負のフィードバック negative feedback
負帰還ともいい，出力を打ち消すように入力にフィードバックすること．フィードバック制御は制御対象の制御量が目標値より大きいか小さいか，またどの程度の偏差かをみきわめる．その情報によって偏差が小さくなるように訂正動作を制御対象に行う制御である．フィードバックは偏差信号を求めるために目標値から制御量を差し引くように，多くの場合というより原則として負(差し引く)のフィードバックである．したがって，負のフィードバック＝フィードバックと解釈してよい．(⇒正のフィードバック)

負の行過ぎ量 undershoot
系の入力の変化に対して，出力が定常値 A から，より小さい定常値 B に変化する過程で，最小過渡応答が B より小さいとき，最小過渡応答と定常値 B との差．

部分けた上げ partial carry
並列加算において，けた上げの一部または全部をすぐには送らないで，一時的に記憶しておくこと．

部分誤差 partial error
幾つかの量の値から間接に導き出される量の値の誤差のうちで，それを構成する個々の量の値の誤差によって生じる部分．

不平衡入力 unbalanced input
⇒接地入力．

不偏分散 meansquare
⇒分散②．

踏切鎖錠器 barrier lock
手動操作の踏切遮断器を，列車が通過するまで開かないように鎖錠する機器．

踏切支障報知装置 obstruction warning device for level crossing
踏切道が支障して防護する必要があるとき，操作装置または障害物検知装置によって，特殊信号を現示する機器．

踏切制御子 electronic train detector
踏切保安装置を自動制御するため，レールの一部を電気回路として使用し，列車または車両を検知する機器．

踏切列車接近表示装置 train approach indicator for level crossing
踏切係員に対し，列車または車両の接近を，音響器および表示灯によって表示する装置．

踏込時間 actuating time
操作力が作用する制御装置の構成品の動き始めから，加えられた操作に対応した最終位置に達するまでの時間．

浮遊粒子状物質自動計測器 automatic monitor for atmospheric particulate matter
大気中の浮遊粒子状物質濃度を連続的に測定する装置．光散乱方式，β 線吸収方式および圧電天びん方式が規定されている．

不要動作 maloperation, false operation, misoperation
リレーが不正に動作すること．これには誤動作と誤不動作がある．この逆が正常動作であり，これには正動作と正不動作がある．

プライオリティ弁 priority valve
上流側圧力と下流側圧力がともに設定値を超えているときはバルブが開いて自由流れを許し，設定値以下になればバルブが閉じて下流への流れを許さない自動弁．系統内にある部分回路に他の回路より優先して圧力を供給するのに用いる．なお，プライオリティ弁は，逆自由流れも許すものである．

フライトシミュレータ flight simulator
航空機の操縦訓練用のシミュレータ．

フライホイール flywheel
はずみ車ともいい，慣性質量によってクランク軸の回転エネルギーを吸収，放出し，回転変動を少なくするための部品．

ブラウン管 cathode-ray tube
＝陰極線管．

ブラウン管 Braun tube, cathode-ray tube
CRT と略称し，テレビジョン受像機や，オシロスコープに用いる陰極線管．

プラグインユニット plug-in unit
機器の測定もしくは供給できる範囲，またはその機能を変更するために，機器にプログラムとソケットで結合され，取り外しのできる部分．

プラズマ plasma
電子（または負イオン）と正イオンの濃度が等しく空間電荷はゼロであるようなイオン化されたガス状媒質．

プラッギング plugging
逆相制動ともいい，運転方向の急激な逆転操作．

ブラックボックス black box
入出力信号がわかっているだけで，何らかの機能を実行する装置を示すために用いる一般的な用語．

フラッシャ flasher
電気的，電子的または機械的な機構でターンシグナルなどを明滅させる点滅器．

フラッパ flapper
ノズル・フラッパにおいて，ノズルを開閉する板状の部品．

プラニメータ planimeter
機械的に連結された指針で，平面図形の周囲をたどることによって，その図形の面積を測定する機器．

ブランキング blanking
帰線および待機の間は，輝点が見えないようにすること．（⇒アンブランキング）

フーリエ解析 harmonic analysis
＝調和分析．

フーリエ変換 Fourier trasform
関数 $f(t)$ を次の式によって表す実変数 ω の関数 $F(j\omega)$ への変換．
$$F(j\omega) = \int_{-\infty}^{\infty} f(t) e^{-j\omega t} dt$$

ブリーザ弁 breather valve
タンク内の圧力変動を自動的に調節するバルブ．

プリセット preset
簡単なキー操作で登録を行うため，あらかじめ決められている数値をメモリに記憶させること．

プリセットカウンタ preset counter
必要コピー枚数をあらかじめ設定できる枚数計で，あらかじめ枚数をコピーした後，再び設定した枚数値へ自動復帰しないもの．

プリセットマニュアル preset manual
手動操作に切り換えた際，出力があらかじめ定められた値になるような方式．

ブリーダ抵抗 bleeder resistance
負荷電流が変化するとき，電圧変動が起こるのを防ぐため，負荷に関係なく，常に一定電流を通じておくようにした抵抗．

ブリッジ回路 bridged circuit
抵抗やリアクタンスを接続し，計器や負荷を挿入したもの．$Z_1Z_4 = Z_2Z_3$ のときに，負荷には電流が流れない．種々の測定回路，計器の温度補償などに広く用いられる．

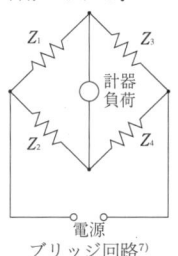

ブリッジ回路[7)]

ブリッジ電源 bridge excitation, bridge supply
ひずみゲージのブリッジ回路の印加電源．直流，交流の別および電圧または電流の別で示される．交流の場合は，その周波数も示す．

ブリッジ入力回路（プロセス制御における） bridge input circuit (in process control)
一端に検出素子，他端に比較素子のあるブリッジで構成されるアナログ入力回路．

ブリッジ渡り bridge transition
直並列制御で主抵抗器および主電動機によってブリッジ回路を構成し，主電動機回路を開かないで直列から並列に切り換えること．

フリップフロップ flip-flop
＝双安定トリガ回路，二安定マルチバイブレータ．

フリップ-フロップ回路 flip-flop circuit
二つの安定な出力状態をもち，入力の有無にかかわらず直前に加えられた入力の状態を出力

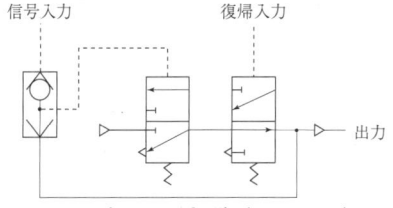

フリップ-フロップ回路（JIS B 0142）

状態として保持する回路．信号(セット)入力が加わると出力が現れ，その入力がなくなってもその出力状態が保たれる．復帰入力(リセット)が加わると出力はゼロとなる．

ブリード bleed
流体素子または回路内の流体をその外部へ放出すること．

ブリードオフ回路 bleed-off circuit
アクチュエータの供給管側に設けられたバイパス管路の流れを制御することによって速度を制御する回路．

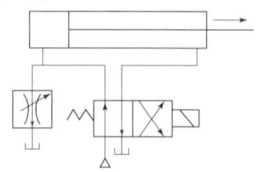

ブリードオフ回路 (JIS B 0142)

ブリードオフ方式 bleed-off system
アクチュエータの入口側管路に設けたバイパス管路の流れを制御することによって作動速度を調節する制御方式．

ブリード形 bleed type
調整弁で2次側の圧力を高圧から低圧に変えるとき，2次側の流体の一部を外側へ放出する機構を備える形式．(⇒ノンブリード形)

ブリード管路 bleed line
油圧回路から閉じ込められた空気を排除するように，系統または機器から異物を除去するためだけに，随時外部に開放する管路．

ブリード弁 bleed valve
口元弁を全閉した際の過度の抗井圧力の上昇を避けるために地熱流体を逃がす弁．

プリプロセッサ preprocessor
前準備的な計算または編成を行う計算機プログラム．

プリミティブ primitive
＝サービスプリミティブ，要求．

浮力式レベル計 buoyancy level measuring device
液位測定範囲で一定の断面をもつ垂直形のディスプレイサ素子に作用する浮力を検出することによって，液体を測定する機器．

プリンタ printer
＝印字装置．

プリント回路 printed circuit
プリント配線と，プリント部品および(または)塔載部品とから構成される回路．

プリント回路板 printed circuit board
プリント回路を形成した板．

プリント配線 printed wiring
回路設計に基づいて，部品間を接続するために導体パターンを絶縁基板の表面または表面とその内部に，プリントによって形成する配線またはその技術．なお，プリント部品の形成技術は含まない．

プリント配線板 printed wiring board
プリント配線を形成した板．

フルイディクス fluidics
主に純流体素子を用いて，検出，演算，増幅，制御および操作などの機能を行う系に関する工学分野．

ブール演算 Boolean operation
①各オペランドおよび結果が二つの値のうち，一つをとる演算．②ブール代数の規則に従う演算．

ブール演算子 Boolean operator
オペランドおよび結果がそれぞれ二つの値のうち一つをとる演算子．

ブール演算表 Boolean operation table
オペランドのおのおのとその結果とが二つの値のうちの一つをとる演算表．

ブール関数 Boolean function
関数および各独立変数のとりうる値が二つしかないスイッチング関数．

プルスイッチ pull switch
ノブ，ボタンなどの作動軸を直接的または間接的に軸方向に引く操作により接続回路の変換を目的とし，外力を除けば自動復元するスイッチ．

フルスケール指示 full scale indicating
目盛範囲の全体にわたって指示する方式．明示がない場合は，フルスケール指示のものをいう．

ブール代数 Boolean algebra
論理回路の解析，設計のための数学的手法をいう．

フルード数 Froude number
流体のもつ慣性力とそれに働く重力との比に対応する無次元数．次の式で表す．
$$F_r = V\sqrt{gl}$$
ここに，F_r：フルード数，V：流れの場の代表速度(m/s)，l：物体の代表寸法(m)，g：自由落下の加速度(m/s^2)．

フルードレベルセンサ　fluid level warning sensor
　燃料，潤滑油，冷却水，バッテリー液，ウォッシャ液などの液面を検出する装置．

ブルドン管圧力計　tube pressure gauge
　圧力をブルド管圧力センサの変位で検出する圧力計．

ブルドン管圧力センサ　Bourdon pressure sensor
　圧力-変位変換要素として，一端を封じた特殊形状の管であって，管の内外に圧力差を生じたときに変形するブルドン管を用いた圧力センサ．

フールプルーフ　fool proof
　人為的に不適切な行為や過失，運転などが起こっても，アイテムの信頼性・安全性を保持するような設計または状態．

プレイグニッションイタロック　pre-ignition interlock
　バーナの起動(点火)時に，安全に点火操作が行える条件を自動的に確認し，正常でなければ点火動作が行われないようにしたインタロック．

ブレイクリレー　break relay
　復帰状態で閉路し動作状態で開路する接点を備えたリレー．

プレイバック　play back
　手動で，工作物に対する工具経路，必要な作業などを教示して，数値制御装置に記憶させ，その作業を再生させること．

プレイバックロボット　playback robot
　人間がロボットを動かすことによって，順序・位置およびその他の情報を教示し，その情報に従って作業を行うロボット．

プレエマゼンシガバナ　pre-emergency governor
　インタセプト弁を制御する調整装置の一種．

ブレーカ接点　breaker points, contact points
　一次回路を断続する電気接点．

ブレーキ　brake
　①スライドの運動を停止するために設ける制動機．②制動機の総称．

ブレーキ警報装置　brake alarm device
　ブレーキ系の作動のある状態が危険または整備が必要となったとき，運転者に警報する装置．

フレキシブルディスク　flexible disk
　ジャケットにディスクを内蔵し，片面または両面の記録面に情報処理およびそれに関連するシステムの情報を，磁気的に記録保持する可とう形情報記録媒体．

ブレーキ受量器　brake electric operating device, brake demand operating device
　列車引き通し線からのブレーキ指令を受けて，ブレーキ制御装置にブレーキ指令を与える機器．

ブレーキ指令器　brake command amplifier
　ブレーキ制御器の信号を電気的に増幅して列車引き通し線に与える機器．

ブレーキ制御器　brake controller
　電気ブレーキ装置の構成部品で，運転者がブレーキ指令を出す機器．

ブレーキ制御装置　brake operating unit
　ブレーキ指令を受けて，主にブレーキシリンダの圧力を制御する機器類を集約した装置．

ブレーキ読替え装置　brake system converting equipment
　異なったブレーキシステムをもつ列車のブレーキを相互に制御する読替え装置．

ブレーキ率速度制御装置　braking ratio control equipment with speed
　制輪子特性に応じ，速度に対応して自動的にブレーキ率を増減する装置．

ブレーク接点　break contact
　＝b接点．

振れ係数　deflection coefficient, deflection factor
　感度の逆数，すなわち測定量の変化の，その変化によって生じた指示値または表示値の変化に対する比．備考：指示値または表示値が光点の移動によって示されるときは偏向係数，ディジタル測定器では変換係数という．

プレシュート　preshoot
　主要な遷移の直前でそれと逆向きに振れる形で生じるひずみ．

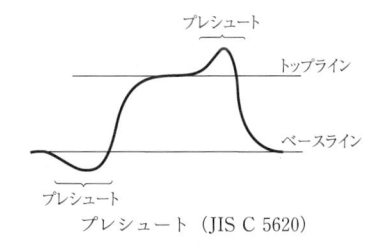

プレシュート　（JIS C 5620）

プレスバック press back
電気接点が接触したときに，可動接点が固定接点に触れた状態から，さらにそれを押すこと．プレスバックが少ないと接点は接触不良を起こし，接点間が閉じていても通電しないことがある．

プレゼンテーションコンテキスト presentation context
抽象構文と転送構文との関連．

プレゼンテーションデータ値 presentation data value
プレゼンテーションサービスによって転送される情報の単位であって，抽象構文で規定されるもの．

プレッシャガバナ pressure governor
圧縮空気圧を感知して規定圧力範囲に保つため，コンプレッサの作動を調節する構成部品．

プレッシャゲージ pressure gauge
油圧，空気圧，真空度などを表示する計器．

プレッシャスイッチ pressure switch
液体または気体の圧力の変動により圧力エネルギーを得て，その圧力の増減による作用により接続回路の変換を目的とするスイッチ．

プレッシャセンサ pressure sensor
大気圧センサともいい，大気圧，負圧などを検知して，電気信号に変換するもの．

プレッシャセンタ pressure center
中央位置が，初期位置である3位置弁に対するプレッシャリターンの別称．

プレッシャデマンド弁 pressure demand valve
プレッシャデマンド形の部品で，面体などの内圧が一定の正圧以下になると開く弁．

プレッシャバー pressure bar
練条機などで繊維束をドラフトするとき，繊維を制御するためのバー．

プレッシャリターン fluid return, pressure offset
操作力を取り去ったとき，流体圧力によって，弁体が初期位置に復帰する方式．

プレーナ形半導体検出器 planar semiconductor detector
p層とn層とが平行平板電極を形成し，両電極の間に有感領域をもつ半導体検出器．

プレフィル弁(油圧) prefill valve (hydraulic)
大形プレスなどの急速前進行程では，タンクからアクチュエータへの流れを許し，加圧加工程では，アクチュエータからタンクへの逆流を防止し，戻り工程では自由流れを許すバルブ．

フレーム frame
リング上でプロトコルデータ単位(PDU)を運ぶ伝送単位．

フレームアイ flame eye
＝火炎検出器．

フレームアウト flame-out
燃料制御装置が作動位置にありながら，燃焼が全面的に停止した結果，エンジンの作動が停止すること．

フレームセンサ flame sensor
＝火炎検出器．

フレームデテクタ flame detector
＝火炎検出器．

フレームリレー flame relay
主安全制御器の火炎検出回路の出力信号によって動作する電磁継電器の特定用語．火炎の有無が，このリレーの動作・復帰の状態に置き換えられ，その接点によって警報・燃料遮断の信号が発信される．

不連続動作 discontinuous control action
制御動作が不連続的に行われるものの総称．2位置動作，3位置動作，多位置動作，間欠動作などがこれに該当する．(⇒連続動作)

ブレンドプロポーショニングバルブ blend proportioning valve
減圧されたアウトレット液圧の比率が途中で変化するプロポーショニングバルブ．

フローエルボ flow elbow
曲がり管ともいい，液体の流れの向きを変える管路の曲がり部を用いて，そこで生じる遠心力から差圧を得る流量センサ．

プログラマズコンソール programmer's console
プログラマが，プロセスの状況に応じてソフトウェアを調整する機能を備えたコンソール．

プログラマブルコントローラ programmable controller
PCと略称し，論理演算，順序操作，限時，計数および算術演算などの制御動作を行わせるための，制御手順を一連の命令語の形で記憶するメモリをもち，このメモリの内容に従って諸種の機械やプロセスの制御をディジタルまたはアナログの入力を介して，ディジタル方式で制御する工業用電子装置．

プログラマブルコントローラシステム programmable controller system, PC system
PCシステムともいい，PCと周辺装置とからなるシステム．

主処理装置	リモート入出力局	常設周辺装置	非常設周辺装置
	常設装置		非常設装置

プログラマブルコントローラシステム
（JIS B 3500）

プログラマブル調節器 programmable controller
制御則を，プログラムの設定またはソフトウェアの組合せによって変えることができる調節器．

プログラマブルロジックコントローラ programmable logic controller
PLCと略称し，シーケンス制御専用のコンピュータをもったプログラマブル調節器．備考：シーケンス制御論理は，通常，プログラミングパネルまたはホストコンピュータを介入したブール代数形式またはリレー回路形式などのプログラム言語によって変更可能である．

プログラミング programming
①パートプログラムを作成する過程をいう．マニュアルプログラミングと自動プログラミングとがある．②プログラムの設計，記述および試験．

プログラミングシステム programming system
一つ以上のプログラム言語および特定の自動データ処理の機器でこれらの言語を使うために必要なソフトウェア．

プログラム program
①ある成果を得るために計画した，一連の処理工程．②ロボットに所望の作業を指令するための手順を記述したもの．③PCシステムが確実な結果を遂げることを目的に，そのための手順を記述したもの．

プログラム（プログラム言語における） program (in programming languages)
一つ以上の互いに関連するモジュールの論理的集まり．

プログラム可能読取り専用記憶装置 programmable read-only memory
一度書き込まれた後，読取り専用記憶装置となる記憶装置．

プログラム言語 programming language
①プログラムを作成または表現するために設計された人工言語．②計算機プログラムを表すためにつくられた人工言語．

プログラム固定式計算器 nonprogrammable calculator
利用者がプログラムを変更できない計算器．

プログラム作業領域 programmed working space
一定のプログラムによってロボットの作業部分が占めることのできる空間．

プログラム作動領域 programmed operational space
一定のプログラムによってロボットの作動部分が占めることのできる空間．

プログラム式計算器 programmable calculator
利用者がプログラムをすることができ，かつ，そのプログラムを変更できる計算器．

プログラム周期 program period
プログラム制御におけるプログラムの一巡時間．

プログラム出力 program output
アプリケーションプログラム実行機能とPCの他の機能との間のインタフェースにアプリケーションプログラムが書込みできるデータ．

プログラムスタート program start
マシンプログラムの最初を示す機能．数値制御テープにおいては，巻戻しの停止位置を示すのに用いる．この機能キャラクタには，％を用いる．

プログラムストップ program stop
マシンプログラムの実行を一時中断する補助機能．この補助機能を含むブロックの指令を実行した後，数値制御工作機械の送り，主軸回転，切削油剤などが停止する．続いてプログラムを実行させるには，サイクルスタートのボタンを押す．

プログラム制御 program control
あらかじめ定められた変化をする目標値に追従させる制御．

プログラム制御旋盤 program controlled lathe
あらかじめ定められた工程順序に従って自動的に加工が行われるが，工程順序の設定および変更が容易に行えるようにした自動旋盤．

プログラム設定器 program set station
設定値を，時間的計画に従って出力する機器．

プログラム流れ図 program flowchart
プログラム中における一連の演算を表す．プログラム流れ図は次のものからなる．①実際に行う演算を示す処理記号．論理条件に基づき，それに続く経路を定める記号も含む．②制御の流れを示す線記号．③プログラム流れ図を理解し，かつ作成するのに便宜を与える特殊記号．

プログラム入力 program input
アプリケーションプログラム実行機能と，PCの他の機能との間のインタフェースからアプリケーションプログラムが読込みできるデータ．

プログラムのライブラリ program library
計算機プログラムの組織化された集まり．

プログラムパターン program pattern
プログラム制御における目標値の変化の形態．

フロースイッチ flow switch
液体または気体の流れを検知して作動するスイッチ．

フロー制御 flow control
データ通信において，データ転送速度を制御すること．

プロセスI/O process I/O
プロセスに直接的に関連した入出力機器または入出力操作．

プロセスI/Oステーション process I/O station
プロセス入力装置として機能するインテリジェントステーション．

プロセスインタフェースシステム process interface system
プロセス計算機システムにおいてプロセス制御装置を計算機システムに接続するための機能単位．

プロセス技術者用コンソール process enginee's console
プロセス技術者が，制御機器のパラメタを調整するための機能を備えたコンソール．

プロセス基準シーケンス制御 process-oriented sequential control
シーケンスプログラムの動作の多くが，プロセスからの信号によって始められるシーケンス制御．

プロセス計算機 process computer
プロセスコンピュータともいい，プロセスの計測，制御または管理に用いるコンピュータ．主な機能を次に示す．①データ収集，②データ処理，③プロセス計画作成（シーケンス制御プログラム，最適計算など），④プロセスのモニタリング，警報監視，⑤プロセスの直接制御．

プロセス計算機システム process computer system
プロセスコンピュータシステムともいい，プロセスを監視または制御するプロセスインタフェースシステムを備えた計算機システム．

プロセス計装 process instrumentation
工業プロセスの各設備の温度，圧力，流量などを測定し監視するための設備．

プロセス計測 process measurement
プロセス変量値を確定するための情報の取得．

プロセスコンピュータ process computer
＝プロセス計算機．

プロセスコンピュータシステム process computer system
＝プロセス計算機システム．

プロセス制御 process control
プロセスの操業状態に影響する諸変量を目標に合致するように意図的に行う操作．②通常，連続的動作または処理を調節するために計算機システムを用いる処理過程の制御．

プロセス制御装置 process control equipment
テクニカルプロセスの変数を測定し，プロセス計算機システムからの制御信号に基づいてプロセスを制御し，かつ，適当な信号変換を行う装置．例えばセンサ，変換器，アクチュエータ．

プロセス動特性 process dynamics
プロセスの入力が，時間的に変動する場合にプロセスが示す応答．直接には，ステップ入力，インパルス入力，ランプ入力に対する過渡応答から得られる．

プロセス変量 process variable
計測対象の計測値．

プロセス割込み信号 process interrupt signal
プロセスから生じ，プロセス計算機システムに割込みを発生させる信号．

プロセッサ processor
言語プロセッサ，処理機構，処理装置の同義語．

フローダイアグラム flow diagram
工業プロセスの図表による表現．

フローチング入力 floating input
外箱，電源およびあらゆる出力回路端子から絶縁されている入力回路方式．

フローツゥオープン flow to open
流体の1次側圧力が弁体を開く方向に働く動作．

フローツゥクローズ flow to close
流体の1次側圧力が弁体を閉じる方向に働く動作．

ブロッキング制御 blocking control
一つのブロックに2台以上入らないようにして衝突防止を行う制御．

ブロッキングリレー blocking relay
＝閉そく継電器．

ブロッキング発振器 blocking oscillator
変成器で正帰還を行い，他励または自励によって1個のパルスまたはパルス列を生じる発振器．

ブロック block
①マシンプログラムにおいて，EOBを示す機能キャラクタで区切られたワードの集まり．②一つの単位として記録または伝送される一連の要素．③一つの論理単位として扱われるバイトの集まり．④情報メッセージを分割し，始めと終わりに少なくとも1個の伝送キャラクタを含む一群のキャラクタシーケンス．⑤磁気テープ上に記録された連続したキャラクタ群をいい，一つの単位として磁気テープから読み取られる．

ブロック図 block diagram
システム，計算機または装置の図であって，各部の基本的な機能およびそれらの相互関係を表すために，その主要部が適切に注釈付けられた幾何図形によって表現されるもの．

ブロック線図 block diagram
システムを構成する要素間の信号伝達による結合関係を表現する線図．備考：要素をブロックとよばれる四角形で，信号をその伝達の向きに合わせた矢印で，信号の分岐を引出し点で，加減算を加え合わせ点で表す．

ブロックデリート block delet
＝オプショナルブロックスキップ．

ブロック転送 block transfer
1回の操作で一つ以上のデータのブロックを転送する処理．ブロック転送は，元の記憶場所からデータを消去してもよいし，しなくてもよい．

プロッタ plotter, numerically controlled draughting machine
数値制御製図機械ともいい，技術図面を作成するため，コンピュータからの出力を図面化する機械．

プロッタ plotter
＝作図装置．

フローティング調節器 floating controller
出力の変化率が，誤差信号の連続（または少なくとも区分的に連続な）関数になっている調節器．調節器の出力は，その誤差信号がゼロおよび一定のとき，動作範囲の任意の値をとる．これを出力がフロートしているという．

フローティング動作 floating action
出力量の変化率が，入力量（調節器の場合，システムの偏差）のあらかじめ定められた関数である制御動作．

フロート位置 float position
入口は閉じており，すべての出口が戻り口，または排気口に通じている弁体の位置．

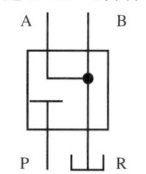

フロート位置（JIS B 0142）

プロトコル protocol
通信回線によって接続された装置間において，情報の送受信を行うための手順，制御情報の内容，形式を定めた規約．

プロトコル誤り protocol error
セションコネクションに関して合意された手順に合わないセションプロトコルデータ単位の使用．

フロートスイッチ float switch
液体の表面に設定したフロートによって予定位置で動作する制御用検出スイッチ．

フロート弁 float valve
フロートの昇降によって自動的に開閉するバルブ．タンクに液体を一定量ためるために用いる．特に建築設備に用いるときはボールタップという．

フロートレベル計 float level measuring device
浮子の位置を検出することによって，液位を測定する機器．浮子の位置は，機械的，磁気的，光学的または超音波，放射線の利用その他で検

出する．

フローノズル flow nozzle
管路内に挿入され，上流側と下流側に差圧を生じさせる指定のノズル形状の流量センサ．

プローブ probe
機器の入力部としてつくられた別個の小さいユニットで，測定される信号を適当な方法で伝えるために，可とうケーブルによって機器に接続されるもの．

プロポーショニングアンドバイパスバルブ proportioning and bypass valve
1系統失陥時にアウトレット液圧をインレット液圧と同圧にするプロポーショニングバルブ．

プロポーショニングバルブ proportioning valve
インレット液圧に対し，アウトレット液圧を一定の比率で減圧するバルブ．

フローリレー flow relay
管内の流量が設定値になったことを検知し，電気的信号を発する計器．

フロントコンタクト front contact
＝a接点．

負論理 negative logic
①送信部で電気入力データが0のとき光出力が点灯し，電気入力データが1のとき光出力が非点灯である論理，または受信部で光入力が点灯のとき電気出力データが0で，光入力が非点灯のとき電気出力データが1である論理．②2値変数の状態1をより小さい値をもつ論理レベル（Lレベル）に対応させ，状態0をより大きい値をも論理（Hレベル）に対応させる論理（図参照）．（⇒正論理）

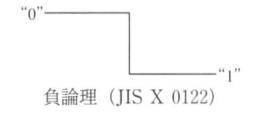

```
        "0"―――┐
               │
               └―――"1"
```
負論理（JIS X 0122）

分圧器 voltage divider, potential divider
ある電圧から，既知の比で分割した電圧を得る装置．

分解時間 resolving time
①引き続いて起こる二つの事象または入力パルスを区別し，または別々に計数しうる最小時間間隔．②装置が個々の入力信号に対してその機能を果すために，装置に連続して入力される2個の信号を個々に認識しうる最小時間間隔．

分解能 resolution
①相互に識別可能な隣接した二つの値の最小間隔．備考：ディジタル出力計器においては，分解能という用語は，しばしば，出力（表示）の最小変化として用いる．②測定値を読み取ることができる測定量の最小変化，または設定できる供給量の最小変化．備考：a）有効範囲に対する比または百分率で表してもよい．b）ディジタル方式の場合は，有効範囲内の単位の数で表してもよい（例えば10ビット）．③ある入力値において，出力に識別可能な変化を生じさせることができる入力の変化量．備考：SN比に関する量．

分解能係数 resolution factor
最大不感帯と測定スパンとの百分率比．

分割回路 dividing network, crossover network
受け持つ周波数帯域の異なる複数個のスピーカユニットを駆動するために，入力電気信号を二つ以上の周波数帯域に分割するための回路．

分割制御 regional control, zone control, sector control
領域制御ともいい，大形炉心の出力分布制御の一方式で，炉心を幾つかの領域に分割し，各領域の出力をその領域内の制御棒によって制御すること．

分岐 branch
回線の途中で数回線に回線を分けること．

分岐する to branch
計算機プログラムの実行において，多数の選択しうる命令集合のうちの一つを選ぶこと．

分岐接続 multipoint connection
データ伝送のために，三つ以上のデータステーションの間で確立される接続．この接続は，交換装置を含むことがある．

分岐点 branchpoint
計算機プログラム中で分岐を生じる点であって，特に命令のアドレスまたは標をいう．

分岐命令 branch instruction, decision instruction
分岐を制御する命令．

分光特性 spectral characteristics
光に関する量を波長（または周波数）の関数として表したもの．分光特性は火炎検出器のもつ特性である．

分散 variance
①測定値の試料（$x_1, x_2, \cdots, x_n$）については

$$\sum_{i=1}^{n}(x_i-\bar{x})^2/(n-1)$$

として求められる値．ここに，$\bar{x}$ は試料平均を表す．②測定値の母集団では，確率密度関数を $f(x)$ とすれば

$$\sigma^2=\int_{-\infty}^{\infty}(x-\mu)^2 f(x)\,dx$$

として求める σ^2 の値．ここに，μ は母平均を表す．備考：測定値の試料についての分散を不偏分散ともいい，測定値の母集団についての分散を母分散ともいう．

分散形制御システム distributed computer control system
　工業プロセスまたはプラントの制御を目的とした制御用計算機を含む，インテリジェントステーションを分散配置し，それらをネットワークで結びつけ統合化したシステム．

分散制御 distributed control, decentralized control
　制御対象に分散的に配置された複数の制御装置による協調的な制御．

分散赤外線ガス分析計 dispersive infrared gas analyzer
　発射源からの赤外線をプリズム，格子状またはフィルタを通して分散させ，広帯域センサを用いてこの放射量を検知することによって（測定ガスの）特定波長の赤外線吸収量を測定する機器．

分散データ処理 distributed data processing
　入出力機能に加えて，処理，記憶，制御機能の一部またはすべてがデータ処理ステーション間で分散されるデータ処理．

分散分析 analysis of variance
　測定値の分散を，幾つかの要因効果に対応する分散と，その残りの誤差分散とに分けて検定や推定を行うこと．これは普通，分散分析表とよばれる表を作って行う．

紛失パルス missing-pulse
　読取りまたは記録ができないレベルのパルス．

分 周 dividing
　パルス繰返し率を逓減すること．

分周器 divider
　分周するための回路．

分周軌道回路 devided frequency track circuit
　商用周波数の1/2の分数調波を用いた軌道回路．

文 書 document text
　人間が理解できるように2次元形式で表現される情報とし，例えば用紙上に印字または画面上に表示されるもの．

文書読取り装置 document reader
　ドキュメント読取り装置ともいい，決まった様式の用紙上の特定領域内のテキストを入力データとする文字読取り装置．

分数調波 subharmonic
　励振の基本周期の2以上の整数倍の周期をもつ正弦量．

分析機器 analytical instrument
　物質の性質，構造，組成などを定性的，定量的に測定するための機械，器具または装置．

分銅式圧力基準器 dead weight tester
　校正されたピストン分銅によって荷重を加えて，既知の油圧を発生させる基準器．圧力計の校正に用いられる．

分配完了信号 distribution end signal
　指令パルスの分配が完了したときに，数値制御装置から出される信号．

分配器 distributor
　ディストリビュータともいい，計装ループの電源を供給したり，統一電流信号を統一電圧信号に変換し，各計器へ分配したりする機器．変換器または演算器に内蔵されることもある．

分倍周軌道回路 devide-and-doubled frequency track circuit
　商用周波数の分数調波電流を用い，受電後倍周する方法を用いた軌道回路．

分配弁 distributor
　ポンプから圧送されたグリースを各軸受に分配する弁．

分布関数 distribution function
　確率変数 X において，$P_r(-\infty<X\leq x)=F(x)$ で定義される関数．確率変数とみなされる事象の観測値 x 以下の値の出現確率を表す関数である．備考：①確率変数 X が時間の場合は，通常 $0\leq X<\infty$ で定義される．②離散形では，$F(x)=(x$ 以下の値に対する確率の和)を確率分布関数という．連続形の場合には累積分布関数という．

分布定数系 distributed parameter system
　時間を独立変数とし，無限個の状態変数成分を必要とする系．すなわち，状態方程式が偏微分方程式である系．例えば，時間と場所とを独立変数としてもつ系．（⇒集中定数系）

分布容量　distributed capacitance
巻線相互間およびアース間に分布している静電容量．

分巻界磁制御　shunt field control
主電動機の分巻界磁電流を変化させて行う界磁制御．

分巻電動機　shunt motor
電機子巻線と並列に接続された主極の界磁巻線（すなわち分巻巻線）をもつ直流電動機．サーボ機構で最も多く使用される直流サーボモータの一つである．

分離（集積回路における）　isolation (in an integrated circuit)
集積回路の構成部分どうしが相互の影響を受けないようにすること．

分離記号　separator
表記法の要素であって，ある分類記号の中の要素を別々に分けるために用いるもの．

噴流　jet
ノズルまたはオリフィスから連続して噴出する流れ．

分流器　shunt
電流に比例した電圧降下を得るため，電流回路に挿入される抵抗器．電流計では測定範囲の拡大に用いられる．

噴流遮断形センサ　interruptible jet sensor
噴流を遮断することによって出力を発生するセンサ．

噴流遮断センサ　interruptible jet sensor
噴流を遮断することによって，物体の存在を検出するセンサ．

分流弁（油圧）　flow dividing valve (hydraulic)
圧力流体源から2本以上の管路に分流させるとき，それぞれの管路の圧力に関係なく，一定比率で流量を分割して流すバルブ．

分類　classification
概念を類および類を区分したものに並べ換えて，概念どうしの意味関係を表現すること，類は，表記法によって表現する．

分類記号　class symbol, class mark
ある分類体系の表記法によって，類を表すもの．

分路　shunt
並列回路の一方の分岐回路を他の回路に対して分路という．

分路リアクトル　shunt reactor
長距離送電線の送電線充電電流を打ち消すために送電線端または受電端に入れるリアクトル．

へ

閉　on, close
オンや入ともいい，回路を閉じること．開閉装置をもつ機器の開閉部分が導通状態あること，およびその動作をいう．

閉域利用者グループ　closed user group
データ網の中における指定された利用者のグループであって，そのグループの中で相互に通信することは許されるが，他のすべての利用者と通信することは許されないという機能を割り当てられているもの．ある利用者のデータ端末装置は一つ以上の閉域利用者グループに所属してもよい．

閉位置　closed position
①入口が出口に通じていない弁体の位置．②入口（圧力ポート）が閉じている弁体の位置．

平滑回路　smoothing circuit, filter circuit
整流器の出力や直流発電機からリプル（脈動）の少ない直流電圧を得るために用いる回路．

平均アクセス時間　mean access time
装置を通常に動作させたときのアクセス時間の平均値．

平均誤差　mean error
誤差の絶対値の平均値．

平均故障間隔　mean time between failures
MTBFと略称し，機能単位の寿命内の規定された期間における，規定された条件の下での，隣接した故障と故障との間の時間の平均値．計算機などの信頼性はこれで表される．

平均残差　mean residual
残差の絶対値の平均値．

平均値　mean value
①測定値の試料については，測定値を全部加えて，その個数で割った値．すなわち，測定値の算術平均．②測定値の母集団では，確率密度関数を$f(x)$とすれば

$$\mu = \int_{-\infty}^{\infty} xf(x)dx$$

として求められる μ の値．備考：測定値の母集団についての平均値を母平均といい，測定値の試料についての平均値を試料平均という．

平均動作可能時間 mean up time
動作可能時間の平均値．

平均動作不能時間 mean down time
動作不能時間の平均値．

平均偏差 mean deviation
偏差の絶対値の平均値．

並行運転 parallel running
2台以上の電気機械を並列に接続して共通の負荷に電力または動力を供給する運転．

平衡誤差 balanced error
誤差の集合であって，それらの平均値がゼロになるもの．

平衡時間 balancing time
指示または記録における応答時間．一般に指針またはペンが定められた目盛の幅(例えば 0.9〜90％)に移動するのに要する時間．

平衡速度 balancing speed
指示または記録における応答速度．一般に指針またはペンが定められた目盛の幅(例えば 0.9〜90％)を移動する速度で，一般に時間で表現する．

平衡入力 balanced input
⇒対称入力．

平衡保護 balance protection
多相交流回路において同種の電気量の平衡を監視し，差を検出して保護すること．電圧平衡保護と，電流平衡保護に大別される．(⇒電圧平衡継電器，電流平衡継電器)

BASIC BASIC
Beginner's Allpurpose Symbolic Instruction Code の略で，ある類似の構文と意味をもった言語の族に対して与えた名称．

閉止弁 shut off valve
①流体通路を開閉する2ポート2位置の制御弁．閉止弁には，どちらのポートに圧力が作用しても均等に作動する可逆式のものと，決められた一方のポートに圧力が作用したときだけ満足に作動する非可逆式のものとがある．②管路の流れを止めるバルブ．

並進変換器 rectilinear transducer
並進運動のある特性を測定するように設計された変換器．備考：並進の用語は，この形式の変換器を回転運動に感じる変換器と区別する必要がある場合にだけ使用する．

閉塞ウィンドウ closed window
シーケンス番号を全くもたない送信ウィンドウ．

閉そく回線 block line, block circuit
閉そく方式を施行するため両端の停車場間に設けた回線．

閉そく継電器 blocking relay
ブロッキングリレーともいい，異常が起こったとき閉そくされるもの．すなわち，そのリレーが応動した場合に他のリレーまたは装置の応動を阻止し，手動操作により阻止が解除されるリレーをいう．

閉そく信号機 block signal
閉そく区間に進入する列車に対する信号機．

閉そく信号標識 marker light
自動の信号機であって，かつ，閉そく信号機であることを表す標識．

閉そく方式 block system
1閉そく区間に，1列車だけを運転させ，他の列車を同時に運転させないために施行する方式．

並直列変換器 serializer, parallelserial converter, dynamicizer
1組の同時に存在する信号を，これに対応する一つの時系列信号に変換する機能単位．

閉電路式軌道回路 closed track circuit
軌道リレーは常時励磁され，列車または車両が進入したとき，リレーが無励磁となる軌道回路．

閉ループ closed loop
閉じたループ．制御系では前向き経路とフィードバック経路および加え合せ点がある閉じたループになる．

閉ループゲイン closed-loop gain
指定された周波数において，目標値(入力)の変化分に対する直接制御量(出力)の変化分の比で表す閉ループ系のゲイン．

閉ループ制御 closed-loop control
＝フィードバック制御．

閉ループ伝達関数 closed-loop transfer function
フィードバック制御系において，目標値・外乱などループ外から入る外生信号から，制御量・制御偏差までの伝達関数．

並列 parallel
互いに類似した別々の機能単位によって扱われる個々の事象がすべて同じ時間間隔内に生起

する処理に関する用語．例えば，内部バスを構成する複数の線によって機械の語を構成する複数のビットを並列に転送すること．

並　列　parallel in, synchronizing
発電機の周波数，電圧および位相を電力系統に合わせて接続する操作．

並列運転　parallel operation, parallel running
機器，装置などを並列に接続して運転すること．

並列加算　parallel addition
オペランドのすべての数字位置の数字について，並列に行われる加算．

並列加算器　parallel adder
オペランドのすべての対応する数字位置の数字について同時に加算を行う加算器．

並列形　parallel-connected type
磁気増幅器において，二つの出力巻線を並列に接続した回路方式．

並列受信　parallel reception
一つの信号を複数の機器が同時に受信すること．

並列伝送　parallel transmission
文字またはその他のデータを表す信号エレメント群の同時転送．

閉　路　close circuit
導通状態にある回路．（⇨閉）

閉路鎖錠　detector lock for signal lever
信号機の進路に関係がある軌道回路内に列車または車両があるときは，列車または車両によってその信号機の進路を構成できないように鎖錠すること．

閉路接点　closed contact
＝a接点．

ベクトル　vector
通常，スカラの順序付けられた集合によって特性付けられる量．

ベクトル線図　vector locus
＝ナイキスト線図．

ページ（仮想記憶システムにおける）　page (in a virtual storage system)
仮想アドレスをもち，実記憶装置と補助記憶装置との間において1単位として転送される固定長のブロック．

ページ呼出し　display of specified page
任意のページを指定して表す機能．

ページ読取り装置　page reader
印刷テキストを入力データとする文字読取り装置．

ページ枠　page frame
実記憶装置において，1ページ分の大きさをもつ記憶場所．

ページング　paging
実記憶装置と補助記憶装置との間におけるページの転送．

ベース　base
①電極を外部回路に接続するためのピンまたは接触金具をもった部品．②トランジスタの3領域（3端子）の一つで，エミッタとコレクタとの間にはさまれた薄い層．

ベースキャップ接続図　base-cap connection diagram
電子管のベースおよびキャップなどの端子と内部電極との接続状態を示す図．

ベース電流　base current
エミッタ・ベース間に順方向電圧を加え，エミッタ・コレクタ間を短絡し，ベースに連続的に流すことができる電流（電圧または電流は，他に指定がない限り直流およびせん頭値とする）の最大許容量．

ベースバンド　baseband
広帯域無線中継方式の搬送波を変調する信号の周波数帯．

ベースバンド方式　baseband system
ディジタル信号を帯域伝送方式のように変調することなく，そのまま伝送するデータ伝送方式．

ベース負荷　base load
連続してかかる変動の少ない負荷．

ベースライン　base line
基底線ともいい，パルスベース振幅に等しいレベル．

ベースライン再生回路　baseline restorer
直流再生回路ともいい，入力パルスの計数率の変動によって生じる出力パルスのベースライン変動を抑制するために，出力パルスのベースラインを一定値に固定するように作られた電子回路．

ヘッディング開始　start of heading
SOHと略称し，ヘッディングの最初のキャラクタとして用いる伝送制御キャラクタ．

ペトリネット　Petri net
非同期的，並行的に進展する事象相互間の因果関係を表現する線図．備考：条件（局所状態）をプレース，事象をトランジションとよばれる記号で表し，事象発生の前提となる条件のプレ

ースから，その事象のトランジションへ矢印(枝)を，トランジションからはその事象発生の結果として生じる条件のプレースへ矢印を設ける．条件が充足されていることはプレースにトークンとよばれるマークを置いて表し，トークンの移動によって事象の進展が表現される．(⇒マークフローグラフ)

ペルチェ効果 Peltier effect
2種類の金属あるいは半導体を接合させ，接合部に電流を流すと，接合部での熱の吸収または発生現象が起こること．

ベルヌーイの定理 Bernoulli's theorem
粘性のない流体が一つの管路に間断なく一定の状態で流れているとき，その流路内のいずれの点でも，その位置水頭，圧力水頭，速度水頭の総和は一定である．ただし，この場合の流路の摩擦損失はないものとする．

ベローズ圧力センサ bellows pressure sensor
圧力-変位変換要素として，一端を封じた蛇腹状の側座をもつ管であって，管の内外に圧力差が生じたときに伸縮するベローズを用いた圧力センサ．

ベロフラム bellofram
ベローズとダイアフラムの長所を兼ね備えた流体作動素子．

ペン pen
記録紙に線を描く器具．

変圧器 transformer
鉄心が共通磁気回路と2組の巻線で構成され，電磁誘導作用によって一方の回路から受けた交流電力を変成し，他方の回路に供給するもの．

変圧整流器 transformer rectifier unit
交流電力を変圧させるとともに整流をも行う装置．

変位 displacement
物体がその位置を変えること，またはその変化量．

変位形 displacement meter
変位を測定する機器．

変位ピックアップ displacement pickup
入力変位に比例する出力(通常は電気的)を発生する変換器．

偏位法 deflection method
測定量を原因とし，その直接の結果として生じる指示から測定量を知る方法．

弁受け valve guard, valve retainer
バルブが開いているときに，弁板が当たる部分．

弁遠隔制御装置 valve remote control system
離れた所からバルブを制御操作する装置．

偏角 angle of deviation, deflection angle
光学系における入斜光線と射出光線とがなす角．

変化率制限制御 rate of change limiting control
制御量の変化率が，設定された上限を超えないような制御．

変換 signal conversion
信号または量を，それに対応する他の種類の信号もしくは量または同じ種類の信号もしくは量に変えること．

変換(プログラム言語における) conversion (in programming languages)
同じデータ項目ではあるが，異なるデータ型に属する値の間の変形．データ表現の正確度は，異なるデータ型の間で変わるので，変換により情報が失われることもある．

変換器 transducer
＝トランスデューサ．

変換器 signal converter, transducer
測定変量または入力信号をそれに対応する同種または異種の処理しやすい信号に変換する機器．

変換器の感度 sensitivity of a transducer
変換器において，ある指定された出力量と指定された入力量との比の量的な表示．変換器の感度は，通常正弦波励振によって決められている．

変換係数 conversion coefficient
⇒振れ係数．

変換する to convert
伝える情報の内容を変えずに，データの表現をある形から別の形に変えること．例えば，コード変換，基数変換，アナログからディジタルへの変換，媒体変換．

変換速度 conversion rate
単位時間に得られる完全な変換の回数．(⇒サンプリング時間)

変換素子 sensing element
入力の励振によって作動し，出力信号を発生する変換器の要素．

変換特性 transfer characteristic
ある電極電圧と他の一つの電極電圧との関係であって，一般にグラフで表す．ただし，残りの電極電圧を一定に保った場合のもの．

変換部 converter, transducer
電気的信号を機械的動きに変換するもの．なお，この意味は発電用に限定される．

変換命令 conversion command
変換を開始させる信号．（⇒サンプリング時間）

弁機構 valve train, valve operating mechanism, valve gear
弁の開閉に関連する機構．

弁機構 valve system
シリンダの吸気弁，排気弁をクランク軸の回転と同調させて開閉する機構．

変形する to transform
指定された規則に従って，意味を著しく変えずにデータの表現を変えること．

偏向形素子 beam deflection amplifier
入力に応じて主噴流が偏向することを利用した純流体素子．

偏向係数 deflection coefficient
⇒振れ係数．

ベーンコントロール vane control
送風機のサクションベーンの角度を調節して行う風量制御の方式．

偏差 deviation
①ある時点における，変量の目標値と実際値との差．この定義は，目標値が一定の場合にも，時間で変化する場合にも適用する．②測定値，供給値の期待された値またはパターンからのずれ．②測定値から母平均を引いた値．

弁座 valve seat, seat
バルブの機構部分で，弁体に相対する側．

偏差警報センサ deviation alarm sensor
プロセス量が，上限または下限の設定条件を超えたことを検知する機器．

偏差信号 error signal
閉ループ制御系における比較要素の出力信号．

ベン図 Venn diagram
集合が平面上に描かれた領域で表現されている図表．すなわち，論理代数における変数を正方形の内部の全領域で定義し，この図表で論理式を表現する．（⇒パイチ図）

変数 variable
①ある与えられた適用において，実際の値が割り当てられるまで，値が決まらないまたは既知の範囲で値が決まらないもの．②実行用プログラムの実行によってその値が変えられるデータ項目．算術式で使われる変数は，数字基本項目でなければならない．

変成器 transformer
共通の磁気回路とこれに鎖交する複数の巻線をもち，電磁誘導作用によって一方の巻線から受けた交流信号を変成して他方の回路に伝達する部品．

弁操作スタンド valve local control stand
バルブの局所操作を行うためのスタンド．

返送照合 echo check
データが正しく転送されたかどうかを確かめる検査であって，受け取ったデータを送出側に返送して元の送り出されたデータと比較すること．

変速装置 speed change gear
段階的または連続的に速度比を変える装置．

変速装置 transmission, gear box
原動機の動力を負荷に応じたトルクまたは回転速度に変換する装置．

弁体 valve element
バルブの機能をつかさどる機構部分で，主に移動する側．

弁体の位置 valve position, valve element position
流れの形を決める弁体の位置．

ベンチュリ管 venturi tube
断面積が連続的に変化する絞り管を用いて，流体の速度を変化させることによって差圧を得る流量センサ．

変調 modulation
①伝送しようとする情報を表す信号波によって，正弦波または周期的パルスなどの高調波電流の振幅，周波数その他に時間的な変化を与える操作．この場合の高調波電流を搬送波という．変調の方式には，振幅変調方式，周波数変調方式などがある．②ある波（搬送波）の特性（振幅，周波数，位相など）を信号（変調波）で変化させること．

変調装置 modulator
信号を伝送に適した変調信号に変換する機能単位．

変調による搬送周波数のずれ carrier frequency shift
変調に伴って生じる変調波の平均周波数の変化．

変調波 modulated wave
＝被変調波.

変調波の平均周波数 averge frequency of a modulated signal
変調波を対称形リニアディスクリミネータを加えたときに得られる直流出力電圧と同じ出力電圧になるように周波数をずらした非変調搬送波の周波数.備考：平均周波数と非変調搬送周波数との差は，変調による搬送波周波数のずれという.

変調変成器 modulation transformer
振幅変調回路に用いる変成器.

変動係数 coefficient of variation
標準偏差を平均値で割った量.普通，百分率で表す.変動係数はばらつきを相対的に表すもので，通常，変量がとる値が決して負にならない場合に用いられる.

弁特性 valve characteristics
調節弁の流量特性およびレンジアビリティをいう.

ベント弁 vent valve
器内の空気を排出するバルブ.

変復調装置 modem
モデムともいい，信号を変調および復調する機能単位.備考：①変復調装置の機能の一つには，アナログ伝送設備を介してディジタルデータを伝送できるようにすることがある.②変復調装置という語は，変調装置と復調装置の結合短縮形である.

ベーンモータ vene motor
ケーシング(カムリング)に接しているベーン(羽根)をロータ内にもち，ベーンの間に流入した流体によってロータが回転する形式の油圧モータ・空気圧モータ.

弁リフト valve lift
バルブの最大揚程.

変流器 current transformer
ある電流値を，これに比例する電流値に変成する計器用変成器.

変量 variable
計測可能な値の変化量または状態.

ペンレコーダ pen recorder
ペンの動きによって曲線が記録紙上に描かれる記録装置.

ほ

ポアソン分析 Poisson's ratio
$x=0,1,2,\cdots$ のそれぞれの値の出現する確率が，

$$P_r(X=x) = e^{-\mu} \frac{\mu^x}{x!} \quad (x=0,1,2,\cdots)$$

で与えられる分布.ポアソン分布は平均 μ によって定まる.一定の大きさのサンプル中の欠点数の分布は工程が安定していればポアソン分布に従う.

保安装置 safety device, protection system
起動時もしくは運転中のプラントまたはその一部の系統の異常を感知して，その異常によって大きな損傷，被害が生じることを防ぐように所定の制御をしたりまたは信号を発する装置.

ボイラ自動制御装置 automatic boiler control system
ABC と略称し，ボイラを自動的に制御する装置.

ボイラ制御盤 boiler control panel
ボイラ関係の諸装置の制御，操作および監視を総括的に行う盤.

ボイラタービン協調制御 boiler-turbine parallel control, boiler-turbine coordinated control
負荷変化の指令信号をボイラおよびタービンに並列に加え，加減弁開度，給水量，燃料量，空気量などを制御する制御方式.

ボイラ追従制御 boiler following control
負荷変化に対して，まずタービン加減弁が作動し，その結果生じる蒸気圧力および流量の変化を検出して，給水量，燃料量，空気量などを制御する制御方式.

ボイラ動特性試験 boiler dynamic response test
制御の面からみたボイラ自体の過渡的特性を調べる試験.

ボイルの法則 Boyle's law
一定量の気体を定温下で圧力を変えると，その体積は圧力に反比例する.

ポインタ pointer
他のデータ要素の位置を示すデータ要素.

ポイントツーポイントシステム point-to-point system
通信回線によって二つの局が接続されその間に他の局が分岐接続されることのないデータ通信システムであって，制御局のないもの．この規格では，一つのデータ処理センタを中心とするいわゆる放射形網構成のシステムを含む．

ポイントツーポイント接続 point-to-point connection
＝二地点同接続．

方位カーソル bearing cursor
レーダ表面上で目標の方向または方位を測るために用いるカーソル．

方位誤差 bearing error
レーダ表示面で測った目標の方向または方位と実際のそれとの間の角度差．

方位発信器付磁気コンパス transmitting magnetic compass
レピータコンパス，磁気コンパスパイロットなどに必要な方位の発信装置を備えた磁気コンパス．

妨害感受性 susceptibility
機器が伝導妨害，放射妨害などの妨害を受ける度合．

妨害排除能力 immunity
＝イミュニティ．

方形波 square wave
パルス幅がパルス間隔に等しい周期的な矩形パルス列．

方形パルス rectangular pulse
矩形パルスともいい，波形が方形または矩形であるようなパルス．

方向制御回路 directional control circuit
回路内の流れの方向を変える制御回路．

方向制御弁 directional control valve
①流れの方向を制御するバルブの総称．②圧力ポート，戻りポートおよび2個のシリンダ(または負荷)ポートからなる4個の作用ポートをもち，流れの形が可逆的である切換弁．

方向てこ traffic lever
単線区間で，自動閉そく式，車内信号閉そく式または特殊自動閉そく式を施行するとき，列車の運転方向を定めるために設けてあるてこ．

報告集団 report group
データ部の報告書節において，01レベルおよびそれに従属するレベルの記述項で指定される報告書の一部分．

報告集団記述項 report group description entry
データ部の報告書節に書く記述項であって，レベル番号01に続いて必要ならばデータ名を書き，その後にTYPE句と必要な報告書句の組を書く．

放射 radiation
①電磁波の形でのエネルギーの放出または伝搬．②これらの電磁波．

放射温度計 pyrometer, radiation thermometer
測定対象から発する熱放射によって，対象の温度を測定する温度計．例えば，全放射温度計，光温度計，比率温度計，二色温度計など．

放射高温計 radiation pyrometer
測定対象からの放射熱をサーモパイルに受けて温度を測定する計器．

放射線 radioactive rays
X線，γ線のような電磁波およびα線，β線，中性子線などの粒子線の総称．

放射線厚さ計 radiation thickness meter
放射線が被測定物によって吸収または散乱されることを利用して，被測定物の厚さを非破壊的に測定する計器．

放射線検出器 radiation detctor
直線的または間接的な方法で入射放射線の一つ以上の量を測定するため，適切な信号または他の指示を与える機器．

放射測定器 radiometer
放射量およびそれに関連する量を測定する器具または装置．

放射妨害 radiated interference
遮へいが不完全なため，動作中の機器の内部から放射される望ましくない電磁界による妨害．

放射妨害感受性 radiated susceptibility
望ましくない電磁界により，機器が妨害を受ける度合．

放出持続時間 emission duration
パルス，パルス列または連続動作の持続時間．

放出ヒューズ expulsion fuse
動作時に発生する絶縁性の分解ガスの噴出によって消弧を行う方式のヒューズ．

放出弁 discharge valve
容積移送式真空ポンプで圧縮された気体を放出させるための自動弁．

放電開始グリッド電圧　grid voltage for break-down
　与えられた陽極電圧，負荷および温度で，陽極電流が流れ始める瞬間の制御グリッド電圧．

放電開始グリッド電流　grid current for break-down
　陽極電流が流れ始める瞬間の制御グリッド電流値．

放電管　discharge tube
　陰極から放出された電子と封入ガスまたは蒸気の衝突電離作用に伴う電気的特性や発光現象を利用した電子管．

放電管の遮へいグリッド　shield grid of a discharge tube
　制御電極を，陽極または陰極からの熱放射，スパッタリングおよび静電的影響から保護するためのグリッド．

防爆構造　explosion-proof construction
　爆発性ガス(可燃性ガス)が存在し，または存在するおそれのある危険場所に設置する機器に関して，その機器が原因となって生じる爆発または火災を防止することを目的とした機器の構造．

放風弁　blow-off valve, bleed valve
　空気またはガスをサイクル途中から必要に応じて外部に放出するバルブ．

放物線形流量特性　parabolic flow characteristics
　＝パラボリック特性．

飽　和　saturation
　出力が上限または下限に達し，変化しない特性．

補　間　interpolation
　波形の欠除した部分を前後の時点における値などからつくり出した波形で埋めること．通常は標本値を表すパルス列から連続した波形をつくることをいう．

補間回路　interpolation circuit, interpolator
　補間する回路．

補機制御　auxiliaries control
　機関に要求される運転の状況に応じて燃料，潤滑油，冷却水，始動空気などを何らかの方法によって制御すること．

補強絶縁　supplementary insulation
　基礎絶縁の失効による危険を防止するため，基礎絶縁に追加して設ける基礎絶縁とは別の絶縁．

保　護　protection
　計算機システムの全体または一部分のアクセスまたは使用を制限するための仕組み．

保護管　well
　検出端を測定対象の影響から保護するための管．

保護継電器　protective relay
　電気機器や回路の異常状態に対する保護の目的に使用される継電器．

保護周波数帯　guard band
　相互の干渉を防ぐ目的で，業務別周波数帯の境界に設ける狭い周波数帯．

保護絶縁　supplementary insulation
　機能絶縁が破壊されたときに，確実に感電防止ができるように機能絶縁に付加して設けられた独立した絶縁．

保護接地　protective earth
　装置が正しい使用中または一部の絶縁に事故が生じた場合における電気衝撃をできるだけ小さくするための接地．(⇒機能接地)

保護接地端子　protective earth terminal
　安全を目的として設けられ，機器の導電体部に接続された接地端子．この端子は，安全のために設けられている外部の接地系統に接続するためのものである．

保護動作　protected operation
　電気系統に機能不良または故障が起こった場合，系統の他の部分に機能不良や故障が及ばないように，電気系統の保護装置が動作した状態．

保護領域　protected area
　人手操作でデータの入力をすることを禁止されている領域．

保　持　hold without fingers
　ロボットが指によらずに物体のもつ移動の自由度を拘束すること．保持には受け形，吸着形などがある．

保　持　holding
　波形のある瞬時値(例えばピーク振幅)を一時的に蓄積すること．

保持回路　holding circuit
　保持する回路．

星形接続　star connection
　多相回路において各相成分を放射状に接続する方法．三相回路の場合にはＹ結線ともいう．

星状ネットワーク　star network
　中間ノードが一つしかない木状ネットワーク．

ポジショナ positioner
標準信号に従って，駆動部の軸の位置を決定する機器．ポジショナは，入力信号と駆動軸の機械的位置と比較し，その差に対応して駆動軸を動かす．

ポジションスイッチ position switch
位置開閉器ともいい，主装置が所定の位置にきたときに開閉するスイッチ．

ポジションセンサ position sensor
＝位置センサ．

保持電流 holding current
可動鉄心を固定鉄心に吸着した位置に保ち，定格電圧を加えたときの励磁電流．

保持動作 holding action
サンプリング動作において間欠的に送られてくる信号の値を，次の値がくるまで保持する動作．一定値で保持する0次ホールド，過去の値の関数で変化する高次ホールドなどがある．

保持モード hold mode
アナログ計算機の動作モードであって，積分器が停止しすべての変数をこのモードに入ったときの値に保持するモード．

母集団 population
①調査・研究の対象となる特性をもつすべてのものの集団．②試料の測定値により，処置をとろうとする集団．

補　償 compensation
①制御対象の特性を改善すること．②制御対象に加わる好ましくない影響を相殺すること．

補償回路 compensating network
自動制御系の諸特性を補償するために用いられる回路．位相進み回路，位相遅れ回路，進み・遅れ回路がある．

補償器 compensator
①補償要素ともいい，指定された動作条件の変化に起因する誤差原因を，相殺するように設計された要素．②補償するための器具．

補償導線 compensating lead wire
熱電対と受信計器との間を接続するための，対象熱電対とほぼ等しい熱起電力特性をもつ合金の線．

補償法 compensation method
測定量からそれにほぼ等しい既知量を引き去り，その差を測って測定量を知る方法．

補償巻線 compensating winding
電機子反作用を打ち消すため磁極面に設け，電機子巻線と直列に接続された巻線．

補償要素 compensating element, equalizer
フィードバック制御系の特性を改善するため，前向き系路または補助のフィードバック系路に接続される制御要素．

補償要素 compensating element
＝補償器①．

補償要素 compensator, compensating element
制御演算部において制御対象の特性を改善するため，または好ましくない入力の影響を低減するために，有効な信号を生成する要素．

補助回路 auxiliary circuit
電動発電機，冷暖房装置，照明装置などの補助的な機器の回路．

補助ガバナ auxiliary governor
＝補助調速装置．

補助記憶(装置) auxiliary storage
＝外部記憶(装置)．

補助機器 accessory hardware
補助装置ともいい，二次的，付加的および従属的な機能をもった機器．例えば，自動/手動操作器，比率設定器，リレー，スイッチ，記録紙など．

補助機能 miscellaneous function
主軸の始動・停止，プログラムストップ，エンドオブプログラムなどを指定する機能．このワードのアドレスには，Mを用い，それに続くコード化された数で指定する．

補助継電器 auxiliary relay
保護継電器の動作に伴う信号を関連する機器に転送するための多接点をもつ継電器．

補助サーボモータ auxiliary servomotor
パイロットバルブから分配される圧油によって作動するサーボモータで，主配圧弁を操作するもの．

補助接点 auxiliary contact
主開閉器とともに運動する補助回路用の接点．

補助装置 auxiliary device
①データの蓄積，検索または表示のために文字表示装置に接続した装置．②補助機器の同義語．

補助調速装置 auxiliary governor
タービンの過速を防止する装置の一つで，速度が規定値以上になったとき，これを検出して作動するガバナ．補助ガバナともいう．

補助電源装置 auxiliary power supply
補助回路および制御回路の機器に電力を供給する装置．

補助配電盤 auxiliary sub switchboad
主配電盤，補助電源または変圧器から給電される盤で，回路群の開閉，監視，制御および保護に必要な器具を配列した配電盤．

補助パイロット弁 auxiliary pilot valve
負荷制限装置によって操作され，この位置を決めることによって加減弁開度を制御するバルブ．

歩　進 stepping, single step
決められた順序に従い，最小動作単位を順次進めること．

歩進条件 step enabling condition
シーケンス制御において，次のステップに切り換えるための論理操作で得られる条件．

歩進リレー stepping relay
＝ステッピングリレー．

補　数 complement
与えられた数を，ある決められた数から引くことによって得られる数．例えば，固定基数記数法において，この決められた数は基数のべき乗であるか，または基数の与えられたべき乗より1小さいものである．備考：負の数は，しばしば補数で表現される．

母　数 population parameter
①母集団分布の一族 $[f(x；\theta_1,\theta_2,\cdots,\theta_p)]$ を考えるとき，その値を指定すれば分布が確定するような定数 $\theta_1,\theta_2,\cdots,\theta_p$．例えば，正規分布は平均 μ と標準偏差 σ との二つの母数によって定まり，ポアソン分布は平均 μ という一つの母数によって定まる．②さらに広くは，確率分布によって定まる数値．この意味では，確率分布のモーメントすなわち平均，分散，ゆがみ，とがりなどはすべて母数ということができる．それはサンプルについて定義される同じ名の統計量と区別するためのことばである．

補数器 complementer
入力データで表現できる補数を出力データとして表現する機能単位．

ホスト計算機 host computer
計算機ネットワークにおいて，エンドユーザに計算やデータベースアクセスのようなサービスを提供し，ネットワーク制御機構を実行できる計算機．

ホストノード host node
ホスト計算機が配置されたノード．

ポストプロセッサ post processor
メインプロセッサから出力された CL データを入力として，特定の数値制御工作機械に合ったマシンプログラムをつくるコンピュータのプログラム．②後始末的な計算または編成を行う計算機プログラム．

補　正 correction
①真に近い値を得るために，測定結果に代数的に加算すること，または加算される値．なお，補正値は，系統誤差の既知の部分を差し引いたものである．②より真に近い値を求めるために読み取った値，設定した値もしくは計算値にある値を加えること，またはその値．備考：a)かたよりの推定値の符号を変えたものに相当する．b)補正と読み取った値または計算値との比を補正率といい，補正率を百分率で表した値を補正百分率という．c)考えられる系統誤差を補償するために，補正前の測定結果に乗じる係数を補正係数という．

補正基準 correction reference
補正を行う際に用いる基準または基準値．

補正係数 correction factor
⇒補正②．

補正百分率 correction percentage
⇒補正．

補正率 correction rate
⇒補正②．

母　線 bus
二つの端点間に位置する複数の装置の間で，データを転送するための機構であって，ある瞬間には1個の装置だけが送信できるもの．

保全試験 maintenance test
機器の性能が仕様を満足していることを確認するために実施する試験．備考：何らかの調整が試験中に必要な場合がある．

補足絶縁 supplementary insulation
基礎絶縁が破壊したときに電撃に対して保護するために，基礎絶縁に追加して施される独立との絶縁．

細まり流れ convergent flow, convergent current
流路の断面積が流れの方向に減少する流れ．

ボタンスイッチ button switch
人の手の押し動作により操作される押しボタン，引き動作によって操作される引きボタン接触子を開閉する制御用操作スイッチ．

ホット再始動 hot restart
電源断が発生した後，プロセスの最大許容時

間内に PC システムがすべてのデータをそれ以前の状態に復帰して、再び始動すること．

ポテンショスタット　potentiostat
自動的に電極電位を一定に保つための装置．

ポテンショメータ　potentiometer
①3個の端子をもち，その中の2個を抵抗素子の両終端に接続し，他の端子を抵抗素子に沿って機械的に移動するしゅう動接点に接続し，主に分圧器として用いる抵抗器．②しゅう動抵抗器，すべり抵抗器ともいい可変抵抗器の一つで，しゅう動子（ワイパ）の位置を，電圧信号または抵抗値信号に変換する機器．

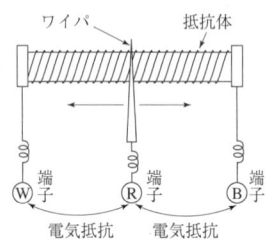

ポテンショメータ[7)

ポート　port
①データがデータ通信網に出入り可能な，節点の機能単位．②作動流体の通路の開口部．

補動絞り弁　air valve, air damper, depression operated valve
2段絞り弁の上流または下流に設けて自動的に作動する弁．

ボード線図　Bode diagram
周波数応答 $G(j\omega)$ を，角周波数の対数 $\log\omega$ を横軸にゲインの対数（dB 単位で書くことが多い）および位相差を縦軸にとって描いた2本1組の線図．（⇒周波数応答特性ボード線図）．
備考：ゲインを描いたものをゲイン線図，位相差を描いたものを位相線図とよぶ．

ホトダイオード　photodiode
フォトダイオードともいい，整流作用のある導体と半導体との接触部，または半導体の p-n 接合部において，放射を吸収するとほぼ直線的に逆方向電流が増加する現象を利用する光電検出器．

ホトトランジスタ　phototransistor
フォトトランジスタともいい，増幅特性のある二重 p-n 接合構造の半導体素子において，その中間のベース領域で放射を吸収して生じた光電流が，増幅作用を受けて外部に取り出される光電検出器．

炎検出装置　flame detector
＝火炎検出器．

炎吹消えトリップ装置　flame-out tripping device
燃焼器内で燃焼の吹消えが起こったとき，直ちに燃料の供給を遮断し，しかもその他の必要な操作を行ってガスタービンをトリップさせる保安装置．

母分散　population variance
⇒分散．

母平均　population mean
⇒平均値．

保留鎖錠　stick lock
信号機にいったん進行を指示する信号現示，または入換標識に進路が開通している表示をさせた後は，列車または車両がその信号機もしくは入換標識の進路に進入するか，またはその信号機に停止信号現示を，もしくは入換標識に進路が開通していない表示をさせてから，所定時分を経過するまでは，進路内の転てつ器などを転換できないように鎖錠すること．

保留の信号機　stick signal
半自動の信号機がいったん停止信号現示となった後は，信号てこを取り扱うまで引き続き停止信号を現示する信号機．

ボリューム　volume
ファイルなどを収容し，通常，取付け・取外しのできるデータ媒体の管理上の単位．

ボリューム集合　volume set
ファイルの集まりが記録されている1個または複数個のボリュームの集まり．

ポーリング　polling
分岐接続または二地点同接続において，データステーションに対し，一度には1局だけに送信を促す処理過程．

ボール形素子　ball type device
ボールにより流れを制御する素子．

ボール自動交換装置　automatic ball doffing apparatus
ギルなどで，スライバが所定量巻き取られたとき，自動的にあきビンに変換する装置．

ボールタップ　ball tap
水槽に給水し，浮玉の浮力により自動的に給水停止するバルブ．（⇒フロート弁）．

ボルテージレギュレータ　voltage regulator
ゼネレータ出力電圧を一定の値に制御するレギュレータ．

ホールド hold
間欠的に送られてくる信号の値を，次の値が来るまで保持する要素．備考：一定値で保持する0次ホールド，過去の値の関数で外挿する高次ホールドなどがある．

ホールドオフ回路 hold-off circuit
輝点が待機位置に戻り，次の掃引準備が完了するまで，掃引の開始を阻止する回路．

ホールド回路 hold circuit
⇒サンプルおよびホールド回路．

ボールバルブ ball valve
設定減速度により作動し，液圧通路を遮断するバルブ．

ボールプルーバ式流量測定装置 ball prover
ピストンプルーバ式流量測定装置ともいい，既知の容積の管路に沿った2か所の位置検出器間を，機械的なシーリング素子を動かすことによって，流体の体積を測定する装置．備考：既知の容積の管を基準管といい，適切なバルブシステムによって基準管に流れる流体方向が変えられ，シーリング素子が2か所の位置検出器間の往復運動を行い，その繰返しの数を計数して流量を測定する．

ボローメータ bolometer
熱効果を用いて，広い波長帯域での熱放射の強度を測定する測定器．

本質安全回路 intrinsically safe circuit
機器の正常動作条件下および定められた故障状態で発生する電気火花や熱の影響によって定められた爆発性雰囲気への点火が生じない回路．

本質安全防爆機器 intrinsically safe apparatus
本質安全回路で構成される機器．

ボンド bond
非導電金属部相互間の電気的接続を確実にするか，または電位を等しくするために行う接続．

ボンドグラフ bond graph
構成要素がエネルギーの流れで結合されているシステムの構造を表現する線図．備考：①エネルギーの流れ，すなわちパワーをボンドとよばれる線分で表し，パワーの分岐および合流を2種類の接点で表す．②ボンドにはパワーの伝達方向を規定する矢印および変数の入出力関係を表すストロークとよばれる記号が付加される．

ポンプガバナ pump governor
油ポンプの吐出し圧力を検出して駆動用タービンの速度を制御する装置．

ポンプ制御 pump control
吐出し量や流れの方向を制御するため，可変容量形ポンプに適用される方式．

ホーンボタン horn button
ホーンの回路を開閉して，ホーンを鳴らすためのプッシュスイッチ．

翻訳計算機 source-computer
環境部の段落の名前であって，原始プログラムを翻訳する計算機の環境をこの段落で記述する．

翻訳する to translate
あるプログラム言語で表現されたプログラムを，他のプログラム言語，または実行に適した他の表現に変えること．

翻訳プログラム translator, translater, translating program
ある言語を別の言語に，特に，あるプログラム言語を別のプログラム言語に翻訳する計算機プログラム．

ホーンリレー horn relay
ホーンと電源およびホーンスイッチの回路に挿入し，ホーン回路を間接的に開閉させるもの．

ま

マイクログラフィックス micrographics
マイクロフォームの作成，保管および活用にかかわる技術．

マイクロコンピュータ microcomputer
1個ないし数個の LSI で構成される，中央処理素子，記憶素子，入出力インタフェース素子などからなるプログラム内蔵式のコンピュータ．一般にはミニコンピュータより小さい．

マイクロシン mycrosyn
磁気抵抗の変化を利用して回転角を電気の交流信号に変換する誘導形検出器．

マイクロスイッチ micro switch
開閉動作を小さな力で迅速・確実に行え，相当大きな電流も開閉できるように設計・製作されている小形スイッチ．

マイクロ波 microwave
波長がきわめて短い電波の通称．具体的には，送受信回路に導波管や空洞共振器を使うような短い波長の電波をいう．

マイクロフィッシュ microfiche
マイクロフォームの一つで，複数のマイクロ像が格子図形を形成するように配置し，上部に見出し欄をもつ長方形のフィルム．

マイクロフォーム microform
マイクロ像を収めた情報媒体の総称．通常，フィルム形態のものが多い．

マイクロプログラミング microprogramming
マイクロプログラムの作成または使用．

マイクロプログラム microprogram
特定の計算機の演算に対応する要素的な命令の列であって，特別な記憶装置に格納され，通常，計算機の命令レジスタに計算機命令が導入されるとその列の実行が始まる．

マイクロプロセッサ microprocessor
1個または数個の集積回路にその要素が集約されている処理機構．

マイクロ命令 microinstruction
マイクロプログラムの命令．

前向き経路 forward path
比較要素の出力から制御対象の出力に至る経路．

前向き制御要素 forward controlling element
制御系の前向経路にある制御装置の要素．

マーカ marker
①記憶装置やブラウン管装置などによる測定で用いられる目印．②表示面上で，ある特定の位置を示すのに使われる，指定された形状の特殊記号．

曲がり管 flow elbow
＝フローエルボ．

巻過ぎ防止装置 over-hoisting prevent device
荷重またはブームなどを巻き上げすぎないように自動的に動力を遮断，作動を制限などして停止させる装置．

マーク mark
①無人搬送車類に情報を与えるために床内または床上に設置されたマーク．②穴，へこみ，膨らみ，その他，光学的に検出できる形態をもった記録層の造作．マークは光ディスク上のデータを表す．

膜集積回路 film integrated circuit
薄膜集積回路と厚膜集積回路の総称．

マークセンサ mark sensor
床内または床上に設置されたマークを検出する検出器．

マグネット solenoid
＝ソレノイド．

マークフローグラフ mark flow graph
ペトリネットにおいて，シーケンス制御系をモデル化する際の便宜を考慮して，幾つかの拡張と制約を導入した線図．備考：プレースでトークンの追突が生じないようにトークンの移動が制約され，また，外部の状況に応じて事象の発生を制御できるように，許可および抑止枝という拡大機能をもつ矢印が用いられる．(⇒ペトリネット)

マーク読取り mark scanning
データ媒体上に記憶されたマークを光学的かつ自動的に検知すること．

マーク読取り装置 mark reader
特定のカードまたは用紙に付けられた印を，光学的または電磁気的に読み取って，電気信号

に変換する装置．

マクラウド真空計 McLeod vacuum gauge
一端を封じた既知の容積をもつ細管と，測定用接続口をもつ管部と，水銀の供給口とを組み合わせた構造の真空計．

マーク率 mark probability
2値の信号列で論理値"1"が発生または出現する確率．

マクロ生成プログラム macro generator, macro generating program
原始言語におけるマクロ命令を，原始言語の命令の定められた列に置き換える計算機プログラム．

マシニングセンタ machining center
①工作物の取付け換えなしに，2面以上についてそれぞれ多種類の加工を施す数値制御工作機械．工具の自動変換機能または自動選択機能を備える．②工具の自動変換装置または自動選択機能を備え，フライス，穴あけ，ねじ立てなどの多種類の加工や多面加工が工作物の取付け換えなしに可能な数値制御工作機械．

マシンプログラム machine program
テープフォーマットに従って書かれたプログラム．数値制御装置に直接入力し，数値制御工作機械を制御する．

マシンロック machine lock
マシンプログラムのチェックなどを目的に，数値制御工作機械の制御軸を移動させずにプログラムを実行すること．

マスタコントローラ master controller
＝主制御装置．

マスタステーション master station
データ伝送において，一つ以上のスレーブステーションにデータ転送を行うための指示をするステーション．備考：主局，発信局，主端末などということもある．

マスタトリップ master trip
非常調速機を強制的にトリップさせること．

マスタバルブ master valve
空気圧で制御される空気圧用方向制御弁．

マスタフューエルトリップ emergency fuel trip, master fuel trip
応急時におけるボイラの燃料遮断．

まちがい mistake
測定者が気付かずにおかした間違い，またはその結果求められた測定値．

待ち行列 queue, pushup list
最初に格納されたデータ要素が最初に読み出されるように構成され維持されているリスト．

待ち行列 queue
伝送または処理を待つ通信文の論理的な集合．

待ち行列 queue, waiting line
サービスを受けるために待っている客の集まり．待ち行列の中の客の数を列の長さという．

待ち時間 latency, watting time
命令制御装置がデータの要求を発した時点から実際のデータ転送が開始される時点までの時間．

末端効果器 end effector
＝エンドエフェクタ．

マニピュレーション機能 manipulation function
ロボットの腕，手などの空間的・時間的な動きに関する機能．

マニピュレータ manipulator
①人間の上肢に類似した機能をもち，対象物を空間的に移動させるもの．②水中作業に用いる遠隔制御のマジックハンド．

マニピュレーティングロボット manipulating robot
人間の上肢に類似した機能をもつロボット．

マニプレータ manipulator
セルの外から放射性物質などを遠隔操作で取り扱うための装置．

マニホールド manifold
比較的小径の連絡管を集合または分岐する容器．

マニュアルプログラミング manual programming, manual part programming
マシンプログラムをコンピュータを使わずに人手によってつくること．

マニュアル・マニピュレータ manual manipulator
人間が直接操作するマニピュレータ．

マニュアルリセット manual reset
手動リセットともいい，比例調節器において，オフセットを手動によってゼロにする方式．

マノメータ manometer
＝差圧計．

摩耗警報装置 wear alarm device
摩擦ブレーキ（ドラムブレーキまたはディスクブレーキ）の場合に，摩擦材の使用限界を音，ランプまたはその他で警報する装置．

マルチジェットスリーブ弁　multi-jet sleeve valve
スリーブの小孔を通して，流量制御または圧力制御を行うバルブ．

マルチチャネル波高分析器　multichannel pulse-height analyzer
波高分析器の一種で，多数の記憶素子をもち，入力信号を波高別にそれぞれ蓄積して計数できるようにしたもの．

マルチドロップ　multidrop
一つの通信回線に，複数の機器を並列的に分岐接続する方式．備考：送受信は，同時に二つのホストワークステーション間に制限する必要があり，通常は一つの親局が複数の子局との通信を制御する形をとる．

マルチバイブレータ　multivibrator
反転増幅器2段を相互に結合して正帰還を行い，二つの回路状態をもつようにした回路．負性抵抗特性を有する素子により，同様な機能をもつようにした回路も含む．

マルチプレクサ　multiplexer
幾つかの入力信号を，おのおのの入力信号に再生できるような方法で一つの出力信号にする装置．

マルチモードファイバ　multimode optical fiber
二つ以上のモードを伝搬する光ファイバ．

マルチリンクフレーム　multi-link frame
マルチリンク手順における転送単位．マルチリンク制御フィールドおよびデータユニットからなるビットの列である．

マルチループ調節器　multi-loop controller
内蔵するマイクロプロセッサが，二つの制御量を制御する機能をもつDDC調節計．

マルチレンジ増幅器　multirange amplifier
各種のアナログ信号範囲を指定された出力範囲に適合させるため，切換え可能，プログラム可能または自動設定可能な増幅度をもつ増幅器．

丸　め　rounding error
高精度の数値の表現から低精度の数値の表現を得る方法の一つ．元の数値のうちで除去される部分の値の大きさによって，結果の下位のけたを調整する．例えば，Xを最も近い整数に丸めるには，INT$(X-0.5)$とすることができる．

丸め誤差　rounding error
丸めによる誤差．

丸める　to round
位取り表現において，1個以上の数字を最下位から削除または省略し，残りの部分をある指定された規則に従って調整すること．

満管自動停止装置　full bobbin stop motion
ボビンに糸などが所定量巻き取られたときに，自動的に機械を停止させる装置．

満缶停止装置　full can stop motion
ケンスに所定量のスライバが収容されると自動的に機械を停止させる装置．

満水検知器　priming detector
呼び水が完了したことを検知する機器．

マンマシンインタフェース　man-machine interface
人間と機械との間で双方向的に情報授受を可能にする手段．

満油弁　filling valve
液圧プレスのタンクと加圧シリンダとの間に取り付け，スライドの速度を速くするためのバルブ．

み

ミクロフォトメーター　microphotometer
微小部分の透過率または反射率(光学濃度を含む)を測定する器械．

水ガバナ　water governor, water regulator
水圧調整器，自動水圧安定装置，自動水量安定装置ともいい，湯沸器，給湯機に内蔵または付属され，水圧や水量を調整する装置の総称．

見出し　heading
マイクロフィッシュまたはジャケットの内容を容易に識別し，かつ，その管理と利用の便を図る目的で，見出し欄に必要な諸事項を，肉眼で読める大きさの文字などで表示したもの．

見出し欄　heading area
マイクロフィッシュまたはジャケットの上部に，見出しを表示するために設けられた領域．

密度計 density meter
　密度を測定する機器．例えば，差圧法，ディスプレスメント法，振動法，放射線法など．

密閉形計測装置 closed gauging
　液面などを計測する装置の一種．タンクを貫通しているが，密閉系を構成しており，タンク内容物の散逸を防ぐ計測装置．代わりに間接形を使用することができる．

脈動電流 pulsating current
　直流電流に交流電流が重なって脈動する電流．

脈流 pulsating current
　周期的に大きさが変化（ただし，極性は不変）する電流．一般に交流を整流して得られる．

ミラー積分器 Miller integrator
　出力から入力にコンデンサを介して負帰還を行った増幅器で入力波の積分波形またはのこぎり（歯）形パルスを発生する回路．

む

無安定マルチバイブレータ stable multivibrator, free running multivibrator
　二つの回路状態とも不安定で，自励で発信するマルチバイブレータ．

無影響性 transparency
　測定量の値に影響を与えない計測器の性能．

無効電力 reactive power
　交流電圧の実効値，交流電流の実効値および位相差の正弦の積．実際には何の仕事もせず，熱消費の伴わない電力．（⇒有効電力）

無効電力継電器 reactive power relay
　無効電力のある予定値で動作するリレー．

無指示 non-indicating
　機器または装置において，指示を行わずに測定変量または入力信号の処理をする方式．

無条件ジャンプ unconditional jump
　無条件飛越しともいい，プログラムの実行における，現に実行されている命令の暗示的または宣言されている実行順序からの脱出．それを指定する命令が実行されると必ず起きるもの．

無条件飛越し unconditional jump
　＝無条件ジャンプ．

無人搬送車 automatic guided vehicle, automated guided vehicle
　本体に人手または自動で荷物を積み込み，指示された場所まで自動走行し，人手または自動で荷降ろしをする無軌道車両．

無人フォークリフト automatic guided fork lift truck
　フォークなどに荷物を自動移載し，指示された場所まで自動走行し，自動荷役作業をする無軌道車両．

無絶縁軌道回路 non-insulated track circuit
　回路の境界にレール絶縁をしない軌道回路．

無接点スイッチ contactless switch
　機械的な接触部の継続なしに電気回路の開閉を行う機能をもったスイッチ．高周波，磁気，光を利用するものがある．ダイオード，トランジスタがこの例である．（⇒有接点スイッチ）

無接点制御 static control
　有接点方式のリレーによらず，コア，トランジスタ，ダイオード，ICなどの無接点素子によって行われる制御．

無接点リレー nonarcing relay
　ダイオード，トランジスタなどのように機械的な動きを必要としないスイッチを組み合わせたリレー．（⇒有接点リレー）

無線遠隔測定 radiotelemetering
　測定量を自動的に検出し，電波を利用してその結果を離れた箇所に伝送して行う測定．このための測定装置をラジオテレメータという．

無線方位測定器 radio direction finder
　無線局または電波を発信する物標の方向を決定するため，枠形空中線の指向性を利用して電波の到来方向を測定する機器．

むだ時間 dead time
　入力変量の変化が発生した瞬間と，それによって出力変量の変化が始まった瞬間との時間間隔．（⇒立上り時間）

無段変速 variable speed
　任意の速度に変えられること．

無定位形 astatic type
　自己制御性のない特性のこと．すなわち，入力が変化すると出力が変化し続ける制御系の性質をいう．

無定位制御 astatic control
無定位形の制御をいう．

無定位制御対象 astatic controlled system
＝不定位制御対象．

無停電電源装置 uninterruptible power supply unit
計算機および制御機器などに安定した電源を供給する装置．

無停電電源装置 vital power supply
通常使用される電源の停電時に，必要な装置への電力供給を一定時間維持するための電源装置．

無電圧警報 non-volt alarm
給電回路が何らかの原因で無電圧になったとき，その状態を直ちに視覚，聴覚などによって報じる警報．

無負荷 non-load
負荷のかかっていない状態．

無負荷検出装置 non load device
タービンが無負荷で運転していることを検出する装置．

無理数 irrational number
有理数でない実数．

め

目 scale division
相隣る目盛線で区切られた部分．

明暗灯 occulting light
暗である時間隔が毎回同一であり，1周期中の明の持続時間合計が暗の持続時間よりも明らかに長い周期性の信号灯火．

鳴音減衰量 singing attenuation
ハイブリッドトランスで，4線式線路の送信回路から受信回路に漏れる信号電力と入力信号電力との比．単位は dB．

メイクブレークリレー make break relay
常開接点と常閉接点を備えた接点構造で可動側接点側がそれぞれ別回路を構成するリレー．

メイクリレー make relay
復帰状態で開路し動作状態で閉路する接点を備えたリレー．

迷走電流 stray current
各種の電気機器などから漏えいして流れる電流．

命令 instruction
プログラム言語における意味をもつ表現であって，一つの演算を指定し，オペランドがあれば，それを識別するもの．

命令アドレス instruction address
命令語のアドレス．

命令アドレスレジスタ instruction address register
次に実行すべき命令のアドレスを保持する専用レジスタ．

命令実行段階 execution cycle
命令制御装置が命令を取り出し終わってから，その実行が終わるまでの動作段階．

命令スイッチ command switch, instruction switch
制御系に外部から命令を与えるための入力によって操作されるスイッチ．

命令制御装置 instruction control unit
処理機構において，適切な順番で命令を取り出し，各命令を解釈し，その解釈に従って算術論理演算装置やその他の部分へ適切な信号を与える部分．

命令取出し段階 instruction fetch cycle
命令制御装置が前の命令の実行中または実行終了後に，次に実行すべき命令を内部記憶装置から取り出し始めてから取り出し終わるまでの動作段階．

命令文 statement
一連の動作の中の1段階または1組の宣言を表す言語構成要素．

命令リスト言語 instruction list language
アプリケーションプログラムを表現するための文字形式の命令語の集合からなるプログラム言語．

命令レジスタ instruction register
解釈のために命令を保持するレジスタ．

メインプロセッサ main processor, general purpose processor
パートプログラムの入力データを処理し，幾何学的計算を行い，工具経路を決め，特定の数値制御工作機械に依存しない CL データをつくるコンピュータのプログラム．

メーク接点　make contact
＝a接点．

メーザ　maser
レーザと同原理によって，レーザより波長の長い電磁波，すなわちマイクロ波に属する波動を増幅させたり，発生させたりするマイクロ波増幅器のこと．

メジアン　median
①中央値ともいい，測定値の試料については，測定値を大きさの順に並べたとき，ちょうどその中央の値（奇数個の場合）または中央をはさむ二つの値の算術平均（偶数個の場合）．②測定値の母集団では，確率密度関数を $f(x)$ とすれば
$$\int_{-\infty}^{\bar{\mu}} f(x)dx = \int_{\bar{\mu}}^{+\infty} f(x)dx = \frac{1}{2}$$
となるような $\bar{\mu}$ の値．

メジャー　measure
論理入力装置に関係する値であって，一つ以上の物理入力装置およびそれぞれの物理装置で得られる値に対する写像によって決定されるもの．論理入力装置によって得られる論理入力値は，メジャーの現在値とする．

メータ　meter
測定量を計測して，その値を指示するのに用いられる計器．

メータアウト回路　meter-out circuit
アクチュエータの排出側管路内の流れを制御することによって，速度の制御を行う回路．

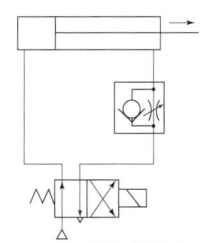

メータアウト回路（JIS B 0142）

メータアウト方式　meter-out system
アクチュエータの出口側管路内の流れを制御することによって作動速度を調整する制御方式．

メータイン回路　meter-in circuit
アクチュエータの供給管側管路内の流れを制御することによって，速度を制御する回路．

メータイン方式　meter-in system
アクチュエータの入口側管路内の流れを制御することによって作動速度を調整する制御方

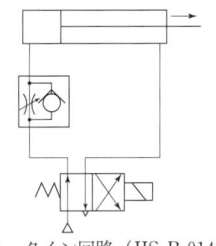

メータイン回路（JIS B 0142）

式．

メータ用ボルテージレギュレータ　voltage regulator
計器にかかる電圧を一定にする装置．

メータリレー　meter relay
指示計器または記録計器の可動部に接点機構を設けてリレーの役目を果たすようにしたもの．

メッセージ　message
①ある発信源から，一つ以上の送信先に向けて，適切な言語またはコードによって，情報または通知を伝達するもの．②始めと終わりが明確に規定された情報伝送を目的としたデータであり，少なくとも1個の伝送制御キャラクタを含むキャラクタまたはキャラクタシーケンス．③SCSIバスの物理的経路管理のために，イニシエータとターゲットとで交信する情報．

メッセージ交換　message switching
データ網の中で完結したメッセージを受信，記憶および送信することにより，メッセージの経路指定を行う処理過程．

目　幅　scale spacing
相隣る目盛線の中心間隔．

目　盛　scale
ある線に沿って，量の大きさを示すために記された線または点の集まりで，必要に応じて，そのうちの幾つかに数字および符号を添えたもの．

メモリ　memory
処理装置および内部記憶装置において，命令を実行するため使われるアドレス可能な記憶空間のすべて．備考：計算機，マイクロコンピュータおよびある種のミニコンピュータでは，主記憶装置よりもメモリという用語のほうがよく使われる．

目盛板　dial, scale plate
目盛を記してある板．

メモリ運転 memory operation
数値制御装置内のメモリに記憶されているマシンプログラムで運転すること．

目盛係数 scale factor
測定値を得るため，目盛値にかける係数．

目盛定め calibration
基準によって，測定器の目盛を定めること．
備考：新しく目盛を入れるときは目盛定めといい，すでにある目盛の補正を求めるときは校正という．

メモリ消去機能 clear memory function
キー操作によって，指定した記憶装置中のデータを取り消す機能．

メモリ使用量 memory utilization
アプリケーションプログラムおよびアプリケーションデータに必要なメモリ量．

目盛スパン scale span
最大目盛値と最小目盛値との差．

目盛線 graduation line, scale mark
目盛を構成する線．

メモリータイプライタ editing typewriter, memory typewriter
記憶装置に内蔵し，文章の記憶，修正，打出し，保存，検索，配列変更などができる機能をもつタイプライタ．磁気カードの互換性のある記憶媒体をもつものも含む．

目盛の細かさ fineness of scale
最小目盛間隔に相当する性能量の値．

目盛の長さ scale length
①両端の目盛線の間を目盛に沿って測った長さ．弧状目盛では，いちばん短い目盛線を通る弧の長さ．②記憶紙の場合には，両端の目盛線の間の最短距離．

目盛の倍率 scale factor
測定値を得るため，目盛値に掛ける倍率．

目盛範囲 scale range
最大目盛と最小目盛との間の範囲．

目盛分割 scale division
目盛範囲内を目盛線によって分割すること．

メモリ分割 memory paritioning, storage paritioning
計算器において，一つの記憶装置を複数の独立した区域に分割すること．

メモリ保護 memory protection
多重プログラミング方式のコンピュータにおいて，ハードウェアを用いて，プログラムおよびデータを同時に動作しているおそれのある他のプログラムによって破壊されないように保護する機能．

目量 scale interval
目幅に対する測定量の大きさ．目量のことを一目の読みということもある．

面積式流量計 variable area flowmeter
上に向かって広がる円すい形の垂直管を流れる流体内の浮子の位置によって，流速を検出する方式の流量計．

も

目的関数 objective function
目的達成の評価の尺度が，関連する諸変量に対してどのような関係にあるかを示す式．

目的言語 target language, object language
一つの言語であって，それへ命令文が翻訳されるもの．

目的ステーション destination
メッセージのデータのあて先であるステーション．

目的プログラム target program, object program
原始言語から目的言語に翻訳された計算機プログラム．

目的モジュール object module
アセンブラまたはコンパイラの出力であり，かつ，連係編集プログラムの入力になりうる計算機プログラムの単位．

木ねじ自動盤 automatic wood screw machine
木ねじのねじを切る自動機械．

目標値 desired value
制御系において，制御量がその値をとるように目標として与えられる値．定値制御では，これを設定値ともいう．

目標デマンド set point demand
管理すべき最大需要電力の目標値．1時間または30分値がある．

目標補そく　acquisition
追跡や運動計算を行うためのレーダ目標を確認補そくすること．

文　字　character
データを表現，構成または制御するために用いる要素の集合(文字集合)の構成単位．文字は表のように分類される．

文字の分類 (JIS X 0004)

```
              ┌ 図形文字 ┬ 数 字
              │          │ 欧 字 (英字など)
              │          │ 表意文字 (漢字など)
              │          │ 仮 名
文 字 ┤       │          └ 特殊文字
              └ 制御文字 ┬ 伝送制御文字
                         │ 書式制御文字
                         │ コード拡張文字
                         └ 装置制御文字
```

文字集合　character set
所定の目的を満たす，相異なる文字の完結した有限集合．

モジュトロールモータ　modutrol motor
＝コントロールモータ．

モジュラリティ　modularity
部品およびユニットの結合容易性，ユニット間の組合せ，システムに組み込むなどの機能属性．

モジュール　module
①システムを構成する，一定機能をもつ標準化された要素．②手続きやデータの宣言からなる言語構成要素であって，他の同様の構成要素と相互に作用しうるもの．

モーション　motion
作業モジュールにおける単位モジュールの動きの表現．

モーションモニタ　motion monitor
ロータリカムスイッチの回転カム軸とスライドモーションとの同期を検出するもの．

文字列　character string
①文字だけからなる列．②COBOLの語，定数，PICTURE句の文字列または注記項を作成する連続した文字の並び．

モータタイマ　motor driven timer
小形の同期電動機を利用した限時継電器．

モーダル　modal
G機能などにおいて，指令を与えること，ある状態に保持すること．この状態を変える指令を与えない限り，この状態は変化しない．

モデム　modem
＝変復調装置．

モデリング　modeling
システムの解析および制御系設計のために，対象システムの特性を記述すること．備考：モデリングには大きく分けて，次の二つの方法がある．①システムの内部構造を，科学的な知識に基づいて解析してシステムの変数間の関係式を導きパラメータを実験や実データから決定する．②システムをブラックボックスとみなし，その入出力データの観測値から統計的手法などによってモデルを形成する．

モデル予測制御　model based predictive control
制御対象をモデル化し，その特性を予測して行う制御．

モード　mode
①データの送受信，処理または表示に関して選択的に指定する方式条件．このモードを指定することにより，制御状態を規定する．②離散分布では確率，連続分布では確率密度が最大となる値．③度数分布では最大の出現度数をもつ区間の代表値．

モード信号　mode signal
制御機器において，その機器の制御モードを他の制御機器に伝達し，識別させるための信号．

もどる　to return
サブルーチン内において，そのサブルーチンを呼び出した計算機プログラムへの連係を実行に移すこと．

モニタ　monitor
解析のために，データ処理システム内の選択された動作を監視し記録する機構．基準から著しく逸脱していることを示したり，特定の機能単位の利用程度を測ったりするものに使う．

モニタプログラム　monitor program, monitoring program
データ処理システムの動きを観察，統制，制御または検証する計算機プログラム．

モニタリング　monitoring
監視ともいい，システムの機能，または稼働状況の正常性を注視したり，記録したりすること．

モノブロック形弁 (油圧)　mono-block valve (hydraulic)
数個の同種のバルブを共通の本体に組み込んで，一体にした形式のバルブユニット．

モノリシック　monolithic
1個の半導体のチップに作られたという意味の形容詞．

モノリシック集積回路 monolithic integrated circuit
　1個の半導体のチップ内に作られた集積回路．

モビリティ mobility, mechanical mobility
　インピーダンスの逆数．単振動をする機械系のある点の速度と同じまたは異なる点の力との複素数比．

漏れ leakage
　正常状態では，流れを閉止すべき場所，または好ましくない場所を通る比較的少量の流れ．

漏れ検出器 leak detector
　容器の漏れの存在，漏れ箇所および漏れ量を検出する装置．

漏れ磁束 leakage flux
　主磁気回路から漏れた磁束．ネオン変圧器や点火用変圧器などは，磁路中に故意に漏れ磁路を作って，2次側短絡時の損傷を防止するようにする．

漏れ電流 leakage current
　機器または機器を組み合わせたシステムにおいて，正規の電路から外れて流れる電流．

問題向き言語 problem-oriented language
　ある種類の問題に対して特に適しているプログラム言語．

モンテカルロ法 Monte Carlo methode
　オペレーションズリサーチの手法である．与えられた数式を確率理論を用いて解く数値的な方法．

や

薬液注入制御 chemical injection control
ボイラ水や復水，給水系統へ，所定水質を維持するため薬剤（ボイラ清浄剤など）の注入量を自動制御すること．（⇒水質自動制御）

ゆ

油圧アキュムレータ hydraulic accumulator
蓄蔵された作動流体で作動油であるアキュムレータ．

油圧異常防止装置 prevent device for unusual hydraulic system
油圧を用いる作業動力機構，走行動力機構などで，油圧の過度の上昇や異常低下による事故を防止するために油圧回路に設ける安全弁，逆止め弁などの安全装置．

油圧回路 oil hydraulic circuit
油圧機器などの要素によって組み立てられた油圧装置の機能の構成．

油圧-機械式アクチュエータ hydro-mechanical actuator
出力を加減するため，油圧とリンク仕掛けとを併用しているアクチュエータ．

油圧-空気圧式アキュムレータ hydro-pneumatic accumulator
蓄蔵された作動流体が作動油であって，圧縮ガスによって加圧されているアキュムレータ．

油圧計 oil pressure indicator, oil pressure gauge
エンジンオイル系統の作動と油圧を確認するために設けた計器．

油圧継電器 oil pressure relay
圧油タンク内などの油圧によって作動する継電器．

油圧サーボ機構 hydraulic servomechanism
信号処理は機械式で行い，駆動部に油圧機器を用いるサーボ機構．

油圧式自動制御装置 hydraulic automatic control system
回路の信号伝達に油圧を用いる自動制御装置．パイロット弁式と油圧噴射管式に大別される．

油圧式調節器 hydraulic controller
油圧式自動制御装置に用いる調節器．

油圧式調節弁 hydraulic control valve
油圧信号を受け，油圧によって作動する調節弁．

油圧シリンダ oil hydraulic cylinder
圧力油により直線運動をし，その有効断面積および差圧に比例した力を発生させるアクチュエータ．複動形，単動形などがある．

油圧シリンダ操作弁 oil hydraulic cylinder operated valve
油圧を動力とするシリンダ操作弁．

油圧スタータ hydraulic starter
エンジンを始動させるための油圧モータ．通常，始動サイクル中だけスタータをエンジンに接続する機構を備える．

油圧スタータポンプ hydraulic starter pump
スタータとして作動させたときは作動油の流体エネルギーを機械的エネルギーに変換し，ポンプとして作動させるときは機械的エネルギーを流体エネルギーに変換することができる連続形油圧機器．通常，定容量形または可変容量形のスタータとしての作動から，圧力補償式のポンプとしての作動へ自動的に滑らかに移動できるよう制御機構を備える．

油圧ステッピングモータ hydraulic stepping motor
ステップ状入力信号の指令に従う油圧モータ．

油圧センサ oil pressure sensor
＝オイルプレッシャセンサ．

油圧操作レバー control lever
切換弁を操作するためのレバー．

油圧調整 oil pressure adjustment
タービンなどの制御油および潤滑油系統の油

圧を所定の範囲にするための調整．
油圧調整弁 pressure control valve
送油の圧力を調整するバルブ．

油圧調速機 hydraulic governor
流体調速機ともいい，油圧を利用する調速機．

油圧伝導装置 hydrostatic power transmission
液体の圧力エネルギーを利用する流体伝導装置．これは容積式油圧ポンプおよび容積式油圧モータを用いる．

油圧パワーユニット hydraulic oil power unit
動力源としての油圧を発生させる油圧ポンプ，電動機，油タンクなどをユニット化したもの．

油圧ヒューズ hydraulic fuse
油圧系統において，下流系統が破損したとき管路内の流れを自動的に閉ざす機器．

油圧表示灯スイッチ oil pressure indicator lamp switch
＝オイルプレッシャスイッチ．

油圧噴射管式油圧自動制御装置 oil injection nozzle type hydraulic automatic control system
噴射管の噴射口から絶えず油圧を噴射させておき，噴射管の変位によりサーボピストンが左右に移動することを操作信号とする方式の油圧式自動制御装置．

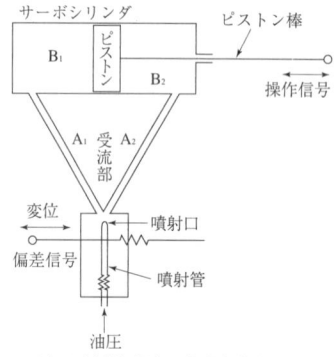

油圧噴射管式油圧自動制御装置[7]

油圧ポンプ oil hydraulic pump
油圧回路に用いるポンプ．

油圧ポンプモータ hydraulic pumpmotor
ポンプとしてモータとしても機能させることができるエネルギー変換器．

油圧モータ hydraulic motor
作動油の流体エネルギーを用いて連続回転運動を行うアクチュエータ．

油圧モータ操作弁 oil motor operated valve
駆動部が回転体で，油圧を動力とするバルブ．

油圧油 hydraulic operating fluid, working fluid
＝作動油．

油圧ユニット hydraulic power unit, hydraulic powerpack
ポンプ，駆動用電動機，タンクおよびリリーフ弁などで構成した油圧源装置または油圧源装置に制御弁も含めて，一体に構成した油圧装置．

有　意 significant
測定値から計算した差異が，帰無仮説を捨てるに足るほど大きいこと．備考：統計的に有意な差があるかどうかということと，その差が技術的・経済的に問題にする値打ちがあるかどうかということは必ずも一致しない．

有意瞬間 significant instant
有意状態が変化する瞬間．例えば電流のオンからオフ，またはオフからオンへの変換点など．

有意状態 significant condition
信号の各エレメントを特性付けるおのおのの状態．例えば，２値信号を表すための電流のオン（１），オフ（０）など．

有界変数法 bounded-variable technique
線形計画問題で変数の上限を与える制約がある場合に，その条件を他の一般の条件式のようには書き表さないで取り扱い，反復過程においてその条件を考慮に入れた新しい規則によって基底の入換えを行う方法．これによって係数行列の大きさを縮小して計算の効率を高めることができる．

有感領域 sensitive volume of a detector
＝検出器の有効容積．

有機炭素自動計測器 total organic carbon meter
水中の全有機体炭素量を二酸化炭素として測定する装置．

遊脚相制御 swing phase control
義足の遊脚相において，その振り出しを制御すること．

有効アドレス effective address
有効命令のアドレス部の内容．

有効記録幅 effective recording width
測定範囲のうち精度が保証される記録幅．

有効けた演算　significant digit arithmetic
浮動小数点表示法の変形を使った計算法であって，オペランドの有効けた数が表示され，結果の有効けた数はオペランドの有効けた数，実行される演算および有効精度から決まるもの．

有効周波数範囲　effective frequency range
信号発生器の周波数の変化範囲のうち，示されたすべての確度を満たすことができる範囲．周波数の変化範囲は，通常いくつかの周波数バンドからなる．

有効数字　significant figures
測定結果などを表す数字のうち，位取りを示すだけの0を除いた，意味がある数字．データ処理上意味がある数字と測定上意味がある数字とは必ずしも一致しない．

有効測定範囲　effective measuring range
⇒有効範囲．

有効電力　active power, effective power
交流電圧の実効値，交流電流の実効値および力率の積．実際の仕事に役立つ電力のこと．（⇒無効電力）

有効範囲　effective range
定格範囲のうち，示された確度で測定または量の供給ができる範囲．特記がなければ定格範囲に等しい．備考：測定を行うことができる範囲の場合は有効測定範囲といってもよい．

有効命令　effective instruction
修飾せずに実行しうる命令．

有効目盛長さ　effective scale length
目盛範囲のうち精度が保証される目盛の長さ．

有効面　measuring area
規定された誤差以内で測定を行うことができるけい光面上の部分．

有効容積　sensitive volume
放射線に対し感度があり，放射線を検出するために用いられる検出器の部分．

有効レンジアビリティ　effective range-ability
レンジアビリティ，コントローラビリティともいい，バルブを管路に設置した状態での制御可能な最大および最小容量係数の比．この有効レンジアビリティは，流量変化により前後の差圧が変化するため $1/\Phi_0$ 値よりも大幅に狭くなる．（⇒固有レンジアビリティ）

有絶縁軌道回路　insulated track circuit
回路の境界にレール絶縁をした軌道回路．

有接点スイッチ　contact switch
接点を有するスイッチ．（⇒無接点スイッチ）

有接点リレー　contact relay
有接点スイッチを組み合わせて作ったリレー．（⇒無接点リレー）

優先回路　preference circuit
例えば，A，Bの二つの機械がありこれは同時に運転できない．しかも，Bが運転中であっても，Aを運転するとBは停止し，以後，Aが運転中はBは運転できないというように，Aの運転を優先するような回路．すなわち回路の動作に優先度をもたせたものを優先回路という．

裕　度　tolerance
機器などの性能の保証値と試験結果との差の許容範囲．

誘導機　induction machine
固定子および回転子を互いに独立した電機子巻線をもち，一方の巻線が他方の巻線から電磁誘導作用によってエネルギーを受けて動作する非同期機．

誘導雑音　induction noise
測定系に電磁誘導や静電誘導により混入する雑音．

誘導信号　guide signal
誘導体から発せられる無人搬送車類を誘導するための信号．

誘導信号機　call-on signal, calling-on signal
場内信号機または入換信号機に進行を指示する信号を現示してはならないとき，誘導を受けて進入する列車または車両に対する信号機．

誘導電圧調整器　induction regulator
一次および二次の巻線の相対位置を回転によって変化し，二次巻線に誘導する電圧の大きさまたは位相を連続的に変化させることによって，出力側の電圧を調整する静止誘導器．

誘導無線通信装置　inductive radio communication device
誘導無線を利用して車上と地上間でデータ伝送を行う装置．

誘導用検出器　guide sensor
誘導体から発せられる誘導信号を非接触で受信する検出器．

有理数　rational number
ある整数をゼロでない整数で割った商である実数．

油温調整弁　oil temperature control valve
送油の温度を調整するバルブ．

行先監視　traffic monitoring
　行先を車両運行制御装置によって監視すること.

行過ぎ時間　time to peak
　ステップ応答の過渡偏差が行過ぎ量に達するまでの時間. 行過ぎ時間はステップ応答における応答の速さを表す量である.

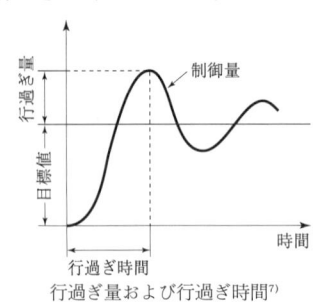

行過ぎ量および行過ぎ時間[7]

行過ぎ量　overshoot
　オーバーシュートともいい, ステップ応答において, 指示値, 表示値または出力信号が, 過渡的に最終値を超えたとき, その超えた値の最大値. 備考：最終値に対する比または百分率で表してもよい.（⇒行過ぎ時間）

U-コンデンサ　capacitor of class U
　コンデンサが故障すると感電のおそれがある回路に用いる, 交流電圧125Vまで使用できる雑音防止用コンデンサ. なお, 使用電圧を限定しない場合, ラインバイパスコンデンサともいう.

ユーザタスク実行時間　user task execution time
　メモリからの読出しおよび結果の記憶を含め, ユーザのアプリケーションプログラムの実行およびシステムソフトウェアの実行のために, 主処理装置が必要とする時間.

ユーザプログラム　user program
　＝アプリケーションプログラム.

ユーザプログラムメモリ　user program memory
　アプリケーションプログラムの記憶用に使用されるPCのメモリ部分.

U字管圧力計　manometer, U tube pressure gauge
　大気圧と測定圧との差を水銀, アルコール, 水などを使ったU字管中の液柱差で測定する圧力計. 主に排気ガス, 過給空気, 真空などの圧力測定に利用する.

ユーティリティプログラム　utility program
　サービスプログラムともいい, 計算機による処理を一般的に支援する計算機プログラム. 例えば, 入力ルーチン, 診断プログラム, 追跡プログラム, 分類プログラム. なお, 文脈中では, 使用形式と頻度の違いによって計算機プログラムとルーチンを区別している.

ユーティリティルーチン　utility routine
　計算機による処理を一般的に支援するルーチン(計算機プログラム). 例えば, 入力ルーチン, 診断プログラム, 追跡プログラム, 分類プログラム. なお, 文脈中では, 使用形式と頻度の違いによって計算機プログラムとルーチンとを区別している.

油面検知器　oil level sensor
　油と水または空気との境界面の位置を検知する計器.

油筒　servomotor
　＝サーボモータ.

ユニラテラルサーボ機構　unilateral servo-mechanism
　双動形サーボ機構に対して, オペレータが力を感じることができない方式のサーボ機構をいう.

指　finger
　ロボットの手の先端部分であって, 対象物をつまむ, はさむなどの機能をもつ部分.

油面調整装置　oil level controller
　自動的に容器の油面を一定に保持させる装置.

揺らぎ　fluctuation
　指示値, 表示値または供給値の平均値付近にランダムに生じ, 比較的ゆっくりした好ましくない非周期的変化. ただし, すべての状態を一定に保つ.

油量調整弁　oil regulating valve
　油量を増減するバルブ.

油量調節器　oil control device
　供給する油を一定の油面で保持し, 流出バルブによって油の流量を調節する装置.

揺れ　swinging
　電子電圧計などにおいて, 入力信号の周波数が, 電源電圧の周波数またはその倍数にきわめて近いときに起こる指示器の指針の振動.

よ

要求 request
プリミティブともいい，ある手順を要請するためにサービス利用者が発行するプリミティブ．

要求側 requestor
特定の動作を起動するプレゼンテーションエンティティ，またはプレゼンテーションサービス利用者．

要求側アソシエーション制御プロトコル機械 requesting association control protocol machine
あるアソシエーション制御サービスの要求側をサービス利用者とするアソシエーション制御プロトコル機械．

陽極 anode, plate
アノードともいい，電子流の主要部分を集め，外部回路へ電流を流すための電極．

用語 term
概念を表示するために用いる語または句．

容積式モータ positive displacement motor
流体の流入側から流出側への流動によって，ケーシングとそれに内接する可動部材との間に生じる密閉空間を移動または変化させて連続回転運動を行うアクチュエータ．

容積式流量計 positive displacement flowmeter
計量室内の運動子が流体の圧力によって運動を起こし，計量室と運動子によって周期的に一定のますを構成し，このますの充満と，排出との繰返しを計数して，流体の通過体積を測定する方式の流量計．

溶接ロボット welding robot
溶接に用いられる産業用ロボット．スポット溶接ロボット．アーク溶接ロボットなどがある．

要素 element
自動制御系を構成している各部，各機器，各部品など，分割された各部分をいう．研究の便宜上からは一般に信号の性質が変化するか，取り扱う量が異なるところを区切って要素

入力信号 → ブロック → 出力信号

要素のブロック表示[10]

とよび，一般的に矩形のブロックで表す．

溶存酸素計 dissolved oxygen analyzer
電気化学的方法で，水中の溶存酸素の濃度を測定する分析計．単位は ppm, mg/l.

揺動加工制御 planetary machining control
形彫り放電加工において，工具電極または工作物を揺動させながら，目的の寸法になるように加工を制御すること．

揺動形アクチュエータ semirotary actuator, oscillating actuator
出力軸の回転運動の角度が制限されている形式のアクチュエータ．

容量遅れ capacity lag
クッションタンクと絞り，抵抗，コンデンサなどによって形成された回路において，時定数により，ゲインが減衰し，または位相が遅れる現象をいう．

容量係数 flow coefficient
バルブなどにおいて，ある特定の条件下の下で与えられたトラベルにおける流れの容量を表す係数で次式によって求める．

$$C = Q\sqrt{\frac{\rho}{\Delta p}}$$

ここに，C：容量係数，Q：流量，Δp：差圧，ρ：流体の密度．

容量制御 capacity control
機械，器具あるいは装置の能力を負荷に応じて制御すること．（⇒回転数制御）

抑止信号 inhibiting signal
事象の生起を禁止する信号．すなわち，特定の信号が起こることや特定の操作が実行されるのを禁止する信号．

抑圧搬送波伝送 suppressed-carrier transmission
振幅変調方式において，搬送波レベルを抑圧して伝送すること．

抑制 restraint
リレーに動作方向と反対の方向の力または電気量を作用させることをいう．

抑制グリッド suppressor grid
陽極から放出された2次電子が遮へいグリッドに到達するのを抑制するために両電極間に設

けられたグリッドであって，一般に陰極の電位に保たれる．

予見制御 preview control
目標値および外乱の未来値があらかじめわかっている場合に，その情報を利用して現時点での操作量を決定する制御方式．

余弦パルス cosine pulse
波形 $y(t)$ が次式の余弦曲線に従うパルス．
$$\begin{cases} y(t)=a\cos\dfrac{t}{T} & -\dfrac{\pi}{2}T\leq t\leq \dfrac{\pi}{2}T \\ y(t)=0, & t\leq -\dfrac{\pi}{2}T \text{ および } t\geq \dfrac{\pi}{2}T \end{cases}$$

余剰パルス extra-pulse
記録中または読取り中に生じる，あってはならない余分なパルス．

予測最適化制御 predictive optimization control
現在から将来にわたるプロセスの外部要因の動きを予測し，その結果を用いて最適な制御を行うこと．

予測制御 predictive control
目標値，外乱，または制御対象の出力などの未来値の予測情報に基づいて，現時点での操作量を決定する制御方式．

予測デマンド forecasted demand
最大需要電力が規定時間（1時間または30分値）後に到達する電力の予測値．

予知保全 predictive maintenance
設備に異常な状態が現れていないかを検出，測定または監視して，劣化の程度が使用限度にきた時点で，分解，検査，部品交換，修理する設備保全方法．

予熱時間 warm-up time
機器に電源を入れてから，機器のすべての性能が示された規格を満足するまでに必要な時間．

呼ばれるプログラム called program, sub-program
CALL 文の対象となるプログラムであって，実行時に呼ぶプログラムと組み合わせて1個の実行単位となる．

呼込制御 call in control
待機している無人搬送車類を要求の発生したステーションに呼び込む制御．

呼出し（データ網における） call (in data network), calling
データステーション間の接続を確立するために選択信号を伝送する処理過程．

呼出し（プログラミングにおける） call (in programming)
計算機プログラム，ルーチンまたはサブルーチンを実行に移す動作であって，通常，入口条件を指定し，入口点へ飛び越すことによって行われる．

呼出し時間 access time, latency time
＝アクセス時間．

呼出し信号 calling signal
視聴覚により感知する発信側および着信側の信号をいう．信号源の例としてはランプ，ブザー，ベル，電子発振器，反転板．

呼出制御 call in control
待機している無人搬送車類を要求したステーションに呼び出す制御．

呼出し法 access mode
ファイル中のレコードを操作する方法．

呼出し列 calling sequence
場合によってはデータを含む命令の編成であって，呼出しを行うために必要なもの．

呼び出す to call
計算機のプログラミングにおいて，呼出しを実行すること．

呼び出す to invoke
所定のビット組合せが出現するだけで，指示された文字集合を表現できる状態にすること．これは，他の適切な符号拡張機能を使用するまで有効である．

予備調整 preliminary adjustment
機器を使用する前に，製造業者の指示に従い，その機器を分解することなく，また添付品以外の機器を用いることなく，機器が規定の確度で動作するように調整部分を調整する操作．

呼ぶプログラム calling program
CALL 文を実行して他のプログラムを呼ぶプログラム．

予防保全 preventive maintenance
設備を常に正常・良好な状態に維持するため，計画的に点検・整備，調整，給油，清掃を行い，設備の異常発生を事前に防ぎ，しかも経済的に引き合うようにする設備保全方法．

読み reading
測定量について，計測器から得たままの値．

読取り書込み記憶装置 RAM
データの書込みと読取りができる記憶装置．
備考：RAM は，言語的には Random Access Memory の省略形であるが，直接アクセス記憶装置の意味でこの用語を用いてはいけない．(⇒

RAM(ラム))
　読取り書込みヘッド　ready/write head
　　磁気的に書込みおよび読取りが可能な磁気ヘッド．
　読取り専用記憶装置　read-only memory
　　固定記憶装置ともいい，通常の状態でデータの読取りだけができる記憶装置．
　読取りヘッド　read head
　　読取りだけ可能な磁気ヘッド．
　読み取る　to read
　　記憶装置，データ媒体または情報源からデータを得ること．
　余　裕　additional coverage
　　変化範囲のうち，有効範囲以外の部分．
　弱め界磁制御　field weakening control, weak field control
　　主電動機の界磁を弱めて行う界磁制御．
　4ポート弁　four port connection valve
　　四つのポートをもつバルブ．

ら

ライトペン light-pen
表示面にその先端を近づけて使う，受光性のピック入力装置．

ライトペン検出 light-pen detection
表示面上の表示要素が発生する光をライトペンで検知すること．

ライブラリプログラム library program
プログラムのライブラリにある計算機プログラム．

ラインバイパスコンデンサ line-bypass capacitor
①電源回路の電線間と大地間またはきょう体間に挿入して用いる雑音防止用コンデンサ．②U-コンデンサ，Y-コンデンサの同義語．

落石警報装置 falling-rock warning
落石で線路が支障されたとき，それを自動的に知らせる装置．

ラダー図 ladder diagram
リレーラダー図ともいい，接点，コイル，図形で表された機能その他の形式で表された機能，機能ブロック，これらに関連するデータ，ラベルなどからなる一つまたはそれ以上のネットワークを左右の母線内に記述した図．

ラダー図言語 ladder diagram language
アプリケーションプログラムを表現するためにラダー図を使ったプログラム言語．

ラック rack
標準化されたモジュールタイプの機器を収納するための構造物．

ラップ自動交換装置 automatic lap doffing apparatus
ラップマシンなどにおいて，自動的にラップを交換する装置．

ラテン方格 Latin square
n個の異なる数字（または文字）をn行n列の方形に並べて，各行各列にどの数字もちょうど1回ずつ現れるようにした割付け．例えば，3因子A,B,Cを共に4水準にとり，4×4のラテン方格を用いて，表のように実験を行うならば，これらの因子の交互作用が存在しないとき16個の測定値によってA,B,Cの主効果を求めることができる．これは，直交配列の特別の場合である．

ラプラス変換 Laplace transform
関数$f(t)$を次の式によって表す複素変数sの関数$F(s)$への変換．
$$F(s)=\int_0^\infty f(t)e^{-st}dt$$

ラベル label
データ要素の集合に含まれるか，または集合に付加される識別子．

RAM direct access storage, random access memory
番地を指定することにより，直接読み書きすることのできる記憶装置．（⇒読取り書込み記憶装置）

欄 field
データ媒体上または記憶装置中で，特定の種類のデータ要素に使われる指定領域．

LAN local area network
企業内に分散配置された複数の通信機能を（計算機，端末，FA機器など）相互に結び付け情報通信を高速かつシステム的に行うもの．

乱塊法 randomized block design
実験の場をいくつかのブロックに分け，ブロック内を管理状態におき，各ブロック内での実験順序をランダムに行う方法．（⇒二元配置）

ラテン方格を用いた配置の例（JIS Z 8101）

	B_1	B_2	B_3	B_4
A_1	C_4	C_2	C_1	C_3
A_2	C_3	C_1	C_2	C_4
A_3	C_1	C_3	C_4	C_2
A_4	C_2	C_4	C_3	C_1

乱塊法の例（JIS Z 8101）

		因子Aの各水準				
ブロック	B_1	A_3	A_1	A_4	A_5	A_2
	B_2	A_2	A_5	A_1	A_4	A_3
	B_3	A_1	A_2	A_4	A_3	A_5
	B_4	A_5	A_4	A_2	A_3	A_1

ランク rank
＝レベル番号．

ランダム同時計数 random coincidence
＝偶発同時計数．

ランダムパルス列 random pulse train
パラメータがランダムに変化するパルス列.

乱調 hunting
＝ハンティング.

乱調 hunting, racing
電力系統のじょう乱によって同期機の入力と出力との間に不平衡を生じ,このために同期機の慣性によって,同期速度を中心として位相角が周期的変調を繰り返す現象.

ランバック装置 automatic run back device
自動復元装置ともいい,再熱タービンで,負荷が急減し回転数がある値を超えると,自動的にガバナモータを整定速度を定格速度近くまで下げる装置.

ランプ ramp
傾斜ともいい,単調に変化(増大または減少)する波形,一般に直線ランプをいう.

ランプ応答 ramp response
要素・系にランプ入力が加わったときの応答.

ランプ応答時間 ramp response time
ランプ応答において,入力に静的ゲインを乗じた値から出力の1次定常偏差を引いた値が,指定された許容範囲内(例えば,±5％)に納まるまでの時間.

ランプ形 ramp type, linear ramp type
時間と共に直線的に変化する電圧(ランプ電圧)が,入力電圧(または零電圧)に等しくなったときから,零電圧(または入力電圧)に等しくなるまでの間のクロックパルス数を計数する変換形式.

ランプ信号 ramp signal
ある時刻まではゼロで,その時刻から後は一定速度で変化し続ける信号.

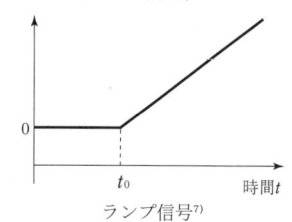

ランプ信号[7]

ランプ入力 ramp input
ランプ信号状の入力.

ランプ非直線ひずみ ramp nonlinearity
傾斜非直線ひずみともいい,波形の1ランプの範囲内で基準直線ランプからの振幅もしくは時間などの偏差,または基準とする値に対する比.

乱流 turbulent flow
流体の粒子が瞬時ごとに不規則な運動を行い互いに入り乱れている流れ.レイノルズ数が大きい場合に見られる.(⇒層流)

乱流形素子 turbulence amplifier
入力によって主噴流が層流から乱流へ遷移することを利用した純流体素子.

り

リアクタンス reactance
交流回路へのベクトルインピーダンスの中の虚数部分.(交流の角周波数をw,インダクタンスをL,容量をCとするとき,それぞれ$w \cdot L$および$1/w \cdot C$である.)

リアルタイム real time
＝実時間.

リアルタイムトレンド real time trend
信号の値が現在どのように変化しているかを表示するトレンド機能.

力覚センサ force sensor, tactil force sensor
ロボットのアームやハンドが受ける力あるいはトルクを測定するセンサ.

力率 power factor
電圧と電流との位相差の余弦.

リザーバ reservoir
作動流体を循環使用するための貯蔵容器.

離散事象系 discrete event system
離散的な事象が間欠的に生起し,それに伴って状態が離散的に遷移する系.

離散値信号 discrete data signal
時間的に不連続な信号.離散値信号はディジタル計算機内の信号あるいはその出力信号のようにもともと離散値信号であるものと,アナログ信号を一定時間ごとにサンプリングして得られるサンプル値信号とがある.(⇒連続信号)

離散的データ discrete data
文字によって表現されたデータ.

離散的表現 discrete representation
文字によるデータの表現．おのおのの文字または文字の集まりは，多数の選択可能なもののうちの一つを指定する．

離散分布 discrete distribution
離散形変数の値に対して，それぞれの確率が付与されるような分布．

リストリクタ弁 restrictor valve
内蔵した絞り（オリフィス）によって流体回路内に比較的大きい圧力降下を生じさせる半自動弁．

リスナ listener
①データハイウェイに乗せたメッセージを受け取ることのできるステーション．②データを他の機器から受信する機能．

リセット reset
①回路が複数個の状態をとれるとき，基準とする特定の状態に戻すこと．備考：能動的な状態と非能動的な状態の2状態をとれるときは，通常非能動的な状態に戻すこと．②ロックアウト状態または作動後の保護装置を正常状態に戻す操作．③数値制御装置を指定の状態に戻すこと．

リセットする（計数器を） to reset (a counter)
計数器を，指定された初期の数に対応する状態にすること．

リセット動作 reset action
＝積分動作．

リセットパルス reset pulse
回路をリセットするためのパルス．

リセットフリー reset free
バーナ装置の安全スイッチが動作したとき，その直後にはリセットボタンを押してもリセットできないような仕組み．バーナ自動制御装置のインタロックは，安全確保のため原則としてロックアウトインタロックとリセットフリーが組み合わされる．（⇒リセットロックアウト）

リセット率 reset rate
⇒積分時間．

リセットロックアウト reset lock out
バーナ自動制御装置による自動運転中，異状消火を検知して安全スイッチが作動し，バーナ停止（燃料遮断閉止）した場合，所定時間後に安全スイッチのリセットボタンを押して手動復帰しないかぎり，再始動（再点火）することができない状態に維持すること．（⇒リセットフリー）

リセットワインドアップ reset windup
積分飽和現象ともいい，閉制御ループにおいて，積分動作による制御偏差の極性の反転に対する制御量の遅れ応答．遅れ応答は過度のオーバシューティングによって生じる．

理想衝撃パルス ideal shock pulse
正弦波パルス，のこぎり波パルスのように，通常簡単な数学表示で正確に表される衝撃パルス．

利　得 gain
増幅器，受信器，アンテナなどの入力の電圧あるいは電力に対する出力の電圧あるいは電力の比．

利得調整 gain control, sensitivity control
受信機の利得を加減し，表示面上のエコーの強さを適当に調整すること．

リードリレー read relay
小さいガラス管内に不活性ガスを満たし，その中にリードを封入し，それをコイルの中に挿入したリレー．小形で，接点が外気の影響を受けず，かつ，動作が速い特徴がある．

リニアディスクリミネータ linear discriminator
周波数変調を，ひずみなく復調する周波数弁別器．

リニアディテクタ linear detector
振幅変調波の包絡線を，ひずみなく再現する振幅検波器．

リニア特性 linear flow characteristics
直線形流量特性ともいい，相対トラベルの等量増分が相対容量係数の等量の増分を生じる固有流量特性．

リニアモータ linear motor
直線運動をする電動機．

リバージョン reversion
正常の制御方法からバックアップ制御（代替制御）に転換する機能をいう．代替制御は，機械式または電気式の信号伝達および機力作動を用いてもよい．

リピータ repeater
単一の伝送セグメント以上に伝送媒体の長さ，形態または相互接続性を拡張するために使用する装置．

リピートカウンタ repeat counter
必要複写枚数があらかじめ設定できる枚数計で，あらかじめ設定した枚数をコピーした後，再び設定した枚数値へ自動復帰するもの．

リピート機能 repeat function
前のコピー枚数と同一枚数を自動的にセットする機能.

リプル DC power voltage ripple
定格負荷で測定した平均電源電圧に対する電源電圧の全交流成分の p-p 値の百分率.

リプル ripple
指示値，表示値または供給値の平均値付近における，周期的であるが非正弦波状の好ましくない変化.

リプル電圧 ripple voltage
主として電子機器に用いる信頼性保証電解コンデンサの使用電圧に含まれる交流分の実効値をいう.

リプル電流 ripple current
主として電子機器に用いる信頼性保証電解コンデンサを通じて流れる電流の交流分の実効値をいう.

リフレッシュ refresh
表示面上で画像が見え続けるように，繰り返し表示画像をつくり出す動作.

リミッタ limiter
①振幅制限回路ともいい，振幅制限する回路.
②アナログ変数が規定域を超過するのを制御する演算器.

リミットサイクル limit cycle
一定の波形，振幅，周期の振動現象に漸近する場合の振動.

リミットスイッチ limit switch
①プロセス量が，設定した限界位置に近づくかまたは通過した場合に，接点の状態が変化するスイッチ．リミットスイッチとしては，防じん，防水または防爆容器の精密形スナップ(トグル)スイッチが主に使用される．②機器の運動行程中の定められた位置で動作する制御用検出スイッチ.

リミットストップ limit stop
電動弁において弁体が定められた開または閉位置に達したとき，バルブの動作を停止させること.

リモート設定 remote setting
外部設定や遠隔設定ともいい，機器に外部からの信号によって与えられる設定.

リモートセンシング remote sensing
対象を遠く離れて現象を検知すること.

リモートディスプレイ remote display
＝遠隔 PPI.

リモート入出力局 remote input/output station
入出力部を主処理装置に対し遠隔地に設置し，主処理装置と通信手段で接続する機能をもったもの.

硫加カドミウムセル cadmium sulfide cell
CdS セルともいい，光導電現象を利用した電子管式火炎検出器．油燃焼に適し，ガス燃焼の場合は不適.

硫化鉛セル lead sulfide cell
PbS セルともいい，硫化鉛の抵抗が火炎のちらつき(フリッカ)によって変化する電気的特性を利用した電子管式火炎検出器．油・ガス・石炭の各燃焼方式に利用される.

流速式流量計 current type flowmeter
流体中のプロペラなどが流速によって回転する数から流量を測定する流量計.

流体キャパシタ fluid capacitor
制御回路に流体容量を与えるための要素.

流体ゲート回路 fluidic gate circuit
純流体素子を用いたゲート回路.

流体固着現象 hydraulic lock
スプール弁などで，内部流れの不等性などによって，軸に対する圧力分布の平衡を欠き，このため，スプールが弁本体(またはスリーブ)に強く押し付けられて固着し，その作動が不能になる現象.

流体増幅器 fluid amplifier
一つ以上の流体信号で供給流れを制御し，その出力側に信号の基本特性を増大して再生することを可能にする素子.

流体素子 fluid control device
純流体素子，可動形素子を含めた素子の総称.

流体調速機 servo assisted governor
＝油圧調速機.

流体抵抗 fluid resistance
定常流において流路の 2 断面間の圧力変化 Δp と，それに伴う流体変化 Δq との比．流体通過の難易の程度を示す.

$$R = \frac{\Delta p}{\Delta q}$$

ここに，R：液体抵抗.

流体抵抗器 fluid resistor
流体の流れにおいて，圧力降下を発生するための要素.

流体伝動装置 hydraulic power trasmission
流体を媒体として動力を伝達する装置.

流体変速機 hydraulic transmission
トルクコンバータ，流体継手，歯車などで構成され，トルクを変換する機械．なお，トルクコンバータまたは流体継手の一方がない流体変速機もある．

流体容量 fluid capacitance
流入する液体量と，それによる圧力変化との比．
$$C = \left(\int q\,dt\right) \cdot \frac{1}{\Delta p}$$
ここに，C：流体容量．

流量計 flowmeter
瞬時流量と積算流量のいずれか，または両方を指示する流量測定装置．

流量ゲイン flow gain
出力流量の変化量と入力流量の変化量との比．

流量制御弁 flow control valve
流量を制御するバルブ．

流量測定装置 flow measurement device
開水路または管路内を通過する流体の，単位時間当たりの質量または体積を測定する装置．

流量調整弁 flow regulating valve
流量変化による圧力差を導入し，その圧力差を一定に保持して，流量を調整する調整弁．

流量調整弁（油圧） pressure compensated flow control valve (hydraulic)
圧力補償機能により，入口圧力または背圧の変化にかかわりなく，流量を所定の値に保持する流量制御弁．

流量調節弁 flow control valve
流量を調節する調節弁．

流量特性 flow characteristics
弁開度と流量との関係．非圧縮性流体が一定の差圧で弁を通過する場合には，そのトラベルと流量の関係が弁に固有の特性を示すので固有流量特性とよばれる．

流量補正器 flow corrector
ある動作条件における容積流量を表す信号を，決められた標準状態における容積流量の信号に変換する機器．

量 quantity
現象，物体または物質のもつ属性で，定性的に区別でき，かつ定量的に決定できるもの．

領域 area
領域制御のための特殊制御文字によって範囲を指定されている図形文字列の区域．

領域制御 regional control
＝分割制御．

両極性パルス列 bipolar pulse train
パルスの極性が両極性であるパルス列．

量子化 quantization
連続的な量の大きさを幾つかの区間に区分し，各区間内を同一の値とみなすこと．

量子化誤差 quantization error
量子化を行うときに生じる誤差．

利用者 user
処理システムが提供するサービスを要求する人またはその他の実体（応用プログラムなど）．

利用者機能 user facility
要求に応じて利用者に使用可能となり，かつ，データ網伝送サービスの一部として提供される機能の集合．

利用者語 user-defined word
句または文の書き方を満足するために，利用者が与える COBOL の語．

両端基準一致性 terminal-based conformity
校正曲線と，それを近似する規定特性曲線がレンジの上限値および下限値でそれぞれ一致するようにした場合の，近接の度合．

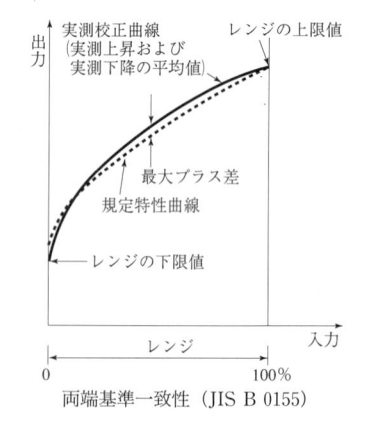

両端基準一致性（JIS B 0155）

両端基準直線性 terminal-based linearity
校正曲線と近似直線とを，レンジの上限値および下限値でそれぞれ一致するようにした場合の，近接の度合．（次頁の図参照）

両手操作 two hand operation
両手で起動ボタンなどを操作すること．

両ロッドシリンダ double rod cylinder
ピストンの両側にロッドがあるシリンダ．

両端基準直線性（JIS B 0155）

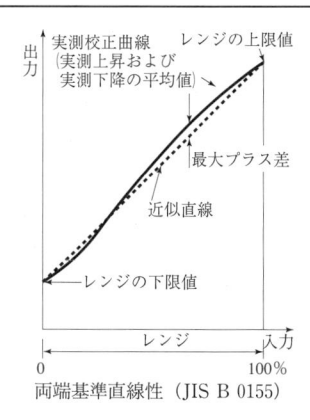

リリーフ減圧弁（油圧） pressure reducing and relieving valve (hydraulic)
一方向の流れには減圧弁として作動し，逆方向の流れには，その流入側の圧力を減圧弁としての設定圧力に保持するリリーフ弁として作動するバルブ．

リリーフ付減圧弁（空気圧） pressure reducing valve with relieving mechanism
2次側の圧力を，より低い設定値に変更する場合，その設定を容易にする目的のリリーフ機構をもつバルブ．

リリーフ弁 relief valve
油圧回路の圧力が弁の設定値に達した場合，流体の一部または全部を戻り側に逃がして，回路内の圧力を設定値に保持する圧力制御弁．

リリーフ弁 relief valve, pressure relief valve
回路内の圧力を設定値に保持するために，流体の一部または全部を逃がす圧力制御弁．

リレー relay
継電器ともいう．①入力信号の変化によって動作し，出力信号を変化させる機器．例えば，空気信号リレー，演算リレー，時間遅れリレーなど．②コイルを励磁すると接触子が直接または間接に接点の開閉を行う機器．

リレーシーケンス制御 relay sequence control
リレーを使ったシーケンス制御の呼称．

リレーダンプ弁 relay dump valve
抽気リレーダンプ弁ともいい，タービン緊急停止時に作動し，各抽気逆止め弁への操作用空気の供給を遮断するバルブ．

リレー入力 input（to a relay）
リレーが応動できるような単一または複数の物理量．

リレーバルブ relay valve
力を増幅して動きを伝える油圧機構．

リレー弁 relay valve
入力信号が加わると，出力状態が切り換わるバルブ．

リレーラダー図 relay ladder diagram
＝ラダー図．

臨界減衰 critical damping, critical viscous damping
減衰抵抗の作用する系の，ある振動モードに対する自由振動において，過渡運動が振動的となるか非振動的となるのかの境界の粘性減衰の大きさ．

臨界制動 critical damping
①クリティカルダンピングともいい，過制動とアンダーダンピングの境界の状態にあること．②制動比が1であるときの制動をいう．

臨界ノズル critical flow nozzle
ノズルの下流側の流体条件に関係なく，質量流量が一定に保たれるような幾何学的形状をした流量センサ．

輪郭制御 contouring control
数値制御工作機械の2軸以上の運動を同時に関連付けることによって，工作物に対する工具の経路と速度とを絶えず制御する方式．

リンギング ringing
減衰的に振幅するひずみ．

リングカウンタ ring counter
＝環状計数器．

リンク機構 rink mechanism
リンケージともいい，二つ以上の部材をピンおよびスライダで結合し，一定の拘束運動を行うようにした機械部分．操作端を(自動)操作するのに広く用いられる．

リング平衡形マノメータ ring balance manometer
内部を仕切ったリング状の管で，円中央部で支持された回転可能なマノメータ．可動接続部から差圧が与えられるとその圧力差によって回転する角度で差圧を指示する．

リンケージ linkage
＝リンク機構．

隣接ノード adjacent node
他のノードを含まない少なくとも一つのパスで接続された二つのノード．

る

類 class
①少なくとも一つの特性を共通してもっているような要素の集合. ②1組の集合の要素を定義する属性の集合. ③指定された集合の一部を部分(実体)に分割してできた部分集合.

累加平均 cumulative average
次々と測定値 $(x_1, x_2, \cdots)$ が得られるとき，
$$x_1, \frac{(x_1+x_2)}{2}, \frac{(x_1+x_2+x_3)}{3}, \cdots$$
をそれぞれ第1，第2，第3，…番目の累加平均という.

累計メモリ sigma memory
一連の計算の結果を累計するために使用する計算器の記憶装置.

累算器 accumulator
アキュムレータともいい，レジスタの一種であって，演算の一つのオペランドを記憶し，演算後，その内容がその演算の結果で置換されるもの.

累積分布関数 cumulative distribution function
x 以下の測定値の出現する確率を x の関数とみたもので普通 $F(x)$ で表す. 離散分布に対しては，$F(x)=(x$ 以下の値に対する確率の和). 確率密度関数 $f(x)$ をもつ連続分布では，
$$F(x) = \int_{-\infty}^{x} f(u) du$$
である.

ルーチン routine
他のプログラムによって呼び出され，汎用的または頻繁に使用されるプログラム.

ルートシグナルシステム route signal system
＝進路信号方式.

ループ loop
①ある条件が満たされている間，繰り返し実行されうる命令の集合. つくり方によっては，ループが1回実行されるまで条件が満たされているかどうかを決定するためのテストがなされない. ②環状ネットワークの同義語.

ループ制御 loop control
計測器からの信号に基づいて，制御系の各機器またはその統合系の動作を制御すること. 信号経路の一種で開ループ制御と閉ループ制御に分けられる. 前者をシーケンス制御，後者をフィードバック制御という.

ルームサーモスタット room thermostat
室温を制御するために設ける素子または装置の総称.

ルールベース制御 rule-based control
制御対象の実際的な運転知識・経験などを，コンピュータで処理できるルール形式で表現し，コンピュータでこれらのルール群を用いた推論を行うことで,操作量を決定する制御方式. 備考：代表的なものとしては，"もし(IF)…ならば，(THEN)…である"という. IF-THENルール表現を用いた推論によって操作量を決定する IF-THEN ルールベース制御がある. 結果として可変構造制御的な動作をするので，非線形制御に入る. (⇒可変構造制御)

れ

レイアウト layout
割付けともいい，表示または印刷面における文章や図表の配置.

零位法 null method, zero method
測定量と独立に，大きさを調整できる同種類の既知量を別に用意し，既知量を測定量に平衡させて，そのときの既知量の大きさから測定量を知る方法. ただし，互いに平衡させる量は，測定量，既知量からそれぞれ導かれた量である場合もある.

励起帯 excitation band
原子内の電子の励起を可能にする隣り合ったエネルギー準位の範囲.

励磁 excitation
電磁石のコイルに電流を流すことによって，磁性体を磁化すること. つまり磁石としての機

励磁警報　excitation alarm
警報状態においてリレーが励磁状態になる方式.

電磁電流　exciting current
電圧を印加したとき,巻線を鎖交する磁束をつくるために巻線を流れる電流.

励振　excitation, stimulus
系に作用する外力または入力.

励振グリッド　driving grid
混合管で,他励発振によって生じた信号を加えるグリッド.

冷接点　cold junction
＝基準接点.

冷接点補償　reference junction compensation
＝基準接点補償.

レイノルズ数　Reynolds number
流体のもつ慣性力と粘性力との比に対応する無次元数.次の式で表す.

$$Re = \frac{Vl}{\nu}$$

ここに,Re:レイノルズ数,V:流れの場の代表速度(m/s),l:物体の代表寸法(m),ν:流体の動粘度(m²/s).

レギュレータ　regulator
調整器ともいい,気体,液体または電気の流れを,定められた目標値に合致させるように作動する機器.例えば,空気圧力調整器,パイロット作動形調整器,差圧調整器,供給量調整器,流量調整器,真空度調整器,液位調整器,電圧調整器など.

レコード　record
①情報の一つの単位として扱われる関連したデータの集まり.②信号を記録した録音媒体の総称.

レーザ　laser
主として,制御した誘導放射の過程によって,200 nm から1 nm の波長域における電磁波を生成または増幅することのできるデバイス.

レーザレベル計　laser level meter
レーザビームの表面または界面からの反射を検出する方式のレベル計.

レジスタ　register
①ビット,バイト,ワードのような,指定された記憶容量をもつ,通常特定の目的に用いられる記憶装置.②制御抵抗ともいい,ゼネレータ出力を制御するとき,接点の開閉によりフィールドコイルに直列に挿入される抵抗.

レジスタ回路　register circuit
2進数としての情報をいったん内部に記憶し,適時その内容が利用できるように構成した回路.

レジスタ長　register length
レジスタの記憶容量.

レシート圧力　reseat pressure
逆止め弁,リリーフ弁などで,入口側圧力が降下し,バルブが閉じ始めて,バルブの漏れ量がある規定の量まで減少したときの圧力.

レスポンス　response
①回路に信号を加えたとき,その回路の特性によって決まる出力信号の現れ方.②レスポンスフレームの制御部の内容であり,アドレスで指定した局が実行した動作または状態を報告する制御情報.

レスポンスフレーム　response frame
送信側のアドレスをもつフレーム.二次局または複合局が送出できる.

レスポンダ　responder
データハイウェイによって受け取ったメッセージに対して,特定の応答を伝送することのできるステーション.

レゾルバ　resolver
シンクロ発信機の一種で,その回転子の角度の X, Y 方向成分に応じた波高に変調した入力信号を固定コイルから出力する.レーダでは,アンテナ軸に機械的に結合して表示 CRT 用の掃引信号発生に用いる.

レーダ　radar
電波を送信し,それによる目標から帰還信号を受信して目標の探知と距離測定を行う電波探知距離測定方式.

レーダの表示方式　indication method of radar
PPI方式,ラスタースキャン方式がある.なお,ラスタースキャン方式とは,指示器の映像表示をテレビジョンと同様に電子ビームを走査させた高輝度画面の方式.

列　sequence
順番付けられた一連の項目.

列　string
全体として見たとき同じ性質をもつ要素の並び.例えば文字の並び.

列車運行管理装置 total traffic control device
列車運行に伴う業務を総合して管理する装置．

列車管 train pipe
列車を貫通しているブレーキ制御用空気管．

列車集中制御装置 centralized traffic control device
CTCと略称し，1か所の制御所で制御区間各駅の信号保安装置を制御するとともに，列車運転を指令する装置．

列車情報案内装置 train information indicator
乗客サービス情報を表示する装置．

列車進行方向指示器 train direction indicator
踏切り道に接近する列車または車両の進行方向を，通行する歩行者・自動車などに知らせる機器．

列車選列装置 train identification device
列車の種類別（急行，緩行，貨物など）を自動的に選別する装置．

列車選別装置 identifying device
地上で列車の種別を自動的に選別する装置．

列車停止標識 train stop indicator
出発信号機を所定の場所に設けることができないとき，また出発信号機を設けていない線路に対して，列車を停止させる位置の限界を表示する標識．

列車番号選別装置 automatic car identification
地上で列車番号を自動的に選別する装置．

列車番号表示器 train number indicator
列車番号を表示する装置．

列車無線装置 train radio device, train wireless radio
列車と地上，列車相互，列車乗務員相互などの無線による連絡装置．

列車名表示器 signmark of train
列車愛称名を表示する装置．

レッドウッド粘度計 Redwood viscometer
一定量の試料容器から細孔を通って50 mlの試料油が流下する時間を測定する粘度計．石油製品の工業用粘度計として使用されている．

列の長さ queue length, queue size
⇒待ち行列．

列方向奇遇検査 transverse parity check
2進数字の集合が行列の形となっているときに，2進数字の列に対して行う奇偶検査．例えば，テープにおける列方向のビット並びに対する奇偶検査．

レディ状態 ready state
①すべての運転条件が選択され，かつ，すべてのインタロックが解除された後，一操作によって動作開始が可能な状態．②情報の受信が可能な局の状態．

レートゲイン rate gain
＝微分ゲイン．

レドックス電極アセンブリ redox electrode assembly
一般に計測用電極と基準電極とからなり，溶液中に存在するイオンの酸化状態および還元状態の活性，すなわち，濃度の比の関数である電気信号を発生するセンサ．

レート動作 rate action
＝微分動作．

レトロフィット retrofit, retrofitting
数値制御工作機械でない工作機械を数値制御工作機械に改造すること，または陳腐化した数値制御工作機械を改造すること．

レバー式調節弁 lever operated control valve
駆動部にレバー機構を用いた調節弁．

レバースイッチ lever switch
レバーを中立位置から左右（または上下）の各方向に外力を加え倒立させる切換操作により接続回路の変更を目的とするスイッチ．

レパートリ repertoire
符号化文字集合を用いた符号化表現によって表現できる文字の集合．

レバーの長さ lever length
レバーの回転中心から操作位置までの長さ．

レファレンス reference
送受信する両エンティティによって指定されるトランスポートコネクションを識別する番号．

レファレンス点 reference position
機械座標系上の数値制御工作機械の特定の位置．機械基準点，ホームポジション，イニシャルポジション，ツールポジションなどの総称．

レファレンス点復帰 return to reference position
指定された制御軸をレファレンス点へ移動させること．

レベル level
①電圧レベル，高と低の二つの論理レベルの

一つ，装置選択，方向選択，レディなどのように，一つの論理シーケンスの間，高と低のどちらかに固定される信号．パルスの対語．②ある量とその量の基準の量との比の対数．対数の底，基準の量，およびレベルの種類を明記する必要がある．

レベルゲージ level gauge
燃料タンク，ラジエータ，潤滑油などの液面を指示する計器．

レベル指示語 level indicator
ファイルの種類または階層関係を示す2文字の英字．データ部のレベル指示語は，CD, FD, RD, SD である．

レベルシフタ level shifter
レベルシフトする回路．

レベルシフト level shift
波に直流を重畳し，全体のレベルを偏位させること．

レベル番号 level number
ランクともいい，階層的編成において項目の位置を示す参照番号．

レベルレコーダ level recorder
電気信号の振幅をディジタル化し，記録紙に記録する装置．

連 係 link, linkage
計算機のプログラミングにおいて，計算機のプログラムの一部，ある場合には，一つの命令または一つのアドレスであって，その計算機プログラムの別々の部分の間で制御およびパラメタを受け渡しするもの．

連係する to link
計算機のプログラミングにおいて，連係すること．

連係編集プログラム linkage editor
目的モジュール間の相互参照を解決し，可能ならば構成要素を再配置することによって，一つ以上の別々の翻訳された目的モジュールまたはロードモジュールから，一つのロードモジュールを作成するために用いられる計算機プログラム．

連合運転 combined operation, combined running
2台以上の送風機・圧縮機の並列または直列運転．

連 鎖 interlock, interlocking
二つ以上の信号機，転てつ器などの相互間で，その取扱いについて一定の順序および制限をつけること．

連査閉そく式 tokenless block system
短小軌道回路を設け，閉そく区間両端の停車場の出発信号機を相互に連動させた常用閉そく方式．

レンジ range
①対象となる変量の上下限値によって表される範囲．なお，レンジという用語は，通常，測定変量，動作条件などの修飾語と一緒に用いられる．②入力変量または出力変量の最小値と最大値との範囲．一般に次のように表す．最小値～最大値．例えば，$0\sim150°C, -50\sim+150°C, 50\sim150°C$．(⇒スパン)

レンジアビリティ range ability
①ターンダウンレシオともいい，機器の仕様に示された精度定格で校正可能な，最大スパンと最小スパンとの比．例えば，機器のスパンの校正可能範囲が10～90％であれば，レンジアビリティは，90/10＝9である．②固有レンジアビリティおよび有効レンジアビリティの同義語．

連成(圧力)計 compound (pressure) gauge
大気圧以上の圧力と真空度の目盛を備えた圧力計．ポンプ吸入口などの低圧力測定に用いる．

連成振動 coupled vibration
二つ以上の振動系の要素が結合されることによって，互いに影響し合う振動．

連想記憶装置 associative storage
内容アドレス記憶装置ともいい，記憶場所が，その名前または位置ではなくて，記憶内容またはその一部によって識別される記憶装置．

連続運転 continuous operation
指定された方法で連続して運転する状態．

連続ガス分析計 continuous gas analyzer
連続方式でガス成分を測定する機器．出力信号は，1成分の濃度かまたは数種の濃度の関数(例えば，$CO+CO_2$)のどちらかを表す．

連続使用 continuous service
機器を長時間連続して使用する状態．

連続信号 continuous signal
時間とともに信号値が連続的に変化するような信号．アナログ信号は通常，連続信号とみなされる．(⇒離散値信号)

連続制御 continuous control
①目標値および制御量が，時間的に連続に扱われ，連続動作によって操作量を生じる制御．②地上からの制御情報を連続的に車上に伝送することによって列車を制御すること．

連続速度フローティング動作 continuous floating action
出力量の変化率が,定められた範囲内の任意の値に応じたフローティング動作.

連続定格 continuous rating
連続使用に対応する場合の定格.

連続定格リレー continuous rating relay
所定の負荷,電圧および周囲条件に応じて,長時間連続して作動するリレー.

連続動作 continuous action
①出力変量が,ある範囲内を連続に変化する動作.実際上,ステップが無視できるような小さい数多くの階段状の変化は,連続とみなすことができる.(⇨不連続動作).②規定の温度限界を超えずに,時間に特別の制限なく正常負荷ができる動作.

連続プロセス continuous process
入出力が時間的に連続であるプロセス.(⇨回分プロセス)

連続分布 continuous analysis
分析対象の特性値を時間的に切れ目なく連続的に測定するか,または一定時間もしくは一定量間隔で測定すること.(⇨インライン分析,オンライン分析)

連続分析 continuous distribution
分布関数が連続関数であるような分布.

連続閉そく式 controlled manual block system
停車場間に連続した軌道回路を設け,閉そく区間両端の停車場の出発信号機を相互に連動させた常用閉そく方式.

レンツの法則 Lent's law

電磁誘導によって生ずる起電力の方向は,元の磁束の変化を妨げるような方向であるということを示す法則.

連動運転 sequential operation
操作しようとするポンプ・送風機・圧縮機を含む数個の機器類を1回の手動操作によって順次自動操作させ,始動・停止するか,または運転状態を変える運転.

連動機 interlocking machine
連鎖を集中して行う機器の総称.

連動図表 interlocking table
連動装置の連鎖などの内容を,鉄道信号用文字記号,図記号などを用いて表した図表.

連動制御 successive control
複数個の機械や機器をある時間間隔で相互に関連づけたり,特定の機器を主体にして,他の機器をそれに付随する形で関連づけて自動的に制御していく方法.

連動接点 interlocking switch
遮断器,接触器,開閉器,転換器などに機械的に接続し,その開閉,切換動作に連動して動作する制御用接点.

連動装置 interlocking device
信号機,転てつ器などの相互の連鎖を行う装置の総称.

連絡節 linkage section
呼ばれるプログラムのデータ部の節であって,呼ぶプログラムの使用可能なデータ項目を記述する.これらのデータ項目は,呼ぶプログラムおよび呼ばれるプログラムの両方から参照できる.

ろ

漏えい妨害 leakge interference
伝導妨害および放射妨害の総称.

漏電遮断器 earth leakage breaker
交流低圧電路の地絡および感電保護用で,電流動作形の遮断器.地絡保護のほか,過負荷,短絡保護併用形もある.

ロガー logger
=自動記録器.

ローカル設定 local setting
機器に,機器が設置されている場所において,直接行われる設定.

ロータリアクチュエータ rotary actuator
回転角度が360°以内に制限されている形式の回転形往復運動をするアクチュエータ.

ロータリカムスイッチ rotary cam switch
スライド,フィーダのタイミングを得るための回転スイッチ.

ロータリスイッチ rotary switch
平面上に固定接触子が円形に取り付けられ,取っ手を回すことによって可動接触子が,その上をしゅう動して開閉する制御用操作スイッチ.

ロックアウト lock out
保護装置を除外して，その影響がないようにする操作．

ロックアウト機能 lock-out facility
計算機があふれまたは誤り状態にあるときにデータの入力を禁ずる機能．備考：一般に特定の解除キーを除くすべてのキーの入力を禁ずる機能を含む．

ロックアウトシリンダ lockout cylinder
ブレーキ側の油圧管路が破損しても，ブレーキ系統全部の作動油の流出を防ぐ機器．

ロックアウトリレー lockout relay
一つのリレーが応動した場合に，他のリレーや装置が応動しないように働き，手動操作でそれが解除されるリレー．

ロック狂い検出器 locking error detector
転てつ器の鎖錠時にロックロッドの定位置が狂った場合，これを検出する機器．

ロック装置 locking device
ガイドベーン，ニードル，入口弁，制圧機などの開きを指定した位置に機械的にロックするもの．この意味は発電用に限定される．

ロック弁 lock valve
圧力操作の切換式逆止め弁．

ロードする to load
データを記憶装置または作業用レジスタに転送すること．

ロードセル load cell
加えられた力に対し，ある定義された関係で信号を発生する機器．液体圧，空気圧，圧電，弾性，電磁誘導など，さまざまな物理現象を利用した種々のロードセルがある．

ロードモジュール load module
実行のために主記憶装置へロードしうる計算機プログラムの単位であって，通常，連係編集プログラムの出力である．

炉内圧制御装置 furnace pressure control
ボイラの炉内圧を一定にする制御装置．

ロバスト制御 robust control
制御対象の特性に多少の変動があっても，制御系全体が不安定にならず，制御性能の劣化が少ないという強健性を考慮して設計された制御．備考：通常，パラメータの固定された制御装置によってこれを実現する．

ロボット言語 robot language
人間とロボットの間で情報を記述したり交換するための言語．

ロボット溶接 robotic welding
産業用ロボットを用いて行う自動溶接の一種．ロボットアーク溶接，ロボットスポット溶接などがある．

ROM read only storage, read only memory
特定の利用者による場合または特定の条件下で動作させる場合を除いては，内部を変更することができない記憶装置．

ロラン方式 loran system
長い基線の二つの陸上局から送信される電波の到達時間差を測定し，船位を決定する双曲線航法方式．

ロールアウトする to roll out
主記憶装置を別の用途のために解放することを目的として，種々の大きさのファイルまたは計算機プログラムのようなデータの集合を，主記憶装置から補助記憶装置に転送すること．

ロールインする to roll in
前にロールアウトされたデータの集合を主記憶装置に再格納すること．

ロール自動給紙方式 automatic roll paper feed
ロール状のコピー用紙または感光紙を自動的に給紙する方式．

論理アドレス logical address
名称，ラベル，または番号で表されたステーションの識別方法．

論理演算 logic operation, logical operation
①記号論理学の規則に従う演算．②演算の結果の各文字が各オペランドの対応する文字だけで決まる演算．

論理演算子 logical operator
予約語の AND，OR または NOT．条件を書くのに AND と OR を論理連結語として使え，NOT は論理否定に使う．

論理演算装置 logic unit
処理機構において，論理演算を行う部分．

論理回路 logical circuit
アンド，オア，ノットなどの論理機能をもった回路．

論理回路 logic device
論理機構ともいい，論理演算を行う回路または機構．

論理型 boolean type
二つの別の値をもつ単純型．

論理機構 logic device
＝論理回路．

論理記号 logic symbol
演算子，機能または機能的関係を表す記号．

論理けた送り logical shift, logic shift
機械の語のすべての文字に同等に施すけた送り．

論理状態 logic condition
2値変数の二つの値に対応する状態．論理状態は，二つの異なる記号，一般に0と1の記号で表し，それぞれ論理状態0および論理状態1，または単に状態0および状態1とよぶ．

論理図 logic diagram
論理設計の図形表現．

論理制御システム logic control system
ブール代数の規則に基づき入力記号の状態によって出力信号の状態を明らかにする制御システム．

論理積 conjunction, intersection
AND演算ともいい，各オペランドがブール値1をとるときに限り，結果がブール値1になるブール演算．

論理積素子 AND gate, AND element
ANDゲート，AND素子ともいい，ブール演算としての論理積演算を行う論理素子．

論理設計 logic design
記号論理学のような形式的な記述方法を用いる機能設計．

論理素子 logic device
論理機能をもった流体素子．

論理素子 gate, logic element
ゲートともいい，基本となる論理演算を行う組合せ回路．論理素子は一般に1個の出力をもつ．

論理入力装置 logical input value
理論入力値をプログラムに知らせる一つ以上の物理装置を抽象化したもの．

論理比較 logical comparison
二つの列が一致しているかどうかを調べること．

論理ブロック logical block
①1個の論理単位として取り扱われる 2^{n+9} 個のバイトの群（n は0または正の整数）．②イニシエータからアクセス可能な論理ユニット上のデータブロック．

論理ブロックアドレス logical block address
論理ユニット上の理論ブロック0から始まる連続した論理ブロックの論理アドレス．

論理ユニット logical unit
ターゲットを通じてアドレス指定可能な物理的または仮想的な装置．

論理命令 logic instruction
演算部が論理演算を指定している命令．

論理ユニット番号 logical unit number
論理ユニットを識別するための3ビット符号化識別子．

論理リンク制御 logical link control
媒体から独立したデータリンク機能を提供し，また，ネットワーク層にサービスを提供するために媒体アクセス制御副層のサービスを使用するデータリンク層の部分．

論理レコード logical record
論理的な観点から一つのレコードであると考えられる，関連したデータ要素の集合．

論理レベル logical level
2値変数がとる二つの論理状態に対応する物理量を表す．一般にHとLの記号で表す．Hはより大きい値をもつ論理レベルを表すのに使用し，Lはより小さい値をもつ論理レベルを表すのに使用する．

論理和 disjunction, OR operation, logical add
OR演算ともいい，各オペランドがブール値0をとるときに限り，結果がブール値0になるブール演算．

論理和素子 (INCLUSIVE-) OR gate, (INCLUSIVE-) OR element
ブール演算としての論理和演算を行う論理素子．

わ

Y結線三相四線式 starconnection three-phase four-wire system
　低圧回路で変圧器の2次側のY結線の中性線と動力線3条と併せて4条で供給する主として415/240 V 系の回路.

Y-コンデンサ capacitor of class Y
　コンデンサが故障すると感電のおそれがある回路に用いる交流電圧125 V を超え250 V まで使用できる雑音防止用コンデンサ.なお,使用電圧を限定しない場合,ラインバイパスコンデンサともいう.

Y種絶縁 class Y insulation
　電気機器で許容最高温度90℃に十分耐える材料で構成された絶縁.

ワーク workpiece
　ロボットが扱う対象物体.

ワーク座標系 workpiece coodinate system
　工作物に固定される右手直交座標系.

ワーク座標系設定 workpiece coordinate system setting
　マシンプログラムまたは数値制御装置のパラメータを変えることによって,ワーク座標系を,あらたに設定すること.

ワークステーション work station
　人間が操作し,通常端点に配置されるデータ処理ステーション.

ワード word
　語ともいい,1単位として扱われる,ある順序で並べられたキャラクタの集まり.

ワードアドレスフォーマット word address format, address block format
　各ワードに,それを識別するアドレス用のキャラクタをもつテープフォーマット.

ワード・レオナード方式 Ward-Leonard system
　専属する直流発電機の界磁電流を加減することにより,直流電動機の電圧制御を行う方式.直流電動機の速度制御方式の一つである.(⇒静止レオナード方式)

割込み interrupt
　PC システムまたはプログラムの正常処理における中断であり,その後中断していた位置から再開できるような方法で遂行されるもの.

割込み interrupt, interruption
　計算機プログラムの実行のような処理の中断であって,その処理に対する外部からの事象に起因し,後でその処理が再開できるような方法で遂行されるもの.

割込み機能 interruption
　連続コピー中,一時中断して他のコピーをとり,その後,元の連続コピーの状態に復帰する機能.

割込みレジスタ interrupt register
　割込み処理に必要なデータを保持する専用レジスタ.

割付け layout
　＝レイアウト.

割付け表 assignment list
　入出力値,タイマ,カウンタなどを記号化したアドレスと PC 内の絶対アドレスまたは論理アドレスの相互関係を表す表.

ワンショット回路 one-shot circuit
　ステップ入力が入ったときに,ただ一つのパルスを発生する回路.

ワンループ調節計 one loop controller
　＝シングルループ調節計.

参考および引用文献

1) JIS Z 8116・自動制御用語(一般),日本規格協会,1994.
2) JIS ハンドブック 42・電気計測,日本規格協会,1998.
3) JIS 工業用語大辞典第 4 版,日本規格協会,1996.
4) 計測自動制御学会編:自動制御ハンドブック(基礎編),オーム社,1983.
5) 計測自動制御学会編:自動制御ハンドブック(機器・応用編),オーム社,1983.
6) 片岡照栄監修:センサ用語辞典,情報調査会,1986.
7) 中井多喜雄:ボイラ自動制御用語辞典,技報堂出版,1996.
8) 中井多喜雄:建築設備用語辞典,技報堂出版,1998.
9) 長谷川 健:シーケンス用語事典,オーム社,1988.
10) 中井多喜雄論文,フィードバック制御概論,月刊誌ボイラ技士,昭和 50 年 2 月号.
11) 松山 裕:だれでもわかる自動制御,省エネルギーセンター,1992.
12) 自動制御機器便覧編集委員会編:自動制御機器便覧,オーム社,1963.

索　引

A

abbreviated address calling 173
abnormal operation detecting function 11
abnormal stop 11
absolute address 147
absolute addressing 147
absolute dimension 5
absolute error 147
absolute instruction 148
absolute position sensor 5
absolute signal 148
absolute stability of a linear system 152
absorber 174
abstract syntax 178
AC applied voltage 69
AC servomechanism 69
AC servomotor 69
a・c electromagnetic switch 69
a・c machine 69
acceleration governor 40
acceleration pickup 40
acceleration relay 40
acceleration seismograph apparatus 45
acceleration setter 40
access mode 292
accessory hardware 274
access time 1,292
accidental coincidence 58
accident warning audible signal 228
accident warning signal 207
accounting machine 33
accumulator 1,176,300
accuracy 38,136
accuracy rate 136
accuracy rating 143
acknowledge 20,68
acknowledgement 216

a contact 21
acoustic coupler 31
acoustic sense 179
acquisition 285
across-the-line capacitor 1
acting acceleration measurement 204
acting module 205
acting position measurement 204
acting speed measurement 204
acting time 204
action 1,203
action entry 204
active circuit 219
active device 219
active filter 1
active position 204
active power 289
active redundancy 119
active transducer 219
actual value 93
actuated position 80
actuating cylinder 80
actuating signal 204
actuating time 256
actuation 80,203
actuator 1,46,58,157
adaptive control 189
adaptive controlled robot 189
addend 39
adder 39
adder-subtracter 38
adding machine 39
additional coverage 293
additional protective earth 183
address 4
address block format 307
adjacent node 299
adjustable restrictor valve 179
adjustable side block 100
adjustable-speed motor 39

adjustment 179
admittance 4
aggregate 106
ahead maneuvering valve 153
air cleaner 57
air compressor 57
air conditioning unit 57
air consumption 57
air cylinder operated valve 57
air damper 276
air distributor 51,95
airflow control system 58
airflow control valve 58
airflow relay 251
air-fuel ratio feed back controlled carburetor 58
air-less close 19,57
airless closed diaphragm control valve 52
air-less open 19,57
airless open diaphragm control valve 140
air motor 19
(rotary) air motor 57
air motor operated valve 57
air rich control 19
air supply 57
air-to close 19,183
air-to-open 19,183
air valve 58,276
alarm 6,62
alarm annunciator 6
alarm output 63
alarm set station 63
alarm signal 63
alarm unit 62
algorithm 6
algorithmic language 6
allowable current 55
allowable input voltage 55
allowable voltage variation 55
all-speed governor 30,154
alphabetical notation 6

alphabetic character set 19
alphabetic code 19
alphabetic coded set 19
alphanumeric character set 20
alphanumeric code 19
alphanumeric coded set 19
alphanumeric data 20
alphanumeric notation 6
alternate display 30
alternating current 20,69
alternative test method 165
ALU 20
ambient condition 105
ambient conditions 105
ambient humidity 105
ambient pressure 105
ambient temperature 105
ambient temperature rating 55
ammeter 10,201
among-scale mark 178
amount of information 118
Ampere's circuital law 10
Ampere's right hand screw law 10
ampermeter 201
amplification 159
amplification factor 159
amplification factor (between two electrodes) 214
amplifier 9,159
amplifying unit 159
amplitude 125
amplitude characteristic 126
amplitude discrimination 126
amplitude limiting 126
amplitude modulation distortion (for sinusoidal modulation) 126
amplitude modulation factor (for sinusoidal modulation) 126
amplitude-to-time converter 226
A/M station 96
analog 4
analog computer 4
analog control 5
analog display 5
analog divider 119
analog input channel (in process control) 5
analog input channel amplifier 5

analog multiplier 5
analog output channel amplifier 5
analog representation 5
analog servo system 5
analogue computer 4
analogue computing unit 4
analogue data 5
analogue device 5
analogue-digital converter 5,21
analogue instrument 4
analogue signal 5
analogue-to-digital conversion 21
analog variable 5
analysis of variance 265
analytical instrument 265
AND circuit 9
AND element 9,306
AND gate 9,306
AND operation 9
angle of deviation 269
angle of reflection 234
angular frequency 38
angular trunsducer 38
anisochronous transmission 242
annotation 61
annunciator 5
annunciator system 5
anode 5,291
answerback signal 6
answering 25
antenna coil 9
antenna scanner 157
anticipatory paging 153
anticoincidence circuit 53,234
anti-collision system 118
anti-lock device 8
antinode 229
anti-reset windup 8,145
anti-rolling device 8
aperiodic pulse train 238
apparatus 159
apparent power 241
apparent signal delay 123
application air reservoir 82
application-association 2,26
application-process 26
application program 5,26
applied part 159
applied voltage 15,41
approach control 125
approach indicator 147

approach lock 147
arbeit contact 6
arc-througth 183
area 298
area (in programming languages) 56
area of safe operation 7
argon β-ray ionization detector 6
arithmetical instruction 83
arithmetic and logic unit 83
arithmetic expression 83
arithmetic instruction 83
arithmetic mean 83
arithmetic operation 83
arithmetic operator 83
arithmetic overflow 83
arithmetic register 83
arithmetic unit 83
arm 17
armature 6,194
armature chopper control 195
armature voltage control 195
armature voltage control (motor) 193
array 202
array processor 6
arrester 246
articulated robot 46
artificial intelligence 124
artificial language 123
artificial variable 121
aspect 64
assembler 2
assembly center 2
assembly language 2
assembly program 2
assessed value 129
assignment 166
assignment list 307
association control protocol machine 2
association control service element 2
associative storage 303
astatic control 282
astatic controlled system 255,282
astatic type 281
asymmetrical input 241
asynchronous machine 242
asynchronous procedure 242
asynchronous transmission 242
atmospheric type vacuum

breaker 164
attenuation 65
attenuation band 65
attenuator 65
audio response unit 31
augend 237
auto air valve 95
autoclear function 27,100
(auto) constant flow control 185
(auto) constant pressure control 184
auto-correlation function 90
auto-counter 27
auto cutter 27
auto door control device 27
autofluoroscope 28
autofocus camera 96
auto-loader 28
automated analysis 101
automated design 98
automated drafting 97
automated guided vehicle 281
automated material handing system 100
automated storage and retrieval system 98
automatic 99
automatic abstracting 96
automatic abstraction file 98
automatic air brake equipment 95
automatic air vent valve 95
automatically intermittent engine idling 94
automatically reset 100
automatic analysis 101
automatic answering 94
automatic ball doffing apparatus 276
automatic battery charge 96
automatic battery charger 96
automatic battery exchange 100
automatic belt sander 28
automatic bill exchanger 96
automatic blending 98
automatic block system 101
automatic boiler control 21,101
automatic boiler control system 21,271
automatic bourette stripper 94
automatic brake valve 101

automatic braking system 101
automatic buret 100
automatic burner control system 228
automatic calling (in data network) 102
automatic cancel release 94
automatic can transporter 95
automatic car classification device 39
automatic car identification 302
automatic carrier return 94
automatic cash dispenser 53,95,102
automatic checking and collecting machine 94
automatic choke 99
automatic circular saw sharpener 101
automatic clamping device 96
automatic coin exchanger 95
automatic combustion control equipment 20,100
automatic combustion control system 218
automatic condition 100
automatic constant function 99
automatic control 97
automatic controller 97,99,179
automatic control of device operation test 94
automatic control system 97
automatic control system tuning 97
automatic control valve 97
automatic copying lathe 99
automatic coupler 102
automatic coupling 102
automatic coupling equipment 94
automatic current regulator 99
automatic cut-off 27
automatic cutting 96
automatic density control device 94
automatic depressurization system 95
automatic document feeder 95
automatic doffer 27

automatic doffing apparatus 98
automatic doffing machine 27
automatic drain valve 99,100
automatic drawing-in machine 100
automatic electromagnetic air brake equipment 198
automatic element analytical instrument 95
automatic engine starting device 48
automatic exposure control 102
automatic exposure rate control 102
automatic filling winder 95
automatic fire alarm system 94
automatic flat knitting machine 102
automatic flat pressing machine 100
automatic flight control system 98
automatic follow-up system 99
automatic frequency control operation 20,96
automatic fuel shift carburetor 95
automatic function 95
automatic gas valve 127
automatic glue jointer 96
automatic guided fork lift truck 281
automatic guided vehicle 281
automatic hydraulic brake device 102
automatic ignition device 99
automatic indexing 96
automatic injection valve 101
automatic intensity control 98
automatic knif grinder 95
automatic landing system 98
automatic lap doffing apparatus 294
automatic lathe 98
automatic level controlling device 98
automatic level controlling valve 98
automatic load regulating operation 20

automatic load regulating
    operation 100
automatic load regulator 100
automatic loom 96
automatic/manual station
    96
automatic material handing
    system 100
automatic mode 101
automatic mode of operation
    101
automatic monitor for
    atmospheric particulate
    matter 256
automatic monitoring system
    (for environment) 94
automatic mooring winch 101
automatic nut tapping
    machine 212
automatic oil level regulator
    102
automatic operation 94,98
automatic paper feed 95
automatic pirn winder 95
automatic positioning device
    94
automatic power factor
    regulating operation
    21,102
automatic programming 101
automatic quiller 95
automatic radar plotting aids
    19,96
automatic reactive power
    regulating operation
    20,101
automatic read 99
automatic recording pH meter
    236
automatic relief valve 100
automatic repagination 94
automatic reset 97
automatic resetting 100
automatic resetting contact
    100
automatic ritration 99
automatic roll paper feed 305
automatic route setting device
    102
automatic run back device
    100,295
automatic sample preparation
    equipment (for bulk
    materials) 97
automatic sampler 27,96,97

automatic sampling 96
automatic sampling equipment
    (for bulk materials) 96
automatic scanning 98
automatic screw machine
    98,217
automatic sensor positioning
    equipment 153
automatic sequential operation
    98
automatic setting 98
automatic sheet paper feed
    103
automatic signal 100
automatic size measuring
    equipment 102
automatic sizing device 99
automatic slack adjuster 97
automatic spark advance 97
automatic speech recognition
    31
automatic sprinkler system
    97
automatic start 95
automatic start-automatic
    stop type 96
automatic start-stop
    controller 100
automatic storage allocation
    95
automatic stroke to belt
    sander 97
automatic swage setting
    machine 97,100
automatic switching by time
    relay system (on high
    voltage overhead
    distribution network) 96
automatic tax computation
    97
automatic teller's machine
    102
automatic tensioning device
    199
automatic test equipment 96
automatic ticket vending
    machine 95
automatic tool changer 95
automatic train control device
    21,102
automatic train operation
    device 21,102
automatic train stop device
    21,102
automatic uncoupling 95

automatic valve 101
automatic voltage regulating
    operation 22,99
automatic voltage regulating
    relay 99
automatic wagon sorting
    device 39
automatic water conditioning
    128
automatic water softener 100
automatic welding 102
automatic wheel wear
    compensator 202
automatic winder 103
automatic wood screw
    machine 284
automatic yarn changer 94
automatic yarn piecer 94
automatic zigzag sewing 101
automation 28,94
autonomous travel 121
auto-oxidation 96
auto-paralleling 101
auto pilot 27,98
auto-plotter 101
autoradiography 28
autoselect control 27
auto-sizing device 99
auto-timer 97
autotransformer 172,174
auto tuning 27
auxiliaries control 273
auxiliary circuit 274
auxiliary contact 274
auxiliary device 274
auxiliary governor 274
auxiliary pilot valve 275
auxiliary power supply 275
auxiliary relay 274
auxiliary servomotor 274
auxiliary storage 274
auxiliary sub switchboad 275
availability 6
available time 115
averaging 39
averge frequency of a
    modulated signal 271
axle control 1
axle detector 104

B

back contact 227
back electromotive force 52
back pressure 221

索　引

back pressure governor　221
back pressure regulating valve
　221
back pressure sensor　221
backward channel　53
backward reading　53
baffle　229
balance　225
balanced error　267
balanced input　267
balanceless bumpless transfer
　229
balance protection　267
balancing speed　267
balancing time　267
ballast tube　9
ball tap　276
ball type device　276
ball valve　277
band　234
band overlap　234
band-pass filter　164
band resaw with rollers　102
band saw machine with
　carriage　100,153
band transmission system　164
band width　164
barcode　226
baric mass-change
　determination　202
barrier lock　256
base　184,268
base address　50
base address register　50
baseband　268
baseband system　268
base-cap connection diagram
　268
base coordinate system　47
base current　268
base line　50,268
base line dwelltime　232
baseline restorer　268
base load　51,268
baseplane　148
base quantity　52
base unit　52
BASIC　267
basic insulation　50,51
basic mode link control　52
basic solution　50
basic symbol　52
basic variable　51
batch control　228
batch process　36,228

batch processing　13
battery backup　228
b contact　240
beam　244
beam current　244
beam deflection amplifier
　270
bearing cursor　272
bearing error　272
beats　18
bellofram　269
bellows pressure sensor　269
belt training idler　179
belt training roller　99,179
bending of hand　191
Bernoulli's theorem　269
bias　41,221
bias current　221
biased amplifier　221
bias flow　221
bias pressure　221
bilateral servomechanism
　159,224
bilateral servo system　224
bilateral transducer　38
bimetallic element　223
bimetal thermometer　223
bimetal type flasher　224
bimetal type fuel gauge
　indicator　224
bimetal type fuel sensor　224
bimetal type oil pressure
　sensor　223,224
bimetal type temperature
　gauge indicator　223,224
bimetal type temperature
　sensor　223
bimetal type volt meter
　223,224
binary　214
binary arithmetic operation
　214
binary cell　214
binary character　214
binary character set　214
binary code　214
binarycoded decimal notation
　214
binary-coded notation　214
binary control　214
binary counter　214
binary counter circuit　223
binary digit　214
binary logic element　214
binary notation　214

binary numaration system
　214
binary numeral　214
binary operation　213
binary signal　214
binary unit of information
　content　105
binary variable　214
bionics　221
Biot-Savart's law　236
bipolar pulse train　298
biquinary code　213
bistable device　155
bistable multivibrator　212
bistable trigger circuit　155
bit　214,241
bit combination　242
bit error　241
bitstring type　242
black box　257
black start　120
blanking　58,257
bleed　258
bleeder resistance　257
bleed line　258
bleed-off circuit　258
bleed-off system　258
bleed type　258
bleed valve　258,273
blend proportioning valve
　260
blind controller　179
block　162,263
block circuit　267
block delet　263
block diagram　263
blocking　162
blocking control　263
blocking oscillator　263
blocking relay　263,267
block line　267
block signal　267
block system　267
block transfer　263
blow-off valve　252,273
Bode diagram　276
boiler control panel　271
boiler dynamic response test
　271
boiler following control　271
boiler-turbine coordinated
　control　271
boiler-turbine parallel control
　271
bolometer　277

bond 277
bond graph 277
Boolean algebra 258
Boolean function 258
Boolean operation 258
Boolean operation table 258
Boolean operator 258
boolean type 305
booster 155,254
booster circuit 254
booster valve 254
bootstrap 255
bootstrap (loader) 256
bootstrap circuit 256
borrow digit 43
bounded-variable technique 288
Bourdon pressure sensor 259
Boyle's law 271
brake 259
brake alarm device 259
brake command amplifier 259
brake controller 259
brake demand operating device 259
brake electric operating device 259
brake operating unit 259
brake system converting equipment 259
braking ratio control equipment with speed 259
branch 21,264
branch circuit 76
branch instruction 264
branchpoint 264
Braun tube 256
break contact 259
breaker points 259
breakpoint 58
break relay 259
breather valve 257
bridged circuit 257
bridge excitation 257
bridge input circuit (in process control) 257
bridge supply 257
bridge transition 257
broader term 115
broken line 30
BR port connection 235
bubble memory 88,229
bubble-tube 52

Buchholtz relay 255
buffer 44
buffer storage 44
bulk eraser 116
bulk modules 165
buoyancy level measuring device 258
burner operation and control system 218
burnout 233
burst transmission 227
burt error 227
bus 227,275
bus bar 227
bus tie breaker 227
bus tie relay 227
butterfly check valve 227
butterfly valve 179,227
button switch 275
by-pass bond 223
by-pass control 223
by-pass control valve (hydraulic) 223
bypass manifold 223
by-pass operation 223
by-pass valve 223
byte 222

C

cab signal 105
cab signal block system 105
cab signal section 124
cab warning device 104
cache memory 53
cadmium sulfide cell 93,297
calculating machine 61
calculating relay valve 24
calculator 61
calculator with algebraic logic 129
calculator with arithmetic logic 39
calibration 66,284
calibration curve 67
calibration cycle 67
calibration table 67
calibration traceability 67
calibrator 67
caliper profiler 53
call (in data network) 292
call (in programming) 292
call-accepted signal 177
called program 292
call in control 292

calling 292
calling-on signal 289
calling program 292
calling sequence 292
calling signal 292
call-not-accepted signal 177
call-on signal 289
cam 43
cam angle indicator 39
cam angle recorder 39
camera tube 80
cam-operated switch 43
cam operated valve 43
cam ring 43
cam sequence circuit 43
cam shaft 43
cam shaft controller 43
cam timer 43
cam type controller 43
cancel release 34
capacitance 53
capacitance type water gauge 142
capacitor 73
capacitor motor 73
capacitor of class U 290
capacitor of class X 21
capacitor of class Y 307
capacity control 252,291
capacity lag 291
card 41
card reader 42
cargo control console 215
cargo control panel 215
cargo control room 215
carriage return 255
carrier 53
carrier frequency 234
carrier frequency shift 270
carrier wave 234
carry 63
carry digit 63
Cartesian robot 182
cartridge fuse 184
cascade control 39
cascade setting 40
catalytic analyzer 119
cathode 15,40
cathode-ray oscilloscope 27
cathode ray tube 85
cathode-ray tube 15,256
cathode-ray tube display 85
cathode ray tube operation 85

索引

c contact 92
cd-name 183
center point 177
center-tap doubler type 177
center time point 86
central control 177
centralized control 106
centralized process control computer 106
centralized traffic control device 93,302
central processing unit 103,177
Čerenkov detector 175
chain 116
chance coincidence 58
changeover contact 92
change-speed motor 168
channel 177,184
channel capacity 119,184
channel separation 177
character 53,285
character (of light signal) 205
characteristic (of a logarithm) 91
characteristic (of light signal) 205
characteristic curve 207
characteristic equation 207
characteristic impedance 207
characteristic root 207
character set 285
character string 285
charge sensitive amplifier 193
chart 177
chattering 176
check character 64
checking program 64
check key 64
checkpoint 175
check valve 53,175
chemical injection control 287
chip 176
chi-square distribution 34
choke 180
chopped display 182
chopper 182
chopper control 182
chopping part 182
chromatograph 60
chromatography 60
circuit 37

circuit breaker 37,79
circuit-breaker 104
circuit diagram 123
circuit element 37
circuit switching 34
circular-arc writing oscillograph 23
circular frequency 38
circular interpolation 23
circulator 79
clamper 59
clamping 59
clamping circuit 59
clamping voltage 140
clamping voltage ratio 140
clamp level 59
class 300
class A amplification 20
class A insulation 20
class B amplification 237
class B insulation 238
class C amplification 88
class C insulation 91
class E insulation 11
class F insulation 22
class H insulation 21
classification 266
classification of insulation 147
class mark 266
class symbol 266
class Y insulation 307
CL-data 85
clear all function 153
clearance valve unloader 131
clear entry 176
clear entry function 176
clear key 59
clear memory function 284
clip level 59
clipper 59
clipping circuit 59
clock 60,69
clock pulse 60,69
clock resister 61
clock signal 60,69
clock time simulation 186
clock track 69
close 266
close at signal 19
close circuit 268
closed centre system 60
closed centre valve 60
closed contact 268
closed gauging 281

closed loop 208,267
closed-loop control 267
closed-loop gain 267
closed-loop transfer function 267
closed neutral valve 60
closed position 266
closed subroutine 208
closed track circuit 267
closed user group 266
closed user group with outgoing access 35
closed window 267
closing 206
clutch 59
code 70,254
code converter 70,71
coded character set 70
coded image 254
coded representation 70
coded set 70
code element 71
code element set 71
code error 254
code error detecting 254
code error rate 254
code extension 254
code-independent data communication 71
code input 71
code set 71
code-transparent data communication 70
coding 70
coefficient of correlation 156
coefficient of variation 271
coefficient of viscosity 218
coefficient unit 62
coherence 71
coil 66
coincidence 13
coincidence circuit 205
coincidence method 41
coincidence resolving time 205
cold cathode character-display discharge tube 246
cold junction 301
cold restart 72
collapsible tap 99
collector 72
collector ring 135
collision controller 118
colorimeter 239
colourlight signal 87

索　引　318

colour scanning tracer 99
column 15
combinational ciruit 58
combinational logic element 58
combination switch 73
combined condition 58
combined control 253
combined control system 63
combined mult-axle control 253
combined non-return butterfly valve 53
combined operation 303
combined running 303
combined station 253
combined voltage and current transformer 60
combustion monitoring device 218
combustion safety controller 218
combustion safety control system (of boilers) 218
combustion type gas analyser 218
command 71,121
command descriptor block 71
command frame 71
command language 121
command pulse 121
command switch 282
comment 178
comment (computer program) 61
comment-entry 178
comment line 177
commercial frequency 119
commercial frequency track circuit 119
commercial power supply 119
common alarm 54
Common Business Oriented Language 71
common mode interference 71
common mode rejection 71,205
common mode rejection ratio 71,205
common mode signal 72
common mode voltage 72,205
common program 54
common setting 54
communication 71

communication control unit 183
communication description entry 183
communication device 183
communication section 183
communication system 71
communication theory 184
communicative function 118
commutating reactor 202
commutation 201
commutation point 194
comparator 73,236
comparator (in analog computing) 236
comparing element 236
comparison measurement 236
comparison monitor 236
compass 73
compatibility 69
compensating element 274
compensating lead wire 274
compensating network 274
compensating winding 274
compensation 173,274
compensation method 274
compensator 274
compiler 73
compiler generator 73
compiling program 73
complement 275
complementary 159
complementary error 252
complementary operation 159
complementer 275
complete carry 152
complex admittance 253
complex amplitude 253
complex excitation 253
complex number 253
complex response 253
component 67,74
composite algorithm 253
composite pulse 67
composition deviation transmitter 144
compound (pressure) gauge 303
compound loop control system 253
compressed-air starting 57
compressible fluid 2
compressor 2
compute mode 24
compute part programming

101
computer 61,73,197
computer aided drafting machine 97
computer auto-manual station 61
computer automated drawing 97
computer control 61
computer graphics 61,73
computer hardware 74
computer instruction 61
computer integrated manufacturing system 104
computerization 118
computerized interlocking system 199
computerized knitting machine 198
computerized numerical control 85
computer language 61
computer micrographics 61,74
computer-name 61
computer network 61
computer-oriented language 61
computer program 61
computer science 118
computer simulation 61
computer software 74
computer system 61,190
computer system fault tolerance 61
computer system resilience 61
computer word 61
computing 23
computing equation 24
computing logger 74
computing range 24
computing system 190
computing type 24
computing unit 23
concentrated control 106
condenser level control valve 253
condional stability of a linear system 152
condition 116
conditional control 116
conditional expression 116
conditional jump 116

索引

conditional parameter 116
conditional phase 116
conditional stability 116
conditional statement 116
condition entry 116
condition monitoring 117
conductance 73
conducted interference 201
conducted susceptibility 201
conduction control factor 184
conduction interval 184
conductive noize 201
conductivity meter 206
conductor 205
conductor layer 205
confidence coefficient 127
confidence interval 126
confidence limits 126
configuration 66
confirmation 38
confirm primitive 38
conformance test 189
conformity 13
conformity error 14
conjunction 306
conjunctive canoical form 118
connect 147
connection 147
connection diagram 64,147,222
consistency transmitter 232
console 72,157
constained magnetization condition 67
constant current control 188
constant flow valve 189
constant frequency control 187
constant function 188
constant-speed governor 188
constant-speed motor 188
constant surface speed control 106
constant tension winch 101
constrained extermal problem 116
constraint 144
constructed encoding 67
constructional hardware 107
contact 148
contact bounce 149,176
contact bumper 115
contact capacity 149
contact fault 147

contact force sense 2
contact input 149
contact interrogation signal 149
contactless switch 281
contact opening time (of relay) 33
contactor 73,147,198
contact output 73,149
contact points 259
contact-potential difference 147
contact protection 149
contact rating 149
contact relay 289
contact resistance 147
contact switch 289
contact type regulator 148
contents octets 211
continuous action 304
continuous analysis 304
continuous carbon monoxide analyzer 13
continuous control 303
continuous distribution 304
continuous floating action 304
continuous flow valve 189
continuous gas analyzer 303
continuous hydrocarbon analyzer 172
continuous nitrogen oxides analyzer 176
continuous operation 303
continuous oxidant analyzer 26
continuous path control 103
continuous path controlled robot 103
continuous process 304
continuous rating 304
continuous rating relay 304
continuous service 303
continuous signal 303
continuous sulfur dioxide analyzer 213
contouring control 299
control 136
control ability 138
control action 138
control action signal 138
control air compressor 139
control air dehydrator 137
control air pipe 139
control air receiver 139

control algorithm 136
control ampere-turns 136
control area 136
control assembly 138
control boad 139
control box 139
control break 137
control break level 137
control character 139
control characteristic 138
control circuit 137
control circuit cut-off switch 137
control command 139
control computer 139
control condition 137
control console 73
control current 138
control cycle 137
control data item 138
control data-name 138
control detecting switch 139
control device 18,138
control drum 157
control duct 138
control electrode 138
control element 139
control flow 138
control footing 136
control force 157
control force sensor 157
control frequency 137
control function 137
control grid 137
control group 137
control heading 136
control hierarchy 137,139
control in 73
control input 139
controllability 40,73
controllable check valve 55
control language 137
controlled blasting 139
controlled flow 138
controlled manual block system 304
controlled object 138
controlled rolling 136
controlled system with self-regulation 184
controlled variable 140
controller 73,137,138,139,179
control lever 287
control levers 140
control line 138,140

controlling element 136,179
controlling system 138
controlling timer 138
control module 139
control motor 73
control nozzle 139
control of air-fuel ratio 58
control oil pipe 140
control out 73
control output 137
control panel 73,139
control period 137
control power source 138
control program 139
control range 139
control ratio 139
control relay 137
control rod 139
control roop 140
control sequence 137
control signal 138,179
control standard diagram 137
control station 73,137,138,139
control string 138
control switch 138
control system 73,137
control trailer 137
control unit 73
control valve 139,179,221
control voltage 138
control wirewound 139
control wiring diagram 92,137
conventional true 54
convergent current 275
convergent flow 275
conversational mode 37
conversion (in programming languages) 269
conversion coefficient 269
conversion command 270
conversion rate 269
converter 73,270
convolution diaphragm 200
cooperative control 54
coordinate 81
coordinate axis 81
coordinate graphics 81
coordinate plane 81
copper loss 205
copying router 99
core image 46
corner 41,71
corner distortion 42,71

corner frequency 71
correcting range 106
correction 188,275
correction factor 275
correction of instrumental error 48
correction percentage 275
correction rate 275
correction reference 275
corrective action 188
corrective signal 188
correct non-operation 144
correct operation 143
correlation function 155
cosine pulse 292
counter 37,62
counterbalance valve 37
counter circuit 37
counter electrode 165
counter-electromotive force 52
counting 37,62
counting control 62
counting rate 62
coupled vibration 303
coupler 42
covariance 54
cracking pressure 59
CRC character 85
crest value 226
crest working reverse voltage 237
critical damping 59,299
critical flow nozzle 299
critical gain method 64
critical viscous damping 299
cross-correlation function 156
crossing obstructing detector 115
crossover network 264
cross-reference 156
cross spectral density 156
crosstalk 60
cruise control switch 134
crystal 125
crystal diode connector 164
cumulative average 300
cumulative distribution function 300
Curie temperature 53
current amplification 201
current-balance relay 201
current-carrying capacity 201

current circuit 201
current density 201
current limiting control 65
current limiting reactor 66
current limiting relay 65
current limiting resistor 65
current output 201
current relay 201
current-sensing relay 201
current transformer 271
current type flowmeter 297
cursor 40
curve follower 42
cut-in 41
cut-in pressure 41
cut-off 41
cut-off frequency 104
cut-off voltage 41,104
cut-out 41
cut-out pressure 41
cutter compensation 66
cutter location data 85
C_v value 103
cybernetics 78
cycle 75
cycle start 75
cycle time 75
cycle type circuit breaker 75
cyclic pneumatic programmer 57
cyclic redundancy check 85,113
cyclic shift 113
cycling 75
cylinder 121
cylinder discharge valve 121
cylinder operated control valve 121
cylinder operated valve 121
cylindrical robot 24

D

D-action 188
damper 174
damper control 174
damping 65,143
damping (of oscillation) 143
damping factor 143
damping oscillation 65
damping ratio 65,143
damping time 65
damping time constant 65
dangerous area 48
dark current 9

321　索　引

dashpot 170
data 190
data bank 191
data base 191
data circuit 190
data circuit-terminating
　equipment 190
data communication 190
data converter 191
data entry 191
data entry panel 190
data flow 191
data flowchart 191
data highway 191
data link 191
data link escape 200
data logger 191
data multiplexer 190
data network 191
data processing 190
data processing node 190
data processing station 190
data processing system 190
data signaling rate 190
data sink 190
data source 190
data station 190
data switching exchange 190
data terminal equipment 190
data transmission 190
data value 190
datum error of a measuring
　instrument 60
DC dynamo 165
DC generator 165
DC machine 182
DC motor 182
DC power voltage ripple
　182,297
DC reclosing relay 182
DC restorer 182
DC servomechanism 182
DC servomotor 182
DC track circuit 182
dead band 252
dead band error 252
dead layer of a detector 65
deadman function 191
dead-man's device 191
deadman seat 191
deadman type control
　(deadman switch) 191
dead time 26,281
dead time compensating
　control of Smith 135

dead weight tester 265
dead-zone unit 252
deaerator level control valve
　170
deaerator pressure control
　valve 170
debug (in programming) 192
debugging 191
decade 189
decay time 65
decay time constant 65
deceleration valve (hydraulic)
　190
decentralized control 265
decimal notation 93
decimal numeration system
　93
decimal or denary 93
decimal unit information
　content 228
decision 88
decision content 154
decision instruction 234,264
decision level 88
decision table 64,186
declared speed 185
decoder 189,253
decoupling control 237
decrease 64
de-energize 116
deferred addressing 130
definite-time 185
definitive method of
　measurement 185
deflection angle 269
deflection coefficient 259,270
deflection factor 259
deflection method 269
degree of freedom of motion
　204
degree of stability 9
degress of freedom 107
de-ionizing grid 115
delay 26
delay circuit 175
delay detective relay 106
delayed sweep 175
delayed time base sweep 155
delay element 175,176
delaying 175
delaying sweep 175
delay line 175,189
delay relay 176
delay thermo-switch 175
delay time 26,175

delay valve 176
delete 119
delivery valve 225
delta connection 82,83,192
δ function 192
demand control operation
　111
demand side disturbance 113
demand supervisory control
　192
demand valve 192,224
demodulator 253
De Morgan's law 208
demultiplexer 192
density meter 281
depression operated valve
　276
derivative action 243
derivative action coefficient
　244
derivative action gain 243
derivative action time 244
derivative gain 243
derivative time 243
derivative unit 244
derived quantity 59
describing function 48
description language 49
desired value 284
destination 284
detecting element 65
detecting signal 65
detecting switch 65
detection 65,174
detection circuit 65
detector 65
detector lock for signal lever
　268
determination of stability 9
detonating signal 228
deviation 139,270
deviation alarm sensor 270
deviation due to an
　influencing characteristic
　19
device 159,191
device address 159
device control character 159
device control characters 159
device function number 97
devide-and-doubled frequency
　track circuit 265
devided frequency track
　circuit 265
diagnostic function 124

索　引

diagnostic program　124
diagonal control　164
diagram　153
diagrammatic drawing　153
dial　283
dial switch　167
diaphragm　164,166
diaphragm cylinder　164
diaphragm gauge　164
diaphragm motor　164
diaphragm operated control valve　167
diaphragm operated valve　167
diaphragm pressure gage　167
diaphragm pressure sensor　164
diaphragm type device　166
diaphragm valve　167
difference　75
difference input　80
differential amplifier　80
differential cylinder　80
differential gap　14,204
differential method　80
differential nonlinearity　244
differential pressure　14,75
differential pressure control valve　75
differential pressure converter　75
differential pressure detector　75
differential pressure gauge　75
differential pressure regulating valve　75
differential pressure transmitter　75
differential pressure type flowmeter　75
differential pressure type level gauge　75
differential temperature　14
differential transformer transducer　80
differential valve　189
differentiation　243
differentiation circuit　243
differentiator　243
digit　129
digital　186,187
digital-analogue converter　186
digital audio disk　186
digital audio tape recorder　186
digital control　187
digital data　187
digital device　187
digital display　187
digital electronic voltmeter　187
digital filter　187
digital IC　186
digital instrument　187
digital representation　187
digital servo system　187
digital signal　187
digital to analog conversion　184
digital-to-analogue conversion　185
digitizer　81,186
digit place　129
digit position　63,129
diode　164
direct access　180
direct access storage　294
direct acting type　181
direct action　143
direct action diaphragm control valve　140
direct address　180
direct addressing　180
direct call facility　167,180
direct control　180
direct current　181,186
direct current amplifier　182
direct digital control　167,180,188
direct flow　144
direct input　180
direct instruction　180
directional control circuit　272
directional control valve　55,272
directly controlled system　180
directly controlled variable　180
direct measurement　180
direct memory access　180
direct numerical control　184
direct operation　140
direct pressure control　180
direct reading instrument　181
direct teaching　180
discharge tube　273
discharge valve　225,272
disconnector　175
discontinuous control action　260
discrete data　295
discrete data signal　295
discrete distribution　296
discrete event system　295
discrete representation　296
discrimination　88
discrimination circuit　88
discrimination decision circuit　88
discrimination instruction　234
discrimination level　88
discrimination threshold　88
discriminative trip　154
dished diaphragm　82
disjunction　306
disjunctive canonical form　43
disk　188
dispatcher　188
dispersion　229
dispersive infrared gas analyzer　265
displacement　269
displacement meter　269
displacement pickup　269
display　188,245
display and printing calculator　245
display calculator　245
display command　245
display device　246
display element　110,246
display image　245,246
display input　246
display interval　245
display of specified page　268
display output　245
display storage tub　180
display unit　188
dissemination　83
dissolved oxygen analyzer　291
distorted wave　240
distortion　124,240
distortion factor　240
distortion rate　240
distributed capacitance　266
distributed computer control system　265
distributed control　265
distributed data processing　265
distributed parameter system

265
distributing valve 221
distribution end signal 265
distribution function 265
distributor 188,265
disturbance 36
disturbance control 36
disturbance detection system 36
disturbance variable compensation 36
dither 186
divergent current 249
divergent flow 249
dividend 239
divider 265
dividing 265
dividing network 264
divisor 120
docking ship position indicator 215
documentary language 207
documentation 206
document reader 207,265
document text 265
domain 208
dominant oscillating component 166
dominant root 166
donor 208
Doppler effect 208
Doppler radar 208
dotting interval 170
double acting cylinder 254
double edger 102
double insulation 213
double length register 222
double pulse 170
double pulse train 170
double-rail track circuit 252
double range 170
double register 222
double rod cylinder 298
doubler type 170
double scale 213
double seated type 253
double surface planer 100
down 79
down time 167
draft switch 251
drain (hydraulic) 210
drain valves 222
drift 209
driving grid 301
driving switch 18

driving trailer 137
drop-in 210
drop-out 210
drop-out time 210
drum controller 209
drum switch 208
drum unit 209
dual air brake valve 192
dual computer system 192
duality 158
dual operation 159
dual potentiometer 213
dual slope type 192
dual system 192
dummy load 48,171
dump 174
dump routine 174
dump valve 174
duplexed computer system 192
duplex operation 253
duplex system 192
duplex transmission 154
dust content measuring instrument 222
duty cycle 119
dwell 202
dyadic Boolean operation 213
dyadic operation 213
dynamic braking 228
dynamic characteristics 206
dynamic dump 206
dynamic error 203
dynamic gain 165
dynamicizer 267
dynamic measurement 206
dynamic optimization 206
dynamic positioning system 98,188
dynamic programming 206
dynamic relocation 206
dynamic resource allocation 206
dynamic response 165
dynamic response test 206
dynamic storage 205
dynamic storage allocation 206
dynamo 149,165
dynode 166

E

earth 2,148
earth capacitance 165

earth detector 182
earth indicating lamp 182
earth lamp 182
earth leakage breaker 304
earthquake breaker 165
earth resistance 148
ECC character 11
echo 20,233
echo check 270
economizer valve 233
eddy current 17
eddy current brake 17
edge 226
editing typewriter 284
effective address 288
effective amplitude modulation factor 92
effective frequency deviation 92
effective frequency range 289
effective instruction 289
effective measuring range 289
effective power 289
effective range 289
effective range-ability 289
effective recording width 288
effective scale length 289
effective transfer rate 92
effective value 92
effect of input-lead resistance 216
eigen frequency 72
elastic wave 32
electrical capacitance level measuring device 142
electrical capacitance pressure sensor 142
electrical conductance level measuring device 206
electrical control 195
electrical control valve 195
electrical input interface 195
electrical output interface 195
electrical reset 195
electrical resistance 195
electrical schematic diagram 195
electrical system 194
electrical zero 195
electric charge 193
electric circuit 194
electric command brake equipment 195

索　引　　　　　324

electric contact　195
electric control　195
electric current　201
electric field　193
electric governor　195
electric motor control　201
electric operated valve　201
electric-pneumatic converter　196
electric power　202
electric power consumption　118
electric power regulator　202
electric power source circuit　196
electric relief valve　195
electric resistance strain gauge　195
electric rotating machine　34
electric servomechanism　194
electric-signal storage tube　195
electric smoke indicator　195
electric solenoid　163
electric switch controlle　195
electric type pressure gauge　196
electric wave type level gauge　201
electrode　196
electrode bar type water level detector　196
electrode bias　221
electrode voltage　196
electrodynamic instrument　202
electro-hydraulic control valve　196
electro-hydraulic servomechanism　196
electro-hydraulic servovalve　196
electrohydraulic system control　196
electrohydrostatic control　199
electrolytic capacitor　193
electromagnetic compatibility　10,197
electromagnetic controller　198
electromagnetic emission　199
electromagnetic induction　199
electromagnetic injector　199
electromagnetic interference　10,197
electro-magnetic log　199
electromagnetic oscillograph　197
electromagnetic relay　197
electromagnetic switch　197
electromagnetic wave　199
electro-mechanical interlocking machine　194
electromechanical pickup　48
electromechanical transduser　194
electrometer tube　193
electromotive force　51
electron beam　199
electron beam tube　198
electron capture detector　22,199
electron current　198
electron gun　198
electron hole　140
electronical automatic cock　97
electronically controlled knitting machine　198
electronic circuit　197
electronic control　198
electronic control governor　198
electronic controlled carburetor　198
electronic controlled EGR system　198
electronic controlled fuel injection system　198
electronic device　198
electronic equipment　198
electronic force balance　199
electronic heat control　243
electronic ignition system　198
electronic measuring apparatus　198
electronic measuring equipment　198
electronic power converter　141
electronic power inverter　53
electronic power rectifier　114
electronic system　198
electronic timer　198
electronic train detector　256
electronic tube type flame detector　197
electronic tube type sequential timer　197
electronic turning　199
electron lens　199
electron multiplier　198
electron multiplier tube　198
electron-ray indicator tube　61
electron tube　197
electropneumatic change valve　196
electropneumatic change valve amplifier　196
electro-pneumatic control　194,197
electropneumatic control　196
electropneumatic control valve　194
electropneumatic master controller　196
electro-pneumatic point machine　196
electropneumatic straight air brake controller　198
electro-pneumatic switch　194
electropneumatic switch controller　196
electropneumatic type switch　194
electrostatic capacity　142
electrostatic discharge　10,142
electrostatic field interference　142
electrostatic shielding　142
electrostatic storage　142
electro-steam control valve　195
electrothermal instrument　217
element　22,162,291
element (in data transmission)　23
elementary item　52
elementary wiring diagram　12,193
elevated-zero range　150
emergency alarm　238
emergency brake switch　238
emergency fuel trip　279
emergency governor　238
emergency open valve　56
emergency operating valve　56
emergency position indicating radio beacon　159,238
emergency quick closing valve　56

emergency shut-off device 165
emergency shut-off valve 56
emergency source of electrical power 238
emergency stop 238
emergency stop button 238
emergency stop circuit 238
emergency stop function 238
emergency switch 238
emergency valve 238
emission duration 272
emission line 50
emission spectrum 228
emitter 22
emitter base voltage 22
emitter current 22
emitter follower 22
emitter junction 22
empty and load changeover valve 145
encode 254
encoder 23,254
encoding of a data value 190
end-around borrow 113
end-around carry 113
end-around shift 113
end code 30
end effector 24,66,279
end of block 10,24
end of-contents octets 211
end of program 24
end of record 24
end of tape 24
end of text 14,189
end of transmission 200
end of transmission block 14,200
end point node 174
end standard 174
end user 25
energy dispersive 21
engine speed sensor 24
enginieering workstation 24
enquiry 202
entry 49
entry conditions 14
entry point 14
environment 44,60
environmental condition 44
environmental error 44
environmental influence 105
environmental loss 33
environment description 44
environment teaching 44

equalizer 202,274
equal percentage flow characteristics 10,206
equals function 10
equipment 159
equivalence operation 202
equivalent circuit 202
equivalent input impedance 203
equivalent strain for calibration 67
equivocation 1
erasable programmable read-only memory 115
erasable storage 115
erase head 115
erasure 87,115
error 6,69,139
error control 6
error control software 6
error correcting 6
error-correcting code 6
error-detecting code 6
error expressed as a percentage of the fiducial value 244
error of measurement 160
error of the first kind 164
error of the second kind 166
error recovery 6
error signal 270
error variance 69
escape 38
escape sequence 21
estimate 128
estimated instrumental error 128
estimator 129
etalon 161
Euler's equation 25
even-harmonics type 58
even parity 58
event spaced simulation 91
event-spaced time control 91
excess three code 85
excitation 300,301
excitation alarm 301
excitation band 300
exciting close type 184
exciting current 301
exciting open type 184
EXCLUSIVE-OR element 10,222
EXCLUSIVE-OR gate 10,222
EXCLUSIVE-OR operation 10

exclution 222
execution 92
execution cycle 282
execution sequence 92
execution time 92
executive program 44
exhaust bypass control system 222
exhaust pressure controlled EGR system 221
exhaust rotary valve 221
exhaust slide valve 221
exhaust temperature indicator 221
exhaust temperature sensor 221
exhaust valve 222
exit 189
expectation 50
expected valve 50
expert system 20
explosion-proof construction 273
exponential pulse 91
expression 86
expulsion fuse 272
extended result output function 63
extended scale 24
external character 33
external character code 34
external character number 34
external data 35
external data input 35
external data item 35
external data record 35
external feedback 35,36
external feedback system 35
external file connector 36
external logic condition 36
external magnetic field 35
external magnetic field interference 35
external measuring function 33
external program parameter 36
external reset 36
external setting 35
external storage 35
external switch 35
external synchronization 36
external terminal 35
external triggering 36

extraction check valve 177
extraction control valve 177
extraction pressure governor 177
extra-pulse 292

F

facet 249
facsimile 249
factor 15
factorial 34
fail-safe 252
failsoft 252
failure diagnosis 69
falling-rock warning 294
false 46
false flame signal 48
false operation 256
fan in 249
fan out 249
fast fill valve 249
fast relay 161
fault detecting device of rectifier element 144
fault-rate threshold 115
fault threshold 115
fault trace 115
fault tree analysis 22,70
feasible solution 42
feedback 250
feedback compensation 250
feedback compensator 250
feedback control 250
feedback controller 179,250
feed back control of air-fuel ratio 58
feedback elements 250
feedback loop 250
feedback oscillator 250
feedback path 250
feedback potentiometer 250
feedback signal 250
feed eccentric adjusting base assembly 129
feedforward compensator 251
feedforward control 251
feed hold 251
feedover 250
feedrate override 26
feed water control 53
feed water control system 53
feed water control valve 53
feed water regulator 53
ferromagnetic materials 54

ferromagnetic substance 54
fiber length tester 151
fiber sorter 151
fiducial value 51
field 251,294
fieldbus 251
field chopper control 34
field control 34
field data 251
field effect transistor 22,193
field relay 149
field switch 33
field system 33
field weakening control 293
figure 134
file 249
filled thermal system 251
filling valve 280
film integrated circuit 278
filter circuit 266
final byte 106
final character 106
final controlling element 157
final subcircuit 76
final value 76
final value of the input impedance 215
fine arc starting control function 249
fine arc stopping control function 249
fineness of scale 284
finger 290
first order lag 12
first transition 152,169
first transition mesial point 169
first transition peak to peak mesial point 169
first transition percent point 169
first trasition peak mesial point 169
fixed block format 70
fixed clock time control 185
fixed command setting 188
fixed cone sleeve valve 250
fixed contact 70
fixed decimal mode 70
fixed displacement motor 189
fixed function generator 70
fixed memory 70
fixed point of temperature 31
fixed-point register 70
fixed-point repressentation

system 70
fixed radix notation 70
fixed radix numeration system 70
fixed resistor 70
fixed sequence robot 70
flame detector 37,260,276
flame-establishing period 37
flame eye 260
flame failure 11,172
flame failure interlock 11
flame failure response time 11,172
flame ionization detector 128
flame-out 260
flame-out tripping device 276
flame photometer 23
flame photometric detector 22,23
flameproof construction 164
flame relay 260
flame response 18
flame sensor 37,260
flame simulation signal 37
flapper 257
flasher 257
flasher relay 173
flashing relay 173
flashing signal 201
flat diaphragm 247
flequency distribution 208
flexible disk 259
flexible manufacturing cell 22
flexible manufacturing system 22
flexible return 173
flight control 158
flight simulator 256
flip-flop 257
flip-flop circuit 257
flip-flop device 155
float and cable level measuring device 17
floating action 263
floating controller 263
floating decimal mode 255
floating input 263
floating-point base 255
floating-point representation 255
floating-point representation system 255
float level measuring device 263

float position 263
float switch 263
float type pressure gage 183
float valve 263
flow 211
flow characteristics 298
flow chart 212
flowchart symbol 212
flow coefficient 291
flow combining valve
  (hydraulic) 108
flow control 262
flow control valve 167,298
flow corrector 298
flow diagram 262
flow direction 212
flow dividing valve
  (hydraulic) 266
flow elbow 260,278
flow gain 298
flowline 212
flow measurement calibration
  device 49
flow measurement device 298
flowmeter 298
flow nozzle 264
flow pattern 212
flow regulating valve 298
flow regulator valve 167
flow relay 264
flow switch 262
flow to close 263
flow to open 263
fluctuation 290
fluid amplifier 297
fluid capacitance 298
fluid capacitor 297
fluid control device 297
fluidic device 114
fluidic diode 114
fluidic gate circuit 297
fluidics 258
fluidic sensor 114
fluid level warning sensor
  259
fluid power operated
  electromagnetic valve 20
fluid resistance 297
fluid resistor 297
fluid return 260
flushometer valve 153
flush valve 153
flywheel 227,256
focus 252
follow up 253

follow-up control 183
fool proof 259
foot-operated switch 2
foot operation 2
foot switch 2,255
foot valve 256
force balance 176
forced vibration 54
force feedback 176
force sensor 295
forecasted demand 292
format 119,252
format (in programming
  language) 120
format effectors 120
format in data processing
  190
formator function 119
formatting 252
form feed 119
FORTRAN 252
forward channel 114
forward controlling element
  278
forward direction 114
forward path 278
forward reading 114
forward recovery 153
forward voltage drop 114
Fourier trasform 257
four port connection valve
  293
four side planing and
  moulding machine 102
frame 260
free flow 107
free reverse flow 52
free running multivibrator
  236,281
free running sweep 121
free vibration 106
frequency 107,125
frequency analysis 107
frequency band 107,108
frequency band width 107
frequency characteristic 108
frequency deviation (absolute,
  for sinusoidal modulation)
  108
frequency discrimination 108
frequency loop transfer
  function 13
frequency modulation
  distortion (for sinusoidal
  modulation) 108

frequency modulation method
  108
frequency relay 107
frequency response 107
frequency response
  characteristic Bode
  diagram 107
frequency response locus 107
frequency sensitive relay 107
frequency transducer 108
frequency transfer function
  108
front contact 264
front end processor 154
Froude number 258
fuel change over valve 218
fuel control system 218
fuel flow control valve 218
fuel flow meter 218
fuel gas shut-off valve 40
fuel shut-off valve 218
full adder 152
full bobbin stop motion 280
full can stop motion 280
full load 155
full scale indicating 258
full subtracter 152
full voltage starting 154
full voltage starting switch
  86
full-wave brdige type 154
fully automatic flat knitting
  machine 153
fully automatic full fashioned
  glove knitting machine
  153
fully automatic jacquard glove
  knitting machine 153
fully automatic type 153
fullyconnected network 46
function 45
function (procedure) 45
functional block 51
functional dvice 51
functional earth 51
functional interlock diagram
  16
function block diagram
  language 22,52
function character 51
function generator 45
function part 24
function preselection
  capability 154
function unit 51

fundamental method of
  measurement 52
fundamental quantity 52
fundamental unit 52
furnace pressure control 305
fuse 245
fuse for general application
  235
fuse for potential transformer
  circuit application 60
fuse for the protection of low
  voltage cable and line
  222
fuse for the protection of semi
  -conductor circuits 234
fuse of motor circuit
  application 201
fusing resistor 245
fuzzy control 249
fuzzy inference 249

G

gain 63,296
gain constant 63
gain control 296
gain-crossover frequency 63
gain margin 63
gain-phase diagram 63
gain regulator 63
gain schedule control 63
gain scheduled control 63
gain scheduling 63
gamma ray level measuring
  device 46
gap attached PID control 53
gas-air-ratio regulator 56
gas analyzer 40
gas chromatograph 39
gas chromatography 39
gas concentration measurement
  40
gas emergency trip valve 40
gas governor 42
gas pressure regulator 39
gas pressure switch 39
gas regulating valve 40
gas warning system 39
gate 64,306
gate circuit 64
gate limiting device 34
gate operating mechanism
  129
gate pulse 64
gate terminal of thyristor 79

gate trigger current 64
gate valve 64,88
gating 64
Gaussian distribution 37
Gaussian pulse 37
Gaussian random noise 37
GCR method 91
gear box 270
general emergency power
  supply 14
general purpose processor
  282
general purpose register 235
generated address 141
generator 141,149,228
generator breaker 149
generator control panel 149
generator control unit 149
generator field relay 149
generator line contacter 149
generator mortor 228
geometry distortion 108
G-function 88
glass water gauge 43
governing system 138
governing valve 39,115
governor valve position
  recorder 39
gradient method 69
graduation line 284
Graeco Latin square 60
graphical language 131
graphical symbol 131
graphic character 131
graphic display 59
graphic display device 131
graphic panel 59,129
graphic primitive 110,246
graphic rendition 246
graphic symbol 131
graphic symbol character 131
graphic symbols for electrical
  drawing 196
grasp 221
gravity braking system 108
grid 59
grid current for break-down
  273
grid cut-off voltage 59
grid driving power 59
grid inverse current 59
grid voltage for break-down
  273
grip 221
ground 148

ground directional relay 182
grounded input 148
ground fault 182
ground lamp 182
ground overvoltage relay 182
ground resistance 148
ground switch 2
group control 60
group drive 106
guard band 273
guarded input 42
guide sensor 289
guide signal 289
gyro compass 104

H

half adder 233
half-duplex transmission 234
half subtracter 233
half-wave type 234
hand 184
hand-eye system 234
hand reset 112
hand-reset relay 112
hard copy 228
hard error 228
hard manual 228
hardware 48,62,228
harmonic 180
harmonic analysis 180,257
harmonic content of an a・c
  power supply 69
harmonic distortion 67
harmonic excitation 180
harmonic restrant 67
hartley 228
haversine shock pulse 226
head eraser 116
heading 280
heading area 280
heterogeneous computer
  network 11
hexadecimal digit 109
hexadecimal numeral 109
hexadecimal numeration
  system 109
hierarchical computer network
  34
hierarchical relation 34
hierarchy control 33,34,221
high alarm 116
high and low alarm 115
high and low water level
  alarm 68

higher actual measuring range
　　value　161
higher order lag　66
highest selection　77
high harmonic　67
high-limiting control　116
high limit setting　116
high-low action　68
high-low-off control　224
high-low signal selector　224
high or low amount lockout
　　176
high-pass filter　66
high-pressure low pressure
　　safety cut-out　67
high speed　67
high speed circuit breaker　67
high speed current limiter　67
high speed relay　67
highway　221
hinge type electromagnetic
　　relay　249
histogram　240
hold　13,226,277
hold circuit　277
holding　273
holding action　274
holding circuit　273
holding current　274
hold mode　274
hold-off circuit　277
hold without fingers　273
hole　140
home signal　118
homogeneous computer
　　network　205
homophony　202
horizontal band resaw with
　　rollers　103
horizontal deflection
　　coefficient　129
horizontal parity check　129
horizontal roller band saw
　　103
horizontal tabulation　21,129
horn button　277
horn relay　277
host computer　275
host node　275
hot restart　275
hot wire flowmeter　217
hum　119,229
humidity sensor　93
hung-up　233
hunting　234,295

hunting of integral
　　characteristics　146
hybrid　223
hybrid computer　223
hybrid integrated circuit
　　72,223
hybrid tranformer　223
hydraulic accumulator　287
hydraulic air servo　222
hydraulic automatic control
　　system　287
hydraulic controller　287
hydraulic control valve　287
hydraulic cylinder operated
　　valve　127
hydraulic fluid cooler　139
hydraulic fluid pump　139
hydraulic fuse　288
hydraulic governor　288
hydraulic lock　297
hydraulic motor　288
hydraulic oil cooler　25,80
hydraulic oil power unit　288
hydraulic oil tank　80
hydraulic operating fluid
　　80,288
hydraulic piston　223
hydraulic powerpack　288
hydraulic power trasmission
　　297
hydraulic power unit　139,288
hydraulic pressure type water
　　gage　20
hydraulic pumpmotor　288
hydraulic relay valve　223
hydraulic servomechanism
　　287
hydraulic starter　287
hydraulic starter pump　287
hydraulic stepping motor　287
hydraulic torque converter
　　210
hydraulic transmission　298
hydraulic vacuum servo
　　222,224,254
hydro-mechanical actuator
　　287
hydro-pneumatic accumulator
　　287
hydrostatic power
　　transmission　288
hygrometer　93
hyper square　180
hysteresis　239
hysteresis error　239

hysteresis motor　240

I

IC memory　106
I control action　1
ID card　1
ideal shock pulse　296
identification　38,205,207
identification card　1
identifier　88
identifying device　302
identity element　13
identity gate　13
identity operation　13
idle time　1,2
IF-AND-ONLY-IF element
　　203
IF-AND-ONLY-IF gate　203
IF THEN element　44
IF-THEN gate　44
IF-THEN rule-based control
　　14
ignition-failure tripping device
　　176
ignition timing control system
　　194
image　14
image communication device
　　20
image pick-up tube　80
image processing　40
image sensor　14
image table　14
immediate address　160
immediate addressing　160
immediate instruction　160
immersion type (of detector)
　　124
immunity　14,272
impact amplifier　118
impact modulator　118
impact printer　115
impedance　17
implementation　120
implied addressing　6
impulse　16
impulse response　16
inaccuracy　77,160
in approach of signal　122
inching　16,136
incidental amplitude
　　modulation factor　50
incidental flequency
　　modulation deviation　50

incidental modulation 50
incoherence 238
incompressible fluid 235
incorrect non-operation 71
incorrect operation 70
incorrect performance 70
increase 155
increased safety electrical
　apparatus 8
incremental dimension 15
incremental position sensor
　15
incremental programming 15
incremental tuning range 15
independent conformity 207
independent linearity 207
index 103
index data item 103
index (in programming) 103
index method 16
index-name 103
index register 103
index word 103
indicated value 91,246
indicating controller 91,179
indicating instrument 91
indicating range 91
indicating temperature
　transmitter 31
indication 91,245
indication lock 245
indication method of radar
　301
indication primitive 91
indicator 15,16,91,245
indicator light 246
indicial response 16
indirect address 45
indirect addressing 45
indirect control 45,171
indirect gauging 45
indirect instruction 45
indirectly controlled system
　45
indirectly controlled variable
　45
indirect measurement 45
indirect pressure control 45
indirect teaching 45
individual contactor
　171,196,198
individual wheel control 174
inductance 15
inductance pressure sensor 15
induction machine 289

induction noise 289
induction regulator 289
inductive radio communication
　device 289
industrial instrument 66
industrial measurement 66
industrial process 66
industrial robot 83
infix notation 178
influence error 19
influence of external noise 35
influence of external
　resistance 35
influence of physical
　orientation 62,92
influence of supply air
　pressure variation 54
influence quantity 19,35
influencing characteristic 19
information 118
information (in data
　processing and office
　machines) 118
information channel 119
information exchange 118
information message 118
information processing 118
information retrieval 118
information source 118
information theory 119
information track 118
infrared gas analyzer 145
inherent flow charcteristic 72
inherent range-ability 72
inhibiting signal 291
inhibitor switch 17
initial code 227
initial condition mode 119
initial error 119
initialization 119
initial position 119
initial pressrue governor 109
initial pressure limiter 109
initial pressure regulator 109
initial program 119
initial program loader 119
initial pulse indication 158
initial response time 48
initial state 119
initial value 119
initiator 14
inlet metering 128
inlet valve 14,17,53,128
inlet (guide) vane control
　128

in-line analysis 17
inner flow characteristics 181
inner force factor 176
inoperable time 205
in-phase 205
in-process measurement 17
input 215
input (to a relay) 299
input bias 216
input bias current 216
input capacitance 217
input characteristics 216
input circuit 215
input circuit current 215
input coefficient 216
input control flow 216
input control flow rate 216
input control port 216
input control power 216
input control pressure 216
input data 216
input electrode 216
input file 216
input impedance 215
input level 217
input node 216
input-output 215
input-output channel 215
input-output characteristics
　215
input-output controller 215
input-output section 215
input-output unit 215
input process 216
input program 216
input protection 216
input rating 216
input resistance 216
input resonator 216
input routine 217
input signal 216
input signal current 216
input signal voltage 216
input subsystem 216
input terminal 216
input transformer 216
input unit 216
input voltage drop 216
input with isolated common
　point 147
in rear of signal 122
instability 249
instantaneous magnitude 113
instantaneous special
　emergency power supply

113
instantaneous value 113
instantaneous value
  conversion 113
instruction 282
instruction address 282
instruction address register
  282
instruction control unit 282
instruction fetch cycle 282
instruction list language 282
instruction register 282
instruction switch 282
instrument 48
instrumental error 48
instrumentation 62
instrumentation control
  system 62
instrumentation diagram 62
instrument cluster 73
instrument tansformer 60
insulated track circuit 289
insulating transformer 147
insulation level monitoring
  device 147
insulation resistance 147
insulation resistance of main
  196
insulation resistance tester
  147
intake valve 53
integer 141
integer programming 141
integral action 146
integral action coefficient 146
integral action limiter 146
integral action time 146
integral characteristics 145
integral compensation 146
integral controller 146
integral delay 145
integral non-linearity 146
integral time 145
integral windup 146
integrated circuit 1, 106
integrated circuit memory
  106
integrated value 145
integrating conversion 146
integrating factor 145
integrating instrument 145
integrating meter 145
integrating photometer 145
integrating range 145
integration 145

integration circuit 145
integrator 145
intelligent 176
intelligent function 176
intelligent robot 176
intelligent station 16
intensified pressure 155
intensifier 155
interaction 156
interactive mode 167
intercept valve 15, 177
interface 15
interface device 15
interference 44
interferometer 45
interflow 16
interleave 16
interlock 16, 303
interlock bypass 16
interlock circuit 16
interlocking 303
interlocking device 16, 304
interlocking machine 304
interlocking relay 16
interlocking switch 304
interlocking table 304
intermediate byte 177
intermediate character 177
intermediate equipment 177
intermediate node 177
intermediate position 177
intermittent and shorttime
  operation 173
intermittent control 199
intermittent control action 44
inter-modulation 211
inter-modulation distortion
  74
internal connection diagram
  48, 211
internal data 211
internal data item 211
internal failure 211
internal fault detecting device
  of static induction
  machine 140
internal file connector 211
internal logic condition 211
internal measuring function
  211
internal noise 211
internal resistance 211
internal storage 211
internal synchronization 211
internal triggering 211

international standard 69
International System of Units
  20, 69
interpolation 273
interpolation circuit 273
interpolator 273
interpreter (in computer
  programming) 16
interpreter device 153
interpretive program 34
interrogating 202
interrupt 307
interruptible jet sensor 266
interruption 307
interrupt register 307
intersection 306
interstage transformer 172
interval timer 44
intrinsically safe apparatus
  277
intrinsically safe circuit 277
intrinsic error 72
intrinsic temperature region
  124
inversion 55
inverter 16, 254
I/O 215
ion 10
ionization chamber 201
ionization detector 201
ion-selective electrode 10
i-o status 215
I-PD control 1, 248
irrational number 282
isolated 146
isolated amplifier 147
isolated analogue input 147
isolated pulse 72
isolater 1
isolation 1, 215
isolation (in an integrated
  circuit) 266
item 1, 69
iteration 234
iterative operation 235

J

Japanese word input method
  215
jet 266
jitter 93
job 120
job run 120, 156
Joule heat 113

Joule's law 113
journal 105
jump 208
jumping 105
jump instruction 208

K

Kalman filter 43
kanji code 44
kanji coded set 44
Karnaugh map 43
keep relay 52
key 37,46
keyboard 52,65
key buffer 52
key locking 56
key switch 50
keyword 51,56
kick off shunting indicator 208
kinescope (USA) 110
Kirchhoff's law 55
knife switch 211,225
knock sensor 219
knot detector 219
knot monitor 219

L

label 294
label (in programming) 245
ladder diagram 294
ladder diagram language 294
lag 64
lagging current 26
lagging power factor operation 189
lag module 27
laminar flow 159
language 64
language construct 64
language-name 64
language processor 64
Laplace transform 294
large scale integrated circuit 22,165
large scale integration 165
large signal behavior characteristics 166
laser 301
laser level meter 301
last transition 66
last transition mesial point 169
last transition peak mesial point 169
last transition peak to peak mesial point 169
latching relay 16
latency 279
latency time 292
Latin square 294
law of equal ampere-turns 10
layer 155
layout 300,307
leading current 131
leading edge 169
leading edge mesial point 169
leading edge peak mesial point 169
leading edge peak to peak mesial point 169
leading edge percent point 169
leading power factor operation 124
lead/lag module 131
lead module 131
lead-screw actuated potentiometer 217
lead sulfide cell 243,297
leakage 286
leakage current 286
leakage flux 286
leak detector 286
leakge interference 304
learning control 38
learning control function 38
learning controlled robot 38
learning function 38
leased line 155
least command increment 76
least significant bit 77
least square method 77
Lent's law 304
letter symbols for the designation of electrical devices 196
level 302
level controller 20
level control valve 20
level gauge 303
level indicator 303
leveling valve 98
level number 303
level of factor 15
level of significance 48
level pressure control 4
level recorder 303
level regulating valve 20,188
level shift 303
level shifter 303
level switch 127
lever length 302
lever operated control valve 302
lever switch 302
library program 294
light emitting diode 228
lighting switch 194
light modulator 237
light-pen 294
light-pen detection 294
light signal 237
limit alarm sensor 64
limit conditions of operation 64
limit cycle 297
limiter 297
limiting circuit 126
limiting control 140
limit of error 38,69
limit stop 297
limit switch 297
limit switch of once a rotation 12
linage-counter 54
line 54,200
linear amplifier 248
linear detector 296
linear discriminator 296
linear dual slope type 192
linear equalization 152,181
linear flow characteristics 296
linear interpolation 181
linearity 181
linearity (of a detector) 181
linearity error 181
linear list 152
linear motor 296
linear network 153
linear notation 152
linear programming 152
linear ramp 181
linear ramp type 295
linear system 152
linear transducer 152
line breaker 104,175
line-bypass capacitor 294
line capacity 152
line feed 22,33

line graphics 81
line printer 54
line standard 154
line voltage 152
line writing direction 54
link 303
linkage 299,303
linkage editor 303
linkage section 304
link-fuse 184
liquid crystal display panel 20
liquid level control 20
liquid level meter 20
listener 296
load 252
load anticipator 153
load cell 305
load centralized control 252
load current 252
loaded impedance 252
load impedance 252
load module 305
load relay 252
load sensing relay 153
load size checker 215
local area network 294
local setting 304
local unit control 48
lock 80
locking 80
locking device 305
locking error detector 305
lock out 305
lockout cylinder 305
lock-out facility 305
lockout relay 305
lock valve 305
locomotive robot 14
logarithmic amplifier 165
logarithmic decrement 165
logarithmic gain 165
logarithmic scale 165
logger 95,304
logical add 306
logical address 305
logical block 306
logical block address 306
logical circuit 305
logical comparison 306
logical false 46
logical input value 216,306
logical level 306
logical link control 306
logical operation 305

logical operator 305
logical record 306
logical shift 306
logical true 121
logical unit 306
logical unit number 306
logic condition 306
logic control system 306
logic design 306
logic device 305,306
logic diagram 306
logic element 306
logic instruction 306
logic operation 305
logic shift 306
logic symbol 306
logic unit 305
longitudinal magnetic recording 129
longitudinal parity check 54
long-time spectrum 179
long track circuit 179
loop 300
loop control 300
loop transfer function 13
loran system 305
loudspeaker 134
low alarm 38
lower actual measuring range value 161
lowest selection 76
low-fire interlock 188
low level cut 189
low limiting control 39
low limit setting 39
low-pass filter 184
lowpressure alarm switch 184
low temperature operative valve 185
lowtension distribution 184
low water level shut-off device 188
luminescent spot 51
luminescent spot in a cathode-ray tube 15
lumped parameter system 106

M

machine coordinate system 47
machine datum 47
machine function 47
machine infinitesimal 47
machine infinity 47

machine instruction 61
machine language 47
machine laying 48
machine lock 279
machine program 279
machining center 279
macro generating program 279
macro generator 279
magnet discharge valve 199
magnetic amplifier 87
magnetic bias 88
magnetic blow-out circuit-breaker 87
magnetic card 87
magnetic card storage 87
magnetic circuit 87
magnetic compass 87
magnetic core 91
magnetic counter 197
magnetic disk 87
magnetic disk storage 87
magnetic drum 87
magnetic drum storage 87
magnetic drum unit 88
magnetic eraser 116
magnetic erasing head 87
magnetic field 86,103
magnetic field interference 35
magnetic flowmeter 87,199
magnetic flux 92
magnetic head 88
magnetic ink character reader 87
magnetic modulator 88
magnetic operated safety valve 197
magnetic recording 87
magnetic resistance 87
magnetic sensor 87
magnetic storage 87
magnetic tape 87
magnetic tape storage 87
magnetic valve 199
magnetization 85
magnetomotive force 50
magnet-optical effect 87
magneto striction 121
magnetostriction 88
magnet supply and discharge valve 197
magnitude 125
magnitude comparison 126
magnitude transition 126
main circuit 109

main circuit connection
　　diagram　109
main contact　110
main controller　110
main control room　177
main control unit　110
main control valve　112
main distributing valve　112
main effect　109
main feedback signal　112
main fuse　112
main memory　113
main power supply　111
main processing unit　22,109
main processor　282
main program　112
main resistor　111
main routine　113
main scale mark　30
main servomotor　109
main smoothing reactor　112
main steam control valve　115
main steam relief valve　109
main steam relief valve
　　control system　109
main storage　109
maintenance　143
maintenance program　144
maintenance test　275
main thyristor　109
majority circuit　168
majority element　168
majority gate　168
majority operation　168
make break relay　282
make contact　283
make relay　282
maloperation　256
mandatory　241
maneuvering valve　158
manifold　279
manipulated variable　157
manipulate signal　157
manipulating robot　279
manipulation　156
manipulation function　279
manipulator　279
man-machine interface　280
man-machine system　217
manometer　279,290
manual answering　111
manual calling (in data
　　network)　112
manual control　112,127
manual controller　112

manual control switch　140
manual data input mode of
　　operation　22,112
manual loader　112
manual manipulator　279
manual mode　112
manual mode of operation
　　112
manual operated starting air
　　valve　160
manual operating device　157
manual operating function
　　157
manual operation　112
manual operation and
　　automatic reset contact
　　112
manual operative method　111
manual part programming
　　279
manual programming　279
manual pulse generator　112
manual reset　112,279
manual reset relay　112
manual reset valve　112
manual setting　112
manual type　112
mark　278
marker　245,278
marker light　245,267
mark flow graph　278
marking circuit diagram　48
mark probability　279
mark reader　278
mark scanning　278
mark sensor　278
maser　283
mass flow computer　93
mass flowmeter　93
mass storage　164,167
mass storage control system
　　164
mass storage file　164
master clock　109
master controller　109,110,279
master fuel trip　279
master station　109,279
master trip　279
master valve　279
matched output voltage　140
matching transformer　140
matrix sign　55
maximum hysteresis error
　　239
maximum load　77

maximum number of display
　　digits　245
maximum peak current　80
maximum power supply
　　voltage　77
maximum principle　77
maximum scale value　77
McLeod vacuum gauge　279
mean access time　266
mean deviation　267
mean down time　267
mean error　266
mean rate acuracy　141
mean residual　266
meansquare　256
mean time between failures
　　22,266
mean up time　267
mean value　266
measurand　161
measure　161,283
measured value　160
measured value derivative
　　precede type PID control
　　161
measured variable　161
measurement　62,160
measurement error　160
measurement in the complete
　　different conditions　76
measurement in the same
　　conditions　202
measurement science　62
measurement standard　62,161
measuring apparatus　160
measuring area　289
measuring device　160
measuring earth terminal　161
measuring gauge　60
measuring head　161
measuring instrument　60
measuring instrument and
　　apparatus　62
measuring meter　60
measuring object　160
measuring period　160
measuring range　161
measuring range higher limit
　　161
measuring range lower limit
　　161
measuring span　160
measuring time　160
mechanical & electric
　　governor　48

335　索　引

mechanical calculator　47
mechanical control　47
mechanical governor　47
mechanical impedance　47
mechanically controlled valve　47
mechanically operated　47
mechanical mobility　286
mechanical origin　47
mechanical sampling　96
mechanical speed governor　47
mechanical tuning　47
mechanical volume control pump　47
mechanical zero　47
median　177, 283
medium　222
medium access control　222
medium scale integrated circuit　22, 178
medium scale integration　178
memory　283
memory holding time　47
memory indication　47
memory operation　284
memory paritioning　284
memory protection　284
memory typewriter　284
memory utilization　284
mercury-pool rectifier　128
mercury switch　128
mesh network　6
mesial magnitude　234
mesial point　234
message　283
message (in information theory and communication theory)　184
message control system　183
message indicator　108
message sink　184
message switching　283
metalanguage　179
metal insulator semiconductor integrated circuit　22
metal oxide semiconductor integrated circuit　22
metastable state　250
meter　283
metered flow　50
meter-in circuit　283
metering valve　104
meter-in system　283
meter-out circuit　283

meter-out system　283
meter relay　283
metrology　160
microassembly　179
microcomputer　278
microelectronic circuit　179
microfiche　278
microform　278
micrographics　278
microinstruction　278
microphotometer　280
microprocessor based interlocking system　199
microprocessor　278
microprogram　278
microprogramming　278
micro switch　278
microwave　278
middle position　177
Miller integrator　281
minimum breaking current　76
minimum controllable flow　76
minimum delay programming　76
minimum load　77
minimum phase system　76
minimum power supply voltage　76
minimum scale value　77
minuend　238
miscellaneous function　274
misoperation　256
missing-pulse　265
mistake　279
MIS transistor　22
mixed radix notation　72
mixed radix numeration system　72
mobile phase　14
mobile robot　14
mobility　286
modal　285
mode　285
model based predictive control　285
modeling　285
modem　271, 285
mode signal　285
modularity　285
modulated wave　244, 271
modulation　270
modulation transformer　271
modulator　270
module　285

modutrol motor　285
moisture control　93
moisture control device　129
moisture meter　129
molded-case circuit-breaker　222
moment of inertia　45
monadic operation　172
monitor　285
monitoring　44, 285
monitoring character　44
monitoring for peripheral equipment　108
monitoring hardware　44
monitoring program　285
monitoring station　44
monitor program　285
mono-block valve (hydraulic)　285
mono-hierarchy　173
monolithic　285
monolithic integrated circuit　286
monopolar　172
monostable multivibrator　171
monostable trigger circuit　171
Monte Carlo methode　286
MOS transistor　22
most significant bit　77
most significant digit　77
motion　285
motional impedance　202
motion control function　18
motion level language　205
motion monitor　285
motion sequence control function　204
motor combination　186
motor driven timer　285
motor operated switch　201
moving coil type ammeter　41
moving contact　41, 107
moving-iron instrument　41
moving part device　41
moving phase　14
moving vane ammeter　41
multiaddress instruction　253
multi-beam cathode-ray tube　170
multibeam oscilloscope　171
multichannel module　170
multichannel pulse-height analyzer　280

multi-circuit module　167
multi-contact relay　168
multi-degree-of-freedom
　system　168
multi-directional switch　171
multidisplay　168
multidrop　280
multi-electrode tube　167
multi-jet sleeve valve　280
multilayer interconnection
　168
multilevel address　168
multiline connection diagram
　253
multi-link frame　280
multiloop　168
multi-loop controller　280
multimode optical fiber　280
multi mutual stand-by control
　167
multiple address instruction
　253
multiple correlation coefficient
　106
multiple-gun cathode-ray tube
　170
multiplehit decision table　168
multiple scale　168
multiple-speed floating action
　169
multiple-speed floating
　controller　168
multiple-speed governor　168
multiple torque converter type
　hydraulic transmission
　171
multiple unit control　155
multiple-unit tube　253
multiplex control　167
multiplexer　280
multiplexer channel　168
multiplexing　167
multiplicand　238
multiplier　116, 117
multiplier factor　117
multipoint connection　264
multi-point control　170
multi-point recorder　170
multi position cylinder　165
multiprocessing　168
multiprocessor　168
multiprograming　168
multirange　171
multirange amplifier　280
multi-speed control action

　168
multispeed motor　168
multi spindle automatic lathe
　167
multistage control　168
multi-step control action　165
multi-step controller　165
multi stroke motor　167
multitasking　168
multitrace oscilloscope　167
multi-value control action
　170
multivariable control　170
multi-variable control system
　170
multivibrator　280
multi-wheel control　253
multi-winding transformer
　167
mutual conductance　156
mutual inductance　156
mutual induction　156
mycrosyn　278
myoelectric conrol system　56

N

NAND circuit　212
NAND element　212, 242
NAND gate　212, 242
NAND operation　212
narrower term　33
nat　212
national standard　70
natural frequency　72
natural inherent frequency　92
natural unit of information
　control　212
Navier-Stokes equation　212
NC program　21
needle valve　215
negation　242
negative acknowledge　242
negative feedback　252, 256
negative logic　264
negative phase　52
negative phase protector　53
negative phase relay　53
negative pressure relief valve
　249
negative temperature
　coefficient thermistor　21
NEITHER-NOR operation
　242
network　218

network architecture　218
neutral grounding system　178
neutral point　178
neutral position　178
neutral switch　215
neutral zone　178
Nichols chart　213
Nixie tube　246
node　148, 220, 254
noise　80, 219
noise equivalent power
　21, 203
noise figure　80
noise level　80
nominal value　66
nonadd function　237
nonarcing relay　281
nonbasic variable　237
non-bleed type　220
non-conjunction　242
non contact obstruction
　detector　240
nondestructive read　243
non-disjunction　242
non-dispersive infra-red gas
　analyzer　21, 243
non-equivalence operation
　222, 242
non-excitation　247
non-excitation alarm　247
non-identity operation　236
nonimpact printer　238
non-indicating　281
noninferior solution　248
non-insulated track circuit
　281
non-interacting control　237
non-intrinsically safe circuit
　244
non-isolated amplifier　240
non-isolated analogue input
　240
nonlinear control　241
nonlinear control action　241
non-linear control system
　241
nonlinear damping　241
non-linear distortion　241
nonlinear equalization　241
nonlinear programming　241
nonlinear system　241
non-load　282
non load device　282
non-Newtonian fluid　243
nonprogrammable calculator

261
non-return valve 53
non-reversible transducer 236
nonservo-controlled robot 220
non synchronous control 242
nonvolatile storage 252
non-volt alarm 282
NOR circuit 219
NOR element 219,242
NOR gate 219,242
NOR operation 219
normal condition 141
normal distribution 136
normality 136
normally closed 117
normally closed contact 21,117,220
normally closed valve 220
normally open 116
normally open contact 21,116,220
normally open valve 220
normal mode rejection 220
normal mode rejection ratio 220
normal mode signal 220
normal mode voltage 136,220
normal operating conditions 141
normal operation 143
normal output level 50
normal position 184,220
normal power 185
normal stop 141,220
normal stop signal 187
normal use 141
notation 245
NOT circuit 219
NOT element 220,242
NOT gate 220,242
NOT operation 219
NOT-BOTH operation 242
NOT-IF-THEN element 219,222
NOT-IF-THEN gate 219,222
NOT-IF-THEN operation 219
nozzle 219
nozzle flapper 219
n-type semiconductor 21
nucleus 177
null 58
null detector 150
null hypothesis 52

null method 300
number of defects 64
number of inputs 216
number of outputs 111
number of selectable points 154
number representation 130
number representation system 50
numeral 130
numeration 130
numeration system 50
numeric 130
numerical 130
numerical control 21,130
numerical control marking 130
numerical control program 21
numerical control router 130
numerical control router lathe 130
numerical control tape 130
numerically controlled boring machine 130
numerically controlled draughting machine 130,263
numerically controlled drilling machine with vertical spindle 130
numerically controlled gear cutting machine 130
numerically controlled grinding machine 130
numerically controlled lathe 130
numerically controlled machine tool 130
numerically controlled milling machine 130
numerically controlled planing machine 130
numerically controlled robot 130
numerical notation 130
numerical scale 130
numeric character 129
numeric character set 129
numeric code 129
numeric data 130
numeric item 129
numeric literal 129
numeric parameter 130
numeric representation 130

nutating disc flowmeter 105
Nyquist plot 211

O

object-computer 93
objective function 284
object language 284
object level language 165
object module 284
object program 93,284
object time 92
observability 37
observation 46
observer 28,117
obstruction warning device for level crossing 256
occulting light 282
octal 227
octal numeral 227
octal numeration system 227
octave 26
octave device 227
octets 26
odd-even check 48
odd parity 50
off 28,33,55
OFF alarm 28
off decision circuit 55
off-delay timer 29
office computer 29
off-line 29
offline 241
off-line equipment 29
off position 29
offset 29,187
offset coefficient 188
ohmic loss 186,205
Ohm's law 30
oil control device 290
oil filled enclosure 5
oil hydraulic circuit 287
oil hydraulic cylinder 287
oil hydraulic cylinder operated valve 287
oil hydraulic pump 288
oil injection nozzle type hydraulic automatic control system 288
oil leakage detector 5
oil level controller 290
oil level sensor 290
oil motor operated valve 288
oil pressure adjustment 287
oil pressure gauge 287

oil pressure indicator 287
oil pressure indicator lamp switch 25,288
oil pressure relay 287
oil pressure sensor 25,287
oil pressure supply system 2
oil regulating valve 290
oil starting valve 51,101
oil temperature control valve 289
on 14,30,266
ON alarm 30
onboard controller 104
on-delay timer 31
one address instruction 12
one loop controller 307
one-plus-one address instruction 13
one-shot circuit 307
one-shot multivibrator 171
oneway communication 41
on-line 32
online 182
on-line analysis 32
on-line equipment 32
on-line measurement 32
on-line process gas chromatograph 32
on-load tap changing transformer 252
on-off 14,30
on-off action 31
on-off control 30
ON-OFF control circuit 31
on-off controller 31
ON-OFF servo control action 30
on-off servo system 30
on-off type leve meter 30
on-off valve 31
on position 30
onsite standby power supply 239
open 33
open at signal 19
open center 29
open center system 29
open-center valve 29
open circuit 37
open contact 37
open loop 29,33,36
open-loop control 36
open-loop frequency response 36
open loop gain 36

open-loop gain characteristics 36
open loop transfer function 37
open neutral 29
open-phase 64
open-phase relay 64
open positon 33
open subroutine 246
open valve 36
operable time 204
operand 24,29
operate mode 24
operating 18
operating circuit 157
operating condition 204
operating device 157
operating error 204
operating humidity range 116,204
operating influence 19
operating limits 204
operating oil pump 80
operating panel 157
operating power source 157
operating robot 158
operating selection switch 18
operating system 27,30
operating temperature range 115,204
operating time 204
operating value 204
operation 23,79,156,203
operation (in symbols manipulation) 24
operational amplifier 24
operational limit 18
operational sign 24
operational space 80
operation code 24
operation controlled by back pressure 221
operation controlled by extraction pressure 177
operation guide 29
operation mode 18
operation part 24
operation switch 156
operation table 24
operation time 24
operator 29,157
operator console 157
operator control panel 157
operator interface 29
operator part 24

operator precedence 24
operator's console 20,156
operator's station 29,157
optical character 66
optical character reader 66
optical character recognition 27,66
optical fiber 237
optical matched filter 66
optical modulator 237
optical pickup 237
optical pyrometer 237
optical switch 237
optical transmission 237
optimal control 77
optimalizing control 77
optimal solution 77
optimization 77
optimizing control 77
optimum control 77
optimum setting 78
optional block skip 29
optional pause instruction 154
optoelectronics 29,195
OR circuit 25
(INCLUSIVE-) OR element 306
(INCLUSIVE-) OR gate 306
OR operation 25,306
order 113
orifice 30
orifice flowmeter 30
orifice plate 30
originating system 79
Orsat analyzing apparatus 30
orthogonal array 182
oscillating actuator 291
oscillator 228
out-in traverse of arm 18
outlying observation 11
output 110
output air capacity 110
output bias 111
output change rate limit 111
output characteristics 111
output circuit 110
output coefficient 110
output constant operation 111
output current 111
output data 111
output electrode 111
output flow 111
output holding time 111

output impedance 110
output limit 111
output node 111
output port 110,111
output power 111
output pressure 110
output primitive 110,246
output process 110
output program 111
output relay 111
output resistance 111
output routine 111
output signal 110
output subsystem 110
output terminal 111
output transfomer 111
output unit 111
oval wheel flowmeter 28
overall accuracy 143
overall error 156
over-center motor 28
overcurrent relay 41
over-current release 41
over damping 28,40
overflow 6,28
overflow indication 6
over-hoisting prevent device 278
overlay 28
overlay track circuit 106
overload operation 42
overload relay 42
over range 28
over range limit 28
overreaching protection 28
override 28
override control 28
overrun 28
overrun protecting function 28
overshoot 10,28,290
overspeed control device 40
overspeed governor 238
overspeed protective device 40
overspeed trip 40
overtravel 10
overvoltage relay 41
over write recording 39
oxidation-reduction potentiometer 82
O_2 control 27
oxygen sensor 27,83

P

PAB port connection 236
package 93
packaging density 93
packed decimal notation 227
packet 226
packet assembler/disassembler 226
packet sequencing 226
packet switching 226
packing density 56
P-action 242
padding character 18
page (in a virtual storage system) 268
page frame 268
page reader 268
paging 268
paired echo 183
panel 228
parabolic flow characteristics 229,273
parallel 267
parallel adder 268
parallel addition 268
parallel-connected type 268
parallel in 268
parallel off 37
parallel operation 268
parallel reception 268
parallel running 267,268
parallelserial converter 267
parallel system control 165
parallel transmission 268
paramagnetic oxygen analyzer 87
parameter 229
parameter byte 229
parametron 229
PARD 228
parenthesis-free notation 154
Pareto optimal solution 232
parity bit 48,229
parity check 48,229
Parshall flume flowmeter 227
partial carry 256
partial error 256
partial scale 177
part program 228
pass band 183
passing band 183
passing signal 183
passive component 142

passive device 112
passive station 111
passive transducer 112
path 227
pattern 227
pattern matching 227
pattern recognition 227
PC system 238,261
PCV valve 238
PD-action 242,248
peak current 237
peak gain 237
peak mesial magnitude 237,238
peak mesial point 238
peak to peak mesial magnitude 238
peak to peak mesial point 238
peak value 154,226
Peltier effect 269
pen 269
pen recorder 271
percentage error 244
percentage function 244
percentage of deviation 33
percent average error 245
percent point 227
percent reference line 227
perforating typewriter 152
performance 143,204
performance characteristic 143
performance characteristics 143
performance coefficient 143
performance curve 143
performance function 204,245
performance index 245
performance monitor 229
period 105
periodic and/or random deviation 229
periodic pulse train 105
peripheral 108
peripheral device 108
peripheral equipment 108
peripheral node 174
permanent installation 117
permanent-magnet moving-coil instrument 41
permanent peripheral 117
permanent speed 142
permanent speed change 141,142

permanent speed variation 162
permanent storage 19
perpendicular magnetic recording 128
personal error 70, 91
Petri net 268
phase 11
phase analysis 11
phase angle 11
phase characteristics 12
phase control 11
phase-control angle 137
phase converter 158
phase crossover frequency 11
phase encoding 12
phase lag compensation 11
phase lag network 11
phase lead compensation 11
phase lead network 11
phase margin 12
phase modulation 12
phase modulation recording 12
phase modulation type 12
phase plane 12
phase plane analysis 12
phase rotation 155
phase rule 159
phase sequence 155
phase shift 11
phase shifter 11
pH electrode assembly 236
pH-meter 236
photoconductive cell 68
photodiode 252, 276
photoelectric detector 68
photo-electric effect 68
photoelectric switch 68
photoelement 68
photoemissive cell 68
photomultiplier 68
photoresistor 68
phototransistor 252, 276
phototube 68
photovoltaic cell 68
photovoltaic effect 66
phrase 93
physical quantity 255
physical record 255
PI action 235
PI-action 247
pick and place 241
pick device 241
pick identifier 241

pickup 241
pickup head 241
picture 246
PI-D control 235, 243
PID-action 235, 247
PID control 235, 247
PID parameters 235
piezo-electric effect 2, 236
piezo-electric element 2
piezoelectric pressure transducer 2
piezoresistance effect 2
pile-up 224
pilot circuit 224
pilot controlled check valve 224
pilot controlled directional control valve 224
pilot control pump 224
pilot line 224, 225
pilot motor 157
pilot operated 224
pilot operated safety valve 225
pilot operated type 224
pilot pressure 224
pilot type hydraulic automatic control system 225
pilot valve 9, 225
pilot wave 225
pilot wire monitor relay 245
pilot wire relay 245
pin board 249
pin-board program system 249
pink noise 249
pipe compensator 223
pipeline processor 223
piping diagram 221
Pirani vaccum gauge 247
piston 240
piston motor 240
piston prover 240
pitch error compensation 241
Pitot static tube 242
Pitot tube 242
Pitot-tube method 242
pivoting 244
pivot operation 244
planar semiconductor detector 260
planetary machining control 291
planimeter 257
plan position indicator 243

plasma 257
plate 291
playback 77
play back 259
playback robot 259
plotter 79, 263
plugging 53, 257
plug-in unit 257
plumbing drawing 221
pluse decay time 39
pneumatic cell 215
pneumatic circuit 56
pneumatic control 56, 57
pneumatic control valve 57
pneumatic counter 56
pneumatic delivery capability 57
pneumatic exhaust capability 57
pneumatic filter 57
pneumatic fuse 57
pneumatic-hydraulic control 57
pneumatic-hydraulic control valve 58
pneumatic-hydraulic converter 58
pneumatic indicator 57
pneumatic limiter 57
pneumatic limit operator 57
pneumatic motor 57
pneumatic pressure switch 46
pneumatic pump 57
pneumatic reservoir 57
pneumatics 56
pneumatic sensor 57
pneumatic stepping motor 57
pneumatic-to-electric transducer 58
pneumatic type pressure gauge 58
PN junction 236
point drift 201
pointer 91, 271
point estimation 199
point indicator 200
point of measurement 161
point-to-point connection 214, 272
point-to-point control 12, 242
point-to-point controlled robot 242
point-to-point system 272
Poisson's ratio 271
polarity 55

polar plot 55
polar robot 55
pole change motor 55
Polish notation 154
polling 276
population 274
population mean 276
population of measured values 160
population parameter 275
population variance 276
port 276
portable thermal cutting 98
positional numeration system 59
positional representation 59
positional representation system 59
position control 13
position encoder 12
positioner 274
position error 13
position indicator 13
positioning accuracy 12
positioning control 12
position light signal 206
position measuring device 151
position playback accuracy 12
position proportional control action 13
position relay 13
position repeatability 12
position sensor 13,274
position switch 12,274
position transducer 12
positive action 140
positive actuation 140
positive displacement flowmeter 291
positive displacement motor 291
positive feedback 136,143
positive logic 144
positive-negative action 144
positive negative three-step action 144
positive pressure relief valve 136
postfix notation 67
post processor 275
potential circuit 192
potential current transformer 60,238

potential difference 193
potential divider 264
potential transformer 60,242
potentiometer 193,276
potentiometer set mode 62
potentiostat 276
power 206
power amplification 202
power amplifier 233
power circuit 109
power control valve 195
power cylinder 157
power factor 295
powerfail circuit 233
power fuse 202
power jet valve 233
power operated control 171
power operation 206
power relay 202
power source 111
power spectral density 233
power spectrum 233
power supply device 197
power supply frequency 196
power supply interruptions characteristics 196
power supply stability 196
power supply transformer 197
power supply unit 54
power supply variation 197
power supply voltage 197
power swing 170
power valve 233
practical wiring diagram 93
preamplifier 154
precise ship position measuring device 144
precision 142,144
precision of measurement in the same conditions 202
precision rate 144
predictive control 292
predictive maintenance 292
predictive optimization control 292
pre-emergency governor 259
preference circuit 289
prefetch 79
prefill valve (hydraulic) 260
prefix notation 154
prehension module 227
pre-ignition interlock 259
preliminary adjustment 292
preliminary route indicator

127
preparatory function 114
preparatory state 114
preprocessor 258
pre-read head 153
presentation context 260
presentation data value 260
preset 257
preset counter 257
preset manual 257
preset parameter 92
preset value 148
pre-set variable resistor 233
preshoot 259
press back 260
pressure bar 260
pressure center 260
pressure circuit 192
pressure compensated flow control valve (hydraulic) 298
pressure compensator 4
pressure control 3,224
pressure control circuit 3
pressure controller 4
pressure control valve 3,4,288
pressure converter 4
pressure delay valve 3
pressure demand valve 260
pressure detector 3
pressure drop 3
pressure gain 3
pressure gauge 3,260
pressure gauge type thermometer 3
pressure governor 178,260
pressure intensifier 155
pressure level measuring device 75
pressure limit controller 3
pressure loss 3
pressure offset 260
pressure oil 2
pressure oil tank 2
pressure operated 3
pressure ratio control 4
pressure ratio regulating valve 247
pressure reducer and attemperator 115
pressure reducing and check valves for water 129
pressure reducing and relieving valve

(hydraulic) 299
pressure reducing valve 64
pressure reducing valve with relieving mechanism 299
pressure regulating valve 4
pressure regulator 3,136
pressure relay 3
pressure relief device 33
pressure relief valve 4,299
pressure repeater 4
pressure seal 3
pressure sensitive control valve 44
pressure sensor 3,164,260
pressure switch 3,260
pressure-temperature compensated flow control valve(hydraulics) 32
pressure transmitter 4
pressure type level gauge 3
pressure type vaccum breaker 3
pressure volume control pump 3
pressurized apparatus 211
presumptive instruction 43
prevent device for unusual hydraulic system 287
preventive maintenance 292
preview control 292
pricing vector 245
primary axes 17
primary feedback signal 112
primary safety controller 105
primary safety device 193
primary standard 13
prime record key 113
priming detector 280
primitive 258
primitive encoding 52
principle of optimality 78
principle of superposition 39
printed circuit 258
printed circuit board 258
printed wiring 258
printed wiring board 258
printer 15,258
printing 15
printing calculator 15
priority valve 256
private use 114
probability density function 38
probe 264
problem-oriented language 286
procedural language 189
procedure 191
procedure (in programming languages) 191
procedure-oriented language 189
process computer 262
process computer system 262
process control 262
process control equipment 262
process dynamics 262
processed video 120
process engineeʼs console 262
processing object 120
processing unit 120
process instrumentation 262
process interface system 262
process interrupt signal 262
process I/O 262
process I/O station 262
process measurement 262
processor 120,262
process-oriented sequential control 262
process system 120
process variable 243,262
product form algorithm 145
product specification 144
program 261
program (in programming languages) 261
program control 261
program controlled lathe 261
programed route control device 97
program flowchart 262
program input 262
program library 262
programmable calculator 261
programmable controller 238,260,261
programmable controller system 261
programmable logic controller 236,261
programmable read-only memory 261
programmed operational space 261
programmed working space 261
programmerʼs console 260
programming 261
programming language 261
programming system 261
program output 261
program pattern 262
program period 261
program set station 262
program start 261
program stop 261
prompt 217
propagation delay time 201
proportional action 248
proportional action governor 237
proportional band 248
proportional control 247
proportional controller 248
proportional control valve 247
proportional device 248
proportional element 248
proportional gain 247
proportional integral differential govenor 235
proportional integral governor 235
proportionality 184
proportional plus derivative action 248
proportional plus derivative controller 248
proportional plus integral action 247
proportional plus integral controller 247
proportional plus integral plus derivative action 247
proportional plus integral plus derivative control 247
proportional plus integral plus derivative controller 247
proportional plus on-off control 248
proportional position control action 247
proportional pressure relief valve 189
proportional spacing 26
proportioning and bypass valve 264
proportioning pressure reducing valve 188
proportioning valve 264
protected area 273
protected operation 273
protection 273

protection system　271
protective earth　273
protective earth terminal　273
protective relay　273
protocol　263
protocol error　263
prototype　64
proximity sense　56
proximity sensor　56
proximity switch　56
proximity warning device　147
PR port connection　235
pseudocode　48
pseudo random noise　49
pseudo-random pulse train　49
psychophysical quantity　127
p-type semiconductor　237
pull switch　258
pulsating current　281
pulsation control　232
pulse　229
pulse base center point　232
pulse advance　231
pulse amplifier　231
pulse amplitude　230
pulse amplitude analyzer window　226
pulse base　230,232
pulse base distortion　232
pulse base magnitude　230,232
pulse center point　231
pulse coded modulation system　238
pulse code modulation　232,238
pulse control　230
pulse delay　231
pulse drop-off time　39
pulse duration　232
pulse duration distortion　232
pulse duration fluctuation　232
pulse duration jitter　232
pulse duty factor　230,231
pulse factor　230
pulse falltime　230,231
pulse forming　230
pulse forming circuit　230
pulse frequency　230
pulse-height analyzer　226
pulse-height discriminator　226
pulse-height-to-time converter

226
pulse interval　230
pulse jitter　230
pulse length　232
pulse length distortion　232
pulse length fluctuation　232
pulse magnitude　230
pulse magnitude fluctuation　230
pulse magnitude jitter　230
pulse position　229
pulse position jitter　230
pulse regeneration　230
pulse regeneration circuit　230
pulse regenerator　230
pulse repetition frequency　230
pulse repetition frequency fluctuation　230
pulse repetition frequency jitter　230
pulse repetition period　230
pulse repetition period fluctuation　230
pulse repetition period jitter　230
pulse repetition rate　230
pulse response　232
pulse rise time　169
pulse risetime　230,231
pulse separation　230
pulse separation distortion　230
pulse separation fluctuation　230
pulse separation jitter　230
pulse shape　231
pulse-shape discriminator　226
pulse shaper　230
pulse shaping　230
pulse shaping circuit　230
pulse stretcher　232
pulse top　231
pulse top center point　231
pulse top distortion　231
pulse top magnitude　231
pulse train　231,232
pulse transfer function　231
pulse transformer　232
pulse voltage　231
pulse waveform distortion　232
pulse width　232
pulse width distortion　232

pulse width fluctuation　232
pulse width jitter　232
pump control　277
pump governor　277
punch　152
punch card　152
punched tape reader　153
punch tape　153
punctuation capability　63
pure notation　171
purge control valve　226
purge interlock　226
push and pull switch　237,255
push button switch　27
pushdown list　4
pushdown stack　4
pushdown storage　4
pushup list　279
pushup storage　79
pyroelectric detector　118
pyrometer　272

Q

quadrant　42,104
(spot weld) quality monitor　249
quantity　298
quantity measuring fuse　189
quantization　298
quantization error　298
quarter-squares multiplier　104
quasistable state　250
queue　279
queue length　302
queue size　302
quick opening characteristics　56
quiescent current　151
quotient　114

R

racing　295
rack　294
radar　301
radar antenna　157
radar repeater　23
radiated interference　272
radiated susceptibility　272
radiation　272
radiation detctor　272
radiation pyrometer　272
radiation thermometer　272

radiation thickness meter 272
radioactive rays 272
radio direction finder 281
radio interference suppression capacitor 80
radiometer 272
radiotelemetering 281
radix 50
radix notation 50
radix numeration system 50
radix point 117
railway signal 191
railway signaling equipment 191
raised cosine pulse 214
RAM 292
ramp 62,295
ramp input 295
ramp nonlinearity 62,295
ramp response 295
ramp response time 295
ramp signal 295
ramp type 295
random access 180
random access memory 294
random coincidence 58,294
random error 58
randomized block design 294
random noise 252
random pulse train 295
random variable 38
range 303
range ability 303
range of observations 233
rank 294
rate action 302
rated conditions of use 185
rated engine speed 185
rated flow coefficient 185
rated flow rate 185
rated horse power 185
rated load impedance 185
rated operating conditions 185
rated output 185
rated range 185
rated range of use 185
rated speed 185
rated supply frequency 185
rated supply voltage 185
rated value 185
rate gain 243,302
rate of change limiting control 269
rate of change of speed setting 187
rate time 243
rating 185
ratio control 247
ratio controller 247
ratio differential relay 247
rational number 289
ratio station 247
reactance 295
reactive power 281
reactive power relay 281
read head 293
reading 292
readjustment 77
read only memory 305
read-only memory 293
read only storage 305
read relay 296
ready state 114,302
ready/write head 293
real address 92
real number 93
real storage 92
real system 93
real time 93,295
real-time operation (in analog computing) 93
real time trend 295
receiver 109,110
receiver element 110
receiver tank level regulating valve 110
receiving session protocol machine 109
receiving session service user 109
receiving system 113
receiving TS user 109
receiving tube 110
reciprocal transducer 159
reclosing relay 78
reclosing start 78
recognitive function 217
record 301
recorded information 56
recorder 56
recording 56
recording controller 56
recording density 56
recording instrument 56
recovery 35
recovery function 35
recovery time 141,255
rectangular pulse 58,272
rectangular pulse tarin 58
rectangular robot 182
rectification 144
rectifier 144
rectifier instrument 144
rectifier type photoelectric tube 144
rectilinear transducer 267
rectilinear writing oscillograph 181
recursive function 51
redox electrode assembly 302
reduced-carrier transmission 185
reduction gear 65
redundancy 118,167
redundancy check 118
redundancy computer system 117
redundant code 118
redundant system 118
Redwood viscometer 302
reenterable program 78
reenterable routine 78
reenterable subroutine 78
reentrant program 78
reentrant routine 78
reentrant subroutine 78
reentry point 78
reference 83,302
reference condition 49,246
reference conditions 246
reference input 49
reference-input element 49
reference input signal 49
reference junction 49
reference junction compensation 49,301
reference level 49
reference material 246
reference operating condition 49
reference performance characteristics 49
reference position 302
reference range of an influence quantity 35
reference range of an influencing characteristic 19
reference signal 49
reference strain 67
reference test method 49
reference value circuit 49
reference value of an influence quantity 35

reference value of an influencing characteristic 19
reference variable 49
reference waveform 49
reflection 233
refresh 297
regenerative braking 34
regional control 264,298
register 301
register circuit 301
register length 301
regression analysis 33
regression line 33
regular block system 119
regular stop 141
regulating valve 179
regulator 179,301
relation 236
relational operator 236
relation condition 236
relation indicator 44
relative address 158
relative addressing 158
relative error 69,158
relative flow coefficient 159
relative frequency 158
relative harmonic content 67
relative sensitivity 158
relative stability 9,158
relaxation osillator 92
relay 62,299
relay dump valve 178,299
relay interlocking machine 62
relay ladder diagram 299
relay-operated control 171
relay sequence control 299
relay valve 178,299
release 104
release time 34,104
release value 104
reliability 126
reliability block diagram 126
reliability characteristics 126
reliability function 127
reliability parameter 126
reliability program 126
relief valve 136,165,213,299
reloading 41
reloading pressure 41
relocatable address 78
relocatable program 78
reluctance 87
remainder 119

remark 61
remote control device 23
remote-access data processing 23
remote batch entry 23
remote batch processing 23
remote control device 6,23
remote controlled valve 23
remote cut-off tube 43
remote data input 176
remote display 297
remote input/output station 297
remote job entry 6,23
remote mode 23
remote operation 23,25
remote PPI 23
remote sensing 297
remote sequential operation 25
remote set point adjuster 23
remote setting 23,297
remote supervisory control 23
remote teaching 23
repeatability 59,235
repeatability error 59
repeat counter 296
repeater 296
repeat function 297
repeating signal 178
repeating signal marker 178
repertoire 302
repetability 59,202
repetitive addressing 234
repetitive cyclic mode of operation 235
repetitive operation 59
repetitive shock 59
report group 272
report group description entry 272
reproducibility 76
reproducibility error 76
reproducible machine datum 75
request 291
requesting association control protocol machine 291
requestor 291
rerun time 76
rescue point 76
reseat pressure 301
reservoir 295
reset 255,296

reset action 296
reset free 296
reset lock out 296
reset mode 119
reset pulse 296
reset rate 296
resettability 77
reset time 145,255
resetting value 255
reset windup 145,296
resident 117
resident control program 117
residual 83
residual amplitude modulation factor 85
residual chlorine analyzer 85
residual contact 6,85
residual frequency modulation deviation 85
residual modulation 85
residual pressure 82
resistance 185
resistance bulb 160
resistance bulb thermometer 160
resistance law 186
resistance loss 186
resistance temperature sensor 186
resistance thermometer 195
resistance value 186
resistivity 186
resistor 138,185
resistor transistor logic 6
resolution 264
resolution factor 264
resolver 301
resolving time 264
resonance 54
resonance frequency 54
resource 89
responder 301
response 25,301
response curve 25
response frame 301
response function 25
response speed 26
response time 25,132
response time (of detector) 25
90 % response time 53
response time of analog 4
response time of over-speed limitting device 40
restart 76

restart condition 76
restarting 75
restart instruction 76
restart point 76
restraint 291
restricted automatic block system 207
restriction 104
restriction flowmeter 104
restrictor 104
restrictor valve 296
result 63
resultant error 67
resultant indentifier 63
resulting current 227
retransmission 78
retrofit 302
retrofitting 302
return 253
return difference 46
return flow fuse 188
return to reference position 302
return-to-reference recording 49
reusable program 76
reusable routine 76
reverse action 52,53
reverse action diaphragm control valve 52
reverse current valve 177
reverse direction 53
reverse Polish notation 67
reverse position 233
reverse reaction 52
reverse responce 52
reversible counter 38
reversible transducer 38
reversion 296
revisit rate 78
revolution of hand 191
Reynolds number 301
rheostatic chopper control 186
rheostatic control 186
rheostatic control (motor) 186
rheostatic control cam-shaft 185
right-left traverse of arm 18
right-left turning of arm 18
rigid return 67
ring balance manometer 299
ring counter 45,299
ringing 299

ring network 45
rink mechanism 299
ripple 297
ripple current 297
ripple voltage 297
rise time 117,169
roadway post 155
robotic welding 305
robot language 305
robust control 305
roller band saw 102
rolling diaphragm 200
room thermostat 300
root 72
root locus 72
root-mean square value 92
rotary actuator 304
rotary cam switch 304
rotary condenser 179
rotary switch 304
rotating machine 34
rotating pilot valve 34
rotational delay 34
rotational position sensing 34
rotational speed control 34
rotation of arm 18
rotor blade control 206
rotor resistance control 213
round-down function 55
rounding 55,212
rounding error 280
round pulse 212
round-up function 55
route indicator 127
route lock 127
route signal system 127,300
routine 300
R port blocked 6
rule 50
rule-based control 300
run button 18
run duration 92
running time 92
run unit 92

S

safe operating area 7
safety barrier 8
safety circuit 7
safety device 7,271
safety device of power failure 188
safety extra low voltage 7
safety extra-low voltage 8

safety extra low voltage circuit 7
safety holding circuit 8
safety relief valve 8
safety shutdown time 7
safety shut-off valve 7
safety start check circuit 7
safety switch 7
safety switch timing 7
safety time 7
safety times at starting 96,255
safety times under operation 18
safety valve 8
safety voltage 7
sag 79
sample and hold circuit 84
sample-and-hold device 85
sample-data control 84
sampled-data PI control 85
sampled data signal 84
sampled signal 84
sampled value 246
sample mean 121
sample of measured values 160
sampler 83,84,246
sample standard deviation 121
sampling 83,246
sampling action 84
sampling circuit 84,246
sampling control 84
sampling controller 84
sampling error 84
sampling interval 84
sampling oscilloscope 84
sampling period 84
sampling PI control 84
sampling pulse 246
sampling time 84
satellite navigation system 20
saturable reactor 43
saturation 273
saw tooth pulse 219
saw-tooth setting machine 101
scalar 131
scale 283
scale division 282,284
scale driving 131
scale factor 284
scale interval 284
scale length 284

scale mark 284
scale of measurement 161
scale plate 283
scaler 131
scale range 284
scale spacing 283
scale span 284
scaling 131
scaling circuit 62
scanner 131,157
scanning 156
scanning monitor 131
scanning type thickness meter 157
scan rate 157
scan time 131
Schmitt circuit 112
Schmitt trigger 112
Schmitt trigger circuit 112
scintillation camera 124
scintillation counter 125
scintillation detector 125
scintillator 125
scram 131
screen grid 105
scroll 131
SCSI device 21
scutching turbine 97
seal chamber 121
seal-in relay 121
search 172
seat 270
secondary axes 189
secondary electron emission 213
secondary standard 213
second order lag 213
sectional route lock 127
sector 146
sector control 264
secular change 62
Seebeck effect 149
seesaw switch 92
segment 58,146
select 149,154
selecting 149
selection signal 154
selective calling 154
selective circuit 154
selective control 154
selective parameter 154
selective relay 154
selective signal 154
selective trip 154
select-low 185

selector 55
selector switch 55,149
self-adjustable type drag head 99
self-aligning ball bearing 99
self-aligning roller bearing 98
self-aligning rolling bearing 98
self-balancing recorder 101
self-checking circuit 90
self-checking code 6,90
self-closing valve 101
self-diagnosis 90
self-diagnosis function 90
self-hold circuit 90
self holding 90
self-holding actuation 91
self holding contact 91
self holding type solenoid 91
self inductance 89
self induction 91
self-opening die head 100
self-operated control 120
self-operated controller 120
self-recovery 90
self-regulation 90
self-relative address 90
self-relative addressing 90
self reset 90
self-reset actuation 90
self-saturated type 90
self tuning 149
semi-automatic signal 233
semi-automatic start-automatic stop type 233
semi-automatic start-manual stop type 233
semi-automatic valve 233
semiconductor 234
semiconductor detector 234
semiconductor integrated circuit 234
semiconductor rectifier assembly 234
semi-graphic panel 149
semi-manual type 233
semirotary actuator 291
sence of hearing 179
sender 158
sending session protocol machine 158
sending session service user 158
sending transpot entity 158

sending TS user 158
sensing element 269
sensing terminal 21,193
sensing valve 160
sensitive axis 109
sensitive volume 289
sensitive volume of a detector 65,288
sensitivity 46
sensitivity control 296
sensitivity function 46
sensitivity of a transducer 269
sensor 65,153
sensor module 153
sensor signal 153
sensory control 44
sensory controlled robot 44
separate alarm 71
separately excited motor 171
separate setting 71
separator 266
sequence 89,301
sequence circuit 89,113
sequence control 86,89,114
sequence controlled contacts 89
sequence control robot 89
sequence flowchart 89
sequence logic element 114
sequence monitor 89
sequence number 89
sequence number search 89
sequence program control method 89,114
sequence storage method 114
sequence switch 113
sequence table 82
sequence test 89
sequence timer 89
sequence valve 89
sequential 113,176
sequential access 113,114
sequential circuit 113
sequential closing relay 114
sequential control 89
sequential control system 89
sequential diagram 89
sequential file 114
sequential function chart 20,89
sequential operation 304
sequential organization 114
sequential start up 114
sequential stop 114

sequential switch 89
serial 182
serial access 113
serial addition 182
serializer 267
serial-parallel converter 181
serial transmission 182
serial two safety cut-off
　　valves system 213
series compensation 182
series-connected type 182
series flow control valve
　　(hydraulic) 120
series mode interference 120
series mode rejection 121
series mode rejection ratio
　　121
series mode signal 121
series mode voltage 121
series motor 181
series parallel control 181
service 80
service primitive 81
service program 81
service-provider 80
service regulator 54
service-user 81
servo actuator 81
servo assisted governor 297
servo-balancing type 183
servo control 81
servo-control 82
servo-controlled robot 81
servo cylinder 81
servo mechanism 81
servomotor 82,290
servo system 81
servovalve 82
session 146
session protocol data unit
　　identifier 146
session protocol machine 146
session service user 146
set 149
setback 149
set operation 106
set point 21,148
set-point control 188
set point control action 148
set point demand 284
set point generator 148
setpoint signal 148
set point transmission signal
　　148
set pulse 149

setting 148
setting device 148
setting element 148
setting means 148
setting precision 148
setting range 148
setting speed of over-speed
　　limitting device 40
setting value 148
settling time 141
set value 148
sexadecimal digit 109
sexadecimal on hexadecimal
　　109
shadow price 153
shall 103
shannon 105
sheath type thermocouple 92
shelf-mounted instrument 85
shield 121
shielded coil 105
shield grid of a discharge tube
　　273
shielding 105
shift 63,103
shift pulse 103
shift register 26,103
shift resister circuit 103
shock 115
shock pulse 116
shock resistance 165
short circuit 174
short-circuit current 175
short-circuit proof output
　　175
short-circuit relay 175
short circuit transition 175
short-time operation 172
short time rated output 172
short time rating 172
short time rating relay 173
shot noise 83
shunt 266
shunt field control 266
shunting indicator 15
shunting sign 14
shunting signal 14
shunt motor 266
shunt reactor 266
shutdown 104
shutoff function 27
shut-off timing 104
shut off valve 267
shut-off valve 104
shuttle valve 104

sideband 162
side effect (of a function
　　procedure) 45
sigma memory 300
sign 1
signal 122
signal amplitude sequencing
　　control 123
signal apparatus 123
signal appendant 124
signal bond 88,124
signal characterizer 45,88
signal common 88
signal conversion 269
signal converter 88,124,269
signal detector 123
signal flow graph 88,124
signal generator 124
signal grid 123
signaling device 123
signal input and output part
　　124
signal input part 124
signal isolation 123
signal light 124
signal limiter 124
signal mechanism 122
signal output part 123
signal plane 123
signal regeneration 123
signal relay 123,124
signal repeater 124
signal selector 88
signal set station 123
signal source resistance 123
signal stabilization 122
signal-to-noise ratio 20,123
signal transformation 124
signal wire 123
signature analysis 254
sign bit 254
sign change function 254
sign character 254
sign condition 144
sign digit 254
significance level 48
significant 288
significant condition 288
significant digit arithmetic
　　289
significant figures 289
significant instant 288
signmark of train 302
sign position 254
silicon controlled rectifier 21

silicon detector 120
Si(Li)semiconductor detector 120
simple buffering 173
simple harmonic quantity 140
simple type 173
simplex criterion 173
simplex method 126,174
simplex tableau 173
simplex transmission 174
simulation 104
simulation language 104
simulator 104
simultaneous 205
sine wave 140
singing attenuation 282
single acting cylinder 174
single block operation 122
single drive 122
single edger 101
single element water level control 174
single end 122
single feedback 171
single-hit decision table 174
single loop 172
single loop controller 122
single loop control system 175
single measuring instrument 174
single operation 174
single-phase induction motor 173
single phase operation 173
single phase protection 173
single-phase three-wire system 173
single-phase transformer 173
single port type valve 122
single pulse 171
single-rail-track 172
single routine 122
single seated control valve 172
single seated type 172
single-sideband transmission 173
single-speed floating action 171,173
single-speed floating controller 171
single speed type 173
single spindle automatic lathe 173

single step 275
single step operation 171
single surface planer 94
single sweep operation 173
single wire signal 173
sink mode output 122
sinusoidal quantity 140
siphon 78
size level control device 220
sizing 77
skeleton diagram 173
slack variable 135
slave operated 183
slave station 105,135
slice 135
slice level 135
slicer 135
slicing circuit 135
slide 135
slide resistor 107
slide rheostat 107,135
slide switch 135
slide valve 135
sliding mode control 135
slip 135
slip ring 135
slip sense 135
slit 135
sliver evening device 135
sliver stop motion 103
slow closing device 45
slow opening valve 135
sluice valve 88,135
small scale integrated circuit 20,115
small scale integration 115
smoke detector 64
smoke indicator 135
smoothing circuit 266
snap action switch 133
snapshot dump 160
snapshot program 160
snowslip warning device 212
soft manual 162
software 162
software servo system 162
solenoid 163,198,278
solenoid control 163,198
solenoid controlled pilot operated directional control valve 199
solenoid controlled valve 198
solenoid-controlled valve 199
solenoid directional control valve 197

solenoid operated 163
solenoid operated directional valve 181
solenoid operated valve 163,199
solenoid trip 163
solenoid valve 163,198,199
solenoid valve for air releasing 222
solid electrolyte oxygen analyzer 70
solid-state detector 234
solution 33
sort 162
sorter 162
sound wave 32
source-computer 277
source electromotive force 123
source impedance 123
source language 65
source mode output 162
source program 65
space 21,44
span 134
span adjustment 134
span error 134
span of instrumental error 55
span shift 134
spatial frequency 56
special register 207
specific symbol 71
specified characteristic curve 51
spectral characteristics 264
spectrum 135
speed adjusting device 162
speed change gear 270
speed changer 162
speed control 161
speed control circuit 161
speed control switch 134
speed control valve (pneumatic) 162
speed decelerasing gear 65
speed detector 161
speed electromotive force 161
speeder 134
speed governing operation 42
speed governor 179
speed log 154
speed matching valve 134
speed ratio 162
speed relay 161
speed sensor 104,134

索　　引　　　　　　　　　　　350

speed setter　162
speed setting　162
speed signal system　134,161
speed switch　161
spherical robot　55
spike　133
split body control valve　134
split-range　134
spool　134
spooling　134
spool type device　134
spool valve　134
spotting　135
spot unblanking　9
spot weld quality control system　249
spray water control valve　134
spring return　228
spring return valve　134
spring type sensor　134
spurious　134
spurious characteristics　134
spurious output　134
square root extractor　36
square-root scale　36
square-two scale　214
square wave　272
stability　8,9
stability limit　8
stability margin　9
stability of a linear system　152
stabilized speed　141
stable multivibrator　281
stable state　8
stack indicator　132
stack pointer　132
stack storage　132
stage of the controls　139
stagnation detective relay　106
staircase　34
standard　49,246
standard deviation　246
standard error　246
standardized signal　202
standard normal distribution　246
standard range　246
standard sample　246
standby redundancy　164
stand-by state　132,164
standing wave　186
star connection　273

starconnection three-phase four-wire system　307
star-delta starter　132
star network　273
start　51,94
start and run change over relay　94
starter　95
starter generator　96,131
starting-air control　95
starting-air control valve　51
starting-air distributor　95
starting-air pilot valve　51,95
starting-air valve　51,101
starting current　51,99
starting reactor　102
starting rheostat　99
starting solenoid valve　51
starting switch　97,131
starting time　96
starting-time　51
starting torque　99
starting unloader　132
start interlock　51
start of heading　20,268
start of text　21,189
start pulse　132
start signal　132
start-stop transmission　180
start-stop type　180
start-up time　96
start-up value　98
state　117
state equation　117
statement　133,282
state transition　117
state transition diagram　117
state variable　117
static　142
static acceleration error　187
static characteristics　143
static control　281
static dump　142
static error　140
staticizer　181
static Kremer system　140
static Leonard system　141
static machine temperature relay　140
static measurement　142
static optimization　142
static position error　187
static Scherbius system　140
static storage　142
static test mode　190

static tube　136
static velocity error　187
stating signal　110
station　132
stationary induction apparatus　141
stationary information source　187
stationary message source　187
stationary phase　70
stator blade control　144
status　132
status display　117
status output　117
status signal　117,132
steady flow　188
steady state　187
steady-state characteristics　187
steady state deviation　187
steady-state deviation　187
steady state deviation of the n-th order　21
steady-state error　187
steady state operation　187
steady-state performance　187
steady state power conditions　197
steady-state response　187
steady state speed　141
steady state speed regulation　142
steady state speed variation　162
steady-state vibration　187
steam pressure control　115
steam temperature control system　115
steepest descent method　75
steering column switch　73
steering control　132
step　132
step-by-step operation　176
step control action　13
step enabling condition　275
step input　133
step-motor　133
stepped ramp type　34
stepping　275
stepping motor　132
stepping relay　132,275
step relay valve　169
step response　132
step response time　132

step signal   133
stick lock   276
stick signal   276
stimulus   301
stochastic system   38
stop   186
stop instruction   187
stopping water level   186
stop pulse   133
stop signal   133
stop valve   133, 208
storage   46, 47
storage allocation   47
storage camera tube   80
storage capacity   47
storage cell   46
storage device   47
storage element   47
storage image   46
storage indication   47
storage location   47
storage oscilloscope   133
storage paritioning   284
storage protection   47
storage time   176
storage tube   176
storing   47
straight line coding   181
straight saw sharpener   98
strain gauge   133, 240
strain gauge pressure sensor   133
strain gauge type manometer   186
strain input   240
stratified language   141
stray capacity   246
stray current   282
stretcher   237
stretching   237
stretching circuit   237
string   301
strobe pulse   133
strobing   133
strobing circuit   133
strobo scopic method   133
stroke   133
stroke device   133
stroke limiting device   34
structured text language   21, 67
structure module   48
stylus   131
subharmonic   188, 265
sub-module   81

subnetwork address   81
subnetwork point of attachment   81
subordination connection notation   106
sub-plate valve (hydraulic)   81
subprogram   292
subroutine   81
subscale mark   71
substantially sinusoidal waveform   140
substitute   18
substitute block system   167
substitute character   176
substitution method   176
substrate   52
substrate of integrated circuit   106
subsystem   81
subtotal function   115
subtracter   64
subtrahend   65
succesive approximation type   176
successful reclosing   78
successive control   304
suction valve   53, 128
suction valve unloader   128
suffix notation   67
summer   39
summer analog adder   4
summing integrator   39
summing point   39
superconducting memory   180
superconducting transistor   180
superinposed field excitation control   194
superscript   18
supersonic type level gauge   178
supervision   133, 203
supervisor   133
supervisory control   133, 155
supervisory program   44
supplementary insulation   273, 275
supplied value   54
supply air pressure   53, 54
supply characteristics   54
supply flow   54
supply flow rate   54
supply port   54
supply pressure   54

supply side disturbance   54
suppressed-carrier transmission   291
suppressed-zero range   151
suppressor grid   291
surge   79
surge current   79
surge current withstand   80
surge damping valve   79
surge limiting capacitor   79
surge pressure   79
surge resistance   79
surge tank   79
surge voltage   79
surging   80
susceptance   80
susceptibility   272
swapping   136
sweep   155
swinging   290
swing phase control   288
switch   36, 128
switch back   55
switch back pressure   55
switchboard   222
switch circuit controller   200
switch for mode of presentation   246
switchgear   36
switch indicator   128, 200
switching   128
switching element   128
switching flow rate   55
switching function   128
switching pressure   55
switching temperature   128
switching time   55, 128
switching valve   55
switching variable   128
switchpoint   128
switchstaus condition   128
swivel of hand   191
symbol   126
symbolic address   48
symbolic addressing   48
symbolic logic   48
symmetrical input   165
symmetrical triangular shock pules   83
symmetric binary channel   213
synchro   122
synchronism   203
synchronization   203
synchronization frequency

range 203
synchronization minimum amplitude 76
synchronization minimum voltage 76
synchronized operation 203
synchronized sweep 203
synchronizing 268
synchronizing pulse 203
synchronous 203
synchronous condenser 179
synchronous control 203
synchronous engine starting device 203
synchronous idle 203
synchronous machine 203
synchronous motor 203
synchronous speed 203
synchronous transmission 203
synthetic address 141
syphon 78
system 60,91
system accuracy 58
systematic error 62
system flowchart 91
system of measurement 160
system of units 171
system performance test 91
system program 92
system software 91

T

tachograph 18,167
tachometer 34
tachometer dynamo 161
tachometer generator 161
tactile feedback 120
tactile sense 120
tactil force sensor 295
talker 206
tandem compensator 182
tandem connection 174
tandem data circuit 182
tank oil gauge 172
tap 170
tap (of potentiometer) 170
tap changer 170
tap control 170
tape format 192
tape operation 192
tape punch 192
tap for automatic tapping machine 100
target 167

target flowmeter 167
target language 284
target program 284
task 168
task level language 79
task origin 79
task teaching 79
t-distribution 189
teaching 54
teaching function 54
technical process 189
telegraph logger 192
telemetering 23
telemotor 192
teleprinter 15
television picture tube 110
temperature coefficient of voltage at reference current 229
temperature control 31
temperature controller 31
temperature controls 31
temperature control valve 31
temperature/pressure correction 31
temperature regulating relay 31
temperature regulating valve 31
temperature regulator 31
temperature relay 32
temperature sensor 31,201
temperature switch 31
temperature transducer 31
temperature transmitter 31
temporary memory 13
tension winch 101
tent addressable storage 211
term 291
terminal 172,183
terminal-based conformity 298
terminal-based linearity 298
terminal resistance 173
terminal voltage 173
terminating resistance value 106,141
test 88
text 189
textual language 189
theoretical cylinder force 121
thermal conductivity gas analyzer 218
thermal cones 160
thermal detector of radiation 217

thermal image 82
thermal noise voltage 217
thermal overload relay 82,218
thermal radiation detector 217
thermal relief valve 218
thermal stylus recorder 218
thermion 217
thermister 82
thermister thermometer 82
thermister type temperature sensor 82
thermocouple 217
(radiation) thermocouple 82
thermocouple thermometer 217,225
thermo-electric effect 217
thermoelectromotive force 217
thermography 82
thermo-mechanical control process 217
thermo pile 82
thermopile 218
(radiation) thermopile 82
thermostat 82
thermo valve 82
therms sensor 44,46
Thévenin's theorem 192
thick film integrated circuit 2
thick film type thermistor 2
thickness gauge 2
thicknessing planer 94
thin film integrated circuit 225
thin film thermistor 17
Thomsom effect 208
three elements water level control 85
three-phase circuit 83
three-phase induction motor 83
three-phase transformer 83
three port connection valve 85
three-position signaling system 82
three-position valve 82
three-pressure type control valve 82
three side planing and moulding machine 96

three-step control 82
three-step control action 82
three-step controller 82
three-terminal contact 83
threshold 135
threshold function 87
threshold level 86
threshold operation 87
throttle valve 136
throughput 120,135
throw-out route control 15,122
thrust failure protection device 135
thumb-wheel switch 82
thyratron 78,217
thyristor 78
thyristor convertor 79
tie bus 166
tilt 182
time analyzer 86
time base 166
time-chart 86,166
time coefficient 155
time constant 93
time control 86
time controller 166
time delay 86
time delay relay 85
time-delay relay 65
time lag 26,64
time-lag relay 65
time lag relay for starting or closing 101
time lag relay for stopping or opening 186
time limit characteristics 65
time-oriented sequential control 86
time out 166
time per point 14
time program control method 89
time proportional control action 86
timer 61,166
time response 86
timer motor 166
time scale factor 86
time schedule controller 166
time-shared control 103
time sharing 103,166
time signal 166
time switch 166
time-to-amplitude converter 86
time to peak 10,290
time-to-pulseheight converter 86
timing 166
timing device 86
timing input signal 166
timing mark 69
timing pulse 166
timing relay 65
tip-over switch 165
to abort 17
to assemble 2
to automate 94
to bootstrap 256
to branch 264
to call 292
to carry 63
to clear 59
to compile 73
to computerize 118
to convert 269
to decode 253
to delete 79
to digitize 186
to dispatch 188
to dump 174
to duplicate 253
to encode 70,254
to erase 115
to execute 92
to extract 178
to interpret 34
to invoke 292
to link 303
to load 305
to negate 242
to order 114
to overlay 28
to preset 92
to prestore 92
to process (data) 120
to range 175
to read 293
to relocate 78
to reset (a counter) 296
to restart 76
to return 285
to roll in 305
to roll out 305
to round 280
to schedule 131
to segment 58
to sequence 114
to set (a counter) 149
to store 46
to transcribe 195
to transfer 200
to transform 270
to translate 277
to trigger 209,237
to write 38
to zerofill 150
toggle switch 207
tokenless block system 303
tolerance 55,66,289
tool offset length compensation 66
top line 180,208
torch offsetting function 208
torque 210
torque amplifier 210
torque-converter indicator 210
torque motor 210
torque ratio 210
torque stop 210
torque (speed) variator 210
torsion spring machine 99
torsion winder 99
total applied voltage 151
total conversion time 155
total diagram 156
total distortion factor 154
total organic carbon meter 288
total resistance 154
total system response time of digital 187
total traffic control device 302
touch screen 147
touch sense 147
touch sensitive screen 147
tow-way restrictor valve 215
traceability 210
trace program 183
tracer control 212
track 208
track and hold unit 183
track and store unit 183
track circuit 51
tracking 208
tracking (in computer graphics) 183
tracking control 183,208
tracking mode of operation 208
tracking symbol 183
track marker 155

track number indicator 155
traffic lever 272
traffic monitoring 290
trailing edge 169
trailing edge mesial point 169
trailing edge peak mesial point 169
trailing edge peak to peak mesial point 169
trailing edge percent point 169
train approach indicator for level crossing 256
train direction indicator 302
train identification device 302
train information indicator 302
train number indicator 302
train pipe 302
train radio device 302
train stop indicator 302
train wireless radio 302
trajectory 51
transconductance 209
transducer 125, 209, 269, 270
transfer 199
transfer characteristic 270
transfer characteristics 200
transfer contact 209
transfer cylinder 209
transfer element 200
transfer function 200
transfer impedance 200
transfer lag 200
transfer relay 209
transfer time 200
transformer 269, 270
transformer rectifier unit 269
transient 42
transient characteristics 42
transient deviation 42
transient overshoot 42
transient phenomena 41
transient power disturbances 197
transient response 41
transistor 209
transition 41, 151, 209
transition amplitude 42, 151
transition duration 42, 151
transition segment 41, 151
translater 277
translating program 277
translator 277

transmission 199, 270
transmission control character 200
transmission control characters 200
transmission distance 200
transmission lag compensator 26
transmission line 200
transmission loss 204
transmission rate 200
transmission signal 200
transmission speed 200
transmittance 209
transmitted pulse 158
transmitter 158, 199, 228
transmitting compass 158, 228
transmitting magnetic compass 272
transmitting tube 158
transmit window 158
transparency 281
transparent data 203
trans ponder 209
transport dealy 200
transport service provider 209
transport service user 209
transverse parity check 302
trapezoidal pulse 165
trapezoidal shock pulse 165
travel 208
treatment control panel 182
tree network 49
trend recorder 210
trend recording 210
triangular pulse 83
tributary station 106
trigger 209
trigger circuit 209
triggered mode of operation 209
triggered sweep 209
trigger pulse 209
trigger switch 209
trimmer potentiometer 210
triode 83
trip 209
trip-free 108, 209
trip-free relay 108
triple length register 83
triple-precision 83
triple register 83
tripping 209, 237
true 121

true bearing unit 126
true value 124, 125
truncation (of computation process) 17
truth table 127
truth value 127
tube pressure gauge 259
tumbler switch 174
tuning 178, 205
tuning capacitance 205
tuning circuit 205
tuning coil 205
tuning control 205
tuning sensitivity 205
tuning transformer 205
tuning value 148
turbidity meter 167
turbine automatic starting device 170
turbine by-pass valve 170
turbine control board 128
turbine control panel 170
turbine flowmeter 170
turbine following control 170
turbulence amplifier 295
turbulent flow 295
turn-down ratio 174
turning 170
turn off 172
turn off time 172
turn on 172
turn-on stabilizing time 172
turn on time 172
two address instruction 212
two-degree-of-freedom control 213
two degrees of freedom PID control 213
two element control 217
two element water level control 217
two hand operation 298
two motors drive 184
two phase 214
two phase servomotor 214
two port connection valve 215
two-position signaling system 212
two position two-step control 214
two position valve 213
two-step action 213
two-step control 212
two-step controller 212

two-way delivery valve 202
two-way layout 213
type 0 control system 150
type 1 control system 12
type 1 digital input 166
type 2 digital input 166
typewriter with calculator 61

U

ultrasonic flowmeter 178
ultrasonic level measuring device 179
ultrasonic sensor 178
ultrasonic thickness meter 178
ultrasonic wave 178
ultraviolet absorption detector 85
ultra-violet ray photoelectric tube 86
unary operation 172
unary operator 172
unbalanced input 256
uncertainty 255
unconditional jump 281
unconstrained magnetization condition 106
under current relay 255
under damping 8,254
underflow (in calculators) 8
underflow indication 8
underreach protection 8
under-shoot 8
undershoot 256
undervoltage 255
under voltage detection 193
undervoltage relay 254
uniform scale 206
unilateral servomechanism 290
unilateral transducer 236
uninterruptible power supply unit 282
unipolar pulse 172
unipolar pulse train 172
unistable device 171
unit 171
unit impulse 115,171
unit impulse response 171
unit interlock test 156
unit lag 12
unit step 171
unit step response 171
unit string 172

unit switch 171
unit system 172
unit turbine 171
unloader 10
unloader pilot valve 10
unloading 41
unloading pressure 41
unloading relief valve (oil hydraulic) 10
unloading valve 10
unpacked decimal notation 9
unprotected area 244
unrecoverable error 35
unstable state 250
un-successful reclosing 78
unwanted amplitude modulation factor (in an intentionally unmodulated condition) 85
unwanted amplitude modulation factor due to frequency modulation 50
unwanted frequency modulation deviation (in an intentionally unmodulated condition) 85
unwanted frequency modulation deviation due to amplitude modulation 50
unwanted modulation (in a modulated condition) 50
unwanted modulation (in an intentionally unmodulated condition) 85
up 1
up-down traverse of arm 18
up-down turning of arm 18
uptime 204
urgency stop 56
user 298
user-defined word 298
user facility 298
user program 290
user program memory 290
user task execution time 290
utility program 290
utility routine 290
U tube pressure gauge 290

V

vacuum alarm switch 249
vacuum breaker 122,225

vacuum check valve 225
vacuum pressure indicator 225
vacuum pump 225
vacuum regulating valve 122
vacuum relay 122
vacuum relief valve 122
vacuum switch 122
vacuum thermocouple 122
vacuum tripping device 122
vacuum tube 122
value of C_v(of pneumatic) 103
valve 232
valve characteristics 271
valve control 232
valve element 270
valve element position 270
valve gear 270
valve guard 269
valve lift 271
valve local control stand 270
valve operating mechanism 270
valve position 270
valve remote control system 269
valve retainer 269
valve seat 270
valve system 270
valve train 270
vane control 270
variable 270,271
variable area flowmeter 284
variable delivery pump 43
variable displacement motor 43
variable displacement pump 43
variable displacement starter 43
variable gain PID control 42
variable load valve 25
variable mu(μ) tube 43
variable resistor 43
variable sequence robot 43
variable speed 281
variable speed governor 43
variables to be measured 161
variable structure control 42
variable voltage control 193
variance 264
variation 19,35
varistor 229
VCC 250

vector 268
vector locus 268
vehicle controller 105
vehicle detecting sensor 105
Veitch diagram 222
velocity error 162
velocity limiter 162
velocity pickup 162
velocity ratio 162
velocity ratio detector 162
vender unique 141
vene motor 271
Venn diagram 270
venturi tube 270
vent valve 271
verification run 38
verify 190
vernier control 228
versine shock pulse 226
vertical (horizontal)
　　deflection coefficient 128
vertical magnetic recording
　　128
vibration 125
vibrational proof 165
vibrational severity 125
vibration sensor 125
vibrometer 125
video file 242
vigilance device 239
virtual address 40
virtual storage 40
viscosity 218
viscosity controller 218
viscosity meter 218
viscous flow 218
visual display terminal
　　86, 250
visual display unit 86
visual feedback 86, 238
visual information processing
　　86
visual sensor 86
visual signal 86
vital alternating power supply
　　222
vital power supply 282
volatile storage 52
voltage 192
voltage amplifier 193
voltage balance relay 193
voltage circuit 192
voltage compensation control
　　193
voltage contact 193

voltage divider 264
voltage drop 193
voltage limiting control 64
voltagelimiting realy 64
voltage of reference current
　　229
voltage output 193
voltage phase difference 192
voltage regulator 193, 276, 283
voltage relay 192
voltage restraint 193
voltage-sensing relay 193
voltage to frequency
　　conversion type 193
voltage transfer ratio 193
voltage transformer 60
voltage unbalance 156
voltage under pulse condition
　　140
voltex flowmeter 17
voltmeter 192
volume 276
volume elasticity 165
volume regulating faucet 189
volume set 276
C_v valve 103

W

wafer of a semiconductor 234
waiting 164
waiting line 279
walking bar adjusting lever
　　18
wall effect 42
Ward-Leonard system 307
warm restart 17
warm-up period 17
warm-up time 292
watchdog timer 17
watchman's clock 113
water governor 97, 127, 280
water level alarm 127
water level control 127
water level controller
　　127, 128
water level detector 127
water level gauge 127, 129
water level regulator 128
water level transmitter 128
water regulator 97, 280
watt-hour meter 145
watting time 279
wattmeter 202
wave 212

wave filter 251
waveform 225
waveform coding 226
waveform distortion 226
waveform equalization 226
waveform equalization circuit
　　226
waveform equalizer 226
waveform regeneration 225
waveform regeneration circuit
　　225
waveform regenerator 225
waveform shaper 226
waveform shaping 226
waveform shaping circuit 226
wayside marker 155
weak field control 293
wear alarm device 279
weight 30
weighted mean 30
weighted summing unit 30
weir flowmeter 146
welding robot 291
well 273
wheel slip control 8
whistle and siren control
　　system 129
white noise 225
wieghting function 30
window 17
wiring diagram 222
withstand voltage 165
withstand voltage of main
　　197
word 66, 307
word address format 307
word length 70
word organized storage 69
word processor for Japanese
　　characters 215
word size 70
work function 90
working condition 117
working control function 79
working electrode 82
working fluid 80, 205, 288
working function 79
working module 79
working sensitivity 173
working space 79
work load 252
workpiece 307
workpiece coodinate system
　　307
workpiece coordinate system

setting 307
work program 144
work station 307
world coordinate system 148
wrist 189
wrist coordinate system 189
write cycle time 37
write head 37
wrong operation 70
wrong operation alarm 70

X

X-Y recorder 21

Z

Z-axis feed cancel 149
zero (in data processing) 150
zero address in struction 150
zero adjustment 151
zero adjustment input 150
zero-based conformity 150
zero-based linearity 150
zero detector 150
zero elevation 150
zero error 151
zero error of a measuring
    instrument 60
zero gas 150
zero governer 150
zero lap 151
zero method 300
zero point 151
zero point shifting 151
zero reset 151
zero shift 150, 151
zero suppression 150, 151
zero suppression function 151
Zigler-Nichols optimum
    setting 88
zone control 264

監修者略歴

須田信英（すだ のぶひで）

- 1933年　東京都に生まれる
- 1956年　東京大学工学部機械工学科卒業
- 現　在　法政大学工学部教授
　　　　大阪大学名誉教授・工学博士

著者略歴

中井多喜雄（なかい たきお）

- 1933年　京都府に生まれる
- 現　在　技術評論家

自動制御用語辞典（普及版）　定価はカバーに表示

2000年 1月15日　初　版第1刷
2006年 6月30日　普及版第1刷

監修者	須　田　信　英
著　者	中　井　多　喜　雄
発行者	朝　倉　邦　造
発行所	株式会社 朝倉書店

東京都新宿区新小川町 6-29
郵便番号 162-8707
電　話　03(3260)0141
FAX　03(3260)0180
http://www.asakura.co.jp

〈検印省略〉

Ⓒ 2000〈無断複写・転載を禁ず〉　　新日本印刷・渡辺製本

ISBN 4-254-20127-3　C 3550　　Printed in Japan